AF818716

Reise

nach dem

URAL, DEM ALTAI

und dem

KASPISCHEN MEERE

auf Befehl Sr. Majestät des Kaisers von Russland im Jahre 1829 ausgeführt

von

A. von Humboldt,
G. Ehrenberg und G. Rose.

Mineralogisch-geognostischer Theil und historischer Bericht der Reise

von

G. Rose.

Berlin, 1837.

Verlag der Sanderschen Buchhandlung.
(C. W. Eichhoff.)

Mineralogisch-geognostische
REISE

nach dem

URAL, DEM ALTAI

und dem

Kaspischen Meere

von

Gustav Rose.

Erster Band.

Reise nach dem nördlichen Ural und dem Altai.

Mit Kupfern, Karten und Holzschnitten.

Berlin, 1837.

Verlag der Sanderschen Buchhandlung.

(C. W. Eichhoff.)

Sr. Erlaucht

dem

Herrn

Grafen G. von Cancrin

Kaiserlich-Russischem Finanzminister

General der Infanterie, Mitgliede des Reichsraths und dirigirenden Senats, Chef des Corps der Berg-Ingenieurs, Ritter der Kaiserlich-Russischen Orden des heil. Andreas und Alexander-Newski mit Diamanten, des heil. Wladimir und der heil. Anna erster Klasse und des weissen Adlers; des Kaiserlich-Oesterreichischen Ordens des heil. Leopold erster Klasse; des Königlich-Preussischen rothen Adlerordens erster Klasse u. s. w.

in dankbarer Verehrung

zugeeignet

von

G. Rose.

Vorrede.

Um den Leser mit dem genau bekannt zu machen, was die Veranlassung zu unserer Expedition gab, schalte ich hier mit der Erlaubniss des Herrn v. Humboldt aus der historischen Einleitung seines noch ungedruckten astronomischen und magnetischen Tagebuchs Folgendes ein:

„Ich glaube die Dankbarkeit, die ich dem erhabenen Monarchen, auf dessen Befehl ich die Reise in „das asiatische Russland unternommen und ausgeführt „habe, nicht auf eine würdigere Weise an den Tag „legen zu können, als indem ich einfach erzähle, was „diese Reise veranlasste und wie edel und freisinnig „die Mittel zu Erreichung wissenschaftlicher Zwecke „dargeboten wurden. Im Sommer des Jahres 1827, als ich „eben erst nach einem langen Aufenthalte in Frankreich in mein Vaterland zurückgekehrt war, wurde „ich von dem Kaiserlich Russischen Staats- und Finanz-Minister, Herrn Grafen von Cancrin aufgefordert, ihm meine Ansichten über den Nutzen einer „baldigst in Curs zu setzenden Platin-Münze aus den „Erzeugnissen des Urals und über das gesetzliche Verhältniss des Werthes dieser Münze zu einem der beiden anderen edeln Metalle mitzutheilen. Ich war „schon in früherer Zeit von dem spanischen Gouvernement officiell veranlasst worden, denselben Gegenstand zu bearbeiten; auch wurde, während des Wiener Congresses, von Privatpersonen den versammelten Monarchen der Antrag gemacht, aus dem amerikanischen Platin eine in allen Staats-Cassen anzunehmende Münze schlagen zu lassen. Die Besorg-

„nisse, die ich dem Grafen von Cancrin im Herbste
„des Jahres 1827 äusserte, sind (und es ist mir eine
„besondere Freude, es hier aussprechen zu müssen)
„durch mehrjährige Erfahrung, bei sehr gemässigter Emi-
„mission der Platin-Münze und bei der weiten Ausdeh-
„nung des Kaiserreichs, nicht gerechtfertigt worden:
„indessen hatte die freimüthigste Discussion über eine
„wichtige staatswirthschaftliche Frage nicht das eh-
„renvolle Vertrauen gemindert, das mir geschenkt war.
„Kaum hatte ich, in dem Laufe jenes Briefwechsels,
„der Hoffnung erwähnt, so bald es meine Lage ge-
„statten würde, auf einer Sommerreise den Ural zu
„besuchen, dessen geognostische Constitution gewiss
„viele Vergleichungspuncte mit der Andes-Kette von
„Neu-Granada darbieten müsse, als ich bereits (unter
„dem $\frac{5}{17}$ Dec. 1827) durch den Herrn Finanz-Minister,
„der unablässig so viele wissenschaftliche Unterneh-
„mungen und Institute in das Leben gerufen hat, von
„den allerhöchsten Befehlen Sr. Maj. des Kaisers Ni-
„colaus in Kenntniss gesetzt wurde, laut deren meine
„Reise, in grösserer Ausdehnung und nach den sorg-
„fältigsten Vorbereitungen, auf alleinige Kosten
„der Krone, ausgeführt werden sollte. Diese Nach-
„richt erweckte in mir auf das lebhafteste die alte,
„angeborene Reiselust. So sehr ich mich aber auch
„freute, wieder auf einer Landreise einen so grossen
„Erdstrich zu durchwandern, so konnte ich doch we-
„gen des Wunsches meine öffentlichen Vorlesungen
„über die physische Weltbeschreibung im Win-
„ter und Frühjahr 1828 zu vollenden, nicht sogleich
„von jenen grossartigen, meine Freiheit übrigens auf
„keine Weise beschränkenden Anerbietungen Gebrauch
„machen. Die Bitte um Aufschub fand leicht Gehör
„und der Herr Graf v. Cancrin schrieb mir unter dem
„$\frac{8}{20}$ März 1828, Sr. Kaiserl. Majestät habe durch ei-
„genhändige Confirmation genehmigt, dass es ganz von
„meinem eigenen Ermessen abhangen solle, die Expe-
„dition nach dem Ural-Gürtel und nach Tobolsk erst
„im Jahr 1829 anzutreten und meine gelehrten Freunde
„die Professoren Ehrenberg und G. Rose als Be-
„gleiter mitzubringen; auch bleibe mir selbst überlas-
„sen, ob ich in den nächstfolgenden Jahren meine Ex-
„cursionen nach dem Ararat oder anderen südlichen
„Gegenden Russlands ausdehnen wolle. Für die Si-

„cherheit und Schnelligkeit der zu unternehmenden „Reise hatte der Herr Finanz-Minister mit der zartesten Sorgfalt die zweckmässigsten Veranstaltungen „getroffen. Ein eigenes mir im Winter 1829 kurz vor „meiner Abreise von Berlin zugesandtes *Pro Memoria* „enthielt die Bestimmungen über die für die Expedition „bereits angefertigten Wagen, über die Zahl der Post„pferde auf jeder Station (meist 15 bis 20), über die „Wahl eines Feldjägers oder Couriers, über die ge„räumigen Wohnungen, die überall in Bereitschaft ge„halten werden sollten, über die militärische Bedek„kung, wo sie der Gränze nahe erforderlich wäre u. s. w. „Ein sehr ausgezeichneter Bergbeamte, zweier Sprachen, „der deutschen nnd französischen, gleich mächtig, sollte „uns auf der ganzen Reise begleiten, und ich erfülle „eine angenehme Pflicht, indem ich diesem unsern „Begleiter, dem Herrn Oberhüttenverwalter, jetzt „Berghauptmann von Menschenin, hier den Aus„druck meines Dankes öffentlich erneuere.

„Das *Pro Memoria*, dessen ich eben erwähnte, „schloss mit den denkwürdigen Worten: es hängt „ganz von Ihnen ab, in welchen Richtungen und zu welchem Zwecke Sie diese Reise ausführen wollen; „der Wunsch der Regierung ist einzig der den Wis„senschaften förderlich zu sein. So viel Sie können, „werden Sie dabei dem Bergbau und dem Gewerb„fleisse Russlands Nutzen schaffen. — Solche edle Aner„bietungen, und sie wurden alle auf einer langdauernden „Reise von 14,500 Wersten (über 2000 geographischen „Meilen) erfüllt, darf ich schon deshalb nicht mit Still„schweigen übergehen, weil sie auf eine erfreuliche „Art das Zeitalter charakterisiren, in dem wir leben. „Die Gunst, welche dem stillen Treiben des Einzelnen „gespendet wird, strahlt von der Höhe der Wis„senschaft auf ihn herab. Sie ist der lebendige Aus„druck der Achtung, die ein mächtiger Monarch dem „fortschreitenden Wissen und dem wohlthätigen Ein„fluss dieses Wissens auf den Wohlstand der Völker „schenkt. Unter den mannigfaltigen Zeichen des Wohl„wollens, die ich dem Kaiser Nicolaus verdanke, ist „es mir besonders wichtig, hier auch des Anerbietens „einer neuen Reise zu erwähnen, welches mir unter „dem $\frac{14}{26}$. Februar 1831, also kaum sechzehn Monate „nach der Rückkehr von dem kaspischen Meere, auf

„Befehl Sr. Majestät gemacht wurde. Ich sollte die „Wahl haben, entweder bloss Finnland oder, wenn „ich den Süden vorzöge, den Kaukasus zu besuchen. „Dieser Befehl, dem ich leider nicht Folge leisten „konnte, hat mich von dem Gefühle durchdrungen, „dass die Bestrebungen meiner Freunde und die mei- „nigen einer Nachsicht gewürdigt worden sind, auf die „wir nur durch die pflichtmässigste Anstrengung un- „serer Kräfte, einigen Anspruch machen durften.“

So weit Herr von Humboldt. Es bleibt mir nun noch übrig über die Entstehung und die Bearbeitung dieses Werkes selbst einiges hinzuzufügen.

Einen bestimmten Plan über die nach Vollendung der Reise zu machenden Ausarbeitungen, hatte Herr von Humboldt mit Prof. Ehrenberg und mir vor der Reise nicht verabredet; jeder von uns sollte beobachten und sammeln, so weit es Zeit und Umstände gestatteten und später näher untersuchen und beschreiben, was darunter neu und bemerkenswerth wäre. Nachdem wir daher von der Reise zurückgekehrt waren, und ich die mitgebrachten mineralogischen und geognostischen Sammlungen geordnet hatte, war es meine Absicht, zuerst das Wichtigste in einzelnen Abhandlungen zu beschreiben, und dasselbe später in einer allgemeinen geognostisch-mineralogischen Schilderung des Urals und des Altaischen Erzgebirges zusammenzufassen. Nach diesem Plane hatte ich auch die einzelnen Gegenstände zu bearbeiten und bekannt zu machen angefangen [1]), als Herr von Humboldt

---

1) Die einzelnen Aufsätze, welche ich auf diese Weise bekannt machte, sind in Poggendorff's Annalen für Chemie und Physik abgedruckt, und bestehen im Ganzen aus folgenden:

1. Ueber zwei neue Tellurerze vom Altai. B. XVIII, S. 64.
2. Ueber die chemische Zusammensetzung des gediegenen Goldes im Allgemeinen, und besonders des vom Ural. B. XXIII, S. 161.
3. Ueber die Krystallformen des Goldes und des Silbers. B. XXIII, S. 196.

4—6. 3 Aufsätze über den Uralit. B. XXII, S. 321., B. XXVII, S. 97., B XXXI, S. 609.

7. Ueber die Gebirgsarten, welche mit dem Namen Grünstein und Grünsteinporphyr bezeichnet werden. B. XXXIV, S. 1. Hierbei sind besonders die Uralischen Grünsteine beschrieben worden.
8. Ueber die am Ural vorkommenden krystallisirten Verbindungen von Osmium-Iridium. B. XXIX, S. 452.

mir bei seiner Abreise nach Paris im Sommer 1831 den Wunsch zu erkennen gab, dass ich jene allgemeine Schilderung zu einem Berichte über die ganze Expedition in Form eines Tagebuches erweitern möchte.

Ungeachtet der vielen und grossen Bedenklichkeiten, die dabei in mir entstanden, und die hauptsächlich in der Schnelligkeit der Reise und in meiner für einen vollständigen Reisebericht nicht genügenden Vorbereitung zu derselben gegründet waren, konnte ich doch den Wunsch eines Mannes, dem ich so lange schon verpflichtet war, nicht unerfüllt lassen. Ich entschloss mich also zur Bearbeitung meines an Ort und Stelle niedergeschriebenen geognostischen Tagebuches. Mehrere specielle Untersuchungen, die ich angefangen, namentlich die Untersuchungen über die Mischung des gediegenen Goldes, über den Uralit und die Grünsteine des Ural, so wie andere wissenschaftliche Arbeiten, die theils damit in genauem Zusammenhange standen, theils für meine mineralogischen Vorlesungen an der hiesigen Universität nöthig waren, erlaubten mir nicht früher als im Herbste 1833 die Redaction zu beginnen. Der frische Eindruck, den die Reise gemacht hatte, war freilich nun verlöscht, aber wenn deshalb die Zögerung auch der Lebendigkeit der Darstellung nachtheilig wurde, so bot sie dagegen den ernsteren Gewinn dar, dass das Wesentliche von dem Unwesentlichen mehr geschieden blieb, und dass ich vermied, meinem Gedächtnisse mehr als meinem ausführlichen Tagebuche zu trauen.

Ich habe demnach einfach erzählt, was wir gesehen. Die mineralogischen uud geognostischen Beobachtungen, die den grössten Theil des Werkes ausmachen, sind nicht von den übrigen sehr verschiedenartigen getrennt, daher das Buch doch eigentlich nur für Mineralogen und Geognosten geschrieben ist, und auch für diese allein von einigem Interesse sein kann. Herr von Humboldt hat die Güte gehabt, mich auf die liberalste Weise bei der Ausarbeitung des Werkes zu unterstützen; er hat mich in Besitz aller Karten, Bücher und Manuscripte gesetzt, welche ihm auf der Reise selbst mitgetheilt worden sind, er ist

9. Ueber das Vanadinbleierz von Beresowsk. B. XXIX. S. 455.
10. Ueber den Rhodizit, eine neue Mineralgattung. B. XXXIII, S. 253.

mit mir sein ganzes Tagebuch, das geognostische, astronomische, magnetische und meteorologische Beobachtungen umfasst, durchgegangen, und hat mir daraus eine Menge Notizen zur selbstständigen Benutzung mitgetheilt, wie er mich auch bei keiner Gelegenheit seines Rathes und seiner freundschaftlichen Theilnahme hat entbehren lassen, was ich nicht ohne den innigsten Dank hier anerkenne.

Ich habe die Sibirische Reise wohl unter den günstigsten Verhältnissen gemacht, unter denen man so grosse Länderstrecken des östlichen Europa und nördlichen Asiens durchwandern kann. Ueberall war für ein möglichst schnelles Fortkommen auf das zweckmässigste gesorgt; auf allen Berg- und Hüttenwerken wurden wir erwartet, gleich nach unserer Ankunft mit allem Sehenswerthen bekannt gemacht und auf den Exkursionen von den Beamten der Werke auf das gefälligste begleitet. Auf diese Weise blieb uns keine Zeit ungenutzt, wir konnten die Gegenstände viel schneller kennen lernen, als unter andern Umständen möglich gewesen wäre, und haben so in dem kurzen Zeitraum von noch nicht 6 Monaten [1]) den Ural auf fast 9 Breitegrade von Bogoslowsk bis Orsk, und den Altai von Barnaul bis zur mongolisch-chinesischen Gränze am Irtisch bereist; wir haben Astrakan besucht und das kaspische Meer beschifft. Bei der grossen Schnelligkeit, mit der diese Reise ausgeführt werden musste, um nicht von dem Winter ereilt zu werden, konnten freilich zusammenhängende geognostische Untersuchungen nicht angestellt werden, wir mussten uns mit allgemeinen Uebersichten begnügen; und wenn wir gleich viel beobachtet haben, und eine spätere Stelle oftmals erklärte, was eine frühere undeutlich gelassen hatte, so musste meine Darstellung geognostischer Verhältnisse doch öfters unvollständig und lückenhaft bleiben; auf Analogien gegründete Vermuthungen haben mehrmals den Mangel einer vollständigen Beweisführung ersetzen müssen, und mögen Irrthümer und Fehler veranlasst haben, welche einst

1) Wir verliessen Petersburg am 20. Mai und kehrten dahin wieder am 13. Nov. zurück. Bei der oben angegebenen Zahl von mehr als 2000 geographischen Meilen (15 auf den Grad), die wir in diesem Zeitraume zurückgelegt haben, sind die kleineren Excursionen von den einzelnen Werken, wenn sie gleich oft sehr bedeutend waren, nicht eingerechnet. In Katharinenburg und den nächsten Umgebungen waren wir 16 Tage

Diejenigen berichtigen werden, die durch ihre Lage begünstigt, den wichtigen Untersuchungen über die Reihefolge und Verbreitung der Formationen mehr Musse schenken können.

Je weniger ich demnach auf vollständige Darstellung dessen Anspruch machen darf, was die Reise schnell vorüberführte, um so genauer glaubte ich daher in dem sein zu müssen, was ich unbeeilt und mit Benutzung aller mir zu Gebote stehenden Hülfsmittel bearbeiten konnte. Ich habe schon auf der Reise selbst gesucht zu einer möglichst vollständigen Kenntniss der russischen Mineralien zu gelangen, und habe deshalb die verschiedenen Sammlungen in Dorpat, Petersburg, Kasan und Katharinenburg mit grosser Sorgfalt durchgesehen. Ich bemühte mich so viel es die Zeit erlaubte, eine möglichst vollständige Sammlung von Gebirgsarten der durchreisten Gegenden zusammen zu bringen, und wurde auch hierin von den russischen Behörden auf das Bereitwilligste unterstützt, da auf vielen Werken die wir besuchten, wie in Beresowsk, Nischne-Tagilsk, Bogoslowsk, Mursinsk und Miask schöne Sammlungen von Gebirgsarten und Mineralien aus den Umgebungen aufgestellt waren, aus denen ich nehmen und aussuchen konnte, was ich für meine Zwecke für brauchbar hielt.

Aber ich hatte auf diese Weise nicht allein ein bedeutendes Material selbst mitgebracht, ich fand auch in der hiesigen Universitätssammlung eine grosse Menge sibirischer Mineralien theils in der systematischen Hauptsammlung zerstreut, theils in besondern Localsammlungen vereinigt, die ebenfalls ein grosses Hülfsmittel für meine Untersuchungen darboten. Die sibirischen Localsammlungen bestanden:

1) in einer Sammlung von 3081 Stück russischen Mineralien und Gebirgsarten von sehr verschiedener zum Theil sehr bedeutender Grösse, die schon im Jahre 1806 vom Kaiser Alexander geschenkt war.

2) In einer Sammlung von Gebirgsarten vom Ural, die von dem Oberbergrath v. Eversmann herstammte; sie war besonders für die Gegend von Slatoust, wo sich Herr von Eversmann längere Zeit aufgehalten hatte, vollständig.

3) In einer Sammlung von 100 Stück Gebirgsarten aus der Gegend von Katharinenburg, die von dem frühern Beschreiber des Ural, dem Berghauptmann von

Hermann herrührte und wegen des begleitenden Kataloges zum Verständniss der Hermannschen Werke wichtig war.

4) In Mineralien und Gebirgsarten vom Ural, die Herr Menge in den Jahren 1825 und 26 von seiner sibirischen Reise mitgebracht hat.

Alle diese Mineralien und Gebirgsarten habe ich mit Genauigkeit zu bestimmen und zu beschreiben gesucht und habe durch diese Mittel auch ziemlich vollständig in der Aufzählung der Mineralien einzelner Fundörter sein können. Die grosse Mannigfaltigkeit der Grünsteine des Ural veranlasste mich dieselben in mehrere Abtheilungen zu theilen, die ich mit besonderen Namen bezeichnet habe, wiewohl die Untersuchungen darüber, um nicht die Herausgabe des Werkes noch länger aufzuhalten, noch nicht als geschlossen angesehen werden können. Es sind dieselben die ich schon in einer besondern Abhandlung in Poggendorffs Annalen bekannt gemacht habe. Bei vielen Gebirgsarten und Mineralien habe ich auch die chemische Zusammensetzung angegeben, die ich theils selbst ermittelt, theils von den zahlreichen Schülern meines Bruders des Professor Heinrich Rose habe ermitteln lassen. Ich habe auf diese Weise eine grosse Menge Resultate chemischer Analysen erhalten, von denen ich die, welche unter der speciellen Aufsicht meines Bruders in seinem Privatlaboratorium ausgeführt sind, mit dem Namen der Urheber in den Text aufgenommen, die welche in dem allgemeinen Laboratorium ausgeführt sind, in Noten dem Texte hinzugefügt habe. — Untersuchungen über den wahren Goldgehalt des Goldsandes anzustellen und Mittel über ein vermehrtes Ausbringen desselben aufzufinden, konnte nicht in meiner Absicht liegen. Für die Beantwortung so wichtiger technischer Fragen war unsere Reise natürlich nicht geeignet, sie muss denen zu erörtern übrig bleiben, die lange an denselben Orten verweilen, und grosse Massen bearbeiten können.

Um dem geognostischen Theile eine grössere Vollständigkeit zu geben, habe ich auch die Angaben sowohl der ältern als auch der neuern Reisenden benutzt, und daraus manches angeführt, was wir selbst nicht gesehen haben, wenn es in der Nähe der von uns bereisten Gegenden lag. Auch mehrere vortreffliche Aufsätze in dem russischen Bergwerks-Journal (Gornoi-Journal) habe ich hierbei um so weniger unbenutzt gelassen, als dieselben im Auslande gar nicht, oder nur in äusserst unvollständigen Auszügen bekannt sind.

Die Beschreibung der sibirischen Reise wird auf diese Weise im Ganzen 2 Bände ausmachen; der erste, welcher hiermit erscheint, enthält die Reisen in dem mittlern und nördlichen Ural und in dem Altai, der zweite, dessen Druck unmittelbar nach dem Erscheinen des ersten beginnen soll, wird die Reisen in dem südlichen Ural und nach Astrakan nebst einigen besondern Abhandlungen enthalten, und mit einer mineralogisch-geognostischen Uebersicht des Ural schliessen.

Von den beiden Karten, die dem ersten Bande hinzugefügt sind, hat die eine, die grosse Uralkarte, Herr Professor Berghaus zu zeichnen übernommen, und mit dem ihm eigenen Talente ausgeführt. Zum Grunde ist hierbei die russische Specialkarte des russischen Reiches, (die Podrobnaja Karta) gelegt worden, es sind aber dabei auch die neuen astronomischen Ortsbestimmungen von Wisniewsky, Schubert, Al. von Humboldt und Ad. Erman, so wie die handschriftlichen Specialkarten benutzt werden, welche Herrn von Humboldt von den Hüttenbezirken von Bogoslowsk, Katharinenburg, Slatoust und Miask mitgetheilt wurden.

Die Karte vom Altai ist nach den russischen Gouvernements-Karten entworfen. Sie schliesst sich ganz an die Uralkarte an, ist in einem halb so grossen Maasstabe als diese gezeichnet, und soll nur zur allgemeinen Orientirung dienen. Ich habe deshalb die Namen der wichtigsten Berg- und Hüttenwerke und der in dem Buche angeführten Orte eingetragen, die Bergzeichnung aber fortgelassen, da diese in den Gouvernementskarten selbst nur ganz hypothetisch nach dem Laufe der Flüsse gezeichnet ist.

Ueber die im Buche vorkommenden Maasse und Gewichte bemerke ich noch, dass das russische Pfund, von welchen 40 auf 1 Pud gehen, 96 Solotnik zu 96 Doli enthält. Das russische Pfund ist kleiner als das preussische, und verhält sich zu diesem wie 1000:1142, so dass also 40 russische Pfunde oder 1 Pud ziemlich genau 35 preussische Pfunde oder 70 Mark ausmachen [1]).

1) Ich füge hier ein Beispiel der Anwendung dieses Vergleiches bei, welches um so mehr Interesse haben dürfte, als

Die Saschene, der russische Faden, enthält 3 Arschinen zu 16 Werschok. 500 Saschenen machen 1 Werst oder russische Meile, von welchen 6,955 auf eine geographische Meile gehen. Ausserdem bedient man sich in Russland auch noch der Fusse und Zolle, die mit den englischen Fussen und Zollen übereinstimmen. Eine Saschene enthält 7 Fuss; 1 Arschine folglich 28 Zoll und 1 Werschok $1\frac{3}{4}$ Zoll.

Die Maasse, welche bei den Höhenbestimmungen durch die Barometer von Fortin, Bunten und Parrot, oder bei den Untersuchungen über die Temperatur der Quellen benutzt wurden, sind jedesmal neben den numerischen Resultaten angegeben. Der Thermometer wurden durch Normal-Thermometer von Bessel und Gay Lussac, die wir mit uns hatten, corrigirt. Der letztere hatte für seinen Freund, Herrn von Humboldt, mit vieler Sorgfalt die ungleiche Scale eines grössern Weingeist-Thermometers anfertigen lassen, das zu künftigen Bestimmungen der Extreme der Winter-Kälte in Tobolsk deponirt wurde. Das Psychrometer von August hatte Reaumursche Scale und wurde stets von mir mit Brunnenwasser benetzt. Es hat in einigen Punkten des nördlichen Asiens die grösste Trockenheit der Luft gezeigt, welche bisher durch dieses Instrument gemessen worden ist. Hier und da habe ich Ergebnisse der magnetischen Beobachtungen eingeschaltet. Sie wurden von Herrn von Humboldt in einem eigends dazu vorgerichteten völlig eisenfreien Zelte, fern von allen menschlichen Wohnungen, angestellt. Zu der Bestimmung der Neigung diente ein grosses Inclinatorium von Gambey, in dem die Pole der zwei Nadeln bei jeder Beobachtung umgedreht wurden. Die Intensität wurde nach der Methode von Hansteen, mit Benutzung eines Chronometers von Earnshaw, gemessen.

---

es die neuesten Resultate über die wichtige Gold- und Platingewinnung Russlands enthält. Im Jahre 1836 lieferte an Gold:

der Ural	293	Pud	26	Pfund	40	Sol.	30	Doli
der Altai	104	-	15	-	78	-	-	-
an Platin:								
der Ural	118	-	2	-	7	-	48	-

Die ganze vorjährige Ausbeute betrug also an russischem Golde 27884.8 Mark, an Platin 8269,8 Mark.

Das Gold des Altai schreibt sich von den neu entdeckten Goldseifen her, wovon das Nähere im zweiten Bande berichtet werden wird.

Inhalts - Uebersicht.

*

Zur Erläuterung der Tafeln.

Tafel I, Fig. 1—3. Diamant an der Spitze des kaiserlichen Scepters, Seite 50.

Fig. 4—6. Der sogenannte Pitt oder Regent, Diamant in der französischen Krone, S. 52.

Fig. 7—9. Diamant, welchen der persische Prinz Cosrhoës dem russischen Kaiser im Jahre 1820 zum Geschenk gemacht hat, S. 51.

Fig. 10. Brochantit von der Kupfergrube Gumeschewskoi im SW. von Katharinenburg, S. 267.

Taf. II, Fig. 1—7. Rothkupfererz von der Kupfergrube Gumeschewskoi, S. 263.

Fig. 8—9. Gediegenes Gold von der Goldgrube Beresowsk bei Katharinenburg, S 199.

Taf. III, Fig. 1—4. Gediegenes Kupfer von den Turjinschen Kupfergruben bei Bogoslowsk, S. 401. Fig. 1. stellt einen einfachen Krystall dar, Fig. 2—4 die gewöhnlich vorkommenden Zwillingskrystalle.

Fig. 5 und 6. Gediegenes Kupfer, Zwillingskrystalle von der Kupfergrube bei Nischne-Tagilsk, S. 312.

Taf. IV, Fig. 1 und 2. Gediegenes Kupfer von den Turjinschen Kupfergruben bei Bogoslowsk, S. 403. Die Figuren stellen die Art vor, wie die Zwillingskrystalle zusammengereiht erscheinen.

Taf. V, Fig. 1—5. Kupferlasur von der Kupfergrube Solotuschensk im Altai, S. 541.

Fig. 6. Kupferlasur von der Silbergrube Nicolajewsk im Altai, S. 543.

Taf. VI, Fig. 1, 2, 6, 4. Kupferlasur von der Silbergrube Schlangenberg im Altai, S. 545.

Fig. 3. Kupferlasur von Nischne-Tagilsk, S. 315.

Fig. 6. Kupferlasur angeblich von der Kupfergrube Gumeschewskoi, S. 269 und 544.

Verbesserungen.

Seite 106	Zeile	10	von unten lies Simonoff statt Soimonoff.
- 110	-	2	v. o. l. Simonoff st. Soimonoff.
- 122	-	18	v. o. setze hinter Profil hinzu: am Ende des 2. Bandes.
- 319	-	21	v. o. l. SO. nach NW, st. NO. nach SW.
- 378	-	2	v. u. l. Juli st. Juni.
- 434	-	14	v. o. l. 150 Werste st. 140 Werste.
- 577	-	16	v. o. l. Tscheremschanka st. Tscheremschauka.

Gedruckt bei C. Feister.

I. Reise von Berlin nach Petersburg.

Abreise von Berlin. — Königsberg. — Bemerkungen über den Bernstein. — Aufenthalt in dem Sandkruge an der Spitze der Kurischen Nehrung. — Dorpat. — Mineralogische Sammlung daselbst. — Geognostische Beschaffenheit von Ehstland und Livland. — Porphyr von der Insel Hochland. — Narwa. — Eintritt in Petersburg. — Mineraliensammlungen daselbst. — Amethystkugeln von der Wolfsinsel. — Diamanten in dem kaiserlichen Schatze. — Geschliffene Gebirgsarten und Mineralien in dem Winterpallast. — Granitsäulen. — Goldscheidung. — Geognostische Beschaffenheit der Gegend um Petersburg.

Wir verliessen Berlin den 12ten April 1829, Abends um 11 Uhr, Herr von Humboldt, Herr Ehrenberg und ich, in zwei Wagen, da eine Reise durch das nördliche Asien einen Apparat von astronomischen und physikalischen Instrumenten, von Büchern und Vorrichtungen zu chemischen Versuchen und naturhistorischen Sammlungen nothwendig machte. Die Abreise war anfangs etwas später, nämlich in den ersten Tagen des Mai's festgesetzt, die Nachricht aber, dass Se. Majestät der Kaiser von Russland schon in diesen Tagen Petersburg verlassen und zur Krönung nach Warschau reisen würde, hatte sie beschleunigt.

In Berlin war schon seit längerer Zeit milde Frühlingswitterung eingetreten, und so hofften wir ohne Aufenthalt nach Petersburg zu kommen, aber wir erfuhren bald, dass wir gerade die schlimmste Zeit zu einer nordischen Reise hatten wählen müssen. Schon den folgenden Tag trafen wir Schnee an, der, im Schmelzen begriffen, die Wege verdarb, und später hatten wir das Ungemach, fast alle Flüsse, die wir zu passiren hatten, im Eisgange anzutreffen. Dieser musste nun bei allen erst abgewartet werden, wodurch unsere Reise ausserordentlich verzögert wurde.

In den ersten Tagen hatten wir indessen diese Uebelstände noch wenig empfunden. Die grosse Kunststrasse, die bis nach Königsberg führt, war durch den thauenden Schnee nicht sehr verdorben, und in Dirschau, wo wir am 14ten in der Frühe ankamen, fanden wir die Weichsel schon seit acht Tagen offen, und konnten daher mit der Fähre ohne Aufenthalt übersetzen. Das Wasser stand sehr hoch, es hatte in den Niederungen bei Danzig die Dünen durchbrochen und grossen Schaden angerichtet. Zwei Meilen weiter setzten wir über den zweiten Arm der Weichsel, die Nogat, jenseits welcher Marienburg liegt. Die Besichtigung des alten Schlosses der deutschen Ritter, das jetzt im ursprünglichen Style hergestellt ist, gewährte uns einige Stunden frohen Genusses. Jenseits Marienburg bis Elbing fanden wir wieder die ganze Gegend zu beiden Seiten der Strasse so überschwemmt, dass diese nur wenig aus der alles bedeckenden Wassermasse hervorragte.

Wir erreichten Königsberg am 15ten Morgens und verlebten dort zwei sehr angenehme Tage in der Erneuerung alter Bekanntschaften und in der Anknüpfung von neuen. Herr von Humboldt machte hier zuerst die persönliche Bekanntschaft des Herrn Prof. Bessel, bei dem der Eindruck allgemein bewunderter Talente durch liebenswürdige Einfachheit des Umganges erhöht wird. Er zeigte uns alle Einzelheiten seiner vortrefflich eingerichteten Sternwarte, die auf einer zu den ehemaligen Festungswerken der Stadt gehörigen Anhöhe gelegen ist und mit der grössten Zweckmässigkeit eine grosse Bequemlichkeit verbindet, indem die Räume, in denen der Meridiankreis und das grosse Heliometer von Reichenbach aufgestellt sind, dem

Arbeitszimmer des Astronomen im untern Stockwerke so nahe liegen, dass die Instrumente bei jeder Aufhellung des Himmels benutzt werden können. Am Mittage fanden wir bei Prof. Bessel einen grössern Kreis aus den Gelehrten und Aerzten Königsbergs versammelt, in deren heitern und belehrenden Gesellschaft schnell der Abend heranrückte.

Die Mineraliensammlung der Universität, die der Director derselben, Herr Prof. Neumann mir gefälligst zeigte, ist für den Unterricht wohl hinreichend, aber in einem finstern wenig geeigneten Lokale aufgestellt, von dem wohl zu wünschen wäre, dass es mit einem hellern, zweckmässigern vertauscht würde. Sie enthält eine besondere Sammlung von Bernsteinstücken mit eingeschlossenen Insecten, die sich, wie noch ein Theil der übrigen Mineraliensammlung selbst, von dem verstorbenen Medicinalrath Hagen herschreibt. Diese Sammlung wird, soviel ich nach einem flüchtigen Ueberblick beurtheilen kann, ziemlich von gleicher Grösse sein mit der, welche sich in der Königlichen Sammlung in Berlin befindet; aber sie, wie auch die Berliner, stehen an Schönheit und Vollständigkeit derjenigen sehr nach, welche der Dr. Berendt in Danzig, der auch als Schriftsteller darüber bekannt ist, besitzt. Sammlungen der Art haben gewiss einen grossen wissenschaftlichen Werth, da die Einschlüsse in dem Bernstein die einzigen Ueberreste von Insecten einer der jetzigen vorhergegangenen Schöpfung enthalten. Es wäre daher gewiss sehr wünschenswerth, wenn diese geognostisch merkwürdigen Formen einer gründlichen Untersuchung unterworfen würden, und ebenso wünschenswerth wäre es, wenn diese Untersuchung, die ein Produkt der preussischen Küste betrifft, auch von Preussen ausginge; was leicht nicht der Fall sein könnte, da ebenso wie in Preussen sich auch werthvolle Sammlungen im Auslande, namentlich in England befinden. Eine Vereinigung des gesammten in Preussen an mehrern Orten zerstreuten Materials wäre dazu gewiss der zuerst nöthige Schritt; denn gute, der Bestimmung fähige Exemplare unter diesen Einschlüssen gehören zu den grossen Seltenheiten und sind nur unter einer grossen Anzahl von Stücken zu finden.

Der in der Nähe von Königsberg gefundene Bernstein macht aber diese Stadt in mineralogischer Hinsicht besonders interessant, daher ich mir noch einige Bemerkungen über die Gewinnung und Verwaltung desselben erlaube.

Die Gewinnung des Bernsteins wurde sonst von einer Königlichen Behörde geleitet, und der in jedem Jahre gewonnene Bernstein in öffentlicher Auction verkauft. Seit dem Jahre 1811 ist aber der Bernstein an Herrn Douglas für die jährliche Summe von 10,000 Thalern verpachtet. Herr Douglas, dessen persönliche Bekanntschaft mir Herr Reg. Rath Hagen verschaffte, hatte die Güte, mir seine grossen Vorräthe zu zeigen. Sie werden, um das leicht entzündliche Material vor jeder Feuersgefahr zu schützen und einer gewiss sehr theuern Assecuranz zu entgehen, in einem massiven Magazine aufbewahrt, das eine gewölbte Decke hat und mit eisernen Thüren verschlossen wird. Der Vorrath, der in demselben aufgehäuft war, betrug nach Herrn Douglas 150,000 Pfund; er war jetzt um so beträchtlicher, da der hauptsächlichste Absatz in Constantinopel statt findet, wo er, theils wegen der Kriege mit der Pforte, theils wegen der den Luxus einschränkenden Edikte des Sultans, sich in der letzten Zeit sehr vermindert hatte.

Es ist überraschend, ein Produkt, das man sonst nur in einzelnen Stücken zu sehen gewohnt ist, in so ausserordentlicher Menge aufgehäuft zu finden. Der Bernstein war in dem Magazine nach der Grösse der Stücke geordnet und in Körben und Kisten aufbewahrt. Man unterscheidet Sortiment, Tonnenstein, Fernitz,

Sandstein und Schluck; zu dem erstern rechnet man alle Stücke, die 5 Loth und darüber wiegen, von dem Tonnenstein gehen 30-40 Stück auf ein Pfund, zu dem Fernitz rechnet man kleine reine Stücke von 1-2 Quadratzoll, Sandstein bildet die noch kleinern Stücke, und Schluck nennt man den unreinern Sandstein. Das Sortiment wird von den Bernsteindrehern zu allerhand Galanteriewaaren verarbeitet, geht aber, wie schon angeführt, grösstentheils roh nach Constantinopel, wo es zu Bernsteinspitzen verarbeitet wird. Aus dem Tonnenstein und Fernitz verfertigen die Bernsteindreher Perlen, die sie Korallen nennen. Der Sandstein und Schluck, so wie auch die Abgänge beim Drehen, werden grösstentheils zur Destillation der Bernsteinsäure, welche officinell ist und als chemisches Reagens gebraucht wird, so wie der Rückstand in den Retorten, das sogenannte *colophonium succini*, zur Bereitung des Bernsteinfirnisses benutzt.

Es ist merkwürdig, dass die Menge Bernstein, die in jedem Jahre gewonnen wird, seitdem man angefangen hat darüber Rechnung zu führen, sich immer gleich geblieben ist. Der verstorbene Medizinal-Rath Hagen, der Vater des Regierungs-Rathes, hat darüber eine Tabelle zusammengestellt [1]), die mit dem Jahre 1535 anfängt und bis zum Jahre 1811 fortgeführt ist, aus welcher dieses Resultat hervorgeht. Nimmt man den Durchschnitt aus den Jahren 1661-1811, so beträgt danach die Menge des jährlich gewonnenen Bernsteins 150 Tonnen (die Tonne zu 87 Stof, die etwas kleiner als die Berliner Quarte sind). Mehr oder minder günstige Stürme, dio den Bernstein an's Ufer treiben, grössere oder geringere Veruntreuungen

---

[1]) Siehe die Beiträge zur Kunde Preussens Th. 6, S. 309, worin sich überhaupt eine Menge interessanter Abhandlungen über den Bernstein von demselben Verfasser befinden, aus welchen ein grosser Theil obiger und der folgenden Nachrichten entlehnt ist.

beim Sammeln des Bernsteins machen bei den verschiedenen Jahren grössere oder kleinere Abweichungen von dem angegebenen Mittel, die aber doch immer nicht sehr bedeutend sind. In diesen 150 Tonnen sind den Procenten nach enthalten

Sortiment	0,788
Tonnenstein	9,642
Fernitz	5,959
Sandstein	64,695
Schluck	18,916.

Man sieht daraus, wie selten im Ganzen das Sortiment ist.

Der Bernstein wird theils vom Meere auf den Strand geworfen und an demselben gesammelt, theils in der Nähe des Strandes gegraben; doch überwiegt die Menge des sogenannten Seebernsteins die des Landbernsteins bei weitem. Der Seebernstein wird an der ganzen Küste, von Memel bis Danzig gesammelt, aber nicht jede Stelle der Küste giebt eine gleiche Menge Bernstein; die grösste Menge wird an der Samländischen Küste von Pillau nördlich bis zum Dorfe Gross-Hubnicken, auf einer Länge von etwa 3 Meilen gesammelt; nur unbedeutend ist die Menge, welche an der frischen Nehrung, und noch geringer die, welche an der Kurischen Nehrung gewonnen wird. Herrn Douglas ist nur die Küste von Memel bis zum Gebiete von Danzig jenseits des Dorfes Polsky auf der frischen Nehrung verpachtet; was bei Danzig gesammelt wird, gehört der Stadt, die es abgesondert verpachtet hat. Die Richtung des Windes, welche die Antreibung des Bernsteins am meisten begünstigt, ist nach der Lage der Küste in den verschiedenen Revieren verschieden, im Allgemeinen sind es aber doch besonders anhaltende Nordwinde, bei denen der Bernstein mit den Wellen angespült wird, nach deren Stillung durch West-Südwest- und Nordwest-Winde, der Bernstein mit dem sogenannten Bernsteinkraut (*Fucus vesiculosus* und *fa-*

stigiatus), worin er eingewickelt liegt, aus dem Wasser ans Land getrieben wird.

Der Landbernstein wurde früher in den Jahren 1782-1806 bei den Dörfern Gross-Hubnicken und Kraxtepellen an der Samländischen Küste auf eine förmlich bergmännische Weise durch Schächte und Stollen betrieben. Der Bernstein findet sich hier in einer schwarzen, mit Stücken von Braunkohle gemengten, sehr vitriolischen thonichten Sandschicht, die gegen den Fuss des hohen Ufers, welches hier eine Höhe von 100-150 Fuss erreicht, ihr Ausgehendes hat. Die Gewinnung war wegen der darüber liegenden mächtigen Sanddecke sehr mühsam und beschwerlich, erhielt sich aber dadurch, dass man in dem gegrabenen Bernstein viel mehr Sortiment antraf, als in dem Seebernstein. Jetzt wird der Bernstein auch noch gegraben, allein die Gewinnung geschieht nicht durch unterirdischen Bau, sondern von Tage aus, wobei Herr Douglas, wie er mir sagte, die ganze Sanddecke abtragen, und von einem kleinen vorbeifliessenden Flusse, dessen Richtung er willkürlich verändern kann, ins Meer spülen lässt. Die Kosten, die diese Gräbereien verursachen, haben in einem Jahre allein 10,000 Thaler betragen, und die Arbeit hat sich gelohnt; da aber jetzt der Preis des Bernsteins gefallen ist, so führt Herr Douglas sie nicht mehr in einem so grossen Maasstabe aus. Mehr noch wie an der Königsberger Küste wird der Bernstein an der Küste von Danzig gegraben, wo er nach der Beschreibung von Aycke [1]) unter ganz ähnlichen Verhältnissen wie bei Königsberg vorkommt und ebenfalls nur durch Aufdeckarbeit gewonnen wird.

Dass man auch in Preussen in grösserer Entfernung von der Küste noch Bernstein und stellenweise

---

[1]) Fragmente zur Naturgeschichte des Bernsteins, von Aycke, Danzig, 1835.

in grosser Menge antrifft, ist bekannt. So hat sich auch das Stück gefunden, welches in der Königl. mineralogischen Sammlung in Berlin aufbewahrt wird, und das grösste ist, welches man kennt [1]).

Die Ehre in der Nähe einer Küste zu wohnen, die vor allen andern auf der Erde durch das Produkt, welches sie liefert, ausgezeichnet ist, müssen die Königsberger mit einigen Aufopferungen bezahlen. Sie können sich nicht der Annehmlichkeiten der See erfreuen, ohne sich einer lästigen Untersuchung von Seiten der zur Aufsicht angestellten Strandreiter auszusetzen, und haben nur einen einzigen Badeort bei dem Dorfe Kranz, am Anfange der Kurischen Nehrung in einer Gegend, die die traurigste der ganzen Küste ist, an welcher aber nur wenig Bernstein von der See ausgeworfen wird. Noch mehr haben davon die Strandbewohner selbst zu leiden, da sie bei der Unfruchtbarkeit der Küste grösstentheils auf den Fischfang in der See angewiesen sind. Sie dürfen nur von bestimmten Stellen aus in See gehen, und haben, wenn sie an andern Orten angetroffen werden, zu befürchten, nach Königsberg oder Fischhausen zur Untersuchung gebracht zu werden, was, wenn man sie auch freispricht, ihnen doch immer einen Aufenthalt von einem oder mehreren Tagen verursacht. Allerdings mag der

---

[1]) Es fand sich i. J. 1803 auf dem Gute Schlappachen zwischen Gumbinnen und Insterburg, ist $13\frac{3}{4}$ Zoll rheinl. lang, $8\frac{1}{2}$ Zoll breit, auf der einen Seite $5\frac{5}{8}$ Zoll, auf der andern $3\frac{1}{2}$ Zoll dick, und hat ein Gewicht von 13 Pfunden $15\frac{3}{4}$ Lth. Ursprünglich war es noch etwas grösser, da der Finder, unbekannt mit seinem Funde, ein Stück, etwa 8 Lth. abgeschlagen hatte. Es ist von der durchscheinenden Art, hat also sogenannte Kunstfarbe, ist jedoch stellenweise fleckig. Der Besitzer des Gutes, der Oberförster Eckert, erhielt für seine Ablieferung eine Belohnung von 1000 Thalern, woraus sich ergiebt, dass sein Werth auf 10000 Thalern geschätzt worden ist, da nach der gesetzlichen Bestimmung der zehnte Theil vom Werthe des eingelieferten Bernsteins nach pflichtmässiger Schätzung dem Finder auf eigenem Grundstück als Belohnung bewilligt wurde.

hohe Werth, in welchem die Bernsteinstücke von einiger Grösse stehen, und die Leichtigkeit, mit welcher die Strandbewohner zum Besitze derselben gelangen können, manchen derselben zum Diebstahl verführen und eine strenge Aufsicht nöthig machen; sie bleibt nichts desto weniger für die Strandbewohner ein grosses Unglück, mag sie auch noch so schonend und liberal sein, wie man sie von dem jetzigen Oberpächter allgemein rühmt. Um das Schicksal der Strandbewohner zu erleichtern, ging daher die Regierung von Königsberg im Jahre 1809 damit um, den Bernstein den Bewohnern des Strandes selbst zu verpachten, doch muss man dabei, so einfach die Sache auch scheint, auf Schwierigkeiten gestossen sein; die Unterhandlungen, die man schon mit den Strandbewohnern angeknüpft hatte, zerschlugen sich, und man nahm das Anerbieten zur Pachtung von Herrn Douglas an, der sie noch jetzt hat.

Der weitere Weg von Königsberg nach Petersburg führte zur Zeit unserer Reise noch über Memel, da die neue Kunststrasse, die jetzt über Tilsit und Tauroggen nach Mitau geht, noch nicht angelegt war. Nach Memel selbst kann man von Königsberg auf zwei Wegen gelangen; ein Weg geht über Tilsit an der Ostseite des Haffs, ein zweiter auf der Kurischen Nehrung an der Westseite des Haffs entlang. Der erste Weg ist weiter, geht aber ohne Unterbrechung fort, dagegen man bei dem zweiten genöthigt ist, sich am Ende der Nehrung über das Haff setzen zu lassen. Der erste Weg wird gewöhnlich von der Fahrpost genommen, der zweite meistentheils von den Extraposten gewählt; zu diesem mussten wir uns um so mehr entschliessen, da wir schon in Königsberg hörten, dass bei Tilsit der Memelfluss übergetreten sei und die Strasse unfahrbar gemacht habe. Wie indessen das Haff beschaffen sei, konnten wir nicht genau erfahren. Wir verliessen Königsberg am Morgen des 18ten Aprils.

Wir fanden aber den Weg noch schlechter, als wir erwartet hatten; der Schnee, der auf dem Felde schon geschmolzen war, hatte sich auf der Strasse, wo er durch früheres Fahren fest geworden, noch gehalten. Das Schneewasser der Felder hatte ihn indessen stellenweise untergraben; das über solchen Stellen befindliche Gewölbe von Eis konnte die Last des Wagens nicht mehr halten, weshalb wir häufig einbrachen. Ein Versuch, den der Postillon von einem unserer Wagen machte, auf dem Lande zur Seite der Strasse zu fahren, kostete mehrere Stunden Aufenthalt, der Wagen sank bald darauf bis über die Axen in den erweichten Boden ein und konnte nur mit Hülfe vieler Menschen, die aus einem benachbarten Dorfe geholt werden mussten, und mit Hebebäumen und Brettern herbeieilten, wieder herausgehoben werden. Auf diese Weise konnten wir den ganzen Tag nicht weiter als bis Sarkau, dem ersten Dorfe auf der Nehrung und der zweiten Station von Königsberg gelangen, die wir bei untergehender Sonne erreichten, und in welcher wir die Nacht über blieben.

Den folgenden Tag fuhren wir auf der Nehrung entlang, jener schmalen Landzunge, die sich bis in die Nähe von Memel, 13½ Meile weit erstreckend, das Kurische Haff von der Ostsee trennt. Obgleich sie kahl und mit Flugsand bedeckt ist, den der Wind bald hier bald dorthin aufhäuft, befinden sich auf ihr doch ausser Sarkau noch mehrere Dörfer, deren Einwohner sich grösstentheils von der Fischerei ernähren. Die Dörfer liegen alle auf der östlichen Seite an dem Haffe, der Weg dagegen geht auf dem westlichen Ufer entlang, wo man zur Bezeichnung desselben Bäume gepflanzt hat; da er aber zwischen diesen nicht anders wie an jeder andern Stelle ist, so nimmt man ihn, wo man solchen am besten findet, gewöhnlich unmittelbar am Ufer, wo der durch die Wellen bespülte Sand mehr Festigkeit gewährt. In der Mitte der Landzunge zieht sich ein fast ununterbrochener Dünenzug hin, der die Aussicht auf die Dörfer und grösstentheils auch auf das Haff verbirgt. Da nun auch die Postillone, wenn sie in der Nähe der Stations-Dörfer angekommen sind, auszuspannen, mit den Pferden allein in die Dörfer zu reiten und die neuen Postillone mit den Pferden herauszuschicken pflegen, um nicht nöthig zu haben den Dünenzug zweimal zu überfahren, so bekommt man auf diese Weise die Dörfer gar nicht zu Gesicht.

Erst spät am Abend waren wir auf der Spitze der Nehrung, Memel gegenüber angekommen, als wir zu unserm Bedauern sahen, dass das Haff mitten im Eisgange begriffen und die Ueberfahrt nach Memel jetzt unmöglich sei. Wir mussten also in dem einzelnen Wirthshause, welches sich hier befindet und der Sandkrug heisst, den Eisgang abwarten.

Der Eisgang wurde aber den folgenden Tag nur um so stärker und nahm von da an erst ab, so dass wir zwei volle Tage vergeblich auf die Ueberfahrt warten mussten. Die Strömung, die, wie schon aus der Gestalt der Nehrung hervorgeht, gewöhnlich an dem östlichen Ufer am stärksten ist, hatte sich ganz auf das diesseitige westliche Ufer hingezogen; in der schmalen Meerenge zusammengedrängt, unterwühlen die Eismassen das steile, wohl 60-80 Fuss hohe Sandufer, so dass dieses beständig zusammenstürzte. Schon vor unserer Ankunft war ein bedeutendes Stück des Ufers fortgerissen, die Einstürze nahmen am 20sten vor unsern Augen immer zu, der Wirth des Sandkruges war deshalb genöthigt, eine Windmühle, die er nicht mehr für sicher hielt, abzubrechen; am 21sten war von der Stelle, wo sie gestanden hatte, schon nichts mehr zu sehen, und als wir am Morgen des 22sten den Sandkrug verliessen, war man beschäftigt, noch ein zweites

Gebäude, welches dem Ufer näher lag als das eigentliche Wohngebäude, und nach der Aussage des Wirthes noch vor einigen Tagen 500 Fuss vom Ufer entfernt gestanden hatte, abzubrechen. Diese Verwüstungen geschahen nicht nur an einer Stelle, sondern an dem ganzen Ufer der Nehrung, soweit wir es sehen konnten. Der mit fortgerissene Sand musste sich, wenn sich die Schnelligkeit des Stroms beim Eintritte in das Meer verminderte, wieder absetzen und drohte so die Einfahrt in den Hafen zu verhindern, was man in Memel, wie wir gleich erfuhren, mit grosser Besorgniss erwartete [1]).

Abgesehen aber von den für unsern Wirth so traurigen Wirkungen, war dieser ausserordentliche Eisgang ein sehr schönes Schauspiel. Die Grösse der Eismassen war ebenso bedeutend, als die Schnelligkeit, mit welcher sie vom Strome fortgerissen wurden. Während die Strömung, wie Veit (a. a. O. S. 459) angiebt, gewöhnlich höchstens 3 Fuss beträgt, fanden wir sie am 20sten Nachmittags in der Mitte des Haffstroms 7,4 Fuss in der Sekunde, und an dem Ufer, wo

---

[1]) Glücklicher Weise war diese Besorgniss ungegründet, wie wir bei unserer Rückkehr erfuhren. Die Nehrung zieht sich als Untiefe unter dem Wasser noch etwa 500 rheinl. Ruthen in gleicher nördlicher Richtung fort, und nähert sich da dem gegenüberliegenden Ufer so, dass die Breite des Haffstroms an dem unterseeischen Ende nur 30 Ruthen beträgt, während sie am überseeischen Ende 103 Ruthen, und bei dem Sandkruge, wo die Ueberfahrt nach Memel ist, etwa gleichviel weiter südlich, 136 Ruthen ausmacht (s. Veit's Beschreibung des Memelschen Hafens in den Beiträgen zur Kunde Preussens Th. 4, S. 458). An dem unterseeischen Ende der Nehrung befindet sich in dem Haffstrom eine schmale Untiefe, die Bank genannt, an welcher das Wasser die zu den verschiedenen Zeiten verschiedene Tiefe von 11-17 Fussen hat; die also wenn sie angewachsen ist, den grösseren Schiffen, wenigstens bei voller Ladung, die Einfahrt von der Rhede in den Hafen verwehren kann. Die Strömung bei dem jetzigen Eisgange war indessen so stark gewesen, dass ungeachtet der mit fortgeführten Sandmassen, die Bank keinesweges an Höhe zugenommen, sondern eher abgenommen hatte.

die Reibung grösser war, 5,8 Fuss. Freilich konnten wir sie nur annähernd bestimmen, indem wir am Ufer an einer passenden Stelle eine Basis von 100 Schritt, die für 200 Fuss angenommen wurde, abschritten, und mittelst der Uhr die Zeit bestimmten, die deutlich sich auszeichnende Eismassen brauchten, um eine ähnliche Erstreckung im Strome zu durchlaufen; indessen konnten doch die Abweichungen des von uns gefundenen Resultats von der Wahrheit nicht sehr gross sein. Die Eisschollen waren alle in stengliche Stücke zerklüftet, die senkrecht auf der Oberfläche derselben standen, und mit einer Menge solcher losen Eisstengel war der ganze Uferrand bedeckt.

Unter den wenigen Conchylien, welche wir am Strande von dem Meere ausgeworfen fanden, erregte besonders der merkwürdige *Mytilus polymorphus* unsere Aufmerksamkeit. Pallas hatte ihn zuerst in der Wolga bei Astrakan entdeckt, und Hr. Ehrenberg im vorigen Jahre (1828) bei Berlin im See von Tegel einzeln, und bei Potsdam in der Havel in zahlloser Menge beobachtet. Er fand ihn besonders häufig in der Nähe des Sandkrugs und gleichzeitig mit andern Süsswasser-Conchylien in halbsüssem Seewasser. Da alle übrigen lebenden bekannten *Mytilus*-Arten Seethiere sind, so hat man an dieser Form einen wichtigen Beweis, dass sich in der Geognosie nicht immer durch Vorkommen der *Mytilus*-Form auf Meeresboden schliessen lässt. Derselbe *Mytilus* ist auch als *Mytilus Hagenii* beschrieben worden. Herr Ehrenberg fand ihn später bei Astrakan im Kaspischen Meere sehr zahlreich wieder.

Den ersten Tag unseres Harrens hatten wir das heiterste Wetter von der Welt, und in einem freundlichen gemüthlichen Zimmer einquartirt, wäre, ohne die verdriessliche Verzögerung der Reise, unsere Lage gar nicht unangenehm gewesen. Wir hatten aus dem Zimmer die Aussicht auf Memel, das nächste Ziel unserer Wünsche; vor uns lag die Meerenge, auf welcher die Eismassen ihr Spiel trieben, links von uns die See mit der Rhede, auf welcher die Zahl der Schiffe sich stündlich mehrte, die gleich uns das Ende des Eisganges abwarteten, um in den Hafen einzulaufen; zunächst um uns war alles öde, aber diese Öde vermehrte nur die Eigenthümlichkeit der Ansicht, der Boden war reiner Flugsand, von dem die Sonne schon den Schnee geschmolzen hatte, nirgends sah man eine Spur des Anbaus, selbst die wenigen Häuser waren der Beweglichkeit des Sandes kein Hinderniss, man hatte sie auf Pfählen erbaut, um ihr Versanden zu verhindern.

Herr v. Humboldt benutzte die Musse und die Ebene um das Haus, um die Neigung der Magnetnadel und die Intensität der magnetischen Kräfte zu bestimmen. Er fand die Neigung 69° 39',8; in Königsberg hatte er dieselbe am 17. April auf einem Platze neben der Sternwarte, sowie in Berlin am 9. April, wenige Tage vor der Abreise, im Garten von Bellevue beobachtet, und am erstern Orte gemeinschaftlich mit Prof. Bessel 69° 25',8, am letztern 68° 30',7 gefunden; die Inklination war also bei dem Sandkruge um 1° 9',1 grösser als in Berlin. [1]) Die Ebene und das heitere Wetter eigneten sich sehr zur Beobachtung, aber der stattfindende, wenn auch nur geringe Wind erschwerte sie, daher Herr v. Humboldt in Petersburg Sorge trug, sich für diese Beobachtungen auf der weitern Reise ein Zelt machen zu lassen.

Wie die Schiffe am Ausgange der Meerenge, so mehrte sich auch die Zahl der Passagiere im Sandkruge. Am zweiten Tage kam die fahrende Post, welche wegen der Ueberschwemmungen des Memelflusses bei seiner Mündung in das Haff ihren Weg über die Nehrung genommen hatte. Bei der Zahl der Gäste fingen schon an die Lebensmittel zu fehlen, daher wir

---

[1]) S. v. Humboldt, *Fragmens asiatiques* 1831, T. II, p. 565.

angenehm überrascht wurden, als am Abend des 21sten, wo schon kleine Boote über das Haff geschickt werden konnten, Herr Ober-Post-Director Goldbeck in Memel uns gütigst damit versah. Den 22sten Morgens hatte endlich der Eisgang so nachgelassen, dass auch in grösseren Booten, in welche man die Wagen setzte, die Ueberfahrt bewerkstelligt werden konnte, mit denen wir denn glücklich am andern Ufer anlangten.

Wir konnten es den freundlichen Einladungen des Herrn Postdirectors Goldbeck nicht versagen, den Vormittag des 22sten noch in Memel zuzubringen. Er führte uns in der Stadt umher und auf die Citadelle, welche letztere auf einer Anhöhe, hart am Haffe, zur Linken des Dangestroms liegt, der sich bei derselben in das Haff ergiesst und Memel in zwei Theile theilt. Von den Wällen der Citadelle hat man eine schöne Aussicht auf die Stadt, den Hafen und die Meerenge, die durch die Schiffe belebt war, welche jetzt zum Theil mit vollen Segeln dem Hafen zueilten. Der Handel von Memel ist sehr bedeutend und besteht grösstentheils in Holz, das aus Polen und Kurland kommt und hier weiter verschifft wird, daher die Kaufmannschaft in grosser Besorgniss wegen eines Planes der Russischen Regierung war, die Windau weiter aufwärts schiffbar zu machen, weil sodann das Holz Kurlands nicht mehr in Memel, sondern in der Stadt Windau verschifft werden würde.

Nach einem heitern Mahle bei dem Herrn Postdirector reisten wir von Memel ab. Der Weg war nicht viel besser als hinter Königsberg; mehrmals blieben wir im Schmutze stecken und konnten nur mühsam uns herausarbeiten lassen, doch kamen wir weiter. Vier Meilen hinter Memel verlässt man das Preussische Gebiet, die erste Russische Gränzstadt ist Polangen; die Befehle des Russischen Finanzministers, Grafen von Cancrin, uns ungehindert passiren zu lassen, waren längst angekommen, wir konnten also, nachdem wir eine Podoroschna, oder einen Erlaubnissschein mit Postpferden reisen zu können, gelöst hatten, unsere Reise sogleich fortsetzen. Bei dem Dorfe Schrunden setzten wir den Abend des folgenden Tages über die Windau; der Eisgang war hier schon vorüber, aber das hohe Wasser und die schlechten Ufer, die durch den Eisgang sehr beschädigt waren, erschwerten sehr die Ueberfahrt. Eben so hielt uns den folgenden Tag ein kleiner Fluss, die Schwete auf, über welchem die Brücke zwar noch stehen geblieben war, doch wie eine Insel in einem weiten See hervorragte. Mit dem Ungemach der bösen Wege kämpfend wurden wir durch die gastliche Freundlichkeit des Herrn Starosten von der Ropp auf Paplacken (zwischen Tadaiken und Oberbartau) überrascht, der uns durch seinen jüngern Sohn, einen muntern Knaben, Erfrischungen schickte. Der Starost hat angefangen, auf seine Kosten die vaterländischen Vögel in einzelnen Heften zu beschreiben. Am Abend kamen wir nach Mitau. Die Aa und Düna, über die wir jenseits Mitau setzen mussten, waren wegen des hohen Wassers in der Nacht nicht zu befahren, wir entschlossen uns daher die Nacht in Mitau zu bleiben, wo wir eine Deichsel wieder in Stand setzen liessen, die während des Tages zerbrochen war.

Auf dem Wege von Polangen nach Mitau sieht man nur wenig grosse Dörfer. Die Gehöfte der Bauern liegen einzeln und zerstreut, wie auch die Güter der Edelleute, wodurch aber die Gegend viel Abwechselung und Leben erhält, und in einer bessern Jahreszeit auch recht angenehm zu bereisen sein muss. Jetzt aber war hier noch völliger Winter.

Die Ueberfahrt über die Aa am Morgen des 24sten ging trotz des hohen Wassers recht gut, schwieriger war die Ueberfahrt bei Riga über die Düna, die noch im Eisgange begriffen war. Die Wagen wurden einzeln in grosse Boote geladen, auf denen wir mit vollen Segeln immer zwischen den Eisschollen durchsegelten.

Riga hat das Ansehn einer alten Hansestadt mit seinen hohen Giebelhäusern, schmalen Strassen und dem Leben auf denselben. Erst am Nachmittage konnten wir Riga verlassen; wir fuhren durch die weitläuftigen Festungswerke und die Vorstädte, die neu sind, da sie bei der Belagerung von 1812 ganz abgebrannt waren, und kamen in der Nacht glücklich über die kleine Aa, worauf wir, ohne weiter durch übergetretene Flüsse aufgehalten zu werden unsern Weg bis Dorpat weiter fortsetzten. Wir erhielten jetzt eine Probe von der Schnelligkeit, mit der man in Russland reist. Herr General v. Schöler in Petersburg hatte uns einen Courier entgegengesandt, der uns in Riga schon erwartet hatte und nun vor uns die Pferde auf den Stationen bestellte; so legten wir die 239 Werste von Riga nach Dorpat, trotz der sehr schlechten Wege in 33 Stunden zurück. Es war uns lieb durch diese Gegend recht schnell zu reisen; sie ist uninteressant, sandig und zum Theil mit Fichtenwaldung bedeckt. Man kommt nur durch eine kleine Stadt, Walk; bei einer andern Wolmar, einige Stationen vorher, ist man zur Seite vorbeigefahren. In Dorpat kamen wir den 27sten April ganz früh am Morgen bei einem heftigen Schneegestöber an.

Die Verzögerung, die unsere Reise schon erlitten hatte, nöthigte uns ungeachtet des grossen Interesses, welches Dorpat als ein wissenschaftliches Institut natürlich in uns erregen musste, nur so kurze Zeit als möglich in dieser Stadt zu verweilen. Wir hatten diese nöthige Eil um so mehr zu beklagen, als wir durch den Umgang so vieler ausgezeichneten Männer, deren mehrere uns gleich bei der Ankunft so herzlich bewillkommneten, wie durch den Reichthum und die Vortrefflichkeit der wissenschaftlichen Sammlungen uns angezogen fühlten. Um unsere Zeit zu benutzen, mussten wir uns vereinzeln, und ich folgte gern dem Herrn Professor v. Engelhardt auf das mineralogische Museum, während Herr v. Humboldt mit Herrn Prof. Struve nach der weitberühmten Sternwarte und Herr Ehrenberg mit den Herren Prof. v. Ledebour und Meyer dem botanischen Garten zueilten. In dem mineralogischen Museum, wohin auch Hr. v. Humboldt später nachfolgte, war ich erfreut, einen alten Freund, den Hrn. Ulprecht, wiederzufinden, mit dem ich schon im Jahre 1821 auf einer Reise in Schweden in Fahlun zufällig zusammengekommen war, und mehrere angenehme Tage verlebt hatte. Er war früher Zeichenlehrer gewesen, gab aber später diese Beschäftigung ganz auf und folgte als unabhängiger Mann seiner Liebe zur Mineralogie, wodurch er bald Hrn. v. Engelhardt's Hauptstütze bei dem Einsammeln seiner vortrefflichen geognostischen Sammlungen wurde. Schon bei vorgerücktem Alter war er noch von grosser Lebhaftigkeit und Thätigkeit; leider hat ihn nach der Zeit der Tod übereilt, wie schon so Manchen, dessen Bekanntschaft uns auf der Reise Belehrung und Genuss verschafft hatte.

Die mineralogischen Sammlungen sind in einem grossen hellen Saale auf eine Weise aufgestellt, wie sie bei öffentlichen Sammlungen gewiss die zweckmässigste ist, wo der Raum es irgend nur gestattet. Die systematischen mineralogischen Sammlungen sind auf Schränken von der Gestalt von Tischen aufgestellt, und mit niedrigen Glaskasten bedeckt. Die geognostischen Sammlungen befinden sich in den Schränken an den Wänden ebenfalls unter Glas, oder in den Schubkasten in den Schränken von Tischformat. Unter den Mineralien der systematischen Sammlungen zogen meine Aufmerksamkeit besonders diejenigen auf sich, welche Hr. v. Engelhardt von seiner letzten Reise vom Ural mitgebracht hatte. Ich sah viele von diesen hier zum ersten Male, und Hr. v. Engelhardt theilte mir über sie Notizen mit, die mir bei der weitern Reise sehr schätzbar waren. Seitdem habe ich diese Mineralien in den vielen Sammlungen in Petersburg und an Ort und Stelle wiedergesehn, und oft, wie das nicht fehlen konnte, noch viel besser und schöner; aber der Eindruck, den sie auf mich machten, war hier am stärksten und lebhaftesten, da ich sie hier zum ersten Male in solcher Schönheit sah. Ich erwähne der Einzelheiten hier nicht, und werde die Mineralien da beschreiben, wo wir sie an Ort und Stelle zu beobachten Gelegenheit hatten.

Unter den geognostischen Sammlungen interessirte Herrn v. Humboldt, wie mich, besonders die Sammlung der Gebirgsarten von Ehstland und Livland, die Herr v. Engelhardt in grosser Vollständigkeit und Schönheit aufgestellt hatte. Herr v. Engelhardt hatte die Güte, uns diese zu erklären und seine Ansichten darüber mitzutheilen. Die Küsten von Ehstland am Finnischen Meerbusen bestehen nach ihm hauptsächlich aus einem dichten Kalkstein, der durch die vielen wohlerhaltenen Trilobiten- und Orthoceratiten-Versteinerungen, welche er enthält, bekannt ist, und in ziemlich horizontalen Lagen von 30-60 Fuss Mächtigkeit vorkommt. Er liegt auf einem feinkörnigen Sandstein, der sich an der Küste bis höchstens 120 Fuss über das Meer erhebt, und zu seinem Liegenden wiederum einen graulich grünen Thon hat, der zunächst über dem Meeresspiegel erscheint. Der Sandstein ist versteinerungsleer, jedoch findet sich in ihm, wie Herr v. Engelhardt beobachtet hat, Bernstein eingeschlossen. Die untern Schichten des Kalksteins enthalten häufig kleine Körner von Grünerde, wie der Grünsand der Kreideformation, und werden von dem unter ihnen liegenden Sandstein durch dünne Lagen von Grünerde, bituminösen Thonschiefer, Eisenkies und eine etwa 3 Zoll mächtige, nur aus Muschelfragmenten bestehende Schicht getrennt, welche Zwischenschichten im Ganzen eine Mächtigkeit von etwa 5 Fuss erreichen.

Südlich von der Küste zieht sich in gleicher Richtung mit ihr ein Bergrücken hin, der eine Höhe von 400 Fuss erreicht, und die Wasserscheide zwischen den in den Finnischen Meerbusen und den in den Peipus See und den Pernauschen Meerbusen fallenden Flüssen bildet. Auf diesem Rücken finden sich keine bedeutende Thaleinschnitte, wodurch die Schichten bis zum Sandstein entblösst würden; doch kommt beim Schlosse Oberpahlen, 130 Werste von Reval und 40 Werste von Dorpat entfernt, Kalkstein vor, der Trilobiten, aber auch Knollen von einem in Feuerstein übergehenden Hornstein enthält. Erst der Embach, an welchem Dorpat liegt, schneidet tiefer ein. Sein Bette besteht aus einem Sandstein, der fossile Zähne und Knochenfragmente von Sauriern enthält, den aber doch Herr v. Engelhardt als von gleicher Formation mit dem der Küste betrachtet, theils wegen der Nähe des Trilobiten-Kalksteins von Oberpahlen, theils wegen seiner niedrigen Lage, denn nach den Untersuchungen des Herrn Prof. Struve liegt der mittlere Wasserstand des Embaches nur 100 Fuss über dem Meere, und ist also tiefer als das höchste Niveau des Sandsteins an der Ehstländischen Küste. Auf eine gleiche Weise hält auch Hr. v. Engelhardt den Kalkstein, der in Mittel- und Süd-Livland [1]) den Sandstein bedeckt, überall für den Küstenkalkstein, wiewohl er nur an einzelnen Stellen die gewöhnlichen Trilobiten-Versteinerungen führt.

Herr v. Engelhardt fühlte sich durch die angeführten Gründe aber nicht allein bewogen, die Formation von Ehstland und Livland für identisch zu halten: der Umstand, dass der Sandstein der Küste Bernstein, der Sandstein von Dorpat Knochen von Sauriern enthält, die Grünsand ähnlichen Schichten in dem untern Theil des darüber liegenden Kalksteins und die Hornsteinknollen, die er zuweilen in den obern enthält, ver-

[1]) Die Berge erheben sich hier zu ziemlich bedeutenden Höhen, wie in dem Munna Meggi und Wölla Meggi, von denen der erstere, neun Meilen südlich von Dorpat gelegen, nach den genauen trigonometrischen Messungen von Struve, eine Höhe von 997 Par. Fussen über dem Meere, der letztere von 946 Fussen hat.

anlassten ihn auch, den Kalkstein nicht nach der gewöhnlichen Ansicht für Uebergangskalkstein zu halten, sondern ihn, ungeachtet der sonst den Uebergangskalk so bezeichnenden Trilobiten-Versteinerungen, als zur Kreideformation gehörig zu betrachten.

Herr v. Humboldt von dieser anscheinend paradoxen Meinung betroffen, ersuchte Herrn v. Engelhardt seine Ideen über diese Formation in einer besondern Abhandlung zu entwickeln und ihm dieselben mitzutheilen. Er willigte gern darin ein, und übergab bei unserer Rückkehr Herrn v. Humboldt einen Aufsatz, dem er eine Karte und eine kleine geognostische Sammlung hinzugefügt hatte, die sich jetzt mit den übrigen Sammlungen, die wir von der Reise mitgebracht haben, in der Königlichen Sammlung in Berlin befindet. Die Abhandlung selbst ist seit der Zeit in Karsten's Archiv für Mineralogie, Geognosie, Bergbau und Hüttenkunde Th. 1, S. 94 gedruckt erschienen, begleitet von einigen Bemerkungen, die Herr v. Buch demselben (S. 174) hinzugefügt hat. Herr v. Buch, ohne die grossen Vorzüge dieser gründlichen, vortrefflich durchgeführten Arbeit zu verkennen, bemerkt doch darin sehr richtig, dass der Zusammenhang weder des Dorpater Sandsteins mit dem der Küste, noch des Kalksteins im Innern von Livland mit dem von Ehstland durch unmittelbare Beobachtungen nachgewiesen wäre, und dass die blosse Uebereinstimmung im Niveau des Dorpater Sandsteins mit dem der Küste darüber unmöglich entscheiden könnte. Der Ehstländische Kalkstein käme durch seine Versteinerungen vollkommen mit dem von Gothland überein, wo seine Lagerung keinem Zweifel unterworfen sei; daher man nicht umhin könne, jenen wie diesen zur Uebergangsformation zu rechnen. Herr v. Buch bemerkt weiter, dass schon Herr Prof. Eichwald in seiner Abhandlung über die Trilobiten, welche in Kasan 1825 erschienen ist, (S. 15) der Ansichten des Herrn v. Engelhardt erwähnt und gezeigt hat, wie sehr sie in Widerspruch ständen mit dem, was man an der Skandinavischen Küste mit Sicherheit beobachtet hat.

Ich halte es nicht für überflüssig diesen Erörterungen eine Beschreibung der Sammlung, die Herr v. **Engelhardt** an Herrn v. **Humboldt** übergeben hat, hier folgen zu lassen, da die guten Stücke und die vielen deutlichen Versteinerungen, die sie enthält, vielleicht schon ganz bestimmte Schlüsse auf die Formationen, zu denen sie gehören, erlauben. Die Bestimmungen der Versteinerungen rühren dabei sämmtlich von Herrn **Quenstedt** her, der die Güte gehabt hat, sie auf meine Bitte zu untersuchen, und mir seine Bemerkungen, wie auch seine Ansichten über die Formationen, zu welchen die Stücke nach den Versteinerungen gehören konnten, mitzutheilen. Herr v. **Engelhardt** hat jedem Stücke ein Etiquett beigegeben, worauf die Angabe des Fundorts und der Lagerung steht. Ich will diese Angaben zuerst unverändert anführen, und dann meine Beschreibung mit den Bestimmungen von Herrn **Quenstedt** folgen lassen.

Ehstland.

Küste des Finnischen Meerbusens.

1. *a.* Untere Felslage am Meer; Malla zwischen Reval und Narwa.

Sandstein, sehr feinkörnig, gräulichweiss mit splittrigem Bruche, braust sehr unbedeutend mit Säuren und enthält etwas Eisenkies fein eingesprengt.

1. *b.* Ebendaher.

Sandstein, feinkörnig, schwach röthlichweiss mit eingemengten kleinen Glimmerblättchen.

1. *c.* Untere Felslage am Meer, Lucca bei Reval.

Sandstein, feinkörnig, etwas gelblichweiss, mit fein eingemengten kleinen Glimmerblättchen.

1. *d.* Aus der untern Lage am Meer.

Eisenkies, eingewachsene Kugel, an der Oberfläche mit kleinen Hexaëdern besetzt, mit anhängendem Thon.

2. Auf der untern Lage 1, Wiems bei Reval.
Ein Konglomerat von kleinen Muscheln, die mit den Unguliten von Pander vollkommen übereinstimmen. Sie gehören den Brachiopoden an und sind der Gattung *Lingula* verwandt.

3. *a.* Auf 2, Reval.
Eisenkies mit verkiesten Unguliten, worin ein Stück bituminöser Thonschiefer eingeschlossen ist, manchen Vorkommnissen im Lias auffallend ähnlich.

3. *b.* Auf 2, Leez bei Baltisport.
Sandstein, kleinkörnig, mit vielem feineingesprengten Eisenkies gemengt.

4. *a.* Auf 3, Baltisport.
Thonschiefer, sehr bituminös, braun und dünnschieferig; enthält Versteinerungen eines vielleicht neuen Gorgoniten. Die einfache Spaltung seiner Hauptzweige, die unter sich überall von gleicher Stärke sind, sowie die feinen Querästchen, geben ihm ganz den Typus der Gorgonien des ältern Gebirges. Die einzelnen Maschen haben aber den vierfachen Flächeninhalt von dem der *G. infundibulum* (Goldfuss) des Uebergangsgebirges.

In der erwähnten Abhandlung wird er für ein *Fucus* ausgegeben, wogegen aber, abgesehen von andern Gründen, die Zellen der Polypen sprechen, welche längs den Hauptzweigen scheinbar in einfachen Reihen herablaufen.

4. *b.* Auf 3, Baltisport.
Derselbe bituminöse Thonschiefer, mit einer bedeckenden dünnen Lage von Eisenkies, der in Hexaëdern krystallisirt ist.

4. *c.* Auf 3, Reval.
Derselbe, gräulichbraun, etwas dickschiefriger.

4. *d.* Aus der Schicht 4, gebrannt, Reval.
Durch das Brennen ist die Farbe ziegelroth, das Anfühlen rauh und mager geworden.

5. *a.* Auf 4, Reval.
Grünerde, thonicht, etwas fettig anzufühlen.

5. *b.* Auf 4, Reval.
Dieselbe, mehr erdig und dunkler grün.

5. *c.* Auf 4, Baltisport.
Kalkstein, dicht, graulichweiss mit einer grossen Menge inliegender Körner von Grünerde und Bruchstükken ähnlicher Unguliten wie in No. 2.

5. *d.* Aus 5. Fall bei Reval.

Eisenkies, eingewachsene kuglichte Zusammenhäufung mit anhängender Grünerde. Auf der Oberfläche kleine Hexaëder mit abgestumpften Ecken.

6. *a.* Unterste Kalksteinlage, unmittelbar über 5, Baltisport.

Kalkstein, dicht, mit einer grossen Menge inliegender sehr feiner Körner von Grünerde und einer *Orthis* (Dalmann), das erste Stück dieser Reihe, dessen Versteinerungen mit den anderweitig bekannten Versteinerungen des Uebergangsgebirges übereinstimmen.

6. *b.* Unterste Kalksteinlage, auf 6. a, Reval.

Kalkstein, dicht und grau, mit inliegenden, etwas grössern Körnern von Grünerde, als in 6 a, enthält Bruchstücke von Brachiopoden des Uebergangsgebirges.

6. *c.* Unterste Kalksteinlage auf 6 b, Reval.

Kalkstein, blättrig-körnig und gelblichgrau, mit eingemengten Körnern von Grünerde.

6 *d.* Unterste Kalksteinlage auf 6. c, Lucca bei Reval.

Kalkstein, dicht, grau mit splittrigem Bruche und sparsam eingemengten kleinen Körnern von Grünerde; enthält *Orthis pecten* (Dalmann), die karakteristische Muschel des Uebergangsgebirges, und einen kleinen Trilobiten-Schwanz.

7. *a.* Dritte Kalksteinlage von oben, auf 6, Baltisport.

Kalkstein, grau und erdig, mit kleinen Kalkspathtrümmern durchzogen und mit Stücken von Trilobiten gemengt. Beim Auflösen in Säuren bleiben neben den Sandkörnern auch kleine Körner von Grünerde zurück.

7. *b.* Dritte Kalksteinlage von oben, auf 6 d.

Kalkstein wie 7. a, nur noch sandiger, und ebenfalls mit Trilobiten- und Muschelresten.

8. *a.* Zweite Kalksteinlage von oben, auf 7, Reval.

Kalkstein, dicht und gelblichgrau mit eingemengtem linsenförmigen Thoneisenstein, der etwa nur eine halbe Linie breit und concentrisch-schaalig ist, und in der Kalksteinmasse mehr oder weniger dicht nebeneinander liegt.

8. *b.* Zweite Kalksteinlage von oben, auf 7, Reval.

Steinkern mit nur wenig ansitzender Schaale von *Orthoceratites spiralis* (Pander, *Orth. duplex* Wahlenberg), der auch in dem Petersburger und Schwedischen Kalkstein sehr häufig vorkommt. Der ausfüllende Kalkstein ist derselbe wie der von 8 a, und enthält ebenfalls linsenförmigen Thoneisenstein.

8. *c.* Zweite Kalksteinlage von oben, auf 7, Reval.
Kalkstein, wie 8 a, etwas grauer und mit wenigerm Thoneisenstein gemengt.

8. *d.* Zweite Kalksteinlage von oben, auf 7, Toila zwischen Reval und Narwa.
Kalkstein mit *Asaphus cornigerus* (Brongniart, *expansus*, Dalmann). Findet sich auch in den Petersburger und Schwedischen Uebergangskalksteinen sehr häufig.

9. Obere Kalksteinlage auf 8, Reval.
Kalkstein, licht und grau.

9. *a.* Aus 9, Kunda zwischen Reval und Narwa.
Lituites imperfectus (Wahlenberg); auch in Schweden häufig.

9. *b.* Aus 9, Reval.
Trilobites Esmarkii (Schlottheim, *Asaphus crassicauda*, Dalmann), sehr häufig auch in Schweden.

9. *c.* Aus 9, Reval und Narwa.
Echinosphaerites Pomum (Wahlenberg), auch in Schweden.

9. *d.* Aus 9, Kusal zwischen Reval und Narwa.
Orthoceratites vaginatus (Schlottheim), findet sich auch in Oeland, der Mark Brandenburg und Schweden.

9. *e.* Aus 9, Westküste des Finnländischen Meerbusens, unweit Hapsal.
Calomopora fibrosa (Goldfuss). Sie ist viel grösser als die von Goldfuss, Tab. 64, Fig. 9 gezeichnete, aber ihre Hauptkennzeichen sind dieselben.

9. *f.* 30 Werste südlich von Reval, auf 9, Orrenhof.
Ein *Euomphalus*.

9. *g.* Aus 9, Katlentak, südwestlich von Reval.
Catenipora, der *C. labyrinthica* ähnlich, aber Zellen und Gänge etwa um das Doppelte grösser.

10. 73 Werste südlich von Reval auf 9, Noistfer.
Sandstein, weiss und feinkörnig.

11. *a.* Südöstlich von Reval, auf 10, Ottenküll.
Dolomit körnig und gelblichweiss, voller Steinkerne von unbestimmbaren *Delthyris*-Arten, die auf der Oberfläche, in den Höhlungen, welche durch Verwitterung der Schaalen entstanden sind, mit kleinen Rhomboëdern von Dolomit besetzt sind.

11. *b.* 75 Werste südlich von Reval, auf 10, Noistfer.
Kalkstein, gelblichweiss, mit vielen Muscheln an-

gefüllt, deren Schaalen sich nach Art der Producten ausbreiten, deren Schloss aber denen von *Delthyris* ähnlich ist; die Schaalen sind dick und faserig.

12. Abdachung nach Livland, 75 Werste südlich von Reval, neben 11.

Kalkstein, dicht, gelblichweiss mit röthlichen Flekken und splittrigem Bruch; enthält ausser vielen unbestimmbaren Brachiopoden Bruchstücke von einer der *Orthis pecten* (Dalmann) sehr verwandten Muschel.

13. 100 Werste südlich von Reval, unter 10, Hukas.

Sandstein, gelblichweiss und feinkörnig.

Nord-Livland.

14. *a.* 105 Werst, südlich von Reval, Fortsetzung von 13, Ruttigfer.

Kalkstein, graulichweiss und feinkörnig, doch noch mit splittrigem Bruche.

14. *b.* 105 Werste südlich von Reval, Fortsetzung von 13. a, Ruttigfer.

Kalkstein, ebenso mit späthigen Adern durchzogen.

14. *c.* 105 Werste südlich von Reval, aus 14. a, b.

Orthoceratites vaginatus (Schlottheim).

15. *a.* 120 Werste südlich von Reval, Fortsetzung von 14. Pajus.

Kalkstein, dicht gelblichweiss mit ebenem Bruche, wie Jurakalk aussehend.

15. *b.* 120 Werste südlich von Reval, Fortsetzung von 14. Pajus.

Kalkstein wie 14 a.

16. *a.* 120 Werste südlich von Reval, Fortsetzung von 15. Addafer.

Hornstein, graulichweiss, zum Theil mit etwas unebenem Bruche und mit Höhlungen.

16. *b.* 120 Werste südlich von Reval, Fortsetzung von 15. Addafer.

Hornstein, gelblich- und graulichweiss, voller Steinkerne von glatten *Delthyris*-Arten, zwischen denen kleine *Cerioporen* (Goldfuss) wie sie im Englischen Dudley-Kalkstein vorkommen.

17. *a.* 120 Werste südlich von Reval, Fortsetzung von 16, zwischen Oberpahlen und Pillistfer.

Dolomit, gelblichweiss mit röthlichen Flecken, feinkörnig und sandig, an der einen Seite mit Sternkernen bedeckt, die aus Hornstein bestehen, oder auch in Streifen den Dolomit durchziehen. Die Sternkerne sind glatte

Terebrateln, eine glatte *Delthyris*-Art mit derselben *Ceriopora* wie 16.

17. *b.* 120 Werste südlich von Reval, Fortsetzung von 16, Pillistfer.

Hornsteinkugel, graulichweiss.

17. *c.* 120 Werste südlich von Reval, auf 17 a, Cabbal.

Sandstein mit grossen eckigen Stücken von Feuerstein gemengt, ist wohl ganz neue Bildung.

18. *a.* 130 Werste südlich von Reval, Fortsetzung von 16, Oberpahlen.

Dolomit, gelblichweiss und sandig, mit späthigen Cyathokrinitenstielen, die eine dünne Rinde von Hornstein haben, der auch in kleinen Parthien sich an verschiedenen Stellen im Dolomite zeigt. Dazwischen ist Brachiopodenbrut zerstreut.

18. *b.* 130 Werste südlich von Reval, Fortsetzung von 16, Oberpahlen, auch mit Trilobiten-Fragmenten.

Dolomit wie 18 a. Die kleine Muschelbrut ist ganz dieselbe, ausserdem befindet sich darauf ein Trochit, der keine nähere Bestimmung zulässt, und glatte *Delthyris*-Arten.

19. 150 Werste südlich von Reval, letzter anstehender Kalkstein, Talkhof, 20 Werste von Dorpat.

Dolomit, feinkörnig, röthlichweiss, mit schmalen Höhlungen, an deren Wänden kleine Rhomboeder. Er ist an der einen Seite mit verkieselten Versteinerungen bedeckt, die mit *Cyathophyllum Ceratites* (Goldfuss) Aehnlichkeit haben. Cyathocrinitenstiele kommen mit diesen auch vor, die denen von *C. rugosus* gleichen. Der Dolomit giebt, in Chlorwasserstoffsäure aufgelöst, mit Kalkwasser einen sehr starken Niederschlag von Talkerde, die durch beigemischten Eisenoxydul nur sehr wenig grün gefärbt ist.

20. Dorpat, Embach-Thal.

Sandstein, etwas röthlichweiss, schiefrig und bröcklich, mit vielen kleinen silberweissen Glimmerblättchen gemengt, und mit einer dünnen bedeckenden Lettenschicht. Hat alle Karaktere vom bunten Sandstein, womit auch die folgenden 21, 22 und der Gyps 23 stimmt.

Mittel-Livland.

21. *a.* Lager im Sandstein, Rauge.

Sandstein, sehr fest, feinkörnig und gelblichgrau.

21. *b.* Lager im Sandstein bei Rauge.
Sandstein, röthlichgrau, feinkörnig, etwas weniger fest.

21. *c.* Lager im Sandstein bei Rauge.
Sandstein, ebenso, dünnschiefrig mit einer bedeckenden Thonlage.

22. Obere Lage am rechten Ufer der Aa, oberhalb Adsel.
Sandstein, feinkörnig, schwer, röthlichweiss, mit sparsam eingemengten kleinen Glimmerblättchen.

23. Unter 22, zwischen Kalklagen am rechten Ufer der Aa, oberhalb Adsel.
Gyps. Dünne weisse und braune Lagen wechseln mit einander, die aus stenglichen und fasrigen, senkrecht auf den Hauptflächen der Lagen stehenden Zusammensetzungsstücken bestehen.

24. Unter 23, am Bette des Aastroms oberhalb Adsel.
Kalkstein dicht und gelblichweiss, mit einem *Mytilus* der dem *M. socialis* (Schlottheim), der karakteristischen Muschel des Muschelkalkes, sehr ähnlich sieht. Ausserdem enthält er *Terebratula livonica* (v. Buch) die sonst im Muschelkalke noch nicht gekannt ist [1].

Süd-Livland.

25. *a.* u. *b.* Obere Lage an der Thalseite des Sprohge-Baches bei Ronneburg.
Dolomit, gelblichweiss und sandig mit Steinkernen von *Turritella scalata*, ebenfalls karakteristisch für den Muschelkalk.

25. *c.* Ebenso.
Ebenso, mit Eindrücken von gestreiften Terebrateln, von welchen einige zu derselben Art, wie bei 24, gehören möchten.

26 Unter 25 an der Thalseite des Sprohge-Baches bei Ronneburg.
Sandstein, gelblichweiss und feinkörnig, auf der Schichtungsfläche mit hexaedrischen Afterkrystallen von Hornstein von 1 — 3 Linien Durchmesser bedeckt, zwi-

[1]) Herr von Buch glaubte an diesem Stücke noch einen Fusus bemerkt zu haben (vergl. seine Monographie der Terebrateln, in den Abh. d. Akad. d. Wiss. zu Berlin, von 1833), was aber auf einem Irrthume beruht, wie er mich zu bemerken bat.

schen denen Thon abgelagert ist, vollkommen übereinstimmend mit den bekannten Afterkrystallen, die auf dem Keupersandsteine von Stuttgard vorkommen.

27. Unter 26, an der Thalseite des Sprohgebachs bei Ronneburg.

Sandstein, feinkörnig, etwas glimmerreich, überall mit Saurier-, vielleicht auch Chelonierresten, die aber keine nähere Bestimmung zulassen, erfüllt.

28. Rechtes Düna-Ufer, Kirchholm.

Sandstein, feinkörnig, röthlichweiss, überall mit einer gewundenen Muschel erfüllt, die zwischen *Turbo depressus* (Goldfuss) und *Trochilites priscus* (Schlottheim), welche beide nur Spielarten von einander sind, in der Mitte steht.

29. *a.* Rechtes Düna-Ufer, zwischen Kirchholm und Uexkull.

Fasergyps.

29. *b.* Obere Schicht, bei Uexkull an der Düna.

Kalkstein, dicht mit ebenem Bruche und gelblichweiss, mit kleinen unregelmässigen Höhlungen, an deren Wänden kleine undeutliche Krystalle von Kalkspath befindlich sind; dem dichten Jurakalk überaus ähnlich.

30. Oberste Lage am rechten Düna-Ufer bei Kokenhusen.

Sandstein, röthlichweiss, sehr feinkörnig und fest.

31. Unterste Lage am rechten Düna-Ufer bei Kokenhusen.

Sandstein, röthlich und gelblichweiss, feinkörnig und dünnschiefrig.

Aus dieser Beschreibung geht wohl unzweifelhaft das Dasein verschiedener Gebirgsformationen in Ehstland und Livland hervor, wie des Uebergangskalksteins, des bunten Sandsteins, des Muschelkalkes, des Keupers und des Jurakalksteins, die theils durch die Versteinerungen vollkommen bewiesen, theils sehr wahrscheinlich gemacht werden. Ganz bestimmt ist durch seine Versteinerungen der Uebergangskalkstein an der Küste von Ehstland bewiesen; die Chloritlagen und Chloritkörner, mit denen seine untern Schichten angefüllt sind, sind zwar bei Uebergangskalksteinen entfernterer Gegenden nicht so gekannt, können aber nicht als Grund für seinen neuern Ursprung aufgeführt werden; dasselbe gilt auch von den Schichten von Kalkstein mit linsenförmigem Thoneisenstein, der oft noch die Versteinerungsmasse der Trilobiten ausmacht; viel eher würde man das Vorkommen des Bernsteins in dem unter dem Kalkstein liegenden Sandstein anführen können, wenn man nicht die Thatsache, ob dieser Sandstein wirklich unter dem Trilobiten-haltigen Kalkstein gefunden ist, selbst noch in Frage stellen könnte, da Herr v. Engelhardt in der oben angeführten Abhandlung ihn nur den Sandstein der Küste nennt, und es wohl möglich wäre, dass sich ein neuerer Sandstein über dem Uebergangskalkstein abgesetzt hätte. Die ausgezeichneten Dolomite mit den verkieselten Versteinerungen von Oberpahlen gehören ebenfalls noch der Uebergangsformation an, wie man auch an andern Orten in dieser Formation (z. B. in Geroldstein an der Eiffel) Dolomite antrifft.

Der Sandstein von Dorpat ist dagegen entschieden neuer; dafür sprechen zu deutlich die Ueberreste von Sauriern und Cheloniern, die er enthält. Sein ganzes Ansehen, seine röthliche Farbe, seine Schieferung, seine bläulichen Lettenschichten, die eingemengten Glimmerblättchen geben ihm die grösste Aehnlichkeit mit den bunten Sandsteinen Deutschlands. Damit stimmt auch die Beschreibung, die Katunga neuerlich von den Sandsteinen des Embach-Thales in den Beiträgen zur Geognosie und Paläontologie Dorpats (Petersburg 1835) giebt, wiewohl er sich über die Formation nicht ausspricht. Man könnte höchstens noch zweifelhaft sein, ob man ihn zum Keuper rechnen sollte, worüber allein nur die Beobachtung eines entschiedenen Muschelkalkes über oder unter ihm entscheiden könnte.

Der Kalkstein, welcher sich bei Adsel im mittlern Livland findet, gehört wahrscheinlich zum Muschelkalk wegen des *Mytilus*, der dem *M. socialis* so ähnlich ist. Dahin gehören auch wohl die sandigen Dolomite von Ronneburg (25), wenn sie nicht zum Keuper zu rechnen sind, wofür der Sandstein von Ronneburg (26) durch seine Aehnlichkeit mit dem Stuttgarder spricht. Dass der Kalkstein von Uexkull in Süd-Livland zum Jurakalk gehöre, ist zwar nicht durch seine Versteinerungen bewiesen, doch spricht dafür sein ganzes Ansehen, was auch von dem von Pajus (15) nördlich von Dorpat gilt.

Unter den übrigen Sammlungen interessirte mich der Porphyr von der Insel Hochland im Finnischen Meerbusen, der bei Gelegenheit der Gradmessung des Herrn Struve von Herrn Ulprecht entdeckt ist. Es ist ein schöner fester Porphyr mit röthlichbrauner Grundmasse, in welcher weisse, wenig durchscheinende Feldspathkrystalle, zuweilen von 3-4 Linien Durchmesser, kleine nelkenbraune Quarzkörner und kleine derbe Parthien von sehr feinkörnigem Eisenglanze inneliegen. Der Feldspath ist in grosser Menge vorhanden, Quarz und Eisenglanz, besonders der letztere, finden sich in viel geringerer Menge. Nach den Nachrichten, die Herr Ulprecht über diesen Porphyr in dem Ostsee-Provinzen-Blatt und daraus in der geographischen Zeitung der Hertha B. 3, S. 76 mitgetheilt hat, bildet er einen 8 Werste langen Bergrücken, der sich besonders an der Südost-Küste der Insel erhebt, und hier eine Höhe von etwa 500 Fussen erreicht. In Rücksicht der Formation scheint er ganz mit dem Porphyr von Elfdalen in Schweden und vom Korgon im Altai (der später beschrieben werden wird) übereinzukommen; er findet sich wie diese in der Nähe von Uebergangskalkstein, und hat mit beiden auch die Frische, Festigkeit und Schönheit gemein; der Schwedische unterscheidet sich aber durch lichtere Farbe der Hauptmasse und durch Mangel an Quarz und Eisenglanz; der Altaische gleicht ihm auch in der Farbe der Hauptmasse vollkommen, hat aber kleinere eingewachsene

Krystalle, statt der Feldspathe Albitkrystalle, enthält weniger Quarz und den Eisenglanz in kleinen Krystallen. Die Auffindung des Porphyrs von Hochland ist sehr merkwürdig; er ist an andern Punkten dieser Gegend nicht bekannt, denn an der Nordküste von Ehstland befindet sich nur die beschriebene Uebergangsformation, und in Finnland nur der Granit, und beide Formationen werden durch den Finnischen Meerbusen streng voneinander geschieden.

Unter den geognostischen Sammlungen befinden sich auch weiter noch die Gebirgsarten, welche Herr Dr. E. Hofmann von seiner Reise um die Erde mit Capitain Kotzebue in den Jahren 1823-26 mitgebracht hat. Unter diesen erwähne ich nur einer grossen Masse Schwefel mit kleinen glänzenden Krystallen aus dem Krater des Vulkans Awatscha in Kamschatka, der Obsidiane und Bimsteine Kamschatka's, eines schönen Trachytes von Sitka, der Hauptniederlassung der Russen auf der Nordwestküste von America, der in einer grauen Grundmasse grosse inliegende Krystalle von glasigem Feldspath und kleine Körner von Olivin enthält, und daher eine grosse Aehnlichkeit mit den trachytartigen Laven vom Epomeo auf der Insel Ischia besitzt; und endlich des ziemlich grossen Meteorsteins, der während des Aufenthaltes des Dr. Hofmann bei Hanaruru auf Woahoo (Oahu), einer der Sandwichs-Inseln, den 15ten September gefallen ist [1]). Er besteht aus einer graulichweissen feinkörnigen Masse, die sich mit dem Messer ritzen lässt, und kleine Körnchen von silberweissem, metallisch glänzendem Nickeleisen angesprengt erhält. Aeusserlich ist er mit einer matten schwarzen Rinde umgeben, und mit Schnüren von derselben Masse wie die Rinde ist er in mehrern Richtungen durchsetzt. Er gehört also zu der Abtheilung von Meteorsteinen, deren Beschaffenheit wir

---

[1]) Karstens Archiv für Min. u. Geog., Bd. 1. S. 311.

besonders durch die Arbeiten von Berzelius kennen gelernt haben, und die aus einem sehr feinkörnigen Gemenge von Olivin und Augit mit eingesprengtem Nickeleisen bestehen. Herr v. Engelhardt hatte die Güte, Herrn v. Humboldt ein kleines Stück davon zu geben, das sich jetzt in der Königlichen Sammlung in Berlin befindet.

Mehrere der übrigen Anstalten ausführlich zu besehen, erlaubte die Zeit nicht. Herr Prof. Göbel hatte noch die Güte, mir das chemische Laboratorium zu zeigen, das gross und sehr gut eingerichtet, zu dessen Unterhaltnng aber auch eine bedeutende Summe ausgesetzt ist. Ebenso führte er mich auch nach dem vortrefflichen physikalischen Kabinette, das seine jetzige Gestalt dem Herrn Prof. Parrot verdankt, welcher leider selbst nicht in Dorpat anwesend, sondern auf seiner Reise nach dem Ararat begriffen war.

Ein fröhliches Mahl, welches der Rector der Universität, Herr Staatsrath v. Evers veranstaltet hatte, beschloss diesen genussreichen Tag, wobei wir den Vortheil hatten, die sämmtlichen Mitglieder der Universität versammelt zu finden.

Den 28sten April früh Morgens verliessen wir Dorpat unter demselben Sturm und Schneegestöber, mit welchem wir den Tag vorher auch angelangt waren, doch voll der angenehmsten Erinnerungen an den gestrigen Tag achteten wir des bösen Wetters nicht. Nach der dritten Station von Dorpat erreichten wir den Peipus See, der hier ganz flache Ufer und bei seiner bedeutenden Breite ein ganz meerähnliches Ansehen hat. Den Abend näherten wir uns den Küsten des Finnischen Meerbusens, dessen Anblick uns jedoch die Dunkelheit der Nacht entzog, und waren am Morgen des folgenden Tages in Narva. Leider erfuhren wir aber auch hier noch einen Aufenthalt, auch die Narowa fanden wir im Eisgange begriffen; die schöne Brücke mit massiven Pfeilern, über welche wir bei der Rückreise fuhren, war noch nicht vollendet, und mit der Fähre über den Fluss zu setzen noch unmöglich. Wir mussten also wieder warten bis der Eisgang aufgehört hatte, und in der Hoffnung, dass sich diess schon am Nachmittage ereignen würde, benutzten wir sogleich diesen Aufenthalt, um eine kleine Excursion nach den Wasserfällen der Narowa, einige Werste aufwärts von der Stadt zu machen.

Die Narowa ist der Ausfluss des Peipus-Sees in den Finnischen Meerbusen; sie ist ziemlich breit und hat bei Narwa ziemlich steile Ufer, die von einem dichten Kalkstein gebildet werden, der derselbe ist, welcher an der ganzen Küste ansteht. Es war das erste anstehende Gestein, dessen wir auf dieser Reise ansichtig wurden. Oberhalb der Wasserfälle theilt sich der Strom in zwei Arme, die eine kleine Insel umschliessen, und sich eine kurze Strecke vor ihrer Vereinigung eine bedeutende Höhe herunterstürzen. Eine hölzerne Brücke, die dicht unter dem linken Wasserfall angelegt ist, verbindet das linke Ufer mit der Insel, und führt zu einer Schneidemühle, die zu ihrem Aufschlagewasser den rechten Fall benutzt. An dem linken Ufer des Flusses ist eine Tuchfabrik angelegt, an dem rechten steht das Dorf Juala; die Insel selbst wie auch die Ufer sind mit grossen schönen Bäumen besetzt. Der Anblick der sich herabstürzenden Wassermasse war jetzt bei dem hohen Stande des Wassers vorzüglich prächtig, nicht weniger muss er es, wenn auch bei niedrigerm Wasserstande, im Sommer sein, wo das Grün der Bäume und Ufer eine lebhaftere Einfassung bildet, als jetzt der alles bedeckende Schnee.

Unsere Hoffnungen, schon am Nachmittage über den Strom setzen zu können, gingen nicht in Erfüllung; wir mussten anderthalb Tage in Narwa warten, ehe der Eisgang aufgehört hatte, und die Fähre in Stand gesetzt werden konnte; doch wurde uns diese Zeit durch den Umgang mit dem Herrn Obersten v. Pott und dem Herrn Oberstlieutenant v. Bulmering, deren Bekanntschaft wir machten, angenehm verkürzt. Ersterer führte uns in der Stadt und auf den Wällen umher, die zwar nicht mehr unterhalten werden, doch von bedeutender Höhe sind, und eine gute Uebersicht über die Stadt und die umliegende Gegend gewähren. Die Stadt ist eng zusammengebaut und unfreundlich. Hart an dem Ufer liegt ein alter Thurm mit dicken Mauern, der Hermannsthurm genannt, welcher von den Schwerdtrittern erbaut ist; diesem gegenüber auf dem rechten Ufer die alte von Iwan Wassiljewitsch dem Grossen gegründete Festung Iwanowgorod. An sie schliesst sich auf dem jenseitigen Ufer die Vorstadt an, die ganz allein von Russen bewohnt wird, während man in der Stadt selbst noch meistentheils deutsch sprechen hört. Am Markte der Stadt steht das alte Rathhaus, das bis vor einiger Zeit noch einige Merkwürdigkeiten von Carl XII. enthielt, die aber jetzt nach Petersburg gebracht sind.

An dem steilen Ufer der Narowa unter dem Hermannsthurm tritt unter dem Kalkstein Sandstein hervor. Er ist feinkörnig, versteinerungsleer, enthält aber in der Nähe des Kalksteins kleine Kugeln von Kalkstein, die ihm fast ein Rogenstein-ähnliches Ansehen geben. Zwischen ihm und dem Kalkstein liegt die schon früher erwähnte Schicht von Muschelfragmenten. In der Kalksteinwand am Flusse konnten wir keine Versteinerungen bemerken, dagegen sahen wir sie in grosser Menge, Lituiten und Trilobiten, in den Bausteinen, aus welchen der Hermannsthurm aufgeführt ist, die doch höchst wahrscheinlich aus demselben Kalksteine bestehen, wie der ist, welcher unter dem Thurme ansteht.

Den 30sten April, Nachmittags um 4 Uhr, war die Fähre endlich so weit in Stand gesetzt, dass wir hinüber fahren konnten. Von hier fängt nun die grosse nach Petersburg führende Chaussee an, auf welcher wir schnell vorwärts eilten. Jenseits der Narowa erhebt sich das Land noch etwas; man kann die Stadt noch lange sehen, die, so unfreundlich sie auch im Innern ist, mit ihren vier hohen Kirchthürmen, dem alten Hermannsthurm, dem man ein neumodisches Dach gegeben hat, und der alten Feste Iwanowgorod ein alterthümlich schönes Ansehen hat. Den Abend wurden wir in Jamburg noch etwas aufgehalten; das Wasser in der Luga, einem Strome, der von nicht geringerer Breite als die Narowa ist, war schnell gefallen und hatte die Ufer verschlämmt. Es musste deshalb eine neue Anfahrt für die Fähre eingerichtet werden, womit man bei unserer Anknnft noch beschäftigt war. Der Aufenthalt währte indess nur einige Stunden, womit wir, nicht verwöhnt, recht sehr zufrieden waren. Auch an den Ufern der Luga sahen wir dieselben Gesteinschichten wie an der Narowa anstehn, der Kalkstein war aber hier noch durch die vielen Körner von Grünerde, die er enthält, ausgezeichnet. Von nun hatten wir keinen Aufenthalt bis Petersburg, wo wir endlich am ersten Mai um 2 Uhr ankamen.

Schon von Strelna, der letzten Station vor Petersburg, fängt eine fortlaufende Reihe der schönsten Landhäuser an; man fährt zuletzt durch einen grossen, prächtigen Triumphbogen, kommt dann durch mehrere Strassen, nach welchen man nun erst zu dem eigentlichen Thor gelangt; eine lange, breite Strasse stösst einem entgegen, an deren fernem Ende der Admiralitätsthurm mit seiner vergoldeten Spitze glänzt. Wir bogen rechts ein und fuhren einem breiten Kanale, der Fontanka, entlang, der in einem Halbkreise den südlichen Theil der Stadt durchschneidet, und mit einer Brüstung von geschliffenem Granit prächtig eingefasst ist. Die grossen schönen Häuser zu den Seiten wechseln mit Pallästen; endlich sieht man links den Festungs-ähnlichen

Pallast des Kaisers Paul, auf welchen bald darauf der Sommergarten folgte. Wir waren länger als eine Stunde in den breiten Strassen im schnellsten Trabe gefahren, als wir endlich in der Gagarin-Strasse, im Hause des Preussischen Gesandten, Herrn General-Lieutenants v. Schöler anlangten, der Herrn v. Humboldt als einen alten Freund begrüsste, und der, ein Mann von ausgezeichneter Geistesbildung und regem Antheil an dem Gelingen unseres wissenschaftlichen Unternehmens, uns zu inniger Dankbarkeit verpflichtet hat.

Der Eindruck, den Petersburg auf den Fremden macht, ist überraschend, selbst wenn man andere grosse Städte, wie Paris und London gesehen hat. Von dem Eckzimmer unserer Wohnung hatten wir die Aussicht auf die Newa, auf welche die Gagarin-Strasse rechtwinklig stösst. Sie erschien hier fast von unübersehbarer Breite, da der Strasse gegenüber sich der erste Arm der Newa, die grosse Newka, von ihr trennt, und in der Richtung der Strasse eine Zeit lang fortzieht. Ich konnte es nicht unterlassen, noch denselben Nachmittag nach einigen Augenblicken der Erholung mit meinem Freunde Ehrenberg auf sie zuzueilen. Der grosse mächtige Strom war noch ganz mit Eis bedeckt; man hatte etwas weiter abwärts von der Newka Bretter quer über das Eis gelegt, und dadurch eine Brücke gebildet, die zu der Festung, einer kleinen Insel in der Newa, führte, und die wir 830 Schritte lang fanden. Wir setzten darauf unsern Weg an der schönen reinlichen Granitumfassung der Newa weiter fort. Auf das kolossale eiserne Gitter mit den Granitpfeilern, das den Sommergarten von dem Kaie trennt, folgte das Marmorpalais, das unten mit Granit und oben mit Marmor bekleidet ist; ihm gegenüber steht der Thurm der Festung, der in einer vergoldeten Spitze endigt; dann folgt die Eremitage, ein langer Pallast, der die Kunstsammlungen enthält; an ihn reiht sich unmittelbar der mächtige Winterpallast, und endlich jenseits eines Platzes das Admiralitätsgebäude, dessen beide Flügel bis zur Newa reichen und den weitern Fortgang an dem Kaie hindern. Der grosse Platz zwischen dem Winterpallast und der Admiralität öffnet sich gegen einen andern grössern, gegen welchen die Hauptfronte dieser Gebäude gerichtet ist. Er war mit Buden, Schaukeln, Rutschbergen und Sehenswürdigkeiten aller Art bedeckt; mit Mühe drängten wir uns durch die wogende Menschenmasse, die in der innigsten Fröhlichkeit die letzten Tage der Osterwoche feierte. Die Neuheit aller Gegenstände, die Art sich zu belustigen, die Russen selbst, mit ihren Bärten, blauen langen Ueberröcken und Pelzmützen, zog uns an, und langsam konnten wir nur weiter dringen.

Den grossen Platz vor dem Winterpallast und der Admiralität begränzen das halbzirkelförmige Gebäude des Generalstabs und eine Reihe schöner Häuser, die von drei grossen Strassen durchschnitten werden, die wie Radien eines Kreises auf den goldnen Thurm der Admiralität zulaufen. Wir bogen um die Admiralität herum und gingen bei einem Bauplatze links vorüber, aus welchem schon die kolossalen Granitsäulen hervorragten, die einst den Eingang in die Isaacskirche schmücken sollen, und hatten nun wieder die Aussicht auf die Newa. Mitten auf dem Platze, der von dieser Seite die Admiralität begränzte, steht die berühmte Reiterstatue von Peter dem Grossen, ein langer Kai zieht sich von hier aus zur linken der Newa entlang, und eine grosse Schiffbrücke führt über dieselbe nach Wassili-Ostroff, auf welchem wir noch links ein in den edelsten Verhältnissen aufgeführtes Gebäude, die Akademie der Künste bewunderten, und einen Blick rechts auf die Akademie der Wissenschaften, schon in grösserer Entfernung von der Brücke, und auf die Börsenhalle an der Spitze von Wassili-Ostroff warfen;

aber wir setzten unsere Wanderung nicht weiter fort und kehrten voll der grossartigsten Eindrücke nach unserer Wohnung wieder zurück. Nach einigen Tagen trat auch hier der Eisgang ein, wodurch uns der jenseitige Theil der Stadt auf länger als acht Tage unzugänglich wurde.

Die vielen Mineraliensammlungen, welche in Petersburg sind, bieten dem Mineralogen reichliche Beschäftigung dar. Unter den öffentlichen Sammlungen nimmt die, welche sich im Bergkorps befindet und unter der oberen Leitung des Staatsministers Grafen v. Cancrin so ansehnlich vermehrt ist, offenbar den ersten Rang ein. Sie ist in mehreren grossen Sälen auf Tischen und in Glasschränken lichtvoll aufgestellt und enthält eine allgemeine Mineraliensammlung und eine besondere vom Russischen Reich, die vorzüglich reichhaltig und ausgezeichnet ist. Man sieht hier die bläulichen Topase von Mursinsk im Ural von einer Grösse, Klarheit und Regelmässigkeit der Krystallisation, die in Erstaunen setzt. Einer derselben, der vollkommen regelmässig gebildet ist, aber nur an einer Seite auskrystallisirt, an der andern verbrochen und mit einer Spaltungsfläche begränzt ist, hat dennoch eine Länge von 4 Zoll 9 Linien [1]) und eine Breite von 4 Zoll 6 Linien. Nicht weniger ausgezeichnet sind die Berylle von diesem Fundorte; sie sind gewöhnlich von weingelber Farbe, zuweilen sehr durchsichtig und gross, aber in diesem Falle doch nicht so regelmässig krystallisirt wie die Topase; sie laufen an den Enden häufig in einzelne Spitzen aus, oder sind mit Eindrücken versehen. Von der Art ist auch der im Jahre

---

[1]) Die Angaben beziehen sich hier wie in dem Folgenden immer auf das Preussische Maass, wenn es nicht ausdrücklich anders bemerkt ist.

1828 gefundene grosse Krystall, welcher bei einem Durchmesser von 1'' 3''', eine Länge von 9'' 5''' und ein Gewicht von 6 Pf. 11 Sol. hat; er ist dabei sehr durchsichtig und hat eine grünlichgelbe Farbe. Die Topase, Berylle und Rauchtopase vom Adontschelon bei Nertschinsk sind ebenfalls von grosser Schönheit; aber man sieht ähnliche Drusen auch in andern Sammlungen. Dagegen sind die Feldspathkrystalle von Mursinsk, die sich hier befinden, wiederum einzig in ihrer Art; es sind vielleicht die grössten bekannten Krystalle, die man hat, aber fast alle sind mit Quarzkrystallen regelmässig durchwachsen, wodurch sie den sogenannten Schriftgranit bilden. Hier befindet sich auch das berühmte Malachitstück von der Kupfergrube Gumeschewsk im Ural, das eine platte nierförmige Masse darstellt, und die bedeutende Höhe von 3 Fuss 6 Zoll und eine fast ebenso grosse Breite hat. Es besitzt eine schöne smaragdgrüne Farbe, und sein Werth wird auf 525,000 Rubel geschätzt. Von andern grossen Massen sieht man noch eine ausserordentlich grosse Niere von Brauneisenstein aus der Gegend des Blagodats im Ural, einen grossen Quarzkrystall aus der Gegend von Katharinenburg im Ural, der 2 Fuss 3 Zoll 6 Linien hoch ist und ein Gewicht von 35 Pud hat; und endlich mehrere grosse Blöcke von Labrador, die als Geschiebe in der Gegend von Petersburg gefunden sind. Letztere sind von grauer Farbe und haben keine Farbenwandlung, waren mir aber deshalb bemerkenswerth, weil sie mit ähnlichen Geschieben, die in der Gegend von Berlin vorkommen, die grösste Aehnlichkeit haben. Unter den kleinern Stücken fiel mir noch ein Feueropal aus Kamtschatka auf, der sehr schön und klar ist, und ein Feuerstein aus der Krimm, der ein Stück bituminöses Holz einschliesst.

In einem besondern verschlossenen Schranke werden die grössern Gold- und Platingeschiebe, so wie auch einzelne kleine Goldkrystalle aufbewahrt, die man in den Sandlagern des Urals gefunden hat. Unter den Goldgeschieben befindet sich eins, welches ein Gewicht von 24 Pfunden 69 Solotniks (43¼ Mark), und bei einer unregelmässigen länglichen, an der einen Seite in eine stumpfe Spitze auslaufenden Form, eine Länge von 8 Zollen, eine Breite von 5⅜ Zollen und eine Höhe von 4¾ Zollen hat. Es wurde an dem Goldsandlager von Alexandrowsk bei Miask gefunden, und ist das grösste Goldgeschiebe, welches bis jetzt am Ural vorgekommen ist. In demselben Goldsandlager wurden von 1824 bis 1826 noch neun andere Goldgeschiebe gefunden, von denen sich ebenfalls noch mehrere in der Sammlung des Bergkorps befinden, und die zusammen mit dem erstern ein Gewicht von 2 Pud 34 Pfunden (199½ Mark) hatten. Unter diesen Geschieben waren zwei zu 13 Pfunden, eins zu 16 Pfunden und keines unter 7 Pfund [1]). Die Goldkrystalle, die hier aufbewahrt werden, haben grösstentheils eine octaëdrische Form, sie sind an den Kanten abgerundet, aber da sie doch Geschiebe wie die andern Goldstücke sind, ausserdem merkwürdig genug erhalten. Unter den Platingeschieben befindet sich ein Stück von 10 Pfunden 54 Solotnik (18½ Mark), welches sich auf den, den Herren von Demidoff gehörigen Platinsandlagern von Nischne-Tagilsk gefunden hat. Es hat eine mehr abgerundete, sich der Kugel nähernde Form und ist 4 Zoll lang, 3½ Zoll hoch und 2 Zoll breit. Dieses Platinstück war noch zur Zeit unserer Reise das grösste, welches man bis dahin gefunden hatte; doch wird es noch beiweiten an Grösse von andern übertroffen, die man nach dieser Zeit in denselben Sandlagern gefunden hat, und von denen eines 19 Pfund 52½ Solotnik, ein anderes 20 Pfund 34 Solotnik, ein drittes 19 Pfund 24 Solotnik und zwei andere ein

---

[1]) Vergl. Alex. v. Humboldt über die Goldausbeute im Russischen Reiche, Pogg. Ann. B. XVIII, S. 274.

jedes 13 Pfund wiegen [1]). Man sieht daraus, um wie vieles die Uralischen Platingeschiebe die Amerikanischen an Grösse übertreffen; denn von diesen sind die grössten Stücke, welche man kennt, dasjenige, welches Herr von Humboldt aus Choco mitgebracht und der Königlichen Mineraliensammlung von Berlin verehrt hat, und ein anderes aus den Goldwäschen von Condoto, welches sich seit 1822 in dem Museum von Madrid befindet. Ersteres hat aber nur ein Gewicht von 1088 Gran, letzteres von 11641 Gran, so dass, wenn man nur das kleinere zuerst angegebene Sibirische Platingeschiebe von $10\frac{54}{96}$ Pfund damit vergleicht, sich die Gewichte dieser 3 Stücke verhalten wie 1 : 11 : 75 [2]).

Auch die allgemeine Mineraliensammlung enthält vortreffliche und seltene Stücke, von denen ich nur einer grossen Smaragddruse aus Peru, mit grossen wohlerhaltenen Smaragdkrystallen, die zusammen mit Kalkspathkrystallen auf schwarzem Thonschiefer aufgewachsen sind, und eines besonders grossen Stücks Kryolith erwähnen will. Neben den Sälen, die die mineralogischen Sammlungen enthalten, befindet sich ein anderer, in welchem die Metalle, die aus den Russischen Erzen geschmolzen, und die Fabrikate, zu denen sie verarbeitet werden, aufgestellt sind, und ein dritter, der die Modelle der auf den Russischen Hütten und Gruben angewandten Maschinen enthält. Ausser diesen sieht man hier noch Modelle von ganzen Gruben, wie von dem Magnetberge Blagodat im Ural, von einer Goldwäsche bei Katharinenburg, von der Eisensteinfischerei von Petrosawodsk am Onegasee, von den Gruben von Olonetz u. s. w.; ja in den Kellern des Bergkorps ist ein förmliches Bergwerk angelegt mit Schächten, Strecken und Oertern, wodurch die

[1]) Vergl. Sobolewskoy über das Ausbringen des Platins in Russland in Pogg. Ann. Th. XXXIII, S. 101.

[2]) Vergl. Alex. v. Humboldt über die Grösse der Körner von gediegenem Platin in Pogg. Ann. B. X, S. 487.

Eleven des Bergkorps einen vollkommenen Begriff des Grubenbaues und der Grubenzimmerung erhalten können. Man befährt diese künstliche Grube mit Lampen, wie die natürlichen, aber freilich mit grösserer Bequemlichkeit, und ohne wie bei diesen von den Grubenwassern zu leiden.

Die Mineraliensammlung der Akademie der Wissenschaften war, als wir sie sahen, von viel geringerer Bedeutung, als die des Bergkorps. Sie war nur unvollständig und in einem grossen Saale zwar gut und lichtvoll aufgestellt, aber doch im Winter, also in einem grossen Theile des Jahres, nur schwierig zu benutzen, da der Saal nicht zu heizen und an dem Boden noch dazu mit Fliesen belegt war. Die Akademie ging daher schon während unseres Aufenthaltes in Petersburg damit um, die Mineraliensammlung durch den Ankauf der schönen Sammlung des Dr. Struve in Hamburg zu vermehren, und sie wie auch die übrigen Sammlungen in einem neuen zweckmässigern Lokale aufzustellen. Beides ist nun seit der Zeit geschehen, und es ist von dem Eifer und dem wissenschaftlichen Sinne des Präsidenten der Akademie, jetzigen Ministers der Aufklärung, Herrn v. Uwaroff, sowie von der Thätigkeit und den Kenntnissen des Directors der Mineraliensammlung, Herrn Professors Kupffer zu erwarten, dass die Mineraliensammlung der Akademie der des Bergkorps, wenn auch nicht in der Pracht der Stücke, doch in Rücksicht der Vollständigkeit und der schönen Aufstellung nicht lange mehr nachstehen wird.

Wie wir die Sammlung bei unserm Besuche fanden, enthielt sie wenig was von besonderm Interesse gewesen wäre, ausgenommen die grosse, von Pallas vom Jenisei mitgebrachte Eisenmasse und einige grosse Meteorsteine. Von der erstern sind aber so viele Stücke abgeschlagen, dass sie jetzt eine ganz abgerundete Masse darstellt. Von ihrer ursprünglichen zackigen

Form und den in ihren Höhlungen eingeschlossenen Olivinkörnern war gar nichts zu erkennen, noch dazu da sie auf dem Fussboden an einem sehr finstern Orte lag. Sie hat indessen noch immer eine beträchtliche Grösse, denn sie ist 2 Fuss 3 Zoll lang, 1 Fuss 7 Zoll 7 Linien hoch und 1 Fuss 10 Zoll breit, und hat nach der neusten Bestimmung des Herrn Akademikers Hess noch ein Gewicht von 1270 Russischen Pfunden [1]). Von den Meteorsteinen sind besonders wegen ihrer Grösse zwei zu erwähnen, nämlich einer, welcher zu Timochin im Gouvernement Smolensk gefallen und 10 Zoll 9 Linien lang ist, und ein anderer, der bei dem Dorfe Romenski im Gouvernemnnt Poltawa gefallen ist. Beide haben äusserlich eine matte schwarze Rinde und enthalten viel Nickeleisen eingesprengt.

Die dritte der öffentlichen Sammlungen ist die der Petersburger mineralogischen Gesellschaft. Sie enthält nicht viele grosse Prachtstücke, ist aber sehr vollständig, auf Tischen sehr schön aufgestellt, und durch die seltene Gefälligkeit des kenntnissreichen Secretärs der Gesellschaft, Herrn Hofraths Wörth, sehr gut zu benutzen. Ich erwähne aus dieser Sammlung nur der grossen lauchgrünen Krystalle von Apatit (Moroxit), die in Kalkspath eingewachsen am Baikal-See vorkommen. Die Krystalle sind die regulären sechsseitigen Prismen, an den Enden mit dem mittlern Hexagondodecaëder zugespitzt; sie sind an den Kanten etwas abgerundet, und gleichen hierin wie in den übrigen Eigenschaften vollkommen dem Maroxit von Arendal, nur sind sie von einer viel bedeutendern Grösse. Herr v. Humboldt erhielt später durch die Güte des Herrn Bergmeisters Kulibin in Schlangenburg einen solchen Krystall, der an einem Ende verbrochen ist, dessen Höhe aber doch noch 3¼ Zoll, so wie der Durchmesser des sechsseitigen Prisma zwi-

---

1) Pogg. Annalen B. XXXVI, S. 560.

schen zwei gegenüberliegenden Kanten 2¼ Zoll beträgt. Und doch steht dieser Krystall noch an Grösse denen nach, die sich in Petersburg befinden.

Die Privatsammlungen, die ich in Petersburg zu sehen Gelegenheit hatte, sind theils allgemeine systematische Sammlungen, theils Localsammlungen von Russland, Sibirien oder einzelnen Gruben. Zu den erstern gehört vor allen die des Kollegien-Assessors und Apothekers im Bergkorps Herrn Kämmerer. Sie ist sehr bedeutend und vollständig, und die Mineralien derselben sind mit eben solcher Sachkenntniss gewählt und bestimmt, als sie mit Geschmack und Eleganz aufgestellt sind. Herr Kämmerer hatte die Güte, sie mir ausführlich zu zeigen; ich lernte dadurch eine Menge schöner Sibirischer Mineralien von mir noch unbekannten Fundörtern kennen, und hatte auf diese Weise Gelegenheit, manche neue Beobachtung anzustellen, die ich jetzt ebenso wenig wie bei den frühern Sammlungen anführe, da ich bei der Beschreibung der Fundörter dieser Mineralien wieder darauf zurückkommen werde [1]).

Zu den ausgezeichneten Privatsammlungen gehören weiter die des Herrn Staatsraths Dr. Rauch, die unter andern die Vivianitkrystalle in den Cardiaceen von Tschudelek, 25 Werste von Kertsch in der Krimm, sehr schön enthält; ferner die des Herrn Vice-Präsidenten Peroffski, des Juweliers Herrn Seguin und des Herrn Kramer, welche letztere sehr reich an Nordamerikanischen Mineralien ist, die der Besitzer aus den vereinigten Staaten selbst mitgebracht hat.

Unter den Localsammlungen sind besonders die Sammlungen des Herrn Grafen Alex. Stroganoff, der Herrn Berghauptmänner Kowanko und Fullon

[1]) Leider befindet sich diese schöne Sammlung jetzt nicht mehr in Petersburg; sie ist von der Universität Kasan angekauft worden; doch ist von der Thätigkeit des Herrn Kämmerer zu erwarten, dass er bald wieder im Besitz einer ähnlichen Sammlung sein werde.

und des Herrn Hedenström bemerkenswerth. Die Sammlung des Herrn Grafen Stroganoff enthält eine Menge Quarzstücke mit gediegenem Golde aus der Goldgrube Newiansk im Ural, die mir interessant waren, weil die Grube jetzt verlassen ist, und die Stücke an Ort und Stelle nicht mehr zu sehen sind. Das Gold findet sich nur in Blättchen in dem Quarz angewachsen und unterscheidet sich dadurch von dem Golde von Beresow, das gewöhnlich krystallisirt, in Körnern, oder in kleinen derben Parthien in dem Quarze vorkommt.

Die Sammlung des Herrn Berghauptmanns Kowanko ist sehr bedeutend und enthält viele vortreffliche und ausgezeichnete Stücke. Man findet in ihr nicht allein viele schöne Mineralien vom Ural, sondern auch aus dem östlichen Sibirien. Auf erstere werde ich noch öfter bei der Beschreibung der Mineralien des Urals zurückkommen, von letztern erwähne ich nur der Mandelsteine von Nertschinsk, in deren Höhlungen sich Krystalle von Desmin (Strahlzeolith), Stilbit (Blätterzeolith) und Apophyllit befinden, die mit diesen Zeolithen von Island eine grosse Aehnlichkeit haben; ferner der bläulichen Chalcedone von dem Vorposten Pugewsky bei Nertschinsk, mit Afterkrystallen und Eindrücken, die die Form des Hexaëders haben, wie die ebenso gefärbten Afterkrystalle von Trestian in Siebenbürgen, denen sie überaus gleichen, und endlich noch der vielen schönen Beryllkrystalle vom Adontschelon bei Nertschinsk. Unter diesen waren mir die gegliederten Säulen sehr merkwürdig, von denen ich auch in der Sammlung des Herrn Seguin mehrere sehr interessante Stücke sah, so wie auch zwei Beryllkrystalle, die zur Hälfte bläulichweiss und durchsichtig, zur Hälfte schneeweiss und undurchsichtig, der Länge nach, aber umgekehrt zusammengewachsen sind, so dass die bläulichweisse Hälfte des einen Krystalls neben der schneeweissen des andern liegt. Beide Farben schneiden ziemlich scharf an einander ab, die Krystalle sind ziemlich gleich, und ein jeder etwa 2 Zoll lang und $\frac{1}{4}$ Zoll dick; der eine der beiden Krystalle ist an beiden Enden mit der gerade angesetzten Endfläche, der andere nur an der einen Seite mit dieser Fläche, an der andern Seite, wo er verbrochen ist, mit einer dieser Krystallfläche parallelen Spaltungsfläche begränzt.

Die Sammlung des Herrn Fullon enthält Mineralien aus einem andern Theile Russlands, nämlich dem Gouvernement Olonetz, in welchem Herr Fullon sich lange als Berghauptmann aufgehalten hatte. Besonders interessirte mich darin eine ganze Reihe von krystallisirtem Amethyst von der Wolfsinsel im Onega-See, der in den Höhlungen eines Mandelsteins vorkommt, doch meistentheils lose auf der Insel gefunden wird. Der Amethyst ist von sehr verschiedener Farbe, violblau, braun, schwarz und ziegelroth, wie die sogenannten Hyacinthen von Compostella, zuweilen violblau an dem untern Ende und ziegelroth in den obersten Lagen. Er ist meistens mit haarförmigen Krystallen von Nadeleisenerz durchwachsen, die zu büschelförmigen Parthien verbunden, auch auf dem Amethyste sitzen, in den vorhandenen Stücken jedoch so dünn sind, dass es nicht möglich ist, ihre Form und Winkel zu bestimmen. Sie stehen also in dieser Rücksicht den Krystallen des Nadeleisenerzes von Clifton bei Bristol nach, die auf eine ähnliche Weise auf Quarz aufgewachsen, und zwar auch noch sehr dünn, aber doch noch mit dem Reflexionsgoniometer messbar sind. Zuweilen bildet das Nadeleisenerz dünne sammetartige Ueberzüge, die vollkommen denen von Przibram ähnlich sind. Der Amethyst ist ferner häufig mit einzelnen Krystallen von Kupferkies, Eisenkies, oder mit dünnen Tafeln von Eisenglanz bedeckt, welche letztere zuweilen auf dem büschelförmigen Nadeleisenerz aufgewachsen sind. Auch Kalkspath kommt zuweilen in diesen Amethystkugeln vor, und in einer derselben fanden sich auf dem Amethyste sogar kleine Krystalle von grünem Uranite (Uranglimmer). — Die Sammlung dieser Amethystkugeln ist sehr bedeutend, und es macht um so mehr Freude dieselbe zu untersuchen, je weniger die Bildung so verschiedenartiger Substanzen in diesen engen Räumen erklärt ist. An metallischen Substanzen findet sich mehr darin als in den bekannten Amethystkugeln von Ihlefeld am Harz, und eine nähere Vergleichung der Ausfüllungsmassen dieser Blasenräume wäre gewiss nicht ohne Interesse. — Andere Mineralien, die auch auf der Wolfsinsel vorkommen und sich in der Sammlung des Herrn Fullon befinden, sind gelber krystallisirter Eisenkiesel, vollkommen wie der von Iserlohn, krystallisirter Axinit und blauer Milchquarz, der nach Herrn Fullon in ganzen Felsen ansteht, und mit dem zum Verwechseln ähnlich ist, welcher nicht selten unter den Geschieben von Berlin vorkommt.

Herr Hedenström hat eigentlich keine besondere Mineraliensammlung, aber doch eine Menge interessanter Stücke, die er von seinen langen Reisen in den nördlichsten Theilen von Sibirien mitgebracht hat. So sah ich bei ihm mehrere sehr schöne Krystalle des bekannten Vesuvians und Grossulars vom Wilui in Sibirien (genauer von der Mündung des Achtaragda in dem Wilui), die theils lose, theils in dem Muttergestein eingewachsen waren. Dieses ist ein weisses festes Gestein, in welchem die grossen Vesuviankrystalle nur hier und da, in grosser Menge aber andere zersetzte Krystalle liegen, deren schon Haidinger erwähnt [1]), von denen es aber immer noch nicht ausgemacht ist, weder was sie jetzt noch was sie ursprünglich gewesen sind. Ihre Form ist noch

---

[1]) *Treatise of mineralogy by* Fr. Mohs, *translated by* W. Haidinger, Vol. II, p. 357.

deutlich zu erkennen, es sind Hemi-Ikositetraëder, aber weiter ist von ihrer ursprünglichen Beschaffenheit nichts übrig geblieben, sie sind weiss, erdig und mit dem Messer ritzbar. Herr Hedenström hatte die Güte, mir mehrere schöne Stücke davon mitzutheilen, doch habe ich aus Mangel an Zeit sie noch nicht näher untersuchen können. Es wäre möglich, dass diese Krystalle ursprünglich Grossular (Granat) gewesen sind; derselbe wird zuweilen ganz tetraëdrisch, wie ich einen solchen Krystall in der Sammlung des Herrn Kämmerer gesehen habe; indessen kommt doch mit dem Vesuvian ganz unzersetzter Grossular vor, und die zersetzten Krystalle zeigen gar keinen Uebergang in die Leucitoëder, die beim Grossular gewöhnlich vorkommen, so dass diese Umstände doch jene Erklärung der zersetzten Krystalle zweifelhaft machen. Mehrere der einzelnen Vesuviankrystalle enthielten kleinere Krystalle von Grossular eingewachsen, was mir deshalb merkwürdig schien, da nach den Untersuchungen von Magnus die chemischen Formeln, die die Zusammensetzung des Vesuvians und Granats bezeichnen, gleich sind, man also voraussetzen sollte, dass die Umstände, unter welchen beide Substanzen gebildet sind, ungleicher sein müssten, als aus dem beschriebenen Vorkommen hervorgeht; indessen kommt doch das Umgekehrte, dass Vesuviankrystalle in Grossular eingewachsen sind, nie vor, was also immer beweist, dass dieser früher gebildet ist, als es jene sind. Hr. Hedenström zeigte mir ferner lange vierseitige Stängel von einem Thonschiefer, der in Sibirien östlich von der obern Angara vorkommt, und endlich einige Mineralien, wie Kalksinter von der Kessel-Insel in Neu Sibirien, den Mündungen der Lena gegenüber, die Herr Hedenström selbst besucht hat.

Die rohen Mineralien sind es nicht allein, die in Petersburg das Interesse des Mineralogen erwecken;

selten hat man wohl an einem andern Orte Gelegenheit, so viel geschliffene und verarbeitetete Mineralien und Gebirgsarten zu sehen, als eben hier. Der Reichthum der geschliffenen Edelsteine in dem Kaiserlichen Schatze, wohin uns der Minister des Kaiserlichen Hauses, Fürst Peter Wolchonski zu führen, die besondere Güte hatte, ist ausserordentlich. Vorzüglich ausgezeichnet sind die Diamanten, von denen der grösste der ist, welcher sich an der Spitze des Kaiserlichen Scepters befindet. Ich hatte Gelegenheit, ein Modell von Blei von ihm zu erhalten, welches sich als Doublette in der Mineraliensammlung der Akademie der Wissenschaften befand, und habe danach die Zeichnung Taf. I, Fig. 1, 2, 3 gemacht, da mir nicht bekannt ist, dass sonst schon eine solche von ihm genommen worden ist. Die Zeichnung stellt ihn in seiner natürlichen Grösse mit allen Unvollkommenheiten des Schliffs dar; Fig. 3 ist die Ansicht von oben, Fig. 1 und 2 von der vordern und hintern Seite. Er ist sehr unvortheilhaft geschnitten und an seiner Oberfläche nur mit concentrischen Reihen von dreiseitigen Facetten und einer untern Reihe von vierseitigen Facetten versehen, vielleicht um ihm so wenig als möglich von seiner Masse zu nehmen; aber er ist vom ersten Wasser, von vollkommener Reinheit und dem lebhaftesten Glanze. Sein Gewicht beträgt nach den Angaben, die man davon hat, 194$\frac{3}{4}$ Karat; sein grösster Durchmesser nach dem Modelle 1 Zoll 3$\frac{1}{2}$ Linien; seine Höhe 10 Linien. Er stammt aus Ostindien und befand sich früher mit einem ähnlichen in dem Thronsessel von Schach Nadir. Bei dessen Ermordung wurde er geraubt und gerieth später in die Hände des Armeniers Schafrass, der ihn nebst mehreren andern werthvollen Edelsteinen, unter denen sich ein grosser Smaragd und ein grosser Rubin befanden, von einem Awganischen Anführer in Bagdad für die runde Summe von 50,000 Piastern kaufte. Schafrass ging nach 12 Jahren damit nach Amsterdam, wo er seine Steine feilbot, und die Kaiserin Katharina II. den Diamant im Jahre 1772 nach längern Unterhandlungen, die grösstentheils durch den damaligen Hofjuwelier Lasaref betrieben wurden, für die Summe von 450,000 Silberrubeln und den Russischen Adelsbrief kaufte [1]).

Auf unserer Rückreise sahen wir auch durch die zuvorkommende Gewogenheit des Fürsten Wolchonski den grossen Diamanten, den der Persische Prinz Cosrhoës, der jüngere Sohn des Abbas Mirza, bei seiner Anwesenheit in Petersburg, während unserer Reise Sr. Majestät dem Russischen Kaiser zum Geschenk gemacht hatte. Er ist dadurch interessant, dass er nur zum Theil geschliffen ist, zum Theil aber noch seine natürlichen Flächen besitzt, welche die des Octaëders sind. Man ersieht diess schon aus der beigefügten Zeichnung Taf. I, Fig. 7, 8, 9, die nach einem bleiernen Modelle entworfen ist, welches ich der Güte des Vice-Präsidenten Herrn v. Peroffski verdanke. Fig. 7 und 8 stellen ihn von zwei entgegengesetzten Seiten dar; Fig. 3. ist die Gestalt des Durchschnitts bei der Linie *ab*. Die Flächen des Octaëders sind mit *o* bezeichnet; sie sind etwas uneben, wie auch die Kanten von 109° 28′, die sie untereinander bilden, etwas abgerundet. Die übrigen Flächen sind geschliffen. Sein Gewicht beträgt 86 Karat; er ist zwar um mehr als die Hälfte kleiner als der vorige, aber immer noch bedeutend genug, um zu den grössten bekannten Diamanten gezählt zu werden. Seine grösste Länge beträgt 1 Zoll 5½ Linien, seine grösste Breite 8 Linien. In Rücksicht des Wassers scheint er dem vorigen nicht nachzustehn; er ist ebenso von der grössten Reinheit und Klarheit und ganz ohne Sprünge und Federn. Seine geschliffenen Flächen sind mit persischen Inschriften versehen, und an seinem obern Ende befindet sich eine

[1]) Vergl. Pallas Reise in die südlichen Statthalterschaften des Russischen Reichs Th. I, S. 251.

kleine Rinne, die ganz um ihn herumgeht, an welcher man wahrscheinlich eine Schnur befestigt hat, um ihn mittelst derselben am Halse zu tragen.

Zur Vergleichung mit diesen beiden ausgezeichneten Diamanten habe ich noch die Zeichnung von einem andern berühmten Diamanten, nämlich von dem Pitt oder dem Regenten in der Französischen Krone hinzugefügt, von welchem sich ein Modell von Holz in der Königlichen Mineraliensammlung in Berlin befindet. Dieses wurde von ihm genommen, als sich der Diamant zur Zeit der Französischen Revolution in Berlin befand, wo er an den Kaufmann Treskow verpfändet war. Er ist als Brillant, aber nach dem vorhandenen Modelle doch nur sehr schlecht geschnitten.

Die übrigen geschliffenen Mineralien sieht man ganz basonders in den Kaiserlichen Schlössern, vorzüglich in dem schönen Winterpallast, einem Gebäude, das an Pracht und Eleganz wohl kaum seines Gleichen hat. Was das weitläuftige Russische Reich an ausgezeichneten Gebirgsarten besitzt, sieht man hier vereinigt, seine Säle zu schmücken. Zu den grössern Gegenständen hat man besonders die verschiedenen Porphyre des Altai benutzt. So sieht man hier eine ganze Reihe kanellirter Säulen von dem prächtigen grün- und weissgestreiften Porphyr [1]) von der Revennaja Gora vom Altai, und kolossale Vasen und Badewannen von den vielen Abänderungen des Porphyrs vom Korgon, sowohl dem rothen Porphyr, der mit dem antiken Aehnlichkeit hat, als auch dem conglomeratartigen rothen Porphyr, und endlich jener variolith-

[1]) Man nennt diesen Porphyr gewöhnlich Jaspis, was er aber keineswegs ist. Die Abänderung, die man zum Verschleifen benutzt, enthält zwar nur selten oder gar nicht eingewachsene Feldspathkrystalle, aber sie geht in andere über, die deren sehr viel enthalten, und ist ausserdem vor dem Löthrohre schmelzbar, was bei dem Jaspis nicht der Fall ist. Die nähere Beschreibung dieses Porphyrs siehe unten beim Altai.

ähnlichen Abänderung, die aus einer röthlich grauen Grundmasse und inliegenden graulichweissen Kugeln mit schwarzen Einfassungen besteht, und durch die Eigenthümlichkeit des Gesteins noch einen ganz besondern Reiz erhält.

Zu kleinern Vasen, Tischplatten und andern Kunstgegenständen ist besonders der Jaspis des südlichen Urals, der Aventurin des Ural und Altai, das Rothbraunsteinerz aus der Gegend von Katharinenburg, der Malachit von der Gumeschefskischen Kupfergrube, und der Schriftgranit von Mursinsk und Miask verwendet. Die Abänderungen des Jaspis sind von grüner und rother Farbe, zuweilen sind sie auch roth und weiss gefleckt, oder blutroth und lauchgrün gestreift, wie der schöne sibirische Bandjaspis. Die weisse Masse des Aventurins ist bald roth bald weiss gefleckt. Das Rothbraunsteinerz und der Malachit, die durch ihre schönen rosenrothen und smaragdgrünen Farben so ausgezeichnet sind, sieht man selten in derben Massen verarbeitet. Gewöhnlich sind die Gegenstände mit einer Menge grösserer oder kleinerer Platten dieser Massen nur fournirt, was aber besonders bei dem Malachite nicht unangenehm auffällt, da dieser selbst aus hellern oder dunklern concentrischen Lagen besteht, die fest miteinander verbunden sind, aber doch scharf aneinander abschneiden. Nur kleinere Platten von Malachit bestehen aus einem Stücke, in welchem aber doch die Höhlungen und Löcher, die in dem Malachite nie fehlen, mit andern Stücken ausgefüllt sind. Vom Schriftgranit sieht man sowohl die gelbe Abänderung von Mursinsk wie die grüne von Miask, doch immer nur in kleinen Platten.

Den eigentlichen Granit findet man in den Schlössern nicht, oder nur selten; die ausserordentlichen Blöcke, die man aus dem Granite Finlands brechen kann, werden zu Säulen verarbeitet, die besonders zur Ausschmückung der Kirchen verwandt sind. So befinden sich im Innern der Kasanschen Kirche 95 grosse Säulen; andere sieht man an der Isaacskirche in drei Doppelreihen an drei Seiten des Gebäudes. Die letztern sind grösser als die erstern, und haben die bedeutende Höhe von 56 Engl. Fussen, werden aber an Grösse noch bei weiten von der grossen Alexandersäule übertroffen, die nach unserer Reise im Jahre 1832 auf dem Platze vor dem Winterpallaste errichtet ist, und bei einem Umfange von $37\frac{1}{2}$ Engl. Fussen, eine Höhe von 84 Fussen hat.

Der Granit, aus welchem die Säulen der Isaacskirche bestehen, ist grobkörnig und besteht vorherrschend aus dunkel fleischrothem Feldspath, wenigerem grauen Quarz, der nicht selten in kleinen Hexagondodecaëdern krystallisirt ist, und noch wenigerem braunen Glimmer, der in einzelnen wohl ausgebildeten Tafeln nur hier und da eingesprengt ist. Der Granit, aus welchem die Säulen der Kasanschen Kirche bestehen, ist porphyrartig und enthält ausser den gewöhnlichen Gemengtheilen des Granits noch Albit, der von grünlichweisser Farbe, regelmässig mit dem fleischrothen Feldspath verwachsen ist, und in einer 2 bis 3 Linien breiten Hülle, die 1 bis $1\frac{1}{2}$ Zoll grossen Krystalle umgiebt. Diese Verwachsung giebt dem Granite der Kasanschen Kirche noch ein besonders schönes Ansehen, der ihn noch über den der Isaacskirche erhebt.

Dass auch die ganze Einfassung der Newa, sowie der Kanäle in Petersburg aus Granit besteht, wurde schon erwähnt.

Was in Petersburg ausser dem Angeführten noch einen Gegenstand meiner besondern Aufmerksamkeit ausmachte, war die Platinreinigung und die Goldscheidung. Erstere geschieht im Bergkorps und ist von dem Obersten beim Berg- und Ingenieurcorps, Herrn v. Sobolewskoy sehr einfach und praktisch eingerichtet worden. Herr v. Sobolewskoy hatte auch die Güte, uns ausführlich mit dem ganzen Process bekannt zu machen; da er denselben seitdem selbst in Poggendorffs Annalen (Th. 33, S. 99) beschrieben hat, so ist es überflüssig, jetzt noch etwas darüber anzuführen.

Die Goldscheidung geschieht auf der Münze in der Festung. Das Gold vom Ural wird in Katharinenburg nur geschmolzen und in Barren gegossen, im Kleinen auf seinen Gehalt an Silber probirt, aber von demselben nicht weiter geschieden. Die eigentliche Scheidung wird erst in Petersburg vorgenommen. Bei unserm Aufenthalt in dieser Stadt geschah sie noch auf die gewöhnliche Weise durch die Quart. Das Gold wird in dem schicklichen Verhältniss mit Silber versetzt, so dass auf 1 Theil Gold 3 Theile Silber kommen, wobei man sich nach der kleinen Probe richtet, die in Petersburg wiederholt wird. Es wird darauf geschmolzen und granulirt, indem man es im geschmolzenen Zustand in ein mit Wasser gefülltes eisernes Gefäss giesst, in welchem man einen Quirl umgehen lässt. Die granulirte Legirung wird nun mit reiner chlorwasserstofffreier Salpetersäure digerirt, 10 Pfunde der Legirung mit 20 Pfunden Salpetersäure, worauf das zurückbleibende reine Gold ausgewaschen und geschmolzen, die Auflösung aber mit Wasser verdünnt und in grossen Bottichen durch eingehängte Kupferstangen präcipitirt wird. Das auf diese Weise gewonnene Silber ist mit etwas Kupfer 4 bis 5 Proc. gemengt, und wird deshalb in einem Teste feingebrannt. Wenn die Bottiche eine Zeit lang gedient haben, werden sie zerschlagen und verbrannt, um noch die Menge Silber zu gewinnen, die sich zu fest an das Holz angelegt hat, um auf eine mechanische Weise davon getrennt werden zu können.

Die salpetersaure Kupferauflösung wird durch Pottasche, die durch Auslaugung von Holzasche gewonnen ist, gefällt, und dadurch ein basisch-kohlensaures

Kupferoxyd erhalten, das als eine beliebte Malerfarbe unter dem Namen des Sibirischen Grüns in den Handel kommt. Man bedient sich desselben häufig zum Anstreichen der mit Eisenblech gedeckten Dächer, die man in Russland, besonders bei Kirchen und andern grössern Gebäuden häufig sieht. Die Auflösung von salpetersaurem Kali lässt man krystallisiren, mengt das krystallisirte Salz sodann mit krystallisirtem Eisenvitriol in dem Verhältniss von $4:4\frac{1}{2}$ und destillirt das Gemenge. Die Destillation geschieht in eisernen Retorten, die die Form von Muffeln haben und deren zwei in einen Ofen gestellt werden. An zwei entgegengesetzten Seiten haben die muffelartigen Retorten runde Oeffnungen; worin man die gläsernen Vorlagen einpasst, die aus dem Ofen hervorragen und kühl erhalten werden. Der Rückstand in den Retorten wird ausgelaugt und das gewonnene Eisenoxyd in der Kaiserlichen Spiegelmanufactur zum Poliren benutzt.

Das war die zu unserer Zeit gebräuchliche Methode das Gold zu scheiden; doch machte Hr. v. Sobolewskoy schon damals Versuche, die Scheidung mittelst Schwefelsäure in Platinagefässen zu versuchen, die recht gut glückten, daher auch diese Methode, wie ich höre, jetzt im Grossen ausgeführt und allein angewandt wird. Diese Methode ist nach Abzug des Anlagekapitals wohlfeiler als die mit Salpetersäure, und in Russland, wo an Platina kein Mangel ist, natürlich leichter als in jedem andern Staate auszuführen. Sie gelingt aber auch vollkommen in gusseisernen Gefässen, und wird auf diese Weise von den Herren Beith in Hamburg nach einem sehr grossen Maasstabe ausgeführt.

Ueber die geognostische Beschaffenheit der Gegend von Petersburg haben wir wegen der zum Theil noch ungünstigen Witterung und aus Mangel an Zeit keine eigenen Beobachtungen angestellt. Wie man aus der vortrefflichen Beschreibung der Gegend vom Dr. Pander [1]) ersieht, finden sich in dem Plateau, welches das Thal der Newa im Süden begränzt und sich etwa 15 Werste von Petersburg bis zu einer Höhe von 30 bis 40 Faden erhebt, dieselbe Formation wie in Ehstland. Mehrere kleine Flüsse, wie die Tosna, Ischora, Slavenka, Pulkowka, Ligowka und Strelka, die sich theils in die Newa, theils in den Finnischen Meerbusen ergiessen, haben in dasselbe ihr Bett mehr oder weniger tief eingegraben, und dadurch viele Profile entblösst, in welchen man die verschiedenen Gesteinschichten gut beobachten kann. Die unterste Schicht bildet auch hier:

1, ein lichter graulichblauer Thon. Er enthält keine Versteinerungen und hat eine noch ungekannte Mächtigkeit, da alle Versuche ihn zu durchdringen vergeblich waren, obgleich man schon mehrere Faden tief in ihn hineingebohrt hat. Die Oberfläche desselben ist sehr uneben, und bildet oft tiefe Thäler und Mulden. Auf ihn folgt

2, Sandstein. Er ist in horizontalen Bänken abgesondert, und ebenso stellt auch seine Oberfläche eine ziemlich ebene horizontale Fläche dar. Demnach ist aber seine Mächtigkeit bei der Unebenheit der Fläche, worauf er sich abgelagert, sehr verschieden; bald ist sie sehr bedeutend, wenn er die Vertiefungen des darunter liegenden Thons ausfüllt, bald nur sehr gering,

---

[1]) In dessen Beiträgen zur Geognosie des Russischen Reiches, Petersburg 1830. Mit der Herausgabe dieses Werkes, wozu der Verfasser seit langer Zeit die Materialien gesammelt hatte, das aber auffallend genug nur wenig bekannt zu sein scheint, fanden wir Herrn Dr. Pander schon beschäftigt. Die vielen schönen Tafeln mit Versteinerungen waren schon lithographirt, und mit dem Druck sollte bald angefangen werden. Er hatte die Güte uns seine reichhaltigen Sammlungen von Versteinerungen zu zeigen, und darüber manche Erläuterung zu geben. Nicht weniger grosse Sammlungen von Versteinerungen hatte er auf einer Reise in der Krimm gemacht, die er ebenfalls bekannt zu machen gedachte.

wo er auf den Erhabenheiten desselben aufliegt. Seine untern Schichten sind weiss, feinkörnig und fest, und bis zu einer Höhe von mehreren Fussen vom Thone ganz von Versteinerungen frei. Die mittlern Schichten werden aber loser, und hier stellen sich kleine Muschelfragmente ein, die mit zunehmender Höhe auch an Menge und Grösse zunehmen und in den obern Schichten, wo der Sandstein wieder fest, aber gelblich bis röthlichbraun gefärbt ist, in grosser Menge vorhanden sind. In dem mittlern losen Sandsteine sind sie allenthalben zerstreut, sehr oft aber in mehrere Linien bis 1 Zoll mächtigen Schichten zusammengehäuft, in welchen die besten Exemplare vorkommen. Diese Muscheln, die ganz mit den ähnlich vorkommenden von Ehstland übereinkommen, nennt Hr. Pander Unguliten und danach den Sandstein Unguliten-Sandstein. Der Sandstein ist in einigen Gegenden (am deutlichsten an dem steilen linken Ufer der Ischora bei dem Dorfe Podolowa) von einer 3 bis 4 Zoll mächtigen Eisenkiesschicht bedeckt, die auch aus verkiesten Unguliten besteht, was man oft ganz deutlich an einzelnen Eisenkiesparthien sehen kann, die sich einzeln in den obern Sandsteinlagen finden. Auch dünne Thonlagen kommen zuweilen in dem Sandsteine vor. Ueber diesem Sandstein liegt:

3, Thonschiefer oder Alaunschiefer. Er ist gräulichschwarz und findet sich in horizontalen dünnschiefrigen Lagen, deren Mächtigkeit von einigen Zollen bis zu 4 Fussen wechselt. Herr Dr. Pander hat darin noch keine Versteinerungen beobachtet, doch möchten sie darin wohl noch später gefunden werden, da sie ja auch in dem ähnlichen Gesteine von Ehstland (s. oben S. 23) vorkommen.

4. Trilobiten- oder Uebergangskalkstein. Er wird auch hier wie in Ehstland von dem darunter liegenden Thonschiefer durch eine Schicht Grünerde getrennt, welche in jenen nirgends übergeht, und

bei Podolowa an der Ischora eine horizontale $1\frac{1}{2}$ Fuss mächtige Schicht bildet. Nach oben geht sie aber allmählig in den Kalkstein über, und zieht sich sodann zu kleinen grünen Körnern zusammen. Hr. Dr. Pander erwähnt hier ebenfalls der Aehnlichkeit dieses Kalksteins mit dem Grünsande, führt aber auch an, dass man wegen dieser Aehnlichkeit ihn nicht zur Kreideformation rechnen könne, da seine Versteinerungen ganz verschieden wären und er nicht eine einzige enthielte, die mit einer in der Kreide übereinstimmte [1]). Die Farbe des Kalksteins ist hellgelb, dunkelgrau, auch röthlich, und in den untersten Schichten von der beigemengten Grünerde grün. Seine mittlern Schichten sind mit Thon gemengt und daher weniger fest als die obern und untern, die davon freier sind. Die Steine der mittlern Lagen werden daher vorzugsweise gebrannt und zum Mörtel benutzt, während die der obern und untern Lagen behauen und zu Bausteinen angewandt werden.

Die Versteinerungen werden in den mittleren Schichten am besten gefunden, besonders in den Thonlagen, die zwischen den Kalksteinschichten liegen. Unter diesen sind die Trilobiten am häufigsten, nächstdem finden sich Terebrateln, Orthoceratiten, Korallen. Die Kalksteinschichten liegen stets horizontal und sind durch vertikale Klüfte in grössere oder kleinere parallelepipedische Stücke getheilt. Der Kalkstein geht bis

---

[1]) Auch Brongniart ist durch die Aehnlichkeit dieses Gesteins mit dem Grünsande zweifelhaft gemacht worden, wie aus einer Stelle in seinem Werke über die Trilobiten hervorgeht, die Pander citirt. Er spricht nämlich S. 55 von einem Trilobiten, der bei Koschelewa gefunden worden: „*Ici la roche, qui renferme les Trilobites, semble indiquer un terrain très-différent de tous les autres: c'est un calcaire d'un gris jaunâtre . . . . . rempli de grains verts, absolument semblables aux grains verts de la craie chloritée, et indiquant par conséquent, aussi bien qu'un seul échantillon puisse le faire, un calcaire beaucoup plus nouveau que tous ceux qu'on connaît jusqu'à présent, pour renfermer des Trilobites.*"

zur Oberfläche und ist bei der Unebenheit derselben daher zuweilen nur einige Fuss, zuweilen mehrere Faden mächtig. Die Ufer der grösseren Bäche, wie der Ischora und Tosna, sind gewöhnlich auf mehrere Werste von den oberen Schichten entblösst, und die Thäler dieser Bäche daher sehr breit. An der Popowka und in den Schluchten von Krasnooje-Selo sind sie zum Theil noch alle erhalten, und erreichen daher eine beträchtliche Höhe, die sich am stärksten in den Duderhoffschen Bergen zeigt, wo der Kalkstein eine Mächtigkeit von 30 bis 40 Faden haben kann.

Ausser diesen zur Uebergangsformation gehörigen Gebirgsgesteinen finden sich in der Gegend von Petersburg nur noch einige ganz neue Bildungen. Dahin gehört der Kalktuff und der Torf. Ersterer findet sich besonders bei dem Dorfe Pudost, einige Werste östlich von dem Kaiserlichen Schlosse Gatschina, wo er sich durch Absatz aus dem Wasser des Baches Pudost noch täglich bildet. Er ist sehr tauglich znm Kalkbrennen, wird aber auch, weil er eben gebrochen, sich leicht bearbeiten lässt, bei längerm Liegen in der Luft aber erhärtet, auch als Baustein viel benutzt. Das Schloss Gatschina und die Kasansche Kirche in Petersburg sind daraus gebaut. Der Torf wird besonders in der Gegend des Besborodkoschen Gartens bei Petersburg gegraben.

II. Reise von Petersburg nach Katharinenburg.

Abreise von Petersburg. — Reiseeinrichtungen. — Russische Dörfer. — Waldaische Berge. — Canalverbindung in Russland. — Moskau. — Uebersicht der Stadt. — Naturhistorische Sammlungen. — Wladimir. — Ueberfahrt über die Oka bei Murom. — Nischni-Nowgorod. — Wasserfahrt auf der Wolga. — Kasan. — Universität. — Lage der Stadt. — Excursion nach den Ruinen von Bolgari. — Der Saban der Tartaren. — Hohes mit Wald bedecktes Plateau zwischen der Wjatka und Kama. — Wotjäken. — Kupferhaltige Sandsteinformation auf der Ostseite des Urals. — Perm. — Gypshöhle von Kungur. — Vorberge des Urals in Bisserskaja. — Eisenhütten Bilimbajewsk und Schaitansk. — Wassertheiler. — Profilreise durch den Ural. — Katharinenburg.

Am 20sten Juni Morgens waren alle Anstalten zu unsrer Reise vollendet; wir konnten Petersburg verlassen. Unsere Reisegesellschaft hatte sich nun vermehrt; wir hatten durch die Vorsorge des Hrn. Grafen v. Cancrin zu unsrer Begleitung einen Russischen Bergofficier erhalten, Hrn. Oberhütten-Verwalter Menschenin, der der französischen Sprache vollkommen und etwas auch der deutschen mächtig, uns als Führer und Dolmetscher dienen sollte; ferner hatte Hr. v. Humboldt noch einen Courier engagirt, der die Pferde auf den Stationen bestellen und bezahlen sollte, und einen Koch, der bei einer grösseren Reisegesellschaft eine nothwendige Person ist, da schon jenseits Moskau die Wirthshäuser aufhören und man auf den Stationen auf dem Lande nur die Pferde und die Freiheit erhält, in einem für die Reisenden reservirten Zimmer sich aufzuhalten, und in der Küche des Hauses sich die Speisen zu bereiten, so gut als es die Gelegenheit gestattet. In den Städten haben sich die wohlhabendern Bürger verpflichtet, die Reisenden aufzunehmen; man hat bei der Ankunft in einer Stadt sich an den Polizeimeister zu wenden, der dem Reisenden sein Quartier in demjenigen Hause anweist, das gerade an der Reihe ist, in welchem man dann bei der mit Recht so gerühmten Sibirischen Gastfreiheit nicht nur Aufenthalt, sondern häufig auch Bewirthung erhält, zumal wenn man etwas der Russischen Sprache mächtig, es versteht, sich seinen Wirthen angenehm zu machen. Zu unserer auf Befehl des Kaisers unternommenen und einem öffentlichen Zwecke gewidmeten Expedition war durch die grosse Strecke von 14,500 Wersten (über zwei tausend geographischen Meilen), die wir zurückzulegen hatten, überall auf das beste für Pferde und Wohnung gesorgt. Bei unserer durch den Courier gemeldeten Ankunft, wurden wir in der Regel schon an den Thoren von dem Polizeimeister bewillkommnet und nach dem für uns bestimmten Quartiere geführt.

Eine Vorsichtsmaassregel hatten wir jedoch vernachlässigt; wir hatten uns nicht mit Matratzen, versehen, die man in Russland ganz gewohnt ist auf Reisen mitzunehmen, da man an den Orten, wo man übernachtet, in der Regel nie Betten, häufig zwar mit Leder überzogene Sophas, aber ebenso häufig auch nur hölzerne Sopha-Gestelle findet. In Katharinenburg wurde daher diesem Mangel abgeholfen, wodurch unser Gepäck zwar sehr vermehrt, aber auch ein fast unabweisliches Bedürfniss befriedigt wurde.

Wir hatten zur Reise drei ganz neue Wagen erhalten, eine halbe Chaise für Hrn. v. Humboldt und einen von uns dreien, eine grössere, auch auf Federn ruhende sogenannte Britschke, und einen offenen Wagen für den Courier und den Koch. Ich kann es nicht unterlassen, die Vortrefflichkeit der beiden ersten Wagen zu rühmen; sie haben die ganze Reise ausgehalten und erst auf der Rückreise in Astrakan eine Reparatur von einiger Bedeutung nöthig gemacht, was bei dem steten Gebrauche derselben, meistens Tag und Nacht, und bei den steinichten Wegen im Ural und Altai gewiss nicht wenig sagen will. Der dritte Wagen war fertig gekauft und bedurfte freilich einer öftern Ausbesserung.

Die Wagen waren geräumig genug, um uns und unsere Instrumente aufzunehmen, und uns einen für eine lange Reise wohl wünschenswerthen, bequemen Aufenthalt zu gewähren; doch dauerte diess wegen der anwachsenden Sammlungen nicht lange. Bei der grossen Entfernung des Ural und Altai von Petersburg mussten wir die Möglichkeit voraussetzen, dass nicht alle Kisten, worin wir die an den verschiedenen Orten gesammelten Gegenstände verpackten, regelmässig ankommen würden; wir suchten daher von allem etwas, was wir für das wichtigste hielten, selbst mitzunehmen. Dadurch wurde aber der Raum zuletzt so beschränkt, dass wir oft nur sehr unbequem sassen, was uns bei der Schnelligkeit der Reise, die meistens auch bei der Nacht fortgesetzt wurde, sehr lästig geworden wäre, wenn wir uns nicht daran gewöhnt hätten. Diese Vorsicht, die wir für unsre Sachen trugen, ist zwar ganz unnöthig gewesen, denn von den vielen Kisten, die in verschiedenen Transporten nach Petersburg und von da nach Berlin gesandt worden sind, ist auch, Dank sei es der Fürsorge der Russischen Behörden, nicht eine einzige verloren gegangen, aber die Klugheit gebot es doch, die Früchte unsrer Reise nicht aufs Spiel zu setzen.

Der Weg nach Moskau führt auf der grossen Kaiserstrasse entlang, die meistens in schnurgerader Richtung fortgeht und eine ausserordentliche Breite hat. Sie übertrifft in derselben die Preussischen Kunststrassen wohl um das Doppelte, was bei den grossen Entfernungen in Russland um so auffallender scheint, da man in derselben Zeit und mit denselben Kosten die Chausseen, wenn auch nicht noch einmal, doch um ein Drittheil weiter hätte führen können. Doch muss man bedenken, dass man in Russland fast stets im Galopp von einer Station zur andern fährt, und die Pferde sehr häufig zu vieren in einer Reihe spannt, von denen die zu den Seiten laufenden meistens die Köpfe nach auswärts zu tragen gewöhnt sind, wodurch sie einen bedeutenden Raum einnehmen; dass man die Wege also auch so breit machen muss, dass zwei auf diese Weise bespannte Fuhrwerke im Galopp bequem vorüberfahren können. Aber bei alle dem scheint doch die Breite überflüssig gross zu sein. Auf den Stationen findet man vortrefflich eingerichtete Posthaltereien, die auf einigen Stationen besonders luxuriös eingerichtet sind. Diese sind auf den gedruckten Reiserouten besonders angemerkt, daher der Reisende, der Bequemlichkeit und einen guten Tisch liebt, sich danach einrichten kann.

Wir verliessen bald hinter Petersburg die gerade Strasse nach Moskau und bogen rechts ab nach dem Städtchen Zarskoje-Selo, um das daselbst befindliche Kaiserliche Lustschloss zu besuchen. Das Städtchen liegt an dem Abhange der höhern Ebene, die sich in 15 bis 20 Werste Entfernung von der Newa und dem Finnischen Meerbusen erhebt; das Schloss schon auf der Höhe selbst. Es ist mit grosser Pracht aufgeführt und erinnert in seiner Bauart an das Schloss von Versailles. Bei einem Brande des Städtchens im Jahre 1820 wurde es sehr beschädigt, und ist daher nach der Zeit zum Theil neu ausgebaut. Hinter dem Schlosse liegt der Garten, in welchem eben das erste Grün zu sprossen anfing; es war ein schöner heitrer Tag; die Temperatur des Mittags 15 R.

In Ischora, der ersten 33 Werste von Petersburg entfernten Station, erreichten wir wieder die gerade Strasse. Mit dieser Station hört auch bald der Anbau des Landes auf, und ein dichter, grösstentheils sehr sumpfiger Wald empfing uns, in welchem wir auch die Nacht hindurch fuhren. Um 7 Uhr des folgenden Morgens erreichten wir Nowgorod, die alte, vormals so berühmte Hansestadt. Sie hat eine schöne Lage auf dem rechten Ufer des Wolchow, wo dieser aus dem Ilmen-See heraustritt. Nur ein kleiner Theil der Stadt mit der alten Sophienkirche liegt auf dem linken westlichen Ufer des Flusses; zu ihm führt eine Brücke, auf welcher man eine weite Aussicht, den Wolchow abwärts sowohl als aufwärts, nach dem Ilmen-See hat, der jetzt noch ganz mit Eis belegt war.

Nach einigen Stunden Aufenthalt fuhren wir weiter. Eine schöne steinerne Brücke mit eisernem Geländer führt über den kleinen Wolchow, und eine ähnliche wurde über die darauf folgende Msta gebaut; da sie noch unvollendet war, setzten wir mit einer Fähre über den Fluss. Dieser wie der kleine Wolchow ergiessen sich bald nach einander und östlich von dem Austritt des grossen Wolchow in die Nordseite des Ilmen-See. Jenseits der Msta liegt das Dorf Bronnitzü, an dessen südwestlicher Seite ein grosser kegelförmiger Hügel sich erhebt, der oben durch eine Kirche gekrönt ist.

So freundlich auch die Russischen Dörfer von fern aussehen, da sie meistens alle eine steinerne Kirche haben, deren weisse Mauern und grüne Kuppeln schon von Ferne entgegenleuchten, so einförmig und traurig sehen sie doch im Innern aus. Die Häuser sind wie die Schwedischen und Norwegischen Bauernhäuser aus übereinander gelegten roh behauenen Baumstämmen aufgeführt, vorn mit allerlei Schnitzwerk oft ganz kunstreich verziert, doch alle nach einem Styl erbaut. Sie stehen mit ihrer Giebelseite nach der Strasse und sind durch grosse hölzerne Zäune untereinander verbunden. Auch die Strasse ist mit grossen hölzernen Bohlen belegt, und daher, um nicht zu viel Holz dazu zu gebrauchen, nicht sehr breit. Kein Baum ist in dem ganzen Dorfe zu sehen, kein Garten trennt die Häuser voneinander, deren Abwechselung den Dörfern Deutschlands oft ein so heitres Ansehen giebt. Alles ist eng zusammengebaut, und offenbar mehr auf den Winter, als auf den Sommer berechnet; aber man kann sich des Grauens nicht erwehren, wenn man bedenkt, wie schnell ein entstehendes Feuer um sich greifen und wie gross dann die Gefahr sein muss, da nicht allein die Häuser, sondern auch die Strassen brennen. Man wird zu dieser Betrachtung um so mehr veranlasst, wenn man die Unvorsichtigkeit sieht, mit welcher die Bauern mit dem Feuer umgehen, da sie sich selten der Lichter oder Laternen, sondern gewöhnlich eines brennenden Holzspans zum Leuchten bedienen.

Bei einbrechender Nacht waren wir in dem Städtchen Waldai, das auf dem kleinen Höhenzuge gleiches Namens liegt, welcher die Wasserscheide für die in die Ostsee und das Kaspische Meer fallenden Gewässer bildet. Um denselben etwas näher kennen zu lernen, blieben wir den Rest der Nacht in der etwa eine Stunde von Waldai entlegenen Station Simogorie und wandten den folgenden Vormittag dazu an, die bedeutendsten Höhen zu besuchen und barometrisch zu bestimmen. Wir gingen wieder nach Waldai zurück, besuchten von da aus zuerst den See im Osten und sodann die grossen Höhen im Westen der Stadt. Der See war noch mit Eis bedeckt; seine südlichen Ufer sind flach, die östlichen dagegen mit bewaldeten Hügeln umgeben; an seinem nördlichen Ende liegt auf einer Insel ein Kloster, das im Sommer eine sehr angenehme Lage haben muss. Den grössten Hügel im Westen der Stadt bildet die Popowa Gora, welche jedoch nur die geringe Höhe von ungefähr 800 Fussen über dem Meere hat, wie gleich näher angeführt werden wird. Etwas weiter südlich liegt der Seliger-See, der sein Wasser der Wolga zuführt.

Anstehendes Gestein sahen wir nirgends; die Hügel bestehen aus Sand und Lehm, sind aber mit grössern und kleinern Geschieben häufig bedeckt, die theils aus Granit und andern sogenannten Urgebirgsarten, theils aus einem dichten Kalkstein bestehen. Unter den erstern fand ich am See Waldai ein grosses Geschiebe von Hornblendeschiefer, in welchem in der Mitte sich eine Schicht befand, die grosse Krystalle von Staurolith enthielt. Dieser härter als der umgebende Hornblendeschiefer war an der Oberfläche durch die Einwirkung der Atmosphäre nicht zerbröckelt und ragte nun aus dem umgebenden Gestein hervor, indem er gleichsam um das Geschiebe einen Kranz bildete. Die Krystalle des Stauroliths waren von ansehnlicher Grösse, und übertrafen in dieser Rücksicht noch die bekannten von der Bretagne. Sie waren alle zwillingsartig verwachsen, fanden sich aber sowohl in rechtwinkligen, als auch in schiefwinkligen Durchwachsungen. Die Kalksteingeschiebe enthalten viel Versteinerungen, besonders von Ammoniten, die noch ihre natürliche Schale und den perlmutterartigen Glanz behalten haben. Vielleicht stehen auch in einiger Tiefe Kalksteinschichten an, und gehen an andern Orten zu Tage aus, doch haben wir diess nicht gesehen. Bei dem Dorfe Borowitschi an der Msta, das durch die der Schiffahrt so hinderlichen Wasserfälle bekannt ist, und einige 50 Werste im NO. von Waldai liegt, haben sich Steinkohlenlager gefunden, die indessen nur schwach sein und schlechte Kohlen enthalten sollen.

Gleich hinter Simogorie senkt sich der Boden allmählig, doch im Ganzen nicht sehr bedeutend bis zur folgenden Station Jedrowo, die wiederum an einem Seee liegt, dessen Ufer mit einer grossen Menge von Feuersteingeschieben bedeckt sind. Bis hierher war nur die Chaussee vollendet, wir kamen nun wieder auf die alte Landstrasse, was wir sehr übel empfanden, da der Weg stellenweise überaus sandig war. Doch dauerte diese

Unterbrechung glücklicher Weise nicht lange, denn von der Stadt Twer an, die wir am Mittag des folgenden Tages erreichten, kamen wir wieder auf Chaussee, die von hier bis Moskau schon ganz fertig war.

Die nächste Stadt hinter Waldai, durch welche der Weg führt, ist Wüschni-Wolotschok. Sie liegt schon an der Twerza, einem Nebenfluss der Wolga, und ist durch den Kanal merkwürdig, der von hier aus bis zur Msta geführt ist. Dieser Kanal verbindet daher das Kaspische Meer mit der Ostsee und macht es möglich die Produkte Astrakans zu Wasser bis nach Petersburg zu bringen [1]). Wir erreichten indessen

---

[1]) Vor der Anlage dieses Kanals mussten die Waaren, welche aus dem Innern Russlands nach Petersburg gingen in der Twerza ausgeladen und zu Lande bis zur Msta gebracht werden, von welchem Landtransport Wüschni-Wolotschok, welches die höchste Ueberfahrt bedeutet, seinen Namen erhalten hat. Diesem Uebelstande ist theils durch die Anlage des nur 2½ Werste langen Kanals theils durch die Schiffbarmachung der obern Twerza und Msta abgeholfen, welche auf eine sehr sinnreiche Weise dadurch bewerkstelligt wird, dass Wasser aus kleinen nahe liegenden Seen und Flüssen in die Twerza geleitet wird, wenn eine Karawane von Barken in derselben angekommen ist. Hierdurch wird der Wasserstand in der Twerza erhöht, und die Barken gelangen bis zum Kanal bei Wüschni-Wolotschok. Hier angelangt, wird die Schleuse in der Twerza geschlossen, und Wasser aus andern Reservoirs in den Kanal und die Msta geleitet, wodurch es möglich wird, die Barken bis nach Opetschenskoi Rädok zu bringen. Ein zweiter Wasserzufluss erhöht hier den Spiegel der Msta so, dass die Barken auch über die Borowitzkischen Wasserfälle gelangen können. Dieses ganze höchst künstliche System von Anschwellungen ist von einem Müller Serdjukoff erdacht worden, der es in den Jahren 1707-1711 durch höchst einfache Mittel auch zu Stande brachte. Seitdem ist es von der Regierung noch verbessert und erweitert worden. Dennoch ist es aber nur möglich auf diese Weise eine bestimmte Anzahl von Barken, die nicht über 4000 steigen kann, aus der Twerza in die Msta zu bringen. Diese Anzahl reicht aber jetzt bei weiten nicht hin, Petersburg mit dem Waarenbedarf aus dem Inlande zu versorgen, viel weniger den zum Verschiffen ins Ausland bestimmten herbeizuschaffen. Ausserdem hat diese Wasserverbindung den Nachtheil, dass wegen der ganzen Einrichtung derselben, besonders aber wegen der Borowitzkischen Wasserfälle die Barken wohl nach Peters-

den Ort erst in der Nacht und reisten daher gleich weiter, ohne von der sonst sehr merkwürdigen Art der Beschiffung dieses Kanals nähere Kenntniss zu nehmen.

Der Weg folgt nun von Wüschni-Wolotschok dem Laufe der Twerza bis zu ihrer Einmündung in die

---

burg gelangen, aber nicht wieder zurückkehren können. Man konnte also auf diese Weise nicht allein keine Waaren aus Petersburg und dem Auslande nach dem Innern bringen, der Transport musste auch mit jedem Jahre theurer werden, da die Barken, welche in Petersburg bei der jedesmaligen Ankunft verkauft werden, für einen jeden neuen Transport in dem Innern von Russland neu gezimmert werden mussten, und deshalb bei der vergrösserten Nachfrage und dem seltener werdenden Baumaterial stets im Preise stiegen.

Deshalb wurde unter dem Kaiser Alexander in den Jahren 1802-11 noch eine andere Wasserverbindung der Wolga mit der Newa durch den 175 Werste langen Tischwinschen Kanal hergestellt, durch welche die Tischwinka, ein Nebenfluss des Säss, der sich nur 10 Werst östlich vom Wolchow in den Ladoga-See ergiesst, mit der Waltschina in Zusammenhang gebracht ist, welche nach ihrem Durchfluss durch den Sominskischen See, Somina genannt, durch den Gorium und den Tschagodasch mit der Mologa zusammenhängt, die bei der Stadt Mologa sich in die Wolga ergiesst. Diese Wasserverbindung hat vor der erstern den Vorzug, dass die Schiffe aus der Wolga in die Newa gehen uud wieder dahin zurückkehren können; da sie aber nur für kleine Schiffe möglich ist, so wurde in den Jahren 1814-1820 noch eine dritte Wasserverbindung hergestellt, welche aus der Wolga über den Onega-See in die Newa geht. Diese Verbindung ist durch den 97 Werste langen Marienkanal bewirkt, welcher die Wytegra, einen Zufluss des Onega-Sees, mit der Kowscha verbindet, die sich in den See Beloje ergiesst. Da nun der Onega-See einerseits durch den Swir mit dem Ladoga-See und der Newa zusammenhängt, aus dem See Beloje aber die Scheksna heraustritt, die bei Ribinsk etwas unterhalb von Mologa in die Wolga fällt, so ist auf diese Weise durch den Marienkanal auch die Newa und Wolga verbunden.

Diese dritte Wasserverbindung ist seitdem die wichtigste geworden, da sie mit dem Vorzug der zweiten, hin und zurück benutzt werden zu können, noch den Vortheil verbindet, für Fahrzeuge aller Art und Grösse schiffbar zu sein. Ausführlichere Nachrichten über diese drei Wasserverbindungen der Wolga mit der Newa findet man in den Russischen Miscellen von G. Engelhardt Th. 2, S. 3, aus welchen die obigen Nachrichten entlehnt sind.

Wolga bei Twer, und geht ohne ihre Krümmungen mitzumachen, bald auf dem linken bald auf dem rechten Ufer. Am Morgen des 23sten waren wir in Torschok, den Mittag in Twer, der grössten Stadt, die auf dem Wege von Petersburg bis Moskau liegt, von wo wir nun schnell auf der wiedererlangten Chaussee nach Moskau fuhren, und dort am Mittag des 24sten Mais, also nach einer Reise von 4½ Tagen von Petersburg aus, den Aufenthalt in Zarskoje-Selo und in Waldai mitgerechnet, eintrafen.

Auf dem Wege von Petersburg bis Moskau hatten wir, wie auch später, sehr gesucht, unsere Barometerbeobachtungen zu vervielfältigen. Ein Buntensches Heberbarometer wurde oft mit einem grossen vortrefflichen Fortinschen Gefässbarometer verglichen, aber da wir bisher noch keine correspondirende Beobachtungen von Moskau und Petersburg zu denselben Tagen und Stunden erhalten haben, so können wir keine genauen Resultate über die Höhe des Waldaischen Bergrückens geben. Der Luftdruck änderte sich während der vier Tage unseres Aufenthaltes in Moskau um volle 4,4 Linien. Ja der Professor der Physik daselbst, Herr Perewostschikoff, dem wir die sehr genaue fünfjährige mittlere Barometerhöhe von Moskau verdanken, benachrichtigte Herrn v. Humboldt, dass im Mai 1829 die Quecksilbersäule, bei einer Veränderung der Temperatur von kaum 4° R. um 12,3 Linien (Pariser Maass) oscillirt hatte. Da bei kleinen Erhebungen über der Meeresfläche Barometerschwankungen von halben Linien schon Veränderungen in dem Resultate der Höhenbestimmung hervorbringen, die als aliquote Theile des Ganzen sehr beträchtlich scheinen, so sind bekanntlich gerade diese kleinen Erhebungen, wie sie die baltischen und slawischen Ebenen bis zum Ural darbieten, am schwierigsten barometrisch zu bestimmen. Nur Mittel aus einer grossen Zahl correspondirender Beobachtungen können entscheiden, und es wäre zu wünschen, dass wenn auch nur 5 bis 6 Tage lang, gleichzeitig in Petersburg, Waldai und Moskau mit wohl verglichenen Instrumenten beobachtet werden könnte.

Wir beobachteten am 21sten Mai in Nowgorod im Niveau des Wolchow, am nördlichen Abhange des Waldai, auf dem Rücken selbst, und in Nowaja Ijitza, wo die Häuser stehen; am 22sten um 7 Uhr Morgens am Ufer des Waldai-Sees, am Mittag auf der Popowa Gora, dem höchsten Gipfel des Rückens, am Abend endlich bei dem Dorfe und See Jedrowo am südlichen Abhange des Waldaischen Höhenzuges und in Wüschni-Wolotschok. Mit Petersburg verglichen, scheint die Popowa Gora 794 Fuss über dem baltischen Meere zu liegen. Vergleichungen mit Moskau waren unmöglich, da am 21sten das Barometer dort dergestalt niedrig stand, dass es dort fast ganz so, als am Ufer des Waldai-Sees befunden wurde, während der Unterschied über 4 Linien betragen sollte.

Fassen wir die Beobachtungen desselben Tages zusammen, in der eben nicht ganz wahrscheinlichen Voraussetzung der Stetigkeit des Barometerstandes, so finden wir den Gipfel der Popowa Gora 115 Fuss über dem Spiegel des Waldai-Sees, und Wüschni-Wolotschok 126 Fuss unter jenem Seespiegel. Für Torschok würde der Petersburger Barometerstand vom 20sten Mai 517 Fuss über dem Meere, für den nördlichen Theil des Plateaus des Waldai 660 Fuss geben: aber diesen Resultaten ist aus den vorher entwickelten Gründen nur annäherungsweise zu trauen. Die schärfsten Beobachtungen führen bei schlecht begründeten Combinationen zu irrigen Resultaten.

Eine Stunde vor Moskau kommt man bei dem Petroskischen Pallast vorbei, der durch den Aufenthalt merkwürdig ist, den Napoleon während des Brandes von Moskau in ihm nahm. Nach seinem Abzuge liess er ihn abbrennen, jetzt ist er aber wieder aufgebaut.

Der Anblick, den Moskau schon in der Ferne gewährt, hat die Bewunderung aller Reisenden erregt. Die unendliche Menge von Thürmen, die sich bald mit vergoldeten oder grün angestrichenen Kuppeln, bald in der Form von Minarets erheben, die vielen Gärten und Bäume zwischen den Häusern geben der Stadt ein ganz orientalisches Ansehen. Man übersieht sie am besten von dem Iwan Welikoi, dem grossen Iwansthurme in dem Kreml, welcher den Mittelpunkt der Stadt bildet. Dieser liegt mit dem östlich darangränzenden Kitai-Gorod (der sogenannten mittlern Stadt) auf dem hohen nördlichen Ufer der Moskwa, und zwar an der äussern Seite eines nach Norden gerichteten Bogens, welchen ihr Lauf hier bildet. Den Kreml und Kitai-Gorod umgiebt an der dem Flusse abgewandten Seite hufeisenförmig der Beloi Gorod (die weisse Stadt) und diesen wiederum ringförmig der Semlenoi-Gorod (die Erdstadt), der auch auf das jenseitige linke Ufer der Moskwa hinüberreicht. An den Semlenoi-Gorod schliessen sich nach allen Seiten die weitläuftigen Vorstädte an, an deren Ostseite sich eine bebaute hüglichte Landschaft hinzieht, dagegen an der Westseite den Horizont eine Hügelreihe, die Sperlingsberge genannt, begränzt, über welche die Strasse nach Smolensk führt.

Der Kreml enthält den alten Zarenpallast, mehrere Kathedralen, Kirchen und Klöster, das alte und neue Arsenal und eine Menge anderer Kronsgebäude. Er ist mit einer dicken und hohen Mauer, die ein unregelmässiges Polygon darstellt, und an jeder Ecke mit einem Thurme flankirt ist, umgeben, um welche sich statt der ehemaligen Wälle eine schöne und breite Allee hinzieht. Auch der Kitai-Gorod ist noch mit einer Mauer umgeben, der Beloi und der Semlenoi-Gorod sind dagegen mit Boulevards eingefasst, die schöne Spaziergänge darbieten. Der Kitai-Gorod ist gedrängt gebaut und seine Häuser schliessen enge aneinander; hier befindet sich der Gostinoi-Dwor oder das Kaufhaus [1]), und hier herrscht überhaupt die grösste Geschäftigkeit und das meiste Leben; die übrigen Stadttheile sind weitläuftiger gebaut, und die Häuser häufig mit Gärten voneinander und von den Strassen getrennt, wodurch der Anblick Moskaus von der Höhe ein überaus freundliches Ansehen erhält, die Entfernungen der verschiedenen Theile von einander aber noch grösser als in Petersburg werden.

Die Zahl der Thürme von Moskau ist ausserordentlich gross, da jede Kirche gewöhnlich deren mehrere und ausserdem noch einen Glockenthurm hat. Man zählt im Ganzen an 600 solcher Thürme. Sie haben wie die Russischen Kirchthürme überhaupt meistentheils ein eigenthümliches Ansehen, indem sie gewöhnlich sich in Spitzen endigen, die eine zwiebelförmige Erweiterung und auf derselben ein Kreuz tragen. Diese zwiebelförmigen Erweiterungen sind mit grün angestrichenem Eisenblech oder Kupferblech gedeckt, bei den Kathedralen des Kremls sind sie aber stark vergoldet, und ausserdem befindet sich über denselben noch ein nach oben gekehrter Halbmond, auf welchem dann erst das Kreuz steht. Bei diesem allgemeinen Ansehen weichen die Formen der Thürme doch im einzelnen sehr von einander ab, wie diess besonders bei der Kirche des Wassili Blaschenni (des seligen Basilius) im Katai-Gorod der Fall ist, deren Bedachung fast aus lauter Kuppeln und Thürmen besteht, die alle von einander verschieden sind, und durch die Sonderbarkeit der Formen und ihre bunten contrasti-

---

[1]) Dergleichen Kaufhäuser sieht man auch in Petersburg und mehr oder weniger gross in fast allen Russischen Städten; es sind gewöhnlich viereckige Gebäude, deren untere Stockwerke aus lauter nebeneinander liegenden Läden bestehen, vor denen eine bedeckte Gallerie hinläuft.

renden Farben auffallen, aber bei alle dem im hohen Grade Bewunderung und Interesse erregen [1]).

Diese vielen Thürme geben aber besonders Moskau das eigenthümliche Ansehen. Sie sind alle von Stein aufgeführt und grösstentheils auf Plätzen gelegen, und wurden daher bei dem Brande im Jahr 1812 von der Flamme nicht ergriffen, daher auch Moskau durch diesen von seinem eigenthümlichen Ansehen nichts oder wenig verloren hat, zumal da auch der Theil des Kremls, der durch Napoleon gesprengt wurde, ganz in dem nämlichen Styl wie früher wieder aufgeführt ist.

In dem neuen Arsenal (*Oruscheinaja Palata*) im Kreml befindet sich der Schatz, in welchem die Kronen, Scepter, Throne, Waffen und Trinkgefässe der Grossfürsten und Zare Russlands nebst andern neuern Merkwürdigkeiten aufbewahrt werden. Er bildet eine Sammlung von Kostbarkeiten, die wegen ihres zum Theil sehr hohen Alters und ihres Kunstwerthes für den Alterthumsforscher und Künstler von grosser Wichtigkeit, wegen des Reichthums an Edelsteinen, mit denen sie besetzt sind, aber auch für den Mineralogen nicht ohne Interesse sind. Die Kronen ruhen auf Kissen, welche auf besondern Piedestalen liegen; die Throne stehen an der Wand des Saales auf besonderen Erhöhungen. Die Kronen sind mit Diamanten, Rubinen, Smaragden, Türkissen und Perlen besetzt; die grössten Edelsteine befinden sich gewöhnlich auf der Spitze der Kronen unter dem Kreuze. Unter diesen fiel mir ein grosser gelber ungeschliffener Edelstein auf, der höchst wahrscheinlich, soviel ich nach flüchtiger Be-

---

[1]) Die Kirche wurde im Jahre 1554 auf Befehl des Zaren Ioann Wassiljewitsch des Grausamen erbaut; man sagt, der Zar sei mit der Arbeit so zufrieden gewesen, dass er dem Baumeister habe die Augen ausstechen lassen, damit er nie wieder im Stande wäre, ein zweites Meisterstück der Art auszuführen.

sichtigung urtheilen konnte, ein gelber Saphir ist. Die älteste Krone, die sich in dem Schatze befindet, ist die, welche der Griechische Kaiser Alexius Comnenus im Jahre 1116 dem Grossfürsten Wladimir Monomachus nach Kiew sandte, wo sie zur Krönung des Grossfürsten diente. Die Masse der Kostbarkeiten, die hier aufbewahrt wird, ist ausserordentlich und vielleicht die grösste, die an einem Orte gesammelt ist, da sie noch an Werth die Schätze des *Jewel office* im Tower von London übertreffen soll, die auf 2 Millionen Pfund Sterling geschätzt werden [1]).

Die naturhistorischen Sammlungen befinden sich in dem Universitätsgebäude und sind unter der Leitung des Etatsrathes v. Fischer in grossen Sälen schön und zweckmässig aufgestellt. Sie sollen früher sehr bedeutend gewesen sein, sind aber bei dem Brande meistentheils untergegangen. Ein solcher Verlust kann freilich nur allmählig ersetzt werden, doch sind die jetzigen für das Bedürfniss des Unterrichts schon mehr als hinreichend. Für die mineralogische Sammlung wurde durch den Ankauf der Sammlung des Bergraths Freiesleben in Freiberg der Grund gelegt, die nach dem Kataloge, den Herr Etatsrath von Fischer darüber bekannt gemacht hat, aus einer oryktognostischen Sammlung von 6004 Stücken, einer geognostischen Sammlung von 981 Stücken und einer topographischen Sammlung von Mansfeld von 1070 Stücken besteht. Diese Freieslebensche Sammlung bildet noch die Hauptsammlung; an vaterländischen Erzeugnissen ist daher die akademisehe Sammlung noch nicht so reich, als ein Ausländer es wünschen könnte [2]).

---

[1]) Eine ausführliche Beschreibung dieser Kostbarkeiten findet man in der sehr vollständigen „*Description de Moscou, par le Cointe de Laveau*, T. I, p. 113.

[2]) In der mineralogischen Sammlung befindet sich ein Meteorstein, der angeblich im Gouvernement Smolensk gefallen sein soll. Er hat in seiner Beschaffenheit die grösste Aehnlichkeit mit dem von

In der zoologischen Sammlung befindet sich unter andern wichtigen Gegenständen ein grosses Exemplar

---

Stannern; er besteht wie dieser aus einem kleinkörnigen Gemenge von Augit und Labrador, hat eine glänzende schwarze Rinde, und enthält kein Nickeleisen. Herr v. Fischer hatte die Güte ein Stück von diesem Meteorsteine abschneiden zu lassen und Herrn v. Humboldt mitzutheilen. Da mir damals nur der zu Timochin im Gouvernement Smolensk am 13ten März 1807 gefallene Meteorstein bekannt war, der aber zu einer ganz andern Abtheilung gehört, und durch das viele Nickeleisen, welches er eingesprengt enthält, ausgezeichnet ist, mir auch die Aehnlichkeit dieses Smolenskischen Meteorsteins mit dem von Stannern sogleich auffiel, so setzte ich einige Zweifel in die Richtigkeit des Fundortes, zumal da Herr v. Fischer uns nichts näheres darüber mittheilen konnte. Seitdem habe ich aber gesehn, dass Chladni (*) noch eines andern Meteorsteins erwähnt, der in dem Gouvernement Smolensk, und zwar bei dem Dorfe Slobodka am 10. August 1818, gefallen ist; es wäre daher wohl möglich, dass der obige Meteorstein von diesem Fundort ist. Chladni, der den Meteorstein von Slobodka aus eigener Ansicht nicht gekannt hat, theilt nur sehr unvollständige Nachrichten über seine Beschaffenheit mit, aus denen sich über die etwanige Uebereinstimmung dieses Meteorsteins mit dem in Moskau befindlichen nichts schliessen lässt; dennoch aber wäre die bestimmte Ausmittelung dieses Umstandes von grosser Wichtigkeit, weil wenn der Moskauer Meteorstein mit dem von Slobodka identisch wäre, dieser zu einer Abtheilung von Meteorsteinen gehören würde, die nur selten vorgekommen, und zu welchen ausser ihm nur noch die Meteorsteine von Stannern, Juvenas und Jonzac zu zählen sind.

Ich bemerke bei dieser Gelegenheit, dass wir auf der Rückreise in Petersburg von Herrn Professor Kupffer aus der Sammlung der Akademie der Wissenschaften noch zwei Meteorsteine erhalten haben, von denen der eine während der Zeit unserer Reise den 9. Sept. zu Krasnoi-Ugol im Gouvernement Räsan, der andere schon früher zu Bialistock den 5. oder 8. Oct. 1827 gefallen ist; so dass also mit dem S. 32 erwähnten Meteorstein von Oahu die Königliche Mineraliensammlung in Berlin durch unsere Reise mit vier Meteorsteinen bereichert ist.

Der Meteorstein von Krasnoi-Ugol besteht aus einer aschgrauen feinkörnigen und mit dem Messer ritzbaren Grundmasse, die kleine gelblich grüne Körner von Olivin, kleine graue Kügelchen und etwas

---

(*) Ueber Feuer-Meteore und über die mit denselben herabgefallenen Massen, S. 310.

eines Tigers, der dadurch an Interesse gewinnt, dass er in Sibirien erlegt ist, bis wohin sich zuweilen die Tiger aus dem Süden verirren. Sehr bedeutend ist endlich die anatomische Sammlung, die Loders berühmten Namen führt; sie ist die Hauptzierde des akademischen Museums.

Von den Privatsammlungen interessirte uns besonders, wegen ihrer Beziehungen zu dem Grund und Boden, worauf wir uns befanden, die des Hrn. Etatsraths von Fischer. Sie enthält unter andern Materialien, die derselbe zu einer Beschreibung des Gouvernements von Moskau, in naturhistorischer Hinsicht gesammelt hat, besonders viele Versteinerungen aus den Umgebungen von Moskau, wo sie sich in grosser Menge, Mannigfaltigkeit und Schönheit finden. Herr v. Fischer hat neuerdings angefangen diese Beschreibung herauszugeben [1]). In dem was bis jetzt erschie-

---

Magnetkies und Nickeleisen eingesprengt enthält, und mit einer matten schwarzen Rinde umgeben ist. Unter den mir bekannten Meteorsteinen kommt er am meisten mit den Meteorsteinen von Toulouse (April 1812) und von Tabor in Böhmen (Juli 1753) überein.

Der Meteorstein von Bialistock besteht aus einer graulichweissen zerreiblichen Grundmasse, in welcher ziemlich häufig kleinere und grössere Körner von Olivin, hier und da einzelne weisse Feldspath-ähnliche Körner (Labrador?) und einzelne grössere Parthien, die wie es scheint aus einem kleinkörnigen Gemenge von Labrador und Augit bestehen, eingeschlossen sind. Er hat eine glänzende schwarze Rinde und enthält kein Nickeleisen, daher er wahrscheinlich auch zu derselben Abtheilung von Meteorsteinen, wie der von Stannern gehört. Er hat die auffallendste Aehnlichkeit mit dem Meteorstein von Loutolax in Finnland, (December 1813), den Nordenskiöld beschrieben hat.

Der Meteorstein von Oahu ist oben beschrieben, er kommt von den mir bekannten Meteorsteinen am meisten mit denen von Zaborzica (März, 1818), Lissa (September, 1808) und Mauerkirchen (November, 1768) überein.

[1]) Das Werk ist in französischer Sprache und in Folio erschienen und führt den Titel: *Oryctographie du Gouvernement de Moscou par Gotthelf Fischer de Waldheim. Moscou* 1830. Es ist noch unvollendet, enthält aber eine grosse Zahl von Abbildungen von Ver-

nen ist, fehlt noch die eigentliche geognostische Beschreibung des Gouvernements, doch sieht man daraus mit Bestimmtheit, dass in demselben wenigstens zwei Gebirgsformationen vorkommen, nämlich Uebergangskalkstein und Kreide. Der erste enthält Trilobiten-Versteinerungen und steht in grossen horizontalen Bänken an, wie zu Grigorowa, Wassiliewskoi und an der Nara bei Serpukoff, im Südwesten und Süden von Moskau, wo grosse Steinbrüche in ihm angelegt sind; die Kreide enthält Belemniten und findet sich bei Podolsk, südlich von Moskau. Ausserdem findet sich noch ein kreideähnlicher Kalkstein mit Korallen und Terebrateln zu Miatschkowa und an der Ratowka bei Vereja, südöstlich und südwestlich von Moskau, Kalktuff mit Süsswasser-Versteinerungen zu Zwenigorod, im Westen von Moskau, und endlich ein Sandstein, der weder Versteinerungen enthält, noch dessen Liegendes zu sehen ist, über dessen Lagerung daher auch nichts mit Sicherheit ausgemacht werden kann. Er steht aber auch wie der Uebergangskalkstein in mächtigen horizontalen Bänken an, in welchen bei Tartarowa und Vidkrino, oberhalb und unterhalb von Moskau, Steinbrüche angelegt sind. Ausser den Versteinerungen, die in den Gesteinschichten enthalten sind, finden sich dergleichen auch noch häufig in einer schwarzen Erde eingeschlossen, die besonders an den Flüssen Moskwa, Protwa und Ruza vorkommt. Unter den letztern finden sich viele Ammoniten, die noch ihre natürliche Schale und ihren Perlmutterglanz behalten haben.

Dass die Gegend von Moskau so reich an Versteinerungen sei, hatte man schon durch Macquart [1]) erfahren, der sie beschrieben und zum Theil abgebildet

---

steinerungen, die mit vieler Sorgfalt angefertigt sind, sowie auch Abbildungen von Steinbrüchen und Pläne von den Umgebungen derselben.

[1]) Reise nach dem Norden, übersetzt von Fiebig und Nau. Frankfurt am Main 1790.

hatte, und durch den sie auch in mehreren Europäischen Sammlungen verbreitet wurden. Nach diesen Exemplaren hatte Herr v. Buch mehrere genauer bestimmt, wie den *Ammonites virgatus*, eine neue Species mit perlmutterglänzender Schale, und die merkwürdige *Terebratula diphya*, in deren beiden Schalen sich in der Mitte eine dreieckige Oeffnung befindet [1]). Beide Versteinerungen gehören der Kreide an. Nach Macquart finden sich zu Karaschowa bei Moskau Bruchstücke von Ammoniten, die einen Durchmesser von 4 bis 5 Fuss gehabt haben müssen.

Was die Höhe von Moskau über dem Meere betrifft, so findet Herr Professor Erman, nachdem er die oben erwähnten Beobachtungen des Herrn Perewostschikoff discutirt hat [2]): die Höhe über dem Meere

des Stadttheils Beloigorod in Moskau 480 Fuss
des Universitätsgebäudes daselbst 390 „

Herr v. Humboldt gab für das Universitätsgebäude auf der zu den *Fragmens asiatiques* gehörigen Karte 456 Fuss, indem er sich auf einen Brief des gelehrten Astronomen der Kasaner Sternwarte Hrn. Simonoff gründete, der folgende Resultate mittheilte:

Höhe von Moskau über Kasan	200	Fuss
„ „ Kasan über der Pariser Sternwarte	67	„
„ der Par. Sternwarte über dem Meere	198	„
	465	

In dieser Notiz des Herrn Simonoff vom October 1829 ist das Universitätsgebäude von Kasan zu 264 Fuss über dem Meere angenommen, zieht man davon fast 72 Fuss ab, welche das Gebäude über dem Spiegel der Kasanka liegt, so findet man für diesen Spiegel 192 Fuss, oder 78 Fuss mehr als die Zahl bei der Hr. Prof.

[1]) Siehe die Monographie der Terebrateln in den Abhandlungen der Königlichen Akademie der Wissenschaften zu Berlin von 1833, S. 108 und 138.

[2]) Reise um die Erde, Th. II, S. 350-352.

Knorr bei seinen Untersuchungen im Jahre 1835 stehen blieb; aber Herr Prof. Erman verringert diese Höhe bis zu 98 Fuss, indem er durch Beobachtungen an der Ostsee zeigt, dass man bei obigen Berechnungen einen zu hohen Barometerstand am Meere, 338,58 Linien annahm [1]). Nach diesen letztern Resultaten des Prof. Erman ist der Höhenunterschied der Orte, wo die Barometer in Moskau und Kasan aufgestellt sind, 390—98 oder 292 Fuss, was mit jener ältern Angabe von Simonoff bis auf 92 Fuss übereinstimmt. In Russland selbst unternommene Arbeiten werden uns hoffentlich bald genauere und entscheidendere Bestimmungen der relativen Höhe des Spiegels der Moskwa bei Moskau und der Wolga bei Kasan und Astrakan geben.

Seit 1827 befindet sich auch in Moskau eine Anstalt zur Bereitung künstlicher Mineralwasser, in welcher die Wässer nach der Methode des Dr. Struve dargestellt werden, unter dessen Aufsicht auch die dazu nöthigen Maschinen in Dresden angefertigt worden sind. Die Anlage ist durch eine Gesellschaft von Actionären zu Stande gebracht, an deren Spitze der General-Gouverneur Fürst Gallitzin steht. Der Director derselben ist der Dr. Jähnichen, und die Bereitung der Wässer leitet der als Chemiker rühmlichst bekannte Herr Hermann, welcher ein Schüler und Mitarbeiter des Dr. Struve, mit der Bereitung der Wasser in Dresden schon früher vollkommen vertraut war. Die Anstalt hat eine schöne Lage in der Stoschenka in Semlenoi-Gorod, sie liegt etwas hoch und gewährt eine vortreffliche Ansicht des Kremls und der übrigen Stadt. Sie unterscheidet sich von der Mutteranstalt in Dresden und den übrigen Anstalten, die aus ihr hervorgegangen sind, dadurch, dass die Wässer

---

[1]) Reise um die Erde, Th. II, S. 357.

noch mehr im Grossen dargestellt, und nicht allein zum Trinken, wie bei diesen, sondern auch zum Baden angewandt werden. Sonst aber wurden zu unserer Zeit dieselben Wässer, wie in den übrigen Anstalten der Art bereitet; da es indessen für die Moskausche Anstalt von Wichtigkeit war, auch die Mineralwässer der Bäder des Caucasus, die von den Russen häufig besucht werden, darzustellen, so wurden noch im Herbste desselben Jahres die Herren Jähnichen und Hermann von den Actionären nach dem Caucasus gesandt, um die dort vorkommenden Mineralwässer zu untersuchen, nach welcher Zeit sie auch jetzt in der That in Moskau bereitet werden [1]).

Die Moskausche Anstalt war die erste zur Bereitung künstlicher Mineralwässer nach Struveschen Principien, die in Russland entstand. Der glückliche Fortgang derselben und das immer wachsende Vertrauen zu den Wirkungen der künstlichen Wässer hat später (1834) eine ähnliche Anstalt in Petersburg hervorgerufen, die wie die Moskauer eine Actien-Anlage ist, an deren Spitze sich Se. Majestät der Kaiser selbst gestellt hat. Die Anstalt liegt in dem Stroganoffschen Garten an der Newka, und die Bereitung der Wässer wird von dem Dr. Fritsche geleitet, der sich ebenfalls schon durch mehrere chemische und botanische Arbeiten einen ehrenvollen Namen in der Wissenschaft erworben hat.

Da wir auf unserer Rückreise auch durch Moskau kommen mussten, so war es unsere Absicht, jetzt nur so kurze Zeit als möglich hier zu bleiben, um keine Zeit zu Untersuchungen zu verlieren, für welche die gute Jahreszeit unumgänglich nothwendig war; dennoch mussten wir noch etwas länger verweilen, da wir unmöglich den dringenden Einladungen der Herren

---

[1]) Die Resultate seiner Untersuchung hat Herr Hermann in Pogg. Ann. Bd. 22, S. 344 bekannt gemacht.

Fischer und Loder, welche beide Jugendfreunde des Hrn. v. Humboldt waren, so wie vieler anderer widerstehen konnten. Wir wurden den 26sten Mai durch die ganze Universität geführt, um deren Einrichtungen einzeln kennen zu lernen, und wohnten den 27sten Mai einem Mittagsmahle bei, welches die Mitglieder der Universität in einem überaus grossen und schönen Saale veranstaltet hatten, wodurch wir zugleich mit den vornehmsten, durch Kenntnisse und Bildung ausgezeichnetsten Einwohnern der alten Kaiserstadt bekannt wurden. So verliessen wir erst Moskau am Morgen des 28sten Mais.

Die nächste Umgebung von Moskau ist auf dem Wege, welchen wir zum Ural nahmen, ohne romantisch zu sein, doch recht angenehm. Die Landschaft ist sehr bebaut, Ackerfelder wechseln mit kleinen Wäldern ab, und jene prangten jetzt mit dem ersten Grün des Jahres, das bei dem heitern Wetter, welches wir hatten, nicht verfehlte uns in eben solche Stimmung zu versetzen. Bald aber wird die Gegend sumpfig und sandig, und nun auch der Weg schlechter. Die sumpfigen Gegenden, die oft grosse Strecken einnehmen, sind mit Bohlendämmen belegt, die zwar, so lange sie neu sind, wenn auch mit ausserordentlicher Holzverschwendung, die vortrefflichsten Strassen bilden, haben sie aber erst einige Zeit gedient und sind sie nicht unaufhörlich ausgebessert worden, wie diess gewöhnlich nicht der Fall ist, so werden sie bald eben so schlecht, als sie im Anfang vortrefflich waren. Die Strasse ist zum Theil mit Birken bepflanzt.

Am Mittage kamen wir durch eine kleine Stadt Bogorodsk, die nicht viel anders als ein grosses Dorf aussieht, da sie, einige steinerne Gebäude ausgenommen, ganz aus hölzernen Häusern besteht, und auch vollkommen das einförmige, traurige Ansehen der hiesigen Dörfer hatte. Die steinernen Gebäude waren zum Theil aus einem porösen, nicht näher zu bestimmenden Kalkstein gebaut, der in der Gegend anstehen soll. Wir untersuchten einige Brunnen des Ortes, um die Temperatur des darin befindlichen Wassers zu bestimmen, und dadurch eine ungefähre Kenntniss von der mittlern Temperatur des Bodens zu erhalten; sie enthielten aber ungeachtet der milden Witterung noch alle Eis, und gaben daher kein Resultat. Hinter Bogorodsk setzten wir über die Kläsma, an deren linkem Ufer in mehr oder weniger grosser Entfernung der Weg nun bis Wladimir entlang geht.

Wir erreichten diese Stadt erst am Mittage des 29sten Mais, da wir wegen der schlechten Wege es vorgezogen hatten, die Nacht in dem kleinen Städtchen Pokrow zu bleiben, wo wir in dem Posthause reinliche, aber leere Zimmer fanden, und uns behalfen, so gut wir konnten. Wladimir liegt auf dem linken Ufer der Kläsma, das hier von einigen Anhöhen gebildet wird, während sich das rechte in eine grosse, weite Wiese ausbreitet. Die vielen Thürme von dem verschiedenartigsten Ansehen, meist weiss mit grünen Kuppeln, geben der Stadt von fern ein malerisches Ansehen; sie ist noch jetzt von Bedeutung, wenngleich wohl lange nicht mehr von der Grösse und dem Glanze wie früher, als sie noch der Hauptsitz der Grossfürsten war. Wir fanden hier noch ein vortrefflich eingerichtetes Gasthaus, eine Annehmlichkeit, die wir bald auf lange Zeit entbehren sollten.

Die Anhöhen von Wladimir bestehen noch nicht aus festem Gestein; erst die Kläsma weiter hinab, bei dem 37 Werste von Wladimir entlegenem Dorfe Kowrowo kommt nach Pallas [1]) Kalkstein vor, der sowohl als Baustein als auch zum Brennen benutzt wird, und

---

[1]) Reise durch verschiedene Provinzen des Russischen Reichs, Th. 1, S. 22.

in welchem grosse Brüche angelegt sind. Wir berührten diese auf unserm Wege nicht; sie liegen in nordöstlicher Richtung von Wladimir, während die Strasse nach Kasan die Kläsma verlässt und eine südöstliche Richtung nimmt. Doch sahen wir in Sudogda, der zweiten Station von Wladimir, eine Menge Blöcke eines kreideartigen Kalksteins liegen, die als Bausteine vielleicht von dort hergebracht waren. Sie enthielten in grosser Menge eine besondere Art von Nummuliten, die nach ihrer Axe bedeutend verlängert waren, und wahrscheinlich zu *Fusulina cylindrica* und *depressa*, welche Fischer in seiner Oryktographie vom Gouvernement Moskau Tab. XIII. abgebildet hat, gehören. Der Kalkstein ist daher sehr junger Formation. Die Stücke glichen vollkommen andern, die wir später in Kasan von Simbirsk an der Wolga erhielten, bis wohin sich also diese Formation auszudehnen scheint.

Die Wege waren jetzt etwas besser geworden, und verstatteten es daher auch die Nacht zur Fortsetzung der Reise zu benutzen. Wir erreichten auf diese Weise schon am Morgen des 30sten Mais die Stadt Murom und mit ihr auch die Oka. Die Stadt liegt an dem linken oder nördlichen hohen Ufer dieses beträchlichsten Zuflusses der Wolga von ihrer rechten Seite. Mit ihren vielen Kirchen, Klöstern und Thürmen gewährt sie von fern einen ebenso malerischen Anblick wie Wladimir; näher betrachtet aber ist sie mit dieser Stadt durchaus nicht zu vergleichen, da sie meist nur aus unansehnlichen hölzernen Häusern besteht.

Bei Murom muss man über die Oka setzen, die auch schon im Sommer ein bedeutender Strom, jetzt durch das Schneewasser zu einer ausserordentlichen Breite angewachsen war, und das rechte Ufer weit und breit überschwemmt hatte. Dieser hohe Wasserstand erschwerte den Uebergang ungemein, und nöthigte uns den ganzen Tag darauf zuzubringen. Wir mussten zuerst nach einem 2 Werste unterhalb Murom gelegenen Dorfe fahren; hier wurden unsere Wagen und Pferde auf zwei grosse Kähne geladen, mit denen wir nach fünfstündigem Rudern das jenseitige Ufer erreichten. Wir fuhren bei mehreren Inseln oder seichten Stellen vorüber, wo die Bootsleute in das Wasser sprangen und an den Rändern der Inseln entlang gehend, oder in den Untiefen watend die Kähne weiter zogen. Aber auch am jenseitigen Ufer angekommen, hatten wir noch mancherlei Aufenthalt, da wir mittelst Fähren, die nur jetzt für den hohen Wasserstand eingerichtet waren, mehrmals über kleine Arme oder Zuflüsse der Oka setzen mussten, so dass wir erst um 7 Uhr in Manakowa, der nächsten Station von Murom anlangten, die im Sommer bei dem gewöhnlichen Stande des Wassers und auf dem gewöhnlichen Wege nur $30\frac{1}{2}$ Werste von diesem Orte entfernt ist. Das Wetter war übrigens den Tag über sehr heiter, und die Temperatur der Luft am Vormittage 17°,5 R., die des Wassers 14°,5 gewesen. Auf dem Wasser hatten wir noch eine vortreffliche Aussicht auf die Stadt Murom gehabt; nur unangenehm hatten sich dagegen die am linken Ufer gelegenen Dörfer ausgenommen, die hinter einem Walle von Dünger kaum sichtbar waren. Die Bauern fahren nämlich denselben nicht auf ihre Felder, die auch ohne ihn einen reichlichen Ertrag liefern, sondern werfen ihn als Damm gegen das Wasser hinter ihre Häuser. Dieselbe Sitte fanden wir später in allen Dörfern Russlands und Sibiriens, die an Flüssen oder kleinen Bächen liegen; sie ist aber gewiss ebenso schädlich als unangenehm, da die Düngerwälle nicht allein einen widrigen Anblick gewähren, sondern auch im Sommer eine so grosse Menge von Ungeziefer erzeugen, dass man daran gewöhnt sein muss, um es zu dieser Zeit in solchen Dörfern auszuhalten.

Wir fuhren die Nacht hindurch; die Strasse ist gross und breit, doch sandig und zu beiden Seiten mit

Birkenalleen bepflanzt. Sie geht an dem rechten Ufer der Oka in mehr oder weniger grosser Entfernung entlang, und erlaubt nicht selten schöne Blicke auf das linke Ufer, das wir schon am Morgen des 31sten ganz niedrig erblickten, während sich das rechte immer mehr erhoben hatte, um sich den Höhen an der Wolga anzuschliessen, die auch auf dem rechtem Ufer derselben liegen. Die Gegend ist durch die magnetischen Untersuchungen der Hrn. Hansteen und Erman merkwürdig geworden, welche gefunden haben, dass die Linie ohne Abweichung durch sie hindurch geht, oder genauer durch die Gegend zwischen Osablikowo, der zweiten, und Doskino, der fünften Station hinter Murom und der ersten Station vor Nischni-Nowgorod. Die Linie bewegt sich von Osten nach Westen, und man kennt die frühern Epochen, wo sie durch Tobolsk und Kasan ging.

Kurze Zeit vor Nischni-Nowgorod erblickten wir die Wolga, die jetzt im Frühjahr bei dem hohen Wasserstande einen äusserst imposanten Anblick gewährte. Nischni-Nowgorod liegt auf den Höhen an der Vereinigung der Oka mit der Wolga am rechten Ufer beider Ströme, und in dem etwas spitzen Winkel, welchen sie auf dieser Seite mit einander bilden; sie ist von ansehnlicher Grösse, hat Kirchen, Häuser und Gärten in buntem Gemisch miteinander, und ist von einer starken Mauer mit dicken runden Thürmen umgeben. Von dieser herab hat man eine weite Aussicht auf die niedern linken Ufer der Ströme, und von hier aus sahen wir auch die neue Jahrmarktsstadt, worin alljährlich die grosse Messe stattfindet, die jetzt von Makarieff hierher verlegt ist; sie liegt der Stadt gegenüber auf der Landecke, die von der linken Seite der Oka und der rechten der Wolga bespült wird, in einer Niederung an dem bald sich erhebenden hohen Ufer der Wolga, und war jetzt wie immer im Frühjahr bei dem hohen Wasserstande der Flüsse unter Wasser gesetzt und daher unzugänglich [1]). Nischni-Nowgorod hat ein grosses geschichtliches Interesse; daran erinnern ihre starken Mauern, die schon sehr alt, doch von dem Grossfürsten Wassili Ioannowitsch im Jahre 1508 zum Schutze gegen die Einfälle der Tataren sehr verstärkt wurden, sowie auch der Obelisk, der auf einem Platze in der Nähe der Wolga dem Andenken Minin's und Poscharski's errichtet ist, die von hier aus im Jahre 1611 die Befreiung Russlands von der Polnischen Herrschaft erkämpften.

In Nischni-Nowgorod trafen wir mit dem Grafen Polier zusammen, der, um die Güter seiner Gemahlin, einer geborenen Fürstin Schachowskoi zu besuchen, ebenfalls nach dem Ural reiste und sich von nun an uns anschloss. Er war Herrn von Humboldt schon bei seinem frühern Aufenthalt in Paris bekannt geworden, und unser Zusammentreffen mit ihm schon in Petersburg verabredet, das er nur kurze Zeit vor uns verlassen hatte. In seiner Begleitung befanden sich Herr Schmidt aus Weimar, den der Graf Polier zum Verwalter seiner Güter bestimmt hatte, Herr Dr. Göthe und Herr Mehring, wodurch unsere Reisegesellschaft einen bedeutenden Zuwachs erhielt [2]).

Graf Polier hatte sich in Nischni-Nowgorod eine Barke gemiethet, um die weitere 380 Werste lange Reise nach Kasan auf eine angenehmere und bequemere Weise als zu Lande, auf der Wolga zurückzu-

---

[1]) Eine Beschreibung der neuen Jahrmarktsstadt (die 11 Millionen Rubel gekostet haben soll) nebst einem Plane derselben findet sich in G. Engelhardt's Russischen Miszellen B. IV, S. 140.

[2]) Graf Polier war ein eben so liebenswürdiger als gebildeter Mann, doch leider nicht von einer dauerhaften Gesundheit. Schon bei unserer Bekanntschaft in hohem Grade hektisch, überlebte er die Reise nicht lange, und starb bald nachdem wir auf unserer Rückreise Petersburg verlassen hatten. Wenige Jahre nachher starb auch Herr Schmidt fern von dem Vaterlande, auf den Gütern des Grafen Polier im Ural, wo er zurückgeblieben war.

legen. Wir folgten darin seinem Beispiele um so lieber, da der Landweg bis Kasan nichts Interessantes versprach, und wir auf diese Weise Gelegenheit hatten, den wichtigsten Strom Russlands in seiner ganzen Grösse und Mächtigkeit kennen zu lernen. Unsere drei Wagen wurden auf ein anderes grosses Boot gebracht; in der Mitte desselben wurden aus einigen Brettern ein Tisch und zwei Bänke gezimmert, über welche man zum Schutze gegen die Sonne ein Segeltuch spannte, und auf dem Hintertheil mit einigen Mauersteinen ein kleiner Ofen zum Kochen vorgerichtet. Der Bedarf an solchen Lebensmitteln, die in den am Strome liegenden Dörfern nicht zu bekommen waren, wurde mitgenommen, und um aus diesen, was wir brauchten holen zu können, wurde noch ein kleinerer Kahn an das Boot gebunden. Die ganze Bemannung des Bootes bestand ausser dem Steuermann aus acht Ruderern, von denen die Hälfte sich jederzeit im Rudern mit der andern Hälfte abwechseln sollte.

So eingerichtet verliessen wir Nischni-Nowgorod den 1sten Juni Vormittags um 11 Uhr, denn so lange hatten die Vorbereitungen gedauert. Das Wetter war das heiterste von der Welt, und trug nicht wenig zur Annehmlichkeit der Fahrt bei; nur der Wind war uns nicht günstig, so dass wir weder jetzt noch später die Segel gebrauchen konnten, und uns stets der Ruder bedienen mussten; doch ging es stromabwärts und deshalb noch ziemlich schnell. Aber ruhig und behaglich im Boote sitzend, konnten wir, ohne von den Bohlendämmen zu leiden, die Ufer bei uns vorüberziehen sehen und uns der Fahrt erfreuen.

Wir schifften meistens in der Nähe des rechten Ufers entlang, das an der ganzen Wolga bedeutend hoch ist, und theils schroffe Wände, theils mehr geneigte Abhänge bildet, während das linke dagegen in eine weite flache Niederung ausläuft. Nur erst in grosser Entfernung erhebt sich diese zu einem höhern

Plateau, dessen Ränder wahrscheinlich in früherer Zeit bei höherem Wasserstande der Wolga das linke Ufer gebildet haben. Die Abhänge des rechten Ufers sind mit der schönsten Vegetation bedeckt, und in den Schluchten desselben liegen Dörfer mit schönen Kirchen, die die Landschaft beleben. Besonders üppig erscheint die Vegetation auf den Inseln, welche die Wolga nicht selten umschliesst, die mit Eichen und Schwarzpappeln bewachsen, einen romantischen Anblick gewähren. Auch an dem linken Ufer wechseln Wiesen, niederes Gesträuch und höhere Waldungen mit Dörfern ab, doch waren bei der Breite des Stroms die Gegenstände hier nicht mehr deutlich zu erkennen. Ein ebenso unterhaltendes Schauspiel wie die Ufer gewährte der Strom selbst, auf welchem sich die grossen Wolgaschiffe drängten, die den günstigen Wind benutzend, mit vollen Segeln stromaufwärts fuhren, um die Produkte des südlichen Russlands nach Petersburg zu führen, während in kleinen Kähnen Fischer überall beschäftigt waren, ihrem Gewerbe nachzugehn, und uns, wenn wir es wollten, um ein Geringes die trefflichsten, in Petersburg so hochgeschätzten Sterledde lieferten.

Die durch die Frühlingswasser angeschwollene Wolga breitete sich nach der Beschaffenheit des linken Ufers bald mehr bald weniger weit aus. An einer Stelle, wo sie nach der Versicherung unseres Steuermanns eine, für die jetzige Jahreszeit mittlere Breite hatte, und die Beschaffenheit des rechten Ufers es erlaubte, maassen wir die Breite des Stroms; das rechte Ufer bildete hier eine Terrasse, nach welcher es sich erst zu seiner gewöhnlichen Höhe erhob; diese Terrasse war ziemlich eben; auf ihr wurde mittelst der Messkette eine Basis gemessen, die mit einem am jenseitigen Ufer stehenden Baume ein Dreieck bildete. Herr von Humboldt bestimmte darauf mittelst eines Sextanten die beiden Winkel an der Basis, woraus sich die Breite des Stroms zu 5240,7 Fuss ergab. Die Messung geschah am Mittag des dritten Tages, also in einer Entfernung von ungefähr 100 Wersten von Kasan.

Die steilen Ufer der Wolga bestehen aus einem sehr neuen Gestein; bei Nischni-Nowgorod sind es Schichten von einem thonigen rothen Kalkmergel, der hier wahrscheinlich auf einem rothen Sandstein liegt, denn diesen fanden wir einige Werste vor Nowgorod in Stücken neben einem kleinen Schachte liegen, den man behufs eines Brunnens zu graben angefangen hatte; bei Wassil am Einflusse der Sura in die Wolga war der Kalkstein weiss und kreideartig, und eben so an der Wolga nicht weit von Kasan. Die mittlere Höhe des Ufers der Wolga aber mag einige 100 Fuss betragen.

Den 4ten um 4 Uhr Morgens waren wir die Kasanka, an welcher Kasan liegt, hinaufgeschifft und bei der Stadt angekommen. Wir verweilten noch einige Stunden vor dem Landen in dem Boote, um den Tag abzuwarten, und wurden dann vom Grafen Polier bewillkommnet, der schon einige Stunden vor uns mit seinem Boote angekommen war. Wir fanden in dem Lokal der adeligen Gesellschaft ein vortreffliches Quartier, mit grossen geräumigen Zimmern und Sälen, in welchen wir uns nach Belieben ausbreiten konnten, und einen gefälligen Wirth, welcher ein Deutscher, Namens Herbert war.

Nachdem wir uns hier etwas eingerichtet hatten, gingen wir nach dem Universitätsgebäude, wo Herr v. Humboldt von dem Curator der Universität, Herrn v. Mussin Puschkin, dem Rector Herrn v. Lobatschewski und von den übrigen Mitgliedern der Universität empfangen wurde. Unter diesen befand sich auch der Professor der Astronomie, Herr Simonoff, der Herrn v. Humboldt schon von Paris aus bekannt war, wo er sich einige Zeit aufgehalten hatte, nachdem er von seiner Reise um die Welt mit Capitain Bellingshausen zurückgekehrt war. Zu dieser Zeit (im Winter 1823-24) hatte auch ich ihn dort kennen gelernt, daher es mir eine grosse Freude machte, ihn hier wiederzusehen.

Wir wurden nun in dem Universitätsgebäude und in den darin aufgestellten Sammlungen herumgeführt. Die Auditorien sind alle gross und schön; besonders ausgezeichnet ist das Senatszimmer, ein grosser Saal, in welchen das Licht von oben hineinfällt. Unter den Sammlungen ist vor allen der physikalische Apparat zu erwähnen, der mehrere vortreffliche Instrumente enthält, die zum Theil vom Prof. Kupffer, der früher hier wohnte, ehe er die Stelle als Akademiker in Petersburg annahm, in Paris gekauft sind. Auch die zoologischen und mineralogischen Sammlungen enthalten viele vortreffliche Stücke, gehören aber nicht der Universität [1]), sondern dem Professor der Naturgeschichte, Staatsrath Fuchs, der einen grossen Theil der Mineralien, unter andern eine recht vollständige Sammlung von Mineralien aus den verschiedenen Gruben des Urals auf einer Reise in den Ural im Jahre 1823 gesammelt hat. Das Universitätsgebäude liegt sehr angenehm mitten in dem botanischen Garten.

Nach der Besichtigung des Universitätsgebäudes fuhren wir in der Begleitung des Herrn von Mussin Puschkin in der Stadt umher, um dieselbe näher kennen zu lernen. Die Stadt liegt in der Nähe der Wolga, an der Südseite der Kasanka und an den Abhängen, die wahrscheinlich früher das alte linke Ufer der Wolga gebildet haben. Bei dem gewöhnlichen Wasserstande der Wolga ist sie wohl noch 6 Werste von dem Strome entfernt, jetzt schien sie aber unmit-

---

[1]) Jetzt besitzt die Universität durch den Ankauf der Sammlung des Herrn Kämmerer in Petersburg eine eigene Mineraliensammlung, wie schon oben bemerkt ist.

telbar an ihm zu liegen, da er fast die Vorstädte erreichte. Die höchsten Punkte auf der Nordseite von Kasan nimmt der Kreml oder die Festung ein, die unmittelbar an der Kasanka, welche hier ziemlich steile Ufer hat, gelegen ist. Im Süden und Westen ist die Festung von der Stadt, und diese wieder von drei Seiten, besonders gegen Süden zu, von den Sloboden oder Vorstädten umgeben. In der Festung sieht man noch viele Ueberreste der Tatarischen Herrschaft, die in Kasan in einem besonderen unabhängigen Chanate drei Jahrhunderte lang geblüht hat, bis sie durch den Grossfürsten Joann Wassiljewitsch gestürzt ward, der die Stadt im Jahre 1552 einnahm, sie von Grund aus zerstörte, und eine neue an ihrer Stelle aufbaute. Ein alter Thurm heisst noch die Sunibeka nach der Gemahlin des letzten Tatarischen Chans. Ausserdem befinden sich in der Festung noch eine Menge Kirchen, worunter die Kathedrale mit ihren vielen Thürmen und Kuppeln, wie auch andere von Stein erbaute Kronsgebäude. Die eigentliche Stadt sowie auch die Sloboden haben gerade, breite Strassen, die sich meistens unter rechten Winkeln schneiden, und bestehen grösstentheils aus hölzernen Häusern, die selten mehr als ein Stockwerk haben, und häufig mit einem Garten umgeben sind. Auch hier stehen eine Menge Kirchen und Klöster mit Thürmen von oft wunderlicher Bauart, wie die Peter- und Paulskirche, die eine ganz japanische Form hat, und von aussen mit einer Menge Figuren in den grellsten Farben bemalt ist. Aber dieses bunte Gemisch macht denselben freundlichen Anblick, den auch die übrigen grösseren Russischen Städte gewähren, und an welchen wir nun schon seit Moskau gewöhnt waren. Die eigentliche Stadt wird meistens von Russen bewohnt, die Sloboden, die jedoch von der Stadt durch nichts getrennt und unterschieden sind, von Tataren. Diese machen etwa ein Drittheil der ganzen Bevölkerung von Kasan aus, die auf ungefähr 50,000

Einwohner angegeben wird [1]). Sie leben besonders vom Handel, haben aber auch viele Leder- und Seifenfabriken, deren Fabrikate sehr geschätzt und weit verschickt werden.

Wir fuhren auch in diese Vorstädte, und liessen uns von den Tataren in eins ihrer Bethäuser oder Medscheds führen, was sie mit Bereitwilligkeit thaten. Es war von Holz gebaut, und bestand aus einem Vorzimmer und einem quadratischen Saale, der einfach und reinlich war, durch welche Vorzüge sich überhaupt die Wohnungen der Tataren anszeichnen. Unsere Führer zogen vor dem Eintritt in den Saal ihre Pantoffeln aus, liessen es sich aber doch gefallen, dass wir denselben mit unsern Stiefeln betraten.

Mit dickem Staub bedeckt, kehrten wir in unsere Wohnung zurück; die Strassen von Kasan sind nicht gepflastert; sie waren früher wie in vielen andern Russischen Städten mit hohl liegenden Balken belegt; als aber bei dem Aufstande Pugatscheffs im Jahre 1774 die Stadt in Brand gesteckt wurde, brannten nicht nur die Häuser, sondern auch das Pflaster, wodurch der Brand noch mehr vergrössert und das Löschen erschwert wurde. Seitdem sollte die Stadt mit Steinen gepflastert werden, was indessen bis jetzt noch nicht geschehen ist. Die Steine müssten zwar aus grösserer Ferne herbeigeschafft werden, da in der Nähe gar keine brauchbaren gefunden werden, doch würde diess bei den grossen schiffbaren Strömen, mit denen Kasan in Verbindung steht, weder mit so grossen Kosten noch mit besondern Schwierigkeiten zu bewerkstelligen sein. Das Pflastern scheint aber um so wünschenswerther, da noch unleidlicher als im Sommer nach lange ausgebliebenem Regen der Staub, im Herbst bei anhaltendem Regenwetter oder im Frühjahr bei schmelzen-

---

[1]) Siehe Erdmanns medicinische Topographie des Gouvernements und der Stadt Kasan, 1822.

dem Schnee der Schmutz in den Strassen sein soll, besonders in den tiefer liegenden Theilen der Stadt, zu denen das Wasser von den oberen Theilen hinzufliesst.

Die Höhe von Kasan über der Ost-See hat in neuern Zeiten ein besonderes Interesse auf sich gezogen, da der Lauf der Wolga von Kasan bis zum Kaspischen Meere mit den Krümmungen über 225 geographische Meilen beträgt, und die Entscheidung des Problems von dem niedrigen Wasserspiegel des Kaspischen Meeres sich an jene Höhe unmittelbar anknüpft. Herr Kupffer giebt in seiner Beschreibung des Ural-Gebirges [1]) die Höhe von Kasan zu 80 Par. Fussen an. Er fügt die Bemerkung hinzu: „Man muss verwundert sein über die geringe Höhe einer Stadt, die so tief im Lande liegt. Wenn die Wolga ihre Mündung am Schwarzen Meere hätte, so würde das Wasser kaum fliessen. Aber das Kaspische Meer ist 300 Fuss tiefer als das Schwarze Meer, und ungeachtet dieses Unterschiedes bleibt nur sehr wenig Gefälle für eine Flussstrecke von 1500 Wersten." Herr Knorr, der jetzige Professor der Physik in Kasan, hat die dort angestellten vieljährigen Beobachtungen aufs Neue in Rechnung genommen und findet:

für den Ort wo das Barometer in Kasan aufgestellt ist . . . . 187 Par. Fuss,

für die Mündung der Kasanka in die Wolga . . . . 116 „ „ [2]).

Diese letzte Station hat Herr Adolph Erman durch die Annahme eines niederern mittlern Barometerstandes an der Ost-See, wie schon oben bei Moskau bemerkt ist, auf 27 Fuss reducirt [3]). Es ist hier nicht der Ort die Höhe des Kaspischen Meeres zu discutiren,

---

[1]) *Voyage dans l'Oural*, 1833, P. 278.

[2]) Poggendorffs Annalen B. XXXVI, S. 205.

[3]) Reise um die Erde, Th. II, S. 358.

deren Bestimmung Hr. Parrot mit so edler und mühevoller Aufopferung seit vielen Jahren versucht hat. Das wichtige Problem selbst kann durch vervielfältigte Beobachtungen längs dem Laufe des grossen Wolgastromes allerdings genügend gelöst werden, wenn man sich hinlänglich versichert hat, dass die Instrumente unter sich übereinstimmen, und wenn man mehrjährige Mittel aus Jahreszeiten nimmt, in denen die Luftströmungen sich compensiren.

Das Russische Gouvernement hat das Verdienst diese Untersuchungen sehr zu begünstigen. In dem von dem Herrn Staatsminister von Uwaroff dem Kaiser Nicolaus abgestatteten Berichte über den Zustand des öffentlichen Unterrichts im Jahre 1834 heisst es ausdrücklich S. 69: „In Erwägung des Vortheils, welcher für die Wissenschaft aus der Anstellung beständiger meteorologischer Beobachtungen in der ganzen Ausdehnung des Kasanschen Lehrbezirks, besonders aber dem Laufe der Wolga bis zum Kaspischen Meere nach, mithin in Nischni-Nowgorod, Simbirsk, Saratow, Zarizün, Astrachan, Wjatka, Jekaterinburg und Orenburg hervorgehen muss, trug das Curatorium des Kasanschen Lehrbezirks mit Genehmigung des Ministers des öffentlichen Unterrichts die vorzunehmenden meteorologischen Beobachtungen in den Gymnasien den Ober-Lehrern der Mathematik, und in den Kreisschulen den Inspectoren auf. Beide Klassen sollen dafür besoldet werden, und die Resultate der Beobachtungen nach Verlauf eines jeden Monats dem Professor der Physik an der Universität zu Kasan eingereicht werden, welcher die Verpflichtung auf sich nimmt, die von ihm entworfenen Tafeln über den mittlern Stand der Instrumente durch Herausgabe zur allgemeinen Kunde zu bringen."

145 Werste südlich von Kasan (Breite 57° 59′ 20″), auch auf dem linken Wolga-Ufer, liegen die merkwürdigen Ruinen von Bulghar, der Hauptstadt der alten Wolga-Bulgharen, die als die grössten und ältesten Ruinen, die sich in Russland befinden, wir nicht unbesucht lassen durften. Wir schifften uns deshalb den Mittag des 5ten Juni auf einem der Wachtschiffe, welche die Wolga auf und niederfahren, mit dem Grafen Polier ein, nahmen aber unsere Wagen, die auf ein anderes Boot geladen wurden, mit, um zu Lande zurückkehren zu können, da die Rückkehr auf der Wolga, stromaufwärts zu lange gedauert haben würde. Wir fuhren zuerst die Kasanka hinab bis zur Wolga, wo wir noch den herrlichsten Blick auf die Stadt hatten, die sich an dem Abhange der Höhen höchst malerisch erhebt, und die Wolga gewährte uns nun wieder dieselbe angenehme Fahrt wie früher. Der grosse Strom war noch wie früher von den grossen Wolgaschiffen befahren, aber der ihnen günstige Wind hatte sich gelegt, daher sie alle ihre Segel eingezogen hatten. Sie mussten nun stromaufwärts gezogen werden, was auf die gewöhnliche Weise nicht geschehen kann, da an dem hohen steilen Ufer der Wolga kein Leinpfad vorhanden ist, sondern durch eine, am Vordertheil des Schiffes angebrachte Winde bewerkstelligt wird, mittelst welcher sich die Schiffsmannschaft zu Ankern heranzieht, die auf einem besondern Boote vorausgeführt und in gewissen Entfernungen von dem Schiffe ausgeworfen werden. Wir sahen diese mühsame Arbeit bei allen den Schiffen, bei denen wir vorüberfuhren, aber auch wir hatten keinen Wind; wir konnten nur mit Rudern vorwärts kommen, und brauchten auf diese Weise zu unserer Fahrt den Nachmittag, die Nacht und den Vormittag des folgenden Tages.

Erst gegen Mittag landeten wir. An dem Ufer erwarteten uns schon die Bauern des Russischen Dorfes Bolgarü mit ihren Pferden, die bestellt waren uns weiter zu schaffen. Die Wagen wurden ausgeladen, und auf ihnen fuhren wir nach dem Dorfe, das auf und neben den Ruinen der alten Stadt, noch 9 Werste von dem Ufer entfernt liegt. Ein angenehmes Buschwerk bedeckt die Niederung, die hier wie überall das linke Ufer der Wolga bildet, und sich erst später zu dem höhern Plateau erhebt, auf welchem Bolgarü sowie auch Kasan erbaut ist. In dem Dorfe fanden wir alles in Bewegung, die ganze Dorfschaft war uns entgegengekommen und erwartete uns in besondere Gruppen vertheilt, die Männer, die Frauen und die Jugend. An der Spitze dieser Gruppen standen die Aeltesten des Dorfes, die Herrn von Humboldt bei seiner Ankunft nach Russischer Sitte Salz und Brod zum Zeichen ihrer Ehrerbietung überreichten.

Wir besahen nun die alten Ruinen. Die wichtigsten derselben befinden sich grösstentheils innerhalb eines von einem Graben umgebenen Walles, der ein längliches Oval bildet, dessen Längendurchmesser von N. nach S. geht, und dessen Umfang ungefähr 7 Werste betragen mag. Der Wall fehlt nur an der nördlichen Seite, wo sich aber ein von O. nach W. zur Wolga sich hinziehender breiter Grund befindet, der das alte Bulghar von dieser Seite vielleicht hinreichend gedeckt haben mag. An diesem Abhange, innerhalb des Walles liegt das Dorf Bolgarü, an seiner östlichen Seite die ansehnliche steinerne Kirche desselben, und in dem übrigen Raume einzeln und zerstreut die Ruinen.

Pallas [1]), Lepechin und Erdmann [2]) haben dieselben ausführlich beschrieben, daher ich mich hier darauf beschränke, nur die hauptsächlichsten derselben anzuführen, zu denen besonders zwei Thürme und zwei andere Gebäude gehören. Der höhere der beiden Thürme liegt ganz in der Nähe der Kirche des Dorfes; er ist

[1]) Reise in versch. Prov. des Russ. Reiches, Th. I, S. 122 etc.

[2]) Medicinische Topographie des Gouv. Kasan, S. 280 etc.

grösstentheils cylinderförmig, nur an seiner Basis achteckig; an dieser befindet sich eine Thür, durch welche man zu einer steinernen Wendeltreppe im Innern des Thurms gelangt, die zu der obern Fläche führt, welche in neuerer Zeit mit einem hölzernen Dache bedeckt worden ist. Die Treppe ist durch einige kleine Fensteröffnungen in der Wand des Thurms nur schwach erleuchtet. Die Höhe des Thurms bis zum Dache beträgt 72 Fuss, sein unterer Umfang 80 Fuss. Der zweite Thurm liegt ungefähr 300 Fuss südöstlich von dem erstern, ist kleiner als dieser, sonst aber von einer ähnlichen Gestalt.

Von den beiden andern Gebäuden liegt das eine, welches von den Bauern das Gerichtshaus oder das schwarze Haus (*tschornaja palata*) genannt wird, ziemlich in der Mitte des Walles. Es ist seiner Form nach ziemlich gut erhalten. Seine Basis ist ein Quadrat von 24 Fuss an jeder Seite, und seine Höhe mag etwa 38 Fuss betragen. Es besteht aus drei Stockwerken mit Thür- und Fensteröffnungen; die obere ist kleiner und achteckig, und über derselben befindet sich eine halbkugelförmige Kuppel mit einer achteckigen Oeffnung in der Mitte. Im Innern findet keine Abtheilung in Stockwerke statt; man sieht vom Boden bis zum Gewölbe des Gebäudes, aber man erkennt an den Wänden die Absätze der Stockwerke, daher wahrscheinlich der Boden derselben aus Holz bestanden hat, das mit der Zeit zerstört ist. An der Aussenseite des Gebäudes erkennt man noch rund herum die Reste der Mauern vieler Gemächer, die aber weder untereinander, noch mit dem Hauptgebäude in Verbindung gestanden zu haben scheinen, und daher vielleicht auch nur von aussen zugänglich gewesen sind. Sie reichten wahrscheinlich auch nur bis zu den thürähnlichen Oeffnungen des ersten Stockwerkes, um welches, wie auch um die obern, äusserlich wahrscheinlich Gallerien herumliefen. Doch lässt sich darüber, wie überhaupt über die ganze Bestimmung des Gebäudes jetzt wohl schwerlich etwas ausmachen.

Das andere Gebäude, das sich etwa 600 Fuss gegen Süden von dem eben beschriebenen befindet, scheint dagegen ein Bad gewesen zu sein. Es wird von den Bewohnern des Dorfes das weisse Haus (*bjelaja palata*) genannt. Seine grösste Länge von Norden nach Süden beträgt etwa 82 Fuss, seine Breite am nördlichen Ende 36 Fuss, am südlichen 25 Fuss. Im Innern erkennt man besonders zwei Zimmer, das eine von der Form eines Quadrats, das andere von der eines Oblongums, die durch eine kleine Thür mit einander Verbindung gehabt haben; der Eingang von aussen ist bei dem letztern. Das erstere ist durch seine Einrichtung besonders merkwürdig; es hat nämlich an jeder Ecke ein anderes quadratisches Zimmer, so dass in der Mitte nur ein breiter Kreuzgang bleibt, der sein Licht durch eine achteckige Oeffnung in der Mitte einer Kuppel empfängt, die sich über der Mitte des Kreuzganges befindet. Vier andere kleine Kuppeln befinden sich über jedem Eckzimmer, die ebenfalls in der Mitte eine achteckige Oeffnung haben, aber zum Theil eingestürzt sind, daher der Boden mit Schutt bedeckt ist. Diese Zimmer sind oben an den Wänden mit wohl erhaltenen Arabesken verziert, und stehen mit dem Kreuzgang durch Thüren in Verbindung, die nicht in den Seitenwänden, sondern in der Kante, in welcher die inneren Wände zusammenstossen, angebracht sind. Kanäle, welche unter dem steinernen Boden des Kreuzganges hinlaufen, Spuren von Wasserleitungen an den Wänden, sowie Ueberreste von eisernen Röhren in denselben, lassen wohl keinen Zweifel über die Bestimmung des Gebäudes zu dem oben angegebenen Zwecke übrig. Alle diese beschriebenen Gebäude bestehen aus behauenen Steinen, theils Sand- theils Kalksteinen.

Weniger gut erhaltene Ueberreste von Gebäuden als die beschriebenen findet man, zum Theil mit Schutt und Rasen bedeckt, ausser ihnen noch in grosser Menge, sowohl innerhalb als ausserhalb des Walles. Leider werden dieselben immer unbedeutender, da die Bauern sich der Bruchsteine aus den alten Mauern zu ihren Bauten bedienen, und auch die steinerne Kirche des Dorfes ganz von den Bausteinen der alten Stadt und den in der Gegend gefundenen Grabsteinen aufgeführt ist. Es wäre ein grosser Verlust, wenn diese alten Denkmäler einer dunklen Zeit ganz vernichtet würden. Schon Erdmann sah vieles von dem nicht mehr, was Pallas und Lepechin 48 Jahr vor ihm beschrieben, und spätere Reisende werden vielleicht noch weniger finden, wenn von der Russischen Regierung der Zerstörung dieser Trümmer kein Einhalt gethan wird. Aber die Verführung ist gross, ein tauglicher Baustein ist nicht in der Nähe und kann aus den Trümmern mit Leichtigkeit genommen werden. — Unter dem Schutte der Ruinen findet man noch häufig silberne und kupferne Münzen, kupferne Ringe, Ohrgehänge und andere Gegenstände, die uns von den Bauerkindern auch häufig zum Kauf angeboten wurden. In einem der Gebäude des alten Bulghars sollen mehrere tatarische Heilige begraben liegen, daher von den Gläubigen auch noch zu diesen Ruinen gewallfahrtet wird. So sahen wir einen tatarischen Mollah während wir die Ruinen besahen, in und vor mehreren derselben seine Andachtsübungen verrichten, die im Herbeten von Formeln mit häufigen Neigungen des Körpers bestanden, ohne dass er sich im geringsten durch uns stören liess. Da die Ruinen ziemlich entfernt von einander liegen, fuhren wir in kleinen Wagen von der einen zur andern. Das benutzte der Mollah; er setzte sich mit unserer Erlaubniss auf einen unserer Wagen, und fuhr auf diese Weise zu allen Ruinen hin, indem er sich immer so einrichtete, dass er früher seine Andachtübungen verrichtet hatte, als wir mit unserer Besichtigung fertig waren. —

Was wir von der Geschichte der Bulgharen wissen, ist von Erdmann in seiner medicinischen Topographie des Gouvernements Kasan S. 291-305 zusammengefasst worden. Hiernach bildeten die Bulgharen schon im siebenten Jahrhundert ein unabhängiges Volk, das sich auf der Ostseite der Wolga vom Einflusse der Sura in dieselbe bis zum Kaspischen Meere ausbreitete, mit den Russen in beständigem Kriege lebte, und Auswanderungen nach dem Schwarzen Meere und dem südlichen Ufer der Donau unternahm. Herr Akademiker Frähn, dessen gelehrten Forschungen wir die wichtigsten Aufschlüsse über die Bulgharen zu verdanken haben, glaubt, dass dieselben ihren Namen von der Wolga, deren Ufer sie bewohnten, erhalten hätten, und dass sie ursprünglich zum grossen Finnischen Stamm gehörten, dass sie aber bald mit Slawen und Türken gemengt wurden, und an der Wolga nach und nach zu Türken, an der Donau zu Slawen wurden. Klaproth [1]) hat dieselbe Meinung ausgesprochen, indem er die Bulgharen zu dem östlichen oder Uralischen grossen Völkerstamm rechnet.

Das Reich der Bulgharen blühte besonders zu Ende des 12ten Jahrhunderts, nach welcher Zeit es von den Einfällen der Mongolisch-Tatarischen Völkerschaften sehr zu leiden hatte, bis es endlich von Batü Chan, dem Enkel von Dschingis Chan, 1236 völlig unterworfen und dem Kaptschakischen Reiche einverleibt wurde. Die Nachkommen Dschingis Chans in diesem Reiche, die von den Russen die Chane der Goldnen Horde genannt wurden, erwählten Bulghar zu ihrer Sommer-Residenz, und Serai an der untern Wolga zu ihrer Winter-Residenz. In der erstern hielten sich

---

[1]) *Asia polyglotta*, 1823, S. 189 und *Tableau hist. de l'Asie* 1826, S. 281.

1261 Nicolo und Maffio Poli, Vater und Oheim des berühmten Marco Polo, ein ganzes Jahr auf, wo damals Bercke Chan herrschte [1]), sowie die Winter-Residenz Serai ein anderer berühmter Reisender, Wilhelm Rubruquis 1253 besuchte, der schon der Baschkiren (Pascatir) erwähnt.

Nach dem Aussterben der Dschingisiden gegen das Ende des vierzehnten Jahrhunderts brachen im Kaptschakischen Reiche innere Unruhen aus, in Folge deren Timurlenk (Tamerlan) dasselbe mit Krieg überzog, eroberte und verwüstete. Serai wurde zerstört; Bulghar scheint indessen der völligen Zerstörung entgangen zu sein und dieselbe erst später von dem Russischen Grossfürsten Wassili Dimitrijewitsch oder Joann Wassiljewitsch dem Grossen erlitten zu haben [2]).

---

[1]) *Il Millione di Marco Polo, ed. del Conte Baldelli,* T. II, p. 5.

[2]) Herr Frähn hat, seitdem Erdmanns Werk erschienen ist, seine interessanten Untersuchungen über die Ruinen von Bulghar und über das einst so mächtige Bulgharen-Volk fortgesetzt (*). Des Arabischen Reisenden Ibn-Foszlans Berichte (er begleitete im Jahre 921 eine von Bagdad kommende Gesandschaft an den König der Wolga-Bulgharen) haben den Stoff zu Bemerkungen gegeben, von denen wir hier nur einige wenige ausheben. Nordlichte, welche jetzt in jener Breite so selten sind, waren damals im Lande der Bulgharen sehr häufig. Abu-Hamid Andalusy erzählt, dass zu seiner Zeit, in der Mitte des zwölften Jahrhunderts in Bulgharien die Erde selbst im Sommer nicht von Schnee frei geworden sei. Nach Ibn-Batuta (**), dem Maroccaner, der 1332 in Bulghar war, fuhr man von Bulghar nach Jugrien damals, wie jetzt im nördlichsten Sibirien, auf Schlitten, die mit Hunden bespannt waren. Doch Sommerfrüchte gediehen gut, Weizen, Gerste und Hirse. Das Milderwerden des Klimas ist nach diesen Arabischen Berichten unläugbar, aber am auffallendsten wäre die Abhängigkeit der Nordlichte von diesen klimatischen Veränderungen. Herr Frähn beweist, dass die Bulgharen vor dem Jahre 922 noch keine eigentlichen Städte gehabt, und dass die Stadt Bulghar die Festung selbst gewesen, zu deren Bau die Chalifen von Bagdad dem

---

(*) *Mémoires de l'Acad. imp. des sciences de St. Petersbourg. Sixième Serie,* T. I, (1832) p. 527-577.

(**) *The Travels of Ibn-Batuta transated by Lee,* 1829, p. 77.

Bei den so mangelhaften Nachrichten über die alten Wolga-Bulgharen sind die in den Ruinen Bulghars gefundenen Münzen uud Grabsteine wichtige Dokumente für die Geschichte des Volks. Die Münzen haben nur zuweilen Inschriften, die dann arabisch sind, was bei einem Volke, das den Islam angenommen hat, nicht auffallen kann. Die meisten sind indessen, wie Hr. Frähn gezeigt hat, Mongolen-Münzen, und stammen aus dem 13ten bis 15ten Jahrhundert. Nur sehr selten finden sich ältere, und von diesen hat Hr. Frähn drei beschrieben [1]), die in den Jahren 950 und 976 von ihren Königen Talib und Mumin in den Städten Bulghar und Süwar geprägt sind. Eine schöne und zahlreiche Sammlung in Bulghar aufgefundener Münzen, die Herr v. Humboldt der zuvorkommenden Güte des Professors Fuchs in Kasan verdankt, ist dem Königlichen Museum in Berlin einverleibt worden.

Von den Inschriften der Grabsteine liess Peter der Grosse, als er im Jahre 1722 die Ruinen von Bulghar besuchte, Abschriften und Uebersetzungen machen, und erhielt auf diese Weise der Nachwelt 50 Inschriften; denn die Grabsteine selbst sind jetzt fast durchgängig zum Bau der Kirche des Dorfes Bolgarü

Bulgharen-Könige werkverständige Araber schickten. Ibn-Foszlan nennt unter den Handelsartikeln zu seiner Zeit, im zehnten Jahrhundert: Mammuthszähne, welche dort häufig ausgegraben wurden. Zuletzt wollen wir noch der sonderbaren Staatseinrichtung im Lande der Bulgharen erwähnen, dass nämlich alle besonders klugen Leute aufgehängt wurden; ob aus Misstrauen (als politische Vorsichtsmaassregel), oder wie Ahmed Tusy vermuthet, weil besonders kluge Menschen vor andern würdig sind, Gott dem Herrn früh zu dienen, bleibt unentschieden. Man traut seinen Augen nicht, sagt Herr Frähn, aber die Texte sind nicht corrupt, und fünf hochgeachtete arabische Schriftsteller erwähnen des sonderbaren Landesgebrauches.

[1]) *Mémoires de l'Acad. imp. des sciences de St. Petersbourg. Sixième Série*, T. I, (1831) p. 543.

verwandt worden, so dass als Hr. Frähn die Ruinen besuchte, er nur noch eine einzige Inschrift vollständig erhalten fand. Durch Vermittelung des Grafen Potocki erhielt Klaproth eine Abschrift der von Peter dem Grossen besorgten Abschrift, wonach er eine neue Uebersetzung dieser Inschriften herausgab [1]), was um so erfreulicher ist, da die ursprüngliche Abschrift sich in den Archiven der Regierung in Kasan befand, und bei den grossen Bränden, die diese Stadt zu verschiedenen Zeiten verheert haben, wahrscheinlich untergegangen ist. Unter den Inschriften befinden sich 27 in türkischer, 20 in arabischer und 3 in armenischer Sprache. Sie enthalten alle einen Spruch des Koran, wie z. B.: er ist der Lebende, der nicht stirbt u. s. w., den Namen des Verstorbenen, dessen Abstammung, gewöhnlich noch einen Segen für denselben und das Todesjahr. Die meisten beziehen sich auf Männer, nur einige auf Frauen. Die meisten und zugleich ältesten Inschriften sind aus dem Jahre 623 der Hedschra, oder dem Jahre 1226 unserer Zeitrechnung, aber das Todesjahr ist bei diesen nur durch ein Chronogramm, welches die Ankunft der Unterdrückung bedeutet, angegeben, was Klaproth zu der Meinung veranlasst, dass die Individuen, auf deren Grabstein man diese Inschriften liest, bei einem Einfalle der Mongolen, der aber noch keine bleibende Eroberung zur Folge gehabt hat, umgekommen sind. Es sind deren 24, sie sind alle in türkischer Sprache. Die übrigen sind aus den Jahren 1271 bis 1342.

Die 3 armenischen Inschriften versuchte Saint-Martin zu übersetzen, doch war es ihm selbst mit Hülfe der Russischen Uebersetzung, die Peter der Grosse hatte machen lassen, unmöglich, sie zu entziffern, sei es aus Schuld des frühern oder spätern Abschreibers. Was er aber von dem Texte verstehen konnte, wich

---

[1]) *Nouveau Journal asiatique.*

von der Russischen Uebersetzung ganz ab, woraus man schliessen muss, dass der Armenische Dolmetscher die alten Inschriften, die vielleicht schon zur Zeit der Reise Peter des Grossen in einem sehr unleserlichen Zustand gewesen sind, selbst nicht verstanden, und aus Furcht seine Unwissenheit zu gestehen, ungenaue Abschriften und falsche Uebersetzungen gegeben habe.

Bei der Besichtigung der Ruinen Bulghars war der Abend herangerückt; wir mussten eilen nach Kasan zurückzukehren, da wir dort schon zu einem Mittagsmahle erwartet wurden, wozu der Herr Curator die sämtlichen Mitglieder der Universität eingeladen hatte. Nach einem kurzen Mahle brachen wir daher auf und konnten rechnen, bei der Art wie man in Russland reist, zur gehörigen Zeit in Kasan einzutreffen. Aber schon in der Stadt Spask, durch welche wir in der Nacht kamen, wurden wir durch ein Gewitter, welches mit einem heftigen Regenschauer begleitet war, einige Stunden aufgehalten, und einen noch grössern Aufenthalt erfuhren wir, als wir an der Kama anlangten, die wir zu passiren hatten. Die Kama ist der beträchtlichste Nebenfluss der Wolga auf ihrer linken Seite, und fast noch von grösserer Bedeutung als die Oka. Lange Zeit an der Westseite des Urals entlang fliessend, nimmt sie den grössten Theil der auf dieser Seite des Urals entspringenden Flüsse auf, und wächst dadurch zu einer bedeutenden Mächtigkeit an. Jetzt war sie ausserdem noch durch die Frühlingswasser zu einer solchen Breite angeschwollen, dass wir volle sieben Stunden brauchten, um nach der Kreisstadt Laischeff am jenseitigen Ufer zu gelangen.

Die Stadt ist von Tataren bewohnt, die auch die Bevölkerung der meisten benachbarten Dörfer ausmachen [1]).

[1]) Die Stadt treibt übrigens einen bedeutenden Verkehr, da das Salz von Solikamsk und die Produkte des Ural, welche auf der Kama

Wir verweilten in der sehr reinlichen Wohnung eines derselben nur etwas, um Frühstück und Mittag zugleich einzunehmen, und vollendeten nun die 58 Werste bis Kasan in fast unglaublich kurzer Zeit. Die Tataren haben sämtlich viele und gute Pferde; sie fahren in der Regel noch schneller als die Russen, und unsere Fuhrleute thaten es darin noch allen zuvor, die uns bisher gefahren hatten. Der Weg ist gut, und führt durch einen Wald von Laubholz und über angebaute Felder. Vier Werste vor Kasan kamen wir noch bei dem Kloster Jerusalem, der Wohnung des Erzbischofs vorbei, das eine reizende Lage hat, worauf wir denn bald unser Ziel erreichten, aber freilich erst um 9 Uhr Abends, und viel zu spät für das angesetzte Mittagsmahl, das nun auf den folgenden Tag verschoben worden war.

Wir blieben demnach noch den folgenden Tag in Kasan; Graf Polier reiste dagegen schon am Vormittage ab, um so bald als möglich auf seine Güter bei Perm zu kommen, wo wir wieder zusammentreffen wollten. Auch schien es zweckmässig bis Perm getrennt zu reisen, da es sich leicht hätte treffen können, dass wir bei unserer grossen Gesellschaft nicht immer die nöthige Zahl von Pferden auf den Stationen gefunden hätten. Herr von Humboldt benutzte den Vormittag um die Inklination der Magnetnadel in Kasan zu bestimmen, welche er (am 8ten Mai 1829) 68° 26,'7 fand. Er beobachtete sie im Beisein des Hrn. Curators von Mussin-Puschkin und des Hrn. Soimonoff, und erhielt bei dieser Gelegenheit von dem erstern das Versprechen, dass in Kasan ein eigenes magnetisches Observatorium erbaut werden sollte, ein Versprechen, das nun schon seit mehreren Jahren in Erfüllung gegangen ist. Ich bemerke hierbei, dass die ersten Resultate gleichzeitiger Perturbationen des täg-

---

stromabwärts gehen, hier umgeladen und auf andere Schiffe gebracht werden müssen, in denen sie die Wolga stromaufwärts gehen.

lichen Ganges der Magnetnadel durch correspondirende Beobachtungen der Herren Arago und Kupffer in Paris und Kasan erlangt wurden, und zu der Erbauung so vieler magnetischen Häuser Veranlassung gegeben haben, welche auf Veranlassung des Hrn. v. Humboldt seit 1828 in Europa und Nord-Asien gegründet worden sind.

Wir hatten durch unsern längern Aufenthalt noch Gelegenheit den Saban, ein ländliches Fest der Tataren kennen zu lernen, das sie alljährlich nach beendeter Aussaat feiern. Während einer Woche versammeln sie sich um diese Zeit des Nachmittags auf einer Wiese, einige Werste von der Stadt, und belustigen sich durch allerhand Spiele und gymnastische Uebungen, die meistentheils im Ringen und im Wettlauf bestehen. Herr v. Mussin-Puschkin hatte die Güte uns den Abend dorthin zu führen, wo wir die Spiele schon in vollem Gange trafen. Die Männer hatten einen Kreis gebildet, in welchem das Ringen statt fand. Die Kämpfer hatten ihr gewöhnliches Oberkleid abgeworfen, ihre Gürtel um des Gegners Rücken geschlungen, und suchten nun denselben mittelst der Gürtel in die Höhe zu heben und umzuwerfen. Sie bogen dabei den Vorderleib vorn über gegeneinander, hielten den Gürtel ganz kurz, so dass sie zu gleicher Zeit auch das Unterkleid an den Rippen des Gegners fassen konnten; und drängten sich in dieser Stellung, in abwechselnden Bemühungen ihren Zweck zu erreichen, vor- und rückwärts, was ihnen oft nur nach langen Pausen gelang. Meistens fielen beide, wer aber den andern am Boden festhielt, hatte gesiegt, und wurde durch das Zujauchzen der Umstehenden und durch kleine Geschenke, die die reichern Tataren austheilten, belohnt. Nur der Besiegte verliess indessen den Platz; der Sieger blieb und forderte einen andern auf, und wenn er auch über diesen den Sieg davontrug, einen dritten, bis er selbst von einem neuen Kämpfer besiegt wurde.

Natürlich hatten die später Kommenden wegen der immer mehr eintretenden Ermüdung des ersten Siegers ein leichteres Spiel, doch sahen wir einen, der nach einander drei andere überwand, bis er erst dem vierten unterlag.

Nachdem diese Uebungen lange gewährt hatten, fing das Wettrennen an, was theils zu Pferde und theils zu Fuss statt fand. Die Kämpfenden wurden einige Werste weit fortgeschickt, und liefen einem bestimmten Ziele zu; auch hier wurden die Sieger durch vertheilte Geschenke belohnt. Auch Frauen fehlten diesen Spielen nicht, wenngleich sie sich immer in einiger Ferne von den Männern hielten. Die reichern Tataren hatten Zelte aufschlagen lassen und bewirtheten uns in denselben mit allerhand Süssigkeiten, mit getrockneten Aprikosen aus Bochara, Piniennüssen (von *Pinus Cembra*), mit Thee und Kumis, der gegohrnen Stutenmilch, die wir hier zum ersten Mal tranken. Sie ist säuerlich und fett, und ein ebenso erfrischendes als nahrhaftes Getränk [1]).

Den 9ten Juni früh setzten wir unsere Reise weiter fort. Von dem Balkon an der Hinterseite des

[1]) Ueber die eigentliche Bedeutung des Wortes Tatar hatte Herr v. Humboldt die Güte mir die folgenden Bemerkungen mitzutheilen: „Im Russischen Reiche gilt die Benennung Tataren stets für einen türkischen Menschenstamm, in dem man nicht eine mongolische Gesichtsbildung suchen muss; die Tataren der Krimm, des Gouvernements Kasan und die von Tobolsk gehören zu dem sogenannten Caucasischen Menschenstamm. Tataren sind Türken, aber die Benennung Tataren gehörte ursprünglich bei asiatischen Schriftstellern den Mongolen an. Das Wort Mongol (Mogul) wird nach Vocabularien, die im funfzehnten Jahrhundert unter der Dynastie Ming in Peking angefertigt sind, durch Tata oder Tataeul (für Tatar bei gewöhnlicher Verwechselung von *r* und *l*) übersetzt. Die falsche Anwendung des Wortes Tatar, welches Mongolen (Moho, Mongu) bezeichnete, auf den schönern türkischen Menschenstamm, wurde durch die Mongolischen Eroberungen veranlasst. Als Dschudschi Chan, Sohn von Dschingis Chan das nordwestliche Asien und den Osten von Europa

hochgelegenen Hauses, wo wir wohnten, warfen wir noch einen Blick auf den daran stossenden Garten und

---

eroberte, fielen die türkischen Stämme zwischen der Wolga und dem Dnieper unter mongolische Herrschaft. Die Fürsten dieses Reiches von Kiptschak, das sich vom Dniestr bis zu der Jemba in der Kirgisen-Steppe erstreckte, nannten sich Tataren oder Mongolen, obgleich die Sage ging, dass Dschingis Chan, ursprünglich Fürst der Kalkas- oder Calcha-Mongolen von türkischem Blute, und Timurs Mutter eine Türkin war. Die Chane, die nach der Zerstückelung des Reichs der Dschingischaniden in Kasan, Astrachan und der Krimm herrschten, hiessen Tataren; ihre Unterthanen und Armeen waren grösstentheils türkisch. Sie selbst nahmen bald die türkische Sprache an, und so entstand der Gebrauch, die Benennung Tataren von der Herrscher-Familie auf die beherrschten Türken zu übertragen. Tatar wurde dazu durch falsche Erudition in West-Europa zu Tartaren umgewandelt. Ein Wortspiel des heiligen Ludwig drückt diese Erudition lebhaft aus. Als man die Ankunft der Mongolen oder Tataren selbst im Westen von Europa fürchtete (die Tataren-Schlacht bei Wahlstadt in Schlesien war den 9ten April 1241), sagte Ludwig der Heilige zu seiner Mutter: „*Erigat nos, mater, coeleste solatium, quia si perveniant ipsi, vel nos ipsos, quos vocamus Tartaros, ad suas tartareas sedes, unde exierunt retrudemus, vel ipsi nos omnes ad coelum advehent.*" So haben die ersten spanischen Entdecker wegen der hundswuthartigen Grausamkeit der Caraiben aus dem ursprünglichen Namen Carina oder Calina das Wort Canibalen geschmiedet.

Seitdem in dem letzt verflossenen halben Jahrhundert so viel über Menschenracen discutirt worden ist, ist die unrichtige, erst im dreizehnten Jahrhundert entstandene Verwechselung der Tartaren mit den Türken in vielen vortrefflichen Schriften verbreitet worden. Schlözer, Meiners, Adelung und Cuvier haben dazu beigetragen. Abel Remusat, der mit Klaproth die ursprüngliche Identität von Mongolen und Tataren ergründete, schlägt vor, die alte Benennung Tataren für Mongolen beizubehalten, aber Tartaren als Collectivnamen für das heterogene Gemisch nordasiatischer Völker zu gebrauchen, ein Vorschlag, der zu neuen Irrthümern veranlassen könnte, etwa als wollten wir zwischen Deutschen und Teutschen unterscheiden.

Wenn man bei uns so oft von Tatarischen Gesichtszügen redet, und darunter ein gewisses Schiefstehen der Augen oder das Aufgeworfene der Backenknochen versteht, so lässt sich dieser Ausdruck allerdings durch die alte Identität der Mongolen und Tataren rechtfertigen; aber die Tataren des Russischen Reiches haben, als Türken, eine caucasische, den indo-germanischen Stämmen ähnliche

die Stadt, die man von hier aus vortrefflich übersehen konnte, und nahmen Abschied vom Prof. Soimonoff und anderen Freunden, die uns am Morgen noch aufgesucht hatten.

Unser nächstes Ziel war also die Stadt Perm, welche von Kasan 574 Werste entfernt ist. Der Weg ist die ersten Stationen von Kasan nicht unangenehm, und führt zum Theil durch einen schönen Wald von Pappeln, Eichen und Linden, doch ist er äusserst sandig. Bei Arsk, der zweiten Station von Kasan, kamen wir aber auf einen festen fruchtbaren Lehmboden, welcher ziemlich den Tag über anhielt, und auf welchem uns die Tataren, die auch hier die umliegenden Ortschaften bewohnen, mit gewohnter Schnelligkeit beförderten.

Auf diesem Wege sahen wir zum ersten Mal einen Transport von Verbannten, die nach Sibirien geschickt wurden. Er bestand aus Frauen und Mädchen, etwa 60-80 an der Zahl. Sie gingen frei, waren also nur leichtere Verbrecher; schwerere, wie wir dergleichen auf der Fortsetzung unserer Reise begegneten, gehen zu beiden Seiten eines langen Taues, an welches sie mit einer Hand befestigt sind. Ein jeder solcher Transporte wird von Baschkiren escortirt, die beritten, mit Lanze, Pfeil und Bogen bewaffnet, und mit ihren spizzen Mützen, zottigen Mänteln und ihrer eigenthümlichen Gesichtsbildung, worin sie sich schon den Kalmücken nähern, durch Abbildungen und Beschreibungen bekannt genug sind. Bei allen Stationen, etwa alle 30 Werste

---

Gesichtsbildung, und im obigen Sinne des Worts sahen die Tataren von Kasan und Tobolsk keineswegs tatarisch aus, das heisst sie gleichen nicht den Mongolischen Stämmen, den Kalmücken, Sungaren, Torguten und Buräten (*)."

(*) *Klaproth, Asia polyglotta,* S. 202. *Id. Tableau historique de l'Asie,* p. 154. *Id. Rapport sur les ouvrages du P. H. Bitchourinski, relatifs à l'histoire des Mongoles,* p. 25-32. *Abel Remusat, Recherches sur les langues Tartares* p. 3, 233, 239. *Id. Journal asiatique,* T. II, p. 211.

sind auf diesem Wege, der Hauptstrasse nach Sibirien, hölzerne, mit Pallisaden umgebene Häuser erbaut, in welchen die Verschickten, wie man in Russland die nach Sibirien Verbannten nennt, die Nächte zubringen, und den vierten Tag Ruhetag halten. Das öftere Zusammentreffen mit ihnen ist keine Annehmlichkeit der Strasse nach Sibirien, doch ist ihre Behandlung soweit ich sie gesehen habe, nicht schlecht; die Stationen sind nicht zu gross, aber der Weg ist doch durch die ausserordentliche Länge sehr beschwerlich.

Wir trafen den Tag über schon öfter anstehendes Gestein an. Gleich nach Jäntschurino, der ersten Station von Kasan, sahen wir links in einiger Entfernung vom Wege einen Steinbruch, in welchem ein weisser Oolithenkalkstein gebrochen wurde, der in horizontalen Bänken geschichtet war. Bei Arsk zogen sich lang gedehnte Hügel zur Seite fort, auf denen zum Theil noch das Dorf selbst lag, und die aus einem grünen, sehr mit Kalk gemengten Sandstein bestanden, und 10 Werste von Korodubanskaja, der vierten Station, stand in einem Steinbruch ein dichter, weisser Kalkstein an, der dem bekannten Pappenheimer sehr ähnlich war. Bei Jängulowskaja endlich, der letzten Station von Malmüsch, erheben sich schon grössere Felsen, die von einem glimmerreichen rothen Sandstein gebildet werden.

Spät Abends kamen wir in der Kreisstadt Malmüsch an. Der Postmeister, in dessen Wohnung wir eintraten, um uns Thee zu bereiten, ist ein Freund der Mineralogie, und besitzt eine kleine hübsche Mineraliensammlung, aus welcher er die wichtigsten Stücke uns herbeiholte. So zeigte er uns ein vortreffliches Stück Dioptas, welches eine Zierde mancher grossen Sammlung in Deutschland wäre, und machte uns auf eine Menge Knochen und Zähne von Mammuthen aufmerksam, die er theils in seine Zimmer, theils vor sein Haus hatte legen lassen, und die alle an den Ufern der Wjatka, in deren Nähe Malmüsch liegt, gefunden waren.

In Malmüsch hatten wir schon das Gouvernement Kasan verlassen; die Stadt gehört, wie auch schon die Station Jänjulowskaja vorher, zum Gouvernement Wjatka. Dieses Gouvernement bildet auf dem Wege, auf welchem die Sibirische Strasse dasselbe durchschneidet,ein sich bis 800 Fuss erhebendes, mit Wald bedecktes Plateau, auf welchem eine Menge Flüsse entspringen, die der Kama und Wjatka zufliessen, welche gleichsam dieses Plateau einfassen. Beide Flüsse entspringen nicht weit von einander, ziemlich in der Mitte desselben, etwas nördlich von der Sibirischen Strasse, und fliessen Anfangs in paralleler Richtung nordwärts fort, worauf sie sich dann nach entgegengesetzten Richtungen, die Kama nach NO., die Wjatka nach SW. wenden. Nachdem sie diesen Lauf einige Zeit fortgesetzt haben, krümmen sie sich fast unter rechten Winkeln nach SO., worauf die Kama erst in südlicher und sodann in südwestlicher Richtung fortfliesst, und in ihrem weitern Laufe die Wjatka in sich aufnimmt, die ihren alten Lauf beibehaltend, fast rechtwinklich auf die Kama zuströmt, und sich in dieselbe, etwa 120 Werste südöstlich von Malmüsch ergiesst. Die Fläche, die diese Flüsse umfassen, hat auf diese Weise die Gestalt eines Rechteckes, dessen längere Seiten von SW. nach NO., die kürzern von NW. nach SO. gehen, und dessen östliche Ecke durch die Kama abgestumpft ist. Sie hat nur einen Eingang, nämlich an der längern nördlichen Seite, da wo die anfangs nebeneinander laufenden Flüsse eine entgegengesetzte Richtung einnehmen. Die Flüsse dieses Bezirks sind übrigens sehr fischreich, und die Sterledde der Tschepza, eines Seitenflusses der Wjatka, in der Gegend sehr berühmt.

Die Waldung, die dieses Plateau bedeckt, besteht der Hauptsache nach aus Tannen und Fichten (*Pinus Abies* und *sylvestris*), deren Stämme selten ausgezeichnet und gross waren, wenigstens nicht in der Nähe der Landstrasse. Weisse Birken in dem Kienwalde, schöne grüne Linden, meistens von geringer Grösse und strauchartig, nebst wilden Rosensträuchern, die in üppiger Fülle zur Seite des Weges blühten, bilden zuweilen für das Auge überraschend angenehme Gruppen, doch waren ihre Formen botanisch noch immer dieselben wohlbekannten, wie sie sich auch bei Berlin finden. Der Wald fängt gleich hinter Malmüsch an, und währte ohne Unterbrechung die folgenden Tage, den 10ten und den 11ten Juni fort. Nur in der Umgebung der Dörfer ist er etwas gelichtet und in Ackerfeld verwandelt, aber die Dörfer finden sich nur sparsam, alle 20 bis 25 Werste, wo die Stationen sind, dazwischen nie. Unabsichtlich ist er auch an andern Stellen durch Waldbrände weggenommen, deren Verwüstungen öfter in den Sibirischen Wäldern sichtbar sind, die wir aber nie so häufig angetroffen haben wie hier. Wir fuhren zuweilen meilenweit, ohne zu den Seiten etwas anderes als die verkohlten Ueberreste der Baumstämme zu sehen, was einen traurigen Anblick gewährte. Freilich werden dergleichen Waldbrände zuweilen wohl absichtlich wie in Schweden angelegt, um Land zum Ackern zu gewinnen, aber nur bei weitem dem kleinern Theile nach; die meisten entstehen aus Nachlässigkeit von Hirten oder Wanderern, die sich im Walde zur Erwärmung oder zur Bereitung von Speisen ein Feuer machen, das sie beim Fortgehen nicht wieder löschen. Das Feuer greift denn oft ausserordentlich um sich, und wird gewöhnlich nur durch zufällige Umstände, meistens nur durch starke Regengüsse gelöscht. Auf diese Weise werden oft ungeheure Strecken Waldes vernichtet, aber man achtet darauf nicht, der Wald hat keinen Werth, und wächst mit der Zeit wieder nach.

Die Strasse, die durch den Wald geht, ist wie alle Russischen Landstrassen gross und breit, ausserdem aber noch zu beiden Seiten fast um eine gleiche Breite vom Walde frei gemacht. Sie ist auch hier auf jeder Seite mit einer doppelten Reihe von Birken eingefasst. Ungeachtet ihrer Breite ist sie jedoch vortrefflich; sie ist mit einem groben Kiese überschüttet, der unter der rothen lehmichten Dammerde hier überall gefunden wird, und ein eben so gutes als leicht zu erhaltendes Material zum Wegebau abgiebt. Er besteht aus abgerundeten Geschieben von Quarz, Hornstein, Jaspis, Kieselschiefer, mitunter auch von einem Porphyr, der eine graulichgrüne Grundmasse hat, und kleine schmale eingewachsene Feldspathkrystalle enthält. Das Ganze ist oft zu einem festen Konglomerate verbunden, in welchem kleine Drusen von Kalkspath sich gebildet haben. Versteinertes Holz kommt in einzelnen Stücken auch in diesem Sande vor, und wurde uns in Kilmes-Seltinskaja, einem Dorfe, in welchem wir den 10ten Juni Mittag machten, gezeigt.

Die Bewohner dieser Gegenden sind die Wotjaken, ein Volk, das nach Klaproths Untersuchungen zu dem Finnischen Stamm der Permier gehört. Die eigenthümliche Sprache der Wotjaken ist etwas mit dem Dialecte der Tscheremissen gemischt, die mit den Mordwinen zu dem Stamme der Wolgischen Finnen gehören, dagegen Tschuwaschen, Baschkiren und Kirgisen Zweige des grossen Türkischen Stammes sind [1]). Sie haben indessen meistentheils die christliche Religion und mit dieser auch die Russische Sprache und Russische Sitten angenommen, ihre eigenthümliche Tracht jedoch noch grösstentheils beibehalten. Diese ist besonders bei den Frauen und Mädchen ausgezeichnet. Die Frauen tragen nämlich hohe Mützen von der Form eines abgestumpften Kegels, die aus Birkenrinde bestehen, mit blauem Tuche überzogen und vorn mit silbernen Münzen und rothen Franzen behängt sind; die Mädchen tragen niedrige Kappen,

---

[1]) *Klaproth, Tableau historique de l'Asie,* S. 247 und 275, und *Abel-Remusat, Recherches sur les langues Tartares,* S. 321.

über welche ein viereckiges weisses Tuch geschlagen ist, welches nach hinten herabhängt. Mit den thurmähnlichen Mützen verrichten die Frauen auch ihre Arbeit auf den Feldern, wo wir sie häufig sahen; in Kilmes-Seltinskaja aber hatten wir Gelegenheit sie mit Musse zu betrachten, da sich einige von ihnen in ihrem vollen Ornate uns vorstellten.

Das letzte Dorf auf unserm Wege, welches von Wotjaken bewohnt wird, ist Debeskaja, das wir den 11ten Juni Vormittags erreichten. Es ist zugleich das letzte in dem Gouvernement Wjatka, das folgende Klenowka gehört zum Gouvernement Perm, und wird schon wieder von Russen bewohnt. In der Nacht setzten wir jenseits Ochansk über die Kama, und kamen am Morgen in Werchne-Mulinsk auf den Gütern des Grafen Polier an, wo wir den Tag über (den 12ten Juni) blieben.

Werchne-Mulinsk ist ein grosses Dorf. Es hat eine steinerne Kirche mit einem Thurm und einem Glockenspiel, und liegt 10 Werste westlich von der Gouvernementsstadt Perm, an dem kleinen Flüsschen Muli, das sich nicht weit davon in die Kama ergiesst. Wir hatten erst die Absicht, die dem Grafen zugehörigen Kupfergruben und Hütten zu besuchen, erfuhren jedoch, dass sie zu fern von Werchne-Mulinsk, jenseits der Kama liegen, und unterliessen daher ihre Besichtigung, die uns zu viel Zeit gekostet haben würde. Die Kupfererze, welche hier gewonnen und verschmolzen werden, sind die sogenannten Sanderze, die in dem ältesten Flötzsandsteine, dem weissen Liegenden brechen. Diese Sandsteinformation kommt auf der Westseite des Urals in grosser Ausdehnung vor, nicht nur in dem Gouvernement Perm, sondern auch in denen von Wjatka und von Orenburg, wo in ihr an vielen Punkten, an den Ufern der Wjatka, Kama, Dioma und Sakmara gebaut wird [1]). An der Ostseite

[1]) Zu dieser Sandsteinformation gehört vielleicht auch schon der

findet sie sich dagegen nicht, denn die berühmten Kupfergruben von Gumeschewsk, Nischne-Tagilsk und Bogoslowsk bauen auf ganz anders vorkommende Erze.

Nach den Proben der Sanderze, die wir in Werchne-Mulinsk sahen, als auch nach andern von den verschiedenen Gruben in den Gouvernements Wjatka, Perm Orenburg, die sich in der Königl. Sammlung in Berlin befinden, bestehen diese Sanderze aus einem feinkörnigen, zuweilen grobkörnigen Sandstein, der Geschiebe bis zu der Grösse einer Haselnuss enthält, die aus Quarz, Hornstein und Jaspis bestehen. Er ist zuweilen hart, grösstentheils aber mürbe und bröcklich, und zerfällt an der Luft zu Sand; er ist sehr kalkhaltig und braust daher stark mit Säuren. Die Kupfererze, die in ihm enthalten sind, bestehen grösstentheils aus erdigem Malachit und Kupferlasur, die in dem Sandstein fein vertheilt sind, und oft nur als eine Färbung desselben erscheinen. Die Kupferlasur kommt auch in kleinen Körnern und Kugeln in dem Sandstein vor, und der Malachit findet sich, jedoch nur sehr selten, in kleinen faserigen Parthien. Eben so selten finden sich nach den untersuchten Proben andere Kupfererze, wie Rothkupfererz in kleinen Parthien, zuweilen mit fein eingesprengtem gediegenen Kupfer und Kupferglanz, welchen letztern ich nur in einem Stücke sah, wo er eine sehr dünne Lage bildete.

Ueberreste von Vegetabilien kommen in diesem Sandstein häufig, zuweilen auch Ueberreste von Fischen vor. Die ersteren bestehen meistens aus mehr oder weniger grossen Stamm- und Aststücken, gewöhnlich von Dikotyledonengewächsen [1]), und sind gewöhnlich in

---

S. 111 erwähnte Sandstein von Jängulowskaja, da auch schon in dieser Gegend sich an mehreren Orten Kupfererze finden.

[1]) Hermann führt Stücke versteinerten Holzes an von 2 Arschinen Länge und einer halben Arschine Breite, die auf der Kammenskischen Grube bei Perm, und andere von $6\frac{1}{2}$ Arschinen Länge,

schwarzgefärbten Hornstein umgewandelt, an welchem man jedoch noch deutlich die Jahresringe erkennen kann; doch findet man auch Stücke von baumartigen Farrenkräutern, die entweder blosse Steinkerne von Sandstein sind, oder noch die äussere, in Kohle umgeänderte Rinde erkennen lassen. Die Kupfererze haben sich besonders an solchen Stücken angehäuft und diese mehr oder weniger durchdrungen. Von Fischen erhielten wir in Werchne-Mulinsk zwei schöne Exemplare, an denen zwar nicht die Köpfe und Flossen zu sehen, aber die Körper mit den Schuppen sehr gut erhalten sind. Ein anderes Exemplar befand sich schon in der Berliner Sammlung; es ist kleiner als die erwähnten, hat aber noch den Kopf und die Schwanzflossen.

Der mit diesen Erzen mehr oder weniger regelmässig erfüllte Sandstein bildet nach Hermann [1]) schwebende oder donlägige, in der Regel nicht sehr mächtige Schichten in einem von Kupfererzen freien, oder an solchen wenigstens armen Sandstein; die Mächtigkeit der Schichten schwankt von einigen Zollen bis zu einem Lachter. Gewöhnlich findet sich nur ein bauwürdiges Flötz, zuweilen finden sich aber deren mehrere übereinander; sie sind von dem tauben Sandstein entweder gar nicht, oder durch Mergel- oder Lettenschichten geschieden.

Die Erze sind nicht reich, sie geben in der Regel nur $1\frac{1}{2}$ bis 3 Proc. Garkupfer, aber sie sind sehr gutartig und leicht zu verschmelzen. Sie werden ohne vorhergegangene Röstung mit einem Zuschlage von Kalkstein in Krummöfen verschmolzen, und geben sogleich nach der ersten Schmelzung Schwarzkupfer, das ohne weitere Schmelzung gar gemacht wird.

---

die auf der Grube von Jängis bei Ufa vorgekommen sind. Mineralog. Beschreibung des Urals, B. II, S. 9 und S. 60.

[1]) A. a. O. B. II, S. 1-67.

Der Bergbau auf diese Sanderze ist schon sehr alt, denn ehe er von den Russen in den dreissiger und vierziger Jahren des vorigen Jahrhunderts wieder aufgenommen wurde, war er schon von einem ältern Volke wenigstens in den südlichern Gegenden betrieben worden, deren alte Halden und abgeteufte Schachte an den Ufern der Sakmara und Dioma sehr häufig Veranlassung zur Entdeckung der jetzt bearbeiteten Gruben gegeben haben. Spuren eines solchen früher betriebenen Bergbaus hat man auch auf der Ostseite des Urals selbst bis zur Breite von Gumeschewsk, ja im ganzen Altai und in der Steppe der Kirgisen gefunden, aber es ist noch ganz unausgemacht, welches Volk es gewesen ist, das diesen ausgedehnten Bergbau getrieben hat. In Russland schreibt man ihn den Tschuden zu, und nennt daher diese alten Arbeiten, Tschudische Arbeiten.

Von Werchne-Mulinsk an setzten wir nun gemeinschaftlich mit dem Grafen Polier die weitere Reise fort. Wir verliessen diesen Ort am Morgen des 13ten Juni, und kamen bei der Nähe von Perm sehr bald in dieser Stadt an, die unmittelbar an dem linken Ufer der Kama liegt. Perm ist erst in der neuern Zeit zur Gouvernements-Stadt erhoben, denn bis zum Jahre 1780 war sie nur noch ein unbedeutender Flecken (Slobode), doch ist sie jetzt schon von ziemlichem Umfang, wie sie denn auch einen grossen Verkehr treibt, da alle die Kama herabkommenden Schiffe bei ihr anlegen müssen. Sie hat gerade und breite Strassen, einen grossen Markt und mehrere Kirchen, und ist rund herum mit einer schönen Allee von Birken umgeben. Ihre Häuser sind meistentheils von Holz, doch finden sich darunter auch mehrere steinerne Gebäude, und namentlich sind von der Art alle Kronsgebäude. Zu der Zeit unserer Reise war sie noch der Sitz der obersten Behörde für die Bergverwaltung des Urals, der aber jetzt nach Katharinenburg verlegt ist.

Wir hielten uns in Perm nur so lange auf, als nöthig war, damit Herr von Humboldt einige nothwendige Besuche machen konnte, während Herr Ehrenberg und ich einen gleich hinter der Stadt sich erhebenden Berg bestiegen, der aus einem grauen Sandstein bestand, sehr wahrscheinlich noch zur Formation des Kupfersandsteins gehörte, sonst aber nichts Merkwürdiges darbot. Gleich darauf reisten wir ab.

Unser nächstes Ziel war nun die Stadt Katharinenburg, welche 360 Werste von Perm entfernt und schon auf dem Ostabhang des Urals gelegen ist, dem wir nun ohne Aufenthalt und nicht ohne Erwartung entgegeneilten. Der Weg, welcher von Kasan aus bis Perm eine ganz nordöstliche Richtung genommen hatte, wendet sich nun wieder nach Südosten bis nach Atschitskaja, von wo aus er erst eine gerade östliche Richtung annimmt. Führte die Strasse nicht über die Stadt Perm, die mehr als einen Breitegrad nördlicher als Katharinenburg liegt, so könnte der Weg von Kasan nach diesem Theil des Urals bedeutend abgekürzt werden. Die Strasse ist aber vortrefflich (sie ist noch mit demselben groben Kies überschüttet wie früher) und die Gegend sehr angenehm. Der Weg führt anfangs über mehrere Bergrücken fort, die von derselben Beschaffenheit waren, wie der, den wir bei Perm bestiegen hatten. Wald und Wiesen wechselten dabei an den Seiten, und gewährten immer neue Ansichten. Mehrmals eröffnete sich noch von den Höhen aus durch die Waldung auf einen Augenblick eine freie Aussicht auf Perm, das mit seinen Thürmen den Horizont begränzte. Der Wald bestand aus Weiss- und Rothtannen (*Pinus picea* und *abies*), von denen die erstern schon von fern durch ihr dunkles Laub und ihre spitzere pyramidalische Gestalt von den letztern zu unterscheiden waren; seltener fanden sich hier Lerchen, aber zwischen allen diesen, Birken und Pappeln (Schwarz-, Weiss- und Zitterpappeln, besonders die letztern), welches bunte

Gemisch von Laub- und Nadelholz wir auch so häufig an dem Ural fanden, und das den Wäldern dieses Gebirges den so eigenthümlichen Reiz und das schöne parkähnliche Ansehen giebt. Diese Beschaffenheit behielt der Weg doch nur die ersten Stationen von Perm; auf der dritten wird er ebener, der Wald hört mehr und mehr auf und macht bebauten Ackerfeldern Platz. Auch der Sandstein hört auf, und wird von einem dichten Kalkstein bedeckt, der dem Jurakalke gleicht und in horizontalen Lagen geschichtet ist. Hinter Janütschi, der zweiten Station von Perm, zieht sich links zur Seite des Weges ein langer Bergrücken hin, der aus diesem Kalkstein besteht, welcher von einem weissen, theils dichten, theils faserigen Gypse bedeckt wird. Versteinerungen habe ich in dem Kalkstein nicht wahrgenommen.

Nachmittags waren wir in der Kreisstadt Kungur, die am Abhange eines Bergrückens an dem Einflusse des Iren in die Sülwa, ein Nebenfluss der Tschussowaja, recht anmuthig daliegt. Die Stadt ist durch die in der Nähe im Gyps befindliche Höhle bekannt, die wir, da sie nur 4 Werste von der Stadt entfernt ist, auch nicht unbesucht lassen wollten. Der Weg geht in der Ebene zum Theil durch einen Fichtenwald fort, der auffallend an die vaterländischen Gegenden erinnerte. Die Höhle liegt nordöstlich von der Stadt an einem Bergabhange, unmittelbar an dem jenseitigen rechten Ufer des Iren. Ganz in der Nähe befindet sich ein Dorf, bei welchem wir uns übersetzen liessen. Da es aber nicht möglich gewesen war, in demselben einen Führer zum Besuchen der Höhle zu finden, so mussten wir uns mit dem Aeussern begnügen, das weiter keine Merkwürdigkeit darbot. Der Abhang des Berges besteht aus einem Gyps, der grosse Lagen von Kalkstein eingeschlossen hat, und in diesem befindet sich 18 Faden über dem Wasserspiegel der Eingang zur Höhle, der nur eng und klein ist. Nach

Erdmann [1]), welcher die Höhle besucht hat, besteht sie aus mehreren Grotten von verschiedener Grösse, die oft nur durch enge Gänge mit einander verbunden sind. Er gelangte bis zu einer Entfernung von 625 Faden vom Eingang, wo er durch einen See am weitern Vordringen gehindert wurde, führt aber an, dass man bei trockner Witterung noch 120 Faden weiter bis zu einem zweiten See gelangen könne.

Wir kehrten wieder nach Kungur zurück, und rückten nun in der bald einbrechenden Nacht auf unserm Wege schnell vorwärts. Den folgenden Morgen, am 14ten Juni, waren wir in Atschitskaja, wo wir nach der Eröffnung der Wagen, die wir in der sehr kalten Nacht geschlossen hatten, eine lange, wenig hohe Bergkette vor uns sahen, die in fast gerader Linie mit wenigen Krümmungen im Norden und Süden den östlichen Horizont begränzte. Es waren die Vorberge des Ural. Hinter dem 22½ Werste von Atschitskaja entfernten Dorfe Bisserskaja erreichten wir diese Gebirgskette selbst. Sie besteht aus einem rauchgrauen mergelichten Sandstein, der gewöhnlich feinkörnig ist, und kleine Körner von Quarz und schwarzem Kieselschiefer enthält, mit Säuren aber stark braust, und sowohl beim Digeriren mit Chlorwasserstoffsäure, als auch schon beim Zerschlagen einen starken, bituminösen Geruch entwickelt. Stellenweise erscheint dieser Sandstein als ein grobes Conglomerat, und enthält dann eckige Stücke eines feinen braunen Mergels, grosse abgerundete Geschiebe von demselben feinkörnigen Sandstein, ferner grosse Geschiebe eines dichten grauen Kalksteins mit kleinen runden, vollkommen spaltbaren Stellen, welche Enkrinitenstiele sind, und endlich Geschiebe eines porphyrartigen Sandsteins. Diese grossen Geschiebe werden durch ein feinkörnigeres Gemenge verbunden, in welchem wir auch Spuren von Versteine-

[1]) Beiträge zur Kenntniss des Innern von Russland, Th. 2, S. 147.

rungen sahen, ohne davon deutliche, bestimmbare Exemplare auffinden zu können. Was wir fanden waren nur kleine dünne Röhren, zuweilen netzförmig verbunden, und also vielleicht Bruchstücke von Korallen.

Dieser Sandstein, der nach seinen Gemengtheilen zu urtheilen also wohl sehr neuen Ursprungs ist, hat eine grosse Ausdehnung, und setzt ohne Abwechselung die drei folgenden Stationen fort, Klenowskaja (23½ Werste), Kirgischanskaja (31 Werste), Grobowskoje (25 Werste). Er bildet hinter einander fortlaufende Züge, die alle von N. nach S. streichen, auf der westlichen Seite meistens prall ansteigen, auf der östlichen allmähliger abfallen, und sich zu einer Höhe erheben, die der des eigentlichen Urals auf der Sibirischen Hauptstrasse nur sehr wenig nachsteht. Ein Bergrükken, 8 Werste hinter Bisserskaja, Mayaskaja Gora genannnt, hatte eine Höhe von 973 Fuss, 297 über Bisserskaja (vergl. das Profil), ein anderer 7½ Werste diesseits Klenowskaja, nach diesem Dorfe auch der Klenowskische Berg (Klenowskaja Gora) genannt, 1094 Fuss. Die grösste Ausdehnung sowohl an Höhe als auch an Breite hatte aber ein andrer mächtiger Rücken, Beresowaja Gora genannt, zwischen Kirgischansk und Klenowskaja, welcher eine Höhe von 1168 Fuss erreichte [1]). Sie sind alle in mehr oder weniger mächtige Bänke geschichtet, die wie die Züge selbst in der zwölften Stunde streichen, und ziemlich steil nach Osten fallen.

Die verschiedenen Bergrücken sind mit der schönsten Waldung bedeckt, die aus denselben Bäumen besteht wie bei Perm, hier aber mit freien Plätzen voll des üppigsten Krautwuchses abwechselte, der so dicht und hoch ist, dass er da, wo er einmal Ueberhand genommen hat, gar keine Bäume und Sträucher aufkom-

---

[1]) Auf ihm fanden wir auch das vorher erwähnte grobe Conglomerat mit den Spuren von Versteinerungen.

men lässt. Hier fanden wir neben *Trollius europaeus* und *Dracocephalum nutans* den schönen *Orobus lathyroides* in voller Blüthe, und *Lilium Martagon* mit schwellenden Knospen. Unter der Waldung waren grosse Strecken von den Blüthen verschiedener Cypripedien auf das prachtvollste verziert. Die grossen glockenartigen Blumen des *Cypripedium Calceolus*, *guttatum* und *Macranthus* bildeten oft einen abwechselnd gelben, blauen und rothen Teppich von der überraschendsten Schönheit. Welch ein schneller Wechsel vom Winter zum Sommer! Die Newa hatten wir noch im Eisgange verlassen, und am Ural finden wir drei Wochen später schon alle Kräuter in der vollsten Blüthe. Das Wetter des heutigen Tages war das heiterste von der Welt; auf die kalte Nacht war ein sonnenklarer warmer Tag gefolgt, und erhöhte noch den Eindruck, den dieser erste Eintritt in den Ural auf uns machte. Es war Sonntag; in Klenowskaja wurde das Pfingstfest gefeiert; alle Welt war vor den Thüren und freute sich des Festes und des Tages.

Grobowskoje, die dritte Station von Bisserskaja erreichten wir erst mitten in der Nacht. Hier ändert sich nach Hermann [1]) das Gestein; es findet sich ein Kalkstein ein, den wir zwar selbst in der Nacht an Ort und Stelle nicht gesehen haben, der aber nach der Beschreibung von Hermann und nach den Stücken zu urtheilen, die sich von dieser Stelle in der Hermannschen Gebirgsarten-Sammlung finden, zum Uebergangskalk gehört. Er ist nach diesen Stücken von grauer Farbe, dichtem Bruche und enthält Versteinerungen von Productus.

Bei anbrechendem Morgen setzten wir über die Tschussowaja [2]), und erreichten bald darauf die nur

---

[1]) Mineralogische Reise in Sibirien vom Jahr 1783-1796. Petersburg, 1797. Th. I, S. 51.

[2]) Die Tschussowaja ist ein für diesen Theil des Urals sehr wichtiger Fluss, da er sehr bald nach seinem Ursprunge, wenigstens im

einige Werste davon gelegene Station, das Hüttenwerk Bilimbajewsk (Bilimbajewskoi Sawod), 23 Werste von Grobowsk. Das Hüttenwerk ist eine Eisenhütte, die der Gräfin Stroganoff gehört. Es war die erste, welche wir auf unserm Wege trafen, wir wollten daher um so weniger bei ihr vorübereilen, und warteten deshalb in unseren Wagen den völligen Anbruch des Tages ab.

Die Eisenhütte liegt an einem kleinen Bache, der Bilimbajewka, die sich in die Tschussowaja ergiesst, und hier durch einen Damm zu einem Sparteich aufgestaut ist, um für die Gebläse der Oefen stets hinreichende Aufschlagewasser zu liefern. Dergleichen Sparteiche sahen wir später bei allen Eisenhütten des Urals, überall sucht man sich durch Aufstauung von kleinen Bächen, an welchen man die Hütten angelegt hat, die zum Betriebe nöthigen Wasser zu verschaffen, und erlangt dadurch den Vortheil, dieselben auch im Winter gewöhnlich in hinreichender Menge zu haben, weil unter der sich bildenden Eisdecke das Wasser fortfliesst, was bei der Leitung in einem Gefluder nicht der Fall wäre. Man verbraucht dadurch freilich oft einen bedeutenden Raum, wenn, wie diess hier der Fall ist, die Ufer des Baches, den man aufgestaut hat, flach sind, und also auch einen grossen Damm erfordern; aber in Russland hat man nicht nöthig den Raum zu sparen; es giebt dessen überall genug, der noch nicht benutzt wird; daher auch jene Einrichtung für diese Gegenden gewiss sehr zweckmässig ist.

Frühjahr bei schwellendem Wasser schiffbar, zum Transporte der Produkte des Urals vielfältig benutzt wird. Er entspringt etwa 70 Werste südlich von Bilimbajewsk, und fliesst von hier aus ziemlich lange in nördlicher Richtung auf der Westseite des Urals entlang, bis er sich ungefähr in der Breite von Perm nach Westen wendet, und sich 20 Werste nördlich von dieser Stadt in die Kama ergiesst.

In der Hütte befindet sich ein Hohofen und mehrere Frischfeuer. Ersterer ist 16 Arschinen hoch und hat die gewöhnliche Einrichtung, welche wir später fast bei allen Hohöfen fanden. Die äussere Mauer ist viereckig, geht äusserlich steil in die Höhe und gewährt bei ihrer Dicke oben um die Gicht einen grössern Raum, der mit Platten von Gusseisen belegt ist, auf welchem die Erze und die Beschickung in Bereitschaft gehalten werden. Aeusserlich ist dieser Raum mit der Gichtmauer umgeben, über der Gicht selbst aber ist ein trichterförmiger Huth von Eisenblech angebracht, der seine weite Mündung nach unten hat, und $1\frac{1}{2}$ Arschinen von der Gicht absteht. Er dient gleichsam als Schornstein um die Flamme zusammenzuhalten.

Man verschmilzt in diesem Ofen Brauneisenstein, dichten und fasrigen, der an mehreren Orten in der Gegend in Nestern in einem körnigen Kalk brechen soll, dessen man sich auch als Zuschlag zu dem Eisenstein bedient. Wir sahen diesen Kalkstein selbst nicht anstehen, das Gestein auf welchem die Hütte wie auch das anliegende Dorf steht, ist ein Talkschiefer, in welchem der körnige Kalk wahrscheinlich Lagen bildet. Der Talkschiefer ist sehr dünnschiefrig und besteht fast nur aus grünlichgrauem Talk und sehr wenigem Quarz. Kleine Octaëder von Magneteisenerz finden sich in ihm ziemlich häufig eingesprengt, sie sind sehr nett und vollkommen ausgebildet, aber nur sehr klein, und meistentheils nur im Querbruche zu sehen. Weiterhin wird der Talkschiefer dickschiefriger und mehr einem Gneusse ähnlich. Er enthält nun mehr Quarz und ausserdem etwas feinkörnigen Feldspath. Magneteisenerz findet sich auch in ihm eingesprengt, wenngleich in viel geringerer Menge. Sein Streichen ist stets gleich und St. 1, sein Fallen unter sehr steilem Winkel nach Osten.

Sieben Werste von Bilimbajewsk, jenseits eines Bergrückens, der aus dem eben beschriebenen Talkschiefer besteht, kommt man nach einer zweiten Eisenhütte Schaitansk, die dem Kaufmann Jartzoff in Moskau gehört. Sie liegt an einem kleinen Bache, der Schaitanka, die sich, wie die Bilimbajewka, in die rechte Seite der Tschussowaja ergiesst, und ebenfalls bei der Hütte zu einem Sparteiche aufgestaut ist. Man verschmilzt in der Hütte einen ähnlichen Brauneisenstein wie in Bilimbajewsk.

Drei Werste weiter kommt man bei dem Dorfe Taliza über einen dritten kleinen Nebenfluss der Tschussowaja; diess ist aber auch der letzte auf diesem Wege, welcher den Europäischen Gewässern zufliesst. Der Weg erhebt sich nun ganz allmählig noch etwa sechs Werste, bis man auf der Höhe eines breiten Bergrückens angelangt ist, der den Namen Beresowaja Gora führt, wie der, welcher zwischen Klenowskaja und Kirgisschanskaja gelegen ist. Er bildet auf diesem Wege die höchste Erhebung, erreicht jedoch nur die sehr mässige Höhe von 1271 Fuss, die also nur um weniges die des frühern gleichnamigen Berges übertrifft. Nicht weit davon südlich aber liegt in demselben Zuge ein anderer Berg, Wolschaja Gora genannt, der den Pass auf der Strasse nach Katharinenburg noch an 1000 Fuss übertreffen soll. Von der Beresowaja Gora senkt sich der Weg wieder eben so allmählig als er anstieg, und 15 Werste von Schaitansk kommt man bei dem Dorfe Nowaja Alexejewskaja über einen kleinen Fluss, die Malaja (kleine) Räscheta, die sich in den Isset ergiesst, sich durch diesen mit dem Tobol, Irtysch und Ob vereinigt, und also schon zu den Asiatischen Flüssen gehört. Sie hat bei dem Dorfe eine südliche Richtung, krümmt sich aber bald nach Osten und nimmt dann eine nordöstliche Richtung an, so dass bei dem Dorfe Räschety, der letzten Station vor Katharinenburg, 23 Werste von dieser Stadt, sowie 31 Werste von Bilimbajewsk entfernt, der Weg zum zweiten Male über sie führt.

Die Berosowaja Gora liegt also in dem Kamm des Gebirges, welcher auch hier zugleich die Wasserscheide bildet. Diess ist jedoch nur auf dieser Strasse der Fall, denn wenige Werste südlich von der Wolschaja Gora wird er durch die Tschussowaja durchbrochen, die östlich von demselben entspringt, und auch auf seiner Ostseite so weit entlang fliesst, dass sie sich der kleinen Räscheta bis auf eine Entfernung von 4 Wersten nähert, dann aber ihren Lauf verändert, in nordwestlicher Richtung durch den Kamm des Gebirges dringt, und erst jenseits Bilimbajewsk in der ursprünglichen, nördlichen Richtung fortsetzt. Ich werde später noch auf die wahrscheinliche Ursache dieser veränderten Richtung zurückkommen; ein bedeutender Gebirgszug aber, der die Tschussowaja von der kleinen Räscheta trennte, findet sich so wenig, dass man schon, um die beiden Flüsse zu verbinden, einen Kanal projectirt hat, der von keiner grössern Länge als von 4 Wersten, zu gleicher Zeit das Eismeer und das Kaspische Meer verbinden würde. Ja die Entfernung dieser beiden Wassersysteme ist noch geringer, denn etwas östlich von dem projectirten Kanal liegen noch mehrere kleine Seen, die ihren Ausfluss in die Tschussowaja nehmen, sich also der kleinen Räscheta noch um ein Bedeutendes nähern. Der höchste Höhenzug bewährt sich also hier nicht als vollständiger Wassertheiler, eine Erscheinung, die sich im übrigen Ural noch häufig wiederhohlt.

Das Gestein, woraus der Westabhang der Berosowaja Gora besteht, ist Chloritschiefer, der wie der ihm vorangehende Talkschiefer Octaëder von Magneteisenerz von etwas grösserer Ausdehnung und in bedeutenderer Menge, und ausserdem auch zuweilen Eisenkies in kleinen Krystallen und Körnchen eingesprengt enthält. Man sieht ihn jedoch nur in dem Graben an der Strasse; bedeutende Hervorragungen sind gar nicht wahrzunehmen, und rechts und links ist alles mit Wald bedeckt. Ebenso wenig war auch sein Streichen und Fallen recht zu erkennen, doch ist dasselbe wahrscheinlich von dem des vorhergehenden Talkschiefers nicht verschieden, da beide Gebirgsarten am ganzen Ural sich in dieser Rücksicht gleich verhalten.

Auf der Höhe des Bergrückens steht aber Syenit an, der in mehreren kleinen Steinbrüchen entblösst ist, die man behufs der Gewinnung von Steinen zur Ausbesserung des Weges angelegt hat. Es ist ein körniges Gemenge von graulichschwarzer Hornblende und gelblichweissem Feldspath von mittlerm Korn, in welchem die Hornblende in ziemlich gleicher Menge wie der Feldspath enthalten ist, doch durch ihre schwarze Farbe auch dem ganzen Gestein ein sehr dunkles Ansehen ertheilt. Der Feldspath hat noch das Eigenthümliche, dass er in den einzelnen Körnern selbst wieder feinkörnig ist, und ein ganz sandiges Ansehen hat. Glimmer von tombakbrauner Farbe findet sich hin und wieder dem Gesteine eingemengt. Dieser Syenit setzt nun bei erfolgender beständiger Senkung des Weges bis jenseits Räschety fort, verliert sich aber bald darauf in einer morastigen Niederung, die mit einer Menge Granitblöcke von verschiedener Beschaffenheit bedeckt ist. Anfangs ist das Gestein wohl noch mehr Syenit zu nennen, denn es enthält noch gar keinen Quarz und besteht fast nur in einem etwas kleinkörnigen Gemenge aus weissem Feldspath und schwarzem Glimmer mit weniger schwarzer Hornblende, in welchem ausserdem noch kleine gelbe durchscheinende und starkglänzende Krystalle inliegen, die zu klein waren, um sie bestimmen zu können. Sie haben viel Aehnlichkeit mit Titanit, verhalten sich aber anders vor dem Löthrohr, indem sie mit Phosphorsalz ein klares Glas bilden, das bei grösserem Zusatz weiss und undurchsichtig wird, aber nicht die violette Titanfarbe erhält. Andere darauf folgende Blöcke haben noch fast dasselbe Ansehn; sie enthalten ebenfalls noch die kleinen gelben Krystalle, nur fehlt die Hornblende gänzlich, auch enthalten sie neben dem Feldspath noch etwas weissen Albit in zwillingsartig verwachsenen und eben daran kenntlichen Körnern. Dann erst folgt ein wahrhaft granitisches Gemenge aus vorwaltendem weissen Feldspath, graulichweissem Quarz und schwarzem Glimmer, das anfangs dadurch, dass die Glimmerblättchen eine ziemlich parallele Lage haben, noch ein gneussähnliches Ansehn hat, was aber später fortfällt, so dass das Gestein nicht allein in Rücksicht des Gemenges, sondern auch der Structur ein ächter Granit ist [1]).

Alle diese Gesteinsabänderungen finden sich in Blöcken, die aus der sumpfigen Niederung mehr oder weniger hervorragen, und kommen also nicht anstehend, oder wenigstens nicht deutlich anstehend vor. Erst jenseits dieser Niederung erhebt sich ein Bergrücken, der allmählig ansteigt, ohne doch die Höhe der Beresowaja Gora zu erreichen, und auf dessen Rücken man steile und nackte Felsenparthien hervorragen sieht, die durch ihre Form schon den Granit, aus welchem sie bestehen, erkennen lassen. Durch Klüfte in drei untereinander ungefähr rechtwinkligen Richtungen durchsetzt, schienen sie, je nachdem Kanten und Ecken der abgesonderten Stücke durch Verwitterung weniger oder

---

[1]) In der Nähe von Räschety finden sich Quarzgänge mit Pistazitkrystallen, doch habe ich nicht erfahren, ob in dem Syenite von Räschety, oder in dem darauf folgenden Granite. Die Pistazitkrystalle bilden gleichsam die Saalbänder des Ganges und sind in dem Quarz eingewachsen, haben aber dessen ungeachtet sehr glatte und glänzende Flächen. Sie sind einen Zoll lang und darüber.

mehr abgerundet waren, aus parallelepipedischen Bruchstücken oder wollsackähnlichen Blöcken zusammengesetzt zu sein, und erinnerten im erstern Falle auf das lebhafteste an die Schnarcher und Feuersteinsklippen und andere ähnliche Bildungen des Brockengranits. Der Granit dieser Felsen besteht aus vorwaltendem gelblichweissen Feldspath, graulichweissem Quarz und wenigem tombackbraunen Glimmer, war aber an der Oberfläche so verwittert und mürbe, dass es unmöglich war mit dem Hammer ein frisches Stück abzuschlagen. Auch sind die hervorragenden Felsenparthien ganz mit grobem Grant zerfallenen Granits umgeben, und feinerer Sand bedeckt den ganzen West- und Ostabhang des Berges. Mit diesem Sande hat auch die üppige Vegetation der früheren Waldungen aufgehört; ein einförmiger Fichtenwald ist an ihre Stelle getreten, der auch bis nur wenige Werste vor Katharinenburg anhält. Da tritt man aus dem Walde heraus und übersieht eine weite Ebene, jenseits welcher sich wieder mässige Berge erheben, in deren Mitte ungefähr 740 Fuss über dem Meere, Katharinenburg liegt, das mit seinen vielen weissen Thürmen und grossen steinernen Gebäuden einen überraschenden Anblick gewährt, und für den Hauptsitz des Uralischen Bergbaus gleich ein gutes Vorurtheil erweckt.

Wir waren in Räschety den Nachmittag angelangt; Herr v. Humboldt fuhr von hier an voraus, um nicht zu spät in Katharinenburg einzutreffen. Herr Ehrenberg und ich waren ihm nur langsam gefolgt, um besser den Wechsel des Gesteins auf dem Wege verfolgen zu können. Wir kamen erst am Abend an, und fanden am Eingange der Stadt einen Kosaken, der uns erwartete und in das für uns bestimmte Quartier führte. Es war ganz am entgegengesetzten Ende der Stadt, so dass wir durch einen grossen Theil derselben fuhren, und schon gleich einen Begriff von der grossen Ausdehnung der Stadt erhielten. Aber die Strassen sind breit und gerade, und die hölzernen Häuser meistens einstöckig, und nehmen daher einen grossen Raum ein. Zwischen diesen aber ragen grosse weisse steinerne Häuser hervor, die in der Regel in einem sehr guten Geschmack angelegt, und entweder Kronsgebäude und für die Wohnungen der Bergofficianten bestimmt sind, oder reichern Bewohnern des Orts gehören. Da man Herrn v. Humboldt mit einer grössern Begleitung erwartete, hatte man eine Gegend der Stadt ausgesucht, wo mehrere dieser steinernen Häuser in nicht zu grosser Entfernung bei einander standen, was gerade im Mittelpunkte der Stadt nicht der Fall war. Hr. v. Humboldt hatte eins dieser Häuser für sich, Hrn. Ehrenberg und mich gewählt, ein zweites hatte Herr Menschenin und ein drittes der Graf Polier mit seiner Begleitung bezogen. Das Haus, in welchem wir wohnten, gehörte einem Russischen Kaufmann, der wie alle Russen einen langen blauen Ueberrock mit einem Gurt um den Leib und einen Bart trug; er hatte uns die besten Zimmer im zweiten Stocke eingeräumt, die mit weissem Stuck bekleidet, um das Gesims herum eine schöne Stuckatur von Gyps hatten, und geschmackvoll meublirt waren; hier wohnten wir die ganze Zeit während wir in Katharinenburg blieben, kehrten von mehreren Excursionen wieder dahin zurück, und brachten eine Menge Gegenstände mit, die wir in den Zimmern ausbreiteten. Ungeachtet aller unserer Bemühungen, unserm Wirthe so wenig wie möglich beschwerlich zu sein, verursachten wir ihm doch so manche Unbequemlichkeiten, und er hatte dafür nicht einmal den Ersatz, sich mit uns gut unterhalten zu können, da wir kein russisch sprachen, und die Unterhaltung mit ihm demnach meistens durch unsern Bedienten geschehen musste, der übrigens der russischen Sprache vollkommen mächtig war; dennoch haben wir ihn nie unfreundlich gesehen, stets war er von der äussersten Gefälligkeit und suchte immer unsern Wünschen zuvorzukommen, was ich nicht anders als mit dem grössten Danke erwähnen kann [1]).

[1]) Ich kann bei dieser Gelegenheit eines Ungeziefers nicht unerwähnt lassen, dessen Bekanntschaft wir eigentlich erst hier machten, weil wir bisher noch wenige Nächte in Häusern zugebracht hatten, das wir aber später fast in allen Häusern Sibiriens antrafen. Diess sind die Schaben (*blatta orientalis*) oder Tarakanen, wie man sie in Russland nennt. Obgleich das Haus, worin wir wohnten, gewiss eins der besten in Katharinenburg war, und sonst nirgends die grösste Reinlichkeit vermissen liess, so fanden sie sich doch auch hier in grosser Menge. Sie laufen auf dem Fussboden der Zimmer mit einem schnurrenden Geräusch umher, besonders des Abends, wenn man Licht brennt, und thun einem eigentlich nichts zu Leide, aber es hat doch etwas unheimliches für den, der nicht daran gewöhnt ist, die grossen braunen Thiere so ungenirt herumlaufen zu sehen.

III. Katharinenburg und Excursionen in die Umgebungen der Stadt.

Katharinenburg. — Münzhof. — Chemisches Laboratorium. — Steinschleiferei. — Mineraliensammlungen. — Excursion nach dem Goldseifenwerk Schabrowskoi. — Excursion in die nächsten Umbungen von Katharinenburg. — Excursion nach der Goldgrube Beresowsk. — Excursion nach der Kupfergrube Gumeschewsk.

Katharinenburg.

Katharinenburg (Jekaterinburg) ist der Sitz eines eigenen Bergamtes, welches bei unserm Aufenthalte daselbst noch unter der Finanzkammer in Perm stand, jetzt aber ganz unabhängig davon gemacht ist. Es hat die Direction über die der Krone gehörigen in und um Katharinenbnrg gelegenen Werke, namentlich über den Münzhof, die Steinschleiferei, über das Goldbergwerk von Beresowsk, über die bei Katharinenburg und Beresowsk gelegenen Goldseifen, und über die Eisenhütten Nischne-Issetsk und Kamensk. Der Münzhof und die Steinschleiferei liegen in der Stadt, unmittelbar am Isset, Beresowsk und Nischne-Issetsk in der Nähe derselben, der erstere Ort 15 Werste nordöstlich, der letztere etwa 10 Werste unterhalb oder südlich, Kamensk dagegen schon in grösserer Entfernung, 90 Werste östlich von Katharinenburg, in der Nähe des Isset. An der Spitze des Bergamtes stand der Berghauptmann und Ober-Befehlshaber (Gornoi Natschalnik) Herr Ossipoff.

Ich will zuerst Einiges von den in der Stadt gelegenen Werken anführen, wenngleich wir sie nicht alle in den ersten Tagen unseres Aufenthaltes besuchten, und sodann erst die Excursionen beschreiben, die wir in der Gegend von Katharinenburg gemacht haben.

In dem Münzhofe wird nur Kupfermünze geprägt [1]). Das dazu nöthige Kupfer wird von den der Krone zugehörigen Kupferhütten geliefert, wie von Bogoslowsk am Ural und einigen Hütten bei Perm; ausserdem wird aber hierzu noch der Zehnte von dem ausgebrachten Kupfer der Privatwerke genommen, der von diesen als Abgabe an den Staat entrichtet wird. Bogoslowsk lieferte bisher jährlich 40,000 Pud, die Permschen Hütten 12,000 Pud, der Zehnte von dem Kupfer der Privatwerke beträgt 18,000 Pud, so dass bisher im Ganzen gegen 70,000 Pud Kupfer vermünzt wurden. Die Menge des rohen Kupfers ist indessen in der letzten Zeit bedeutend vermindert worden, und ein bedeutender Theil wird jetzt durch alte Kupfermünze ersetzt, die man umschmelzt, da sie nach einem zu niedrigen Fusse ausgemünzt ist.

Das Kupfer wird von den erwähnten Krons- und Privat-Kupferhütten in Barren geliefert, die 7 Werschock lang, 1 Werschock breit und $\frac{1}{4}$ Werschock dick sind. Es enthält zuweilen etwas Gold und Silber, doch ist die Menge dieser Metalle so gering, dass ihre Abscheidung die Kosten nicht tragen würde, daher auf sie weiter keine Rücksicht genommen wird. Das Kupfer wird nun zuerst zu Zainen ausgestreckt, indem man es mehrere Male durch eiserne Walzen gehen lässt. Die ersten Male wird es dazu rothglühend ge-

---

[1]) Ich entlehne diese Notizen über den Münzhof, wie auch die folgenden über das Goldschmelzen grösstentheils aus einem Aufsatze: „über die metallurgischen Arbeiten bei den Hüttenwerken in Katharinenburg," welchen Herr Berghauptmann Ossipoff Herrn v. Humboldt bei unserer Anwesenheit in dieser Stadt überreicht hat, und habe wegen der darin enthaltenen officiellen Angaben nicht unterlassen wollen, diese Bemerkungen hier im Auszuge mitzutheilen.

macht, das letzte Mal aber erwärmt man es gar nicht, damit man den Zainen die gehörige Dicke zu geben im Stande sei, und bestreicht sie nur, um ihr Durchgehen zu erleichtern mit gereinigtem Theer. Die Zaine werden nun in Scheiben von der bestimmten Grösse ausgeschnitten, die sodann sortirt und, wenn sie unfehlerhaft befunden sind, gerändert werden. Vor dieser Operation aber werden sie von dem Oxyde und dem Theere mit welchem sie bedeckt sind, auf die Weise gereinigt, dass man sie glüht, in kaltem Wasser abschreckt, sie sodann mehrere Stunden in mit Wasser gefüllten eisernen Fässern umgehen lässt, und darauf trocknet. Die Scheiben werden nun wiederum sortirt, gezählt und gewogen. Man schüttet dazu jedesmal 1250 Zweikopekenstücke, von dem Werthe von 25 Rubeln in Säcke, die nun das bestimmte Gewicht haben müssen. Die, welche zu leicht oder zu schwer befunden werden, schüttet man aus, mengt die Kopekenstücke durch einander, zählt sie wieder von neuem ab und füllt sie in die Säcke, wobei es meistens gelingt, die Säcke alle von gleicher, gesetzlicher Schwere zu machen; die doch noch fehlerhaft befundenen werden ausgeschossen. Die gerändelten und polirten Scheiben werden nun geprägt, was durch 32 Schraubenpressen geschieht, die durch drei Wasserräder in Bewegung gesetzt werden. Unter jeder Presse können täglich 25,000 Scheiben ausgeprägt werden. Die Stempel zu dem Prägen des Kupfers werden ebenfalls in dem Münzhofe verfertigt. Sie bestehen aus Schmiedestahl, der an dem Ende mit Cementstahl belegt ist. Wenn in den sechs Monaten, die der Münzhof jährlich arbeitet, alle 32 Pressen im Gange sind, so steigt der Verbrauch der Stempel im Durchschnitt bis auf 6000.

Bei den verschiedenen Arbeiten erhält man eine Menge Abfälle, die ungefähr die Hälfte des in Arbeit genommenen Kupfers betragen. Sie bestehen theils in Abschnitzeln und fehlerhaft befundenen Scheiben, theils in Oxyd, das sich bei dem mehrmaligen Glühen des Kupfers gebildet hat und jedesmal gesammelt wird. Die erstern werden in vier Brillenöfen, die sich in dem Münzhofe befinden, umgeschmolzen und in gusseiserne Formen gegossen; derselben Oefen bedient man sich auch zum Umschmelzen des alten Kupfergeldes. Das Oxyd wird dagegen in halben Hohöfen, von denen sich in dem Münzhofe drei finden, wieder zu Gute gemacht, indem jedesmal 15 Pud desselben mit 1 Pud Flusssand wohl gemengt, schichtenweise mit Kohlen in den Schacht des Ofens eingetragen werden. In 24 Stunden werden 17 Gichten durchgeschmolzen und 190 Pud erhalten. Die Schlacke, welche indessen bei dem Oxyd- wie bei dem Kupferschmelzen fällt, enthält noch viel metallisches Kupfer eingesprengt, welches durch Pochen und Waschen der Schlacke grösstentheils aus ihr erhalten wird. Die Brillenöfen und die halben Hohöfen erhalten ihren Wind durch ein Cylindergebläse mit eisernen Cylindern, das wie alle Maschinen im Münzhofe durch Wasserkraft in Bewegung gesetzt wird. Der ganze Verlust an Kupfer, den man beim Vermünzen des Stückkupfers erleidet, beträgt 71 Solotnik auf jedes Pud, oder 1,19 Proc.

Das Pud vermünzten Kupfers hat bei dem jetzigen Münzfusse nach Erdmann [1]) einen Werth von 24 Rubeln. Seit der Anlage des Münzhofes hat sich dieser schon mehrfach vermindert, denn vom Jahre 1735 bis zum Jahre 1751 galt er 10 Rubel, in den Jahren 1755 und 56 gar nur 8 Rubel, und vom Jahre 1757 bis zum Jahre 1809, 16 Rubel. Da aber nach Erdmann im Jahre 1816 das Pud Stückkupfer 40 Rubel kostete, und sich dieser Preis bis jetzt wohl nicht bedeutend verändert hat, so ist auch jetzt noch die Kupfermünze nach einem zu niedrigen Fusse ausgeprägt.

---

[1]) Siehe Beiträge zur Kenntniss des Innern von Russland, Th. 2, Abth. 2, S. 113.

In dem Münzhofe befindet sich ferner noch das Laboratorium, in welchem das Gold geschmolzen wird. Das sämmtliche Gold nämlich, welches am Ural gewonnen wird, sei es auf Krons- oder Privatwerken, muss an das Bergamt in Katharinenburg abgeliefert werden, wo es dann in dem Laboratorium des Münzhofes geschmolzen, probirt und sodann an das Berg- und Salzdepartement von Petersburg abgeschickt wird. Diess geschieht jährlich zweimal, im Winter und im Sommer, gewöhnlich im Februar und im Juli, daher auch alle Krons- und Privatbergämter, in deren Bezirken Gold gewonnen wird, dasselbe in diesen Monaten an das hiesige Bergamt abzuliefern haben. Die Schmelzung des Goldes eines jeden Werkes geschieht aber für sich allein, so dass kein Werk mit dem andern in Collision kommen kann. Ebenso wird auch das Waschgold und Grubengold nicht bloss für sich allein, sondern auch auf eine verschiedene Weise behandelt, da ersteres reiner ist, letzteres aber, welches grösstentheils in Quarz bricht, und deshalb gepocht und gewaschen werden muss, viel Eisen beigemengt enthält, welches sich beim Pochen von den Pochstempeln abreibt.

Das Waschgold wird ohne weitern Zusatz für sich allein in Graphittiegeln geschmolzen, die nach der Menge des Goldes, welches man zu schmelzen beabsichtigt, verschieden gross sind, und 10-90 Pfund fassen können. Ein jeder solcher Tiegel wird auf den eisernen Rost eines Windofens gestellt, deren jetzt vier in dem Laboratorium erbaut sind. Unmittelbar unter den Tiegel setzt man noch eine Schüssel von Gusseisen, welche mit Knochenasche ausgefüttert ist, damit das Gold, im Fall der Tiegel springen sollte, sich in der Schüssel sammeln könne. Der Tiegel wird mit einem passenden Deckel bedeckt, und mit Kohlen umgeben, die angezündet werden. Wenn der Tiegel glühend geworden ist, so wird das zu schmelzende

Gold hineingelegt, der Deckel aufgesetzt, und der ganze Tiegel mit Kohlen überschüttet. Sobald die Kohlen so weit niedergebrannt sind, dass der Deckel des Tiegels frei von Kohlen ist, wird dieser aufgehoben, das schon ziemlich geschmolzene Gold mit einem Stabe von trocknem Birkenholz umgerührt, der Deckel sodann wieder aufgesetzt und von neuem mit Kohlen überschüttet. Sind die Kohlen zum zweiten Male niedergebrannt, so wird das Gold, welches nun schon ganz in Fluss gekommen ist, zum zweiten Male umgerührt, der Tiegel wiederum mit Kohlen überschüttet, und wenn auch diese niedergebrannt sind, der Tiegel mit einer grossen eisernen Zange aus dem Ofen gehoben, und das Gold in einen Giesspuckel, welcher vorher erwärmt und mit etwas Wachs ausgestrichen ist, ausgegossen. Der Giesspuckel hat die Form eines Parallelepipedums, ist aber unten etwas enger als oben, damit der Goldbarren nach dem Erstarren leicht herausgebracht werden könne.

Beim Ausgiessen des Goldes hält man durch eine Schaufel die Krätze oder die Unreinigkeiten zurück, welche auf der Oberfläche des geschmolzenen Goldes schwimmen. Sie bestehen meistentheils aus etwas Sand und Thon, welche beim Waschen noch bei dem Golde zurückgeblieben sind, und sich nun mit etwas Eisenoxyd und Kupferoxyd zu einer halb verschlackten Masse verbunden haben. Diese Krätze enthält aber ausserdem noch eine bedeutende Menge Gold, zuweilen auch ziemlich viel Platin [1]) beigemengt. Sie wird deshalb nach dem Ausgiessen des Goldes aus dem Tiegel gekratzt, und so lange aufbewahrt, bis die ganze Parthie Gold, welche ein und dasselbe Werk geliefert

[1]) Unter diesem Platin ist wohl nur das *Osmium-Iridium* zu verstehen, welches in dem Uralischen Goldsande häufig vorkommt, da das Platin, welches sich ebenfalls darin findet, beim Schmelzen des Goldes mit demselben zusammenschmilzt.

hat, geschmolzen ist, worauf die Krätze dieser ganzen Parthie Gold zu Gute gemacht wird.

Sobald das Gold in dem Giesspuckel fest geworden ist, wird es noch vor dem Erkalten aus demselben herausgestürzt. Die erhaltenen Goldbarren werden darauf in kaltes Wasser gelegt, mit einer Kratzbürste von Messingdraht gebürstet und abgekratzt, und sodann gefärbt. Zu dem Ende werden sie mit einem Pulver bestreut, welches aus zwei Theilen Kochsalz, einem Theile Salpeter und einem Theile Alaun besteht, und sich der noch nassen Oberfläche anhängt; mit diesem werden sie auf einen Heerd gelegt, mit glühenden Kohlen bedeckt, und bis zum Rothglühen erhitzt, und darauf in Wasser abgelöscht, worin Alaun und Weinstein zu gleichen Theilen aufgelöst sind. Durch diese Operation erhält das Gold, welches vorher blass messinggelb war, eine schöne gelbe Farbe. Nach dem Färben wird es wieder mit Bürsten aus Kupferdraht in kaltem Wasser gebürstet, mit einem Handtuche abgetrocknet, und gegen ein Kohlenfeuer zum völligen Trocknen gelegt.

Nach dem Trocknen wird jeder Goldbarren gewogen, gestempelt und probirt. An jedem Ende und in der Mitte werden an 4 Stellen des Umfangs, im Ganzen also an 12 Stellen mit einem Bohrer einige Bohrspäne ausgebohrt; die Bohrspäne werden zusammengemengt, und davon Gold zu vier Proben abgewogen. Zwei davon werden mit Blei unter der Muffel abgetrieben, um den Gehalt an unedlen Metallen zu erfahren, die beiden andern werden mit der dreifachen Menge Silber zusammengeschmolzen und mit reiner Salpetersäure digerirt, um den Goldgehalt, und weil der Gehalt an unedlen Metallen schon bekannt ist, durch Rechnung auch den Silbergehalt zu erfahren [1]).

---

[1]) Da in Verbindung mit Silber das Platin in Salpetersäure auflöslich ist, so wird dieses Metall durch die kleine Probe nicht auf-

Wenn die doppelt gemachten Proben mit einander stimmen, so hält man sie für richtig, im Gegentheil werden sie wiederhohlt.

Die Krätze, welche bei dem Ausgiessen des geschmolzenen Goldes theils im Tiegel zurückbleibt, theils mit der hölzernen Schaufel darin zurückgehalten wird, und noch eine ansehnliche Menge Gold und Platin [1]) enthält, wird in einem Mörser gestossen und sodann gewaschen, wodurch diese Substanzen ziemlich vollständig erhalten werden. Sie werden darauf in einem Tiegel mit zwei Theilen Blei zusammengeschmolzen. Das Platin [2]) vereinigt sich hierbei nicht mit dem Blei, sondern senkt sich vermöge seines grössern specifischen Gewichtes in der Mischung aus Gold und Blei zu Boden, die daher, wenn sie einige Zeit ruhig im geschmolzenen Zustand erhalten ist, von dem Platin, das sich am Boden des Tiegels gesammelt hat, abgegossen werden kann. Das güldische Blei wird in einen Giesspuckel gegossen, das rückständige Platin [3]) aber aus dem Tiegel ausgekratzt, in einem Mörser gestossen, darauf zuerst mit reiner Salpetersäure übergossen, um das anhängende Blei abzuscheiden, und sodann mit Königswasser digerirt, das von solcher Schwäche genommen wird, dass es das Gold, nicht aber das Platin [4]) angreift. Dieses wird sodann abgewaschen und das Gold aus seiner Auflösung mit Eisenvitriol gefällt. — Das güldische Blei, welches von dem Platin [5])

---

gefunden, und was hierbei für Silber genommen wird, ist die Menge von Silber und Platin zusammengenommen.

[1]) d. h. ein Gemenge von legirtem Golde und *Osmium-Iridium*.

[2]) Hierunter ist ebenfalls das *Osmium-Iridium* zu verstehen, da sich das Platin sehr leicht sowohl mit Gold als auch mit Blei zusammenschmelzen lässt.

[3]) d. h. das *Osmium-Iridium*.

[4]) d. h. wiederum das *Osmium-Iridium*; da dieses aber in Königswasser ganz unauflöslich ist, so könnte ebenso gut stärkeres Königswasser genommen werden.

[5]) d. i. *Osmium-Iridium*.

abgegossen ist, wird nach dem Erkalten in kleine Stücke zerschlagen und zum Abtreiben des Bleies auf einen Treibheerd gebracht. Der erhaltene Blick wird in kaltes Wasser geworfen, mit Drahtbürsten gereinigt, darauf aber noch einmal im Tiegel umgeschmolzen, in Barren gegossen und wie das erste Gold behandelt.

Das Grubengold, welches unreiner ist als das Waschgold, und namentlich, wie oben angegeben ist, viel Eisen beigemengt enthält, wird deshalb vor dem Schmelzen auf dem Treibheerde gereinigt. Der Heerd dieses Treibheerdes wird zu dem Ende mit einer Mischung ausgebrannter Knochen und ausgelaugter und feingesiebter Asche vollgestampft. Nachdem er vollkommen getrocknet ist, wird ein Pud Blei aufgesetzt, und wenn dieses geschmolzen ist, das Gold mit eisernen Löffeln eingetragen. Jeder Löffel voll Gold wird auf das Blei so gut wie möglich vertheilt, und nicht eher neues Gold eingetragen, als bis das erste sich in dem Bleie ganz aufgelöst hat. Man fährt damit fort, so lange als das Blei noch im Stande ist Gold aufzulösen; sollte man zuletzt finden, dass man zu viel Gold eingetragen hat, so setzt man noch etwas Blei hinzu. Nachdem alles Gold eingetragen und geschmolzen ist, wird geblasen und eine starke Hitze gegeben, um den Blick so rein wie möglich zu bekommen. Nach dem Blicken wird der Blick mit Wasser abgespült, herausgenommen, gereinigt, in kleine Stücke zerschlagen, darauf im Tiegel geschmolzen, und sodann wie das übrige geschmolzene Gold behandelt.

Die Menge des Goldes, welches man bei dieser Operation zum Blei hinzuzusetzen hat, ist nicht jedesmal dieselbe, sondern nach der grössern oder geringern Menge von Unreinigkeiten, welche sich bei dem Golde befinden, verschieden. Im Durchschnitt kann man aber annehmen, dass auf etwa drei Theile Gold ein Theil Blei erforderlich ist, oft aber können auch vier Theile Gold durch einen Theil Blei gereinigt werden. —

In der Steinschleiferei, welche ganz in der Nähe des Münzhofes liegt, werden nicht allein Gebirgsarten und Mineralmassen zu grössern Gegenständen, wie Säulen, Vasen und dergleichen, sondern auch Edelsteine zu Ringsteinen, Petschaften und andern kleinen Gegenständen verschliffen.

Zu den Edelsteinen, welche hier verschliffen werden, gehören der Topas von Mursinsk und Miask am Ural, der Beryll von Mursinsk und vom Adontschalon bei Nertschinsk, der Amethyst und der Bergkrystall von Mursinsk. Der Topas von Mursinsk unterscheidet sich von dem von Miask durch seine Farbe, indem der erstere in der Regel bläulichweiss, der letztere dagegen wasserhell ist; der Beryll von Mursinsk ist weingelb, der von Nertschinsk dagegen häufiger von der Aquamarinfarbe. Der Amethyst von Mursinsk ist zuweilen sehr dunkel violblau, so dass er dem Zeilonischen hierin nicht nachsteht, häufiger jedoch ist er blass violblau, oder gefleckt und gestreift und stellenweise violblau, stellenweise wasserhell. Der Bergkrystall von Mursinsk ist theils wasserhell, theils nelkenbraun und sogenannter Rauchtopas. Von allen diesen Edelsteinen werden geschliffene Proben in einer besondern Sammlung aufbewahrt, die in der Schleiferei aufgestellt und sehr lehrreich ist.

Zu den hier verarbeiteten Gebirgsarten und Mineralien gehören mehrere Arten Jaspis, Aventurin, Porphyr, Diorit, ferner Rhodonit und Malachit. Von dem Jaspis wird zu den grössten Gegenständen eine grüne Abänderung verarbeitet, die im südlichen Ural bei Orsk in grossen Lagern vorkommt, und daher auch in Stücken von beträchtlicher Grösse zu erhalten ist. Der bekannte, schon oben erwähnte schöne Bandjaspis, in welchem scharf an einander abschneidende Lagen von blutrother und von lauchgrüner Farbe mit einander wechseln, soll sich in der Nähe von Werch-Uralsk nur in kleinern losen Blöcken finden, deren ursprüngliche Lagerstelle noch nicht bekannt ist und kann daher nur zu kleinern Vasen verarbeitet werden; grössese werden mit ihm nur furnirt. Ebenso habe ich auch eine andere schöne Abänderung des südlichen Urals, die roth und weiss gefleckt ist, nur in kleineren Stücken verarbeitet gesehen. Der Aventurin kommt an mehreren Orten im Ural vor, wie am Taganai bei Slatoust, und zu Kossulina, 28 Werste von Katharinenburg; letzterer übertrifft in Rücksicht der Farbe und des Schillerns den erstern, ist aber mehr wie dieser von Klüften durchzogen und daher nicht in so grossen Blöcken zu haben. Dasselbe findet mit dem Rhodonite statt, der in der Nähe von Katharinenburg in einem grossen Lager vorkommt, aber auch wegen der vielen Klüfte, mit welchen er durchsetzt ist, nur zu kleineren Gegenständen verarbeitet werden kann; grössere werden mit ihm wie mit dem Malachite nur furnirt. Beide Mineralmassen sind sonst wegen ihrer schönen Farbe und der guten Politur, die sie annehmen, sehr geschätzt.

Porphyre befanden sich unter den Blöcken, die auf dem Platze vor der Schleiferei lagen und zum Verschleifen bestimmt waren, in vielen Abänderungen, und von mehreren derselben wurden uns auch geschliffene Proben gezeigt. Die meisten dieser Porphyre sind verschiedene, sehr Labrador-reiche Abänderungen von Augitporphyren aus der Gegend des Dorfes Ajatskaja, 76 Werste nördlich von Katharinenburg [1]. Unter diesen befindet sich eine, deren Grundmasse grünlichgrau, feinsplittrig und von grosser Härte ist. Die eingeschlossenen Krystalle bestehen grösstentheils nur aus Labrador, der in breiten sechsseitigen Prismen

[1] Leider haben wir diese Gegend, die für die Kenntniss des Augitporphyrs von grosser Wichtigkeit zu sein scheint, nicht besucht. Ich wurde auf sie erst aufmerksam, nachdem wir schon von unserer Reise in den nördlichen Ural zurückgekehrt waren, wo wir sie leicht hätten besuchen können.

krystallisirt ist, welche auf den Bruchflächen des Gesteins Durchschnitte von 4 bis 5 Linien Länge bilden. Die Krystalle sind wie gewöhnlich Zwillingskrystalle, und zeigen daher auf den deutlichsten Spaltungsflächen die einspringenden Winkel, die parallel der Kante mit der zweiten Spaltungsfläche gehen; sie sind gräulich- und gelblichweiss und undurchsichtig. Ausserdem finden sich in diesem Porphyre noch schwärzlichgrüne Uralitkrystalle [1]), aber nur sparsam und von geringer Grösse, was für die Verarbeitung des Porphyrs ein günstiger Umstand ist, da die Uralite geschliffen keine gute Politur annehmen. Geschliffen sieht die Grundmasse lichte grünlichgrau aus. Der Porphyr hat viel Aehnlichkeit mit dem grünen antiken Porphyr, dem sogenannten *serpentino verde antico*, dem er an Schönheit nicht viel nachsteht.

In einer zweiten Varietät ist die Grundmasse viel grauer und körnig, und die inliegenden Labradorkrystalle sind kleiner und durch Einmengung von Grundmasse schon grünlichweiss gefärbt, wodurch auch die Spaltungsflächen undeutlicher geworden sind; die Uralitkrystalle sind ebenfalls klein, finden sich aber häufiger.

In einer dritten Varietät ist die Grundmasse gräulichweiss, die inliegenden Labradorkrystalle sind von ähnlicher nur noch lichterer Farbe, aber von einer ausserordentlichen Grösse (zuweilen über $1\frac{1}{2}$ Zoll lang) und liegen dabei so gedrängt neben einander, dass sie viel mehr Raum einnehmen als die Grundmasse. Uralit findet sich in dieser Abänderung nicht, dagegen liegen in der Grundmasse sehr häufig kleine grüne Talkblättchen, die meistens nicht regelmässig begränzt und höchstens 1 Linie gross sind, und ausserdem einige 3 bis 4 Linien lange säulenförmige Epidotkrystalle von grünlichbrauner Farbe, welche beide nur sehr unge-

---

[1]) Ueber den Uralit siehe den besondern Artikel am Ende dieses Werkes.

wöhnliche Gemengtheile des Augitporphyrs sind. Wir haben diesen Porphyr nicht geschliffen gesehen; bei den wenig von einander abstechenden Farben der Gemengtheile, nimmt er sich geschliffen vielleicht weniger gut aus, als er in mineralogischer Hinsicht durch die Grösse der eingewachsenen Labradorkrystalle merkwürdig ist, die grösser als in irgend einem mir bekannten Augitporphyre sind.

Ich übergehe andere weniger interessante Abänderungen dieses Augitporphyrs von Ajatskaja und erwähne nur noch, unter den vor der Schleiferei liegenden Blöcken, eines Porphyrs mit grünlichschwarzer, an den Kanten durchscheinender Grundmasse, und sparsam inliegenden kleinen weissen Albitkrystallen aus der Gegend von Pyschminsk bei Beresowsk, der eine sehr gute Politur annimmt, und eines rothen Porphyrs vom See Tolkasch im südlichen Ural, der eine bräunlichrothe Grundmasse und kleine inliegende graulichweisse Feldspathkrystalle hat, doch aber an Schönheit den rothen Porphyren des Altai nachstehen möchte.

Eigentliche Granite kommen am Ural nicht von besonderer Schönheit vor, und werden daher auch nicht in Katharinenburg verarbeitet, es sei denn, man rechne dazu den sogenannten Schriftgranit, der indessen doch in nichts anderem als in grossen Feldspathkrystallen besteht, die mit Quarz durchwachsen sind, nnd auf den ich später noch zurückkommen werde. Dagegen ist hier noch eine bemerkenswerthe Gebirgsart zu erwähnen, die freilich gewöhnlich den Namen Granit führt, indessen ein Diorit ist. Sie findet sich, wie Hermann[1]) angiebt, an dem Flusse Resch, 4 Werste von dem Dorfe Reschewsk, und besteht aus gelblich- bis graulichweissem Albit und schwärzlichgrüner Hornblende. Der erstere Gemengtheil ist vorwaltend und

---

[1]) Versuch einer mineralogischen Beschreibung des Uralischen Erzgebirges, Th. II, S. 265.

stellt gleichsam eine kleinkörnige Grundmasse dar, in deren einzelnen Körnern die Spaltungsflächen und die einspringenden Winkel, die durch die regelmässige Verwachsung entstehen, in welcher der Albit gewöhnlich vorkommt, sich meistens deutlich erkennen lassen. In dieser Grundmasse ist die Hornblende in kleinen Parthien vertheilt, die wie kleine grüne Flecke auf dem weissen Albitgrunde erscheinen, aber mit der Lupe betrachtet, aus kleinen haarförmigen excentrisch zusammengehäuften Krystallen bestehen. Dieser Diorit hat daher in der Art, wie die Hornblende in ihm vorkommt, eine grosse Aehnlichkeit mit dem sogenannten Tigererz von Schemnitz, nur dass bei diesem sich die Hornblende in grössern kugelartigen Zusammenhäufungen findet, die dagegen sparsamer in der Albitmasse liegen.

Dieser Diorit kommt nun mit Gängen von einem Quarze durchsetzt vor, der, was gewiss bei derbem Gangquarze nur sehr selten statt findet, wasserhell und so durchsichtig wie Bergkrystall ist. Der Quarz hat im Bruche ein feinsplittriges, etwas sandiges Ansehen, und ist fest mit dem Diorite verwachsen, mit welchem er eine unebene Gränze bildet. Die Gänge sind nach den Stücken, die ich davon kenne, einen halben bis drei Zoll mächtig; aber dergleichen mit diesem durchsichtigen Quarze durchsetzte Stücke sind es besonders, die verarbeitet werden und die, da auch der Diorit eine gute Politur annimmt, sich geschliffen sehr gut ausnehmen. Sie haben den besondern Namen Allianzstein erhalten, unter welchem sie am meisten bekannt sind. Der Diorit ist indessen sehr klüftig, so dass er nicht in grossen Stücken erhalten werden kann, und Hermann führt an, dass eine Vase von 10 Zoll Höhe, die zur Hälfte aus der Gebirgsart und zur Hälfte aus jenem Quarz bestehe, schon etwas sehr seltenes sei.

Ausser den Fabrikaten, die man aus den beschriebenen Gebirgsarten in der Steinschleiferei darstellt, werden auch hier noch Gemmen aus den Onyxen und Chalcedonen von Nertschinsk, grösstentheils nach antiken Mustern geschnitten. Die Arbeiten, die in dieser Rücksicht geliefert werden, haben zum Theil einen grossen Kunstwerth, was um so mehr zu bewundern ist, da sie nur von den geschickteren unter den gewöhnlichen Arbeitern, also doch immer von Männern ohne weitere Bildung ausgeführt werden; ein Umstand, der nur durch die den Russen eigenthümliche Anstelligkeit und Gelehrigkeit erklärt werden kann. Indessen hatte man auch die mechanischen Hülfsmittel zu einer grossen Vollkommenheit gebracht, und besonders interessirte mich die Art wie kleinere Gegenstände mit der mit Schmirgel belegten Kupferscheibe geschliffen werden. Statt dass man diese sonst feststellt und sie nur um ihre Axe bewegt, den zu schleifenden Gegenstand aber derselben nähert, wird hier umgekehrt die Scheibe mit der Hand dem Steine genähert, welcher mit Mastix auf eine feststehende Unterlage befestigt ist. Dabei wird aber die Scheibe stets in drehender Bewegung erhalten, welches auf eine sehr sinnreiche Weise durch einen ledernen Riem ohne Ende bewerkstelligt wird, der einerseits durch zwei Löcher in einer Hülse, die die Axe der Scheibe umgiebt, und zugleich über die Welle der Fabrik geführt ist. Indem sich nun durch die Bewegung der Welle der Riem dreht, wird zu gleicher Zeit die Axe der Scheibe durch Reibung an dem Rieme in drehende Bewegung gesetzt und darin erhalten, wenn auch der Arbeiter die Scheibe, die er an der Hülse der Axe hält, hin und her bewegt [1]).

Die Mineraliensammlungen, welche ich in Katharinenburg zu sehen Gelegenheit hatte, sind von

[1]) Eine ausführlichere Beschreibung dieser Einrichtung nebst Zeichnung hat Ad. Erman in seiner Reise Th. I, S. 403 gegeben.

keiner grossen Ausdehnung, aber sie waren für mich von grossem Interesse, weil sie grösstentheils Uralische Mineralien enthielten. Es waren diess die Sammlungen des Herrn Collegien-Assessors Helm, des Herrn Bergmeisters Völkner und des Herrn Solomirski.

Bei der Besichtigung der Mineraliensammlung des Herrn Helm zeigte mir derselbe ein kleines Stück körnigen Chromeisenerzes aus dem Platinseifen von Nischne-Tagilsk, welches Platin eingesprengt enthielt. Es war das erste Stück der Art, welches wir sahen, und erregte daher in hohem Grade unsere Aufmerksamkeit [1]). Da man das Platin auf seiner ursprünglichen Lagerstätte noch gar nicht, oder wenigstens nicht mit Sicherheit aufgefunden hat, so ist jedes Vorkommen des Platins mit andern Mineralien, deren Lagerstätte bekannt ist, natürlich von grosser Wichtigkeit. Als wir später nach Nischne-Tagilsk kamen, sahen wir eine Menge Stücke, bei welchen Platin mit Chromeisenerz verwachsen war, wenngleich keines, bei welchem dieses letztere so die vorherrschende Masse ausmachte, wie bei dem Stücke des Herrn Helm; und bei der Besichtigung der Sandlager fanden wir, dass das Eisenerz, welches in Körnern und Krystallen in dem Platinsande vorkommt, fast nur Chromeisenerz sei, was noch mehr bestätigt, wie eng das Vorkommen des Platins an das des Chromeisenerzes geknüpft ist.

Herr Helm zeigte mir ferner runde Körnchen von Zinnober, die an mehreren Stellen in dem Goldseifen der Gegend von Katharinenburg gefunden waren, was auch ein der Beobachtung sehr werther Umstand ist, da man bis jetzt weder freies noch vererztes Quecksilber auf der ursprünglichen Lagerstätte am Ural gefunden hat, und endlich Krystalle von Eisenglanz aus dem Goldseifen Nagornoi bei Beresowsk, die durch

---

[1]) Herr Helm hatte die Güte das Stück später Herrn v. Humboldt zu verehren.

die Nettigkeit der Form und die Schärfe der Kanten ausgezeichnet sind. Es sind die gleichkantigen Skalenoëder, die an den abwechselnden Endkanten durch die Flächen des Hauptrhomboëders abgestumpft und an den Enden mit der geraden Endfläche begränzt sind, wie sie in Haüy's Mineralogie Taf. 104, Fig. 176 abgebildet sind, nur mit kleinerer gerader Endfläche. Die Krystalle sind etwa 3 bis 4 Linien gross, doch kommen auf derselben Lagerstätte noch grössere vor, wie wir bei Herrn Ossipoff sahen, der auch die Güte hatte, uns einige davon mitzutheilen; doch sind diese nicht so nett und scharfkantig als die kleinern des Herrn Helm.

Die Sammlung des Herrn Bergmeisters Völkner ist noch grösser als die des Herrn Helm. Ich fand darin den Pyrophyllit wieder, den ich so eben in Moskau als etwas Neues kennen gelernt hatte. Herr Hermann hatte bei unserm Aufenthalte in Moskau eben seine Analyse vollendet, und mir das Resultat derselben, dass der Pyrophyllit hauptsächlich ein Thonerde-Silikat, keinesweges aber wie der Talk, mit welchem man ihn bisher verwechselt hatte, ein Talkerde-Silikat sei, mitgetheilt. Ebenso hatte er mich auf seine auffallendste Eigenschaft, bei der Erhitzung mit dem Löthrohre sich so ausserordentlich aufzublähen, aufmerksam gemacht. Herr Hermann wusste, dass das Mineral vom Ural sei, kannte aber den nähern Fundort nicht. Es freute mich daher durch Herrn Völkner etwas Bestimmteres darüber zu erfahren, indem auf der Etiquette des Stückes als Fundort die Gegend zwischen Beresowsk und Pyschminsk angegeben war. Wenngleich nun Herrn Völkner nichts Weiteres über das merkwürdige Mineral bekannt, und er der Meinung war, dass wenn es sich in den Beresowskischen Gruben gefunden hätte, es wenigstens in der neusten Zeit nicht vorgekommen sei: so gab doch diese Etiquette die Veranlassung zur genauern Ausmittelung des Fundorts, indem ich, was ich über den Pyrophyllit erfahren hatte, nebst andern mineralogischen Notizen dem Dr. Fiedler mittheilte, den wir bei unserer Rückkehr in Petersburg mit Zurüstungen zu seiner Sibirischen Reise beschäftigt fanden. Als Herr Fiedler im folgenden Jahre nach Beresowsk kam, war er auch so glücklich nach langem vergeblichen Suchen den Fundort 1 ½ Werste nördlich von der Pyschma aufzufinden, wie noch ausführlicher weiter unten bei der Beschreibung der Beresowskischen Mineralien erwähnt werden wird.

Nicht weniger als der Pyrophyllit interessirte mich ein anderes Mineral, welches ich in der Sammlung des Hrn. Völkner sah, nämlich der Diaspor. Dieses ebenfalls durch sein Verhalten in der Hitze so ausgezeichnete Mineral war bei seiner Entdeckung nur in einer einzigen Stufe bekannt, welche Lelièvre in einer Pariser Sammlung gefunden hatte. Von dieser Stufe stammten alle die kleinen Stückchen ab, welche man nach dieser Zeit in den Sammlungen fand, und die von den Liebhabern oft mit ausserordentlich hohen Preisen bezahlt wurden. Nach dieser Stufe hatte Haüy seine Beschreibung des Diaspors abgefasst, mit Stücken von derselben hatten Vauquelin und später Children ihre Analysen angestellt, und Berzelius das Verhalten vor dem Löthrohre untersucht. Der Fundort der Stufe war aber nicht bekannt, bis Herr Kämmerer in Petersburg kurze Zeit vor unserer Ankunft in dieser Stadt eine kleine Probe von derselben erhielt, und sogleich die Uebereinstimmung mit einem Minerale erkannte, das er schon vor längerer Zeit unter dem Namen Anthophyllit mit andern Mineralien vom Ural erhalten hatte. Hr. Dr. Hess bestätigte die Entdeckung des Hrn. Kämmerer durch die Analyse, indem sich dadurch ergab, dass der Sibirische Diaspor dieselbe chemische Zusammensetzung wie der von Vauquelin und Children analysirte, habe. Ausserdem dass das Mineral vom Ural sei, wusste jedoch auch Hr. Kämmerer über seinen Fundort nichts Näheres, und er vermuthete nur, dass es aus der Gegend von Miask käme. In der Sammlung des Herrn Völkner fand ich darüber nun eine nähere Angabe, indem auf der Etiquette des Stücks als Fundort das Dorf Kassoibrod bei Polewskoi angegeben war. Ich theilte auch diese Notiz später Herrn Fiedler mit, der dadurch veranlasst wurde, die Gegend genau zu untersuchen, und endlich auch so glücklich war, den Diaspor, wenn auch nicht in der unmittelbaren Nähe von Kassoibrod, doch auf einem Schurfe 5 Werste östlich von diesem Dorfe aufzufinden, wie auch noch später näher angeführt werden wird.

Die Sammlung des Herrn Solomirski ist besonders durch vortreffliche Stufen von der Gumeschewskischen Kupfergrube ausgezeichnet, die er auch mehr wie jeder andere zu sammeln Gelegenheit hat, da er einer der Erben des Hüttenbesitzers Turtschaninoff ist, dem jene berühmte Kupfergrube gehörte. Namentlich enthält die Sammlnng Krystalle von Rothkupfererz, welche Combinationen von dem Dodecaëder und Octaëder mit vorherrschenden Dodekaëderflächen darstellen, und von ausserordentlicher Schönheit sind. Herr Solomirski machte mich auf kleine prismatische Krystalle aufmerksam, die in Gumeschewsk vorgekommen sind, und an Farbe mit dem Malachite übereinkommen, aber mit Säuren nicht brausen. Er hatte die Güte mir davon mitzutheilen, worauf ich bei näherer Untersuchung fand, dass die Krystalle der von Lévy beschriebene Brochantit sind, wiewohl ihre Winkel von denen, die dieser Mineralog angiebt, ziemlich beträchtlich abweichen. Hr. Solomirski zeigte mir ferner einen Krystall von blauem Korund oder Saphir, der in dem Chloritschiefer von dem Dorfe Kossoibrod bei Polefskoi vorgekommen ist; er stellt ein sechsseitiges Prisma mit gerader Endfläche dar, ist über einen halben Zoll lang, ziemlich durchscheinend und auf der geraden Endfläche durch einen weissen sternförmigen Lichtschein ausgezeichnet, dessen Strahlen von dem Mittelpunkte nach den Mitten der Seiten des Sechseckes gehen, welches die Endfläche darstellt.

Die Sammlung enthält indessen nicht bloss Uralische Mineralien; es finden sich darin auch manche schöne Stufen aus dem östlichen Sibirien, die Herr Solomirski von einer mit dem Herrn Baron von Meyendorf und dem Herrn Kanzelei-Director Weitz unternommenen Reise nach Irkutsk und Kiachta mitgebracht hat. Unter diesen erwähne ich nur mehrerer sehr schöner Stücke blauen Chalcedons in Afterkrystallen, die sehr nette und deutliche Hexaëder darstellen, von derselben Localität wie die, welche oben S. 46 angeführt sind.

Excursion nach dem Goldseifenwerke Schabrowskoi.

Die Ablagerungen von Goldsand, welche sich in der Gegend von Katharinenburg in solcher Menge und von solcher Reichhaltigkeit finden, waren für uns von zu grossem Interesse, als dass nicht ihre Besichtigung uns vor allem andern wünschenswerth gewesen wäre; daher auch Herr v. Humboldt schon den 17ten Juni, den zweiten Tag nach unserer Ankunft in Katharinenburg, zu einer Excursion nach einer derselben bestimmte. Die Goldsandlager finden sich in der ganzen Umgebung der Stadt, vorzugsweise aber an den beiden Ufern des Isset unterhalb der Stadt, wie an dem Istok, einem kleinen Bache, der in seine linke Seite mündet, und in der Gegend zwischen dem Uktuss und der Aramilka, welche sich in seine rechte Seite ergiessen; ferner nordöstlich von Katharinenburg in den Umgebungen von Beresowsk, wo auch seit langer Zeit ein unterirdischer Bau auf Gold getrieben wird, und an der obern Pyschma, einem Flusse, der nördlich von dem Isset nach Osten fliesst, und sich später mit der

Tura vereinigt. Zu der heutigen Excursion wurden die Goldseifen Schabrowskoi, zwischen dem Uktuss und der Aramilka gelegen, gewählt, womit wir zu gleicher Zeit die Besichtigung des in der Nähe gelegenen Rhodonitbruches und der Eisenhütte Nischne-Issetsk verbanden. Wir machten diese Excursion unter der Führung des Hrn. Berghauptmanns Ossipoff, welcher auch die Güte hatte, uns auf allen andern Excursionen in die Umgebungen von Katharinenburg zu begleiten.

Die Goldseifen liegen auf der nur hüglichten und welligen Ebene im SW. von Katharinenburg, und auf der Ostseite des Haupthöhenzuges des Urals, die im NO. von dem Isset, im SW. von der Tschussowaja begränzt wird. Beide Ströme fliessen hier in ungefähr paralleler, jedoch entgegengesetzter Richtung, der Isset nach SO., die Tschussowaja nach NW., und sind etwa, zwischen Nischne-Issetsk an dem Isset und dem Dorfe Makarowa an der Tschussowaja, 25 Werste von einander entfernt. Die Ebene ist mit Wald bedeckt und zum Theil sehr sumpfig. Sie ist in Rücksicht ihrer Höhe von der in welcher Katharinenburg liegt, nicht viel verschieden, hat aber ihre Abdachung nach dem Isset zu, wie man schon aus dem Laufe der hauptsächlichsten Flüsse, die sie bewässern, sehen kann, des Uktuss, der Aramilka und des Sissert, welche alle ganz in der Nähe der Tschussowaja entspringen, und dennoch, in ungefähr nordöstlicher Richtung sich in den Isset ergiessen, der Uktuss etwa 4 Werste, die Aramilka 20 und der Sissert 25 Werste unterhalb Katharinenburg.

Dieses Plateau besteht aus geschichteten krystallinischen Gesteinen, besonders aus Talkschiefer und Chloritschiefer, seltener aus Glimmerschiefer und Thonschiefer; aber diese Gebirgsarten sind fast überall mit einer mehr oder weniger starken Lage von Dammerde bedeckt, und daher fast nur in den Goldseifenwerken zu sehen, wo sie von derselben entblösst sind. Alle Erhebungen, die sich in diesem Plateau finden und die nie eine grosse Höhe erreichen, bestehen aus massigen Gebirgsarten, wie Serpentin, Diorit, Augitporphyr und Granit.

Die Lagerung dieser letztern Gebirgsart ist sehr merkwürdig. Sie findet sich nach des Berggeschwornen Tschaikowski Untersuchungen [1]) innerhalb und östlich von diesem Plateau in vier gangartigen Erstreckungen, die zuweilen sehr bedeutend mächtig sind und alle ein unter einander und mit der Hauptrichtung der das Plateau begränzenden Ströme, paralleles Streichen von NW. nach SO. haben. Der westlichste dieser Gänge findet sich 1 bis 2 Werste östlich von der Tschussowaja [2]), hat eine Mächtigkeit von 5 bis 10 Wersten, und wird von der Sibirischen Hauptstrasse in der Gegend des Dorfes Räschety durchschnitten, wo wir seine rechts und links vom Wege hervortretenden mauerähnlichen Felsen erwähnt haben. An seiner Ostseite entspringen die Flüsse dieses Plateaus, der Uktuss, die Aramilka und der Sissert. Der zweite Granitgang liegt ziemlich in der Mitte zwischen der Tschussowaja und dem Isset, ist nur 2 bis 3 Werste

---

[1]) Siehe dessen sehr lehrreiche Abhandlung „geognostische Untersuchungen im Kreise des Katharinenburger Hüttenbezirks" in dem Petersburger Berg-Journal vom Jahre 1833, Quartal II, S. 1.

[2]) Die Tschussowaja hat südlich von dem bezeichneten Plateau eine nördliche Richtung, verändert dieselbe aber, sowie sie in die Nähe dieses Granites kommt, und fliesst in nordwestlicher Richtung an der Westseite desselben entlang. In dieser, oder einer nur wenig mehr gegen Westen geneigten Richtung durchschneidet sie auch südlich von den Eisenhütten Schaitansk und Bilimbajewsk den Hauptrücken des Ural, und setzt sodann erst wie oben S. 127 angeführt ist, in nördlicher Richtung ihren Weg weiter fort. Es ist daher sehr wahrscheinlich, dass das Hervorbrechen des Granites allein die Ursache gewesen ist, welche die Tschussowaja von ihrem ersten nördlichen Laufe abgelenkt und sie aus einem Asiatischen Flusse, den sie im Anfange bildete, zu einem Europäischen Flusse gemacht hat.

mächtig, und ist auf der Sibirischen Hauptstrasse mit Dammerde bedeckt. Der dritte fast von derselben Mächtigkeit wie der erste, liegt in seiner nördlichen Erstreckung auf der Ostseite, in seiner südlichen auf der Westseite des Isset, und geht vom See Schartasch zwischen Katharinenburg und Beresowsk, nach dem Einfluss der Aramilka in den Isset, wo ihn dieser Fluss durchschneidet, bis zum Sissert. Der vierte Granitgang findet sich weiter östlich bei dem Dorfe Schilowa an dem Isset, seine Entfernung von dem ersten beträgt etwa 50 Werste. Zwischen diesen Granitgängen liegen die übrigen massigen Gebirgsarten kuppenförmig, ohne dass man in denselben schon eine bestimmtere Ordnung entdeckt hätte. —

Ich habe diese kurze Uebersicht der Gegend nach welcher unsere Excursion gerichtet war, vorausgeschickt, um das Orientiren in dem Folgenden zu erleichtern. Der Weg, welchen wir nach dem Goldseifenwerk Schabrowskoi nahmen, ging anfangs dem Isset entlang, wandte sich aber bald darauf rechts ab nach dem Flusse Uktuss, über welchen wir etwas oberhalb des Hüttenteiches fuhren, zu welchem derselbe nicht weit von seiner Einmündung in den Isset wegen der ehemaligen daran gelegenen Eisenhütte Uktuss aufgestaut war. Bald nachdem wir Katharinenburg verlassen hatten, kamen wir in einen Wald, der grösstentheils aus schwachen Birken bestand, und grössere freie Grasplätze einschloss. Entblössungen des unter der Dammerde befindlichen Gesteins waren neben dem Wege nicht zu sehen; der Weg ging in fast völliger, nur wenig ansteigender Ebene fort, und in einer solchen lag auch das Seifenwerk, 22 Werste südlich von Katharinenburg und einige Werste südöstlich von dem Dorfe Gornoschit, und in einer Höhe von etwa 1000 Fuss über dem Meere. Wir hatten uns vorgestellt ein Thal zu finden, in welchem das Seifengebirge zusammengeschwemmt wäre, und waren deshalb von dem Anblick dieser Gegend nicht wenig überrascht. Dennoch hatte die Stelle, wo der Goldsand abgebaut war, das Ansehn eines Grabens, da sie bei einer Breite von 8-20 Lachtern, und einer Tiefe von 3 bis 5 Fussen, eine Länge von 400 Lachtern hatte. Rechts und links von dem abgebauten Raume war das Erdreich zwar auch noch goldhaltig, ja von dieser Beschaffenheit ist wohl dasselbe in der ganzen Gegend um Katharinenburg, aber nur an der abgebauten Stelle hatte man es nach den angestellten Versuchen bauwürdig gefunden. Der bauwürdige Goldsand lag demnach doch in einer thalförmigen Mulde, so wenig merklich dieselbe auch an der Oberfläche war. Ihre Richtung ging von SW. nach NO., war also ungefähr der Richtung der von diesem Plateau in den Isset fallenden Flüsse parallel. Das unter dem Goldsand anstehende Gestein war ein etwas schuppig-körniger, doch sehr deutlich geschichteter Chloritschiefer. Seine Schichten setzten quer über den abgebauten Raum fort, sie hatten ein Streichen St. 8, also von NW. nach SO., und standen fast saiger oder fielen nur unter einem sehr steilen Winkel nach SW.

Ganz in der Nähe dieses Seifenwerks hatte man ein zweites angelegt. Der abgebaute Raum hatte in demselben eine Breite von 4 bis 8 Lachtern, eine Länge von 150 Lachtern, und der Sand eine Mächtigkeit von 2 bis 3 Fuss. Die Richtung des abgebauten Raumes war der vorigen parallel, das unter dem Sande anstehende Gestein war aber gelblichweisser Talkschiefer, der vielen Quarz enthielt, welcher auf dem Querbruche zu erkennen war. Er hatte ein Streichen St. 9, ähnlich dem in der ersten Grube, und ebenso ein sehr steiles Fallen nach SW.

Der Goldsand beider Seifenwerke war von gleicher Beschaffenheit, er war lehmartig und von ockergelber Farbe. Unter den grösseren Geschieben, die sich in demselben befanden, bemerkten wir: Talkschiefer, Chloritschiefer, Quarz, Kieselschiefer,

Serpentin, Chromeisenerz und Strahlstein. Der Talkschiefer hatte eine grünlichweisse Farbe und enthielt eine Menge der schönsten und glänzendsten Krystalle von Eisenglanz. Die Krystalle waren gewöhnlich nur klein, von der Grösse eines Nadelknopfes, zuweilen doch auch von einem Durchmesser von 3 bis 4 Linien. Die erstern bildeten Rhomboëder mit bis zu den Seitenecken abgestumpften Endecken, die bei flüchtigem Ansehen und bei ihrer Kleinheit wohl mit den Octaëdern des Magneteisenerzes zu verwechseln waren, welches aber gemeinschaftlich mit Eisenglanz in den Gebirgsgesteinen eingewachsen nicht vorzukommen pflegt; bei den letztern waren noch die Flächen des gleichkantigen Scalenoëders hinzugetreten, wodurch die Krystalle die Seite 149 erwähnte Form erhielten. Der Chloritschiefer war von verschiedener Beschaffenheit, theils schuppig-körnig, theils mehr dicht und von dem gewöhnlichen Ansehn. Der erstere enthielt Octaëder von Magneteisenerz, die zuweilen eine Grösse von 1 bis 2 Linien hatten, der letztere sehr kleine Blättchen von Eisenglanz und ausserdem in grosser Menge Krystalle von schwarzem Turmalin, die in sechsseitigen, sehr glattflächigen Prismen krystallisirt, 1 bis 1 $\frac{1}{2}$ Linien dick und unregelmässig durch einander gewachsen waren [1]). Auf der schmalen Fläche eines solchen Stückes, die ganz deutlich eine Kluftfläche war, fand ich auch kleine, braune, demantglänzende Krystalle von Anatas. Der Quarz und das Chromeisenerz waren von der gewöhnlichen Beschaffenheit, der Kieselschiefer war schwarz, der Serpentin

---

[1]) Dieser Chloritschiefer unterscheidet sich also in seiner Beschaffenheit von dem unter dem Goldsande anstehenden, doch findet er sich wahrscheinlich auch in der Gegend anstehend, da man Stücke dieses Chloritschiefers mit dem Turmalin, der durch die Glätte seiner Flächen karakterisirt und daher häufig mit Hornblende verwechselt ist, in den Sammlungen mit der Etiquette: Gornoschit oder Gegend von Katharinenburg nicht selten findet.

so mit Diallag erfüllt, dass man die Grundmasse kaum sehen konnte. Der Strahlstein bestand aus nadelförmigen Krystallen, die büschelförmig gruppirt waren. Chlorit- und Talkschiefer fanden sich in der grössten Menge, Quarz schon weniger, die übrigen Geschiebe noch seltener, von dem Strahlstein fand ich nur ein Stück, das aber ziemlich gross war.

Wenn man den Goldsand etwas wäscht, so dass die erdigen Theile fortgeführt werden, so lassen sich auch die kleinern Theile desselben erkennen. Diese bestanden ausser dem Golde hauptsächlich aus Quarz in abgerundeten Körnchen, aus Magneteisenerz in Körnchen oder Krystallen, die meistens sehr nett und glänzend und in der Regel nur sehr klein, zuweilen aber mehrere Linien gross waren, und unter denen sich auch nicht selten Zwillingskrystalle fanden, und aus Eisenglanz in Blättchen oder Krystallen von den angegebenen Formen. Seltener schon fand sich Eisenkies, der immer in Brauneisenerz umgeändert, aber häufig noch äusserst nett krystallisirt war; die Krystalle waren Combinationen des Hexaëders, Octaëders und Pyritoëders (s. Haüy's *traité de minéralogie*, *pl.* 107, *fig.* 209), in welchen aber gewöhnlich die Hexaëderflächen vorherrschten. Endlich fanden sich darin auch noch Bruchstücke von Rutil-Krystallen, wie auch Bruchstücke und Körner von Granat.

Wird der Goldsand noch mehr gewaschen, so bleibt nur der Magneteisensand und der Eisenglanz mit dem Golde zurück. Das Gold fand sich darin in Schüppchen, in Körnchen von unregelmässiger Gestalt, selten von einiger Grösse, zuweilen auch in Krystallen in der Form von Octaëdern, deren Kanten aber gewöhnlich abgerundet waren. Es hatte eine vollkommen goldgelbe Farbe und enthielt auch, wie ich nach meiner Rückkehr fand, nur sehr wenig fremdartige Beimischungen. Ein Korn von dieser Wäsche, welches ich analysirte, bestand nämlich aus:

Gold	98,96
Silber	0,16
Kupfer	0,35
Eisen	0,05
	99,52

Das Gold war in dem Sande beider Gruben nicht gleich vertheilt, die unteren 1 bis 2 Fuss mächtigen Schichten waren reicher als die oberen, daher auch nur die unteren verwaschen, die oberen aber abgenommen und als zu arm für jetzt noch unbenutzt zur Seite geworfen wurden. Der mittlere Gehalt der unteren Schichten betrug $1\frac{1}{2}$ bis 2 Solotnik in 100 Pud Sand, also etwa 0,0005 Proc. [1]). Beide Gruben hatte

[1]) Diese anscheinend geringe Menge Gold könnte bei dem Rufe der Reichhaltigkeit des Uralischen Goldsandes auffallen, ist aber bei der Leichtigkeit, mit welcher derselbe gewonnen und verwaschen werden kann, in der That doch sehr bedeutend. Allerdings giebt es Goldsand, der 6-7, ja 10-12 Solotnik in 100 Pud Sand enthält, aber dieser findet sich nnr selten, und hält von einer solchen Reichhaltigkeit meistens nicht lange an. Gewöhnlich findet er sich noch von einem geringern Gehalte, als der von Schabrowskoi; er kann aber auch noch bei einem Gehalte von $\frac{1}{2}$ Solotnik mit Vortheil verwaschen werden, dagegen man den von $\frac{1}{4}$ Solotnik jetzt noch nicht benutzt. In der Regel rechnet man die Selbstkosten bei dem Verwaschen eines Goldsandes von 1 - $1\frac{1}{2}$ Solotnik Gold in 100 Pud, auf $\frac{2}{5}$ von dem Werthe des gewonnenen Goldes, so dass also die Kosten, welche die Gewinnung eines Pud Goldes aus einem solchen Sande verursachen, zu 20,000 Rubel angenommen werden können, da der Werth eines Pud Goldes ungefähr 50,000 (genauer 49,032) Rubel beträgt. Bei den Goldwäschen von Katharinenburg sind aber diese Kosten im Jahre 1828 noch geringer gewesen, da nach den officiellen Angaben, die Herrn von Humboldt darüber mitgetheilt sind, die 6,564,453 Pud Sand, welche in diesem Jahre auf sämmtlichen Wäschen verwaschen sind, 23 Pud 17 Pfund $1\frac{1}{2}$ Solotnik, also 100 Pud davon $1\frac{1}{2}$ Solotnik Gold gegeben, und die Gewinnungskosten eines jeden Solotniks 4 Rubel $53\frac{3}{4}$ Kopeken, also $\frac{9}{26}$ oder nur etwas mehr als $\frac{1}{3}$ vom Werthe des gewonnenen Goldes betragen haben; doch ist hierbei noch zu berücksichtigen, dass das in den Wäschen von Katharinenburg gewonnene Gold im Durchschnitt 7 Proc. Silber enthält.

man erst im vorigen Jahre zu bearbeiten angefangen, dennoch hatten sie schon bis zum 1sten Mai 1829 4 Pud 36¼ Pfund Gold geliefert.

Der Sand der beiden Gruben wurde zum Verwaschen nach einem kleinen Bache gefahren, der sich etwas nördlich von denselben befindet, und sich nach einem Laufe von einigen Wersten in die rechte Seite des Uktuss ergiesst. Auch in dem Bette dieses Baches hatte man bauwürdigen Goldsand gefunden und schon Vorkehrungen zu seiner Gewinnung getroffen. Um die nöthigen Waschwasser zu erhalten, hatte man den Bach aufgestaut, konnte aber dadurch doch nur mit Mühe die nöthige Menge sammeln.

Das Verwaschen des Sandes geschah auf mehreren feststehenden Waschheerden, die neben einander lagen, und mit einem gemeinschaftlichen Dache gedeckt waren. Der Goldsand wurde in einen grossen länglich-viereckigen Kasten geworfen, dessen Boden in einer starken Platte von Eisenblech bestand, die wie ein Sieb mit Haselnuss-grossen Löchern versehen war. In diesen wurde mittelst einer Rinne Wasser geleitet, das aber um sich über den in den Kasten geworfenen Goldsand gleichmässig zu verbreiten, zuvor in einen Behälter fiel, der hauptsächlich aus zwei unter einem Winkel von 60° zusammengefügten Brettern bestand, und fast dieselbe Länge hatte wie der Kasten, über dessen Längendurchmesser er angebracht war. Die Bretter dieses Behälters waren mit feinen Löchern durchbohrt, so dass durch dieselben das Wasser wie aus einer Giesskanne auf den Goldsand in dem Kasten fiel. Während dieser nun in dem Kasten von Arbeitern mittelst Krücken, deren breite, unten etwas umgebogene Enden aus starkem Eisenblech bestanden, beständig umgerührt wurde, spülte sich der feinere Sand von den gröbern Geschieben desselben ab, und fiel durch die Löcher des Kastens auf zwei darunter befindliche, einander gegenüberstehende Waschheerde [1]). Die grösseren Geschiebe bleiben rein gewaschen in dem Kasten zurück, und werden nach vollendeter Wäsche sorgfältig untersucht, da sich unter ihnen zuweilen grössere Goldgeschiebe, auch Quarzstücke finden, in welchen Gold eingesprengt ist. Der durchgelaufene, feinere Sand wird aber auf den Waschheerden, über welche beständig Wasser fliesst, so lange mit Krücken immer wieder hinaufgeschoben, bis alle leichtere Theile fortgeführt und nur der Magneteisensand mit dem Golde zurückgeblieben ist. Diesen so weit gewaschenen Goldsand nennt man am Ural Schliech; er wird auf kleinere Waschheerde gebracht, und von geübteren Arbeitern gewaschen, wobei man sich gewöhnlich der Bürsten bedient, um den von dem Wasser herabgeführten Schliech immer wieder von neuem auf den Heerd hinaufzuschieben. Kleinere Parthien scheidet man auch auf hölzernen Waschschüsseln, indem man dieselben mit der linken Hand an einem Ende hält, und mit der innern Seite der rechten Hand leise gegen das andere Ende klopft [2]).

---

[1]) Wer die Art gesehen hat, wie am Ural der Gold- und ebenso der Platin-haltige Sand gewaschen wird, kann über den Ursprung der Schüppchen metallischen Eisens, die man in diesem Sande gefunden hat (vergl. Poggendorffs Annalen B. XI, S. 315), nicht zweifelhaft sein. Man kann wohl ohne Bedenken annehmen, dass es Stückchen Eisen sind, die sich von den Krücken beim Verwaschen des Goldes in dem beschriebenen Kasten abgestossen haben. Auch ich fand bei Untersuchung des gewaschenen Goldsandes von Schabrowskoi mehrere solcher Eisen-Schüppchen.

[2]) So wie hier fanden wir die meisten Goldwäschen, welche wir am Ural besuchten. Sie sind, wie man aus dem Angegebenen sieht, sehr einfach, und das mehr oder weniger vollständige Ausbringen des Goldes hängt deshalb auch sehr von der Geschicklichkeit der Arbeiter ab. Diese hat in der neuern Zeit zugenommen, und die Einrichtungen selbst haben sich verbessert, daher es auch vorgekommen ist, dass Goldsand, der in früherer Zeit verwaschen ist, später noch einmal verwaschen wurde. Zuweilen fanden wir später die Waschwerke auch in besonderen Häusern eingerichtet, die im Winter geheizt wurden,

Der **Rhodonit-Bruch**, zu welchem wir nach der Besichtigung des Seifenwerks fuhren, ist von demselben nur einige Werste entfernt, liegt aber schon auf dem rechten Ufer der Aramilka, sonst wie jenes mitten im Walde, der hier nur meistentheils aus Tannen bestand. Der Weg dahin führt bei einer Eisenerzgrube vorbei, in welcher durch kleine dicht nebeneinander liegende Schachte ein dichtes und erdiges, sehr mit Glimmerblättchen gemengtes Brauneisenerz gewonnen wird. Es scheint nicht tief unter Tage zu liegen, doch haben wir uns nicht so lange aufgehalten, um über sein Vorkommen einige Aufschlüsse zu gewinnen. Auch über das Vorkommen des Rhodonits war es mir nicht möglich eine bestimmte Meinung zu fassen. Es sind zwei Brüche dicht nebeneinander am Abhange einer geringen Erhöhung, die sich kaum merklich aus der Ebene hervorhebt, angelegt, doch waren beide sehr verfallen und verwachsen, da man wahrscheinlich seit langer Zeit nicht gebrochen hatte. Der Rhodonit scheint indessen ein flach einfallendes Lager in einem graulichschwarzen Thonschiefer zu bilden, der wenigstens in seinem Hangenden deutlich sichtbar ist. Der Rhodonit ist am reinsten in dem Liegenden des Lagers,

---

um auch in dieser Jahreszeit die Arbeit fortsetzen zu können, auch fanden wir die Waschanstalten selbst noch zweckmässiger eingerichtet, indem man sich dazu besonders eines von dem Herrn Achte, dem Director der Hüttenwerke von Slatoust, erfundenen Apparats bediente, wodurch das Gold noch vollständiger vom Sande geschieden werden kann; aber diese Anstalten, die grössere Zurüstungen und Anlagekosten, wie auch stärkere Wasserzuflüsse erfordern, können nur angewandt werden, wo man sich durch Versuche von einem längern Anhalten des Goldsandes überzeugt hat, und hinreichendes Wasser vorhanden ist. Da beide Umstände nur selten statt finden, der Goldsand häufig sich nicht anhaltend zeigt, und oft nach einiger Zeit so arm wird, dass die Arbeit eingestellt und an andern Orten angefangen werden muss, die man durch stets fortgesetzte Untersuchungen immer wieder auffindet, der Goldsand häufig auch in Gegenden vorkommt, wo Wasser in grossem Ueberflusse nicht vorhanden ist, so fanden wir diese künstlichern Waschanstalten nur selten angewandt.

in der Mitte mengt er sich mehr mit Quarz, der im Hangenden sich fast rein ausgeschieden hat.

Der Rhodonit, wie er hier vorkommt, ist grösstentheils dicht und hat einen feinsplittrigen Bruch, stellenweise wird er aber grob- und grosskörnig und zeigt dann Spaltungsflächen, die eben so vollkommen sind wie bei dem blättrigen Rhodonite von Långbanshytta in Wermeland in Schweden, der indessen nur in kleinen Massen in körnigen Eisenglanz gemengt vorkommt. Die Spaltungsflächen schneiden sich bekanntlich unter denselben Winkeln wie die des Augits; die, welche parallel den Flächen des geschobenen vierseitigen Prismas von 88° gehen, sind am deutlichsten, parallel den Abstumpfungsflächen der stumpfen und scharfen Seitenkanten dieses Prismas finden sich nur Spuren von Spaltungsflächen. Auch in Rücksicht seiner chemischen Zusammensetzung ist, wie aus der Analyse des Schwedischen Rhodonits von Berzelius hervorgeht, derselbe nichts anders als ein Augit, der nur dadurch ausgezeichnet ist, dass seine Basen, die bei dem gewöhnlichen Augit aus Kalkerde, Talkerde und Eisenoxydul bestehen, hier durch das diesen isomorphe Manganoxydul grösstentheils ersetzt sind, und nur wenig Kalkerde darin enthalten ist. Der Sibirische Rhodonit ist zwar so viel ich weiss nicht analysirt, da er indessen in seinen Eigenschaften mit dem Schwedischen übereinstimmt, so kann er auch in seiner chemischen Zusammensetzung von diesem nicht sehr verschieden sein.

Die Farbe des Rhodonits ist die bekannte schöne rosenrothe Farbe, weshalb das Mineral bei der guten Politur, die es geschliffen annimmt, so geschätzt wird. An manchen Stellen geht die Farbe des Sibirischen Rhodonits jedoch in eine lichte kastanienbraune über. Auf den Kluftflächen mit welchen er durchsetzt vorkommt, ist er gewöhnlich schwarz, und ähnlich gefärbte Dendriten durchziehen, den feinsten Ritzen folgend, auch häufig das übrige dichte Gestein. Die Färbung rührt von Manganhyperoxyd her, wie denn auch Manganit (Manganoxydhydrat, von schwarzer Farbe, braunem Striche und vor dem Löthrohre Wasser gebend), in kleinen derben Parthien mit dem Rhodonite verwachsen vorkommt.

Etwas weiter im Liegenden des Rhodonits ragen kleine Hügel aus dem Rasen hervor, die aus einem Gestein von eigenthümlicher Beschaffenheit bestehen. Es hat eine grünlichweisse, feinkörnige, mit dem Messer ritzbare Grundmasse, in welcher dicht nebeneinander gedrängt sehr kleine schwärzlichgrüne prismatische Krystalle liegen, die Hornblende oder Augit sein können, deren Kleinheit aber jede Bestimmung verhinderte. Das Gestein zersetzt sich, mit Säuren digerirt, zum Theil, wie Phonolith und Basalt, und kleine Splitter schmelzen an den Kanten zu einem schwärzlichgrünen Glase, wobei sich die Flamme stark gelb färbt. —

Von dem Rhodonit-Bruche traten wir nun unsern Rückweg nach Katharinenburg über die Eisenhütte Nischne-Issetsk an. Wir setzten bei dem Dorfe Schabrowa, welches nur 1 Werst von dem Bruche entfernt liegt, über die Aramilka, und fuhren durch den Wald, der fast bis zum Isset reichte, nach der Hütte. Noch auf dem rechten Ufer der Aramilka sahen wir, ebenfalls nur in kleinen Hügeln neben dem Wege, ein anderes Gcstein anstehen, das mit einem systematischen Namen zu benennen, nicht weniger schwer fällt. Es ist ganz dicht, von feinsplittrigem Bruche, lauchgrüner bis schwärzlichgrüner Farbe, im Bruche fast matt oder nur von schwachem Glasglanze, und mit dem Messer ritzbar. Es ist jedoch nur scheinbar homogen, denn dünne Splitter sind ganz durchscheinend und weiss mit kleinen grünen Flecken, und dadurch, wie auch durch sein Verhalten vor dem Löthrohre, unterscheidet es sich von dem Serpentin, mit welchem es sonst eine gewisse Aehnlichkeit hat. Es giebt nämlich im Kolben mit dem Löthrohre erhitzt, wohl schwache Spuren von Feuchtigkeit, nicht aber die Menge Wasser wie der Serpentin, und schmilzt mit der Platinzange gehalten, zum Theil zu einem schwärzlichgrünen Glase, wobei es die Flamme gelb färbt, während der umgeschmolzene Theil seine Durchscheinenheit verliert [1]). —

Die Eisenhütte Nischne-Issetsk liegt an dem Isset, der oberhalb derselben zu einem 5 Werste langen Teiche aufgestaut ist. Man schmelzt in derselben keine Erze, sondern verfrischt oder verschmelzt Roheisen von der Kamenskischen Hütte. Dazu befinden sich hier sechs Frischheerde mit drei Hämmern und ein Cupolo-Ofen oder eine sogenannte Wagranka. Das erhaltene Stabeisen wird zu Blechen ausgewalzt, oder zu Ankern für die Kronsbarken, und zu Schmelztiegeln zum Silberschmelzen für die Petersburger Münze ausgeschmiedet. Die Gegenstände, welche gegossen werden, bestehen fast nur in Munition, die mit einer grossen Sorgfalt gegossen und auf das strengste auf alle Fehler untersucht wird. Die Hütte ist noch neu; sie wurde im Jahre 1789 von dem damaligen Ober-Berghauptmann Hermann angelegt, um als Münzhof zu dienen, als sie aber 1806 abbrannte, zu ihrem jetzigen Zwecke eingerichtet. —

Von Nischne-Issetsk ging der Weg nach dem nur noch 11 Werste entfernten Katharinenburg zuerst dem Hüttenteiche entlang. Jenseits desselben kommt man nach dem Dorfe Uktuss, in dessen Nähe sich früher die oben erwähnte Eisenhütte befand, die schon 1702 angelegt wurde, und eine der ältesten des Urals war, jetzt aber eingegangen ist. Schon in Nischne-Issetsk und noch weiter abwärts am Wege sieht man wieder kleine Massen anstehenden Gesteins neben dem Wege hervorragen, welche zuerst aus einem Diorit von mitt-

[1]) Nach einer in dem Laboratorium meines Bruders angestellten Analyse ist dieses Gestein zusammengesetzt aus Kalkerde 6,22, Talkerde 4,15, Thonerde 11,07, Eisenoxyd 17,65 und Kieselsäure 60,44.

lerm Korn bestanden, der fast nur Hornblende und nur sehr wenig Albit enthielt. Die Hornblende darin war grünlichschwarz, der Albit etwas grünlichweiss gefärbt und nur unvollkommen spaltbar, wie diess gewöhnlich der Fall ist, wenn der Albit nur in geringer Menge in dem Diorite enthalten ist, und wahrscheinlich durch Einmengung von Hornblendemasse herrührt. Hinter Uktuss hörte aber dieser Diorit auf, und wurde von einem andern sehr merkwürdigen Gestein ersetzt, das ein Augitporphyr war, der zuweilen grosse und deutliche Krystalle von Uralit enthielt. Die Form dieser Krystalle war deutlich zu erkennen; sie war wie die des in Basalt und Lava eingewachsenen Augites; die Spaltungsflächen hatten dagegen nur die Winkel von 124°, wie die der Hornblende. Es war das erste Mal, dass ich hier diese Krystalle sah, die mich aufs höchste interessirten, und mich lange zweifelhaft liessen, wofür ich sie halten sollte, selbst nachdem wir sie noch viel schöner und deutlicher in der Nähe des Sees Baltym, nördlich von Katharinenburg gesehen hatten. Der Uralit war hier auch nur an einer Stelle deutlich, an den übrigen waren die Krystalle kleiner und die Umrisse unbestimmter. Die Grundmasse, worin sie lagen, war grünlichweiss, auch grün und weiss gefleckt, von splittrigem Bruche, und hin und wieder mit Stücken eines dichten, graulichgrünen, harten Gesteins gemengt. Die meisten Stücke, die ich schlug, waren von demselben unbestimmten Karakter, den die Gebirgsarten nicht allein in der Gegend von Katharinenburg, sondern am ganzen Ural häufig tragen; es schien als wären es durch irgend einen Process veränderte Schiefer, daher sie oft noch eine unvollkommen schiefrige Structur zeigten, aber als wäre die Veränderung noch nicht so vollständig erfolgt, um neue deutlich karakterisirte Gebirgsarten zu bilden.

Die kleinen Hügel, welche diese Gesteinsabänderungen zeigten, ragten kaum einige Fuss aus der

Dammerde hervor; nicht weit hinter Uktuss hörten auch sie auf, und man bleibt in der Ebene bis Katharinenburg.

Geognostische Untersuchung des Bodens und der nächsten Umgebungen von Katharinenburg.

Gleich in den folgenden Tagen, nachdem wir die Excursion nach Schabrowskoi gemacht hatten, den 18ten, 19ten und 20sten Juni wurde eine neue Excursion nach den Goldgruben von Beresowsk angestellt, die für uns von grosser Wichtigkeit waren, weil sie als die einzigen, die am Ural noch im Betriebe sind, allein noch Auskunft über das Vorkommen des anstehenden Goldes am Ural geben können, indem man alle übrigen, deren Zahl sich auf 6 bis 7 belaufen haben mag, seit der Entdeckung des Goldsandes, wegen der viel leichtern und einträglichern Gewinnung des Goldes aus demselben hat eingehen lassen. Da aber das goldhaltige Terrain von Beresowsk auf der Oberfläche wenig entblösst ist, mit dem von Katharinenburg indessen in seiner Beschaffenheit sehr übereinstimmt, so ziehe ich es vor schon jetzt über die Beschaffenheit des Bodens von Katharinenburg und seiner nächsten Umgebungen einige Aufschlüsse mitzutheilen, die mir eine kleine Excursion in der ebenso angenehmen als lehrreichen Gesellschaft des Herrn Assessors Helm verschafft hat, wenngleich ich diese erst später, am 12ten Juli angestellt habe, nachdem wir schon von unserer Reise in den nördlichen Ural zurückgekehrt waren. Wir fingen unsere Wanderung mit der Besichtigung der westlich von Katharinenburg gelegenen Gegend an, die sich an die anschloss, welche wir auf unserer Excursion nach Schabrowskoi kennen gelernt hatten, untersuchten dann das in der Stadt selbst anstehende Gestein und wandten uns darauf nach den Höhen, die die Stadt im Osten und Südosten umgeben.

Auf der West- und Nordwestseite wird in den nächsten Umgebungen von Katharinenburg die Ebene, auf welcher die Stadt liegt, durch keine Hervorragungen festen Gesteins unterbrochen, und auch in südwestlicher Richtung finden sich dieselben erst bei dem Dorfe Uktuss, wo sie aus den beschriebenen Abänderungen von Augitporphyr und Diorit bestehen. Dessenungeachtet ist hier überall das feste Gestein von einer nur wenig mächtigen Schicht Dammerde bedeckt, und wird daher überall entblösst, wenn man für grössere, steinerne Gebäude das Fundament legt. So sahen wir dasselbe auch in den Gruben anstehen, die man zum Bau des neuen Gefängnisses an der nordwestlichen Seite der Stadt angelegt hatte, wo das Gestein in den obern Lagen, die wir nur sehen konnten, ein zwar sehr verwitterter, aber doch noch kenntlicher Diorit von mittlerm Korne war, dessen grünlichschwarze Hornblende zum Theil noch erhalten, zum Theil aber in eine rothbraune erdige Masse verändert war, die auch den grösstentheils in Porzellanerde verwandelten Albit braun gefärbt hatte.

Wir kehrten darauf nach der grossen Sibirischen Hauptstrasse zurück, und gingen auf derselben westlich entlang, wo wir bald bei allmähliger Erhebung des Weges, zu dem bei unserer Ankunft in Katharinenburg erwähnten Fichtenwald gelangten. In demselben befindet sich mehrere Werste von der Stadt und nördlich von der Strasse eine niedrige Granitkuppe, auf deren westlichen Seite ein Steinbruch angelegt ist, und Bausteine für die Stadt gebrochen werden. Der Granit, welcher zu dem zweiten der Seite 154 erwähnten Granitzüge gehört, ist ziemlich grobkörnig und besteht aus gelblichweissem schwach durchscheinenden Feldspath, graulichweissem stark durchscheinenden Quarze, schwärzlichgrünem Glimmer und sehr wenigem mit dem Feldspath gleichgefärbten Albit. Kleine braune sehr glänzende und nette Titanitkrystalle finden sich ausserdem in ihm hin und wieder eingewachsen. Quarz und Feldspath dieses Granites haben ein eigenthümliches Ansehen. Der Quarz liegt nämlich nicht in einzelnen Körnern in dem Gemenge, sondern jede einzelne Quarzparthie, die oft 3 bis 4 Linien und darüber dick ist, besteht aus mehreren kleinen körnigen Zusammensetzungsstücken; eine Eigenthümlichkeit, die öfter den grobkörnigen Graniten der Gegend von Katharinenburg zukommt, und die auch schon wenngleich weniger deutlich die Granite von Räschety zeigten; die grössern blättrigen Parthien des Feldspaths sind von andern Körnern von Feldspath, zuweilen auch von Quarz und Glimmer durchwachsen, wodurch sie ein eigenthümliches Schillern erhalten. Dieser Granit wird von vielen zollbreiten Gängen von einem sehr feinkörnigen Granite durchsetzt, der aus denselben Gemengtheilen wie der grobkörnige besteht, in welchem aber der Glimmer, wenn auch nicht ganz verschwunden, doch sehr zurückgetreten ist. Gangmasse und Nebengestein schneiden nicht scharf aneinander ab; die Gänge haben ein sehr flaches Fallen und sind einander parallel. Der Granit ist mit vielen ungefähr parallelen Klüften durchsetzt, die St. $2\frac{1}{2}$ streichen und ebenfalls unter sehr geringem Winkel nach NW. fallen. Die Klüfte wiederholen sich sehr häufig und bilden dadurch Lagen von nicht grösserer Mächtigkeit als etwa einen halben Fuss.

Von dieser Granitkuppe wandten wir uns, in einem Bogen den Wald umgehend, nach dem Eisenwerke Werch-Issetsk, welches 3 Werste nordwestlich von Katharinenburg liegt. Die Eisenhütte gehört Herrn Jakowleff in Petersburg, und ist offenbar eine der grossartigsten Anstalten am ganzen Ural. Sie enthält einen Hohofen, eine Giesserei, 14 Frischfeuer, ein Walzwerk, eine Nagelschmiede u. s. w., welche Werke sich sämmtlich in einem grossen prachtvollen Gebäude befinden, das mit Säulen und Kuppeln verziert ist, und mit aller Pracht im Aeussern eine eben so grosse Zweckmässigkeit im Innern verbindet. Ein vortreffliches Cylindergebläse, das mit grosser Leichtigkeit und Sicherheit arbeitet, giebt den Wind für die Oefen und Maschinen [1]). Neben dem Hauptgebäude liegt ein grosses Hospital mit der Apotheke, und daran stossen die Wohnungen der Hüttenarbeiter. Hinter dem Hauptgebäude befindet sich der Damm, der den Isset zu einem über 10 Werste langen und 2 bis 3 Werste breiten See aufstaut. Der Damm ist mit einem eisernen Geländer verziert, und bietet bei seiner Länge einen angenehmen Spaziergang dar, von welchem man eine vortreffliche Aussicht auf den zu einem bedeutenden See angeschwollenen Hüttenteich hat. Die schwarze Tannenwaldung, welche die Höhen an dem Ufer des Sees bedeckt, giebt der Aussicht zwar den ernsten Karakter, der die Landschaften des Nordens im Allgemeinen karakterisirt, aber nichts desto weniger viel Anziehendes hat. Die Landschaft erinnerte mich lebhaft an ähnliche in Schweden, die ich in früherer Zeit gesehen hatte.

Das Eisenerz, welches in Werch-Issetsk verschmolzen wird, ist Brauneisenerz, das in der Gegend vorkommt, und der Stein, dessen man sich zur Aufführung des Dammes bedient hat, ein Granit, der nicht aus dem eben beschriebenen, sondern aus einem andern, 10 Werste entfernten Bruche gewonnen ist. Auch hat er ein anderes Ansehen, und besteht der Haupt-

---

[1]) Das Hüttenwerk Werch-Issetsk verdankt seinen blühenden Zustand dem frühern Ober-Aufseher der Jacowleffschen Berg- und Hüttenwerke, Gregor Sotoff, der als ein Mann von grossem Talent und vieler Kraft, die Umgestaltung des Werkes zu Stande brachte, ohne ähnliche grossartige Anstalten des Auslands kennen gelernt zu haben. Gleich den meisten übrigen Ober-Aufsehern von Privatwerken in Russland war auch er ein Leibeigener, bis er auf den Wunsch des Kaisers Alexander, der im Jahre 1824 den Ural bereiste und von den gesehenen Einrichtungen sehr eingenommen war, seine Freiheit erhielt.

sache nach aus schneeweissem Feldspath von mittlerm Korn, der gleichsam eine Grundmasse bildet, in welcher graulichweisse durchscheinende Körner von Quarz und kleine, aber dicke grünlich- und gelblichweisse Blättchen von Glimmer inliegen. Ausser diesen Gemengtheilen finden sich in dem Granite noch einzelne Körner von Albit, der sich in Farbe von dem Feldspath gar nicht unterscheidet und daher nur schwer zu erkennen ist, und in grösserer Menge kleine nette Krystalle von rothem Granat, die in Leucitoëdern krystallisirt sind. — Die kleinen Kuppen, welche sich südwärts von der Hütte und auf der Westseite des Weges nach Katharinenburg erheben, bestehen aus Diorit, in welchem die schwärzlichgrüne Hornblende so vorwaltet, dass der Albit in manchen Stücken gar nicht zu erkennen ist, und das ganze nur ein körniges Hornblendegestein darstellt. Magneteisenerz ist überall fein eingesprengt, weshalb ganze Stücke die Magnetnadel anziehen. Das Gestein ist ebenso wie der Diorit von Uktuss überaus zähe, und nur sehr schwer zu zerschlagen. Auf einer der höhern dieser Kuppen ist die steinerne Kirche des Hüttenwerks erbaut.

Wir eilten von hier durch die schöne Allee, welche von Werch-Issetsk nach Katharinenburg führt, wieder nach der Stadt zurück, um das anstehende Gestein zu untersuchen, welches in dieser selbst zu finden ist. Man trifft solches zuerst bei der Steinschleiferei an, wo es sich an der linken östlichen Seite des Isset mit sehr geringer Erhöhung einige Zeit fortzieht. Das Gestein ähnelt dem zuletzt bei dem Dorfe Uktuss erwähnten Augitporphyr, ist nur noch unbestimmter und gemengter. Die Stellen, wo das Gestein eine lichte grünlichgraue Farbe, splittrigen Bruch und das Ansehen eines Thon- oder Wetzschiefers hat, sind grösser; die Stellen, wo es mehr dem Augitporphyre gleicht, enthalten Uralitkrystalle, die noch kleiner und deren Umrisse noch undeutlicher sind. Ihre Grundmasse gleicht hier dem Talkschiefer. Die dem Wetzschiefer und die einem Augitporphyre ähnlichen Parthien schneiden zuweilen ziemlich scharf aneinander ab, und beide sind mit vielen Klüften durchzogen, deren Kluftflächen braun gefärbt sind. Zuweilen findet man kleine Massen körnigen Kalksteins von der Grösse einer Haselnuss in dem Gestein eingeschlossen, die dann ringsum mit feinen haarförmigen Krystallen von grünlichschwarzer Hornblende eingefasst sind. Dabei scheint das Gestein noch geschichtet zu sein, die Schichten stehen fast senkrecht und streichen ungefähr parallel dem östlichen Ufer des Isset, St. 11½, also ganz verschieden von den übrigen geschichteten Gebirgsarten in der Nähe von Katharinenburg, die ein Streichen in der 8ten bis 9ten Stunde haben. So gleicht das Gestein bald mehr einem Wetzschiefer, bald mehr einem Augitporphyre, und scheint einen Uebergang zwischen beiden Gebirgsarten zu bilden.

Erst in ziemlicher Entfernung von dem kleinen Felsrücken an der Steinschleiferei sieht man neues anstehendes Gestein. Es bildet in dem nordöstlichen Theile der Stadt, neben der Strasse, die nach Beresowsk führt, und in der Nähe des alten Mehlmagazins eine flache, nur wenig über die Oberfläche sich erhebende Kuppe, die an der westlichen Seite aus Chloritschiefer und an der östlichen aus Serpentin besteht. Der Chloritschiefer ist sehr deutlich, enthält häufig kleine Krystalle von Magneteisenerz und hier und da auch einzelne Parthien von Kupferkies eingeschlossen, und findet sich in stehenden Schichten, die St. 8½ wie die Schiefer von Schabrowskoi streichen. Der Serpentin ist von schwärzlichgrüner Farbe, enthält wie der Chloritschiefer eine grosse Menge noch etwas kleinerer Krystalle von Magneteisenerz, ist stark zerklüftet, und besteht gleichsam nur aus übereinander liegenden Schalen mit glänzenden Ablösungsflächen. Er schneidet aber scharf an dem Chloritschiefer ab; die-

Gränze zwischen beiden Gebirgsarten hat noch dasselbe Streichen wie die Schichten des Chloritschiefers, und in derselben Richtung liegen auch die Schalen des Serpentins, so dass der Chloritschiefer hier förmlich lagerförmig in dem Serpentin vorzukommen scheint[1]).

Im Osten von Katharinenburg erhebt sich wieder die Gegend und ein etwas höherer Bergzug zieht sich hier in paralleler Richtung mit dem Isset fort, über welchen die Sibirische Hauptstrasse nach Tobolsk führt. Er besteht aus einem ähnlichen Serpentin, wie der bei dem alten Mehlmagazin, der auch eben so mit Schalen, die in derselben Richtung liegen, zusammengesetzt ist, enthält aber, wenigstens in den gesammelten Stücken, kein Magneteisenerz. Die Berge sind ziemlich steil und eben, wenn auch nicht kahl, wie die meisten Serpentin-Berge, doch nur mit niedriger Fichtenwaldung bedeckt. Sie sind etwas höher als die nächsten westwärts von Katharinenburg gelegenen Berge und bieten daher den schönsten Ueberblick über die Stadt dar, die der Länge nach vor uns ausgebreitet dalag. Ihre steinernen Kirchen und Thürme, alle nach Osten gerichtet, dienten zur Orientirung in der Gegend.

Weiter östlich folgt auf den Serpentin dieser Berge Granit, und darauf wieder Serpentin, wie wir später auf unserer Reise nach Tobolsk sahen; jetzt verfolgten wir diese Strasse nicht weiter, sondern gingen an dem Abhange den Höhen weiter südöstlich entlang. Wir stiessen hier bald auf eine Masse Brauneisenerz, welche wahrscheinlich dem Serpentine eingelagert ist; man hatte auf ihr einen Bau vorzurichten, angefangen, denselben jedoch wieder verlassen, da die ge-

---

[1]) Aehnliche Verhältnisse zwischen Serpentin und Chloritschiefer scheinen hier öfter vorzukommen; so bildet nach Tschaikowski der Chloritschiefer, welcher sich an der Patruschicha, einem linken Nebenflusse des Uktuss findet, ein 20 Lachter mächtiges Lager in dem Serpentin. Gornoi Journal vom Jahre 1833, Quartal II, S. 23.

förderten Erze, wie mir Herr Helm sagte, sich nicht gutartig bewiesen hatten. Wir gingen nun die Höhen hinab, und dem Fusse derselben entlang bis zur chemischen Fabrik des Herrn Helm, die an dem Abhange der Höhen, in nicht grosser Entfernung von dem Isset angelegt ist, und in welcher Chromgelb aus dem am Ural so häufig vorkommenden Chromeisenerz nach der gewöhnlichen Methode dargestellt wird [1]). In dem Teiche, den Herr Helm bei seiner Fabrik hat graben lassen, sieht man Thonschiefer, der aber braun und sehr verwittert ist, und bei stehenden Schichten ein Streichen St. 8½ hat. Jenseits der chemischen Fabrik bestiegen wir wieder die Höhen, die hier stärker bewaldet sind, und auch schon aus einem andern Gestein als Serpentin bestehen, wofür aber einen passenden Namen zu finden, wiederum schwer ist. Es ist im Grunde noch die Gebirgsart von der Steinschleiferei; sie ist noch eben so gemengt, aber im Ganzen dunkler, schwärzlichgrün und Chloritschiefer-ähnlich, sowohl die dichten als auch die porphyrartigen Stellen, welche auch weniger scharf abschneiden und mehr in einander verfliessen. Eben so ist auch das Gestein noch unvollkommen schiefrig. Es hält aber nicht lange an, denn jenseits eines kleinen Thales tritt ein feinkörniger Granit hervor, der aus weissem Feldspath, graulichweissem Quarz und schwarzem Glimmer besteht, aber ausserdem noch kleine Hexaëder von Eisenkies enthält, die in Brauneisenerz verändert sind, und auch den umliegenden Granit braun gefärbt haben. Von einer ähnlichen Beschaffenheit fanden wir auch später den Granit auf der Sibirischen Hauptstrasse, mit welchem er offenbar zusammenhängt, den dritten der oben erwähnten Granitzüge bildend.

Hier beschlossen wir die Excursion, da ich das

---

[1]) Das Pud Chromeisenerz kostet Herrn Helm an Ort und Stelle 3 Rubel.

jenseitige Ufer des Isset schon durch die Excursion nach Schabrowskoi kennen gelernt hatte. Die geognostische Beschaffenheit der Gegend von Katharinenburg kommt demnach mit der von Schabrowskoi noch sehr überein; Chloritschiefer und Thonschiefer bilden die schiefrigen Gebirgsarten, die mit dem Chlorit- und Talkschiefer von Schabrowskoi gleiches Streichen haben. Von massigen Gebirgsarten finden sich Serpentin, der hier in einer merkwürdigen gleichmässigen Lagerung mit dem Chloritschiefer vorkommt, und Granit, welcher den Serpentin gangartig zu durchsetzen scheint. Ausser diesen Gebirgsarten finden sich nun noch andere, die sowohl in Rücksicht der Structur, als auch der Lagerung zwischen Chloritschiefer, Thonschiefer, Serpentin und Augitporphyr in der Mitte stehen, und an den verschiedenen Stellen bald mehr mit der einen dieser Gebirgsarten, bald mehr mit der andern übereinkommen.

Excursion nach der Goldgrube Beresowsk und den in der Nähe befindlichen Goldseifen.

Die Goldgrube Beresowsk liegt, wie schon angeführt, 15 Werste nordöstlich von Katharinenburg. Der Weg dahin geht anfangs durch flaches Land, dann durch Fichten- und Birkenwaldung; anstehendes Gestein ist, wenigstens am Wege, nirgends zu finden; das letzte, welches wir sahen, war noch in der Stadt selbst die kleine Kuppe von Chloritschiefer und Serpentin bei dem alten Mehlmagazin, bei welcher wir vorüberfuhren. Nach 8 Wersten kommt man durch das ziemlich beträchtliche Dorf Schartasch, welches an der Westseite eines etwa 3 bis 4 Werste von N. nach S. langen und etwa 2 Werste von W. nach O. breiten Sees gleiches Namens liegt, und von Roskolniken oder Altgläubigen bewohnt wird. Gleich hinter dem Dorfe fangen die weitläuftigen Haldenzüge an, in deren Gesellschaft man bis zu dem Flecken Beresowsk bleibt, der in der Mitte des goldhaltigen Terrains, soweit dasselbe durch den Bergbau aufgeschlossen ist, an einem kleinen Bache, der Beresowka liegt. Diese ist bei einem Flecken zu einem Teiche aufgestaut, und um diesen herum liegen weitläuftig in rechtwinklig sich durchschneidenden Strassen die hölzernen Häuser mit der hölzernen Kirche des Fleckens.

Wir stiegen in dem Bergamte ab, wo wir die Bekanntschaft des Herrn Ober-Hüttenverwalter Kokscharoff und des Herrn Bergmeister Völkner machten, welche uns mit dem Herrn Berghauptmann die Grubenrisse und eine recht vollständige Sammlung von Gebirgsarten von Beresowsk erklärten, die in dem Bergamte aufgestellt war. Wir besuchten darauf zuerst das an der Pyschma, etwa 7 Werste nordöstlich von Beresowsk gelegene Pochwerk Pyschminsk, wo das in der Grube gewonnene Gold gepocht und gewaschen wird, fuhren sodann auf der Grube Blagoweschenskoi, ganz in der Nähe von Beresowsk an, und verwandten den Rest des Tages dazu, die in der Nähe von Beresowsk liegenden Goldseifen zu untersuchen. Den folgenden Tag fuhren wir auf der Preobraschenskischen Grube, nordwestlich von Beresowsk an, besahen die übrigen Goldseifen, und untersuchten am dritten Tage auf der Rückkehr nach Katharinenburg das am See Schartasch liegende Gebirge. Auf diese Weise erlangten wir nach und nach durch Belehrung und durch eigene Ansicht eine Uebersicht von dem Vorkommen des Goldes und den geognostischen Verhältnissen der Gegend, die ich hier gleich zu einem allgemeinen Bilde zusammenzustellen versuchen will.

Der goldhaltige Boden liegt auf der rechten Seite der Pyschma, welche hier eine ziemlich gerade, östliche Richtung hat, und verbreitet sich zu beiden Seiten der Beresowka, die ihn der Länge nach von S. nach N. durchfliesst, indem sie 4 Werste oberhalb Beresowsk entspringt, und sich 3 Werste unterhalb in die Pyschma ergiesst. Um ihr einen stärkern Wasserzufluss zu geben, ist sie an ihrem Ursprunge mit dem See Schartasch durch den in westlicher Richtung gehenden Alexandrowskischen Kanal in Verbindung gesetzt, welcher nun zu gleicher Zeit die südliche Gränze des goldhaltigen Bodens bildet. Westlich und östlich wird derselbe durch zwei kleine Bäche, die Kalinowka und Schilowka begränzt, die in einer Entfernung von 3 bis 4 Wersten von der Beresowka, wie diese in die rechte Seite der Pyschma fallen.

Auf diese Weise bildet der goldhaltige Boden ein Rechteck, dessen längere Seiten 8 Werste lang und von N. nach S. gerichtet, und dessen kürzere Seiten 7 Werste lang und von O. nach W. gerichtet sind, und das also einen Flächenraum von 56 Quadratwersten einnimmt. In eben so viel Bezirke, deren jeder eine Quadratwerst gross ist und einen besondern Namen führt, wird er auch eingetheilt. Ausserhalb dieses Districtes hat man jedoch noch an mehreren Stellen Gold erschürft und Gruben angelegt; einige derselben liegen ganz in der Nähe der Hauptgruben an ihrer Südwest-, Nord- und Ostseite, und ihre Gänge hängen also wahrscheinlich noch mit denen der Hauptgruben zusammen; andere liegen aber schon in grösserer Entfernung, wie an dem Isset bei dem Dorfe Uktuss und noch weiter abwärts bei dem Dorfe Schilowa (Schilow-Issetsk), und selbst an der Tschussowaja bei dem Dorfe Makarowa an ihrer rechten, und etwas weiter aufwärts auch an ihrer linken Seite; doch waren diese entferntern Gruben schon vor der Entdeckung des Goldsandes auflässig geworden.

Ueber Tage ist der goldhaltige Boden hügelicht und mit Dammerde und zum Theil mit Fichtenwaldung bedeckt. Südlich aber von demselben erheben sich an der Nord- und Nordostseite des Sees Schartasch fortlaufende Kuppen von Granit, die wahrscheinlich mit den Goldgängen in naher Beziehung stehen, und daher eine besondere Berücksichtigung verdienen. Der Granit dieser Kuppen ist von verschiedener Beschaffenheit; der, welcher die zunächst am Wege von Katharinenburg nach Beresowsk gelegenen Kuppen an der Nordseite des Sees bildet, ist grobkörnig und im Ganzen dem ähnlich, welcher in dem Granitbruche von Werch-Issetsk ansteht; nur ist der Quarz noch dunkeler grau, und der blättrige Feldspath weniger unterbrochen wie bei diesem. Auch findet sich der Quarz zum Theil in einzelnen Krystallen, deren Kanten noch ziemlich scharf sind, dagegen die grössern Parthien wie bei dem Granite von Werch-Issetsk aus körnigen Zusammensetzungsstücken bestehen. Titanit kommt in ihm ebenfalls, wenngleich kleiner und sparsamer vor. Ebenso ist er auch von Gängen von feinkörnigem Granit, die dasselbe Ansehn wie die Gänge von Werch-Issetsk haben, durchsetzt. Er ist sehr bröcklich und verwittert daher leicht. Die Gipfel sind mit auf einander gethürmten parallelepipedischen Blöcken, wie die Granite von Räschety, und die Abhänge mit Grant bedeckt; jene sind kahl, diese mit Fichtenwaldung bewachsen.

Weiter östlich von dieser Kuppe ist der Granit dagegen feinkörnig und fest. Er besteht nun aus einem Gemenge von bläulichweissem feinkörnigen Feldspath und kleinen schwarzen Glimmerblättchen, in welchem häufig schneeweisse Albitkrystalle von 1 bis 1½ Linien Länge, und hier und da nur einige Quarzkörner von sehr lichter graulichweisser Farbe eingemengt sind. Der Granit hat schon ganz ein porphyrartiges Ansehn, was aber noch viel deutlicher bei einer folgenden Abänderung hervortritt, die schon eine vollkommen splittrige lichte bläulichgraue Grundmasse enthält, in welcher sehr kleine schwarze Glimmerblättchen und eben solche weisse Albitkrystalle und einzelne graulichweisse Quarzkörner eingemengt sind. Die beiden letzten Abänderungen des Granits sind untereinander offenbar nicht sehr verschieden, und scheinen wohl vollkommen ineinander überzugehen; dagegen unterscheiden sie sich durch Structur, Korn und relative Menge der Gemengtheile sehr auffallend von der ersten Abänderung. Leider haben wir bei dem anhaltenden Regen, in welchem wir unsere Excursion machten, über das Verhalten dieser beiden Granitabänderungen gegeneinander nichts weiter ausmachen können. Nach Tschaikowski stehen diese Granitmassen des Schartasch-Sees mit dem östlich von Katharinenburg an der Sibirischen Hauptstrasse und mit dem bei der Helmschen Fabrik anstehenden Granite in Verbindung. Die weitere nördliche Erstreckung derselben aber auf das goldhaltige Terrain ist nicht zu beobachten, da sie von demselben durch Bruch und Morast abgeschnitten sind.

Jenseits des goldhaltigen Bodens an der Pyschma finden sich ganz andere Gesteine. Im Osten von Pyschminsk erheben sich nämlich an der südlichen, rechten Seite der Pyschma Felsen von Serpentin, welche in geringer Erhöhung auch noch weiter westlich das rechte Ufer dieses Flusses, da wo er durch den Hüttendamm zu einem See angeschwollen ist, bis jenseits der Schilowka begleiten. Die höhern Felsen bei dem Pochwerke, die sich etwa 200 Fuss über den Wasserspiegel erheben mögen, sind kahl, der niedere westlich fortstreichende Höhenzug ist mit Fichtenwaldung bedeckt. Der Weg von Pyschminsk nach Beresowsk geht zwischen ihm und dem Hütteneiche entlang und ist mit Serpentin überschüttet.

Der Serpentin dieser Berge ist theils lauchgrün, splittrig im Bruche, und stark an den Kanten durchscheinend, und somit ganz ähnlich den Abänderungen, die gewöhnlich den Namen des edlen Serpentins führen, theils wie der sogenannte gemeine Serpentin, weniger durchscheinend und von grünlichgelber und gelblichbrauner Farbe. Beide Abänderungen enthalten viel

Magneteisenerz, welches in dünnen Lagen und rundlichen Körnern, die selbst wieder aus feinkörnigen Zusammensetzungsstücken bestehen, darin vorkommt, und das Phosphorsalz mit der gewöhnlichen Eisenfarbe färbt, wenn man es vor dem Löthrohre damit zusammenschmelzt, daher weder Chrom- noch Titan-haltig ist. Die stärker durchscheinenden Abänderungen enthalten ausserdem noch Brucit (kohlensaures Talkerdehydrat), der sich in ihnen zwar nur in kleinen schneeweissen und perlmutterglänzenden Blättchen oder in kleinen schuppig körnigen Parthien findet, aber nichts desto weniger interessirt, da er noch ein sehr seltenes Mineral ist, das sich bis jetzt nur an zwei Orten, zu Hoboken in New Yersey und zu Svinaness auf der Shetlandschen Insel Unst gefunden hat [1]). — Der Serpentin ist mehr oder weniger zerklüftet, zuweilen so stark, dass er ganz aus übereinander liegenden Schalen mit fettig glänzenden Kluftflächen besteht, die selbst noch wieder zerklüftet sind, so dass es schwer hält, ein Stück mit frischem Bruche zu schlagen. An einer Stelle schienen die Schalen nach einer bestimmten Richtung zu liegen und das Ansehen von Schichten anzunehmen, die St. $6\frac{1}{2}$ streichen und unter steilem Winkel nach S. fallen; an den meisten Stellen war da-

---

[1]) Der Brucit von Pyschminsk löst sich in Chlorwasserstoffsäure, besonders wenn man sie erwärmt, mit Brausen auf; die Auflösung giebt nach Neutralisation mit Ammoniak, wenn sich hinreichend Salmiak gebildet hat, mit überschüssig zugesetztem Ammoniak keinen Niederschlag, auch nicht mit oxalsaurem Ammoniak, dagegen einen sehr starken Niederschlag mit phosphorsaurem Natron. Vor dem Löthrohr im Kolben erhitzt, giebt er Wasser, und mit Kobaltsolution befeuchtet, nimmt er eine rothe Farbe an. Ganz ebenso verhalten sich der von Bruce und Hibbert entdeckte Brucit von Hoboken und Svinaness. Ganz reine durchsichtige Stücke von beiden Fundörtern lösen sich in Chlorwasserstoffsäure ebenfalls unter Brausen auf, und das Brausen währt fort bis auch das letzte Theilchen aufgelöst ist; daher auch beide Abänderungen Kohlensäure enthalten müssen, so wenig auch die Analysen von Bruce, Fife und Stromeyer dieselbe darin angeben.

gegen keine Regelmässigkeit zu bemerken, wie auch das hier beobachtete Streichen ganz verschieden ist von dem, welches der Serpentin auf der Ostseite von Katharinenburg zeigte.

Die Serpentinfelsen von Pyschminsk enthalten kein Gold mehr, und begränzen also das goldhaltige Terrain von dieser Seite. Sie setzen nach Hermann[1]) noch weiter östlich an der Pyschma fort, worauf dann bei dem von Pyschminsk in gerader Richtung 6 Werste entfernten Dorfe Stanowa ein mächtiges Lager von körnigem Kalke und weiterhin Granit folgt, welcher nach Tschaikowski mit dem vom Dorfe Schilowa am Isset zusammenhängt, und den vierten der oben erwähnten Granitzüge bildet. Westwärts, die Pyschma aufwärts, so wie jenseits der Kalinowka finden sich mancherlei, mitunter sehr ausgezeichnete Abänderungen von Diorit und Augitporphyr, die wir zum Theil bei der Besichtigung der hier befindlichen Goldseifen und auf der Reise nach Newiansk, nördlich von Katharinenburg kennen lernten, und worauf ich später zurückkommen werde; aber auch diese Gesteine enthalten kein Gold mehr und schneiden im NW. das goldhaltige Terrain ebenso ab, wie die Serpentine im NO.

Das eigentliche Gebirgsgestein, worin die goldführenden Gänge aufsetzen, ist hiernach nur unter Tage, uud in einzelnen Stücken auf den weitläuftigen Halden zu sehen. Es ist auf den verschiedenen Gruben verschieden, bald Thonschiefer, bald Chloritschiefer, bald Talkschiefer. Der erstere findet sich auf der Blagoweschenskischen, die beiden andern auf der Preobraschenskischen Grube. Den Thonschiefer sahen wir nur in Stücken, die wir in der Nähe der Goldgänge abgeschlagen hatten, und die daher nicht mehr frisch waren. Er ist von lichtgrauer Farbe, erdigem Bruche, und auf den häufigen Kluftflächen von

[1]) Mineralog. Reisen in Sibirien, Th. 1, S. 123.

Eisenocher braun gefärbt. Der Chloritschiefer ist in den verschiedenen Abänderungen von verschiedenem Ansehen, lichte grünlichgrau, graulichgrün bis lauchgrün, bald weniger bald stark schiefrig. Die lichtern Abänderungen, die sich mehr dem Thonschiefer anschliessen, sind mit einer Menge äusserst kleiner fast mikroscopischer, aber stark glänzender Octaëder von Magneteisenerz erfüllt; die dunklern zuweilen mit grossen Blättern von Chlorit, wie sie auch in dem Chloritschiefer vom Zillerthal in Tyrol vorkommen, mit kleinen glänzenden Tafeln von Eisenglanz und mit Rhomboëdern von Bitterspath. Einige dieser Abänderungen enthalten alle drei Einmengungen zu gleicher Zeit, andere nur Eisenglanz und Bitterspath, wieder andere nur Bitterspath. Der Talkschiefer ist graulichweiss und graulichgrün, mehr oder weniger fettglänzend, und gewöhnlich etwas krummschiefrig. Kleine Tafeln von Eisenglanz und Rhomboëder von Bitterspath kommen ebenfalls in ihm eingewachsen vor.

Die Krystalle dieses Bitterspathes, wie sie im Chloritschiefer sowohl als im Talkschiefer vorkommen, sind gewöhnlich nur klein, von 1 bis 2 Linien Durchmesser, dennoch sind aber die Flächen, die man durch Spaltung der Krystalle erhält, zuweilen so glatt und glänzend, dass man ziemlich genaue Messungen mit dem Reflexionsgoniometer anstellen kann. Ich erhielt bei diesen Versuchen einen Winkel von 107° 12′-30′, der also von dem Winkel des gewöhnlichen Bitterspathes (106° 15′) ziemlich stark abweicht, und sich dem Winkel des Talkspaths (107° 22′) nähert. In ihrer chemischen Zusammensetzung unterscheiden sich diese Krystalle aber von dem Talkspathe dadurch, dass sie neben der Talkerde und dem Eisenoxydul noch Kalkerde, und das Eisenoxydul auch vielleicht in grösserer Menge, so weit man diess aus einigen nur qualitativen Versuchen beurtheilen kann, enthalten; denn ihre Auflösung in Chlorwasserstoffsäure giebt, nachdem sie mit Salpetersäure oxydirt ist, durch Ammoniak einen sehr starken Niederschlag von Eisenoxyd, und wenn man die abfiltrirte Flüssigkeit zur Trockne abdunstet und glüht, lässt sich das erhaltene Pulver zum Theil in Wasser auflösen, und aus der Auflösung durch oxalsaures Ammoniak noch ein starker Niederschlag erhalten. Ich will demnach in Ermangelung einer vollständigern Untersuchung die Krystalle mit dem Namen Bitterspath oder eisenhaltiger Bitterspath einstweilen bezeichnen.

Man findet diesen Bitterspath indessen selten nur in einem frischen Zustande; gewöhnlich ist er, besonders in der Nähe der Goldgänge, mehr oder weniger zersetzt, und in einen röthlichbraunen Ocher umgewandelt, woraus sich schon ohne weitere Versuche der starke Eisengehalt dieser Krystalle ergiebt. Der Eisenocher füllt zum Theil nur die Räume aus, in welchen der Bitterspath gesessen hat, die aber sonst ihre Form meistens noch gut erhalten haben, so dass man noch deutlich erkennen kann, dass der Eisenocher von der Zersetzung des eisenhaltigen Bitterspathes, und nicht vom zersetzten Eisenkiese herrührt, wie man gewöhnlich annimmt. Ausserdem braust er auch in der Regel noch mit Säuren, da er gewöhnlich noch kleine Theilchen unzersetzten Bitterspathes enthält. Diese Zersetzung scheint bei dem im Talkschiefer eingewachsenen Bitterspathe besonders häufig vorzukommen, da mir von diesem fast gar keine Stücke mit unzersetztem Bitterspathe vorgekommen sind.

Bei den Gesteinen, in welchen die Goldgänge aufsetzen, ist nun noch ein anderes zu erwähnen, das der Hauptsache nach aus sehr vorwaltendem Quarze mit wenigem grünen Talk besteht, und das man demnach als einen sehr quarzigen Talkschiefer oder als einen talkigen Quarz betrachten kann. Der Talk findet sich in diesem Quarze nur in einzelnen schiefrigen oder schuppig körnigen Parthien; zuweilen ist er so innig mit dem Quarze gemengt, dass er mit ihm eine dichte Masse bildet, und nur als färbende Substanz desselben erscheint; zuweilen, wo der Quarz drusig wird, ist er auch in kleinen sechsseitigen Tafeln krystallisirt. Er hat eine schöne spangrüne Farbe, verliert dieselbe aber, wenn man ihn vor dem Löthrohre erhitzt, und wird weiss ohne zu schmelzen, und ebenso verhält sich vor dem Löthrohre auch der mit dem Talke innig gemengte Quarz. Dieser talkige Quarz ist nun häufig ganz besonders stark von dem eisenhaltigen Bitterspathe durchsetzt, der theils in gangförmigen Massen, die bald untereinander parallel sind, bald in allen Richtungen das Gestein durchschwärmen, darin liegt, theils überall mit ihm gemengt ist, so dass er dadurch ein körniges Ansehen erhält. Dieser Bitterspath ist immer schneeweiss und undurchsichtig; wo er die Ausfüllungsmasse von Gängen ausmacht häufig sehr grobkörnig, und in den einzelnen Zusammensetzungsstücken deutlich spaltbar; doch sind die Spaltungsflächen nicht so glatt, um ihre Winkel mit Genauigkeit bestimmen zu können. In Rücksicht seiner chemischen Beschaffenheit scheint er aber ganz mit dem in dem Chloritschiefer eingeschlossenen Bitterspath übereinzukommen. Wo er mit dem grüngefärbten Quarze zu einem körnigen Gemenge verbunden ist, giebt er demselben ein geflecktes Ansehen, was noch durch eine grosse Menge glänzender, 1 bis 2 Linien grosser Tafeln von Eisenglanz vermehrt wird, die sich besonders in diesen Abänderungen finden. In andern kommen auch kleine Krystalle von Eisenkies ohne Eisenglanz vor; das sind aber nach den Stücken, die ich gesehen habe, solche Gemenge von Bitterspath und talkigem Quarz, wo der Talk nicht seine gewöhnliche spangrüne, sondern eine gelblichweisse Farbe hat.

Auch in diesem Gemenge ist, wo es sich in der Nähe der Goldgänge findet, wie bei dem Talk- und Chloritschiefer, der Bitterspath in Eisenocher verwandelt, zuweilen so vollkommen, dass das Ganze braun aussieht, stark abfärbt und ein ganz unkenntliches Ansehen hat. Wenn man aber Stücke davon in Chlorwasserstoffsäure kocht, so wird der Eisenocher ausgezogen, und die Stücke erscheinen als ein sehr poröses Gemenge von weissem Quarz und spangrünem Talk, von demselben Ansehen, von welchem auch der mit unzersetztem Bitterspathe gemengte talkige Quarz erscheint, wenn man ihn auf eine gleiche Weise behandelt. Auch in diesen ochrigen Massen finden sich Krystalle von Eisenkies, die in Brauneisenerz ungeändert, doch in Rücksicht ihrer Form noch gut erhalten sind. Dem zersetzten Eisenkiese kann daher auch dieser Eisenocher nicht zugeschrieben werden, wie man gethan hat, da eben so gut wie die einzelnen Krystalle auch die übrige Masse ihre Form erhalten haben würde; ausserdem braust er noch mit Säuren, was von etwas unzersetztem Bitterspathe, den er enthält, herrührt, und beurkundet schon dadurch seinen Ursprung, wenn man auf denselben auch nicht mehr durch die Form der Räume, in denen er liegt, schliessen kann, da diese nicht regelmässig sind.

Den mit unzersetztem Bitterspath gemengten talkigen Quarz nennt man in Beresowsk Listwänit, und den ochrigen Talkquarz sowohl als Talkschiefer Krassik (von krasni roth). Da ein eigener Name zur Bezeichnung des erstern Gesteins, welches wir von der nämlichen karakteristischen Beschaffenheit an mehreren Orten im Ural angetroffen haben, zweckmässig scheint, so werde ich mich des Namens Listwänit auch in der Folge dafür bedienen.

Thonschiefer, Chloritschiefer und Talkschiefer sind mit einander gleichmässig gelagert, und scheinen in Lagern mit einander zu wechseln. Sie stehen fast saiger und haben dasselbe Streichen wie die geschichteten Gebirgsarten in den Umgebungen von Katharinenburg, nämlich St. 9 von NW. nach SO. Der Listwänit soll dagegen sich in unregelmässigen Massen in diesen Gebirgsarten finden, was vielleicht diesen Anschein nur da haben mag, wo er sehr mit Bitterspath gemengt ist, denn in manchen Abänderungen ist er so deutlich schiefrig, dass er für nichts anderes als einen quarzigen Talkschiefer angesehen werden kann, der dann auch wohl nur lagerartig in dem gewöhnlichen Talkschiefer vorkommt. —

Diese geschichteten Gebirgsarten werden nun von Gängen von Granit durchsetzt, die aber selbst noch nicht edel sind, sondern in besondern Quarzgängen, die in ihnen wiederum aufsetzen, das Gold enthalten, welches den Gegenstand des Beresowschen Bergbaus ausmacht.

Der Granit der Beresowschen Gruben wird von den Bergleuten in Beresowsk nicht Granit genannt, sondern mit einem eigenen Namen Beresit bezeichnet; und allerdings hat er häufig nicht ganz das gewöhnliche Ansehen des Granits. Er ist in der Regel sehr mürbe und zersetzt, und besonders in der Nähe der Quarzgänge und in den obern Teufen, wo er den Einwirkungen der Atmosphäre und der Tagewasser mehr ausgesetzt ist. Aber auch selbst in grössern Teufen hält es noch schwer frische Stücke zu erhalten, da das Gestein sehr klüftig ist, die Tagewasser tief hineindringen und die Gruben jetzt nur bis zu dem Stollen fahrbar sind, der bei dem von keinen tiefen Thälern durchschnittenen Boden auf der Blagoweschenskischen Grube nur die sehr unbeträchtliche Teufe von 9 Lachtern einbringt.

Wo das Gestein am frischesten ist besteht es aus lichte gelblich- oder graulichweissem Feldspath, lichte graulich- oder röthlichweissem Quarz und silberweissem oder graulichweissem Glimmer. Der Feldspath ist gewöhnlich in vorherrschender Menge vorhanden, und bildet eine Hauptmasse, in welcher die übrigen Gemengtheile eingewachsen sind. Er ist meistentheils feinkörnig, findet sich indessen doch auch zuweilen in einzelnen grössern schneeweissen Körnern oder Krystallen, die aber aus der übrigen feinkörnigen Masse nur wenig hervortreten. Der Quarz findet sich in einzelnen abgerundeten Hexagondodecaëdern, oder in grösseren körnig-zusammengesetzten Parthien; der Glimmer ebenfalls in einzelnen Schüppchen oder kleinen schuppigkörnig-zusammengesetzten Parthien. Bei der Feinkörnigkeit des Feldspaths erhält dieser Granit ein gewisses sandiges, in manchen Abänderungen besonders auffallendes Ansehen. In manchen Abänderungen erscheint der Quarz nur in sehr geringer Menge, und auch da nur in kleinern Krystallen und Körnern; der feinschuppige Glimmer dagegen in grösserer Menge und mit untereinander ziemlich paralleler Lage, so dass diese Abänderungen dadurch ein schiefriges Ansehen erhalten; doch giebt es zwischen den körnigen und schiefrigen Abänderungen vollkommene Uebergänge. Ebenso finden sich auch in beiden Abänderungen kleine Krystalle von Eisenkies eingesprengt, die in Brauneisenerz umgeändert sind, und auch häufig den umgebenden Feldspath braun gefärbt haben, wodurch das Gestein, welches im Allgemeinen gelblich oder graulichweiss aussieht, ein braun geflecktes Ansehn erhält. Diese zersetzten Eisenkieskrystalle haben sich besonders in der Nähe der Quarzgänge aufgehäuft; sie finden sich hier nicht allein in grösserer Menge, sondern auch von bedeutender Grösse (zuweilen von 5 Linien Durchmesser), und sind in Rücksicht ihrer Form, die noch vollkommen erhalten ist, theils Pyritoëder, theils Hexaëder, deren Flächen aber in diesem Fall auf die bekannte Weise parallel den Grundkanten des Pyritoëders stark gestreift sind.

Ganz frischer Granit von diesen Gängen, bei welchem der in ihm enthaltene Eisenkies noch unversehrt erhalten wäre, ist mir gar nicht vorgekommen; überall ist derselbe schon durch und durch in Brauneisenerz verändert; der Feldspath ist indessen häufig noch blättrig; in andern Fällen hat sich dagegen die Zersetzung auch bis auf ihn erstreckt, und das ganze Gestein, je nachdem es mehr zu der sandigen oder zu der schiefrigen Abänderung gehörte, in eine gelbliche Porzellanerde oder röthlichgelben Thon umgeändert. Bei der Porzellanerde kann man noch auf der Lagerstätte selbst im Bruche das Gemenge, woraus sie besteht, deutlich erkennen; wenn sie aber ausgetrocknet ist, hat sie gewöhnlich so wenig Zusammenhalt, dass sie durch den leisesten Druck in Staub zerfällt. Der Thon, in welchen sich die schiefrige Abänderung des Granits umgeändert hat, ist fettig anzufühlen, sein Ursprung aber auch noch im Bruche, der deutlich schiefrig ist, zu erkennen. Er sowohl als die festern Abänderungen der Porzellanerde werden nach allen Richtungen von kleinen Gängen, Adern und Dendriten von einem dichten oder ochrigen Brauneisenerz durchzogen, dessen Ursprung ebenfalls nicht zweifelhaft sein kann, und der auch die nächsten Umgebungen der Gänge braun gefärbt hat. — Den mit vielen und grössern zersetzten Eisenkieskrystallen erfüllten oder in Porzellanerde oder Thon veränderten Granit nennt man in Beresowsk, weil er sich immer in der Nähe der Quarzgänge findet, das Saalband der Goldgänge.

Die Zahl der Granitgänge, die sich in Beresowsk finden, ist sehr bedeutend; sie sind alle untereinander ziemlich parallel, und haben ein Hauptstreichen von N. nach S., durchsetzen also das von NW. nach SO. streichende Nebengestein unter schiefen Winkeln. Sie stehen fast saiger, und erstrecken sich meistens durch das ganze goldhaltige Terrain, so dass sie also meistens auf 7 bis 8 Werste weit ins Feld setzen. Ihre Mächtigkeit ist untereinander und an den verschiedenen Stellen eines und desselben Ganges verschieden, beträgt aber im Allgemeinen 18 bis 20 Lachter.

Die Lage des Granites dieser Gänge macht es

sehr wahrscheinlich, dass er mit dem im N. und NO. des Sees Schartasch anstehendem Granite zusammenhängt, und nur einzelne Ausläufer bildet, die sich von dem Schartasch-Granite losgezogen haben. Sein Ansehen ist zwar mit diesem nicht völlig übereinstimmend, aber einmal ist es eine gewöhnliche Erscheinung, dass der Granit, da wo er sich in kleine Gänge zersplittert, ein anderes Ansehen hat, als wo er in grössern Massen erscheint, und dann hat der Granit der Gruben mit dem des Schartasch (der selbst in sich nicht gleichartig ist) doch das Vorwalten und die Farbe des Feldspaths und das eigenthümliche Ansehen des Quarzes gemein, und kleine Eisenkieshexaëder kommen in der südlichen Fortsetzung des Schartasch-Granites, wie in dem Granite bei der chemischen Fabrik des Herrn Helm vor. Leider ist es nicht möglich den Zusammenhang beider Granite über Tage nachzuweisen, indem Morast und Bruch den Schartasch-Granit von dem eigentlichen Grubenfelde trennen; doch hat man sich in der, dem Schartasch-Granite zunächst gelegenen Grube Storoschewskoi demselben schon bis auf eine halbe Werst genähert; vielleicht dass spätere Bauten in dieser Grube den Zusammenhang noch völlig nachweisen werden.

Die Mineralien, welche auf den, den Granit oder Beresit durchsetzenden Gängen vorkommen, sind folgende:

1. Quarz. Er ist gewöhnlich derb, und in diesem Fall nur an den Kanten durchscheinend und von Fettglanz, doch findet er sich auch auf den Drusenräumen des derben krystallisirt. Die Krystalle sind mehr oder weniger durchsichtig, gewöhnlich nicht sehr gross, erreichen aber doch zuweilen eine Länge von 7, und eine Breite von 2 Zoll. Die kleinern Krystalle haben nicht selten äusserst glatte und glänzende Flächen, und finden sich häufig mit Rhomben- und Trapezflächen, sowie auch mit Flächen von spitzeren Hexa-

gondodecaëdern. Die Krystalle zeigen auch öfter die von **Haidinger** zuerst beobachtete Erscheinung, dass sie nämlich auf den Flächen stellenweise matt und glänzend sind, was sich nicht allein auf den Flächen des Hexagondodecaëders sondern auch des Prisma's findet.

2. **Turmalin.** Er findet sich in grünen nadel- und haarförmigen Krystallen, die meistens an den Wänden des Ganges angeschossen und in Quarz eingewachsen sind. Sie kommen darin theils einzeln und unregelmässig durcheinander gewachsen, theils büschelförmig gruppirt vor; die erstern finden sich besonders in den durchsichtigen Quarzkrystallen; sie sind dicker als die andern, wiewohl sie selten die Dicke einer Stecknadel übertreffen; die letztern finden sich mehr in dem undurchsichtigen Quarze, und sind gewöhnlich nur haarförmig. Sie sind durchscheinend, stark glänzend, die Endkrystallisation ist bei ihrer Dünne und da sie immer eingewachsen sind, nicht wahrzunehmen. Der Turmalin findet sich besonders auf der Grube Pyschminskoi und wird sehr häufig für Strahlstein gehalten.

3. **Talk** in spangrünen Krystallen und schuppig körnigen Parthien von derselben Beschaffenheit wie der, welcher in dem Listwänit vorkommt. Die Krystalle sind kleine sechsseitige Tafeln, und wie die derben Parthien in Quarz theils eingewachsen, theils auf ihn aufgewachsen.

4. **Pyrophyllit.** Er kommt meistens krystallisirt vor, doch sind die Krystalle wenig deutlich; es scheinen breite rechtwinklig vierseitige Prismen zu sein, an den Enden mit flachen Zuschärfungen begränzt, welche auf die schmalen Seitenflächen gerade aufgesetzt sind; die Winkel lassen sich, weil die Zuschärfungsflächen des Endes nicht glänzend sind, nicht näher bestimmen. Parallel der breiten Seitenfläche sind die Krystalle sehr vollkommen spaltbar. Sie sind im-

mer in Quarz eingewachsen und um einzelne Punkte excentrisch-strahlig zusammengehäuft, und bilden auf diese Weise eingewachsene Kugeln, die frei im Quarze liegen, oder grosskörnige Zusammensetzungsstücke, wenn die Kugeln nebeneinander liegen und sich gegenseitig begränzen, oder an den Wänden des Ganges aufgewachsene Kugeln, was besonders bei den kleinen, einen halben bis einen Zoll mächtigen Quarzgängen der Fall ist. Die Oberfläche der Kugeln ist immer drusig, und die excentrisch zusammengehäuften Individuen sind breitstänglich und in den verschiedenen Kugeln 1 bis 3 Linien lang.

Der Pyrophyllit ist lichte spangrün bis grünlichweiss, von Perlmutterglanz, in dünnen Blättchen stark durchscheinend.

Die Härte sehr gering wie die des Talkes.

Das specifische Gewicht 2,785 [1]).

Vor dem Löthrohre zeigt er ein sehr eigenthümliches Verhalten. Wenn man einzelne stängliche Stücke auf der Kohle oder in der Zange mit Platinspitzen erhitzt, so blättern sie sich unter ausserordentlicher Vermehrung ihres Volumens zu einer fächerartigen Masse auf [2]), wobei sie ihre Farbe verlieren und weiss werden. Erhitzt man sie in einem Kolben, so wird von der starken und plötzlichen Ausdehnung das Glas sogleich durchbrochen, und der aufgeblätterte Pyrophyllit tritt aus dem Glase heraus, während sich an dem kältern Theile des Kolbens etwas Wasser ansammelt. Erhitzt man sie auf der Platinzange, so können sie in strengem Feuer an den Enden geschmolzen werden.

Von Borax wird der Pyrophyllit in ziemlicher Menge zu einem klaren farblosen Glase aufgelöst; ebenso von Phosphorsalz, wo nur bei einem grössern

---

[1]) Die Angabe ist vielleicht etwas zu hoch, da die Stücke, welche gewogen wurden, beim Wiegen im Wasser nicht völlig von allen anhängenden Bläschen befreit waren.

[2]) Nach diesem Verhalten hat er auch seinen Namen erhalten.

Zusatz vom Mineral sich die Kieselsäure abscheidet und das Glas beim Erkalten opalisirt.

Mit Soda, in nicht zu grosser Menge zugesetzt, schmilzt er zu einem klaren etwas blasichten Glase zusammen.

Mit Kobaltsolution befeuchtet und erhitzt wird er schön blau gefärbt.

In Chlorwasserstoffsäure ist er unauflöslich.

Nach der Analyse von Herrn Hermann in Moskau besteht er aus [1]):

		Sauerstoffgehalt
Talk	4,00	1,55
Thonerde	29,46	13,75
Eisenoxyd	1,80	0,55
Kieselsäure	59,79	30,07
Wasser	5,62	5,00
Silberoxyd	Spur	
	100,67	

Die chemische Formel für diess Mineral ist demnach:

$$\dot{Mg}^3 \ddot{Si}^2 + 9 \dddot{\bar{Al}} \ddot{Si}^2 + 9 \dot{\bar{H}}$$

Der Pyrophyllit war schon lange bekannt gewesen, wurde aber für strahligen Talk gehalten, bis Herr Hermann, wie schon oben S. 149 angeführt, seine wahre Beschaffenheit entdeckte. Sein eigentlicher Fundort war aber, da man früher als Talk keine grosse Wichtigkeit auf ihn legte, nicht bekannt, bis ihn Herr Dr. Fiedler 1830 auf einem 6 bis 8 Zoll mächtigen Quarzgange in Krassik, $1\frac{1}{2}$ Werste nördlich von der Pyschma auffand. Man hatte hier einen kleinen Schurf gemacht, denselben aber bald wieder verlassen, da man kein Gold in dem Quarze gefunden hatte [2]). Da aber das Mineral schon seit langer Zeit bekannt war,

---

[1]) S. Poggendorffs Annalen B. XV, S. 592.

[2]) S. ebendaselbst B. XXV, S. 328.

so ist es gewiss auch auf mehreren anderen Gruben vorgekommen [1]).

5. **Bitterspath** findet sich nicht allein in dem Quarz des Listwänits, sondern auch in dem Gangquarz, doch wie es scheint nicht häufig eingewachsen. Er liegt darin in einzelnen Rhomboëdern von einem halben Zoll Durchmesser, oder in kleinen derben Parthien mit grobkörnigen Zusammensetzungsstücken, ist gelblichweiss, undurchsichtig und vollkommen spaltbar, doch sind die Spaltungsflächen nicht so glatt und glänzend, dass sich die Winkel mit Genauigkeit bestimmen liessen. Nach einigen qualitativen Versuchen hat er eine ähnliche chemische Beschaffenheit wie der im Listwänit und im Chloritschiefer vorkommende Bitterspath. Er ist häufig zersetzt, und hat Eindrücke in dem Quarz gebildet, die zum Theil wie bei den Eindrücken in dem Listwänite mit braunem Eisenocher ausgefüllt, und an ihrer Form zu erkennen sind.

6. **Eisenkies.** Er kommt derb und krystallisirt vor. Die Krystalle sind Hexaëder und Pyritoëder und die Uebergangsformen beider. An den grössern Kry-

[1]) Die Gruben von Beresowsk sind jetzt nicht mehr der einzige Fundort des Pyrophyllits. Er findet sich ferner noch in der Gegend von Spaa, nach einem Stücke zu urtheilen, welches ich nach meiner Rückkehr in Berlin in der Königlichen Mineraliensammlung bei der Durchmusterung des Talkes auffand. Ein anderes Stück, welches darauf Herr Prof. Weiss entdeckte, hatte nach der Etiquette zum Fundort Otré im ehemaligen *Dep. de l'Ourthe*; es war mit dem erstern von ganz gleicher Beschaffenheit, war also auch wahrscheinlich mit ihm von einer und derselben Lagerstätte. Endlich fand ich ihn auch noch in einem von Sellow an die Königliche Mineraliensammlung in Berlin geschickten Transport Brasilianischer Mineralien ohne nähere Angabe des Fundorts. Der Pyrophyllit von Otré und aus Brasilien findet sich in eben solchen excentrisch-zusammengehäuften breitstänglichen Zusammensetzungsstücken wie der von Beresowsk; der von Otré ist schneeweiss, der Brasilianische dagegen grünlichweiss, der erste allein, der letztere mit krystallisirtem Cyanit, auf welchem der Pyrophyllit meistens aufsitzt, in Quarz eingewachsen. Der Quarz des Brasilianischen Pyrophyllits ist ausserordentlich bröcklich.

stallen finden sich auch noch die Flächen des Leucitoëders als dreiflächige Zuspitzungen der Hexaëderecken. Die Flächen des Hexaëders und Pyritoëders sind gewöhnlich nicht glatt, sondern mit der oben erwähnten Streifung versehen, sonst stark glänzend und scharfkantig. Die Grösse der Krystalle ist sehr verschieden, und geht von einer oder einigen Linien bis zu mehreren Zollen im Durchmesser. Ein Hexaëder aus den Beresowschen Gruben, welches sich in der Königlichen Sammlung in Berlin befindet, hat Kanten von 6 Zoll Länge. Die Krystalle sind auf den derben Massen aufgewachsen, und frei oder mit Quarz bedeckt, oder in denselben eingewachsen, ohne in diesem Fall aber von der Schärfe der Kanten und dem Glanz der Flächen zu verlieren. Die Krystalle und derben Massen sind aber im Innern selten ganz rein, sondern häufig mit schmalen Trümmern von Quarz nach allen Richtungen durchsetzt.

Selten ist der Eisenkies ganz frisch, gewöhnlich ist er zersetzt und in Brauneisenerz oder Eisenoxydhydrat umgeändert. Die Zersetzung geht von der Oberfläche aus, und ist mehr oder weniger tief eingedrungen, daher man bei grösseren zersetzten Krystallen oder derben Massen in der Regel einen Kern oder andere im Innern zerstreut liegende Stellen von unzersetztem Eisenkies findet. Die Krystalle haben auch hier, wie gewöhnlich bei dieser Zersetzung nicht nur ihre Form, sondern auch die Schärfe der Ecken und Kanten und den Glanz und die Streifung der Flächen behalten, was jedoch selbst bei den nicht von Quarz bedeckten Krystallen nicht immer unmittelbar zu sehen ist, weil sie häufig noch mit einer nicht glänzenden schwärzlichbraunen dünnen Rinde von Eisenoxydhydrat bedeckt sind, die sich aber mit Leichtigkeit mit einem Messer abheben lässt.

Das Brauneisenerz, worin sich der Eisenkies umgeändert hat, ist grösstentheils dicht und hat einen ebenen Bruch, in andern Fällen ist er aber porös oder erdig. Mehr oder weniger grosse Zellen von Quarz, welche durch die sich durchsetzenden Trümmchen von Quarz, die den Eisenkies häufig durchziehen, gebildet werden, treten dann deutlich hervor; sie sind zum Theil noch mit braunem Eisenocher erfüllt, oft ist auch dieser fortgeführt, der zellige Quarz ist allein zurückgeblieben, und bildet dann das sogenannte **Bimsteinerz**, dessen **Pallas** erwähnt [1]). Es enthält zuweilen so wenig Spuren von Brauneisenerz, dass es graulichweiss aussieht, gewöhnlich ist es indessen von dem Eisenocher gelb oder braun gefärbt. Es geht entweder in derben Quarz, oder in die dichten Varietäten des Brauneisenerzes über, das also da besonders, wo es erdig war, verschwunden ist. Zuweilen findet es sich auch im Innern grösserer Krystalle, die äusserlich ganz wohl erhalten sind, und glänzende Flächen haben, aber nur aus einer dünnen braunen Rinde bestehen, die das hohle zellige Gewebe einschliesst, welches das Bimsteinerz darstellt. — Wo der Eisenkies rein und unvermengt mit Quarz war, hat er bei seiner Zerstörung blosse Eindrücke in Quarz hinterlassen, die auch häufig gefunden werden, und an Form und Streifung der abgedrückten Flächen leicht zu erkennen sind [2]).

---

[1]) In seiner Reise Th. II, S. 166.

[2]) Unter den Eindrücken, die in dem Quarze der Beresowschen Gruben vorkommen, finden sich noch andere als die erwähnten, die gewöhnlich kleiner sind, und sich in der Oberfläche mancher Quarzkrystalle besonders häufig finden. Die Form dieser Eindrücke lässt sich nicht bestimmen, doch kann man nach dem, was an ihnen zu sehen ist, bestimmt ausmachen, dass sie nicht vom Bitterspath oder Eisenkies herrühren können, wiewohl die Rückstände, die sich bei denjenigen dieser Eindrücke finden, die grösser sind und in den Quarz tiefer hineingehen, wie bei den Eindrücken von Bitterspath und Eisenkies, aus Eisenoxydhydrat oder einem Gemenge von Eisenoxydhydrat und Kieselsäure bestehen. Es muss daher noch ganz unausgemacht bleiben, welches Mineral es war, das diese Eindrücke hervorgebracht hat.

In diesen Eindrücken, mehr aber noch in dem zelligen Quarze finden sich zuweilen kleine glänzende Krystalle von Schwefel, die, obgleich gewöhnlich äusserst klein sich an der Form, noch besser aber an ihrem Verhalten vor dem Löthrohre bei Erhitzung in einem Kolben erkennen lassen. Er ist wie das Brauneisenerz ein Produkt der Zersetzung des Eisenkieses.

7. Nadelerz. Es findet sich in Krystallen und kleinen derben Parthien, die stets in Quarz eingewachsen sind. Die Krystalle sind gewöhnlich lange dünne Prismen, die immer stark in die Länge gestreift und abgerundet, und häufig geknickt und gebogen sind, deren Winkel sich daher nicht bestimmen lassen. Ihre Endkrystallisation ist nirgends zu erkennen. Sie kommen von der Länge von einigen Zollen vor, doch ist diess selten; gewöhnlich sind sie kleiner, zuweilen nur einige Linien lang; die grössern Krystalle haben die Dicke einiger Linien, die kleinern nur einer Nadel oder selbst eines Haars. Sie liegen entweder frei im Quarze, oder sind auf den derben Massen aufgewachsen. Sie sind in einer Richtung parallel der Hauptaxe unvollkommen spaltbar, ihr Bruch ist uneben; die derben Massen haben stark verwachsene Zusammensetzungsstücke und einen unebenen Bruch.

Das Nadelerz ist schwärzlich bleigrau und metallisch glänzend, läuft aber mit der Zeit bräunlich an und wird matt.

Die Härte ist etwas grösser als die des Steinsalzes, das specifische Gewicht nach H. Frick 6,757 [1]).

Das Verhalten vor dem Löthrohre ist ausführlich von Berzelius beschrieben worden.

Nach einem Mittel aus zwei wenig von einander abweichenden Analysen, welche der Dr. H. Frick neuer-

---

[1]) Das angegebene specifische Gewicht ist um ein Geringes zu hoch, da die gewogenen Stücke, wie sich nachher bei der Analyse ergab, eine geringe Menge Gold eingemengt enthielten; vergleiche Poggendorffs Annalen, B. XXXI, S. 530.

dings in dem Laboratorium meines Bruders, des Prof. H. Rose angestellt hat, besteht das Nadelerz aus:

Kupfer	11,19,	die Schwefel aufnehmen	2,84
Blei	35,87	„ „ „	5,57
Wismuth	35,53	„ „ „	8,06
Schwefel	16,33		16,47
	98,92 [1]).		

Die Zusammensetzung des Nadelerzes kann also durch folgende Formel bezeichnet werden:

$$\acute{Cu}\,\acute{Bi} + 2\,\acute{Pb}\,\acute{Bi}$$

Bei einer frühern Analyse hatte John ausser den angeführten Metallen vermuthungsweise noch eine geringe Menge Nickel und Tellur angegeben, von deren Abwesenheit sich aber Dr. Frick durch directe Versuche überzeugt hat.

Das Nadelerz hat häufig bei sonst ganz frischen Krystallen einen gelblichgrünen Ueberzug; ausserdem kommt es auch nicht selten, selbst da, wo es ganz von Quarz umschlossen zu sein scheint, durch und durch zersetzt und in eine gelbe erdige Masse verwandelt vor, die wahrscheinlich Wismuthoxyd ist, während auf Klüften in der Nähe des Nadelerzes in dünnen Anflügen Kupferlasur und Malachit vorkommen, die in diesem Fall auch durch die Zersetznng des Nadelerzes entstanden zu sein scheinen.

Das Nadelerz ist besonders auf der Pyschminskischen, Preobraschenskischen und Kljutschewskischen Grube vorgekommen.

8. Fahlerz. Es ist wie die angeführten Mineralien immer in Quarz eingewachsen, und scheint deshalb auch nur derb vorzukommen, wenigstens habe ich es nicht krystallisirt gesehen. Es findet sich sonst schon in etwas grössern Massen, hat kleinmuschligen

[1]) Vergl. Pogg. Ann. B. XXXI, S. 535.

Bruch, eisenschwarze Farbe und ist stark metallisch glänzend.

Nach einer von Herrn Löwe aus Wien in dem Laboratorium meines Bruders angestellten Analyse besteht dieses Fahlerz aus:

Kupfer	40,57,	nehmen Schwefel auf	10,31
Zink	5,07	„ „ „	2,53
Eisen	2,92	„ „ „	1,73
Antimon	21,47	„ „ „	8,03
Arsenik	2,42	„ „ „	1,04
Schwefel	26,10		23,64
Silber u. Bergart	0,56		
	99,11		

Die gefundene Schwefelmenge stimmt mit der berechneten nicht ganz genau überein, doch sieht man aus dem Resultate der Analyse, dass dieses Fahlerz mit den Fahlerzen von Kapnik in Ungarn und von der Aurora bei Dillenburg, welche mein Bruder untersucht hat, übereinstimmt [1]).

Das Beresowsche Fahlerz ist häufig mit Klüften durchzogen, und auf denselben miteinem Anfluge von Malachit bedeckt, der durch seine Zersetzung entstanden ist. Es ist auf der Pyschminskischen Grube vorgekommen.

9. Kupferkies in kleinen Massen in Quarz eingewachsen.

10. Gold. Es findet sich in Flitterchen, dünnen Blättchen, kleinen Zähnen und unregelmässigen Körnchen, gewöhnlich nur von der Grösse einer Erbse, welche in Quarz, Eisenkies und Nadelerz eingewachsen sind. In grössern Massen kommt es sehr selten vor, häufiger noch findet es sich in dem zersetzten Eisenkiese in so kleinen staubartigen Theilen, dass sie nur erst durch Pochen und Waschen desselben erkannt werden können. In den Drusen des Quarzes

---

[1]) Vergl. Poggendorffs Annalen, Th. XV, S. 577.

kommt es auch zuweilen krystallisirt und auf Quarz aufgewachsen vor, doch sind die Krystalle nur klein und selten deutlich; sie haben gewöhnlich abgerundete Kanten, und zeigen nur einzelne glatte Flächen, so dass es nicht möglich ist, ihre Form zu bestimmen. Durch die Güte des Herrn Karelin in Orenburg erhielt ich später ein Stück Quarz mit einzelnen aufsitzenden Goldkrystallen, deren Form sich bestimmen liess. Sie sind Taf. II, Fig. 9 abgebildet, und stellen eine Combination von 6 Formen dar, nämlich:

1, des Octaëders o $= (a : a : a)$
2, des Hexaëders a $= (a : \infty a : \infty a)$
3, des Dodecaëders d $= (a : a : \infty a)$
4, des Ikositetraëders $\frac{o}{3}$ $= (a : a : \frac{1}{3} a)$
5, des Hexakisoctaëders $n = (a : \frac{1}{2} a : \frac{1}{4} a)$
6, des Hexakisoctaëders t

Die Flächen des Octaëders sind vorherrschend, die Flächen des Hexaëders und Dodecaëders erscheinen als Abstumpfungsflächen der Ecken und Kanten des Octaëders, die übrigen Flächen wie aus der Ansicht der Figur am besten hervorgeht. Das Ikositetraëder und die Hexakisoctaëder n und t konnten nur durch die Messung der Winkel bestimmt werden, da ein hinreichender Parallelismus von Kanten nicht vorhanden war. Die Neigung des Ikositetraëders $\frac{o}{3}$ zur Hexaëderfläche beträgt 154° 46′, die zur Octaëderfläche 150° 30′, mit welchen Winkeln die an den Krystallen gemessenen sehr nahe übereinstimmten. Die Flächen der Hexakisoctaëder n und t waren zwar nur äusserst klein, doch liess sich das erstere wenigstens noch sehr gut bestimmen. Ich habe die Neigung einer Fläche dieses Hexakisoctaëders gemessen:

1, gegen eine Hexaëderfläche,
2, gegen eine Octaëderfläche, an welche sie gränzt,
3, gegen eine andere, von welcher sie durch eine Fläche des Ikositetraëders getrennt ist,

4, gegen eine andere, von welcher sie durch zwei Flächen des Hexakisoctaëders *t* getrennt ist.

Berechnet man diese Winkel bei der Annahme, dass die Flächen *n* die Flächen des Hexakisoctaëders $(a : \frac{1}{2} a : \frac{1}{4} a)$ sind, so betragen sie der Reihe nach 150° 48′, 151° 52′, 162° 14′ und 154° 46′, womit die gemessenen Winkel ebenfalls so nahe übereinstimmten, dass die kleinen Abweichungen nur Beobachtungsfehler sein konnten. Das Hexakisoctaëder $(a : \frac{1}{2} a : \frac{1}{4} a)$ kommt häufig bei dem Flussspathe vor, ist aber bis jetzt bei dem Golde noch nicht beobachtet worden. Wenn bei den untersuchten Krystallen die Dodecaëderflächen grösser wären, so dass sie die angränzenden Hexakisoctaëderflächen nicht in Punkten berührten, sondern in Kanten schnitten, so würden die entstehenden Kanten den Kanten zwischen dem Hexakisoctaëder und dem Ikositetraëder parallel sein. Die letztern Kanten divergiren von den Octaëderflächen aus nach den Hexaëderflächen zu, woraus sich schon ergiebt, dass das Ikositetraëder ein stumpferes als das ist, welches auf dem Hexakisoctaëder parallele Kanten bilden würde, und dessen Zeichen $(a : a : \frac{3}{8} a)$ ist.

Das Hexakisoctaëder *t* konnte an den untersuchten Krystallen wegen der ausserordentlichen Kleinheit und des geringern Glanzes der Flächen nicht mit Genauigkeit bestimmt werden; doch kommen diese Flächen in andern Combinationen, die ich auf der Rückreise in der vortrefflichen Mineraliensammlung des Berghauptmanns Kowanko in Petersburg zu beobachten Gelegenheit hatte, und die in Taf. II, Fig. 8 dargestellt sind, deutlicher vor, so dass es wohl möglich wäre, diese Flächen mit Genauigkeit zu bestimmen. Die Krystalle in der Sammlung des Herrn Kowanko sind an und für sich nicht viel grösser als die, welche ich gemessen habe, aber die Dodecaëderflächen sind grösser, und an den vierflächigen Ecken desselben finden sich nur die Flächen t, ohne die Flächen a, $\frac{O}{3}$ und n[1]).

Das Gold aus den Beresowschen Gruben hat eine goldgelbe Farbe, enthält aber doch nach den von mir nach meiner Rückkehr angestellten Analysen 6-8 Proc. Silber. Einzelne kleine Körner und Krystalle, die in Quarz eingewachsen gewesen waren, enthielten:

Silber	8,03
Kupfer	0,09
Gold nebst etwas Eisen und Verlust	91,88
	100,00

Eine andere kleine Parthie, die in Blättchen in zersetztem Eisenkies eingewachsen gewesen, und aus demselben durch Schlämmen gewonnen worden war, enthielt:

Gold	93,78
Silber	5,94
Kupfer	0,08
Eisen	0,04
	99,84

Ein Theil eines derben Stückes aus den alten Gruben von Uktuss, das mit Brauneisenerz verwachsen ist,

[1]) Ich habe die Beschreibung der von Herrn Karelin erhaltenen Krystalle schon früher in Poggendorffs Annalen B. XXIII, S. 196 bekannt gemacht, und dabei angeführt, dass die Flächen t vielleicht dem Hexakisoctaëder $(a : \frac{1}{11} a : \frac{1}{19} a)$ angehören könnten, dessen Winkel zwar zum Theil um mehr als einen Grad von denen, welche ich durch die Messung gefunden habe, abwichen, die aber wegen der Beschaffenheit der Flächen auch nicht genau sein konnten. Hr. Prof. Naumann hat dafür später (Poggendorffs Annalen B. XXIV, S. 385) das Hexakisoctaëder $(a : \frac{1}{9} a : \frac{1}{15} a)$ vorgeschlagen, dessen Winkel auch nicht mehr von den gemessenen abweichen, und das sich ausserdem nicht allein durch grössere Einfachheit der Axenverhältnisse, sondern auch dadurch empfiehlt, dass es zu dem Ikositetraëder $\frac{O}{3}$, welches in der Krystallreihe des Goldes eine so wichtige Rolle spielt, in dem ausgezeichneten Verhältnisse steht, dass seine längste Kante durch die Fläche des Ikositetraëders abgestumpft würde. Genaue Messungen an bessern Krystallen, als die, welche mir zu Gebote standen, würden allein darüber entscheiden können.

und sich in der Königlichen Sammlung in Berlin befindet, enthielt:

Gold	92,80
Silber	7,02
Kupfer	0,06
Eisen	0,08
	99,96

Es ergiebt sich aus diesen Analysen zugleich, dass der Silbergehalt in dem Golde der Beresowschen Gruben nicht überall gleich ist, und es wird daraus schon wahrscheinlich, was auch meine übrigen nach der Rückkehr angestellten Analysen des gediegenen Goldes bewiesen haben, dass Gold und Silber sich als isomorphe Körper in allen Verhältnissen mit einander verbinden können [1]).

Das Gold kommt auf den Beresowschen Gruben besonders in den oben angeführten Mineralien vor. Es findet sich, wie es scheint, häufiger noch in dem zersetzten als in dem unzersetzten Eisenkiese. Dass aber dieser letztere kein Gold enthalte, ist, wie ich mich selbst überzeugt habe, eine irrige Meinung; denn in einem Stücke unzersetzten Eisenkieses von der Grösse einer Haselnuss, welches ich von einem grösseren Stücke abschlug, habe ich ganz deutliche Flitter Gold gefunden [2]).

---

[1]) Vergl. darüber die Zusammenstellung der sämtlichen von mir angestellten Goldanalysen am Ende des zweiten Theiles.

[2]) Die beste Methode den Eisenkies auf Gold zu untersuchen ist offenbar die, welche Boussingault vorgeschlagen hat, nach welcher man den Eisenkies zerstösst und röstet, bis aller Schwefel verjagt ist, das gebildete Eisenoxyd sodann in einem Mörser feinreibt und abschlämmt. Wenn der Eisenkies nur eine Spur Gold enthält, so wird es auf diese Weise kenntlich, denn bei dem grossen Unterschiede in dem specifischen Gewichte des Goldes und des Eisenoxydes lässt sich das letztere leicht abschlämmen, und beim Reiben in dem Mörser wird das Gold breit gefletscht, und dadurch auch in der geringsten Menge sichtbar. Das Rösten des Eisenkieses ist nicht durchaus nöthig, man kann ihn auch unmittelbar feinreiben und sodann mit glei-

11. **Bleiglanz.** Er kommt nicht krystallisirt, sondern nur derb und eingesprengt vor, ist gewöhnlich sehr grobkörnig, und die grobkörnigen Zusammensetzungsstücke sind zuweilen um einen Mittelpunkt concentrisch zusammengehäuft. Gold habe ich in ihm nicht eingesprengt gesehen, dagegen enthält er, wie gewöhnlich, etwas Silber, wovon man sich durch einen Löthrohrversuch überzeugen kann. Er kommt gewöhnlich mit Quarz, seltener mit Eisenkies und dann sowohl mit frischem als mit zersetztem vor. Wo er in grössern Massen vorkommt, sieht man die Krystalle des Quarzes häufig in ihm eingewachsen; die Krystalle haben aber in diesem Falle stets eine eigenthümliche Beschaffenheit, ihre Kanten und Ecken sind abgerundet und sie haben, wenn man sie herausschlägt, ein Ansehen, wie etwa Hexaëder von Steinsalz erhalten, wenn sie einige Zeit im Wasser gelegen haben; eine Beschaffenheit, die der Quarz offenbar beim Krystallisiren durch den Widerstand des bedeckenden Bleiglanzes erhalten hat.

Die grosskörnigen Zusammensetzungsstücke des Bleiglanzes sind ebenfalls wie der Eisenkies von dünnen Trümmchen von Quarz durchzogen; der Quarz hat sich dann aber nur zwischen die Spaltungsflächen des Bleiglanzes gelegt, und bildet dadurch, wenn der letztere zerstört und fortgeführt ist, wie das öfter vorkommt, Zellen, deren Wände sich rechtwinklig wie die Spaltungsflächen beim Bleiglanz durchschneiden, die also ganz verschieden von den unregelmässigen Zellen des Quarzes sind, die bei der Zerstörung des Eisenkieses zurückbleiben. Reste unzersetzten Bleiglanzes, die man häufig noch in den rechtwinkligen

---

cher Leichtigkeit abschlämmen, als wenn er geröstet ist, da Eisenkies und Eisenoxyd ein ziemlich gleiches specifisches Gewicht haben, aber das Feinreiben geschieht viel leichter und schneller, wenn man ihn zuvor geröstet, als wenn man diess unterlassen hat.

Zellen findet, beweisen noch mehr, dass sie früher von Bleiglanz ausgefüllt gewesen sind.

Wo der Bleiglanz frei daliegt, hat er eine sichtlich zerfressene Oberfläche, und ist mit einer Menge von Bleisalzen bedeckt, die offenbar durch seine Zersetzung entstanden sind, wobei sich das Blei im Bleiglanze oxydirt, und mit andern oxydirten Substanzen verbunden hat. Zu diesen Bleisalzen gehört vor allen

1) das **Rothbleierz** oder das neutrale chromsaure Bleioxyd $\mathrm{Pb}\,\dddot{\mathrm{Cr}}$, welches sich auf den Beresowschen Gruben so ausgezeichnet findet, und sie in mineralogischer Hinsicht besonders berühmt gemacht hat. Es kommt gewöhnlich nur krystallisirt vor; die Winkel seiner Krystalle sind noch neuerdings vom Prof. Kupffer einer genauen Messung unterworfen worden [1]. Es ist grösstentheils auf Bleiglanz und auf derbem und krystallisirtem Quarz, zuweilen auch auf dem eisenhaltigen Bitterspathe aufgewachsen, findet sich aber oft in kleinen Klüften, die sich von den Quarzgängen losgezogen haben, unmittelbar auf Granit, in welchem Fall es meistentheils nur plattenförmig und von der Dicke der Klüfte ist, in denen es sich gebildet hat. Wo das Rothbleierz auf Quarzkrystallen aufgewachsen ist, haben diese letztern ebenfalls abgerundete Kanten und Ecken, und überhaupt dasselbe Ansehen, wie die in Bleiglanz eingewachsenen Krystalle, daher es wahrscheinlich ist, dass auch die mit Rothbleierz bedeckten Krystalle früher in Bleiglanz eingewachsen waren, der nur später zerstört und fortgeführt worden ist, bei welchem Processe eben sich das Rothbleierz gebildet hat [2]. Die Bitterspath-Rhomboëder, welche das Roth-

---

[1]) Kastners Archiv, Th. X, S. 311.

[2]) Auch Herrn v. Engelhardt ist das eigenthümliche Ansehen der von dem Rothbleierz bedeckten Quarzkrystalle aufgefallen, doch ist er der Meinung, dass die Krystalle erst nach ihrer Bildung und zwar durch denselben Process, der den Eisenkies in Eisenoxydhy-

bleierz bedecken, sind wo ich sie gesehen habe, völlig zersetzt und in Eisenocher verändert, der den Raum nur zum kleinsten Theil ausfüllt; aber die Höhlungen, die auf diese Weise entstanden, sind vollkommen regelmässig, und lassen beim Zerschlagen des umgebenden Rothbleierzes die Form von Rhomboëdern sehr deutlich erkennen.

Das Rothbleierz ist an mehreren Orten in den Beresowschen Gruben vorgekommen, findet sich aber jetzt besonders auf der Preobraschenskischen Grube.

2) Der Melanochroit oder das basische chromsaure Bleioxyd. Er findet sich gewöhnlich nur in kleinen derben Parthien oder Lagen auf Bleiglanz und mit Rothbleierz, von welchem er gewöhnlich bedeckt oder auch ganz umhüllt ist. Die derben Massen bestehen aus kleinen schaligen Zusammensetzungsstücken, die an- und durcheinander gewachsen, aber fest mit einander verbunden und in einer Richtung rechtwinklig auf der Hauptfläche der Schalen sehr vollkommen spaltbar sind. Die derben Massen laufen in kleine tafelartige Krystalle aus, die aber an den Stücken, welche ich zu untersuchen Gelegenheit hatte, zu undeutlich waren, um ihre Form bestimmen zu können.

Der Melanochroit ist von einer Mittelfarbe zwischen koschenilroth und kirschroth, stark glänzend von metallischem Demantglanz auf den Spaltungsflächen, in den übrigen Richtungen nur wenig glänzend von Fettglanz; an den Kanten durchscheinend.

Die Härte ist etwas grösser als die des Kalkspathes, das spec. Gewicht nach Hermann 5,75.

Vor dem Löthrohr auf der Kohle schwach erhitzt, wird der Melanochroit wie das Rothbleierz dunkler, nimmt aber beim Erkalten seine vorige Farbe wieder

---

drat verwandelt und die Bleisalze gebildet habe, in diesen Zustand, versetzt sind; vergl. die Lagerstätte des Goldes und des Platins im Ural-Gebirge S. 19.

an; stärker erhitzt, knistert er etwas, decrepitirt aber nicht wie das Rothbleierz, schmilzt sodann und zersetzt sich, indem er sich mit ähnlichem, doch nicht so starkem Geräusch, wie bei diesem auf der Kohle ausbreitet und eine dünne Lage von grünem Chromoxyd bildet, die eine Menge kleiner Bleikügelchen bedeckt, während sich Bleirauch um die Kohle legt. — Mit Phosphorsalz geschmolzen, giebt er ein grünes Glas.

In Chlorwasserstoffsäure löst er sich mit Leichtigkeit unter Ausscheidung von krystallinischem Chlorblei zu einer grünen Flüssigkeit auf.

Nach der Analyse von Herrn Hermann in Moskau [1]) enthält er

Bleioxyd	76,69	enthalten Sauerstoff	5,50
Chromsäure	23,31	„ „	10,73
	100,00		

Die chemische Formel ist mithin:

$$\dot{Pb}^3 \dddot{Cr}^2$$

Das Mineral war früher von dem Rothbleierz nicht unterschieden worden, bis erst vor einigen Jahren Herr Hermann durch die dunklere Farbe aufmerksam gemacht, es untersucht hat. Nach diesem Merkmal hat er ihm auch den Namen gegeben. Die deutliche Spaltbarkeit, die grössere Härte, das geringere specifische Gewicht und das Verhalten vor dem Löthrohr unterscheiden den Melanochroit ausserdem hinreichend von dem Rothbleierz.

3) Der Vauquelinit oder das basische chromsaure Kupfer- und Bleioxyd. Er kommt nur in sehr kleinen Krystallen vor, die nach der Symmetrie der Flächen zu urtheilen, zwei- und eingliedrig, bei der Kleinheit und dem geringen Glanze der Flächen aber nicht näher zu bestimmen sind. Sie sind büschelförmig aufgewachsen, oder bilden kleine krystallinische mehr

---

[1]) S. Poggendorffs Annalen, B. XXVIII, S. 162.

oder weniger dicke Lagen und Ueberzüge, auch kleine unvollkommen nierenförmige Massen, mit rauher und drusiger Oberfläche und flachmuschligem Bruch.

Er ist schwärzlichgrün, im Strich zeisiggrün, mehr oder weniger glänzend von Fettglanz und undurchsichtig. Härte, etwas unter der des Kalkspathes, das specifische Gewicht nach Haidinger 5,986.

Der Vauquelinit ist schon seit längerer Zeit bekannt und von Berzelius analysirt worden. Seine chemische Formel ist:

$$\dot{Cu}^3 \dddot{Cr}^2 + 2\dot{Pb}^3 \dddot{Cr}^2$$

er bildet also dasselbe basische Salz wie der Melanochroit.

Der Vauquelinit findet sich meistentheils allein oder mit Roth- und Grünbleierz auf Klüften in Granit, und ist auf diese Weise besonders auf der Grube Zwetnoi vorgekommen. Er kommt aber auch auf Quarz aufgewachsen vor, und bildet zuweilen wie das Rothbleierz Ueberzüge auf Bitterspathrhomboëdern, deren Form sich noch erkennen lässt, die aber im Innern ganz zersetzt sind.

4) Grünbleierz, $Pb\bar{C}l + 3\dot{P}b^3 \overset{\cdot\cdot\cdot\cdot\cdot}{\bar{P}}$. Es findet sich meistentheils krystallisirt in regulären sechsseitigen Prismen, die nur mit der geraden Endfläche begränzt sind; Flächen von Hexagondodecaëdern habe ich wenigstens nie beobachtet; die Krystalle sind gewöhnlich nur klein, zuweilen fast haarförmig, erreichen aber doch zuweilen eine Dicke von 1½ Linien; sie sind selten bauchig, gewöhnlich geradflächig, besonders die kleineren. Die haarförmigen Krystalle sind zuweilen excentrisch zusammengruppirt, und auf kleinen derben Massen aufgewachsen, die einen ebenen feinsplittrigen Bruch haben.

Es ist gelblichgrün, selten grünlichgelb, an den Kanten durchscheinend und von Fettglanz.

Die grünen Abänderungen schmelzen vor dem

Löthrohr ohne Geruch und krystallisiren beim Erkalten, enthalten also nur Phosphorsäure und keine Arseniksäure. Die selten vorkommenden grünlichgelben Abänderungen schmelzen und krystallisiren beim Erkalten ebenfalls; erhitzt man sie aber in der innern Flamme, so reducirt sich ein kleiner Theil des Bleioxyds unter Arsenikgeruch; sie enthalten also neben der Phosphorsäure noch etwas Arseniksäure.

Beide Abänderungen enthalten ausserdem noch einen im Grünbleierze sonst ganz ungewöhnlichen Bestandtheil, nämlich Chrom, der sich sowohl in ihrem Verhalten vor dem Löthrohr, als mit Chlorwasserstoffsäure deutlich zu erkennen giebt. Vor dem Löthrohr nämlich mit Phosphorsalz zusammengeschmolzen, bilden sie in der äussern Flamme ein smaragdgrünes Glas, das nur in der innern Flamme beim Erkalten bräunlich und undurchsichtig wird; und gepulvert und mit Chlorwasserstoffsäure digerirt, lösen sie sich mit Leichtigkeit unter einiger Chlorentwickelung und unter Ausscheidung von krystallinischem Chlorblei zu einer grünen Flüssigkeit auf, die noch dunkler wird, wenn man sie mit Alcohol versetzt und kocht, und die von dem Chlorblei abfiltrirt, mit Ammoniak einen lichte graulichgrünen Niederschlag wie Chromoxyd giebt, der auch vor dem Löthrohr untersucht, sich wie Chromoxyd verhält.

Das Chrom ist hiernach in dem Grünbleierze von Beresowsk sowohl als Chromsäure, als auch als Chromoxyd enthalten; aber es ist schwer zu sagen, welche Rolle dabei sowohl die eine, als die andere Oxydationsstufe spielt, da weder die eine noch die andere mit den übrigen im Grünbleierze vorkommenden Oxyden eine gleiche Anzahl von Sauerstoffatomen hat, und daher als isomorpher Bestandtheil keines derselben ersetzen kann. Der Chromgehalt scheint nicht in allen Krystallen gleich zu sein, da immer die kleinern die Reactionen vollkommener geben, als die grössern; es ist daher möglich, dass das Chrom dem Beresowschen Grünbleierz nur beigemengt ist, wiewohl es in diesem Falle auffallend scheint, dass es sich in den Krystallen von allen Stufen, die ich darauf untersucht habe, findet.

Das Grünbleierz findet sich in den Beresowschen Gruben auf den Kluftflächen im Granit, wie auch in den Quarzgängen; auf den erstern kommt es häufig ganz allein, auf den letztern mit Rothbleierz und Vauquelinit vor. Es findet sich ferner auch in dem rechtwinklig zelligen Quarze, der in Bleiglanz eingewachsen gewesen war.

5) Vanadinbleierz. Es findet sich nur krystallisirt; die Krystalle sind wie die des Grünbleierzes reguläre sechsseitige Prismen, die ebenfalls nur mit der geraden Endfläche begränzt sind. Sie sind von verschiedener Grösse, meistentheils nur klein, zuweilen doch 3 bis 4 Linien lang. Die kleinern Krystalle sind glattflächig, die grössern gewöhnlich etwas drusig. Spaltbarkeit ist nicht deutlich wahrnehmbar, der Bruch unvollkommen muschlig.

Es ist von kastanienbrauner Farbe, stark glänzend von Fettglanz, besonders auf den kleineren Krystallen. Die Härte über der des Kalkspaths.

Vor dem Löthrohr decrepitirt dieses Vanadinbleierz stark; es schmilzt darauf auf der Kohle zu einer Kugel, die sich unter Funkensprühen zu regulinischem Blei reducirt, und dabei die Kohle gelb beschlägt.

Von Phosphorsalz wird es aufgelöst; es schmilzt damit in der äussern Flamme zu einem Glase, das so lange es heiss ist, röthlichgelb, nach dem Erkalten gelblichgrün aussieht, und in der innern Flamme eine schöne chromgrüne Farbe annimmt.

In Salpetersäure löst es sich leicht zu einer bräunlichgelben Flüssigkeit auf. Die Auflösung giebt mit salpetersaurem Silberoxyde versetzt, einen weissen Niederschlag von Chlorsilber, und mit Schwefelsäure einen weissen Niederschlag von schwefelsaurem Bleioxyde. Die von dem letztern Niederschlage abfiltrirte Flüssigkeit giebt mit Schwefelwasserstoff-Ammoniak einen braunrothen Niederschlag von Schwefelvanadium, wobei die saure Flüssigkeit bläulich gefärbt wird. Wenn man die vom schwefelsauren Blei filtrirte Flüssigkeit erhitzt, bis die Salpetersäure und Schwefelsäure, die sie enthält, ganz verflüchtigt sind, so bleibt eine röthlichbraune dicke Flüssigkeit zurück, welche geschmolzene Vanadinsäure ist.

Das Vanadinbleierz von Beresowsk verhält sich in allen Rücksichten wie das von Zimapan in Mexico, mit welchem ich, da sich davon in der Königlichen Mineraliensammlung zu Berlin mehrere Stücke befinden, die Herr v. Humboldt aus Mexico mitgebracht hat, zur Gegenprobe dieselben Versuche angestellt habe. Da nun Vanadinbleierz von Zimapan auch in sechsseitigen Prismen krystallisirt, und dieselbe Farbe und Härte hat wie das von Beresowsk, so ist es auch wahrscheinlich, dass dieses mit dem von Zimapan identisch ist, und also auch dieselbe chemische Zusammensetzung hat, welche nach der Analyse von Berzelius durch folgende Formel bezeichnet wird [1]):

$$\mathrm{Pb\,Cl\,\dot{P}b^3 + 3\,\dot{P}b^3\,\dddot{V}}$$

Das Vanadinbleierz findet sich in Beresowsk immer auf den Klüften des Granits, und in allen Stücken, die ich davon kenne, mit Grünbleierz zusammen. Die Krystalle beider Substanzen kommen nicht unregelmässig durcheinander gewachsen, sondern nebeneinander vor, aber an der Gränze beider bildet das braune Vanadinbleierz krystallinische Ueberzüge auf den Krystallen des Grünbleierzes. Beide Minerale sind hier wie isomorphe Substanzen miteinander verwachsen, und da auch beide eine gleiche Krystallform haben, so könnte man hiernach vermuthen, dass Vanadin- und

[1]) Vergl. Poggendorffs Annalen, B. 22, S. 61.

Grünbleierz isomorph sind; aber dieser Isomorphismus ist nicht nur nicht bewiesen, da gegen die Axe geneigte Flächen, die allein darüber entscheiden, beim Vanadinbleierz bis jetzt noch nücht beobachtet sind, ja nicht einmal wahrscheinlich, da die Radicale der Säuren beider Minerale in ganz verschiedenen Verhältnissen mit Säuren verbunden angenommen werden.

Das Vanadinbleierz wurde früher für Grünbleierz gehalten, welches ebenso wie es mit ersterm eine gleiche Krystallform hat, auch häufig mit ihm von derselben Farbe vorkommt. Da indessen Grünbleierz von zweierlei Farben an einem und demselben Stücke nicht vorzukommen pflegt, so veranlasste mich dieser Umstand die braunen Krystalle näher zu untersuchen, wobei ich ihre wahre Beschaffenheit auffand [1]).

6) **Weissbleierz**, $\mathrm{Pb}\ddot{\mathrm{C}}$, findet sich fast nur krystallisirt; die Krystalle sind theils prismatisch, indem die geschobenen vierseitigen Prismen mit Winkel von 117° vorherrschen, theils von der bekannten Hexagondodecaëder-ähnlichen Form, und finden sich ebenso häufig zwillingsartig verwachsen als einfach. Sie sind gewöhnlich nur klein, die prismatischen Krystalle sind von einem ausserordentlichen Glanze und einer grossen Glätte der Flächen, dabei durchsichtig und von Demantglanz, die Dodecaëder-ähnlichen sind weniger glattflächig, nur durchscheinend und von Fettglanz, nicht selten graulichschwarz und von der Beschaffenheit des sogenannten Schwarzbleierzes. Beide Abänderungen kommen immer auf Bleiglanz aufgewachsen oder in der Nähe desselben, gewöhnlich auch in den Zellen des Quarzes, in denen der Bleiglanz verschwunden ist, vor.

7) **Vitriolbleierz** $\mathrm{Pb}\dddot{\mathrm{S}}$. Ich habe dieses Bleierz nur an einem Stücke wahrgenommen, wo es mit

---

[1]) Die erste Beschreibung des Vanadinbleierzes von Beresowsk habe ich in Poggendorffs Annalen B. XXIX, S. 455 bekannt gemacht.

Bleiglanz, Schwarz- und Rothbleierz zusammen vorkam. Der Bleiglanz war an der Oberfläche mit derbem Schwarzbleierz bedeckt, und in diesem war eine kleine derbe Masse von Vitriolbleierz eingeschlossen. Es ist weiss, sehr deutlich spaltbar, und an den Spaltungsflächen, wie auch an dem Verhalten vor dem Löthrohr und gegen Säuren leicht zu erkennen. —

Das Verzeichniss der auf den Beresowschen Gruben vorkommenden Mineralien ist hiernach sehr bedeutend, und wird dadurch noch interessanter, dass sich darin Mineralien finden, die entweder den Beresowschen Gruben ganz eigenthümlich, oder nur an sehr wenigen andern Orten bis jetzt vorgekommen sind. Zu den erstern gehört Nadelerz und Melanochroit, zu den andern Pyrophyllit, Rothbleierz, Vauquelinit und Vanadinbleierz. Der Pyrophyllit war auch noch zur Zeit seiner Entdeckung nur von den Beresowschen Gruben bekannt, ist aber nach der Zeit, wie schon angeführt, in dem ehemaligen *Dép. de l'Ourthe* und in Brasilien gefunden worden. Das Rothbleierz ist noch an einem andern Orte im Ural, wie später angegeben werden wird, vorgekommen, und hat sich ausserdem nur noch in neuerer Zeit in Congonhas do Campo in Brasilien, dort aber auch von grosser Schönheit und wie es scheint auf eine ähnliche Weise wie am Ural auf Gängen im Talkschiefer mit oder ohne Quarz gefunden. Vom Vauquelinit giebt Haidinger an, dass er noch zu *Pont Gibaud, Dép. Puy de Dôme*, aber auch nur selten und in kleinen Massen vorkomme, Vanadinbleierz ist nur noch von Zimapan in Mexico bekannt [1]).

Unter allen auf den Beresowschen Goldgängen vorkommenden Mineralien findet sich der Quarz am häufigsten; er bildet gewöhnlich die Gangmasse, in wel-

[1]) Das vanadinsaure Bleioxyd, welches Johnston in Wanlockhead in Schottland gefunden hat, ist nach Berzelius Vermuthung zweifach vanadinsaures Bleioxyd, Berzelius Jahresbericht, 12ter Jahrgang, S. 171.

cher die anderen Mineralien einbrechen. Nächst ihm findet sich am häufigsten Eisenkies, der grösstentheils in Eisenoxydhydrat verändert ist; er steht an Masse dem Quarze im Allgemeinen sehr nach, füllt aber doch stellenweise die Gänge ganz allein aus. Gegen diese beiden verschwinden fast die andern ihrer Masse nach, am häufigsten findet sich unter den metallischen Substanzen noch Bleiglanz; Fahlerz und Kupferkies, besonders der letztere, sind selten, so häufig sie an andern Orten vorkommen; Nadelerz ist auch nur selten, und findet sich ausserdem nur in kleinen Massen, und auf eine gleiche Weise und nicht viel häufiger kommt noch das Gold vor; denn man rechnet, dass 100 Pud Stufferze, die also schon ausserhalb der Grube ausgesucht sind, nur $1\frac{1}{2}$ bis 6 Solotnik d. i. 0,0004-0,0016 Proc. Gold enthalten. Die Silicate und der Bitterspath kommen ebenfalls im Ganzen nicht häufig und wie es scheint besonders in der Nähe des Crassik vor.

Von den Mineralien, die sich durch Zersetzung dieser gebildet haben, findet sich ausser dem Eisenoxydhydrate, welches aus dem Eisenkies entstanden ist, besonders das schöne Rothbleierz. Es soll in früherer Zeit so häufig vorgekommen sein, dass man es in Moskau als Malerfarbe benutzt hat; später ist es sehr selten geworden, und erst in neuerer Zeit wieder auf der Preobraschenskischen Grube ziemlich häufig vorgekommen. Nächst dem Rothbleierz findet sich am häufigsten das Grün- und Weissbleierz; nur Seltenheiten sind Melanochroit, Vauquelinit, Vanadin- und Vitriolbleierz; Schwefel, Wismuthocker, Malachit, Kupferlasur kommen nur in sehr geringer Menge vor.

Der Eisenkies ist in Krystallen in Quarz eingewachsen, ohne dass dieselben durch die Umgebung von Quarz, von der Schärfe der Kanten und Ecken und der Glätte der Flächen verloren hätten. Sie stehen darin den aufgewachsenen Krystallen nicht nach, und haben demnach auch überall, wo sie aus dem Quarz herausgewittert sind oder herausgeschlagen werden, ganz scharfkantige Eindrücke hinterlassen. Ebenso sind Turmalin, Talk, Pyrophyllit, Bitterspath, Fahlerz, Kupferkies, Nadelerz und Gold in Quarz eingewachsen [1]), und sind daher früher als dieser krystallisirt. Bleiglanz krystallisirte aber später, denn man findet Quarz in ihm eingewachsen, freilich mit sehr abgerundeten Kanten und Ecken. Wo Bleiglanz und Eisenkies zusammen vorkommen, ist auch der letztere in erstern eingewachsen, hat sich aber auch hier mit scharfen Kanten ausgebildet, zum Beweise, dass als der Eisenkies krystallisirte, der Bleiglanz noch dünnflüssiger oder wenigstens leichter beweglich war, als zu der Zeit, wo der Quarz krystallisirte.

Die übrigen Mineralien, welche ausser den eben angeführten noch vorkommen, sind, das Eisenoxydhydrat und den Wismuthocker ausgenommen, immer auf Quarz aufgewachsen, woraus man schon allein schliessen kann, dass sie späterer Entstehung sind. Die Umänderung des Eisenkieses in Eisenoxydhydrat ist sehr gewöhnlich, aber nur in wenigen Fällen findet sich neben dem letztern auch noch Schwefel. Sehr wahrscheinlich ist sie allein nur durch fortgesetzte Einwirkung des Wassers auf den Eisenkies, vielleicht bei erhöhter Temperatur vor sich gegangen, und in diesem Fall brauchen 2 Atome Eisenkies, $F^2 S^4$, 3 Atome Wasser, $H^6 O^3$, um 1 Atom Eisenoxyd, $F^2 O^3$, das sich dann noch mit anderm freien Wasser zu dem bestimmten Eisenoxydhydrat verbindet, zu bilden, wobei zu gleicher Zeit 3 Atome Schwefelwasserstoff, $H^6 S^3$, entstehen und 1 Atom Schwefel frei wird. Der Schwefelwasserstoff ist als gasförmige Substanz entwichen, und hat in den gewöhnlichen Fällen wahrscheinlich den Schwefel mit fortgerissen, der sich aber in den

[1]) Es ist auffallend, dass auch der wasserhaltige Pyrophyllit in Quarz eingewachsen vorkommt.

Beresowschen Gruben wieder abgesetzt hat. Er sitzt hier aber grösstentheils in dem zelligen Quarze, welcher der Rückstand des zersetzten Eisenkieses ist, aus welchem dann doch erst das Eisenoxydhydrat ganz fortgeführt gewesen sein muss, ehe sich der Schwefel abgesetzt hat.

Das Eisenoxydhydrat, welches bei der Zersetzung des Eisenkieses entsteht, ist, wie v. Kobell [1] neuerdings gezeigt hat, und wie auch schon aus den Analysen von Hermann [2] hervorgeht, nicht dasjenige, welches den braunen Glaskopf bildet, nämlich $\ddot{F}^2 H^3$, sondern ein anderes mit geringerem Wassergehalte, $\ddot{F} H$, das auch zuweilen krystallisirt vorkommt, wie in den Quarzgängen von Bristol und in den Höhlungen der Mandelsteine von Oberkirchen im Oldenburgischen, und in diesem Zustande Nadeleisenerz genannt ist.

Mehr Schwierigkeiten, als die Erklärung der Umänderung des Eisenkieses in Eisenoxydhydrat, hat vielleicht die Erklärung der Bildung der Bleisalze, da diese fast lauter Säuren enthalten, deren Radikale sonst unter den Mineralien in den Beresowschen Gruben nicht vorkommen, als Chromsäure, Phosphorsäure, Vanadinsäure und Kohlensäure. Zu der unter diesen am häufigsten vorkommenden Chromsäure hat indessen wahrscheinlich der in dem Serpentine nesterweise häufig vorkommende Chromeisenstein das Material geliefert, der wenn er auch in dem Serpentine von Pyschminsk, welcher den Beresowschen Gruben am nächsten liegt nicht bekannt ist, doch sich in andern in der Gegend von Katharinenburg, wie nach Tschaikowski z. B. bei dem Dorfe Fomina am Einflusse des Syssert in den Isset und etwas südlicher bei dem See Schtschutschje findet.

---

[1]) Erdmann und Schweigger-Seidels Journal für Chemie und Physik, B. 1, S. 181.

[2]) Poggendorffs Annalen, B. XXVIII, S. 573.

Auflallend ist es immer, dass sich das Vitriolbleierz auf den Beresowschen Gruben so äusserst selten findet, da dasselbe doch durch blosse Oxydation des Bleiglanzes entsteht. —

Die goldhaltigen Quarzgänge, auf welchen die angeführten Mineralien brechen, kommen in grosser Anzahl vor und durchsetzen die Granitgänge der Quere nach, indem sie alle in untereinander ziemlich parallelen Richtungen von O. nach W. streichen. Sie stehen entweder ganz saiger, wie die Granitgänge, oder fallen unter einem sehr steilen Winkel von 60 bis 80° nach N., und haben eine verschiedene im Allgemeinen aber sehr geringe Mächtigkeit von einem Zoll und weniger bis von 2 bis 3 Fussen. Ihre Erstreckung dem Streichen nach hängt in der Regel von der Mächtigkeit des Granites ab, in welchem sie aufsetzen, und an dessen Ende sie meistens abschneiden; nur einige wenige Gänge auf der Preobraschenskischen und Kljutschewskischen Grube machen davon eine Ausnahme, indem sie auch in das Nebengestein fortsetzen, und im Streichen auf eine Länge von 50 und mehr Lachtern bekannt sind. Einige dieser Quarzgänge sollen sich schon in einer Teufe von 7 bis 10 Lachtern auskeilen, andere sollen in dieser Teufe erst anfangen, und noch andere von der Oberfläche bis zu einer unbekannten Teufe fortsetzen [1]). Sie setzen alle in keiner grossen

[1]) Dass sich die Quarzgänge von Beresowsk zuweilen auskeilen, wird sowohl von Pallas (*) und Hermann (**), als auch in neuster Zeit von Tschaikowski (***) angeführt, obwohl diese Behauptung mit dem, was man an andern Orten über das Verhalten der Erzgänge beobachtet hat, in Widerspruch steht. Sollten die Gänge von denen man anführt, dass sie sich auskeilen, sich nicht vielleicht nur verdrückt haben? Da sie in diesem Fall wahrscheinlich nicht mehr hinreichend Gold enthalten haben, um die Arbeit auf ihnen zu lohnen, so ist man vielleicht aus diesem Grunde genöthigt gewesen, die

(*) Reise, Th. II, S. 164.
(**) Mineralog. Beschreibung des Uralischen Geb., Bd. II, S. 119.
(***) Gornoi Journal, Jahrgang 1830, Quartal II, S. 297.

Entfernung voneinander auf; die Entfernung zwischen ihnen beträgt oft kaum einen halben Fuss, meistentheils aber mehrere Fuss, zuweilen auch 4 bis 5 Lachter. Hermann erwähnt jedoch einer Strecke im Schachte № 35, wo man im Jahre 1784 in einer Länge von 10 Lachtern 22 Quarzgänge überfahren hatte.

Wo die Quarzgänge im Granite streichen, schneiden sie an dem Nebengestein scharf ab; diess scheint aber, so weit man aus Handstücken urtheilen kann, weniger da der Fall zu sein, wo die Quarzgänge in dem Listwänit fortsetzen, indem ich mehrere Stücke beobachtet habe, wo der Bitterspath des Listwänites mit dem in dem Gangquarze zusammenhängt, und in diesem ganz deutlich fortsetzt. In der Nähe des Gangquarzes ist, wie schon angeführt, der Granit mehr oder weniger zersetzt, und die Eisenkieshexaëder finden sich hier in ganz besonderer Menge und Grösse. Sie sind überall, wo sie in den geringen Teufen, die alle Beresowschen Gruben bis jetzt noch haben, vorkommen, stets in Eisenoxydhydrat umgeändert, aber nach Hermann, gleich dem Eisenkies der Quarzgänge goldhaltig, und directe Versuche, die von mir darüber angestellt worden sind, haben mir auch ihren Goldgehalt bestätigt [1]). Dieser Umstand sowohl, als auch ihre Anhäufung neben den Quarzgängen zeigt, dass sie mit

---

Arbeit auf ihnen einzustellen, und hat nun mehr angenommen, dass sich die Gänge auskeilen, als man diese Erscheinung wirklich beobachtet hätte. Vielleicht möchten aber die Gänge, die erst in einer gewissen Teufe anfangen, sich nach oben auskeilende Trümmer von andern grössern Gängen sein, mit denen sie in grösserer Teufe zusammenhängen. Ebenso verdiente auch noch untersucht zu werden, ob die Gänge, welche in den schiefrigen Gebirgsarten fortsetzen, von anderer Beschaffenheit sind, als die, von denen man anführt, dass sie am Ende des Granites abschneiden.

[1]) Mehrere kleine Krystalle auf die oben angegebene Weise auf Gold untersucht, hinterliessen beim Abschlämmen des Eisenoxyds ganz deutliche Flitter von Gold, dennoch ist aber wohl die Menge desselben zu gering, um darauf bei dem Abbau Rücksicht zu nehmen.

diesen in einer gewissen Beziehung stehen, und kann die Vermuthung erregen, dass sie mit ihnen von gleichzeitiger, also von späterer Bildung als der umgebende Granit sind. Wenngleich es bei dieser Annahme schwer ist einzusehen, wie Krystalle, die zuweilen mehrere Linien Durchmesser haben, sich in einem festen Gestein, wie der Granit ist, haben bilden können, so sieht man bei der Annahme gleichzeitiger Bildung mit dem Granite ebenso wenig ein, warum nur der eingesprengte Eisenkies, nicht aber der Granit selbst goldhaltig ist, und wenn auch diess noch zu erklären wäre, warum sich der Eisenkies gerade an gewissen immer wiederkehrenden Stellen aufgehäuft, und an diesen Stellen gerade die Quarzgänge den Granit durchbrochen haben. —

Was nun die Verbreitung des Goldes in den Gängen anbetrifft, so hat man gefunden, dass das Gold in den obern Teufen der Gänge am häufigsten vorgekommen sei, und in den untern Teufen immer mehr abnehme, eine Bemerkung „die wirklich ausserordentlich scheint," wie **Pallas** sagt, die indessen bei den meisten edlen Gängen gemacht wird, welche gewöhnlich in den obern Teufen am reichsten sind, und in den untern immer ärmer werden. Im Anfang des Bergbaus von Beresowsk soll indessen der Reichthum an Gold so gross gewesen sein, dass man gleich unter der Dammerde in den überall zu Tage ausgehenden Gängen Erznester mit sichtbarem Golde gefunden hat [1]). Wo die Goldgänge in den Schiefer übersetzen, sollen sie ebenso goldhaltig sein, als da wo sie sich im Granite finden, wenigstens hat man bis jetzt noch keinen Unterschied in dieser Rücksicht wahrgenommen. Dass der Silbergehalt des Goldes an den verschiedenen Stellen verschieden sei, ergiebt sich schon aus den wenigen von mir darüber angestellten und oben an-

[1]) Hermann a. a. O. S. 117.

geführten Analysen, nach welchen er von 6 bis 8 Proc. abweicht. Noch besser ergiebt sich diess aus den weiter unten angegebenen Tabellen, in welchen der Silbergehalt der jährlich gewonnenen Menge Gold angeführt ist. Ob sich aber in Rücksicht dieses Silbergehalts eine bestimmte Regel wahrnehmen lässt, ob er in den obern oder untern Teufen grösser oder geringer ist, darüber sind noch keine Untersuchungen angestellt. —

Der Abbau der Erze in den Beresowschen Gruben wird sehr regelmässig betrieben. Die Hauptstrecken sind im Granite geführt und haben ein gleiches Streichen mit demselben; von ihnen aus hat man die Goldgänge mit Querschlägen abgebaut. Die Hauptstrecken sind hoch und geräumig, so dass man gerade darin gehen kann, stehen aber überall in sehr starker Zimmerung, da der Granit sehr klüftig und milde ist. Die Wasser werden durch einen Stollen abgeführt, der auf der Blagoweschtschenskischen Grube nur die sehr geringe Teufe von 9 Lachtern einbringt. In grössern Teufen unter dem Stollen wird jetzt nicht gearbeitet. Vor der Entdeckung des Goldsandes hatte man die Grube bis zu einer Teufe von 6 Lachtern unter der Stollensohle gebracht, und das sehr reichlich zufliessende Wasser durch eine Dampfmaschine auf den Stollen gehoben; nach dieser Zeit hat man die Arbeiten in den tiefern Theilen der Grube eingestellt, und die Dampfmaschine abgetragen, da die Gewinnung des Goldes aus dem Goldsande viel leichter und einträglicher ist. Die Temperatur der Stollenwasser fanden wir in dieser Grube 4,7° R., die der Luft 6° R. Ungeachtet der geringen Tiefe der Grube friert es jedoch, wie man uns sagte, in derselben nie.

Mit der Preobraschenskischen Grube war der Stollen noch nicht durchschlägig geworden. Die Grube lag aber viel höher als die Blagoweschtschenskische, und war so trocken, dass man gar keiner Wasserhaltungsmaschine bedurfte. Der tiefste Ort hatte eine Teufe von 21 Lachtern unter Tage, und lag noch $2\frac{1}{2}$ Lachter über der Stollensohle. Die Luft war kälter als in der Blagoweschtschenskischen Grube, und hatte in 13 Lachtern Teufe nur eine Temperatur von 2° R., während sie ausserhalb 12—13° warm war. Ebenso soll es im Winter in dieser Grube auch häufig frieren.

Die Gewinnung der Erze in den Gruben geschieht meistentheils mit der Brechstange und mit Schlägel und Eisen, nur selten wird gebohrt und geschossen. Die gewonnenen Erze werden zuerst in bedeckten Schuppen in der Nähe der Förderschächte mit der Hand geschieden und dann an die Poch- und Waschwerke abgeliefert, deren jetzt nur zwei im Gange waren, eins in Pyschminsk und ein anderes in Katharinenburg, welches letztere neben der Steinschleiferei liegt. Das Pochen der Erze geschieht in Pochkästen, die theils aus Gusseisen, theils aus Holz bestehen und einen eisernen Boden haben; die Stempel sind von Holz und haben eiserne Köpfe. Das Verwaschen des Pochmehls geschieht auf festliegenden Heerden auf eine ähnliche Weise wie in den Goldseifenwerken. Mit dem Golde bleibt zuletzt auf dem Heerde eine grosse Menge Eisen zurück, welches sich beim Pochen der Erze von den Stempeln abgestossen hat, und mittelst eines Magneten grösstentheils von dem Golde getrennt wird. Die Zimmer in welchen das Gold gewaschen wird, sind heizbar, so dass die Arbeit im Winter wie im Sommer fortgesetzt werden kann.

Einige genauere Nachrichten über die Goldproduktion von Beresowsk, die aus den amtlichen Listen berechnet sind, welche auf dem Bergamte von Katharinenburg geführt werden, und Herrn v. Humboldt mitgetheilt worden sind, habe ich in der folgenden

Tabelle zusammengestellt. Sie enthält in der zweiten Spalte die Menge des jährlich gewonnenen Goldes in dem Zustande, wie es durch das Verpochen und Waschen der Erze und durch Zusammenschmelzung des ausgewaschenen Metalls erhalten wird [1]), und in der dritten Spalte die Angabe, wie viel Solotnik eines solchen Goldes im Durchschnitt aus 100 Pud Erz erhalten wurden. Die vierte und fünfte Spalte zeigen den Gehalt an reinem Golde und Silber an, der nach den in Katharinenburg gemachten Proben in dem bergfeinem Golde der zweiten Spalte enthalten ist [2]). Die Zahlen der sechsten und siebenten Spalte sind von mir aus den vorhergehenden berechnet und geben diesen Gold- und Silbergehalt in Procenten an. Da nach den S. 201. angeführten Analysen das gediegene Gold aus den Beresowschen Gruben ebenso wie nach andern von mir angestellten und später anzuführenden Analysen das Gold vom ganzen Ural, hauptsächlich nur Gold und Silber und ausserdem nur Spuren von Kupfer und Eisen enthält, so geben, bis auf diese geringen Mengen, die letzten Spalten der Tabelle die Zusammensetzung der ganzen jährlich gewonnenen Menge des gediegenen Goldes an. Die 2—4 Procent, welche die Summe der Zahlen der dritten und vierten Spalte weniger ausmacht, als die Zahlen der zweiten Spalte, bestehen aus fremdartigen Gemengtheilen, hauptsächlich aus Eisen von den Pochstempeln, die weder durch das Waschen der Erze noch durch die Abtreibung mit Blei vollständig getrennt worden sind. Die Tabellen enthalten die Produktion von 1754 an, wo der Bergbau in Beresowsk sei-

---

[1]) Vergl. S. 137—141.

[2]) Die in Katharinenburg erhaltenen Tabellen geben diese, wie auch die Werthe der ersten Spalte in Puden, Pfunden, Solotniks und Doli's an; ich habe, um sie vergleichbar zu machen, alle auf eine Einheit gebracht, und dazu das Russische Pfund gewählt.

nen Anfang genommen hat [1]), bis zu dem Jahre vor unserer Reise.

Jahre	Gewicht des aus den verpochten Erzen gewonnenen bergfeinen Goldes		Gehalt des bergfeinen Goldes an		Gehalt des gediegenen Goldes an	
	in der ganzen Menge	in 100 Pud	reinem Gold	Silber	Gold	Silber
	Pfund	Sol.	Pfund	Pfund	Procent	Procent
1754	16,61516..	2,6	14,54268..	1,89659..	88,46..	11,54..
1755	9,47975..	3,0	8,29174..	1,08368..	88.44..	11,56..
1756	2,00075..		1,75066..	0,22925..	88.43..	11.57..
1757	29,05234..	3,2	25,41728..	3,32351..	88,43..	11,57..
1758	41,91718..	7,3	36,67753..	4,80218..	88,42..	11.58..
1759	40.47940..	3.7	35,41713..	4,63573..	88,42..	11.58..
1760	62,45857..	2.6	54.64656..	7,15631..	88.42..	11,58..
1761	62,66678..	3,0	53,31325..	6,98993..	88,41..	11,59..
1762	57,70909..	1.8	50,30218..	6,71970..	88.22..	11.78..
1763	81,52122..	4.8	70,36546..	10.52149..	86.99..	13,01..
1764	137,66692..	6.5	118.01061..	17,92746..	86,81..	13,19..
1765	128,84453..	5.8	112,74013..	14,76079..	88.42..	11,58..
1766	209,67734..	10.9	183.49049..	24,02120..	88,42..	11,58..
1767	185,29257..	8,8	161.28149..	18,70432..	89,53..	10,47..
1768	194,81253..	9,4	170,31349..	21,86521..	88,62..	11,38..

[1]) In diesem Jahre fing der eigentliche Bergbau an, wenngleich man 10 Jahre vorher schon von dem Vorkommen des Goldes in Beresowsk Kenntniss erhalten und auch schon Schurfarbeiten begonnen hatte. — Ich will bei dieser Gelegenheit anführen, dass man im Jahre 1814 zu Blagodat, 20½ Werste nördlich von Beresowsk, auch Silbererze in einem $4\frac{2}{3}$ Fuss mächtigen Quarzgange entdeckt und zu bearbeiten angefangen hatte. Der Quarzgang enthielt nach Erdmann (*) gediegenes Silber, Silberglanz, Silberschwärze, Gold, Kupfergrün, Eisenocher und Bleiglanz. Man hatte aus demselben bis zum Jahre 1820, $37\frac{4}{5}$ Pud Silber und $1\frac{1}{4}$ Pud Gold und ausserdem noch mehrere hundert Pud Kupfer gewonnen, den Bau auf dieser Grube dann aber eingestellt, um Arbeiter für die Seifenwerke zu gewinnen. Das Vorkommen der Silbererze zu Blagodat ist merkwürdig, weil diess der einzige Ort am Ural ist, wo sie in einiger Menge gefunden werden. Auf den übrigen Gruben des Urals kommen sie nur äusserst sparsam vor, und sind dann immer nur eine vorübergehende Erscheinung.

(*) Beiträge zur Kenntniss des Innern von Russland, Th. II, Hälfte II, S. 127.

Jahre	Gewicht des aus den verpochten Erzen gewonnenen bergfeinen Goldes		Gehalt des bergfeinen Goldes an		Gehalt des gediegenen Goldes an	
	in der ganzen Menge	in 100 Pud	reinem Gold	Silber	Gold	Silber
	Pfund	Sol.	Pfund	Pfund	Procent	Procent
1769	170,58347..	7,5	136,23963..	20,09473..	87,15..	12.85..
1770	198.67784..	6,7	186,39607..	8,27126..	95,70..	4,30..
1771	147,22918..	4,8	135,71959..	9,58351..	93,40..	6,60..
1772	107,95833..	3,6	101,26138..	5,03167..	95,27..	4,73..
1773	113,10468..	4,1	103,58365..	8,65634..	92,29..	7,71..
1774	125,05273..	4,5	119,18841..	4,55281..	96,32..	3.68..
1775	162.29218..	4,7	152,13639..	8,44596..	94,74..	5,26..
1776	213.10468..	7,2	204,78028..	6,65624..	96,85..	3,15..
1777	222,94791..	6,1	216,00000..	5,74999..	97,41..	2.59..
1778	238,19791..	5,4	233,07386..	4,95874..	97,92..	2,08..
1779	244,44791..	4,7	236,80277..	5,08427..	97,89..	2,11..
1780	256,43749..	6,0	246,40664..	8,01074..	96,47..	3,53..
1781	164,83333..	5,2	157,10494..	6,00078..	96,32..	3,68..
1782	115,20885..	5,2	150,66686..	4,90625..	96.85..	3,15..
1783	138,40677..	4.7	121,10475..	15,85470..	89,15..	10,85..
1784	171,33385..	4,2	161,97994..	3,56302..	97,90..	2,10..
1785	152,56249..	4.2	148,17759..	2,37552..	98,42..	1.58..
1786	307,56341..	8,9	228,76132..	4,80208..	98,42..	1,58..
1787	324,67733..	8,6	315,38567..	5,07291..	98,42..	1,58..
1788	312,04166..	7,4	295,91666..	9,74999..	96.81..	3,19..
1789	326,83333..	6,4	310,43802..	9,83385..	96,93..	3,07..
1790	313,96874..	6,2	299.90624..	9,42108..	96.95..	3,05..
1791	316,12499..	6,0	293,08333..	16,45833..	94,68..	5,32..
1792	360,06249..	8,0	335,68749..	18,74999..	94,71..	5,29..
1793	302,34374..	6,6	264.54257..	34,63623..	88,42..	11,58..
1794	330,03124..	7,0	305,96874..	17,18749..	94,68..	5,32..
1795	433,08333..	8,4	412,78138..	13,53151..	96,82..	3,18..
1796	351,78124..	7,0	337,12499..	10,98987..	96.84..	3,16..
1797	445,67708..	6,2	417,71343..	23,20873..	94,76..	5,24..
1798	589,90703..	7,0	548.57304..	27,27096..	95,26..	4,74..
1799	621,96927..	6,2	543,93802..	61,55208..	89,83..	10,17..
1800	724,40625..	5,7	637,62503..	79,12943..	88,96..	11,04..
1801	744,40625..	5,0	695,93798..	40,70846..	94,47..	5,53..
1802	576,15624..	5.1	506,13560..	64,10486..	88,77..	11,23..
1803	654,10416..	5.6	574,74025..	66,31297*..	89,79*..	10,21*.. 1)
1804	783,90624..	4,2	690,40675..	77,15697..	89,95..	10,05..
1805	653,30208..	3,0	563,38585..	70,26062..	88,91..	11,09..
1806	695,24999..	3,6	594,29239..	77,25064..	88,50..	11,50..
1807	701,61458..	4,3	596,85470..	80,38620..	88,12..	11,88..
Schwarze Schliche [2])	54,18749..		40,07324..	11,84385..	77,57..	22,43..
1808	814,65624..	5,2	687,36474..	93.34397..	88,04..	11,96..
Sch. Schliche	67,50000..		52,03125..	11,25000..	82,23..	17,77..
1809	829,33333..	4,9	699,47999..	86,38576..	89,01..	10,99..
Sch. Schliche	54,36548..		42,46911..	7,92719..	84,27..	15,73..

Jahre	Gewicht des aus den verpochten Erzen gewonnenen bergfeinen Goldes		Gehalt des bergfeinen Goldes an		Gehalt des gediegenen Goldes an	
	in der ganzen Menge	in 100 Pud	reinem Gold	Silber	Gold	Silber
	Pfund	Sol.	Pfund	Pfund	Procent	Procent
1810	840,89583*..	4,7	718,50058*..	87,58433*..	89,13*..	10,87*..
Sch. Schliche	42,31250..		32,61471..	6,60478..	83,16..	16,84..
1811	701,82291..	3,7	592,15693..	73,10405..	89,01..	10,99..
Sch. Schliche	60,79167..		48,55252..	8,27185..	85,44..	14,56..
1812	565,76041..	3,4	489,14595..	53,03212..	90,22..	9,78..
Sch. Schliche	20,63542..		17,01048..	3,10436..	84,56..	15,44..
1813	542,86458*..	4,2	467,45917*..	52,77159*..	89,85*..	10,15*..
Sch. Schliche	36,85493*..		30,46899..	5,41686..	84,90..	15,10..
1814	618,25000..	4,7	527,84405..	64,38589..	89,11..	10,89..
Sch. Schliche	22,31250..		16,72969..	4,64609..	78,28..	21,72..
1815	535,82292..	4,7	462,87534..	55,61513..	89,27..	10,73..
1816	396,18749..	3,4	346,65703..	41,26132..	89,36..	10,64..
1817	482,33333..	3,5	414,50052..	55,26111..	88,24..	11,76..
1818	424,98958..	3,2	358,58349..	46,47957..	88,53..	11,47..
1819	358,55208..	3,1	305,01120..	36,10417..	89,38..	10,62..
1820	424,23958..	3,6	362,36525..	44,18791..	89,13..	10,87..
1821	431,49999..	4,2	373,06302..	44,94791..	89,25..	10,75..
1822	464,23958..	4,7	404,39586..	45,33358..	89,92..	10,08..
1823	190,43749..	5,1	161,86517..	18,77099..	89,05..	10,95..
1824	210,91666..	5,2	180,85473..	21,72990..	89,27..	10,73..
1825	199,37499..	4,8	157,08341..	20,05243..	88,68..	11,32..
1826	161,84249..	4,6	135,01116..	16,01064..	89,40..	10,60..
1827	180,88541..	4,4	156,32315..	17,57330..	89,89..	10,11..
1828	176,17708..	4,4	144,41685..	17,60422..	89,13..	10,87..
Summe	24981,79634					
Mittel	333,09062	5,3			91,58	8,42

[1]) Theile dieser Tabellen haben schon Hermann (*), Erdmann (**) und Kupffer (***) in ihrer ursprünglichen Gestalt abdrucken lassen. Die Angaben von Hermann gehen bis 1794, von Erdmann bis 1817, von Kupffer bis 1824. Durch Vergleichung der, Herrn v. Humboldt handschriftlich mitgetheilten Tabellen mit den angeführten gedruckten Angaben war es möglich mehrere Schreibfehler zu entfernen, die sich theils in jenen, theils in diesen Tabellen finden. Den Silbergehalt des bergfeinen Goldes haben Hermann und Kupffer nicht angegeben; ich war hier nur auf Erdmann

(*) Min. Reisen in Sibirien. Th. II, S. 115.

(**) Beiträge zur Kenntniss des Innern von Russland, Th. II, Beilage 8.

(***) Voyage dans l'Oural p. 428.

Die Menge des von 1754 bis 1828 gewonnenen bergfeinen Goldes beträgt hiernach 624$\frac{1}{2}$ Pud, und die durchschnittliche Menge eines jeden Jahres 8$\frac{1}{3}$ Pud.

---

beschränkt und konnte also auch, wenn sich Abweichungen in den Zahlen unserer und der Erdmann'schen Tabellen finden, nicht entdecken, auf welcher Seite der Irrthum lag. Ich habe in diesem Fall die Zahlen der obigen Tabelle nach den uns mitgetheilten Tabellen berechnet, und sie zur Erkennung mit einem Stern bezeichnet, und lasse nun die Abweichungen zwischen unsern und den Erdmann-schen Tabellen folgen:

	nach den Erdmann'schen Tabellen,				nach unsern Tabellen			
	Pud	Pfd.	Sol.	Dol.	Pud	Pfd.	Sol.	Dol.
1803, Silber	1	26	3	73$\frac{1}{2}$	1	26	30	37$\frac{1}{2}$
1810, bergf. Gold	21	1	62	—	21	—	86	—
reines Gold	17	30	13	30	17	38	48	54
Silber	2	7	64	44	2	7	56	92
1813, bergf. Gold	13	23	20	66	13	22	83	—
reines Gold	11	27	74	83$\frac{20}{96}$	11	27	44	77$\frac{1}{3}$
Silber	1	12	78	34$\frac{76}{96}$	1	12	74	70$\frac{2}{3}$
Gold aus den Schlich.	—	37	29	72	—	36	82	70

Einige dieser Abweichungen beruhen offenbar auf Schreibfehlern, andere aber nicht. Nach den Zahlen von Erdmann würden aber die in der Tabelle mit einem Stern bezeichneten Zahlen heissen müssen:

1803				66,03205	88,13	11,87
1810	841,64583		710,13574	87,66714	88,99	11,01
1813	543,20905		467,77173	52,81287	89,85	10,15
Schwarze Schliche	37,30286					

[2]) Unter den bei den Jahren 1807—1814 aufgeführten schwarzen Schlichen sind die schwereren fremdartigen Theile der gepochten Erze zu verstehen, die bei dem Waschen derselben am längsten bei dem Golde zurückbleiben. Sie bestehen dem grössten Theile nach aus Eisen von den Pochstempeln, enthalten aber noch etwas Gold, welches durch Waschen nicht davon getrennt werden konnte; und wurden deshalb, abgesondert von den leichtern Theilen der Pocherze, aufbewahrt. Im Anfange dieses Jahrhunderts kam man auf den Gedanken, das in diesen schwarzen Schlichen enthaltene Gold durch die Amalgamation zu scheiden, weshalb auch im Jahre 1807 für diese Schliche ein besonderes Amalgamirwerk nach Freiberger Art von dem damaligen Ober-Bergmeister Herrn Achte, nachherigem Direktor der Hüttenwerke in Slatoust, in Gang gesetzt, und auf diese Weise bis 1814 die in den Tabellen aufgeführte Menge Gold gewon-

Die Produktion war in der Zeit von 1800 bis 1814, die der Entdeckung des Goldsandes voranging, am bedeutendsten und betrug im Jahre 1810, wo sie ihre grösste Höhe erreicht hatte, $18\frac{3}{4}$ Pud, nach dieser Zeit sank sie wieder, so dass sie im Jahre 1828 nur $4\frac{2}{5}$ Pud betragen hat.

Der Gehalt der an die Pochwerke gelieferten Erze war in den verschiedenen Jahren von 2,6 bis zu 10,9 Solotnik Gold in 100 Pud Erz verschieden; er betrug im Jahre 1828: $4\frac{2}{5}$ Solotnik und macht im Mittel der 75 Jahre von 1754—1828 5,3 Solotnik aus.

Der Silbergehalt der ganzen jährlich gewonnenen Menge des gediegenen Goldes differirt von 1,58 bis zu 13,19 Proc. und beträgt im Mittel jener 75 Jahre 8,42 Proc. [1])

Aus den in Katharinenburg uns mitgetheilten Listen geht ferner hervor, dass die Gewinnungskosten für jedes Solotnik bergfeinen Goldes im Jahre 1828 8 Rubel $75\frac{5}{8}$ Kopeken, und im Mittel der Jahre 1754 bis 1814: 7 Rubel 52 Kopeken betragen haben. Da nun der Ukasen-mässige Werth des Solotnik reinen Goldes 3 Rubel $55\frac{45}{81}$ Kopeken Silber oder etwa 12 Rubel 80 Kopeken Banco beträgt, so ergiebt sich daraus, dass die Beresowschen Gruben immer eine ziemlich gute Ausbeute gegeben haben.

---

nen wurde. Zu dieser Zeit fing man an, die in Blagodat entdeckten Silbererze in dem Amalgamirwerk zu gute zu machen, und gab deshalb die Bearbeitung der Schliche bis zu einer vorzunehmenden Erweiterung des Werkes auf. Diese wurde aber nicht nur nicht ausgeführt, sondern auch die Arbeit auf dem Amalgamirwerke ganz eingestellt, als im Jahre 1820, wie schon angeführt, die Blagodatschen Gruben auflässig wurden, um Arbeiter für die immer zunehmenden Seifenwerke zu gewinnen.

[1]) Wenn man dabei nicht den Silbergehalt des aus den schwarzen Schlichen gewonnenen Goldes berücksichtigt, der immer vielleicht in Folge der Amalgamation höher ist als der des übrigen Goldes.

Die Goldseifen, welche in der Nähe von Beresowsk bearbeitet werden, liegen alle entweder unmittelbar auf dem Boden in welchem die goldführenden Gänge aufsetzen, oder ganz in der Nähe desselben. Es sind ihrer eine grosse Menge; wir besuchten nur einige derselben, die ich hier der Reihe nach aufführen will.

1. Das Seifenwerk Perwopawlowsk. Es ist 1⅞ Werste von Beresowsk entfernt, und war erst in diesem Jahre zu bearbeiten angefangen. Es liegt in nordwestlicher Richtung von Beresowsk auf dem linken Ufer der Beresowka und, wie das Seifenwerk Schabrowskoi, in einer Ebene oder einer fast unmerklichen Mulde. Der abgebaute Raum hatte, wie dort, das Ansehen eines breiten flachen Grabens, der 150 Lachter lang und 10 bis 25 Lachter breit war. Seine Längenerstreckung ging von W. nach O., das Seifengebirge war also quer über dem Granit der Goldgänge gelagert, wurde jedoch nicht bis zu diesem abgebaut, da es unmittelbar über ihm nicht hinreichend goldhaltig befunden worden war. Die Lage, welche allein verwaschen wurde, hatte eine Mächtigkeit von 9—18 Zoll, und wurde noch von einer 7—14 Zoll mächtigen nicht bauwürdigen Lage bedeckt. Die erstere war aber sehr reich, und enthielt im Durchschnitt ausser den grössern Stücken, die sich noch zuweilen in ihr fanden, 3 Solotnik Gold in 100 Pud. Ein solches grösseres Stück von einem Gewichte von 94 Sol. hatte man kurze Zeit vor unserer Ankunft auf der Wäsche gefunden.

Der Goldsand hatte ein lehmartiges Ansehn, und bestand der Hauptsache nach aus Bruchstücken von Talkschiefer, wie man diess besonders erkennen konnte, wenn man die erdigen staubartigen Theile mit Wasser abgespühlt hatte. Der Talkschiefer enthielt kleine Krystalle von Eisenglanz und rhomboedrische Höhlungen, die mit Eisenocher ausgefüllt waren, glich also vollkommen dem Talkschiefer von der Preobraschenskischen Grube. Nächst den Bruchstücken von Talkschiefer fanden sich am häufigsten Bruchstücke und Krystalle von Eisenkies, der in Eisenoxydhydrat verändert war; ferner Stücke von Quarz, der zuweilen ganz durchsichtig war und noch einzelne Flächen hatte, endlich, wiewohl seltener, Stücke von Granit, ähnlich dem Beresit, und verwitterter Chloritschiefer. In dem stark verwaschenen Sande fanden sich unter dem kleinen Quarzgeschieben besonders kleine Krystalle und Bruchstücke von Eisenglanz, kleine Octaëder und Körner von Magneteisenerz, ausser diesen aber zuweilen noch kleine Bruchstücke und Krystalle von Granat in der Form von Leucitoëdern, und endlich, was uns besonders überraschte, kleine Krystalle von Zirkon, von weisser Farbe, und starkem demantartigen Glanze, die demnach fast für Diamant gehalten werden könnten, wenn nicht ihre prismatische Form ungeachtet ihrer fast mikroscopischen Kleinheit sie gleich kenntlich machte.

Die Form dieser Zirkonkrystalle unterscheidet sich etwas von der des Zirkons von Zeilon; die Flächen des Dioctaëders $(a : \frac{1}{3} a : c)$, x, welche bei diesem nur untergeordnet vorkommen, fanden sich nämlich bei dem Zirkone von Perwopawlowsk so vorherrschend, dass sie gewöhnlich nur allein die Endkrystallisation ausmachen, (vergl. Taf. VII.). Nur selten finden sich noch ausserdem die Flächen der Grundform, eine vierflächige Zuspitzung des Endes bildend, die auf den schärfern Kanten des Dioctaëders gerade aufgesetzt ist. Unter den Seitenflächen herrschen die Flächen des ersten vierseitigen Prisma's g vor; die Flächen des zweiten Prisma's a finden sich nur untergeordnet als Abstumpfungsflächen der Kanten des erstern. Zuweilen sind die Enden der Krystalle verbrochen und nur die vierseitigen Prismen zu erkennen, in andern Fällen sind diese aber noch sehr wohl erhalten. Bei dem grossen Glanze und der Glätte der Flächen, liessen sich die Krystalle, ungeachtet ihrer ausserordentlichen Kleinheit doch noch mit ziemlicher

Genauigkeit mit dem Reflexionsgoniometer messen. So fand ich für die Neigung der Dioctaëderfläche gegen die Fläche des ersten Prima's Winkel von 143° 15′—22′, für die Neigung der Dioctaëderflächen gegeneinander in der schärfern Endkante, welche über der Fläche des ersten Prisma's liegt, Winkel von 132° 20′—54′, und in der stumpfern Endkante, welche über der Fläche des zweiten Prisma's liegt, Winkel von 147° 15′—16′. Nach den Messungen des Zirkons von Mohs und Kupffer betragen diese Winkel aber 143° 19′, 132° 43′ und 147° 3′. Die geringen Abweichungen der erstern Winkel von diesen letztern rühren nur von der Schwierigkeit her, die Flächen der Krystalle bei ihren kleinen Kanten genau in die Axe des Instrumentes zu bringen. Die Seitenflächen der Krystalle hatten längere Kanten, waren demnach auch leichter in die für die Messung richtige Lage zu bringen, daher ich auch bei ihrer Messung immer genau Winkel von 90° und 135° gefunden habe. Die Krystalle haben in Rücksicht des Vorherrschens der Dioctaëderflächen wie auch ihrer Kleinheit, viel Aehnlichkeit mit den auch auf eine ähnliche Weise in dem Goldseifengebirge von Ohlapian in Siebenbürgen vorkommenden Zirkonkrystallen; nur finden sich bei diesen die Flächen des zweiten rechtwinklich vierseitigen Prisma's entweder ganz allein ohne die des ersten Prisma's, oder doch vorherrschend, und ihre Farbe ist auch roth, durch welche Eigenschaften sie mehr mit den Abänderungen des Zirkons übereinkommen, die Werner Hyazinth genannt hat. — Wir haben die Zirkone später in den meisten Goldseifen des Ural gefunden, aber immer von dieser ungemeinen Kleinheit, wodurch indessen bei ihrem starken Demantglanze ihre Auffindung nicht erschwert wird, wenn man einmal die Aufmerksamkeit darauf gerichtet hat.

2. Das Seifenwerk Mariinskoi. Es liegt $4\frac{1}{2}$ Werst im N. von Beresowsk auf dem linken Ufer der

Pyschma. Der abgebaute Raum hat eine Längenerstreckung von N. nach S., steht also ebenso rechtwinklig auf der Pyschma, wie die Beresowka auf ihrer rechten Seite. Seine Länge beträgt 350 Lachter, seine Breite 4 bis 10 Lachter. Das Seifengebirge bildet ein gegen 5 Fuss mächtiges Lager, von welchem aber nur die untere 1—1½ Fuss mächtige, unmittelbar auf dem festen Gestein liegende Schicht verwaschen, die obere abgehoben und zur Seite gestürzt wurde.

Das unter dem Sande anstehende Gestein wird von einer Gebirgsart gebildet, die sehr wahrscheinlich mit dem Euphotid übereinkommt. Es besteht aus einem schneeweissen, stellenweise grünlich gefärbten Mineral, das hart ist, feinsplittrigen Bruch hat, und eine Grundmasse bildet, worin graulichgrüne, schmale, 1—3 Linien lange Krystalle mit meistens unbestimmten Umrissen porphyrartig und sehr gedrängt nebeneinander liegend, eingewachsen sind. Das weisse die Grundmasse bildende Mineral ist in Chlorwasserstoffsäure mit Hinterlassung der Kieselsäure, jedoch nur schwer, auflöslich, und enthielt nach einigen damit angestellten Versuchen ausser der Kieselsäure, noch Thonerde, Kalkerde, Natron und Kali, ist also wahrscheinlich Saussurit. Die eingewachsenen Krystalle sind mit dem Messer leicht ritzbar, und nach 2 Richtungen unvollkommen spaltbar; die Spaltungsflächen sind aber etwas gekrümmt, und ebenso wenig genau bestimmbar, wie die Umrisse der Krystalle; sie möchten aber doch für Uralit zu halten sein, wie sie auch vor dem Löthrohr an den Kanten zu einem grünlichschwarzen Glase schmelzen. Das Gestein hat grosse Aehnlichkeit mit dem sogenannten Anthophyllitfels von Clausen in Tyrol, nur dass bei diesem die graulichgrünen Krystalle noch mehr vorwalten, und es kommt wahrscheinlich auch mit dem Gestein des Zobten in

Schlesien überein, bei welchem die Gemengtheile nur noch grobkörniger sind.

Der Goldsand hatte in diesem Seifenwerke ebenfalls ein lehmartiges Ansehn. Die grössern Geschiebe bestanden fast nur aus Stücken von demselben Euphotid, der die Basis des Goldsandes bildet, und aus Quarz, seltener nur aus Thonschiefer und verwittertem Chloritschiefer. In dem stärker verwaschenen Sande sieht man noch Körner und Krystalle von Magneteisenerz und Eisenglanz, doch nicht in so grosser Menge, wie in dem von Perwopawlowsk; ebenso finden sich darin auch Krystalle von Granat und Zirkon.

3. Das Seifenwerk Nagornoi. Es liegt 1 Werst nördlich von Beresowsk an der Beresowka. Die goldhaltige Schicht ist etwa 1—3½ Fuss mächtig und ruht auf verwittertem Thonschiefer, ist aber noch von einer 2 Lachter und darüber mächtigen Lage nicht bauwürdigen Sandes bedeckt. Der Abbau wird daher bergmännisch durch Strecken, die man in den Sand hinein führt, betrieben, und ist aus dem Grunde viel kostbarer, als der gewöhnliche Abbau bei den anderen Seifenwerken, gewährt aber den Vortheil, dass er auch im Winter vorgenommen werden kann, was bei diesen nicht der Fall ist. Der abgebaute Sand enthält 1 Solotnik in 100 Pud Sand. Unter den grössern Geschieben bemerkt man besonders mit Eisenocher durchzogenen Talkschiefer (sogenannten Krassik), der viele kleine glänzende Krystalle von Eisenglanz enthält, und ferner poröses Brauneisenerz. Der schönen losen Eisenglanzkrystalle, die ebenfalls in diesem Goldsande vorkommen, ist schon (S. 149.) gedacht worden. Ich selbst fand darin ein 2 Zoll grosses Bruchstück eines Eisenglanzkrystalles, ebenso ein derbes Stück Pyrolusit.

Zu den merkwürdigen Gemengtheilen dieses Goldsandes gehört aber noch ein Mammuthzahn, den man in ihm vor einiger Zeit gefunden hatte. Dergleichen fossile Ueberreste von grossen urweltlichen Landthieren scheinen in diesen Gegenden öfter vorzukommen, denn schon Hermann[1]) erwähnt eines „Elephantenzahnes," welcher sich im Jahre 1786 in der Erdschicht der Niederung zwischen der Grube Kljutschewskoi und Zwetnoi 5 Fuss unter der Oberfläche gefunden hat; ein anderer Mammuth-Stosszahn ist vor unserer Reise in dem Seifenwerke Kasionnä Pristan zwischen der Bilimbajewka und der Tschussowaja vorgekommen, und endlich fand sich einige Monate nach unserer Reise ein fossiler Schädel $2\frac{1}{2}$ Lachter tief in dem Goldsande von Konewskoi, einem Seifenwerke bei Katharinenburg, das wir nicht selbst besucht haben. Herr Markscheider Weitz meldete diese Neuigkeit an Herrn von Humboldt in einem Schreiben aus Perm vom 30sten November 1829, und sandte ihm auch zu gleicher Zeit eine Zeichnung davon, nach welcher es indessen ungewiss bleibt, ob der Schädel zu einem Palaeotherium oder nicht vielmehr zu einem Rhinoceros gehöre. Herr Weitz fügte hinzu, dass der Schädel von dem General-Berg-Inspektor nach dem Museum des Kaiserlichen Berg-Corps gesandt worden sei, wo er sich wahrscheinlich jetzt befindet. Da östlich und westlich von der Uralkette dieselben urweltlichen Knochen in den Flussthälern des Irtysch und der Kama liegen, so ist ihr Vorkommen auf dem Rücken selbst zum Beweise der Hebung desselben wichtig, es sei denn man wolle lieber annehmen, jene urweltlichen Thiere seien über das Uralgebirge weggelaufen, und hätten bisweilen auf seinem Rücken ihr Grab gefunden.

4. Das Seifenwerk Klenowskoi im N. W. von Beresowsk. Das Goldsandlager ist gegen 2 Lachter mächtig und liegt unter einer Lage Torf. Es soll in den obern Teufen unmittelbar unter dem Torf am

[1]) Min. Beschr. des Uralischen Erzgebirges, Th. II, S. 139.

reichsten sein und hier 2 Solotnik Gold in 100 Pud Sand enthalten; in grössern Teufen aber ärmer werden. Mehr als 2 Lachter unter der Torfschicht wird nicht abgebaut. Unter dem Sande anstehendes Gestein haben wir nicht gesehen. Die grössern Geschiebe, die man in dem gewaschenen Goldsande findet, bestehen meistentheils aus Talkschiefer mit kleinen Krystallen von Eisenglanz und mit meist rhomboëdrischen Höhlungen die mit Eisenocher angefüllt sind; ferner aus Quarz und verwittertem Chloritschiefer. Der stark gewaschene Goldsand besteht fast nur aus Krystallen und Bruchstücken von Eisenglanz und Magneteisenerz, unter welchem sich oft sehr nette Octaëder finden. Kleine Krystalle von Eisenkies, der in Eisenoxydhydrat zersetzt, und von Granat, welcher in Leucitoëdern krystallisirt ist, finden sich auch zuweilen in ihm. Die mikroskopischen Krystalle von Zirkon kommen in diesem Sande ebenso häufig, wie in dem von Perwopawlowsk vor.

5. Das Seifenwerk Kalinowkoi, 3 Werste im W. vom Dorfe Schartasch und 10 Werste im N. O. von Katharinenburg [1]). Das abgebaute Seifengebirge liegt wie die vorhin beschriebenen in einer fast unmerklichen Mulde, deren Streichen hier von O. nach W. geht. Es hat eine Mächtigkeit von 5—11 Fuss, ist jedoch nur in der untern 1—2 Fuss mächtigen Lage so reichhaltig, dass es sich zum Verwaschen eignet. Es wird von einer Torfschicht bedeckt, und

---

[1]) Wir besuchten dieses Seifenwerk erst später den 13ten Juli, nachdem wir schon von unserer Reise in den nördlichen Ural zurückgekehrt waren; doch führe ich dasselbe hier schon an, weil es ganz in der Nähe der eben beschriebenen liegt, und auch unsere Absicht gewesen war, es auf unserer Rückkehr von Beresowsk nach Katharinenburg zu besuchen, wovon wir nur durch den anhaltenden Regen verhindert wurden. Aber durch Herrn Bergmeister Völkner auf das in diesem Seifenwerke anstehende Gestein aufmerksam gemacht, unterliessen wir nicht, von Katharinenburg aus eine besondere Exkursion dorthin zu machen.

ruht unmittelbar auf anstehendem Gestein. Der abgebaute Raum hatte eine Länge von 400, und eine Breite von 5 bis 15 Lachtern.

Das unter dem Goldsande anstehende Gestein besteht hauptsächlich aus Serpentin, welcher schwärzlichgrün und lauchgrün ist, einen splittrigen Bruch hat, und eine grosse Menge sehr netter octaëdrischer Krystalle von Magneteisenerz enthält, die meistens kleiner als eine Linie und zum Theil mit Beibehaltung der Form in rothes Eisenoxyd zersetzt sind. Ausser dem Serpentin findet sich hier auch noch Granit, der eigentlich aus einem Gemenge von vorwaltendem gelblichweissen und kleinkörnigen Feldspath, mit feinschuppigem grünlichgrauen Glimmer besteht, worin nur hier und da einzelne Körner von graulichweissem Quarze eingewachsen sind. Kleine Hexaëder von Eisenkies, die zersetzt und in Eisenoxydhydrat verändert sind, kommen auch in ihm vor, und hierin wie auch in der Kleinkörnigkeit des Gemenges hat er grosse Aehnlichkeit mit den Graniten, welche sich bei der chemischen Fabrik des Herrn Helm und etwas weiter nördlich auf der Sibirischen Hauptstrasse finden, und ebenfalls mit Serpentin vorkommen.

Der Granit von Kalinowkoi findet sich in zwei voneinander getrennten Massen, die den Serpentin, welcher in dem Seifenwerke die Hauptmasse ausmacht, vollkommen gangförmig durchsetzen. Sie ziehen sich quer über den abgebauten Raum hinüber, streichen also von N. nach S., und haben eine untereinander ziemlich gleiche Mächtigkeit, die etwa 5 Lachter beträgt. Eine Veränderung in der Beschaffenheit des Gesteins war an den Gränzen des Granits und Serpentins weder bei der einen noch bei der andern Gebirgsart zu bemerken; beide schnitten scharf aneinander ab, und die Gränzflächen schienen senkrecht in die Tiefe abzufallen. — Der Granit durchsetzt also hier den Serpentin auf eine gleiche Weise und mit gleichem Streichen wie er in Beresowsk die schiefrigen Gebirgsarten durchsetzt, daher auch die Gänge von Kalinowkoi ähnliche Ausläufer des südlichen in grössern Massen anstehenden Granites sind, wie die Gänge von Beresowsk. Bei der Verschiedenheit, die im Allgemeinen der Granit dieser Gegend an den einzelnen Stellen hat, wo wir ihn untersucht haben, kann es nicht auffallen, dass der Granit von Kalinowkoi nicht sowohl mit dem Granite von Beresowsk, als vielmehr mit dem südlichern bei der Fabrik des Herrn Helm Aehnlichkeit hat; mehr noch könnte es befremden, dass der Granit von Beresowsk nicht auch in den nördlich von ihm in seinem Streichen liegenden Serpentin des Pyschminskischen Hütteneiches hineinsetzt, sondern an ihm abschneidet; doch könnte diess vielleicht darin seinen Grund haben, dass der Pyschminskische Serpentin von der Hauptmasse des Granites ferner liegt als der von Kalinowkoi.

Die Verhältnisse, in welchen in Kalinowkoi der Granit zu dem Serpentine erscheint, sind interessant, weil, wenngleich auch ähnliche an andern Orten beobachtet sind, sie doch im allgemeinen selten vorkommen. Sie finden sich nach den Beobachtungen der Herren v. Oeynhausen und Dechen[1]) auf eine ganz ähnliche Weise an mehreren Punkten in Cornwall, wie zu Soaprock bei Gew Grease, wo sich eine kleine Granitkuppe in einer Schlucht ganz von Serpentin umgeben erhebt, und zu Kennikcove bei Gwendra, wo mehrere Granit- und Grünsteingänge den Serpentin durchbrechen, und sich theils bis zur Oberfläche desselben erheben, theils noch vor demselben auskeilen, was man in den Profilen an den Küsten des Meeres sehr gut sehen kann.

Ausserhalb des Seifenwerkes war in der Nähe nichts von anstehendem Gesteine zu sehen, was noch

[1]) Karsten's Archiv für Bergbau, S. XVII, S. 11.

weitern Aufschluss über das Verhalten von dem Granite zum Serpentine hätte geben können. Nur erst in einiger Entfernung auf dem Wege nach dem Dorfe Schartasch zeigten sich kleine Erhebungen festen Gesteins, das zwar von einem schwer zu bestimmenden Charakter, doch deutlich von den Gebirgsarten des Seifenwerks verschieden war. Es war ein Mittelgestein zwischen Chloritschiefer und Serpentin, graulichgrün, von unebenem Bruche, und vor dem Löthrohr zu einem schwarzen Glase schmelzbar; es war mit feinen Schnüren einer gelblichgrünen pistazitähnlichen Masse durchzogen, dabei unvollkommen schiefrig, sehr klüftig, und auf den Kluftflächen braun gefärbt. —

Der abgebaute Goldsand von Kalinowkoi enthielt $\frac{3}{4}$ Solotnik Gold in 100 Pud. Seine grössern Geschiebe bestehen meistentheils aus Serpentin, Quarz und Talkschiefer, von welchen die erstern Gebirgsarten dieselbe Beschaffenheit haben, wie die, welche in dem Seifenwerke anstehen. Der stark gewaschene Goldsand besteht fast nur aus Krystallen und Körnern von Magneteisenerz, und enthält ausserdem neben dem Golde, Hexaëder von Brauneisenerz, kleine Krystalle von Granat, die theils blutroth und in Leucitoëdern, theils hyazinthroth und in Dodecaëdern krystallisirt sind, Zirkon der noch in grösserer Menge als in dem Goldsande von Perwopawlowsk, aber von derselben mikroskopischen Kleinheit in ihm vorkommt, kleine Körner von pistaziengrüner Farbe, und endlich kleine abgerundete Körner von Zinnober, dessen merkwürdiges Vorkommen in dem Goldsande schon oben S. 148. angeführt ist. Man glaubte schon denselben in dem Serpentine anstehend gefunden zu haben, doch bestätigte sich diese Meinung nicht, da das, was man dafür hielt, die oben erwähnten in rothes Eisenoxyd veränderten Krystalle von Magneteisenerz waren.

Ausser den genannten Seifenwerken giebt es in den Umgebungen von Beresowsk noch mehrere andere, die wir nicht besucht haben. Durch die Vorsorge des Herrn Berghauptmanns Ossipoff und des Herrn Bergmeisters Völkner erhielten wir auch aus diesen Seifenwerken Proben, sowohl von schon etwas gewaschenem, als auch noch ungewaschenem Goldsande. Ich habe nach meiner Rückkehr in Berlin auch diese genau durchgesehen, ohne darin Gemengtheile zu finden, die nicht auch schon in dem Goldsande der von uns besuchten Seifenwerke vorgekommen wären. Ausser den gewöhnlichen Gemengtheilen enthielten auch diese meistentheils Granate, Zirkone und auch oft die kleinen pistaziengrünen Körner; Zinnober aber habe ich weiter in keinem andern Goldsande gefunden. Der Goldsand von Talizkoi, 56 Werste nördlich von Katharinenburg besteht fast nur aus Geschieben von feinkörnigem Granit und von Serpentin, daher auch hier diese Gebirgsarten vielleicht die Basis des Goldsandes bilden, und unter ähnlichen Verhältnissen, wie in Kalinowkoi vorkommen mögen.

Die grössern Geschiebe, welche sich in dem Seifengebirge der Gegend von Beresowsk finden, bestehen demnach aus Talkschiefer, Chloritschiefer, Euphotid, Serpentin, Quarz und Brauneisenerz, also aus lauter Gebirgsarten und Mineralmassen, die sich in der Gegend selbst in grossen Massen anstehend finden, und den festen Boden ausmachen, auf welchem die Ablagerungen von Goldsand vorkommen; die in dem schon etwas gewaschenen Goldsande erkenntlichen Krystalle und Körner sind nächst Quarz besonders Magneteisenerz, Eisenglanz, in Brauneisenerz veränderter Eisenkies, Granat, Zirkon und Zinnober; Mineralien, welche bis auf die drei letztern alle in obigen Gebirgsarten eingewachsen vorkommen. Granat findet sich indessen in dem Granite der Nachbarschaft und kommt z. B. ganz von derselben Beschaffenheit wie in dem Seifengebirge von Beresowsk in dem Granite der Gegend von Werch-Issetsk vor, kann daher leicht auch in den Graniten der Gegend von Beresowsk vorgekommen sein; der Zirkon ist vielleicht nur wegen seiner ausserordentlichen Kleinheit der Beobachtung in den Gebirgsarten von Beresowsk entgangen, und der Zinnober scheint nur ein ganz lokales Vorkommen auf dem Kalinowschen Seifenwerke zu sein. Es ergiebt sich also hieraus offenbar, dass der Goldsand der Umgegend von Beresowsk nicht von fern her angeschwemmt ist, sondern sich durch theilweise Zertrümmerung derselben Gebirgsarten gebildet hat, die in der Gegend anstehen, und dass das Gold darin früher wahrscheinlich in den obern später zerstörten Teufen derselben Quarzgänge vorgekommen ist, die noch jetzt in Beresowsk bebaut werden. Noch jetzt beobachtet man, dass die Goldgänge in den obern jetzt noch vorhandenen Teufen viel reicher sind als in den untern Teufen; der Gehalt an Gold ist in den zerstörten Teufen dieser Gänge vielleicht noch bedeutender gewesen, daher es sich erklärt, dass ungeachtet der grossen Beimengung des Nebengesteins der Quarzgänge, der Goldsand noch so reich ist, als es angegeben worden.

Die Seifenwerke von Beresowsk sind in der Geschichte des Uralischen Bergbaus interessant, weil sie die ersten waren, die am Ural bebaut wurden, und auf diese Weise zu der Entdeckung aller übrigen Goldseifen, die jetzt am Ural in so ausserordentlicher Ausdehnung aufgefunden worden sind, Veranlassung gegeben haben. Die erste Bearbeitung der Goldseifen von Beresowsk geschah im Jahre 1814 [1]) durch

[1]) Schon vorher hatte man bei Treibung von Schächten und Stollen in dem das feste Gestein bedeckenden Schuttlande häufig Gold gefunden, und wir hörten, dass man bei Treibung eines Stollens in dem Sande sogar so viel Gold gewonnen habe, dass die Kosten des Stollens davon bezahlt wurden. Einzelne Goldstücke, die man inzwischen auch an andern Orten in dem Sande fand, wozu besonders

den damaligen Ober-Befehlshaber von Schleneff, und es ist das jetzt noch bebaute Seifenwerk Nagornoi, in welchem man die Arbeiten anfing. In dem ersten Jahre war die Produktion nur unbedeutend, und betrug noch nicht 3 Pfund bergfeines Gold: wie schnell sie aber seit dieser Zeit gestiegen ist, ersieht man aus der folgenden Tabelle, die die Gold-Produktion der unter dem Bergamte von Katharinenburg stehenden Seifenwerke vom Anfang der Bearbeitung bis zum Jahre 1828 enthält und denselben Ursprung und dieselbe Einrichtung wie die S. 222. angegebene Tabelle über die Produktion der Goldgruben von Beresowsk hat.

---

auch 1813 der Fund eines Mädchens in Newjansk, der Catharina Bogdanoff gehört, welchen sie dem dortigen Intendanten Jwan Jewtifejewitsch Polusadoff anzeigte, lenkten die Aufmerksamkeit immer mehr auf die Untersuchung des Schuttlandes, dessen erste wirkliche Ausführung aber ein Verdienst des Herrn v. Schleneff ist.

Aus manchen Anzeigen wird es wahrscheinlich, dass die Goldseifen des Urals schon von den Urvölkern des Urals bearbeitet wurden; denn man hat an dem See Irtiasch in der Nähe des Goldseifenwerkes Soimonowskoi bei Kyschtim sogenannte Tschuden-Gräber mit Menschenknochen und neben diesen auch Fragmente von Panzerhemden und grosse Ringe mit Eidechsenköpfen (vermuthlich Armbänder) gefunden, die aus derselben Mischung von Gold und Silber bestanden, von welcher noch jetzt das Waschgold in Soimonowskoi gefunden wird. Dass lange Zeit vor dem Funde des Mädchens 1813 von den Baschkiren Gold vom Ural nach dem Innern von Asien heimlich geführt worden sei, hat sich durch ernste Untersuchung nicht bestätigt. Man fabelt von einem Goldklumpen von 33 Pfund, der von den Baschkiren nach Khiva geschickt worden sein soll. Der Sitz der Goldkonterbande war lange Troitzk, aber eine Commission fand, dass dort höchstens 15 bis 20 Pud Gold waren ausgeführt worden. Jetzt rechnet man die Goldkonterbande jährlich 3 Pud.

Jahre	Gewicht des aus dem Goldsande gewonnenen bergfeinen Goldes		Gehalt des bergfeinen Goldes an		Gehalt des gediegenen Goldes an	
	in der ganzen Menge	in 100 Pud	Gold	Silber	Gold	Silber
	Pfund	Sol.	Pfund	Pfund	Procent	Procent
1814	2,89583..	2,1	2,54166..	0,03125..	98,78..	1,22..
1815	33,22917..	0,1	29,11458..	3,65625..	88,84..	11,16..
1816	235,66667..	1,9	216,03125..	14,72917..	93,62..	6,38..
1817	244,70833..	1,5	221,76107..	17,83433..	92,56..	7,44..
1818	241,52083..	1,1	213,84402..	18,86502..	91,46..	8,54..
1819	193,40625..	0,1	178,29214..	11,07368..	94,15..	5,85..
1820	311.53125..	1,2	285,56328..	17,84419..	94,12..	5,88..
1821	387,07292..	1,1	353,93752..	27,10481..	92,89..	7,11..
1822	537,93750..	1,2	488,19875..	38,52116..	92,68..	7,32..
1823	1063,21901..	1,3	953,26097..	62,22976..	93,87..	6,13..
1824	1152,63542..	2,5	1032,16732..	84,56266..	92,43..	7,57..
1825	1020,31302..	1,6	916,99016..	92,06337..	90,88..	9,12..
1826	1070,91753..	1,6	945,30247..	85,06340..	91,74..	8,26..
1827	860,96924..	1,3	762,71969..	78,58435..	90,66..	9,34..
1828	937,01094..	1,3	840,86630..	68,12555..	92,54..	7,46..
Summe	8293,03391					
Mittel	552,869	1,3			92,75	7,25

Die Menge des in den Seifenwerken von Katharinenburg während der Jahre 1814—1828 gewonnenen bergfeinen Goldes beträgt demnach 207¼ Pud, und das jährliche Mittel aus diesen Jahren 13¾ Pud. Die Seifenwerke haben also in 15 Jahren so viel geliefert als die Gruben in 43 Jahren, und die mittlere jährliche Produktion der Seifenwerke übertrifft die der Gruben um mehr als ein Drittheil. Der Ertrag der Seifenwerke von 1828 übertrifft den der Gruben von demselben Jahre um fast das Sechsfache, und ist grösser, als die Produktion der Gruben zur Zeit ihrer grössten Blüthe. Die Seifenwerke sind dabei noch im Anfange ihres Betriebes, und versprechen nach dem, was man von ihrer Ausdehnung weiss, noch eine lange Dauer.

Der mittlere Gehalt des Goldsandes, wie man ferner ersieht, beträgt in den 15 Jahren 1,3 Solotnik in 100 Pud, während der mittlere Gehalt der Golderze (nach S. 224) 5,3 Solotnik beträgt. Die Gewinnungskosten aber für jedes Solotnik Gold aus den Seifenwerken betrugen im Jahre 1828 4 Rubel $53\frac{3}{4}$ Kopeken, (vergl. S. 159) während die der Gruben in demselben Jahre 8 Rubel $75\frac{5}{8}$ Kopeken betragen haben. Ungeachtet also das aus den Gruben gewonnene Erz mehr als viermal so reich ist als der Sand der Seifenwerke, so betragen doch die Gewinnungskosten des Goldes aus dem erstern fast noch einmal so viel, als die des Goldes aus dem letztern, was eben der Grund ist, weshalb die Bebauung der Beresowschen Gruben seit der Entdeckung des Goldsandes so bedeutend eingeschränkt worden, und die meisten Kräfte auf die Gewinnung des Goldes aus den Seifenwerken verwandt sind.

Was die chemische Beschaffenheit einzelner Goldkörner aus den Beresowschen Seifenwerken anbetrifft, so habe ich nur Gelegenheit gehabt, nach meiner Rückkehr ein Goldkorn, 3,0695 Grammen schwer, aus dem Seifenwerke Perwopawlowsk zu analysiren. Es enthielt:

Gold	92,60
Silber	7,08
Kupfer	0,02
Eisen	0,06
	99,76

Ein Krystall aus einem andern zum Bergamte von Katharinenburg gehörigen Seifenwerke, dessen nähere Lage ich nicht erfahren konnte, enthielt:

Silber	6,28
Kupfer	0,06
Eisen	0,32
Gold und Verlust	93,34
	100,00

Die chemische Zusammensetzung eines Korns aus dem Seifenwerke Schabrowskoi, welches auch zu dem Bergamte von Katharinenburg gehört, ist schon oben

S. 159 angegeben. Der Silbergehalt ist bei diesem ausserordentlich gering, und beträgt nur 0,16 Proc., steigt aber doch in dem von Perwopawlowsk fast bis zu der grössten Höhe, die ich bei einem Korne aus den Gruben von Beresowsk gefunden habe.

Der Silbergehalt der ganzen in einem Jahre gewonnenen Menge des gediegenen Goldes weicht nach den angegebenen Tabellen ab von 1,22 bis 11,16 Proc. Der Durchschnitt der 15 Jahre von 1814 bis 1828 beträgt 7,25 Proc., er ist also um 1,2 geringer als der Silbergehalt des gediegenen Goldes der Gruben nach einem 75jährigen Durchschnitt. Indessen ist auch der Silbergehalt der Gruben mitunter sehr gering, und beträgt im Durchschnitt aus den 15 Jahren von 1776 bis 1791 nur 3,15 Proc. (vergl. die Tabelle S. 222). Man hat also hiernach nicht Ursach zu behaupten, dass das Gold aus den Seifenwerken reiner sei als das Gold aus den Gruben, so allgemein auch am Ural und in Petersburg diese Meinung verbreitet ist. Vielmehr hat das Gold aus den Gruben und den Seifenwerken eine sehr ähnliche chemische Zusammensetzung, und dieser Umstand spricht wohl mit für die Seite 238 aufgestellte Meinung, dass das Gold der Seifenwerke von Katharinenburg in den obern zerstörten Teufen der Goldgänge von Beresowsk enthalten gewesen ist, macht es unn aber auch nicht wahrscheinlich, dass sich in Rücksicht des Silbergehaltes des Goldes für die verschiedenen Teufen der Gänge eine bestimmte Regel auffinden lassen wird.

Exkursion nach der Kupfergrube Gumeschewskoi.

Am Mittage des 20sten Juni's waren wir von unserer Exkursion nach Beresowsk zurückgekehrt. Wir wandten den Nachmittag dieses Tages dazu an, die

Eisenhütte in Werch-Issetsk [1]) zu besuchen, wo wir von dem Verwalter des Herrn Jakowleff, Alexei Jwanowitsch herumgeführt und gastfrei bewirthet wurden, verweilten mit der Untersuchung und dem Ordnen der gesammelten Gegenstände beschäftigt, den folgenden Tag noch in Katharinenburg, und traten den 22sten Juni eine neue Exkursion, und zwar nach der berühmten Kupfergrube Gumeschewskoi an, von welcher wir am Morgen des 24sten zurückkehrten. Herr Berghauptmann Ossipoff hatte die Güte uns auch auf dieser Exkursion zu begleiten; ausserdem machten wir sie auch noch in Gesellschaft des Herrn Solomirski.

Die Kupfergrube Gumeschewskoi ist ein Privatwerk, und gehört, wie auch das dabei gelegene Hüttenwerk Polewskoi, den Erben des Titularraths Turtschaninoff. Sie liegt 56 Werste in südsüdwestlicher Richtung von Katharinenburg, die Hütte, zu welcher wir uns zunächst wandten, 4 Werste diesseits. Der Weg dahin durchschneidet in diagonaler Richtung das Seite 152 beschriebene waldichte Plateau zwischen dem Isset und der Tschussowaja. Bis zu dem Dorfe Uktuss ist er derselbe, den wir auf unserer Exkursion nach den Goldseifen von Schabrowskoi eingeschlagen hatten; jenseits des Dorfes wichen wir rechts ab, der Richtung des kleinen Flusses Uktuss folgend, ohne aber ihn selbst lange im Auge zu behalten. Erst kurz vor dem 21 Werste von Katharinenburg entfernten Dorfe Gornoschit näherten wir uns wieder demselben. Er hat hier ziemlich steile Ufer, die durch eine Brücke verbunden sind, über welche man nach dem Dorfe auf dem jenseitigen Ufer gelangt.

In Gornoschit verweilten wir einige Augenblicke, um die Pferde zu wechseln. Man hatte in dem

---

[1]) Vergl. S. 169.

Dorfe eine Menge Bausteine zum Baue einer neuen Kirche angefahren, die man, wie uns gesagt wurde, in einem 6 Werste vom Dorfe entfernten Steinbruche gebrochen hatte. Die Bausteine bestanden aus Granit, der eine grosse Aehnlichkeit mit dem südlich von Werch-Issetsk anstehenden Granite[1]) hatte, und auch wie jener und zwar noch häufiger, kleine braune Titanitkrystalle eingemengt, enthielt. Nach Tschaikowski würde auch dieser mit jenem in Verbindung stehen, und zu der zweiten der Seite 154 erwähnten Granitmassen gehören, welche östlich bei Gornoschit vorbeistreicht. Wir hätten demnach diesen Granit auf unserm Wege überschritten, doch haben wir ihn hier nicht aus der Dammerde hervorragen sehen. Einige kleine Hügel gleich hinter dem Dorfe Uktuss ausgenommen, die aus demselben Uralit-führenden Augitporphyr bestehen, wie die, welche wir bei unserer Exkursion nach Schabrowskoi auf der andern Seite des Dorfes wahrgenommen hatten, haben wir weiter kein anstehendes Gestein bemerkt.

Hinter dem Dorfe führte der Weg über eine kleine Kuppe, die schon aus Serpentin besteht, welcher aber von einem sehr ungewöhnlichen Ansehn ist. Er hat eine graulichgrüne Farbe, stellenweise sehr kleine braune Flecken und einen feinsplittrigen Bruch, besteht aber aus einer Menge kleiner fasriger durcheinandergewachsener Zusammensetzungsstücke, wodurch er einen für den Serpentin nicht gewöhnlichen Glanz enthält. Die Härte ist sonst wie gewöhnlich bei dem Serpentin; ebenso sein Verhalten vor dem Löthrohr. Im Kolben erhitzt giebt er viel Wasser, und bei einem nach meiner Rückkehr angestellten Versuche fand ich, dass er in Uebereinstimmung mit den Serpentinen anderer Fundörter 11,7 Proc. Wasser enthalte. Durch das Glühen nimmt er, wahrschein-

---

[1]) Vergl. S. 168.

lich durch höhere Oxydation des in ihm enthaltenen Eisenoxyduls, eine braune Farbe an, wodurch man aber die durcheinandergewachsenen Fasern nur um so deutlicher erkennen kann. Magneteisenerz war in kleinen Körnern hier und da in ihm eingewachsen.

Die fasrige Structur ist bei dem Serpentine eine zu ungewöhnliche Erscheinung, als dass es nicht wünschenswerth geschienen hätte, durch eine chemische Untersuchung die Uebereinstimmung des Gesteins von Gornoschit mit dem Serpentine ausser Zweifel zu setzen. Herr Graf Schaffgotsch hatte deshalb die Güte, eine solche in dem Laboratorium meines Bruders anzustellen; er fand darin bei 2 Analysen:

	1.	2.	Sauerstoffgehalt	
Talkerde	38,157	37,716	14,599	15,990
Eisenoxydul	6,410	6,111	1,391	
Thonerde		0,813	0,380	
Kieselsäure	43,716	43,734	1,140 +	21,580
Wasser	11,626	11,626		10,337
	99,909	100,000		

Bei der erstern Analyse wurde die Bestimmung der Thonerde verabsäumt, bei der zweiten die Talkerde aus dem Verluste berechnet. Nimmt man an, dass die Thonerde in Verbindung mit einer verhältnissmässigen Menge Kieselsäure zu Thon verbunden, und dieser dem Gesteine beigemengt sei, so verhalten sich die Sauerstoffmengen der Talkerde und des Eisenoxyduls zusammengenommen zu der der Kieselsäure und des Wassers ziemlich genau wie die Zahlen 3 : 4 : 2, und die gefundene Zusammensetzung entspricht der Formel:

$$2\left.\begin{matrix}\dot{Mg}^3\\ \dot{Fe}^3\end{matrix}\right\}\dddot{Si}^2 + 3\left.\begin{matrix}\dot{Mg}\\ \dot{Fe}\end{matrix}\right\}\dot{H}^2$$

welche dieselbe ist, die schon Lychnell aus seinen Analysen verschiedener Abänderungen des Serpentins abgeleitet hat [1]). Mit diesen verglichen, kommt der Serpentin von Gornoschit in Rücksicht seiner Zusammensetzung am meisten mit dem von Massachusets überein, der ebenfalls ziemlich viel Eisenoxydul, nämlich 5,24 Proc. enthält, und dem Serpentine von Gornoschit vielleicht auch im Aeussern ähnlich sieht, da Lychnell ihn strahlig nennt. — Das specifische Gewicht des Serpentins von Gornoschit fand Graf Schaffgotsch in Uebereinstimmung mit dem anderen Serpentine 2,641.

Funfzehn Werste hinter dem Dorfe Gornoschit kamen wir nach Mramorskoi, einer kleinen Ortschaft, die aus einer der Krone gehörigen Marmorschleiferei nebst einigen Gebäuden für die Arbeiter besteht. Die Fabrik steht unter der Aufsicht des Direktors der Steinschleiferei von Katharinenburg Herrn Kokawin, der selbst die Güte gehabt hatte, nach Mramorsk zu kommen, um uns in der Fabrik herumzuführen. Wir konnten indessen wenig darin sehen, weil die Fabrik jetzt nicht im Gange war, da man die Arbeiter zur Heuerndte entlassen hatte, und auch die Niederlage grösstentheils leer war, da man nur die von Petersburg gemachten Bestellungen ausführt, und die fertigen Gegenstände stets im Frühjahr bei dem hohen Wasserstande abschickt. Man verfertigt übrigens Vasen, Tisch- und Kaminplatten, Säulen und ähnliche Gegenstände; in der Niederlage sahen wir noch die einzelnen Stücke einer grossen Spitzsäule, die in Tobolsk zu Ehren des Kosacken-Hetmanns Jermack, des Eroberers von Sibirien errichtet werden sollte, aber in keinem sehr guten Geschmacke ausgeführt war.

Die Marmorbrüche, worin der Marmor für die Fabrik gewonnen wird, liegen gleich hinter derselben und führen wegen der Nähe des Dorfes Gornoschit

---

[1]) Vergl. Poggendorffs Annalen B. XI, S. 214.

den Namen der Gornoschitschen Brüche. Der hier anstehende Marmor ist weiss mit grauen Flecken und Streifen durchzogen, sehr grobkörnig, aber doch von grossem Zusammenhalt der körnigen Zusammensetzungsstücke, so dass er sich dadurch zum Verarbeiten sehr gut eignet, wie er auch eine gute Politur annimmt. Er ist mit Klüften durchsetzt, die zuweilen eine unter einander ziemlich parallele Richtung haben, sich aber in grosser Entfernung von einander finden, so dass man aus dem Marmor Blöcke von bedeutender Grösse aushauen kann. Mit dem Marmor zusammen findet sich auch Brauneisenerz, das, wie es scheint, in grossen Nestern in ihm vorkommt, und auch an einigen Stellen abgebaut worden ist.

Die Brüche haben eine ziemlich grosse Ausdehnung. Die Umgebungen derselben sind mit Dammerde und Wald bedeckt, so dass es ohne genauere Untersuchung der Gegend unmöglich ist, eine Vorstellung über die Lagerung des Kalksteins zu erhalten. Tschaikowski führt an, dass dieser Marmor, wie auch andere Massen körnigen Kalkes, welche in den Umgebungen von Katharinenburg vorkommen, immer an den Gränzen des Granits mit dem schiefrigen Urgebirge, und wie in Mramorsk auch gewöhnlich mit Brauneisenerz vorkommen. Es sind also Contactbildungen, die bei dem Durchbruche des Granites in ihren jetzigen Zustand versetzt sind. Der körnige Kalkstein von Mramorsk liegt nach Tschaikowski an der Westseite des westlichsten Granitstreifens von Katharinenburg, der sich zwischen Gornoschit und der Tschussowaja entlang zieht, und sich weiter nördlich, wo er östlich von Räschety die mauerähnlichen Felsen bildet, welche auf dem Wege nach Katharinenburg beschrieben worden sind [1]), sehr bedeutend erhebt. Auf dem Wege von Gornoschit nach Mramorsk tritt

---

[1]) Vergl. S. 120.

er aber, wie der östlich von Gornoschit sich findende Granit, nicht aus der Dammerde hervor, so dass wir jenen hier ebenso wenig, wie diesen bemerken konnten. Das Terrain bildete auf unserm Wege fast eine völlige Ebene, die sich nach Westen zu, gegen den Hauptrücken des Gebirges nur ganz allmählig erhebt; denn die Höhe von Mramorsk über dem Meere beträgt etwa 1000 Fuss.

Auf der Westseite des Marmorbruches ist das Nebengestein durch einige kleine Steinbrüche aufgeschlossen, die, wenn sie auch nicht unmittelbar an der Gränze mit dem Kalkstein liegen, doch in mancher Rücksicht interessant sind. In einem derselben wird ein Serpentin von einer sehr homogenen Beschaffenheit gebrochen. Er hat eine graulichgrüne Farbe, splittrigen Bruch, ist stark durchscheinend, und nimmt geschliffen eine schöne lauchgrüne Farbe an. Er wird ebenfalls in der Fabrik verarbeitet.

In einem andern Bruche wird ein undeutlich geschichteter grünlichschwarzer Chloritschiefer gewonnen, welcher Schmirgel fein eingesprengt enthält, und auch, nachdem er geröstet, pulverisirt und geschlemmt ist, als solcher in Mramorsk benutzt wird. Der Chloritschiefer ist von kleinen Gängen und Trümmchen durchsetzt, die gewöhnlich nur einige Linien, selten einen Zoll mächtig, und mit verschiedenen Mineralien ausgefüllt sind. In einigen derselben finden sich Zoisit, ein rosenrothes oder röthlichbraunes Mineral, Chloritblättchen und ein weisses glimmerartiges Mineral.

Der Zoisit ist grobkörnig und von gelblichgrauer Farbe; das rothe Mineral hat im Aeussern wohl Aehnlichkeit mit einem derben Granat, schmilzt aber nur schwer und unvollständig vor dem Löthrohr zu einer schwarzen Masse, und löst sich in Phosphorsalz nur in geringer Menge zu einem von Eisen gefärbten Glase auf. Das weisse glimmerartige Mineral ist in einer Richtung vollkommen spaltbar, und hat auf dieser Fläche starken Perlmutterglanz. Es ähnelt dem Mohsschen Perlglimmer, doch habe ich es wegen der geringen Menge, in welcher es sich an den Stücken findet, die ich mitgebracht habe, nicht näher untersuchen können. Der Zoisit findet sich von den genannten Mineralien in der grössten Menge, und bildet eigentlich die Ausfüllungsmasse der Gänge. Doch kommt er mehr in der Mitte derselben vor, das rothe Mineral dagegen mehr in schmalen Streifen an den Seiten, und wo es fehlt findet sich ein Gemenge von Chloritblättchen und dem weissen glimmerartigen Mineral.

Andere kleine Gänge bestehen nur aus Zoisit und einem braunen Thone, der die Mitte der Gänge ausfüllt. An den Gränzen mit dem Thone ist der Zoisit krystallisirt; er hat hier eine gelbe Farbe; die grössern Krystalle sind durchscheinend, die kleinern, welche eine Länge von 1—1½ Linien haben, vollkommen durchsichtig und ausserordentlich glatt und glänzend.

In noch andern kleinen Gängen die in diesem schmirgelhaltigen Chloritschiefer aufsetzen, hat Herr Dr. Fiedler im Jahre 1830 den schon S. 150 erwähnten Diaspor und mit ihm ein neues Mineral, den Chloritoid gefunden [1]). Da ich Gelegenheit hatte in den Russischen Sammlungen viele Stücke des Diaspor's zu sehen, und später auch die Stücke kennen lernte, welche der Dr. Fiedler von seiner Reise mitgebracht hatte, so halte ich es nicht für überflüssig, hier noch eine nähere Beschreibung dieses seltenen Minerals zu geben, da sie die vorhandenen Beschreibungen ergänzt.

Der Diaspor kommt nur undeutlich krystallisirt vor; die Krystalle sind vierseitige rhomboidische Pris-

---

[1]) S. Poggendorffs Annalen der Physik und Chemie, B. XXV, S. 322.

men, mit Winkeln von 82°, welche an den scharfen Seitenkanten stark und auf die Weise abgestumpft sind, dass die Abstumpfungsfläche mit der einen Fläche des vierseitigen Prima's einen Winkel von 134°, mit der andern von 128° bildet. An den Enden sind sie mit einer schiefen Endfläche begränzt, die auf der Abstumpfungsfläche der scharfen Seitenkanten schief aufgesetzt ist. Die Flächen des vierseitigen Prisma's sind nur sehr schmal, die Abstumpfungsflächen der scharfen Seitenkanten dagegen breit, wodurch die Krystalle ein tafelartiges Ansehn erhalten. Nur die letztere Fläche ist glatt, die ersteren sind parallel den Kanten die sie untereinander bilden, gestreift, daher bei der Kleinheit derselben die Winkel nur annähernd bestimmt werden konnten. Die Winkel der Endflächen konnten selbst nicht einmal auf diese Weise gemessen werden. Parallel der Abstumpfungsfläche der scharfen Seitenkante sind die Krystalle sehr vollkommen spaltbar, nur unvollkommen dagegen parallel einer Abstumpfungsfläche der stumpfen Seitenkante; auch finden sich Spuren von Spaltungsflächen parallel einer Endfläche, die vermuthlich dieselbe ist, die auch als Krystallfläche vorkommt.

Die Krystalle finden sich indessen sehr selten, gewöhnlich kommt der Diaspor nur derb vor mit mehr oder weniger grobkörnigen Zusammensetzungsstücken, die aus dünn tafelartigen, schaaligen Individuen bestestehen, die mit den breiten Seitenflächen aufeinander liegen, oder aus dergleichen stumpfen Zusammensetzungsstücken, die durcheinander gewachsen sind. Zuweilen sind auch dünne tafelförmige meistens etwas gekrümmte Individuen von einer Wand des Ganges nach der andern hinübergewachsen, so dass sie gegeneinander Winkel bilden, und hohle Räume einschliessen. Diese finden sich auch da, wo die Massen stänglich durcheinander gewachsen sind, und in diesen Räumen findet man zuweilen die oben beschriebenen dünnen tafelförmigen Krystalle.

Die Farbe des Diaspors ist ursprünglich gelblich oder grünlichweiss, doch ist diese Farbe nur auf den wirklichen Spaltungsflächen zu sehen, da die Oberfläche in den Höhlungen mit einer dünnen Rinde von braunem Eisenocher bedeckt ist, der sich auch in die Zusammensetzungsflächen der schaaligen Individuen hineingezogen hat, und sich schwer aus grössern Stücken, selbst durch längeres Digeriren mit Säuren, ausziehen lässt. — Er ist stark durchscheinend, in dünnen Scheiben durchsichtig, auf den vollkommensten Spaltungsflächen von Permutterglanz, auf dem Querbruch der körnigen Zusammensetzungsstücke von Fettglanz.

Die Härte ist über der des Feldspathes, das specifische Gewicht nach Breithaupt: 3,358.

Sein Verhalten vor dem Löthrohr ist durch die Untersuchungen von Berzelius bekannt; was ihn in dieser Rücksicht besonders auszeichnet, ist sein starkes Decrepitiren, wenn man ihn in Kolben erhitzt, was aber auch schon in der Hitze einer Spiritusflamme geschieht. Er zerspringt dabei in eine Menge kleiner weisser Flitterchen, ein Verhalten, wonach er, wie bekannt, von Haüy seinen Namen erhalten hat.

In Säuren ist er unauflöslich. Nach der Analyse von Hess [1]) besteht er aus:

		Sauerstoffgehalt
Thonerde	85,61	39,98
Wasser	14,56	12,85
	100,17	

seine chemische Formel ist daher:

$$\ddot{Al}\,\dot{H}$$

[1]) Poggendorffs Ann. B. XVIII, S. 256.

Der Chloritoid[1]), welcher mit dem Diaspor zusammen vorkommt, findet sich nur derb in grosskörnigen Zusammensetzungsstücken, die oft einen Durchmesser von mehr als einem Zolle haben, und wiederum aus krummschaaligen Zusammensetzungsstücken bestehen, welche gewöhnlich etwas excentrisch zusammengehäuft sind. Die schaaligen Zusammensetzungsstücke sind parallel der Hauptfläche der Schaalen vollkommen spaltbar.

Er ist schwärzlichgrün; im Strich grünlichweiss; durchscheinend in feinen Blättchen und perlmutterartig glänzend.

Seine Härte ist etwas bedeutender als die des Apatits[2]), sein specifisches Gewicht beträgt nach Dr. Fiedler 3,55; fast ebenso, nämlich 3,557 giebt es auch Breithaupt an.

Vor dem Löthrohr giebt er im Kolben erhitzt, viel Wasser, blasst dabei aus, und verliert seinen Glanz und seine Durchsichtigkeit.

In der Platinzange gehalten, schmilzt er nur schwer an den Kanten zu einem schwarzen Glase.

In Borax löst er sich langsam zu einem klaren Glase auf, das mit der Farbe des Eisens gefärbt ist.

In Phosphorsalz in geringer Menge zugesetzt, löst er sich mit denselben Farbenerscheinungen und unter Ausscheidung der Kieselsäure zu einem klaren Glase auf; bei grösserm Zusatz opalisirt das Glas beim Erkalten.

Herr Prof. v. Bonsdorff hat den Choritoid schon vor mehreren Jahren analysirt, und die Güte gehabt,

---

[1]) Herr Dr. Fiedler, welcher an dem angegebenen Orte, auch dieses Mineral beschrieben hat, nennt es eigentlich Chloritspath, Prof. Breithaupt hat dafür den Namen Chloritoid gewählt, den ich hier beibehalten habe.

[2]) Darin unterscheidet er sich besonders von dem Chlorit, dem er sonst in Rücksicht der Farbe und der Spaltbarkeit ähnlich ist, worauf auch der Name hindeutet.

mir das Resultat seiner Analyse zur weitern Benutzung mitzutheilen. Hiernach besteht er aus:

		Sauerstoffgehalt	
Talkerde	4,29	1,66	7,89
Eisenoxydul	27,05	6,16	
Manganoxydul	0,30	0,07	
Thonerde	35,57	16,61	
Kieselsäure	27,48	14,28	
Wasser	6,95	6,18	
	101,64		

Die Analyse hat demnach einen Ueberschuss von mehr als $1\frac{1}{2}$ Proc. gegeben, und die Sauerstoffmengen der Bestandtheile stehen nicht recht in einfachen Verhältnissen; nimmt man aber an, dass sich die Sauerstoffmengen der 3 erstern Bestandtheile zu denen der übrigen verhalten, wie 1 : 2 : 2 : 1, so würde die chemische Formel für den Chloritoid sein:

$$\left.\begin{matrix}\dot{F}e^3\\ \dot{M}g^3\end{matrix}\right\}\dddot{S}i + \dddot{A}l^2\,\dddot{S}i + 3\dot{H}$$

Prof. v. Bonsdorff vermuthet, dass das Mineral etwas Phosphorsäure enthalten könnte, die indessen vor dem Löthrohr nicht darin zu finden ist.

Eine andere Analyse dieses Chloritoids vom Prof. Erdmann hat Gerhardt im vorigen Jahre bekannt gemacht, die von der Bonsdorff'schen ziemlich bedeutend abweicht. Hiernach enthielte der Chloritoid:

		Sauerstoffgehalt
Eisenoxydul	28,9	6,57
Thonerde	46,2	19,71
Kieselsäure	24,9	13,41
	100,0	

Erdmann giebt darin kein Wasser an, daher die angegebenen Bestandtheile vielleicht nur die des geglühten Minerals sind. Die chemische Formel für dieses würde aber nach dieser Analyse sein:

$$\dot{F}e^3\,\dddot{S}i + \dddot{A}l\,\dddot{S}i$$

Der Chloritoid kommt mit dem Diaspor verwachsen vor, und die grosskörnigen Zusammensetzungsstücke des erstern sind mit denen des letztern gemengt; zuweilen findet sich in dem Gemenge auch etwas krystallisirter gelblichweisser und durchsichtiger Glimmer. Zwischen den schaaligen Zusammensetzungsstücken des Chloritoids liegen oft dünne Lagen von Eisenoxydhydrat.

Die Gänge, in welchen sich der Diaspor und der Chloritoid finden, werden theils von jenem allein, theils von beiden zusammen ausgefüllt; sie sind nur schmal, doch noch mächtiger, als die oben beschriebenen Zoisitgänge. Der mächtigste, den der Dr. Fiedler beschreibt, ist 4 Zoll breit; er hat indessen nur eine Erstreckung von einem halben Lachter, und schien auch nicht weit in die Tiefe fortzusetzen; andere Gänge waren noch viel schmäler. Bemerkenswerth ist hierbei noch die Aehnlichkeit, die zwischen den Ausfüllungsmassen und dem Nebengestein der Gänge in Rücksicht ihrer chemischen Beschaffenheit statt findet. —

Nach Besichtigung der Marmor- und der übrigen Steinbrüche setzten wir unsern Weg nach Polewskoi weiter fort, verliessen denselben jedoch schon nach einigen Wersten, um das etwa $\frac{1}{4}$ Stunde rechts vom Wege mitten im Walde gelegene und den Turtschaninoff'schen Erben gehörige Seifenwerk Nikolajewskoi zu besehen. Wir liessen die Wagen auf dem Wege stehen, und gingen zu Fuss durch den Wald. Der Goldsand, welcher hier abgebaut wird, liegt in einer kaum bemerkbaren wasserlosen Mulde, die ein Streichen St. 8 hat. Dasselbe Streichen hat bei fast saigerem Einfallen auch das unter dem Sande anstehende Gestein, welches in einem grauen Thonschiefer besteht. Der Sand hat ein lehmartiges Ansehn. Er ist durch die vielen grossen Blöcke von Quarz bemerkenswerth, die er enthält. Unter den grössern Geschieben findet sich dieser am häufigsten, zuweilen enthält er Krystalle von Rutil eingeschlossen, der auch in losen, sowohl einfachen Krystallen als besonders den bekannten knieförmigen Zwillingskrystallen vorkommt. Wir erhielten von Herrn Solomirski mehrere solche Krystalle, die recht ausgezeichnet waren; sie hatten die Grösse der bekannten Rutilgeschiebe von *St. Yrieux* in Frankreich, waren aber noch scharfkantiger und weniger abgerundet. Ausser dem Quarz kommt unter den grössern Geschieben besonders Thon und Talkschiefer, letzterer ohne eingemengten Eisenglanz vor. Unter den kleinern Geschieben finden sich Krystalle von Magneteisenerz und Eisenglanz, Hexaëder von Brauneisenerz, und viele Krystalle und Körner von Granat, die grösser sind, aber nicht den Glanz und die Durchsichtigkeit haben, wie die, welche in dem Beresowschen Goldsande vorkommen. Zirkone habe ich nicht bemerkt. In Rücksicht des Goldes ist der Goldsand von Nikolajewskoi sehr reich, und enthält davon 3 Solotnik in 100 Pud.

Nachdem wir unsere Wagen wieder erreicht hatten, gingen wir bald darauf ungefähr ebenso weit zur linken Seite des Weges in den Wald hinein, um einen andern Marmorbruch zu sehen, der wegen der Nähe des Dorfes Kassoibrod der Kassoibrod'sche Marmorbruch genannt wird. Wir passirten einen kleinen Bach, der schon in westlicher Richtung fliessend, sich mit der Tschussowaja verbindet, und arbeiteten uns darauf durch einen Morast hindurch, jenseit dessen sich unmittelbar der körnige Kalkstein in grossen Massen erhob. Der Marmor ist von ähnlicher Beschaffenheit, wie der in Mramorsk, nur noch reiner weiss, nicht so graufleckig und grobkörniger. Gearbeitet wurde auch in diesem Bruche nicht.

Das Nebengestein war nnmittelbar am Marmor wegen des bedeckenden Sumpfes hier ebenso wenig zu sehen, wie in Mramorsk, doch besteht es wahrscheinlich auf der westlichen Seite, von welcher wir uns dem Bruch genähert hatten, aus Chloritschiefer, denn diesen sahen wir zwischen dem Sumpfe und der Strasse in einem kleinen Schurfe anstehen, welchen wir auf der Rückkehr zu unsern Wagen, die wir wiederum auf dem grossen Wege hatten stehen lassen, besuchten. Auf der östlichen Seite würde es nach Tschaikowski auch hier, wie in Mramorsk, aus Granit bestehen.

Der Schurf war wegen des schon oben S. 151 erwähnten Korund's angelegt, der in dem Chloritschiefer hier und da, doch wie es scheint, nur in geringer Menge enthalten ist. Dennoch aber ist dieses Vorkommen interessant, weil es sich bei dem Korunde nur sehr selten findet. Wie er hier vorkommt, ist er von einer ähnlichen blauen Farbe, wie der Saphir, aber er besitzt nur eine geringe Durchsichtigkeit, daher er auch als Schmuckstein nicht gebraucht werden kann. Er findet sich gewöhnlich nur derb und eingesprengt, und von dieser Art sahen wir ihn auch nur in dem Schurfe; dass er aber auch krystallisirt vorkommt, beweist der oben erwähnte Krystall, der sich in der Sammlung des Herrn Solomirski befindet. Ausser diesem Korunde enthielt dieser Chloritschiefer, der übrigens schuppig körnig und von der gewöhnlichen Beschaffenheit ist, noch schwarzen Turmalin in dicken säulenförmigen Krystallen, die meistentheils excentrisch zusammengehäuft sind. Dieses sonst gewöhnliche Vorkommen des Turmalins wird dadurch merkwürdig, dass sich an den Enden der Krystalle, gleichsam als Fortsetzung derselben, säulenförmige Bildungen von Chlorit finden, die, wie der Turmalin in dem Chloritschiefer eingewachsen sind, und fast das Ansehn haben, als wären sie unvollkommene Afterkrystalle von Chlorit in der Form des Turmalins. Dergleichen säulenförmiger Chlorit findet sich auch ohne Turmalin noch häufiger, und manche Stücke Chloritschiefer scheinen aus lauter excentrisch zusammengehäuften stänglichen Zusammensetzungsstücken zu bestehen.

Etwas ähnliches findet sich auch bei einem andern Chloritschiefer, der in der Gegend des Dorfes Kassoibrod vorkommt, und den ich nur nach Stücken kenne, die sich unter den Sibirischen Mineralien der Königlichen Sammlung in Berlin finden. In diesem Chloritschiefer, der eigentlich nur ein grobes schuppigkörniges Gemenge von vorwaltenden lauchgrünen Chloritblättchen mit tombackbraunen Glimmerblättchen ist, liegen durcheinander lange, meist geradlinige Cylinder von weissen Talkblättchen, welche um eine Längenaxe geordnet sind. Turmalin und überhaupt andere als die genannten Mineralien sind in diesem Chloritschiefer nicht eingewachsen, so dass hier die Erklärung dieser eingewachsenen Talkcylinder noch schwieriger wird.

Das Dorf Kassoibrod ist nur einige Werste von dem zuletzt besuchten, und 8 Werste von dem vorigen Gornoschitschen Marmorbruch entfernt. Es liegt an der Tschussowaja, über welche wir hier zum zweiten Male fuhren, nachdem wir sie schon auf der Hinreise nach Katharinenburg bei Bilimbajewsk passirt hatten. Sie fliesst hier, wie schon angeführt, in nördlicher Richtung auf der Ostseite des Hauptgebirgszuges, welchen wir auch jenseits der Tschussowaja und jenseits Polewskoi fortziehen sahen, und in welchem sich besonders der Berg Asoff, in gerader Richtung hinter Polewskoi gelegen, durch Höhe und Form auszeichnet, indem er 2 Gipfel hat, von denen der südliche etwas niedriger ist als der nördliche. Dieser Hauptgebirgszug ist die Fortsetzung von demjenigen, in welchem auf der Sibirischen Hauptstrasse die Beresowa Gora liegt; eine Fortsetzung des weiter östlich zwischen Räschety und Katharinenburg gelegenen, aus

Granit bestehenden Gebirgszuges findet nicht statt, da dieser sich bald unter der Dammerde verbirgt.

Polewskoi liegt von Kassoibrod noch 9 Werste entfernt, an der Polewaja, einem kleinen Flusse, der einige Werste nördlich sich in die Tschussowaja ergiesst, nachdem er vorher noch die Sewerka aufgenommen hat. Nach der Polewaja zu senkt sich der Weg, die Waldung hört auf, und man übersieht eine kleine Ebene, in welcher Polewskoi liegt. Das Gestein über welches wir bei der Senkung des Weges fuhren, hatte eine undeutlich porphyrartige Structur, und bestand aus einer weissen dichten Grundmasse, in welcher mehr oder weniger dicke oder nadelförmige grünlichgraue Krystalle lagen, welche in denselben 2 Richtungen, wie die Hornblende, spaltbar waren. Die Spaltungsflächen waren zwar etwas fasrig, doch war es noch möglich ihre Winkel mit dem Reflexionsgoniometer zu messen; die äussere Form der Krystalle war aber nicht regelmässig, daher es auch nicht mit Bestimmtheit auszumachen war, ob die Krystalle Hornblende oder Uralit wären; doch ist das letztere wahrscheinlich, daher die Gebirgsart auch entweder ein Uralit-führender Augitporphyr, oder, wie das Gestein von dem Seifenwerke Mariinskoi [1]), von dem es sich nur dadurch unterscheidet, dass der Uralit viel häufiger und kleiner ist, ein Euphotid zu nennen sein möchte. — Erst spät am Abend erreichten wir Polewskoi, das Ziel des heutigen Tages.

Am folgenden Tage den 23sten Juni brachen wir schon früh auf, um vor der Gumeschewskischen Kupfergrube noch das nah gelegene, ebenfalls den Turtschaninowschen Erben gehörige Seifenwerk Schelesinskoi zu besehen, wohin uns noch Herr Smakoff, einer der Administratoren der Turtschani-

---

[1]) Vergl. S. 230.

nowschen Werke zu begleiten die Güte hatte. Das Seifenwerk liegt $7\frac{1}{2}$ Werste nordwestlich von Polewskoi an der Schelesenka, einem kleinen Flüsschen, das am Fusse des Berges Asoff entspringend, in östlicher Richtung der Polewaja zufliesst, in welche es sich etwa 3 Werste nördlich von Polewskoi ergiesst. Der Weg dahin führt durch Wald und durch Morast, und ist daher zum Theil gebrückt. Es war das erste Seifenwerk von allen, welche wir sahen, das in einem eigentlichen, von einem Flusse bewässerten Thale liegt. Nord- und südwärts war es durch bewaldete Höhen eingeschlossen, westwärts durch den Berg Asoff und den Haupthöhenzug des Urals begränzt. Das Seifenwerk hatte schon eine beträchtliche Ausdehnung erlangt; man arbeitete an zwei Stellen, und unterschied so eine obere und eine untere Wäsche. In der obern Wäsche war der ausgearbeitete Raum 380 Lachter lang und 10 bis 22 Lachter breit, in der untern 69 Lachter lang und 11 bis 17 Lachter breit. In beiden war das Seifengebirge 3 bis 9 Fuss mächtig, lag unmittelbar auf dem anstehenden Gestein, und wurde von einer 1 bis 2 Fuss mächtigen Lage nicht bauwürdigen Sandes bedeckt.

Das Gestein, welches die Unterlage des Seifengebirges bildete, war an einer Stelle, wo wir es deutlich sehen konnten, Diorit, der ein körniges Gemenge von weissem undurchsichtigen Albit mit graulichgrüner strahliger Hornblende bildete. Letztere war vorwaltend; der Albit war zum Theil etwas grünlich gefärbt, und hatte ein sehr dichtes Ansehen. Quarzkörner waren hier und da darin eingewachsen. An einer andern Stelle war das Gestein indessen deutlicher Chloritschiefer, der dunkel lauchgrün und unvollkommen schiefrig war. Seine Schichten strichen von St. 1—2, also von N. nach S., setzten also quer über den abgebauten Theil der Grube fort, und fielen unter einem sehr steilen Winkel nach O.

Der Chloritschiefer enthielt an manchen Stellen Hexaëder von Eisenkies, die auf die bekannte Weise gestreift, und deren Kanten 3 bis 4 Linien lang waren. Man hatte eine grosse Menge dieser Stücke gebrochen und auf einer besondern Stelle aufgehäuft, da sie, wie man uns versicherte, Gold enthalten sollten. Ich habe indessen eins dieser Hexaëder auf Gold untersucht, und nichts darin gefunden, woraus zwar nicht folgt, dass nicht andere Krystalle etwas davon enthalten könnten, wodurch es indessen doch wahrscheinlich wird, dass das Gold zu sparsam in dem Eisenkiese enthalten sein möchte, als dass seine Menge die Kosten der Gewinnung aus dem Eisenkiese decken könnte.

Der Goldsand enthielt eine Menge grösserer Geschiebe, die meistentheils aus verschiedenen Abänderungen von Uralit-führenden Augitporphyren bestanden. Unter denen, welche wir gesammelt haben, befanden sich Gesteine, die theils dem oben bei Polewskoi beschriebenen Augitporphyre ähnlich sahen, nur noch ausser dem undeutlichen Uralit eine Menge mehrere Linien grosser weisser Krystalle eingemengt enthielten, welche sehr wahrscheinlich Labrador sind; theils glichen sie mehr den Uralitporphyren von Uktuss [1]), sowohl denen in welchen die Uralitkrystalle sehr klein und undeutlich sind, und die daher eine graulichgrüne mehr oder weniger dichte Masse darstellen, als auch denen, in welchen der Uralit schon deutlicher hervortritt. Unter den übrigen Geschieben, fand sich besonders lichter grünlichgrauer Talkschiefer mit vielem fein eingesprengten Eisenkiese, und endlich mehrere Abänderungen von Serpentin; unter diesen eine, die viele schiefrige Kluftflächen mit Talkblättchen auf demselben hatte, im Querbruche graulichgrün bis lauchgrün und feinsplittrig war, und

---

[1]) Vergl. oben S. 166.

eine andere, die der schönen Abänderung von Mramorsk glich, aber eine grosse Menge Krystalle von Magneteisenerz eingeschlossen enthielt.

Aehnliche Gesteine fanden sich auch unter den kleinen Theilen des Sandes; Quarz bemerkten wir dagegen nur in kleinen Körnern und in sehr geringer Menge, wodurch sich dieser Goldsand von dem bisher beschriebenen auszeichnet. In dem stark gewaschenen Sande findet man neben dem Golde, nur kleine Körner und Krystalle von Magneteisenerz und von Eisenkies. Das Gold kommt gewöhnlich nur in kleinen Körnchen und Flitterchen vor, findet sich zuweilen doch auch in grössern Stücken; so zeigte man uns ein Stück von 1 Pfund 2 Solotnik, welches man wenige Tage vor unserer Ankunft gefunden hatte; früher waren schon Stücke bis zu einem Gewichte von $3\frac{1}{2}$ Pfunden vorgekommen. Abgesehen von diesen grössern Stücken sind in dem Sande doch noch $1\frac{1}{2}$ bis $3\frac{1}{2}$ Solotnik Gold in 100 Pud Sand enthalten, daher dies Seifengebirge schon zu den reichen gehört.

Das Seifenwerk hat man im Jahre 1825 zu bearbeiten angefangen. Seit dieser Zeit hatte man in demselben gewonnen, in den Jahren:

1825:	— Pud	22 Pfund	62 Solotnik.
1826:	3 -	7 -	47 - -
1827:	27 -	7 -	66 - -
1828:	29 -	12 -	91 - -

Den Berg Asoff, an dessen Fusse Schelesinskoi liegt, und der der höchste Berg der Gegend ist, haben wir aus Mangel an Zeit nicht bestiegen. Nach Hermann [1]) der den Berg zwar auch nicht bestiegen, sich aber doch Proben von seinem Gesteine verschafft hatte, ähnelt seine Gebirgsart der, welche an dem See Baltym, nördlich von Katharinenburg ansteht und später beschrieben werden wird, wäre danach

[1]) Mineral. Reisen Th. I, S. 141.

also ein sehr deutlicher Uralit-führender Augitporphyr, was auch die vielen Geschiebe von dieser Gebirgsart, die sich in dem Seifengebirge von Schelesinskoi finden, wahrscheinlich machen. Sehr bemerkenswerth ist noch die Gebirgsart der Dumnaja Gora, eines andern bedeutenden Berges dieser Gegend, von welcher sich Proben in der Hermann'schen Gebirgsarten-Sammlung vom Ural finden, und die ein Gestein ist, welches, wie das Gestein von Polewskoi mit dem Euphotide von dem Seifenwerke Mariinskoi Aehnlichkeit hat, aber an Schönheit und Deutlichkeit das letztere ebenso übertrifft, als das Gestein von Polewskoi demselben darin nachsteht. Die in der weissen Grundmasse inliegenden Uralitkrystalle sind bei dem Euphotid der Dumnaja Gora mehrere Linien lang, deutlich blättrig, und ihre Umrisse sehr regelmässig und scharf begränzt.

Die Gumeschewskische Kupfergrube ist von Schelesinskoi nur etwa 3 Werste in östlicher Richtung, von Polewskoi 4 Werste in nördlicher Richtung entfernt. Sie liegt in einer Ebene, die sich bis an den 1 Werst östlich gelegenen Sewerskischen Hüttenteich, zu welchem die Polewa aufgestaut ist, erstreckt, die aber von allen übrigen Seiten durch Höhen eingeschlossen ist, die mit Tannenwaldung bedeckt sind. Diese Höhen trennen auch die kleine Ebene von der Schelesenka, welche einige 100 Lachter südlich in östlicher Richtung fliesst, und sich bald darauf mit der Polewa vereinigt.

Anstehendes Gestein ist in der Ebene wenig zu sehen; unmittelbar unter der Dammerde findet sich ein Lettenlager, dessen Basis nicht gekannt ist, in welchem die Kupfererze, mit Eisenerzen mehr oder weniger gemengt, in grössern oder kleinern Nestern brechen. Nur in der Mitte wird diese Ebene von einem schmalen Bergrücken durchsetzt, der aus sehr grobkörnigem Kalkstein wie der Kassoibrodsche Marmor, besteht, und bei den Bergleuten den Namen Ural führt. Er streicht von N. nach S., erhebt sich aber nur wenig über Tage, und ist hauptsächlich nur in der Grube untersucht, wo er an einer Stelle mit einer Strecke durchfahren und 7 Lachter mächtig gefunden worden ist. Ueber Tage ist er nur an einzelnen Stellen zu sehen, hier aber mit parallelen Klüften durchsetzt, die fast das Ansehen von Schichtungsflächen haben, ebenso wie der Bergrücken streichen und unter steilem Winkel nach O. fallen. Er ist ein sehr reiner Kalkstein, denn in Chlorwasserstoffsäure aufgelöst, giebt er mit Kalkwasser nur einen sehr geringen Niederschlag von Talkerde.

Die auf der Grube vorkommenden Erze sind aber folgende:

1. Gediegenes Kupfer. Es findet sich nicht häufig und ausgezeichnet, und kommt nur in kleinen undeutlichen Krystallen vor, die moosartig und unregelmässig zusammengehäuft, mehr oder weniger dichte Haufwerke, krystallinische Rinden oder kleine Platten bilden, in welchem letztern Falle die einzelnen Krystalle gar nicht mehr erkenntlich sind. Selten hat es seine kupferrothe Farbe, es ist bräunlich oder bläulich angelaufen, und bald noch metallisch glänzend, bald. matt.

2. Kupferkies kommt nur selten und in kleinen derben Massen vor.

3. Rothkupfererz. Es findet sich sowohl krystallisirt als derb, zuweilen in Krystallen von ausserordentlicher Schönheit. Die mir bekannt gewordenen Krystalle sind Taf. II, Fig. 1—7 dargestellt. Der grösste Theil derselben kommt nur in einfachen Octaëdern (o) vor, doch finden sich auch Kombinationen des Octaëders mit dem Dodecaëder (d), dem Hexaëder (a), dem Ikositetraëder ($a : a : \frac{1}{2}a$) ($\frac{o}{2}$), dem Triakisoctaëder ($3a : a : a$) ($3o$) und einem neuen bisher noch nicht gekannten Tetrakishexaëder ($\frac{d}{5}$), dessen Formel

$(5a : a : \infty a)$ ist. Von den Kombinationen Fig. 5, 6, 7 sind nur einzelne Ecken gezeichnet, da sie im Ganzen das Ansehen der in den Fig. 1, 2, 3 dargestellten Kombinationen, neben welche sie gesetzt sind, haben, und nur ihre Ecken, wie in den einzeln dargestellten Ecken modificirt sind.

Das Ikositetraëder ist durch den Parallelismus der Kanten bestimmt; seine Flächen erscheinen, wie aus Fig. 6 zu sehen ist, als Abstumpfungsflächen der Kanten des Dodecaëders; das Triakisoctaëder und Tetrakishexaëder wurde durch Messung der Winkel bestimmt. Berechnet man die Neigung dieser Flächen, so beträgt die Neigung:

von $o : 3o$	....	163° 36′	Fig. 7,
- $d : 3o$	....	161 8	
- $a : \frac{d}{3}$	....	168 41	Fig. 4,
- $d : \frac{d}{3}$	....	146 19	

womit die Winkel, welche durch die Messung gefunden wurden, sehr gut übereinstimmten.

Die Flächen aller Kombinationen sind sehr glatt und glänzend; die Flächen des Ikositetraëders, Triakisoctaëders und Tetrakishexaëders jedoch, besonders die der letztern Formen, nur sehr klein.

Die Krystalle sind einzeln aufgewachsen oder zu Drusen zusammengruppirt, selten eingewachsen und um und um ausgebildet. Zwillingskrystalle, wie sie bei andern in Octaëdern krystallisirten Mineralien so häufig vorkommen, finden sich nicht, dagegen kommen noch gestrickte Parthien vor, die aus sehr dünnen nach einer octaëdrischen Axe verlängerten Hexaëdern bestehen, welche nach drei aufeinander rechtwinkligen Richtungen aufeinanderstossen. Dieses gestrickte Rothkupfererz bildet oft zarte Geflechte von grosser Schönheit [1]); es ähnelt in Farbe dem

[1]) Mehrere sehr schöne Stücke mit solchem gestrickten Rothkupfererz sah ich in der Mineraliensammlung des Herrn Kämmerer in Petersburg.

haarförmigen Rothkupfererze von Rheinbreitenbach bei Coblenz, aber die einzelnen Krystalle woraus das Geflechte besteht, sind noch viel deutlicher als bei dem Rothkupfererze dieses Fundortes.

Das derbe Rothkupfererz ist gewöhnlich grobkörnig, seltener feinkörnig; die Zusammensetzungsstücke sind jedoch stark verwachsen. Spaltbarkeit findet parallel den Flächen des Octaëders statt, ist jedoch wie gewöhnlich nicht sehr vollkommen, daher die Spaltungsflächen leicht in den muschligen Bruch übergehen. Das derbe und in Drusen vorkommende krystallisirte Rothkupfererz ist dunkel koschenilroth, fast bleigrau, undurchsichtig, oder nur schwach an den Kanten durchscheinend, und von unvollkommenem Metallglanz; die einzeln aufgewachsenen Krystalle sind viel lichter koschenilroth, zuweilen halb durchsichtig und von metallischem Demantglanz. Sie sind ausserdem viel glattflächiger und netter, und unter ihnen finden sich meistens die complicirteren Formen, dagegen die in Drusen vorkommenden Krystalle meistens einfache Octaëder sind. Das gestrickte Rothkupfererz ist carminroth.

4. Malachit. Er findet sich unter allen vorkommenden Kupfererzen am häufigsten. Er kommt nicht krystallisirt, wenigstens nicht deutlich krystallisirt vor, sondern nur in mehr oder weniger deutlich fasrigen Massen. Die fasrigen Zusammensetzungsstücke derselben sind excentrisch zusammengehäuft, und bilden bald aufgewachsene Büschel oder Kugeln, bald derbe Massen mit grobkörnigen Zusammensetzungsstücken, bald nierförmige, tropfsteinartige und röhrenförmige Massen; eben diese Bildungen, besonders die letztern, kommen aber von solcher Schönheit vor, wie sie bei Malachiten anderer Gegenden nicht bekannt sind, daher sie besonders dazu beigetragen haben, den Ruf der Gumeschewskischen Kupfergrube in mineralogischer Hinsicht zu begründen. Die aufgewach-

senen Büschel oder Kugeln sind am deutlichsten fasrig, und daher auf der Oberfläche gewöhnlich etwas rauh. Häufig stossen mehrere derselben zusammen, sich gegenseitig in der freien Ausbildung störend, und bilden zuletzt, wenn sie sich auch von andern Seiten treffen, die derben Massen die aus grosskörnigen Zusammensetzungsstücken bestehen. Die nierförmigen tropfsteinartigen und röhrenförmigen Massen sind in der Regel weniger deutlich fasrig, nicht selten so unkenntlich fasrig, dass sie im Bruch ganz dicht erscheinen. Sie sind auf der Oberfläche gewöhnlich auch etwas rauh und matt, wenngleich nicht in dem Maasse als die deutlich fasrigen aufgewachsenen Kugeln und Büschel, zuweilen aber auch vollkommen glatt und glänzend. Sie bestehen stets aus übereinanderliegenden, der nierförmigen oder tropfsteinartigen Oberfläche parallelen Schaalen, die dicker oder dünner sind, bald nur die Dicke von Papier, bald die Dicke von halben oder ganzen Zollen haben, bald untereinander von gleicher Dicke, bald abwechselnd von grösserer oder geringerer Dicke sind. Die übereinanderliegenden Schaalen sind bald fest untereinander verwachsen, bald lassen sie sich voneinander loslösen; die röhren- und tropfsteinartigen Massen sind häufig im Innern hohl.

Die verschiedenen Stücke sind von verschiedenen smaragd- oder spangrünen, lichtern oder dunklern Farben, und mehr oder weniger seidenartig glänzend. Die, welche deutlich fasrig sind, haben mehr smaragdgrüne und dunklere Farben, und den stärksten Seidenglanz; die dichten mehr spangrüne und lichtere Farben und den geringsten Glanz. Bei den nierförmigen Massen wechseln aber in den verschiedenen Lagen dunkle und lichte Farben, was den Platten, die daraus geschnitten werden, das schöne gefällige Ansehn giebt. Die Oberfläche solcher Massen ist theils schwärzlichgrün theils grünlichweiss, und von dem Ansehn ist dann häufig auch die Oberfläche jeder der aufeinanderliegenden Schaalen. Einige der nierförmigen Stücke haben aber auf der Oberfläche einen dünnen Ueberzug von einer schwarzen erdigen Substanz, die auch auf derselben kleine Kugeln und Warzen oder verschiedenartige Dendriten bildet. Sie besteht aus Wasser- und etwas Kobalt-haltigem Kupferoxyd, das vor dem Löthrohr mit Phosphorsalz in der äussern Flamme zu einer Kugel schmilzt, die nur grün aussieht, so lange sie heiss ist, bei dem Erkalten aber blau wird, und dieselbe Farbe auch in der innern Flamme behält, da sich die ziegelrothe Farbe des Kupfers nur stellenweise und schwer hervorbringen lässt. Mit Soda geschmolzen erhält man aber nach dem Abschlemmen der Kohle auf dem Mörser deutliche Kupferkörner.

5. **Brochantit.** Er kommt krystallisirt und derb vor, doch wie es scheint nur sehr selten; die Krystalle sind klein, 1 bis 2 Linien lang und auf den derben Parthien, welche aus körnigen Zusammensetzungsstücken bestehen, aufgewachsen. Die Krystalle sind 1 und 1axig und von der Taf. I, Fig. 10 dargestellten Form. Die Neigung

von	g	gegen	*g*	beträgt	104°	10′
-	$\frac{g}{2}$	-	$\frac{g}{2}$	-	75	23
-	*g*	-	*b*	-	127	55
-	$\frac{g}{2}$	-	*b*	-	147	18
-	*g*	-	$\frac{g}{2}$	-	160	37
-	*f*	-	*f*	-	151	52
-	*f*	-	*b*	-	104	4.

Die stumpfen Winkel der Prismen *g* und $\frac{g}{2}$ und die Neigung von *f* gegen *b* sind daher nicht viel von einander verschieden. Die Flächen $\frac{g}{2}$ sind immer nur klein, und fehlen auch wohl ganz. Sie sind, wie auch die Flächen g und *b* stets vertikal gestreift, *g* und $\frac{g}{2}$ meistens ziemlich stark, *b* nur schwach; doch kommen zuweilen auch die Flächen *g* und $\frac{g}{2}$ nur so schwach gestreift vor, dass sie noch ziemlich scharfe Bilder reflectiren. Die Flächen *f* sind etwas gewölbt. Die angegebenen Winkel sind daher nicht für ganz genau anzusehen.

Nach den Flächen *b* sind die Krystalle sehr vollkommen spaltbar; die Spaltungsflächen in dieser Richtung sind vollkommen glatt und glänzend; nach den Flächen *g* finden sich nur Spuren von Spaltbarkeit.

Die Krystalle sind smaragdgrün, stark glänzend von Glasglanz, nur auf den Spaltungsflächen von Perlmutterglanz.

Die Härte ist über der des Kalkspathes; das specifische Gewicht nach einer von mir angestellten Wägung 3,9069, (Temp. des Wassers 16,5) [1]).

In der chemischen Zusammensetzung stimmt nach vorläufigen Versuchen der Brochantit von Gumeschewskoi mit dem von Retzbanya überein. Eine genaue chemische Analyse, die Herr Prof. Magnus auf meine Bitte übernommen hat, und mit der er noch beschäftigt ist, werde ich später bei der Uebersicht der Uralischen Mineralien und Gebirgsarten Gelegenheit haben, anzuführen.

---

[1]) Der Brochantit ist von Lévy entdeckt worden, aber seine Beschreibung (*Ann. of phil.* 1824 p. 241) weicht in manchen Stücken von der meinigen ab, wiewohl er Stücke von demselben Fundorte (nach der Angabe von Katharinenburg) untersucht zu haben scheint. Nach ihm ist der Winkel

von *g* gegen *g* = 107°
- *f* - *f* = 150° 30′

und die Spaltbarkeit nur sehr unvollkommen parallel einem horizontalen Prisma, das eine auf die stumpfen Seitenkanten aufgesetzte Zuschärfung bilden würde. Die Abweichungen in den Winkeln mögen sich dadurch erklären, dass Lévy noch unvollkommnere Krystalle als ich gemessen hat, aber auffallender ist es, wie Lévy die Spaltbarkeit nach der Fläche *b* übersehen konnte, die doch sehr vollkommen ist. Ich habe jedoch meine Angaben auch bei den Krystallen von Retzbanya bestätigt gefunden, deren chemische Zusammensetzung Magnus (Pogg. Ann. Bd. 14, S. 145) untersucht hat, und von welcher Varietät sich Stücke in der Königl. Mineraliensammlung von Berlin befinden.

Wir verdanken die Stücke, nach welchen die Beschreibung entworfen ist, der Güte des Herrn Solomirski [1]).

6. Brauneisenerz, sowohl dichtes als fasriges. Ersteres ist mehr oder weniger compact, und geht theils in das erdige und theils durch Aufnahme von Kieselsäure in das jaspisartige Brauneisenerz über. Das fasrige bildet gewöhnlich eine mehr oder weniger dicke Decke auf dem dichten, hat eine nierförmige und gewöhnlich schwarze und glänzende Oberfläche.

7. Quarz, kommt nur selten rein ausgeschieden, und kleine Drusen bildend vor, doch findet sich häufig eine ganz lockere leichte Kieselsäure, die ganz mit erdigem Malachit gemengt ist, und dadurch eine lichte spangrüne Farbe erhalten hat. Wenn man durch Säuren den Malachit ausgezogen hat, wird sie ganz weiss und etwas gelatinös, und verhält sich nun vor dem Löthrohr wie reine Kieselsäure, indem sie mit Soda zu einem ganz klaren Glase schmilzt.

Von allen Kupfererzen findet sich wie schon erwähnt, Malachit am häufigsten; nächstdem kommt Rothkupfererz vor; schon seltener findet sich gediegenes Kupfer und Kupferkies, und am seltensten der Brochantit. Kupferlasur scheint gar nicht vorzukommen; ich habe wenigstens weder auf der Grube noch in den Sammlungen etwas davon gesehen [2]). Die

[1]) Vergl. oben S. 151.

[2]) In der Königlichen Sammlung in Berlin befindet sich zwar ein Stück Kupferlasur, welches nach der Etiquette von Gumeschewskoi ist, die Krystalle haben aber so viel Aehnlichkeit mit andern die auf der Nicolajewschen Kupfergrube im Altai vorkommen, nicht allein in der Form sondern auch in ihren Begleitern, indem sie sich mit Weissbleierz zusammen finden, das sonst von Gumeschewskoi gar nicht bekannt ist, dass ich annehmen muss, dass die Etiquette verwechselt ist. Die Krystalle haben übrigens die Taf. VI, Fig. 5 abgebildete Form, welches eine vertikale Projection ist; sie haben keine Flächen, die nicht auch bei den bekannten Krystallen von Chessy

Kupfererze kommen theils mit dem Brauneisenerz verwachsen vor, theils finden sie sich allein. Das gediegene Kupfer kommt im dichten Brauneisenerz in kleinen Plättchen, und in Höhlungen desselben moosartig vor; auf eine ähnliche Weise findet sich das Rothkupfererz kleine Trümmchen in demselben bildend, und oft in denselben Stücken, wo das gediegene Kupfer in Plättchen vorkommt. Wo sich die Trümmchen erweitern, bildet das Rothkupfererz Drusen; einzelner sitzen die Krystalle in dem jaspisartigen Brauneisenerz, theils in Spalten oder in kleinen Höhlungen desselben auf krystallisirtem Quarz, der unmittelbar die Wände der Höhlungen bekleidet, nicht selten mit einzelnen Nadeln von Malachit zusammen. Auch Malachit findet sich mit dem Brauneisenerz; er bedeckt dasselbe gewöhnlich, und bildet auf ihm nierförmige Ueberzüge, ist aber auch zuweilen mit ihm gemengt.

Mehr noch finden sich die Kupfererze ohne Verwachsung mit dem Eisenerz. Das gediegene Kupfer kommt auch ohne Begleitung der übrigen Kupfererze in Letten eingewachsen vor, krystallinische Rinden bildend, deren mehrere gewöhnlich concentrisch übereinander liegen, und einen Kern von Letten einschliessen. Das Rothkupfererz findet sich gewöhnlich mit Malachit zusammen, und zwar so, dass letzterer das erstere bedeckt, welches öfter auch noch einen Kern von gediegenem Kupfer einschliesst. Das Rothkupfererz ist bis zur Gränze an den Malachit grobkörnig, nicht selten wird es aber auch gegen den Malachit zu feinkörnig, mengt sich mit Eisenoxyd und Kieselsäure und wird brauner von Farbe und erdig; in wel-

vorkämen, sind aber durch die verhältnissmässige Grösse der Flächen $u' = (a' : \frac{1}{2} b : c)$ ausgezeichnet, deren Kanten-Parallelismus zwischen den Flächen $f = (\infty a : b : c)$ und $g' = (a' : b : \infty c)$ sehr deutlich ist. Auch bei den Krystallen von Nicolajewsk finden sich die Flächen u' sehr gross, wie aus der horizontalen Projection eines solchen Krystalles Taf. V, Fig. 6 zu sehen ist.

chem Fall dann gewöhnlich auch der angränzende Malachit ein etwas erdiges Ansehn hat. Grössere Massen von Rothkupfererz haben im Innern gewöhnlich Höhlungen, in welchen sich dann die grössten Drusen und die grössten Krystalle von Rothkupfererz finden. Zuweilen kommen aber auch ziemlich grosse Krystalle, Octaëder oder Dodecaëder einzeln und lose im Letten liegend vor, sie sind dann aber stets entweder nur an der Oberfläche oder durch und durch mit Beibehaltung der Form in erdigen Malachit verändert, und stellen so förmliche Afterkrystalle von Malachit vor.

Der Malachit kommt oft in grossen nierförmigen Massen vor, und wird nach Hermann zuweilen in 10 Pud schweren Stücken gefördert. Eine der grössten Massen der Art, die man gefördert hat, ist das oben (S. 40) erwähnte und in der Sammlung des Bergkorps in Petersburg aufgestellte Malachitstück. Gewöhnlich sind die Massen aber kleiner und am häufigsten findet sich der Malachit in so kleinen nierförmigen Kügelchen, dass sie kaum die Grösse eines Nadelknopfes oder einer Erbse haben. Auch diese Kügelchen haben meistens im Innern einen Kern von gediegenem Kupfer und Rothkupfererz. Sie liegen in grosser Menge beisammen, von einem röthlichen Letten umwickelt, nach dessen Fortwaschung sie erst erkannt werden können. Dieser rothe Letten macht aber den grössten Theil der Förderung aus.

Was das Verhältniss der Kupfererze zu den Eisenerzen betrifft, so wird angegeben, dass die letztern auf der westlichen Seite des Kalkrückens der das Grubenfeld durchsetzt, häufiger als auf der östlichen Seite vorkommen, daher die Bauten meistentheils auch auf dieser Seite angelegt sind. Der Eisenstein wird nicht benutzt, und überhaupt nur da gefördert, wo er im Wege liegt.

Aus der Art wie die Kupfererze vorkommen, wird es wahrscheinlich, dass sowohl Malachit als Rothkupfererz secundäre Bildungen sind, und sich aus dem gediegenen Kupfer durch Aufnahme von Sauerstoff, Wasser und Kohlensäure gebildet haben. Da das gediegene Kupfer, wo es mit dem Rothkupfererze und dem Malachit vorkommt, stets in Rothkupfererz eingewachsen, und dieses sodann von Malachit umgeben ist, so wird es wahrscheinlich, dass der Uebergang aus dem gediegenen Kupfer in den Malachit immer durch das Rothkupfererz stattgefunden habe. In einigen Fällen kann man aber den Uebergang aus dem Rothkupfererze in den Malachit mit Bestimmtheit nachweisen, wie bei den Afterkrystallen des Malachites, die die Form des Rothkupfererzes haben. Auf eine ähnliche Weise wie das Rothkupfererz und der Malachit aus dem gediegenen Kupfer, ist vielleicht auch der Brochantit aus dem Kupferkiese entstanden. Ob nun diese Oxydation nur an der Oberfläche stattgefunden, und in grösserer Teufe die Masse des gediegenen Kupfers und des Kupferkieses zunimmt, darüber fehlen bei der geringen Teufe die überall die Gruben haben, die Beobachtungen. Ebenso wenig weiss man daher auch, was das Grundgebirge der Lettenmasse, in welcher sich die Kupfererze finden, sei, und in welchem Verhältniss diese zu jenem stehen; so dass das ganze Vorkommen dieser Kupfererze noch sehr räthselhaft bleibt. Sie finden sich, wie später erwähnt werden wird, auf eine ähnliche Weise noch an mehreren Orten im Ural, aber auch hier ist über ihr Vorkommen nicht mehr Aufschluss zu erhalten.

Der Abbau der Kupfererze geschieht durch Schächte, von welchen aus man Strecken und Querschläge treibt. Man hat von erstern sehr viele angesetzt, sie sind aber zum Theil schon wieder verlassen und zusammengestürzt. Der Schacht, in welchem wir anfuhren, hiess Rasnosnaja, und war 22 Lachter tief. Er stand wie alle Strecken in sehr starker Zimmerung, was wegen des druckhaften Gebirges, in welchem man baut, wohl nothwendig ist. Die Strecken sind aber schmal und so niedrig, dass man nur gebückt darin gehen kann, sie wenden sich bald rechts bald links, gehen bald bergab bald bergauf, so dass man bald einige Fuss hinabspringen, bald auf kleinen Fahrten wieder hinaufsteigen muss, und das Befahren der Grube mit grosser Beschwerde verknüpft ist. Dass bei dem beschriebenen Vorkommen der Erze der Bau nicht so regelmässig betrieben werden kann, wie an andern Orten, wo auf Gängen gebaut wird, sieht man wohl ein, dass aber der Bau besser und regelmässiger betrieben werden könnte, als er betrieben wird, beweisen die übrigen Kupfergruben des Urals, wo die Erze auf eine ähnliche Weise wie in Gumeschewskoi vorkommen.

Der Zufluss der Wasser in der Grube ist ausserordentlich stark, und wird durch eine Dampfmaschine und mehrere Pferdegöpel nur mit Mühe gewältigt. Man hat auch einen Stollen angesetzt, der in die Schelesenka führt, aber nur eine sehr geringe Teufe einbringt [1]). Dieser starke Wasserzufluss ist bei der Beschaffenheit des Gebirges, worin die Kupfererze liegen, wohl erklärlich, wird aber durch den in der Nähe befindlichen Sewerskischen Hüttenteich noch vermehrt. Schon Pallas [2]) giebt daher den Rath, um der Wassernoth der Gruben Einhalt zu thun, die Sewerskische Sawode zu verlegen nnd den Hüttenteich abzulassen; obgleich indessen diese Verlegung keine grosse Schwierigkeiten zu haben scheint, da in der Sawode sich nur einige Frischfeuer befinden, und sie

---

[1]) Die Temperatur seines Wassers fanden wir zu 4°,8 R., während die Luft draussen 16°,2 betrug.

[2]) S. dessen Reise, B. II, S. 154.

denselben Besitzern gehört wie die Kupfergrube, so ist sie doch nicht ausgeführt worden.

Die geförderten Kupfererze werden auf der Grube gewaschen, um sie von dem ansitzenden Letten zu befreien, und dann nach den Hüttenwerken Polewskoi und Sisserskoi, welches letztere noch 40 Werste östlich von Polewskoi liegt, abgeführt, wo sie verschmolzen werden. Sie werden nicht zuvor geröstet; die grössern Stücke werden nur mit Fäusteln zerschlagen, und sodann sogleich mit einer Beschickung von Kalk verschmolzen. Sie enthalten im Ganzen $2\frac{1}{2}$ — 5 Proc. Kupfer. Die Menge des in Polewskoi gewonnenen Kupfers beträgt nach Erdmann jährlich ungefähr 27,000 Pud.

Die Gumeschewskische Kupfergrube ist im Jahre 1738 durch den Generallieutenant von Hennin aufgenommen worden. Sie wurde zuerst auf Kronsrechnung betrieben, im Jahre 1759 aber mit den Hüttenwerken Polewskoi, Sisserskoi und Sewerskoi für die Summe von 200,000 Rubel dem Titularrath Turtschaninoff überlassen, dessen Erben sie noch besitzen[1]. Die Veranlassung zur Entdeckung der Grube waren alte Schürfe und zusammengestürzte Schächte, die man fand, woraus sich ergiebt, dass die Grube schon in früherer Zeit in Betrieb gewesen ist. Aehnliche Spuren früherer Bearbeitung hat man auch in der Grube selbst bemerkt; Pallas und Hermann führen mehrere Gegenstände, wie einen ledernen Sack und mehrere lederne Kleidungsstücke an, die man in der Grube in 4 — 15 Lachter Teufe gefunden hat, und die zum Theil noch recht gut erhalten waren. Auch

[1]) Turtschaninoff hatte die Hüttenwerke mit einer bedeutenden Schuldenlast übernommen, verbesserte aber durch gute Verwaltung der Werke seine Umstände so, dass er nach seinem Tode ein Vermögen von mehr als zwei Millionen Rubel hinterliess. (Vergl. Hermann, Min. Beschr. des Uralischen Erzgebirges, B. II, S. 56.)

hier wie anderwärts am Ural und Altai schreibt man diese alten Arbeiten den Tschuden zu [1]).

Die Kupferhütte Polewskoi war schon früher 1724 angelegt worden. Man hatte darin arme Kupfererze verschmolzen, welche man in der Gegend der Dumnaja Gora gefunden hatte, deren Bebauung man aber sogleich einstellte, als man die reichen Kupfererze von Gumeschewskoi entdeckte. Ausser der Kupferhütte befindet sich in Polewskoi noch ein Hohofen, in welchem Brauneisenerze verschmolzen werden, die in der Gegend des Dorfes Kassoibrod brechen; das gewonnene Roheisen wird nach Sewersk geschickt, wo es verfrischt wird. Ein anderer Hohofen befindet sich auch bei den Kupferhütten von Sissersk, wo ebenfalls Brauneisenerze, die in der Nähe vorkommen, verschmolzen werden. Nach einigen Stücken die wir in Polewskoi sahen, steht in der Nähe von Sissersk ein Glimmerschiefer an, der durch die grossen rothen Granaten, die er enthält, ausgezeichnet ist; auch findet sich dort Chromeisenerz in grossen derben Massen, die wahrscheinlich im Serpentin brechen.

Wir waren den Nachmittag von der Kupfergrube nach Polewskoi zurückgekehrt, wo wir noch die Hütten und eine dort befindliche Stufensammlung sahen, und dann auf demselben Wege, auf welchem wir gekommen waren, nach Katharinenburg zurückkehrten, welches wir erst am frühen Morgen des 24sten Juni's erreichten.

Ueber die Höhe von Katharinenburg [2]).

Zur Ermittelung der Höhendifferenz zwischen Katharinenburg und Kasan sind die Barometerbeob-

---

[1]) Vergl. S. 118.

[2]) Der Verfasser dieser Notiz über die Höhe von Katharinenburg ist Herr Galle, Gehülfe bei der Königlichen Sternwarte in Berlin,

achtungen der 5 Monate Mai bis October 1829 benutzt, welche in Kasan durch Herrn Professor Simonoff 4mal täglich, in Katharinenburg durch Herrn Assessor Helm 3 mal angestellt wurden. Da für letztern Ort die Zeiten der Ablesung nicht immer bestimmt genug angegeben sind, so war eine Interpolation nicht thunlich, und es wurde bei Kasan aus den 4, bei Katharinenburg aus den 3 Beobachtungen des Tages ein mittlerer Barometerstand abgeleitet, der zwar von dem wahren Mittel des Tages etwas verschieden sein kann, aber doch wahrscheinlich in einem und demselben Sinne an beiden Orten abweicht. Wenn aber letzteres auch nicht der Fall wäre, so würde der daraus hervorgehende Fehler in der Höhenbestimmung doch sehr unbedeutend sein, weil die Mittel aus allen benutzten Beobachtungen eine sehr geringe tägliche Variation ergeben. Es findet sich nämlich, dass man in Kasan zu der Beobachtung um

9	Uhr	Morgens	— 0,23mm
12	-	Mittags	— 0,08
3	-	Abends	+ 0,25
9	-	Abends	+ 0,07

und in Katharinenburg zu der Beobachtung des

Morgens	— 0,004	engl. Zoll
Mittags	+ 0,008	- -
Abends	— 0,003	- -

hinzulegen muss, um die mittleren Barometerstände der beiden Orte zu erhalten.

---

der es gefälligst übernommen hat, die auf der Reise angestellten barometrischen Beobachtungen zu berechnen. Die Uebersicht der daraus sich ergebenden Höhenbestimmungen wird in einer besondern Tabelle am Ende dieses Werkes erscheinen; in den Text selbst sind nur einige dieser Höhenangaben und in runden Zahlen aufgenommen. Da aber alle nach Katharinenburg angeführten Höhenbestimmungen auf der Höhe dieser Stadt gegründet sind, so habe ich schon hier diesen besondern Artikel folgen lassen.

Der Zeitraum der correspondirenden Beobachtungen von Mai 13 bis Sept. 30 neuen Stils wurde nun in 14 Intervalle von 10 zu 10 Tagen getheilt, und aus den Barometer- und Thermometerständen solcher 10 Tage jedesmal das Mittel genommen. Diess giebt folgende Resultate für die Höhe von Katharinenburg über der Meeresfläche, die von Kasan nach Herrn Adolf Erman (Reise Th. II, S. 357) zu 16 Toisen angenommen:

1829 n. St.	Kasan			Katharinenburg			Höhe von Katharinenburg
	Barom.	Therm am Barom.	Therm. im Freien	Barom.	Therm. am Barom.	Therm. im Freien	in Toisen
Mai 13—21	758,42mm	+17,9°	+11,0°	29,064z	+13,6°	+ 9,3°	113,5
22—31	755,06	+21,3	+15,7	28,973	+15,3	+13,7	108,6
Juni 1—10	754,44	+22,5	+16,8	29,005	+18,9	+16,7	103,9
11—20	754,34	+22,1	+14,7	28,837	+16,5	+12,1	124,9
21—30	747,23	+19,2	+12,2	28,498	+13,1	+10,7	132,8
Juli 1—10	745,50	+21,6	+15,9	28,501	+15,4	+12,5	123,7
11—20	751,83	+23,3	+18,4	28,743	+16,8	+13,9	125,4
21—31	756,42	+26,6	+20,4	28,998	+21,3	+17,7	116,5
Aug. 1—10	757,49	+25,7	+17,4	28,982	+18,2	+12,3	120,7
11—20	757,51	+21,8	+14,8	29,072	+15,9	+11,4	107,5
21—31	758,15	+22,9	+15,2	28,918	+16,7	+11,9	134,5
Spt. 1—10	755,08	+21,6	+14,3	28,900	+14,6	+ 9,4	117,4
11—20	758,37	+20,2	+ 8,6	28,937	+11,1	+ 5,3	125,9
21—30	761,35	+15,8	+11,6	29,062	+12,6	+ 7,0	130,5

Im Mittel folgt hieraus für die Höhe von Katharinenburg über der Meeresfläche:

120,4 Toisen oder 722 Par. Fuss.

Die aus 15 Ablesungen an dem Buntenschen Barometer des Herrn von Humboldt im Juni und Juli gefolgerte Höhe ist

123,0 Toisen oder 738 Par. Fuss,

also eine Uebereinstimmung bis auf 2½ Toise.

In der obigen Uebersicht enthält die erste Columne die Angabe der 10tägigen Zeiträume, aus denen die auf gleicher Horizontale stehenden Zahlenangaben gefolgert sind. Das Kasansche Barometer ist in Millimeter, das Katharinenburger in englische Zolle getheilt. Sämmtliche Thermometergrade sind nach Réaumur, mit Ausnahme des Thermometers am Barometer in Kasan, welches hunderttheilig ist. Die Vergleichung beider Barometer geschah von den Reisenden mittelst des Barometers von Bunten und gab folgende Zahlen:

Kasan.

Barometer von Kasan	$756,2^{mm}$	bei	+ 23,2 Cent.
Buntensches Barom.	757,3	bei	+ 26,0 Cent.

Katharinenburg.

Barom. von Kathar.	$28,55^{z}$	bei	+ 17,4 R.
Buntensches Barom.	$729,4^{mm}$	bei	+ 24,8 Cent.

hieraus folgt mit Berücksichtigung der verschiedenen Temperaturen:

Kasansches Barom. = Buntenschem Barom. — $0,8^{mm}$
Katharinen. Barom. = Buntenschem Barom. — 3,9

folglich Kasan. Bar. — Kath. Bar. = $3,1^{mm}$

so dass alle Beobachtungen in Katharinenburg, wie sie die vorstehende Tabelle giebt, vor der Vergleichung mit Kasan, noch um

3,1 millim.

zu vergrössern sind.

IV. Reise in den nördlichen Ural.

Abreise von Katharinenburg. — Newjansk, Eisenhütte, Goldgrube und Goldseifen. — Nischne-Tagilsk, Magnetberg, Gold- und Platinseifen. — Kuschwinsk, Magnetberg Blagodat. — Goldseifen von Bissersk, Diamanten. — Nischne-Turinsk. — Bogoslowsk, Goldseifen, Kupfergrube Turiinsk. — Werchoturie. — Edelsteingruben von Mursinsk.

Newjansk.

Den 25sten Juni traten wir nach einem am 24sten gehaltenen Ruhetage eine grössere Exkursion nach den nördlich von Katharinenburg gelegenen Werken an, die meistens alle, wie diese Stadt selbst, auf der östlichen Seite des Uralrückens in grösserer oder geringerer Entfernung von demselben liegen. Die hauptsächlichsten dieser Werke sind, wenn man von Katharinenburg aus nordwärts geht, Newjansk, Nischne-Tagilsk, Kuschwinsk, Nischne-Turinsk, Bogoslowsk und Petropawlowsk, welches letztere schon 482 Werste von Katharinenburg entfernt ist. Die Werke gehören theils der Krone, theils sind sie Privateigenthum, und produciren Eisen und Kupfer, in neuerer Zeit auch Gold und Platin, welche letztere Metalle aus den Seifenwerken gewonnen werden, die in dieser Zeit bei allen diesen Werken eröffnet sind. Auf der Westseite des Uralrückens befindet sich ausser den Eisenhütten Bilimbajewsk und Schaitansk, durch welche die Sibirische Hauptstrasse führt, nur noch die Eisenhütte Bissersk, die der Gemahlin unseres Begleiters, des Grafen Polier gehört; denn die grossen, weiter nördlich befindlichen Salzwerke von Solikamsk, die ein Besitzthum der Stroganowschen Familie sind, liegen schon in zu grosser Entfernung von dem Ural (in dem Meridian von Perm), um noch zu demselben gerechnet werden zu können. Ebenso finden sich auch auf dieser Seite des Urals noch Goldseifen und werden in der Gegend von Bissersk und Bilimbajewsk bebaut, sind aber von viel geringerer Bedeutung als die der Ostseite.

Der Weg von Katharinenburg nach den nördlichen Werken geht grösstentheils schon in einer ebenen oder doch nur wenig hügligen Fläche fort, obgleich die Werke, wenigstens die südlichern, in keiner grossen Entfernung von dem Uralrücken liegen. Aber die Höhe dieses Rückens ist bei Katharinenburg selbst so unbeträchtlich, dass er sehr bald zur rechten und zur linken Seite wieder zur Ebene herabsinkt. Erst jenseits Kuschwinsk erhebt sich der Ural zu einer bedeutendern Höhe, doch wird auch hier der Weg nur unbedeutend bergiger, da die Werke dann schon in grösserer Entfernung von dem Ural liegen.

Verliert hierdurch schon die Gegend an Abwechselung, so wird ihre Einförmigkeit noch mehr durch den immerwährenden Wald vermehrt, der die Abhänge des Urals bis weit in die Ebene hinein bedeckt. Gleich hinter Katharinenburg führt die Strasse in den Wald, und man tritt nur auf kurze Strecken wieder aus demselben heraus, wo man in die Nähe der Dörfer und der Werke kommt, durch welche der Weg führt. Aber die Strassen sind meistens gut unterhalten, und die Schnelligkeit mit der man auf denselben befördert wird, hält den Reisenden der sich nicht mit Naturbeobachtungen beschäftigt für die Einförmigkeit des Weges schadlos; uns war diese Schnelligkeit von der die Russischen Kutscher auf keine Weise abzubringen waren, mehr schädlich als nützlich. —

Wir verliessen Katharinenburg am frühen Morgen und in einem ziemlich grossen Zuge, da alle unsere Freunde von Katharinenburg uns bis zum nächsten Seifenwerke Pyschminsko-Kljutschewskoi bei dem Dorfe Pyschma, 10 Werste von Katharinenburg begleiteten. Das Dorf liegt an dem Flusse gleiches Namens, der, wie schon oben S. 176 erwähnt ist, in seiner weitern östlichen Erstreckung das goldhaltige Terrain von Beresowsk, welches nicht weit von dem Dorfe seinen Anfang nimmt, im Norden begränzt; aber schon hier ist der Sand seiner Ufer so goldhaltig, dass man etwas westlich von dem Dorfe im Jahre 1827 das erwähnte sehr ergiebige Seifenwerk angelegt hat. Es gehört dem Herrn Cornett Jacowleff in Petersburg, und steht, wie das Hüttenwerk Werch-Isetsk, unter der Direktion des Herrn Alexei Jwanowitsch, welcher selbst die Güte hatte, nach Pyschma zu kommen und uns das Seifenwerk zu zeigen.

Das Seifengebirge bildete unmittelbar das Bett des Flusses, dem man daher für den Abbau desselben eine veränderte Richtung hatte geben müssen, was bei der geringen Breite, die er hier nicht weit von seinem Ursprunge hatte, keine grosse Schwierigkeit darbot. Der abgebaute Raum hatte demnach dasselbe Streichen wie der Fluss, nämlich St. 6; seine Länge betrug 200, und seine Breite 25 Lachter. Die goldhaltige Schicht hatte eine bedeutende Mächtigkeit von 9 bis 14 Fuss, ihr Abbau war aber doch dadurch beschwerlich, dass sie von einer fast ebenso mächtigen nicht bauwürdigen Schicht bedeckt war. Sie lag unmittelbar auf anstehendem Gestein, welches aus Augitporphyr mit porphyrartig eingewachsenen Krystallen von Uralit bestand, die an den verschiedenen Stellen in grösserer oder geringerer Menge in dem Gestein enthalten waren, und im erstern Falle von grösserm, im letztern Falle von geringerm Volumen sind. Die Grundmasse ist im erstern Fall grünlichgrau; mit der Lupe betrachtet, erscheint sie schon deutlich gemengt, und aus weissen und grünen körnigen Theilen bestehend; sie ist schiefrig und nicht mehr ganz frisch, wenigstens an der Oberfläche, wo wir die Stücke abgeschlagen haben; die Kluftflächen sind von Eisenoxydhydrat häufig braun gefärbt, und ein ähnliches Ansehen haben auch die Uralitkrystalle auf der Oberfläche, und die sonst ziemlich glattflächigen Eindrücke, welche die Krystalle in dem Gestein hinterlassen, wenn sie beim Zerschlagen desselben herausfallen. Frischer ist das Ansehn des Gesteins, wo die Uralitkrystalle in geringerer Grösse und Menge inliegen; die Krystalle sind dann nicht so scharf begränzt und mehr mit der Grundmasse verwachsen, und erscheinen zuletzt nur wie dunklere Flecke in der lichtern Grundmasse. Das schiefrige Gefüge des Gesteins nimmt dann noch mehr Ueberhand, und giebt ihm nun schon ganz das Ansehn des Chloritschiefers, von welchem sich die Masse jedoch immer noch durch die leichtere Schmelzbarkeit unterscheidet, indem sie in der Platinzange vor dem Löthrohre ziemlich leicht zu einem schwarzen Glase schmilzt; sonst giebt sie im Kolben auch schon eine ziemliche Menge Feuchtigkeit, die wohl nur dadurch etwas beträchtlicher erscheint, dass die Masse nicht mehr ganz frisch ist.

Der Goldsand hatte ein gelbes lehmartiges Ansehn, und in Rücksicht seiner Geschiebe viel Aehnlichkeit mit dem, der sich in der Gegend von Beresowsk findet. In dem verwaschenen Sande konnte man besonders Quarz- und Brauneisenerzgeschiebe erkennen; erstere waren eckig, letztere meistens ganz abgerundet; ausserdem fanden sich Stücke von gelblichweissem Talkschiefer mit vielen eingewachsenen Eisenglanzkrystallen, grauem Thonschiefer, Granit dem Beresite ähnlich, und verwittertem Augitporphyr; von Krystallen fanden sich in ihm besonders Octaëder von

Magneteisenerz und kleine Täfelchen von Eisenglanz; selten nur kleine in Brauneisenerz verwandelte Krystalle von Eisenkies, theils Hexaëder mit gestreiften Flächen, theils Kombinationen vom Octaëder mit dem Hexaëder und Pyritoëder, und endlich kleine rothe Dodekaëder von Granat, der aber noch häufiger in kleinen eckigen Körnchen vorkam. Zirkon habe ich in dem Sande nicht gefunden.

Das Gold, welches der Sand enthält, findet sich meistens in kleinen Blättchen und abgerundeten Körnchen; der Sand ist daran ziemlich reich, er enthält 1½ Solotnik in 100 Pud. Er wird gleich an Ort und Stelle verwaschen; die Waschwerke sind sehr zweckmässig und ordentlich vorgerichtet; 700 Menschen waren mit dem Verwaschen des Goldes beschäftigt; der Ertrag des Jahres 1828 an Gold betrug 12 Pud.

Gleich hinter dem Dorfe fing der Tannenwald wieder an, der nun unaufhörlich bis zu dem noch 85 Werst entfernten Newjansk fortsetzte, welches der Zielpunkt unseres heutigen Tages sein sollte. Der Weg war im Ganzen eben, aber kleine zur Seite hervorragende Felsenkuppen und neben dem Wege befindliche Steinbrüche, zur Gewinnung von Steinen für die Unterhaltung des Weges, erinnerten an die Nähe des höhern Gebirges, und zeigten, dass das anstehende Gestein überall nur von einer geringen Schicht Dammerde bedeckt sei. Das Gestein, welches sich hier fand, war wie in dem eben verlassenen Seifenwerke Augitporphyr, aber von einer solchen Abwechselung an den verschiedenen Stellen, dass dieser Weg für die Kenntniss des Augitporphyrs einer der lehrreichsten ist, den wir am ganzen Ural fanden, und für die übrige Einförmigkeit hinreichend entschädigte. Ich will die vorzüglichsten Abänderungen des Augitporphyrs, die ich sammelte, der Reihe nach beschreiben, wenngleich ich nicht voraussetzen kann, darin vollständig zu sein, da ich sie nur von den Stellen sammelte, wo gerade kleine Steinbrüche angelegt waren, und ich andere Orte, wo das Gestein anstand, theils bei der Schnelligkeit mit welcher wir fuhren, leicht übersehen haben kann, theils wirklich überging, um nicht die übrige Gesellschaft in der ich mich befand, zu lange aufzuhalten.

Zehn Werste hinter Pyschma findet sich ein Augitporphyr, der eine scheinbar ganz gleichartige Grundmasse mit kleinsplittrigem matten Bruch und grünlichgrauer Farbe hat. Die Grundmasse hat im Ansehn viel Aehnlichkeit mit Serpentin, ist aber, wenngleich noch mit dem Messer ritzbar, doch härter wie dieser, und vor dem Löthrohr in der Platinzange ziemlich leicht an den Kanten zu einem schwärzlichgrünen Glase schmelzbar; befeuchtet riecht sie thonicht. Die in dieser Grundmasse eingewachsenen Bildungen sind sehr merkwürdig; es sind zum Theil sehr deutliche Uralitkrystalle, die zwar gewöhnlich nur klein, 1 bis 2 Linien lang und fest mit der Grundmasse verwachsen sind, sonst aber, wenn sie auf der Bruchfläche des Gesteins parallel einer Spaltungsfläche gesprungen sind, die sechseckige Gestalt des Durchschnitts sehr gut erkennen lassen; in andern Fällen sind aber die Seiten dieser Durchschnitte nicht geradlinig, sondern schon etwas gerundet, und in noch andern sind die Durchschnitte fast kugelrund. Nur die regelmässigen Krystalle haben die gewöhnlichen immer etwas fasrigen Spaltungsflächen parallel dem geschobenen vierseitigen Prisma von $124\frac{1}{2}°$; die kuglichten Körner bestehen dagegen aus excentrisch oder verworren fasrigen Zusammensetzungsstücken; sie finden sich viel häufiger als die regelmässigen Krystalle, haben aber sonst dieselbe schwärzlichgrüne Farbe, denselben matten seidenartigen Glanz, und dieselbe Härte, und möchten deshalb auch, wegen des vollkommnen Ueberganges, der von der Form der Kugel bis in die des Uralites statt findet, von demselben Ursprunge wie der Uralit sein [1]). Andere Gemengtheile sind in diesem Augitporphyr nicht weiter zu bemerken. Er bildete eine kleine Kuppe, die unregelmässig zerklüftet war und keine Schichtung zeigte.

Etwas weiter davon stand eine andere Abänderung an, die im Ganzen der vorigen glich; die Grundmasse war kleinsplittrig, matt an den Kanten durchscheinend, doch noch lichter von Farbe als die des vorigen Augitporphyrs. Sie schien auch völlig gleichartig zu sein, liess aber befeuchtet eine Menge kleiner, weisser, runder oder eckiger Flecken wahrnehmen, die aus einer feldspathartigen Substanz und, wie ich der Analogie nach annehme, aus Labrador bestanden, indessen nicht weiter bestimmbar waren. Die Härte der Grundmasse war wie die des Apatits, ihr Verhalten vor dem Löthrohr wie die des vorigen Augitporphyrs.

In dieser Grundmasse lagen nicht sehr eng neben einander, ebenfalls Uralitkrystalle, die 1 bis 3 Linien lang und von grosser Nettigkeit waren. Sie lassen sich leicht aus der Masse herauslösen, fallen auch beim Zerschlagen des Augitporphyrs heraus und hinterlassen glatte Eindrücke in dem Gesteine, das an diesen Stellen gewöhnlich mit einer dünnen Haut von braunem Eisenocher bedeckt ist, zum Zeichen, dass das Gestein nicht mehr seine völlige Frische hat [2]).

---

[1]) Für die weitere Erörterung dieser Körner, die mir in Rücksicht auf die Bildung des Uralits von grosser Wichtigkeit zu sein scheinen, verweise ich auf den besondern Artikel über den Uralit in der zweiten Hälfte des zweiten Bandes.

[2]) Schon Hermann(*) erwähnt dieses Gesteins, und beschreibt es sehr genau als einen grauen Trapp, mit ganz fein eingesprengten kaum sichtbaren weissen Feldspathpunkten und krystallisirter grüner Hornblende. Es findet sich nach ihm am ausgezeichnetsten an der Ostseite des Sees Baltym oder Baltin, der etwa eine Werst westlich von dieser Stelle der Landstrasse liegt, und bildet dort eine

---

(*) Mineralog. Reisen in Sibirien, Th. I, S. 83.

Rundliche Körner, die aus excentrisch fasrigen Zusammensetzungsstücken bestanden, fanden sich, wiewohl nur selten, in dieser Abänderung, wie in der vorigen, doch kommen darin hier und da noch fremdartige Einschlüsse vor, nämlich eckige ziemlich grosse Stücke einer weissen Substanz, die aus grobkörnigen Theilen bestand, welche wiederum excentrisch fasrig waren, auf dem Bruche Seidenglanz hatten, sich mit dem Messer nicht ritzen liessen, und vor dem Löthrohr nur schwer an den Kanten zu einem grünlichweissen Glase schmelzbar waren. Diese weissen Einschlüsse waren mit einer 1—2 Linien dicken Rinde von fasrigem Uralit umgeben, dessen Fasern senkrecht auf der Oberfläche der weissen Substanz lagen. — Auch dieser Augitporphyr war nur unregelmässig zerklüftet.

Sehr verschieden von diesen Abänderungen war eine dritte, die in einem kleinen Steinbruch etwa in der Mitte des Weges zwischen Pyschma und dem 28 Werst entfernten nächsten Dorfe Mostowaja rechts am Wege zu sehen war. Sie unterschied sich gleich von den vorigen dadurch, dass sie zwar auch nach mehreren Richtungen unregelmässig, doch nach einer ziemlich regelmässig zerklüftet war und dadurch wie geschichtet erschien. Hierdurch, wie auch in Rücksicht ihrer grünlichgrauen Farbe kommt sie mit dem Chloritschiefer überein, mit welchem sie aber sonst weiter keine Aehnlichkeit hat. Sie ist hart, nur schwer mit dem Messer ritzbar, vor dem Löthrohr fast ganz unschmelzbar, und giebt im Kolben erhitzt, kaum eine Spur von Wasser. Im Querbruche ist sie feinsplittrig und matt, auf dem Hauptbruche aber von

---

Menge nackter Klippen und loser Blöcke, die zuweilen einen Durchmesser von 5 Fussen haben. Wegen des ungewöhnlichen Ansehns dieses Gesteins belegte Hermann dasselbe mit einem eigenen Namen, und nannte es nach dem See Baltym, wo es so ausgezeichnet vorkommt, Baltinit.

äusserst kleinen Glimmer- oder Talkblättchen glänzend, die theils zwischen der ganzen Masse vertheilt sind, theils eine dünne Haut bilden, die auf Klüften parallel der Schichtung liegen, und im letztern Falle von brauner, im erstern von grüner Farbe sind. Uralitkrystalle finden sich gar nicht darin, sondern nur kleine weisse Zwillingskrystalle von Labrador oder Albit; sie sind deutlich spaltbar, die einspringenden Winkel, welche die einen Spaltungsflächen der beiden Individuen des Zwillings bilden, sind deutlich erkennbar; doch habe ich wegen der Kleinheit der Krystalle und der Schwierigkeit sie aus der harten Grundmasse herauszulösen, ihr Verhalten gegen Säure nicht untersuchen können. Es wäre möglich, dass die eingewachsenen Krystalle Albit, und die Gebirgsart überhaupt ein Dioritporphyr wäre, doch macht es das Vorkommen wahrscheinlicher, dass sie nur eine Abänderung des Augitporphyrs, die inliegenden Krystalle also Labrador sind. Die den Schichtungsflächen ähnlichen Kluftflächen hatten bei sehr steilem Einfallen ein Streichen St. 6.

Noch ein grösserer Steinbruch befand sich ganz in der Nähe des Dorfes Mostowaja links am Wege. Das Gestein erschien hier noch deutlicher geschichtet, und hatte das vorige Streichen; es war darin dem vorigen ähnlich, kam aber wieder durch die vielen Uralitkrystalle, die es enthielt, mit dem früher beschriebenen überein. Die Grundmasse war sichtlich gemengt, weiss- und grünfleckig durch eine unendliche Menge kleiner bräunlichen oder grünen Glimmerblättchen glänzend. Die eingewachsenen Uralitkrystalle waren nur klein, mit der Hauptmasse stark verwachsen, ihre Form aber noch deutlich erkennbar. —

Hiermit hörte auf diesem Wege der Augitporphyr auf, denn jenseits des Dorfes Mostowaja stand schon S e r p e n t i n an. Aber etwas nördlich von dem nächsten Dorfe Pjankowa scheint die Augitporphyrformation noch recht entwickelt vorzukommen, denn hier liegt das Dorf Ajatskaja, in dessen Nähe sich die schönen S. 143 beschriebenen Abänderungen finden, die in Katharinenburg verschliffen werden, und durch die grossen deutlichen Krystalle von Labrador die sie enthalten, so ausgezeichnet sind.

Der Serpentin hinter Mostowaja ist grünlichschwarz, splittrig im Bruche, und von gewöhnlichem Ansehn, auch enthält er keine deutlichen Einmengungen. Er hielt nicht lange an, denn bald darauf stand Talkschiefer am Wege an, der aus gelblich und grünlichweissem Talk und graulichweissem Quarz bestand, den letztern aber in bedeutend grösserer Menge als den erstern enthielt. Seine Schichten strichen St. 12, und fielen unter sehr steilem Winkel nach W. ein. Auf ihn folgte ein Gestein, das dem Euphotide von dem Seifenwerke Mariinskoi bei Beresowsk sehr ähnlich war, und wie dieses aus einer dichten weissen Grundmasse bestand, worin sehr gedrängt kleine grünlichgraue, selten deutlich begränzte Krystalle lagen, die aber noch die Spaltungsflächen des Augites erkennen liessen. Alle diese Gesteine bilden nur kleine Unebenheiten zur Seite des Weges; in dem Talkschiefer war ein kleiner Steinbruch angelegt.

Jenseits des Dorfes Mostowaja liegen zwei Goldseifen Malo Mustowskoi und Werchoturskoi, die noch zu dem Katharinenburger Bergamte gehörten, und die wir besuchten, da sie nicht weit von unserm Wege entfernt waren. Das Seifengebirge ist bei beiden in kaum merklichen Mulden abgelagert, die von kleinen Bächen bewässert werden, welche in westlicher Richtung dem Adui, einem Nebenflusse des Räsch, zufliessen. Das erste dieser Seifenwerke Malo Mostowskoi ist etwa 7 bis 8 Werste von Mostowaja und $1\frac{1}{2}$ Werste von der Strasse entfernt. Es ist seit 1825 bearbeitet worden, und hatte bis Ende 1828 ungefähr $8\frac{3}{4}$ Pud Gold geliefert. Die Länge des abgebauten Raumes betrug 250, die Breite 5 bis 12 Lachter. Die abgebaute Schicht war ½ bis 1½ Fuss mächtig, sie ruhte unmittelbar auf anstehendem Gestein und war von einer zuweilen über 2 Fuss mächtigen, nicht bauwürdigen Schicht bedeckt. Das anstehende Gestein war ein Serpentin, der dem Serpentine, welcher gleich hinter Mostowaja anstand, sehr ähnlich war, nur mehrere Gemengtheile, wie grünlichgelbe Blättchen von Diallag und kleine Körnchen von Chromeisenerz enthielt, die sich in jenem nicht fanden. Das Chromeisenerz war aber so fein eingesprengt, dass ich es nicht mit dem Messer herauslösen konnte, sondern um etwas davon zu einem Löthrohrversuch zu erhalten, ein grösseres Stück Serpentin pulvern und schlemmen musste. Der Serpentin war unregelmässig zerklüftet, und auf einer solchen Kluft fand Herr Schmidt ein ziemlich grosses Plättchen gediegenen Kupfers.

Der Goldsand bestand hauptsächlich aus zertrümmertem Serpentin, und hatte dadurch nicht das gewöhnliche gelbe, lehmartige Ansehn, sondern eine grünlichgraue Farbe. Unter den grössern Stücken fanden sich ausserdem noch Quarz und Euphotid von derselben Beschaffenheit wie der, welcher auf den Talkschiefer gefolgt war, und wie wir einen ähnlichen auch noch im Walde auf dem Wege nach der Goldwäsche gesehen hatten. Die Substanzen, die man in dem gewaschenen Sande erkennen konnte, bestanden aus Körnern von Quarz, der oft ausserordentlich glänzend und durchsichtig war, aus kleinen Blättchen von grünlichgrauem Diallag, Körnchen von Chromeisenerz, Körnchen und Krystallen (Leucitoëdern) von blutrothem Granat, und aus kleinen pistaziengrünen Körnern und Prismen, die in dem Goldsande, dessen Basis aus Serpentin besteht, besonders häufig vorzukommen scheinen. Viele der sonst gewöhnlich in dem Goldsande vorkommenden Substanzen, wie Magneteisenerz, Eisenglanz, Brauneisenerz, Zirkon fehlten glänzlich. — An Gold enthielt der Sand 2 Solotnik in 100 Pud, er wurde gleich an Ort und Stelle gewaschen.

Das Seifenwerk Werchoturskoi lag noch etwas nördlicher und unmittelbar an der rechten Seite des Weges. Der abgebaute Raum, dessen Längenerstreckung rechtwinklig auf der Strasse stand, hatte eine Länge von 230, und eine Breite von 8 bis 15 Lachtern. Die abgebaute Schicht war 1 bis $2\frac{1}{2}$ Fuss mächtig, wurde von einer 2 Fuss und darüber mächtigen Schicht bedeckt, und ruhte noch auf anderm nicht bauwürdigen Sande, so dass also der grösste Reichthum an Gold sich in einer mittlern Schicht des Seifengebirges fand. Die verschiedenen Schichten unterscheiden sich aber im Ansehn gar nicht, nur durch Versuche hatte man ausgemittelt und mittelte beim weitern Abbau immer von neuem aus, wo sich das Gold in der grössten Menge fände, und welche Schichten zum Verwaschen der Mühe werth wären oder nicht.

Der Goldsand hatte das gewöhnliche lehmartige Ansehn, war aber durch die ungewöhnliche Menge von Quarzblöcken, die er enthielt, ausgezeichnet; unter den übrigen grössern Geschieben fanden sich besonders Stücke von Beresit. Der gewaschene Sand liess ausser Körnern von Quarz, Körner und zuweilen auch Krystalle (kleine an den Kanten abgerundete Octaëder) von Chromeisenerz, Körner von Titaneisenerz, kleine sehr nette Krystalle (Leucitoëder) von blutrothem Granat, kleine weisse an beiden Enden krystallisirte Zirkone wie in dem Goldsande von Beresowsk, und endlich noch viele der pistaziengrünen Körner erkennen. Das Gold kam zuweilen in ziemlich grossen Stücken vor, und fand sich auch mitunter in dem Quarz eingesprengt. Man hatte das Seifenwerk wie das vorige seit 1825 zu bearbeiten angefangen und bis Ende 1828 etwas über 4 Pud Gold gewonnen. —

Die Sonne war hinter den Wald gesunken, und wenngleich die Dämmerung in dieser Jahreszeit und bei der hohen Breite, in welcher wir uns befanden, gar nicht aufhörte, so war der Wechsel des Gesteins doch nur schwer zu bemerken. Einige Werste weiter ragten am Wege niedrige Felsen hervor, die aus einem Gestein bestanden, das einen kleinsplittrigen Bruch hatte, gelblich- und grünlichweiss, hart und ähnlich dem dichten Feldspath war, und auch wie dieser vor dem Löthrohr nur äusserst schwer an den Kanten zu einem weissen Glase schmolz. Jenseits derselben senkte sich der Weg zu einem tiefen Thal, in welchem der Ajat, ein Nebenfluss des Räsch floss [1]). Wir kamen noch durch die Dörfer Pjankowa und Schaiduricha, in welchem letztern die Pferde gewechselt wurden, die wir in Mostowaja erhalten hatten. Spät in der Nacht um 2 Uhr erreichten wir endlich das Ziel des Tages, Newjansk.

Wir hielten vor einem schlossähnlichen Gebäude, in welchem uns, obgleich es mitten in der Nacht war, der Verwalter des Werkes selbst empfing, und in die für Gäste stets bereiten Zimmer führte. Wir traten in einen grossen Saal, an welchen mehrere andere Zimmer stiessen, die mit ihren gewölbten Decken, ihrer kunstvollen Stuckatur, ihren reichvergoldeten Möbeln, Spieluhren und anderm Luxus an das Zeitalter Ludwig XIV erinnerten, und uns in dieser alterthümlichen Herrlichkeit um so mehr über-

---

[1]) Nach der Eversmann'schen Sammlung findet sich hier ein Granit von mittlerm Korn, der aus vorherrschendem gelblichweissen Feldspath, weissem Quarz und schwarzem Glimmer besteht, ausserdem aber ziemlich häufig Krystalle von schwarzer Hornblende und zuweilen auch von braunem Titanit eingemengt enthält. Wahrscheinlich hängt derselbe mit dem etwas weiter östlich vorkommenden Granit von Schaitansk zusammen.

raschten, je weniger wir dergleichen im fernen Ural erwartet hatten, und je grösser der Gegensatz war, den die Bewohner des Schlosses in ihrer altrussischen Nationaltracht, mit ihren langen blauen Ueberröcken und Bärten dagegen bildeten. Man bewirthete uns mit Thee, der uns, die wir in der kalten Nacht sehr gefroren hatten, recht wohlthat und erwärmte.

Newjansk ist ein sehr beträchtlicher Ort, der durch die verschiedenen theils in ihm, theils in der Nachbarschaft befindlichen Werke von Wichtigkeit ist. In dem Orte befindet sich eine Eisenhütte, die schon 1701 angelegt wurde und eine der ältesten des Urals ist. Ihre Anlage ist die Veranlassung zur Entstehung des ganzen Ortes gewesen. Sie gehörte früher der Demidowschen Familie, wurde aber um das Jahr 1768 mit mehreren andern umliegenden Werken dem Kollegienrath Jacowleff verkauft, dessen Nachkommen sie noch besitzen. Die Hütte liegt mitten im Orte; an sie schliesst sich das steinerne Wohngebäude der Besitzer, und andere Gebäude mit dem Comptoir, der Apotheke und dem Lazarethe. Vor diesen steht auf einem freien Platze die steinerne Kirche mit 5 Kuppeln, einer grössern in der Mitte und vier kleineren zur Seite, und herum sieht man eine Menge Strassen mit meist einstöckigen hölzernen Häusern. Die Zahl der Einwohner wird auf 12000 angegeben.

In der Eisenhütte befinden sich 2 Hohöfen, ein Walzwerk, ein Schneidewerk, mehrere Frischfeuer und andere Schmieden. Die Hohöfen sind 16 Arschinen hoch und haben die gewöhnliche Einrichtung; man verschmelzt in ihnen Brauneisenerz, welches mit Magneteisenerz von dem Magnetberge bei Nischne-Tagilsk gattirt wird. Das Brauneisenerz kommt an mehreren Orten in der Nähe vor, und findet sich wie das, welches auf den Eisenhütten Bilimbajewsk und Schaitansk verschmolzen wird, nesterweise in Lagern körnigen Kalks. Ein grosser Sparteich, zu welchem der Fluss

Neiwa aufgestaut ist, giebt stets mehr als hinreichende Aufschlagewasser, so dass man immer noch viel unbenutzt fortfliessen lässt. An dem Damme desselben haben noch die in der Schlacht bei Pultawa zu Kriegsgefangenen gemachten Schweden gearbeitet. — Als Baustein bediente man sich häufig eines Granits von mittlerm Korn, der in Ossinowka, 20 Werste östlich von Newjansk gebrochen wird. Er bestand aus vorherrschendem gelblichweissen Feldspath, graulichweissem Quarz und schwärzlichgrünem Glimmer in zuweilen recht scharf begränzten Krystallen. Eisenkies in feinen Körnern fand sich hier und da fein eingesprengt.

In der Nähe von Newjansk befinden sich an verschiedenen Orten beträchtliche Goldseifen, die kurze Zeit nach der Entdeckung der Goldseifen von Beresowsk aufgefunden, und früher als auf irgend einem andern Privatwerke bearbeitet worden sind. Vor dieser Zeit hatte man auch selbst auf goldführenden Quarzgängen Bergbau getrieben, denselben jedoch seit der Entdeckung des Goldsandes eingestellt. Ungeachtet die Grube nicht mehr zu befahren war, wollten wir jedoch nicht unterlassen sie zu besuchen, um uns so viel wie möglich auch über das Vorkommen des anstehenden Goldes zu unterrichten. Nachdem wir also am 26sten Juni einen Blick in die Eisenhütten gethan, und das Lazareth und die Apotheke besehen hatten, machten wir zuerst eine Exkursion nach der Goldgrube, die einige Werste östlich von Newjansk liegt, und benutzten sodann den übrigen Theil des Tages zu einer grössern Exkursion nach einigen Goldseifen und nach den von Newjansk abhängigen Werken Rudjansk und Werchneiwinsk, welche letztere südlich, an der obern Neiwa und dem höhern Gebirge zu, bis zu einer Entfernung von 30 Wersten von Newjansk liegen.

Die auflässig gewordene Goldgrube liegt in einer wenig hügligen Ebene mitten im Walde. Von anstehendem Gestein war ausser den Steinen auf der Halde nichts zu sehen. Man hatte 4 Schächte abgeteuft und einen Stollen getrieben. Die Schächte lagen in einer geraden Linie, welche eine Richtung St. $10\frac{1}{2}$ hat; der tiefste derselben soll eine Teufe von 12 Lachtern erreicht haben, war aber jetzt wie die übrigen zum Theil mit Wasser angefüllt. Die Schächte stehen, wie man uns sagte, auf einem Quarzgange, der also dasselbe Streichen wie die Linie der Schächte hat. Er soll ein saigeres Einfallen haben, zum Theil in Granit, zum Theil in Thonschiefer aufsetzen, und im erstern 1 Lachter, im letztern $\frac{1}{4}$ Lachter breit sein. Der Thonschiefer soll ein südliches Einfallen haben. Nach dem, was wir sonst noch durch Fragen von dem Aufseher des Werkes, der jedoch in geognostischen Dingen nicht sehr bewandert war, erfuhren, schien der Granit in 2 gangförmigen Massen vorzukommen, die den Thonschiefer senkrecht durchsetzen, so dass hier also im Allgemeinen dieselben Verhältnisse wie in Beresowsk vorzukommen scheinen. Diess bewiesen auch ganz die Gesteine, die wir auf den Halden sammelten, und die bestanden:

1) in Chloritschiefer, der grünlichgrau, feinschuppig, glänzend und dünnschiefrig war, und ein sehr Thonschiefer-ähnliches Ansehn hatte.

2) Thonschiefer, der ein etwas geflecktes Ansehen, und eine zum Theil lichte gelblichgraue, zum Theil grünlichgraue Farbe hatte, dickschiefrig war, und wohl schon zu der Abänderung des Thonschiefers gehörte, die man Wetzschiefer nennt. Eisenkies war in ihm in sehr kleinen Krystallen hier und da eingesprengt.

3. Granit, sehr ähnlich dem Beresite von Beresowsk. Er bestand aus vorherrschendem gelblichweissen Feldspath, wenigen silberweissen Glimmerblättchen, und einzelnen graulichweisen Quarzkörnern. Eisenkies in einzelnen kleinen gestreiften Hexaëdern

war fast in allen gesammelten Stücken zu finden, in einigen in grösserer in andern in geringerer Menge; manche Stücke enthielten auch noch grünlichweissen Talk, der aber nur auf den Klüften, die das Gestein durchsetzen, als dünner fettglänzender Ueberzug erschien, und dem Gestein dadurch ein etwas schiefriges Ansehen gab. Andere Stücke hatten tombackbraunen Glimmer; sie enthielten denselben in dicken Krystallen, er war aber an den Aussenflächen zersetzt und mit braunem Eisenocher umgeben; auch der Feldspea dieser Stücke war nicht mehr frisch.

Das Gold war wie das von Beresowsk in Quarz eingewachsen; es unterschied sich aber in seinem Vorkommen von diesem dadurch, dass es sich nicht in Körnern und Krystallen, sondern in kleinen gebogenen Blättchen in den Höhlungen des Quarzes fand[1]). Herr von Humboldt erhielt von dem Verwalter in Newjansk ein grosses Quarzstück, welches 1 Fuss lang und etwa $\frac{1}{2}$ Fuss dick und breit war, und in dessen Höhlungen die schönsten Goldblättchen in reichlicher Menge sassen. Nach meiner Rückkehr habe ich einige dieser Blättchen analysirt, und sie bestehend gefunden aus

Gold	88,65
Silber	10,64
Kupfer	0,09
Eisen	0,35
	99,73.

Wir kehrten mit einem kleinen Umwege nach Newjansk zurück, und besuchten zuvor noch das Seifenwerk Neiwinskoi, das unmittelbar an dem Hüttenteiche, welcher zu einem bedeutenden See aufgestaut und mit bewaldeten Hügeln umgeben ist, recht romantisch daliegt. Serpentin bildet in dem Seifenwerke die Basis, worauf der Goldsand ruht, und bildet auch nach Hermann die sämmtlichen Umge-

[1]) Vergl. oben S. 46.

bungen des Sees[1]); er scheint demnach in dieser Gegend in einer grossen Entwicklung vorzukommen. So wie er sich in dem Seifenwerke findet, ist er mit vielem weissen Amianth unregelmässig gemengt, ohne, wie sonst gewöhnlich, von diesem in kleinen Gängen und Schnüren durchzogen zu sein.

Der auf ihm liegende Goldsand hatte ein röthlichbraunes lehmartiges Ansehn. Unter den grössern Geschieben fanden sich besonders Quarz, Chloritschiefer, Talkschiefer mit erdigem Brauneisenerz (ähnlich dem Crassik von Beresowsk)[2]), Augitporphyr mit Uralit und in Brauneisenerz veränderter Eisenkies; in dem starkgewaschenen Sande erkennt man nur Körner von Quarz, Körner und Krystalle von Magneteisenerz und Chromeisenerz, Krystalle von Eisenkies in Brauneisenerz verändert, Krystallstückchen von Rutil, pistaziengrüne Körner und Krystalle von Zirkon und Granat, auch hier und da von Uralit. Chromeisenerz fand sich auch in grösserer Menge als Magneteisenerz; die Körner waren leicht schon durch ihren Fettglanz von denen des Magneteisenerzes zu unterscheiden, die Krystalle ausserdem noch durch abgerundetere Kanten, die bei den Octaëdern des Magneteisenerzes immer recht scharf und nett sind; die Krystalle von Eisenkies waren die gestreiften Hexaëder mit den Octaëderflächen; der Rutil fand sich nur in einzelnen sehr kleinen Stückchen, die durch die rothe Farbe, die deutlichen Spaltungsflächen und das Verhalten vor dem Löthrohr zu erkennen waren; unter den pistaziengrünen Körnern fand sich ein Krystall von **Pistazit**, der zwar sehr klein und an den Enden verbrochen war, aber sehr glatte und glänzende Seitenflächen hatte, so dass sich deren Win-

---

[1]) **Hermann**, Mineral. Beschreib. des Ural. Erzgebirges, B. I, S. 146. Vergl. auch **Erman**, Reise um die Erde B. I, S. 316. Nach **Erman** wirkt der Serpentin, der unmittelbar hinter der Hütte in Felsen an dem Ufer der Neiwa ansteht, sehr stark auf die Magnetnadel.

[2]) Vergl. S. 185.

kel mit grosser Schärfe bestimmen liessen; die Farbe glich ganz der der übrigen pistaziengrünen Körner, die daher, wie auch die ähnlichen Körner anderer Goldseifen, aus Pistazit bestehen könnten, was indessen doch nicht mit Gewisheit zu behaupten ist, da der Pistazit keine in den Gebirgsarten gewöhnlich vorkommende Substanz ist. Zirkone fanden sich in dem Goldsande in grösserer Menge, als in irgend einem der von uns besuchten Seifenwerke; die Krystalle hatten dieselbe Form wie die aus den Seifenwerken von Beresowsk. Sie waren zuweilen an beiden Seiten auskrystallisirt, und waren von starkem demantartigen Glanze, der bei dem hellen Sonnenschein, in welchem wir das Seifenwerk besuchten, besonders auffiel. Die Granate waren von zweierlei Beschaffenheit; zum Theil waren sie in Leucitoëdern krystallisirt und von blutrother Farbe, oder sie waren in Dodecaëdern krystallisirt mit glatten starkglänzenden Flächen, und von lichter gelblichrother Kaneelstein-ähnlicher Farbe.

Der Goldsand war nicht reich an Gold, er enthielt in 100 Pud nur $\frac{1}{2}$ Solotnik Gold, liess sich aber dennoch mit Vortheil verwaschen, und hatte doch seit 1819, seit welchem Jahre man angefangen hatte, das Seifenwerk zu bearbeiten, bis Ende 1828 $54\frac{1}{2}$ Pud Gold geliefert. Die Wäschen waren an Ort und Stelle sehr zweckmässig eingerichtet. Das Wasser, welches man zum Verwaschen brauchte, wurde durch Pumpen aus dem See gehoben.

Bei unserer zweiten Exkursion kamen wir zuerst bei einer Eisensteingrube Schuralinskoi vorbei, in welcher durch einen Tagebau Brauneisenerz gewonnen, jetzt aber nicht gearbeitet wurde. Das Eisenerz findet sich nesterweise in einem grossen Lager körnigen Kalkes, welcher weiss, sehr feinkörnig, und von ziemlich grossem Zusammenhalt ist. Er kommt in dicken Bänken geschichtet vor, die ein

Streichen St. $11\frac{1}{2}$ haben, und unter einem Winkel von ungefähr 65° nach W. fallen.

Wir fuhren von hier nach einem zweiten Seifenwerke Newinsko-Stolbinskoi, das noch eine grössere Ausdehnung als Newinskoi hatte. Der Weg dahin war nur hüglig und ging im Walde fort, der in der Nähe von Newjansk mehr aus einem Gemisch von Laub- und Nadelholz bestand, in welchem aber, je mehr wir uns dem höhern Gebirge näherten, das Nadelholz vorwaltete. Unter den Bäumen fanden sich häufig die hohen und schlanken Stämme der Sibirischen Ceder (Pinus Zembra), welche wir heute zum ersten Male erblickten. Wir kamen auf diesem Wege bei einem kleinen Steinbruche vorbei, in welchem Chloritschiefer anstand, der mit kleinen silberweissen Glimmerschüppchen gemengt war, und eine Menge kleiner Rhomboëder von eisenhaltigem Bitterspath eingewachsen enthielt, die aber sämmtlich mehr oder weniger in Brauneisenocher verwittert waren. Die Schichten des Chloritschiefers hatten ein Streichen St. $12\frac{1}{2}$ und fielen unter sehr steilem Winkel gegen Westen.

Das Seifenwerk Newinsko-Stolbinskoi baut auf einem Lager, das in einem flachen Thale liegt, welches ein Streichen in der zweiten Stunde von NO. nach SW. hatte. Es ruhte zum Theil auf körnigem Kalkstein, zum Theil auf Hornblendeschiefer. Ersterer war von rein weisser Farbe, grobkörnig und bröcklich; der letztere, von schwärzlichgrüner Farbe und feinfasrig, bildete fast eine dichte Masse, in welcher aber an manchen Orten grössere schwarze Hornblendekörner und Krystalle porphyrartig und in unbestimmter Richtung eingewachsen waren. Die Gränze beider Gebirgsarten war nicht zu sehen, sie waren aber beide geschichtet, der erste in dicken Bänken, der letztere in dünnen Schichten, die dasselbe Streichen St. 12 und ein Fallen unter einem Winkel von etwa 70° nach W. hatten.

Die goldhaltige Sandschicht, welche verwaschen wurde, war 2 bis 3 Fuss mächtig, und wurde von einer fast ebenso mächtigen nicht bauwürdigen Schicht bedeckt. Die Geschiebe, besonders die kleineren Körner und Krystalle waren fast die nämlichen, wie in dem Seifenwerke Newinskoi. Unter den grösseren fand sich besonders Quarz, zuweilen förmlicher Bergkrystall in 2 bis 3 Zoll grossen Krystallen und von weisser oder nelkenbrauner Farbe; Stücke von Chloritschiefer und andern schiefrigen Gesteinen waren seltener. Unter den kleinern Geschieben fanden sich nächst Quarz, Chromeisenerz und Magneteisenerz in Körnern und Krystallen, auch Körner von Titaneisenerz, in Brauneisenerz veränderte Krystalle von Eisenkies, Zirkone in fast ebenso grosser Menge, wie in dem vorigen Goldsande, und Granate in blutrothen Leucitoëdern und blassrothen Dodecaëdern.

Die Hüttenwerke Rudjansk und Werchneiwinsk zu welchen wir darauf gelangten, und die nur 8 Werste von einander entfernt sind, liegen schon ganz in der Nähe des Hauptrückens des Urals, den man von hier in seiner ganzen Länge dahinstreichen sieht, und in welchem sich besonders ein Berg durch seine Höhe auszeichnet, der die Jeschowaja Gora genannt wird. Der Bergzug, zu welchem der Berg gehört, begleitet aber nicht unmittelbar das Thal der Neiwa, sondern liegt erst jenseits eines andern östlichern, ungefähr 10 Werste entfernten Thales, das dem der Neiwa parallel ist und von dem Tagil bewässert wird[1]). Die Jeschowaja Gora besteht nach

---

[1]) Beide Flüsse haben nämlich im Anfang ihres Laufes eine nordnordöstliche Richtung und wenden sich erst später unter fast rechtem Winkel nach Osten; die Neiwa, welche auch südlicher als der Tagil entspringt nur früher und diesseits, der Tagil später und jenseits Nischne-Tagilsk.

Hermann[1]) aus Serpentin, und diese Gebirgsart scheint auch hauptsächlich den Wasserscheider zwischen dem Tagil und der Neiwa in ihrem obern Laufe auszumachen, denn nach Hermann bestehen hieraus die höchsten Gebirge dieser Scheide, die Teplaja Gora, die Paganaja Gora und die Scholkowaja Gora (der Seidenberg). Man übersteigt die erstern, wenn man von Newjansk nach der Eisenhütte Werchne-Tagilsk geht, die in dem Thale des Tagil in etwas höherer Breite als Rudjansk liegt; die letztere liegt etwas nördlich von diesen, ist von Werchne-Tagilsk in gerader Richtung 5 Werste entfernt, und schon von Pallas[2]) beschrieben worden. Der Serpentin dieses Berges enthält sehr viel Amianth, der früher gefördert und in Newjansk zu unverbrennlicher Leinwand und zu Handschuhen verarbeitet wurde. Nach den Stücken, die sich von diesem Berge in der Königlichen Sammlung in Berlin befinden, ist der Serpentin von schwärzlichgrüner, der Amianth von gelblich- und grünlichweisser Farbe. Letzterer findet sich in kleinen Gängen, die von $\frac{1}{4}$ bis 1 Zoll und darüber mächtig sind, und besteht aus untereinander parallel laufenden Fasern, die sich leicht von einander trennen lassen und schiefwinklig auf den Seiten des Ganges stehen.

In Rudjansk ist eine Kupferhütte, in welcher Erze verschmolzen werden, die aus einem feinkörnigen Gemenge von vorherrschendem Kupferglanz und Kupferkies bestehen; in Werchneiwinsk eine Eisenhütte, die einen Hohofen, mehrere Frischfeuer und eine Ankerschmiede enthält. In dem Hohofen werden Brauneisenerze die in der Gegend vorkommen, verschmolzen. Beide Hüttenwerke liegen an der rechten Seite der Neiwa, scheinen aber nicht sowohl an

---

[1]) Mineral. Reisen in Sibirien Th. I, S. 108.

[2]) Reise durch versch. Prov. des Russ. Reichs, Th. II, S. 185.

einem Flusse, als an zwei miteinander in Verbindung stehenden Seen zu liegen, indem der Hüttenteich von Rudjansk fast bis nach Werchneiwinsk geht, und der Hüttenteich von dieser Hütte mit dem See Tawatui, dem Quellsee der Neiwa, zu einem nun 16 Werste langen See zusammengeflossen ist.

Der Weg von Rudjansk nach Werchneiwinsk führt über Thonschiefer und dichten Kalkstein hinweg, den wir an mehreren Orten anstehen sahen. Der erstere bildete auch den Boden worauf die Hütte steht; er ist von grauer Farbe, hat ein Streichen in der 11ten Stunde und fällt unter steilem Winkel nach Westen. In der Gegend von Werchneiwinsk stehen indessen, nach den Stücken zu urtheilen, die Herr Menge der Königlichen Sammlung in Berlin geschickt hat, noch folgende Gebirgsarten an:

1. Chloritschiefer von graulichgrüner Farbe, ziemlich dichter Textur und vielen eingemengten silberweissen Glimmerblättchen.

2. Chloritschiefer, dunkel schwärzlichgrün und schuppig-körnig, mit eingeschlossenen Octaëdern von Magneteisenerz, die 1 bis 2 Linien lang und in grosser Menge in dem Gesteine enthalten sind.

3. Chloritschiefer, ebenso, mit eingewachsenen ziemlich dicken Prismen von Turmalin.

4. Chloritschiefer mit ansitzendem blättrigen Talk, der dem vom Gotthardt ganz ähnlich ist, und wahrscheinlich gangförmig in dem Chloritschiefer vorkommt.

5. Talkschiefer, grünlichgrau, dünnschiefrig, mit eingemengten silberweissen Glimmerblättchen und einzelnen Quarzkörnern.

6. Talkschiefer, grünlichweiss und dünnschiefrig, mit einer grossen Menge inliegender dünner nadelförmiger Krystalle von glasigem Strahlstein.

7. Talkschiefer, graulich- und gelblichweiss und dickschiefrig, mit vielen eingemengten kleinen Rhomboëdern von Bitterspath.

8. Talkschiefer, lauchgrün, splittrig und dickschiefrig, mit vielen eingemengten Krystallen und körnigen Parthien von Bitterspath. Dieser Talkschiefer hat im Ansehen eine grosse Aehnlichkeit mit Serpentin.

9. Bitterspath, grobkörnig, weiss und stellenweise durch eingemengtes Titaneisenerz graulichschwarz gefärbt. Er ist voller Höhlungen und Spalten, die mit Krystallen von Bitterspath und Titaneisenerz besetzt sind; die ersteren sind 2 bis 3 Linien breite Rhomboëder, die weniger auf den Krystall- als auf den Spaltungsflächen glänzend, und stark durchscheinend sind; die letztern sind nur sehr klein, von der Form des Eisenglanzes und magnetisch.

10. Porphyrartiger Granit, der aus einer Grundmasse von weissem feinkörnigen Feldspath besteht, in welcher weisse Feldspathkrystalle, graulichweisse Quarzkörner und braunlichschwarze Glimmerblättchen, zuweilen von bedeutender Dicke inne liegen. Die Feldspathkrystalle sind kleiner als die andern Gemengtheile, besonders die Quarzkörner, finden sich aber in der grössten Menge; sparsamer kommen die Quarzkörner, und noch sparsamer die Glimmerblättchen vor. Ausserdem finden sich noch in der Masse sehr kleine Eisenkieshexaëder, die in Brauneisenerz verändert sind und auch den umgebenden feinkörnigen Feldspath gelb gefärbt haben, der sonst noch ein sehr frisches Ansehn hat. Eine nähere Angabe dieses Gesteins, die sehr zu wünschen wäre, fehlt; das Gestein unterscheidet sich im Einzelnen wohl etwas von dem Granite (Beresite) von Beresowsk und Newjansk, hat aber doch im Allgemeinen viel Aehnlichkeit damit, daher es wahrscheinlich wie diese das Nebengestein goldhaltiger Quarzgänge ist, was näher

zu untersuchen zwar für den Augenblick, wo überall noch Goldseifen in grosser Menge entdeckt werden, von geringerem Interesse scheint, doch in der Folge, wenn diese abgebaut sind, von Wichtigkeit werden kann.

Nischne-Tagilsk.

Am folgenden Tage, den 27sten Juni, verliessen wir am Morgen Newjansk und fuhren nach Nischne-Tagilsk, welches von Newjansk 50 Werste entfernt ist. Der Weg macht die Diagonale zwischen den beiden nördlich fliessenden Flüssen Neiwa und Tagil [1]), verlässt den erstern gleich bei Newjansk und führt zu dem letztern erst kurz vor Nischne-Tagilsk. Er geht anfangs auf einer ebenen etwas sumpfigen Wiese fort, wird aber nach 15 bis 20 Wersten hügliger, wo man den Bergrücken, der die Wasserscheide zwischen der Neiwa und dem Tagil bildet, erreicht. Der Bergrücken ist derselbe in dessen weiterer südlicher Fortsetzung der Serpentinberg, die Scholkowaja Gora, liegt; zu einer irgend beträchtlichen Höhe erhebt er sich auf diesem Wege aber nicht, denn einen der höhern Berge bei einem Kaback, den wir bestiegen, und der rechts ab vom Wege und noch an der Ostseite des Rückens liegt, fanden wir 950 Fuss hoch über dem Meere und etwa 200 Fuss über Newjansk, dessen Höhe von der von Katharinenburg nicht sehr verschieden ist. Mit den Bergen stellte sich auf unserm Wege auch sogleich der Wald ein, der anfangs häufig noch freie Grasplätze einschliesst, und Birken, Pappeln, Linden in angenehmer Abwechselung enthält, später aber dichter wurde und nur aus schwarzem Nadelholz besteht. Mitten in diesem liegt das kleine Dorf Schaitanka, 16 Werste vor Nischne-Tagilsk, wo wir die Pferde wechselten; die

[1]) Die Neiwa wendet sich indessen, wie schon angeführt, auf der halben Entfernung nach Osten.

dicke Tannenwaldung hält aber noch etwa 10 Werste weiter an, wo sich uns plötzlich eine weite Aussicht über den vor uns liegenden grossen Hüttenteich von Nischne-Tagilsk, den Magnetberg jenseits, und den grossen Ort zur Rechten desselben eröffnete. Wir fuhren eine Zeitlang an dem Hüttenteiche entlang, und erreichten dann eine lange Reihe neuer hölzerner Häuser, die zum Theil schon fertig, zum Theil noch im Bau begriffen, und für die neuen Ansiedelungen bestimmt waren, welche die Bearbeitung der bei Nischne-Tagilsk entdeckten Gold- und Platinseifen nothwendig gemacht hat; dann kamen wir durch andere ältere Strassen, und gelangten endlich zu dem unmittelbar am Teiche reizend gelegenen Wohnhause der Besitzer von Nischne-Tagilsk.

Die Gebirgsarten, welche wir auf diesem Wege bemerkten, waren anfangs der überall in den nächsten Umgebungen von Newjansk vorkommende Serpentin. Er hatte hier grünlichgraue Farbe und splittrigen Bruch, enthielt aber nicht wie in dem Seifenwerke Neiwinskoi Amianth, sondern Magneteisenerz, welches durch die ganze Masse fein eingesprengt war. Er war an der Oberfläche verwittert und dadurch in eine graulichweisse erdige Masse verwandelt, die eine 3 Linien dicke weisse Rinde bildete, welche ziemlich scharf an der unzersetzten Masse abschnitt. Der Serpentin erhob sich selten über die Oberfläche des Bodens, bildete aber auf der Ebene, über welche zuerst der Weg führte, überall die Unterlage der Dammerde, wie man bei allen den kleinen Gruben, die man zur Gewinnung von Steinen für die Ausbesserung des Weges an der Seite desselben gemacht hatte, sehen konnte, und war in diesen durch seine weissen Kluftflächen schon von fern zu erkennen. Er fand sich auch noch da, wo der Weg anfing bergiger zu werden, denn wir sahen ihn auch noch am Fusse des Berges beim Kaback, den wir bestiegen, anstehen, auf der Höhe findet sich aber schon Diorit, dessen Zusammenhang mit dem Serpentin wir nicht beobachten konnten, da der Berg ganz bewachsen war, und jenseits des Berges stellte sich bald darauf Chloritschiefer ein, der nun eine ganze Zeit lang fortsetzte. Der Diorit bildete ein feinkörniges Gemenge von weissem Albit und schwärzlichgrüner Hornblende, worin sich aber ungeachtet der Feinheit des Korns die einspringenden Winkel der Zwillingskrystalle des Albites erkennen liessen. Der Chloritschiefer war von lichter grünlichgrauer Farbe und enthielt eine Menge kleiner Glimmer- oder Talkblättchen von silberweisser Farbe eingemengt. Seine Schichten hatten ein Streichen in der 11ten Stunde, und fielen unter einem steilen Winkel nach O.

Jenseits Schaitanka war in einem kleinen Steinbruch links am Wege ein schöner Augitporphyr entblösst, der in einer lichte grünlichgrauen, mit dem Messer ritzbaren Grundmasse von feinsplittrigem Bruch Augitkrystalle in grosser Menge eingemengt enthielt, die eine grasgrüne und pistaziengrüne Farbe und eine Länge von 1 bis 2 Linien hatten. Es war der erste Augitporphyr mit deutlichen, vollkommen frischen Augitkrystallen, den wir fanden; alle frühern, sowohl die schönen Abänderungen aus der Gegend zwischen Pyschma und Mostowaja, als auch die undeutlichern von Uktuss und Polewskoi hatten immer Uralitkrystalle enthalten. Nach diesem Augitporphyre sahen wir wieder Diorit anstehen, der viel grobkörniger, sonst aber von ähnlicher Beschaffenheit, wie der vom Berge beim Kaback war, ausser der Hornblende und dem Albit aber noch etwas graulichweissen Quarz eingemengt enthielt. Die Körner des Albits liessen die karakteristischen einspringenden Winkel zwar erkennen, doch mussten sie schon aufmerksam aufgesucht werden, da die Spaltungsflächen nicht von der Vollkommenheit waren, wie sie bei andern grobkörnigen

Abänderungen des Diorits vom Ural vorkommen. Nach diesem Diorite folgte ein Talkschiefer von grünlichgrauer Farbe, der sehr dünnschiefrig war, einzelne Quarzkörner eingemengt enthielt, und nun bis Nischne-Tagilsk anhielt [1]).

Hiernach besteht also der Wasserscheider zwischen der Neiwa und dem Tagil auf dem Wege von Newjansk nach Nischne-Tagilsk aus Chloritschiefer, Talkschiefer und Serpentin, in welchen Gebirgsarten Massen von Diorit und Augitporphyr vorkommen. Die Gebirgsarten sind also dieselben die wir auch in dem obern Bergzuge zwischen Newjansk und Werchneiwinsk kennen gelernt hatten, wo sich aber ausserdem noch Thonschiefer und Hornblendschiefer mit Lagern körnigen Kalksteins fanden. Das Streichen der schiefrigen Gebirgsarten geht in dem ganzen Zuge nach NNW., die Richtung der Flüsse dagegen nach NNO., daher die Thäler der Neiwa und des Tagil keine Längenthäler sondern Querthäler sind. —

Nischne-Tagilsk so wie der ganze dazu gehörige ungefähr 8000 Quadratwerste grosse District, ist ein Besitzthum der Demidowschen Familie. Ihr Vorfahr Nikita Demidoff, ein einfacher Schmid der Gewehrfabrik in Tula, erhielt im Jahr 1702 den damals entdeckten Magnetberg, so wie die nicht lange vorher angelegte Eisenhütte Newjansk von Peter dem Grossen zum Geschenk, und wurde dadurch der Gründer von Nischne-Tagilsk, das er im Jahr 1725 anlegte, so wie noch eine Menge anderer Werke in der Gegend. Sein Sohn der Staatsrath Akimfitsch

---

[1]) In der Eversmannschen Sammlung finden sich ähnliche Gebirgsarten aus dieser Gegend, doch kommt darin ausserdem noch ein granitähnliches Gemenge vor, welches aus weissem undurchsichtigen Albit, graulichweissem Quarz, lauchgrünem chloritähnlichen Glimmer, und schwärzlichgrüner Hornblende besteht, und ersteren Gemengtheil in grösster, letzteren in geringster Menge enthält. Es findet sich nach der Etiquette 23 Werste südlich von Tagilsk, und ist wahrscheinlich nur eine Abänderung des oben beschriebenen Diorites.

Demidoff erweiterte die von seinem Vater erbauten Werke sehr bedeutend, und ebenso trugen auch dessen Nachfolger, besonders der Vater der jetzt lebenden Gebrüder Demidoff, Nicolas Nikititsch Demidoff zu dem immer sich vergrössernden Flor der Werke bei. Nischne-Tagilsk selbst erhielt auf diese Weise auch eine immer grössere Ausdehnung, so dass es im Jahr 1826 in 3000 Häusern 17000 Einwohner zählte; die Bevölkerung des ganzen Districts betrug zu dieser Zeit gegen 28000 Einwohner[1]).

Es giebt aber auch wohl kaum einen Ort in der Welt, der in seinen nächsten Umgebungen einen solchen Reichthum an Erzen einschliesst, wie Nischne-Tagilsk. Nur 2 Werste entfernt liegt der berühmte Magnetberg, der mit seinem vortrefflichen Erze die Hohöfen der ganzen umliegenden Gegend versorgt; ganz in seiner Nähe hat man 1812 Kupfererze entdeckt, die an Güte denen von Gumeschewskoi nicht nachstehen, und in noch neuerer Zeit sind in den nächsten Umgebungen die reichen Gold- und Platinseifen aufgefunden, von denen die letztern an Reichhaltigkeit alle übrigen des Urals so ausserordentlich übertreffen, dass ihre Ausbeute gegen die von Nischne-Tagilsk verschwindet.

Jetzt wohnt kein Glied der Demidoffschen Familie in Nischne-Tagilsk; die weitläuftigen Werke werden von den Mitgliedern eines besondern Hüttencomptoirs verwaltet, an dessen Spitze zwei kenntnissreiche Männer, die Herrn Lubinoff und Schwetsoff[2]) stehen, die beide auf Reisen im Auslande, be-

[1]) Nach dieser Zeit hat diese Zahl noch um 8000 Menschen aus dem Gouv. Kiew zugenommen, die Herr v. Demidoff in seine Besitzungen übersiedelt hat.

[2]) Herr Schwetsoff hatte sich 10 Jahre in Paris aufgehalten, wo er seine Bildung in der *école normale* und *école des mines* erlangt hatte. Herr v. Humboldt hatte ihn schon auf seiner Rückreise nach dem Ural in Berlin nicht lange vor dem Antritt unserer Reise kennen gelernt, und deshalb in Petersburg bei den Vormün-

sonders in England und Frankreich sich vielfältige Kenntnisse des Bergbau's und Hüttenbetriebes erworben haben. Die Hüttenwerke, welche unter diesem Comptoir stehen, befinden sich

1, in Nischne-Tagilsk selbst;

2, in Wyisk 3 Werste nordöstlich von Nischne-Tagilsk, an dem kleinen Flusse Wyja, der sich in die linke Seite des Tagil ergiesst;

3 und 4, in Werchne- und Nischne-Laisk, 18 und 20 Werste nördlich von Nischne-Tagilsk an der Laja, die sich weiter abwärts in die linke Seite des Tagil ergiesst;

5 und 6, in Werchne- und Nischne-Saldinsk 36 und 46 Werste östlich von Nischne-Tagilsk, an der Salda, einem schon bedeutendern rechten Nebenflusse des Tagil;

7, in Tschernoistotschinsk südlich von Nischne-Tagilsk an der Tscherna, einem obern linken Nebenflusse des Tagil;

8 und 9, in Wissimo-Schaitansk und Wissimo-Utkinsk, welche letztere Hüttenwerke auf der Westseite des Urals an der Utka, einem Nebenflusse der Tschussowaja südwestlich von Nischne-Tagilsk liegen.

Die Hauptwerke befinden sich in Nischne-Tagilsk; hier werden sämmtliche Kupfererze und der grösste Theil der Eisenerze verschmolzen. Die Kupfererze bestehen, wie die Erze von Gumeschewskoi, grösstentheils aus Oxyden, und werden daher ohne vorangegangene Röstung in Brillenöfen geschmolzen. Der

dern der Söhne des kürzlich in Florenz verstorbenen Nicolas Nikititsch Demidoff den Wunsch geäussert, dass ihn Herr Schwetsoff auf seiner Reise in den Ural begleiten möchte, was ihm auch gern gewährt wurde. Herr Schwetsoff war daher schon in Katharinenburg mit uns zusammengetroffen, hatte die Reise mit uns bis hierher gemacht, und setzte sie auch weiter in dem nördlichen Ural fort. Nach Katharinenburg zurückgekehrt, trennten wir uns für die Reise nach dem Altai von ihm, trafen aber später in dem südlichen Ural in Miask wieder mit ihm zusammen.

bei der ersten Schmelzung gewonnene Rohstein wird dagegen mehrere Male geröstet. Das erhaltene Schwarzkupfer wird vor dem Garmachen in den sogenannten Spleisöfen umgeschmolzen, eine Arbeit die auf den deutschen Kupferhütten nicht gewöhnlich ist. Die Kupfererze halten im Durchschnitt 4 Proc. Kupfer. Die jährliche Production an diesem Metall beträgt 50,000 Pud.

Die Eisenerze des Magnetberges werden theils in Nischne-Tagilsk, theils in Werchne-Saldinsk verschmolzen. An dem erstern Orte befinden sich vier, an dem letztern zwei Hohöfen. Die Erze bestehen in Magneteisenerz und Brauneisenerz, die miteinander gattirt werden; nach Werchne-Saldinsk wird nur Magneteisenerz gebracht, welches dort mit einem in der Nähe vorkommenden Brauneisenerze gattirt wird. In Nischne-Tagilsk bedient man sich als Zuschlag eines feinkörnigen graulichweissen Kalksteins [1]), der in geringer Entfernung südlich vom Magnetberge (also vielleicht als Lager in dem dort anstehenden Talkschiefer) vorkommen soll. Die Menge des jährlich in Nischne-Tagilsk gewonnenen Roheisens beträgt 350,000 Pud; es wird theils hier, theils in den von Nischne-Tagilsk abhängigen Werken verfrischt, und zu Stabeisen, Ankern, Blechen, Kesseln, Sensen, Nägeln, Drähten u. s. w. verarbeitet. Die Güte des dargestellten Eisens wird sehr gerühmt, und seine grosse Dehnbarkeit macht es möglich, es zu den dünnsten Blechen zu verarbeiten, die in Russland besonders gesucht sind, weil man sie dort sehr häufig zum Decken der Häuser anwendet. Die Bleche werden aber in Nischne-Tagilsk zum Theil noch weiter zu allerhand lakirten Waaren verarbeitet, die wegen ihres vortrefflichen Lackes ebenfalls im ganzen Europäischen und

[1]) Gepulvert und auf ein heisses Blech geworfen, phosphorescirt er sehr bedeutend.

Asiatischen Russland einen grossen Ruf erlangt haben. Die in Nischne-Tagilsk und den übrigen Werken dargestellten Produkte werden grösstentheils über den Uralrücken zu Lande nach dem nur 60 Werste entfernten Wissimo-Schaitansk gebracht, wo sie eingeschifft werden, und durch die Utka, Tschussowaja und Kama zur Wolga gelangen; ein Theil wird auch gleich in Nischne-Tagilsk auf dem hier schon schiffbaren Tagil nach dem östlichen Sibirien, besonders nach dem Haupt-Handelsorte Irbit an der Tura verschifft. —

Der Magnetberg, Wissokaja Gora genannt, liegt auf der westlichen Seite des Hüttenteiches in einer Entfernung von 2 Wersten von demselben. Er erhebt sich mitten aus einer Ebene und stellt einen breiten, flachen, von N. nach S. laufenden Rücken dar. Seine grösste Länge beträgt nach Hermann[1]) 300 Lachter, seine grösste Breite 250 Lachter und seine grösste Höhe über dem Hüttenteich 41 Lachter. Er besteht dem grössten Theile nach aus reinem Magneteisenerz, nur nach den Seiten und gegen die Oberfläche zu mengt sich demselben Brauneisenerz bei, das zuletzt ganz rein erscheint.

Das Magneteisenerz hat an den verschiedenen Stellen ein verschiedenes Ansehen, ist theils dicht, von unvollkommen muschligem Bruche und fettglänzend, theils feinkörnig und matt, theils von mittlerm Korn und geringem halbmetallischen Glanze. Die körnigen Abänderungen sind zuweilen mit Höhlungen und Spalten durchsetzt, an deren Wänden sich Krystalle in gewöhnlich kleinen und scharfkantigen Octaëdern finden. Das Magneteisenerz ist häufig attractorisch, doch sollen die sich hier findenden natürlichen Magnete denen von den Magnetbergen Blagodat und

---

[1]) Mineral. Beschr. des Ural. Erzgebirges B. I, S. 306.

Katschkanar an Güte nachstehen[1]). Es ist unregelmässig bald mehr bald weniger zerklüftet, die Kluftflächen sind meistentheils braun gefärbt, oder selbst mit Brauneisenocher bedeckt; an manchen Stellen ist es auch mit fein eingesprengtem Kupferkies gemengt, und auf den Klüften mit erdigem Malachit und erdiger Kupferlasur bedeckt. — Das Brauneisenerz ist grösstentheils dicht, aber voller Höhlungen und Klüfte, und auf diesen nierförmig und tropfsteinartig.

Die ungeheure Erzmasse, die den Magnetberg bildet, liegt in einem weissen, gelben und braunen Thone, von welchem sie an der Ostseite scharf abschneidet. Auf der Nordseite zieht sich aber nach Hermann ein Keil tauben Gesteins fast bis zur Höhe hinan, und ein solches hat man auch bei dem Abbau des Eisenerzes auf der Ostseite des Berges angetroffen, wo es von dem Eisenerze durch eine nur 1 Fuss mächtige Thonlage getrennt, und durch einen 5 Lachter tiefen Schacht untersucht ist. Das taube Gestein ist, wie es Hermann[2]) beschreibt „ein Porphyr von schlechterer Art, welcher aus einem röthlichgrauen Jaspis besteht, der ziemlich kleinkörnigen weissen Feldspath und hin und wieder einige Quarzkörner enthält." Er ist nach dem Tage zu verwittert, giebt aber in den frischen Stücken mit dem Stahle Feuer. Wir haben bei der Besichtigung der Grube dieses Gestein nicht gesehen, doch ist es nach jener Beschreibung und nach der Analogie mit den andern Magnetbergen des Urals zu urtheilen, wahrscheinlich labradorreicher Augitporphyr, wobei nur das Vorkommen des Quarzes auffallend wäre, der sonst in dem Augitporphyre nicht vorkommt.

---

[1]) Zwei solche kubisch zugehauene Magnete bilden die Altäre in der Kirche von Nischne-Tagilsk; der eine ist 5 Spannen hoch, $3\frac{1}{2}$ Spannen lang und etwas weniger breit, der andere ist 7 Spannen hoch und 5 Spannen in's Gevierte dick. (Pallas, Reise durch versch. Prov. des Russ. Reichs Th. II, S. 197.)

[2]) A. a. O. B. I, S. 309 und 312.

Der Abbau des Eisenerzes geschieht steinbruchsweise von Tage aus; wegen der Festigkeit des Erzes muss es aber grösstentheils mit Pulver gesprengt werden. Man hat davon noch einen unerschöpflichen Vorrath, obgleich schon seit 1721, wo man den Magnetberg zu bearbeiten angefangen hat, viele Millionen Pud Erz gefördert sind. Die mit Kupferkies und Malachit durchzogenen Erze werden über die Halde gestürzt.

Vor dem Einschmelzen werden die Erze in grossen Meilern, deren einer nach Hermann bis 400,000 Pud Erz enthält, geröstet. Ein solcher Meiler besteht aus 3 Schichten, zwischen welchen Lagen aus grossen Stämmen Holz gebildet werden, das man anzündet. Er brennt oft kaum in 40 Tagen aus und erkaltet erst nach 8 bis 10 Wochen. Ob man durch das Rösten einen andern Vortheil bezweckt, als alle Spuren von Eisen- und Kupferkies, die sich in den zum Verschmelzen bestimmten Erzen etwa finden könnten zu zerstören, und das Erz mürber zu machen, um die grossen Stücke, die man beim Sprengen erhält, leichter zerschlagen und in die zum Verschmelzen in Hohöfen passende Form bringen zu können, habe ich nicht erfahren. —

Ganz in der Nähe des Magnetberges, in der Ebene die auf der Westseite an ihn anschliesst, haben sich nun in der neuern Zeit die Kupfererze gefunden, die in Nischne-Tagilsk verschmolzen werden. Sie bestehen fast aus denselben Erzen, wie die, welche sich auf der Kupfergrube Gumeschewskoi finden, und haben auch ein ganz ähnliches Vorkommen, denn sie liegen hier wie dort nesterweise im Thon. Erze die hier vorkommen, sind folgende:

1. Gediegenes Kupfer. Es kommt in kleinen mehr oder weniger deutlichen Krystallen vor, die aufgewachsene Drusen, freie Krystallgruppen, krystallinische Krusten oder Platten bilden. Die Krystalle

erscheinen als die Ikositetraëder ($3a:3a:a$), haben also eine Form, die bisher beim Kupfer noch nicht beobachtet ist; sie kommen indessen nicht in einfachen, sondern stets in Zwillingskrystallen vor, die zwar nach dem bei den Zwillingskrystallen des regulären Systems gewöhnlichen Gesetze gebildet sind, und zur gemeinschaftlichen Fläche eine Octaëderfläche haben, aber doch dadurch ein etwas fremdartiges Ansehn erhalten, dass sie in einer, auf der gemeinschaftlichen Octaëderfläche rechtwinkligen Richtung sehr verkürzt sind. In Taf. III, Fig. 6 sind sie dargestellt, wie sie bei dem Kupfer von Nischne-Tagilsk erscheinen; die Fig. 5. stellt die Zwillinge weniger verkürzt dar, wie sie gewöhnlich bei dem Silber von Kongsberg und dem Golde von Veröspatak vorkommen. Mit dem in der Figur nach unten gekehrten Ende sind sie stets aufgewachsen. Die Neigung zweier den verschiedenen Individuen angehörigen Ikositetraëderflächen, die sich in der gemeinschaftlichen Octaëderfläche in einem Punkte berühren, beträgt 58° 16′, die zweier Flächen, die sich in dieser Ebene in einer Kante schneiden, 117° 2′. Die Flächen sind matt und nicht sehr eben. — Die Krystalldrusen finden sich in den Höhlungen des dichten Brauneisensteins, die freien Krystallgruppen im Thone liegend, die krystallinischen Krusten sitzen auf etwas ochrigem Brauneisenstein, die krystallinischen Platten finden sich in den Klüften des dichten.

2. **Kupferglanz.** Er findet sich in derben Massen, ist meistens dicht, eben und matt im Bruch, nur stellenweise etwas feinkörniger und glänzender, und an der Oberfläche gewöhnlich in Malachit umgeändert, mit dem er auch oft stark gemengt ist.

3. **Kupferkies**, derb.

4. **Rothkupfererz**, in Krystallen, reinen derben blättrigen Massen, oder mit erdigem Brauneisenerz gemengt, als Ziegelerz. Die Krystalle sind Kombinationen des Octaëders, Hexaëders und Dodecaëders,

mit bald vorherrschenden Octaëder- bald vorherrschenden Hexaëderflächen, sind aber meistens nur klein, und stehen an Schönheit bei weitem den Krystallen von Gumeschewskoi nach. Sie kommen einzeln oder in Drusen aufgewachsen, zuweilen auch, reihenweise gruppirt, in gestrickten Parthien vor, und finden sich in den Höhlungen eines ochrigen und kalkigen Brauneisenerzes, so wie auch des Ziegelerzes. Die reinen derben Massen erscheinen meist in kleinen gangförmigen Massen im Thone oder im Ziegelerz, das allein nur in etwas grössern derben Massen vorkommt.

5. Malachit, in nierförmigen Massen mit dichtem und mattem Bruch, oder in auf- und eingewachsenen büschelförmigen Parthien, die aus deutlich fasrigen Zusammensetzungsstücken bestehen und Seidenglanz haben. Die erstern sind oft erdig und mit Thon gemengt und selten von der Grösse und Schönheit, wie die nierförmigen Malachite von Gumeschewskoi[1]); die letztern finden sich theils mit erdigem Brauneisenerz, mit dem sie entweder unregelmässig gemengt sind, oder das sie in kleinen Gängen und Schnüren durchsetzen, theils kommen sie mit derbem Rothkupfererz und Ziegelerz vor, welche Erze meistentheils von dem Malachite bedeckt werden. Dann

---

[1]) Nach Zeitungsnachrichten ist man jedoch im Juni 1835 in der Grube auf eine Malachitmasse von ausserordentlicher Grösse gestossen, die $17\frac{1}{2}$ Fuss lang, 8 Fuss breit und $3\frac{1}{2}$ Fuss hoch ist, und deren Gewicht auf 500 bis 600 Ctr. geschätzt wird. Sie soll ganz derb und von der schönsten smaragdgrünen Farbe sein, und sich daher zur Bearbeitung sehr eignen. Man war beim Eingange der Nachricht noch damit beschäftigt, die Masse, die in einer Teufe von 252 Fuss angefahren war, nach allen Seiten zu entblössen, und ging damit um, einen besondern Schacht abzuteufen, um sie in ihrer ganzen Grösse an das Tageslicht fördern zu können. Diese Masse übertrifft hiernach also sehr bedeutend an Grösse die grosse Malachitmasse von Gumeschewskoi, die in der Sammlung des Bergkorps in Petersburg aufgestellt ist. (Vergl. S. 40.)

finden sich auch innige Gemenge von Malachit und Kupferglanz, welche nierförmige Massen bilden, die äusserlich mit braunem Eisenocher bedeckt, und im Innern fasrig und von schwärzlichgrüner Farbe sind. Man erkennt das Gemenge bald, wenn man es mit Chlorwasserstoffsäure kocht, wo es sich unter starkem Brausen auflöst, und einen schwarzen mit Kupferglanz gemengten Schwefel abscheidet. Bei längerm Kochen lösst sich das Kupfer völlig auf, und es bleibt mit dem Schwefel ein weisser erdiger Rückstand zurück.

6. Kupferlasur. Sie findet sich meistentheils erdig und mit fasrigem und erdigem Malachit gemengt, zuweilen aber auch recht deutlich krystallisirt. Die Krystalle haben eine von den Krystallen von Chessy bei Lion abweichende Form, und werden nur allein von den Flächen $c = (\infty a : \infty b : c)$, $\frac{d}{2} = (a : \infty b : \frac{1}{2} c)$, $f = (\infty a : b : c)$ und $o = (a : b : c)$ gebildet, (vergl. Taf. VI, Fig. 3)[1]). Wenn man die von Mohs für die Dimensionen angenommenen Werthe zum Grunde legt, so beträgt

die Neigung von	f	gegen	$f =$	120° 46′
- -	- o	-	$f =$	134 35
- -	- $\frac{d}{2}$	-	$o =$	139 42

womit die gemessenen Winkel übereinstimmen. Nur die Flächen f und o sind glatt und glänzend, die Flä-

[1]) Bei der Zeichnung dieser Krystalle, wie auch der vom Altai, (Taf. VI und V), habe ich nicht die Stellung gewählt, die Mohs und Zippe (siehe dessen ausführliche Arbeit über die Kupferlasur in den Schriften der Böhmischen Gesellschaft der Wissenschaften vom Jahr 1830) der Kupferlasur gegeben haben, sondern, wie auch Naumann gethan hat, die, bei welcher die Flächen a vertikal stehen, und welche mir natürlicher scheint. Auch habe ich mit Naumann die vertikale Axe noch einmal so gross angenommen, wie Mohs, (so dass also die Flächen o das Zeichen $(a : b : c)$ erhalten, statt dass sie nach den von Mohs angenommenen Dimensionen mit $(a : b : 2c)$ bezeichnet werden müssten), weil dadurch überhaupt die Zeichen für die Flächen der Kupferlasur einfacher werden, und die Flächen f, parallel welchen die Krystalle spaltbar sind, zu Abstumpfungsflächen der Kanten der Grundform werden.

Flächen *c* sind glänzend, aber parallel den Kanten von *f* etwas gestreift und gekrümmt, die Flächen $\frac{d}{2}$ sind noch viel stärker gekrümmt und uneben. Die Spaltbarkeit parallel den Flächen *f* ist ziemlich vollkommen. Die Krystalle sind interessant durch den deutlich hervortretenden Parallelismus der Kanten zwischen den Flächen $\frac{d}{2}$, *o* und dem untern *f*, der an keiner andern bekannten Kombination so deutlich zu sehen ist. — Die Krystalle sind einige Linien lang und kommen in Drusen mit den Flächen *f* auf Brauneisenocher und Thon aufgewachsen vor.

7. Libethenit. Ich habe davon nur 1 Stück erhalten, welches grösstentheils aus nierförmigem Malachit besteht, der mit dem Libethenite bedeckt ist. Derselbe bildet eine kleine derbe Masse mit körnigen Zusammensetzungsstücken, die auf der Oberfläche mit kleinen Krystallen bedeckt ist. Die Krystalle sind, wie die von Libethen, Kombinationen eines vertikalen geschobenen vierseitigen Prisma's mit einem horizontalen, das eine Zuschärfung des Endes bildet, die auf die scharfen Seitenkanten aufgesetzt sind. Die vertikalen Prismen sind sehr niedrig; die Krystalle zeigen daher fast nur die Zuschärfungen des Endes. Diese sind, wenngleich klein, doch ziemlich glänzend. Ich fand ihren Winkel von 95° 24′, die Neigung einer Zuschärfungsfläche gegen eine Seitenfläche 112° 48′, wonach die Neigung der Seitenflächen untereinander 110° 41′ beträgt. Diese Winkel sind abweichend von denen des Libethenites aus Ungarn, die nach meinen Messungen die erstern 92° 20′, die letztern 109° 52′ betragen; es wäre demnach möglich, dass die Krystalle von Nischne-Tagilsk eine neue Gattung bilden, doch würden darüber erst Untersuchungen an deutlichern Exemplaren entscheiden können[1]).

In der Farbe und dem Verhalten vor dem Löthrohr stimmt der Libethenit vom Ural mit dem Ungari-

[1]) Vergl. meine Elemente der Krystallographie, S. 163.

schen überein. Die Farbe ist schwärzlich- bis lauchgrün, und vor dem Löthrohr giebt er im Kolben Wasser und schmilzt auf der Kohle zu einer schwarzen Kugel, die beim Erkalten sich etwas auf der Kohle ausbreitet, eine matte krystallinische Oberfläche erhält und ein geschmeidiges Kupferkorn einschliesst. Mit Blei zusammengeschmolzen, erhält man eine beim Erkalten krystallisirende Masse von phosphorsaurem Bleioxyd, das ein Kupferkorn einschliesst.

8. Brauneisenerz, das dicht, erdig und fasrig mit den Kupfererzen zusammen vorkommt.

Die Kupfererze der Nischne-Tagilskichen Gruben sind in mineralogischer Hinsicht durch die neue Form des gediegenen Kupfers, und durch das wahrscheinlich neue phosphorsaure Kupferoxyd bemerkenswerth, stehen aber, wie sich aus dem Vorhergehenden ergiebt, an Schönheit der Ausbildung den Erzen von Gumeschewskoi meistens sehr nach. Da die Grube noch neu ist, so kann sich dies vielleicht noch ändern, wie auch das neue Vorkommen grosser nierförmiger Massen von Malachit anzudeuten scheint; jedenfalls ist die Vollkommenheit der Ausbildung in hüttenmännischer Hinsicht von keiner Bedeutung, und in ihrem Gehalte sind sie von derselben Güte, wie die in mineralogischer Hinsicht so berühmten Kupfererze von Gumeschewskoi.

Die Erze liegen auch in Nischne-Tagilsk nesterweise beisammen in einem Thon, der meistens weiss, oder röthlichweiss gefleckt, und fettig anzufühlen ist. Er ist häufig mit silberweissen Talkblättchen gemengt, und möchte demnach wohl nichts anders als ein zersetzter Talkschiefer sein. Diese Art des Vorkommens erschwert auf gleiche Weise, wie in Gumeschewskoi den Abbau, doch wird derselbe viel regelmässiger wie dort betrieben, und Schächte und Strecken sind sehr gut gehalten. Die Grube ist ebenfalls sehr wassernöthig, die Wasserhaltung und die

Förderung geschieht durch 2 Dampfmaschinen und durch 2 Wassergöpel, welche letztere Räder von 50 Fuss Durchmesser haben.

Die Aufnahme dieser Grube hat erst in der neuern Zeit im Jahre 1812 stattgefunden. Früher hatte man in der Umgegend schon eine Menge Spuren von Kupfer gefunden, und an mehreren Stellen Bauten vorgerichtet, die aber wegen des geringen Gehaltes der Erze immer bald aufgegeben wurden. Am längsten baute man noch auf der Wuiskischen Kupfergrube, die dem Magnetberg gegen N. und 3 Werste von dem Hüttenwerke Wuiskoi lag. Sie war zu gleicher Zeit die älteste Kupfergrube des ganzen Urals, wurde 1721 entdeckt, und trotz des geringen Gehaltes der Erze, der kaum $\frac{1}{2}$ bis $\frac{2}{3}$ Proc. betrug, doch 25 Jahre bebaut. Die Erze scheinen nur ein mit Malachit und Kupferlasur gemengtes Magneteisenerz gewesen zu sein, wie dergleichen Gemenge auch an der Wissokaja Gora selbst vorkommen.

Auch Eisenerze, theils Magneteisenerze, theils Brauneisenerze finden sich noch mehrere in der Gegend, und wurden auch zum Theil bebaut. Ein Magneteisenerzlager, wie es scheint, ähnlich dem der Wissokaja Gora, nur von geringerer Ausdehnung, aber auch mit Brauneisenerz gemengt, findet sich 7 Werste nördlich von dem Magnetberg; Brauneisenerz nesterweise im körnigen Kalk kommt an mehreren Stellen vor.

Wir hatten unsere Exkursionen in Nischne-Tagilsk gleich am Nachmittage nach unserer Ankunft angefangen, hatten zuerst die Hütten, dann den Magnetberg, und zuletzt die Kupfergrube besucht, aus welcher wir erst um 11$\frac{1}{2}$ Uhr herausfuhren. Die Nacht war kalt, die Temperatur der Luft betrug nur 4° R., in der Grube war es viel wärmer gewesen.

Den 28sten Juni. Der heutige Tag wurde zur Besichtigung der Goldseifen, die in der Gegend von

Nischne-Tagilsk abgebaut werden, bestimmt. Diese Goldseifen finden sich auf beiden Seiten des Tagil, sowohl an dem Westabhange des Bergrückens, zwischen der Neiwa und dem Tagil [1]), als auch an dem Ostabhange des Hauptrückens des Urals, aber die erstern sind bei weitem die bedeutendern, daher wir uns auch mit unserm Besuche auf diese beschränkten. Der Weg dorthin geht anfangs auf der nach Newjansk führenden Strasse entlang, wendet sich aber bald links ab, und führt in geraderer Richtung auf den erwähnten Höhenzug zu. Er ist längere Zeit nur sehr wenig hüglig, erhebt sich aber, wenn man an die Bertewaja Gora kommt, ziemlich steil zu einem höhern Plateau. Auf demselben fanden wir den Wald, in welchen wir getreten waren, so wie wir Nischne-Tagilsk verlassen hatten, gelichtet, und eine Reihe hölzerner Häuser zum Theil schon aufgeführt, zum Theil im Bau begriffen, die ebenfalls zur Aufnahme neuer Ansiedler bestimmt waren; jenseits dieses entstehenden Dorfes liegt das reiche Seifenwerk Wiluyskoi in einem flachen St. $8\frac{1}{2}$ von NO. nach SW. streichenden Thale, worin der kleine Fluss Wiluy dem Tagil zufliesst, 20 Werste von Nischne-Tagilsk.

Die Gebirgsarten, denen wir auf diesem Wege begegneten, waren zum Theil noch ganz ähnliche wie die, welche wir auf dem Wege zwischen Newjansk und Tagilsk getroffen hatten. An dem Fusse der Bertewaja Gora fand sich feinkörniger Diorit, ganz ähnlich dem von dem Berge bei dem Kaback, auf der Höhe Serpentin, und bei dem neu angelegten Dorfe zuerst Chloritschiefer und sodann Dioritporphyr. Die beiden letztern Gebirgsarten waren von einer besonderen Beschaffenheit; der Chloritschiefer nämlich war lauchgrün, und enthielt Körner

[1]) Der Scheider zwischen der Neiwa und dem Tagil enthält also sowohl an seinem Ostabhange als auch an seinem Westabhange Lager von Goldsand, erstere bei Newjansk, letztere bei Nischne-Tagilsk.

von weissem Feldspath eingemengt, die, von den Blättchen des Chloritschiefers umschlossen, besonders auf dem Querbruche zu erkennen waren; der Dioritporphyr bestand aus einer graulichweissen dichten Grundmasse mit splittrigem Bruche, in welcher weisse Krystalle von Albit, schwärlichgrüne Körner von Hornblende, und braune Schüppchen von Glimmer, alle von sehr geringer Grösse eingewachsen waren. Die Albitkrystalle zeichnen sich bei ihrer weissen Farbe wenig von der Grundmasse aus, und sind daher bei oberflächlicher Ansicht leicht zu übersehen, sie sind aber sonst scharf begränzt, und zeigen die einspringenden Winkel sehr deutlich; die Hornblendekörner sind oft nur so klein, dass sie wie grüne Punkte erscheinen, und der Glimmer findet sich immer in kleinen excentrischen Zusammenhäufungen. — In dem Seifenwerke standen wiederum Serpentin und Chloritschiefer an, ersterer in dem südwestlichen, letzterer in dem nordöstlichen Ende. Der Serpentin war grünlichgrau, und enthielt kleine Parthien von graulichgrünem Talk eingemengt, der Chloritschiefer lauchgrün und voller kleiner Schüppchen von grünlichweissem Glimmer, wie die Abänderung zwischen Newjansk und Tagilsk.

Das Seifenwerk Wiluyskoi war seit 1824 bearbeitet; der abgebaute Raum hatte eine Länge von 200 und eine Breite von 30 bis 40 Lachtern. Die bauwürdige Schicht hatte eine Mächtigkeit von $1\frac{1}{4}$ bis $1\frac{1}{2}$ Lachter, ruhte unmittelbar auf anstehendem Gestein, und war von einer 2 bis 7 Fuss mächtigen nicht bauwürdigen Schicht bedeckt. Der Goldsand hatte ein lehmartiges Ansehen; er enthielt eine grosse Menge von Krystallen von Magneteisenerz von sehr verschiedener Grösse, von der Grösse einer Linie und darunter bis zu der eines halben Zolles; die ersteren fanden sich am häufigsten, und waren meistens glattflächig, die letztern oft an den Kanten abgerieben und matt, im Bruch dagegen immer stark glänzend und muschlig. Nicht selten fanden sich auch Zwillingskrystalle. Unter den grössern Geschieben fanden sich ausser Quarzstücken, noch Chlorit- und Talkschiefer, letzterer von weisser und graulichgrüner Farbe, beide häufig mit eingeschlossenen Krystallen von Magneteisenerz; ferner Eisenkies, der in Brauneisenerz umgeändert war und inwendig häufig noch einen Kern von unzersetztem Eisenkies enthielt. Unter den kleinern Körnern und Krystallen war Quarz und Magneteisenerz vorherrschend, doch fanden sich auch kleine Hexaëder oder Combinationen vom Hexaëder und Octaëder von in Brauneisenerz verwandeltem Eisenkies, kleine Prismen von Strahlstein und nur sparsam einige Körner von Granat. Zirkonkrystalle habe ich nicht auffinden können. — Der Goldsand hielt $1\frac{1}{2}$ Solotnik Gold in 100 Pud; und hatte seit 1824 bis Ende 1828 über 70 Pud Gold geliefert.

Wir kehrten wieder nach dem Dorfe zurück, wichen dann aber rechts vom Wege ab, um einen Schurf zu besuchen, den Herr Schwetsoff auf dem Plateau der Bertewaja mitten im Walde erst vor kurzer Zeit eröffnet hatte. Der Weg war nicht lang, doch beschwerlich, da das Plateau sehr sumpfig war und Klippen überall hervorragten, die alle aus einem recht durchscheinenden Serpentin bestanden, welcher häufig Magneteisenerz in Körnern eingesprengt enthielt. Der Schurf bestand in einem kleinen Schachte, der etwa 1 Lachter tief sein mochte, und in einem Gestein abgeteuft war, das gewissen Abänderungen des Granites (Beresites) von Beresowsk vollkommen glich; es bestand aus feinkörnigem, fast dichtem weissen Feldspath mit eingemengten Quarzkörnern, hatte talkige Ablosungen, und enthielt silberweisse Glimmerblättchen und kleine, in Brauneisenerz veränderte Eisenkieskrystalle eingemengt. Diess Gestein wurde von Gängen von Quarz durchsetzt, der auch in Drusenräumen häufig krystallisirt und mit grobkörnigem Bleiglanz und blättrigem

Schwerspath gemengt war, und in Höhlungen Krystalle von Weissbleierz, Grün- und Rothbleierz, erstere besonders recht nett krystallisirt, sowie kleine fasrige Parthien von Malachit enthielt. Neben dem Beresite fand sich Talkschiefer und ein dem Listwänite von Beresowsk vollkommen ähnliches Gestein, in welchem der Granit höchst wahrscheinlich gangförmig vorkommt. Der Listwinit war äusserlich mit braunem Ocher bedeckt, mit Säuren aber digerirt erschien er, wie der von Beresowsk, als poröser mit grünen Talkbättchen gemgenter Quarz.

Dieses Vorkommen der Quarzgänge, das mit dem Vorkommen der Goldgänge in Beresowsk von der grössten Aehnlichkeit ist, hatte Herrn Schwetsoff veranlasst, die Schurfarbeiten zu übernehmen, in der Hoffnung hier auch Gold anstehend zu finden, wozu auch allerdings die grösste Wahrscheinlichkeit vorhanden war. Bis jetzt hatte sich dasselbe noch nicht gefunden, und ich weiss nicht ob es sich später gezeigt hat; uns war aber in geognostischer Hinsicht diess abermalige Vorkommen des Beresits als ein, wenn auch nur wahrscheinlicher Anzeiger des Goldes sehr interessant [1]).

Nicht weit von dem Schurfe liegt in dem Nordwestabhange der Bertewaja Gora, in einem Thale, in welchem ein kleiner Fluss dem Wiluy zufliesst, ein anderes Goldsandlager, Bertewskoi genannt. Der Goldsand war nicht bis zu dem darunter liegenden

---

[1]) In einem Schreiben an Herrn v. Humboldt vom 26sten März 1824 erwähnt Herr Schwetsoff des von uns besuchten Ganges auf der Bertewaja nicht, wohl aber eines andern goldhaltigen Quarzganges, den er an den Ufern des Tagil 25 Werste von Nischne-Saldinsk und 70 Werste von Nischne-Tagilsk aufgefunden hatte. Dieser Quarzgang soll 2 Fuss mächtig sein, und ausser dem Golde noch silberhaltigen Bleiglanz und Zinkblende enthalten. Das Vorkommen des Ganges soll den Goldgängen von Beresowsk ähnlich sein, er soll von O. nach W. streichen, und in einer feldspathartigen Gebirgsart aufsetzen, die von N. nach S. streicht.

festen Gestein abgebaut, denn nur in den obern Sandlagen hatte sich das Gold in bauwürdiger Menge gefunden, die untern hatte man als zu arm nicht abgetragen. Festes Gestein war also in der Grube nicht zu sehen; die grössern Geschiebe in dem Sande bestanden grösstentheils aus Serpentin, weniger aus Talk- und Chloritschiefer, noch seltener aus Quarz. Auch fanden sich einzelne grössere Blöcke von einem porphyrartigen Granit, bei welchem in einer weissen feinkörnigen feldspathartigen Grundmasse Krystalle von weissem Feldspath, die sich wenig auszeichneten, Körner von graulichweissem Quarz und grünem chloritähnlichen Glimmer lagen. Unter den kleinern Geschieben fanden sich besonders Magneteisenerz, in derselben Art und in derselben Häufigkeit wie in dem Goldsande von Wiluyskoi, einige grössere Krystalle von Eisenglanz, welche sechsseitige Tafeln mit der dreiseitigen Streifung auf den Endflächen waren, Afterkrystalle von Brauneisenerz, Quarz, kleine Krystalle von Strahlstein und mikroscopische Krystalle von Zirkon. Herr Schwetsoff hatte in diesem Goldsande auch einen grossen gelben stark glänzenden Krystall gefunden, den er die Güte hatte, mir mitzutheilen. Es war ein Anatas, ein Mineral, das uns in dem Goldsande des Urals bis auf das Geschiebe in Schabrowskoi (vergl. 157) bisher noch nicht vorgekommen war. Der Krystall bildet eine Kombination der Grundform mit der geraden Endfläche und dem zweiten Prisma ($\infty a : a : \infty c$). Die gerade Endfläche herrscht sehr vor, wodurch der Krystall ein tafelartiges Ansehn bekommt. Die Breite des Krystalls in der Richtung der Seitenkante des Octaëders beträgt 5 Linien.

Wir gingen von hier das Thal des Wiluy entlang, bis wir an den frühern Weg kamen, wo wir unsere Wagen fanden und sodann auf demselben Wege, auf welchem wir gekommen, nach Nischne-Tagilsk zurückkehrten. — Zu den reichen Goldseifen auf der

Ostseite des Tagil gehören noch die Seifenwerke Telianskoi, 30 Werste gegen O., Katabinskoi, 11 Werste gegen O., und Schilowskoi, 20 Werste gegen SO. von Nischne-Tagilsk; zu denen auf der Westseite des Tagil die Seifenwerke Tscheremischanskoi, 5 Werste gegen NW., und Elchowskoi, 12 Werste gegen N. von Nischne-Tagilsk. Im Ganzen beträgt die Zahl der aufgefundenen Goldseifen über 40, von denen viele aber nur wenig Gold geliefert haben, und andere bis jetzt noch wenig bearbeitet worden sind. Die Menge des Goldes, welches alle Seifenwerke von Nischne-Tagilsk seit ihrer Entdeckung im Jahre 1823 bis zum Juli 1829 geliefert haben, beträgt über 250 Pud; die reichern oben genannten Seifenwerke haben dazu allein 157 Pud beigetragen.

Ich habe nach meiner Rückkehr mehrere Goldkörner aus diesen Seifenwerken analysirt. Ich untersuchte 4 einzelne Körner aus einem und demselben Seifenwerke, Boruschkoi, und 3 Stücke, in welche ein und dasselbe Korn aus einem andern Seifenwerke, Goruschkoi, zerschnitten wurde.

Die 4 einzelnen Körner hatten eine abgeplattete Form und eine glatte Oberfläche, sie ergaben:

No.	1.	2.	3.	4.
Silber	5,23	8,35	9,02	16,15
Gold	94,41	91,36	90,76 (Gold, Kupfer, Eisen, Verlust)	83,85. (Gold, Kupfer, Eisen, Verlust)
Kupfer, Eisen, Verlust	0,36	0,29		

Das absolute und specifische Gewicht der untersuchten Stücke ersieht man aus der folgenden Tabelle:

Absolutes Gewicht	Specifisches Gewicht		
in Grammen	im natürlichen Zustande	nach der Schmelzung	nach dem Hämmern
1) 1,548	18,440	—	18,663
2) 4,847	17,955	17,965	18,016
3) 0,895	17,588	—	17,745
4) 15,44	17,061	—	—

In den drei Stücken des Korns von Goruschkoi wurde gefunden:

	1.	2.	3.
Silber	12,12	12,41	12,30
Gold	87,31	87,17	87,70
Kupfer	0,08	0,05	
Eisen	0,24	0,23	
	99,75	99,86	100,00.

Ihr absolutes Gewicht betrug 1,8515; 2,9867 und 1,6075 Grammen. Die 4 Goldkörner aus dem Seifenwerke Boruschkoi hatten demnach einen sehr verschiedenen, die 3 Stücke in welche das Goldkorn von dem Seifenwerke Goruschkoi zerschnitten wurde, einen gleichen Silbergehalt.

Den 29sten Juni. Die Platinseifen zu deren Besichtigung der heutige Tag bestimmt war, liegen südwestlich von Nischne-Tagilsk, schon auf dem Westabhange des Urals zwischen den Hüttenwerken Tscherno-Istotschinsk und Wissimo-Schaitansk. Die Entfernung derselben von Nischne-Tagilsk ist bedeutender als die der Goldseifen; sie mag in gerader Richtung nur 35 Werste betragen, doch geht der Weg bis Tscherno-Istotschinsk fast ganz südlich und wendet sich erst hier nach Westen. Eine gutgebahnte Strasse führt von Nischne-Tagilsk nach den genannten Werken, über Bergzüge, die sanft ansteigen und ebenso abfallen, und sich nur zu geringer Höhe erheben, ungeachtet sie den Hauptrücken des Urals bilden; der Weg ist daher vortrefflich, solange er auf der grossen Strasse bleibt. Er führt stets im Walde fort, der hier, wie überall, die Abhänge des Urals bedeckt. Vor Tscherno-Istotschinsk senkt sich der Weg ziemlich bedeutend nach dem Thale der Tscherna, an welchem das Hüttenwerk liegt. Hier sieht man einen Diorit anstehen, der feinkörnig ist, vorherrschend schwärzlichgrüne Hornblende enthält, und mit kleinen Schnüren von dichtem

Pistazit häufig durchsetzt ist. In deutlicheren Abänderungen sahen wir das Gestein in dem Hüttenwerke selbst, wo man aus ihm eine Menge Bruchstücke zu einem aufzuführenden Bau zusammengefahren hatte. Hier fanden sich auch viele grobkörnige Abänderungen, in welchen man deutlich die Gemengtheile, den weissen Albit mit dem einspringenden Winkel, und die schwärzlichgrüne Hornblende erkennen konnte, die aber ausserdem noch Quarz in einzelnen Körnern von theils graulichweisser theils milchweisser Farbe enthielten. Die grobkörnigen Abänderungen kommen häufig noch an einem Stücke mit den feinkörnigen vor, letztere enthalten aber keinen Quarz oder lassen ihn wenigstens nicht erkennen [1]).

In Tscherno-Istotschinsk wird das in Nischne-Tagilsk gewonnene Roheisen verfrischt und weiter verarbeitet. Das Hüttenwerk liegt an der Nordostseite eines sehr bedeutenden Hüttenteiches, der durch Aufstauung der Tscherna gebildet ist, und sich auch noch lange an dem Wege nach Wissimo-Schaitansk entlang zieht. Jenseits desselben, etwa in 15 Werst Entfernung von Tscherno-Istotschinsk, kommt man an einen breiten flachen Rücken, der auf diesem Wege die Wasserscheide der europäischen und asiatischen Gewässer bildet, aber sich nur bis zu der geringen Höhe von 1140 Fuss erhebt. Auf seiner Ostseite entspringen die Quellen eines kleinen Baches, der Bobrowka, welche in den Tagil mündet, und auf der Westseite die des Wissim, der sich in die Utka, und durch diese in die Tschussowaja ergiesst. Mitten auf dem Rücken steht rechts am Wege eine grosse hochstämmige Tanne, auf welcher mit grossen Buchstaben die Worte Asia und Europa an der Ost- und West-

---

[1]) In der Eversmannschen Sammlung findet sich noch ein feinkörniger weiss- und rothgefleckter Quarz, der nach der Etiquette auf dem halben Wege von Nischne-Tagilsk nach Tscherno-Istotschinsk vorkommt.

seite eingeschnitten sind. Das Gestein, aus welchem der Rücken, wie auch schon die Gegend vorher besteht, ist ein sehr dünnschiefriger Hornblendschiefer, der aus einem Gemenge von vorherrschender feinstrahligen Hornblende mit wenigem weissen Feldspath oder Albit besteht, zwischen deren Lagen aber einzelne Ausscheidungen von einem körnigen Gemenge von weissem Feldspath und graulichweissem Quarz vorkommen. Der Hornblendschiefer hat ein Streichen St. 12 und ein Einfallen unter einem sehr starken Winkel nach O.

Auf der Westseite dieses Bergrückens, südwärts von der Strasse, liegen in kleinen Thälern, die sich von dem Bergrücken herabziehen, die verschiedenen Platinseifen auf einem Raume, der sich 10 Werste weit erstreckt. Es sind deren sechs, welche von N. nach S. herabgehend, folgende Namen führen: Suchowissimskoi, Rublowskoi, Martianowskoi I, Suchoi, Puppkowoi, Martianowskoi II[1]). Wir besuchten sie fast sämmtlich der Reihe nach, und bestiegen dazu die bis zur Westseite des erwähnten Bergrückens schon vorausgesandten Pferde, da der Weg, so bald man die grosse Strasse verlässt, nicht mehr zu Wagen fortgesetzt werden kann.

Das erste Platinseifenwerk Suchowissimskoi liegt ganz nahe an der Strasse nach Wissimo-Schaitansk in dem Thale des Wissim. Der Platinsand der sich hier findet, führt noch etwas Gold; er war der erste den man bei der Aufsuchung von Goldsand auffand.

---

[1]) Vergl. den Situationsplan der Platinseifen von Nischne-Tagilsk, der der grossen Karte vom Ural beigefügt ist. Diese Karte wurde auf den Wunsch des Herrn v. Humboldt von Herrn Schwetsoff entworfen, der sie anfertigte während wir im Altai waren, und sie Herrn v. Humboldt bei unserm zweiten Zusammentreffen in Miask überreichte. Herr Schwetsoff begleitete sie mit einer Beschreibung der Platinseifen, aus der ich die folgenden Angaben über die Mächtigkeit und Reichhaltigkeit des Platinsandes, sowie über den damaligen Zustand des Abbaus des Seifengebirges entlehnt habe.

Seine Entdeckung wurde den 28sten August 1825 gemacht, worauf man ihn auch bald zu bebauen anfing. Jetzt wurde in diesem Seifenwerke, wie auch in dem folgenden nicht gearbeitet, da die Arbeiter zur Heuerndte entlassen waren.

Das Thal Suchowissimskoi vereinigt sich nicht weit unterhalb des Seifenwerks mit einem andern Thale Rublowskoi, in welchem etwas oberhalb der Vereinigung das zweite Seifenwerk angelegt ist. Die Gesteine, welche die Basis des hier befindlichen Platinsandes bildeten und in dem Seifenwerke häufig anstehend zu sehen waren, bestanden aus Chloritschiefer und sehr quarzigem Talkschiefer, die in Lagen miteinander wechselten und ein dem Hornblendschiefer auf der Strasse von Tscherno-Istotschinsk nach Wissimo-Schaitansk ähnliches Streichen, St. $11\frac{1}{2}$ hatten. Der Chloritschiefer war graulichgrün feinschuppig, auf seinen Schichtungsflächen mit feinschuppigem tombackbraunen Glimmer bedeckt, und enthielt häufig dünne Lagen von pistaziengrünem Epidot; der quarzige Talkschiefer bestand häufig fast nur aus graulichweissem bis schwärzlichgrauem Quarze, der durch eingemengten graulichgrünen Talkschiefer ein schiefriges Gefüge erhalten hat.

Aus dem Chloritschiefer sowie aus Serpentin, der aber meistentheils verwittert war, und durch die Verwitterung eine braune Farbe erhalten hatte, bestand auch der grösste Theil der Geschiebe, die in dem Platinsande vorkommen, welcher demnach auch, je nachdem der eine oder andere dieser Gemengtheile vorherrschte, eine graulichgrüne oder braune Farbe hatte. Einige Stücke unter den Geschieben des Chloritschiefers waren glimmerreicher, als die Stücke von dem Grundgestein die ich untersucht hatte; andere enthielten kleine Lagen von Pistazit, in welchen derselbe sich in kleinen Krystallen krystallisirt fand. Was aber diesen Platinsand besonders karakterisirte und vor dem übrigen Goldsande des Urals auszeichnete, war die grosse Menge Chromeisenerz die er enthielt, und die fast völlige Abwesenheit des Quarzes und des Magneteisenerzes. Das Chromeisenerz fand sich in ihm in Körnern und oft sehr netten Octaëdern, die sehr scharfkantig waren, und zuweilen eine Grösse von 1 bis 2 Linien hatten; sie sind nur schwach magnetisch, haben Fettglanz, braunen Strich und geben vor dem Löthrohr in Phosphorsalz aufgelöst, ein chromgrünes Glas. Sie finden sich meistentheils lose, kommen aber auch zuweilen eingewachsen in den im Platinsande vorkommenden Serpentingeschieben vor. Ausserdem fand sich das Chromeisenerz auch in derben Stücken, die oft über 1 Zoll gross waren, aus körnigen Zusammensetzungsstücken bestanden, und zuweilen Platin eingesprengt enthielten. Ein anderes sonst am übrigen Ural sehr seltenes Mineral, das sich in dem Platinsande fand, war noch der Hypersthen, der darin in derben Stücken vorkam, die oft eine Grösse von 3 bis 4 Zollen hatten und aus körnigen Zusammensetzungsstücken bestanden. Die Hypersthenstücke hatten eine glatte beriebene Oberfläche, und im Bruche eine schwärzlichbraune bis schwärzlichgrüne Farbe. Die Spaltungsflächen sind in den körnigen Zusammensetzungsstücken, die die Grösse einiger Linien haben, deutlich zu erkennen; die welche der geraden Abstufungsfläche der scharfen Seitenkante des Prisma's von $87\frac{1}{2}°$ parallel läuft, ist die deutlichste, die, welche parallel den Seitenflächen dieses Prisma's gehen, sind viel undeutlicher. Kleine Splitter dieses Hypersthens werden vom Magnete angezogen, und mehr noch, wenn man sie vor dem Löthrohr erhitzt hat, wo sie in der Platinzange nur schwer an den Kanten zu einem schwarzen Glase schmelzen; aus diesem ganzen Verhalten ergiebt sich aber, dass diese Stücke alle wesentliche Karaktere des Hypersthens besitzen. Das

Platin kommt in dem Platinsande in kleinen eckigen Körnern, selten in grössern vor, die dann gemeiniglich mit Chromeisenerz verwachsen sind[1]). Gold findet sich in diesem Platinsande gar nicht, obgleich er doch noch ganz in der Nähe des vorigen liegt. — Die Gemengtheile des Platinsandes sind demnach ganz verschieden von denen, die gewöhnlich die Zusammensetzung des Goldsandes am Ural ausmachen, und zeigen somit auch an, dass die ursprüngliche Lagerstätte des Platins ganz verschieden von der sein muss, auf welcher das Gold gewöhnlich am Ural vorkommt.

Die Mächtigkeit des Platinsandes von Rublowskoi beträgt ungefähr 12 Fuss, doch verwäscht man davon nur eine 4 bis 5 Fuss mächtige Schicht und stürzt den übrigen Theil des Sandes als nicht bauwürdig für jetzt noch zur Seite. Die Breite des abgebauten Raumes betrug 4 Lachter, seine Länge 40 Lachter; man geht mit dem Abbau des Seifengebirges thalaufwärts, und hatte dasselbe schon bis zu einer Entfernung von 200 Lachtern vom Anfangspunkte des Seifengebirges untersucht und bauwürdig befunden. Der Sand dieses Seifenwerks wird mit dem des vorigen zusammen verwaschen, und enthält in 100 Pud 10, 12 bis 40 Solotnik, oder im Mittel nach den bisherigen Erfahrungen, 27 Solotnik Platin und einen halben Solotnik Gold. Der Gehalt des Platinsandes an Platin steht also in gar keinem Verhältniss mit dem des Goldsandes vom Ural an Gold, und übertrifft denselben bedeutend.

Das Waschen des Sandes geschieht an Ort und Stelle auf liegenden Heerden, die 7 Fuss lang und $3\frac{1}{2}$ Fuss breit sind. Seit der Entdeckung bis zum

[1]) Ueber die nähere Beschaffenheit der Platinerze der Seifenwerke von Nischne-Tagilsk, sowie des übrigen Urals, siehe den besonderen Artikel in der zweiten Hälfte des zweiten Theiles dieses Werkes.

Januar 1829 hatte man in dieser und der vorigen Wäsche 693,761 Pud Sand verwaschen, und daraus $42\frac{1}{2}$ Pud Platin und $13\frac{1}{3}$ Pfund Gold gewonnen.

Das dritte Seifenwerk, Martianowskoi I., liegt einige Werste südlicher als die andern und ist von den vorigen durch einen Bergrücken getrennt, dessen Höhe, beträchtlicher als die des Rückens der Wasserscheide, etwa 1480 Fuss beträgt. Das Seifenwerk liegt ebenfalls in einem kleinen Thale, das von NO. nach SW. streicht, und von einem kleinen Bache bewässert wird, der sich in den Martian, einen andern Nebenfluss der Utka, ergiesst. Anstehendes Gestein war in der Grube nicht zu sehen. In dem Sande konnte man nur grössere oder kleinere Geschiebe von Serpentin erkennen, der aber selten noch seine frische grüne Farbe hatte, sondern gewöhnlich verwittert und braun geworden war. Eben diese Farbe hatte auch der Sand im Allgemeinen, er war daher auch wohl nichts anderes als ein mehr oder weniger stark zerriebener Serpentin. Chromeisenerz fand sich in dem Serpentin nur in geringer Menge eingewachsen, kam aber in losen Krystallen, Körnern und körnigen Stücken in diesem Sande in gleicher Häufigkeit, wie in dem Sande von Rublowskoi vor. Quarzkörner fehlten wiederum gänzlich oder fanden sich nur in äusserst geringer Menge, und ebenso fand sich auch hier wie gleichfalls in den folgenden Platinseifen kein Gold. Der mittlere Gehalt des Sandes an Platin betrug $30\frac{1}{7}$ Solotnik in 100 Pud Sand. Die abgebaute Schicht war 2 Fuss mächtig und wurde von einer $3\frac{1}{2}$ Fuss mächtigen Schicht schwarzer Dammerde bedeckt. Der abgebaute Raum hatte eine Breite von 4 bis 5, und eine Länge von 50 Lachtern. Der Anfang der Bearbeitung dieses Seifenwerkes geschah den 18ten Nov. 1827; seit dieser Zeit hatte man aus ihm bis zum Jan. 1829 325,440 Pud Sand gefördert und daraus $25\frac{1}{2}$ Pud Platin gewaschen. In diesem befand sich eine grössere Menge grösserer Stücke als in den übrigen Platinseifen; es fanden sich darin nämlich

3340	Platinstücke	von	1	Solotnik	bis	$\frac{1}{4}$	Pfund
24	-	-	$\frac{1}{4}$	Pfund	- zu	$\frac{1}{2}$	Pfund
14	-	-	$\frac{1}{2}$	-	- -	1	-
1	-	-	1	-		83	Solotnik
1	-	-	1	-		69	-
1	-	-	1	-		59	-
2	-	-	3	-		73	-
1	-	-	8	-		30	-

Das vierte Platinseifenwerk, Suchoi, liegt nur eine halbe Werst südlicher in einem kleinen Thale, das wie das vorige in das des Martians mündet, und auch von einem kleinen Bache bewässert wird. Der platinhaltige Sand war in dieser Grube bis zum anstehenden Gestein fortgenommen, das dadurch entblösst war. Er bestand in einem etwas körnigen Serpentin, der häufig mit kleinen Schnüren von Amianth durchzogen, und auf der Oberfläche mit einer braunen 6—7 Linien dicken Verwitterungsrinde, die ziemlich scharf von dem frischen Gestein abschnitt, bedeckt war. Ansehen und Beschaffenheit des Sandes war vollkommen wie in dem vorigen Seifenwerk; der braune Serpentin, der sich in Geschieben in ihm fand, glich ganz dem verwitterten Serpentin auf der Oberfläche des anstehenden, und dasselbe Ansehen erhalten auch kleine Stücke frischen Gesteins, wenn man sie vor dem Löthrohr glüht.

Die platinhaltige Schicht war 2 Fuss, und die Lage schwarzer Dammerde, die sie bedeckte, 5 Fuss mächtig. Die Breite des abgebauten Raumes betrug 3 bis 5 Lachter, die Länge desselben 70 Lachter. Der mittlere Gehalt des Sandes an Platin betrug 55$\frac{1}{4}$ Solotnik auf 100 Pud Sand. Man hatte dieses Seifenwerk den 6ten Mai 1828 zu bearbeiten angefangen, und von dieser Zeit bis zum Januar 1829 176,648 Pud Sand gefördert, woraus 25$\frac{1}{4}$ Pud Platin gewaschen waren. Unter diesen befanden sich 191 Stücke von

1 Solotnik bis zu $\frac{1}{4}$ Pfund, und 1 Stück von 36 Solotnik.

Die beiden übrigen Seifenwerke Pupkowoi und Martianowskoi II. haben wir nicht besucht. Das erste desselben liegt 2 Werste östlich von Suchoi in einem Thale, das wie die Thäler von Suchoi und Martianowskoi I. in das Thal des Martian mündet. Die platinhaltige Sandschicht ist nach Herrn Schwetsoff 3 Fuss mächtig und wird von einer 2 Fuss mächtigen Schicht Dammerde bedeckt. Ihr mittlerer Gehalt an Platin beträgt 49$\frac{1}{2}$ Solotnik auf 100 Pud Sand. Der abgebaute Raum hatte eine Breite von 4 Lachtern, und eine Länge von 50 Lachtern. 70 Lachter weiter setzte nach den angestellten Untersuchungen das Seifengebirge noch mit gleicher Reichhaltigkeit fort. Das Seifenwerk Pupkowoi war zu derselben Zeit eröffnet worden, wie das von Suchoi, und hatte bis Jan. 1829, 212,016 Pud Sand geliefert, woraus 27 Pud Platin gewaschen waren. Unter diesen fanden sich

13 Platinstücke von 1 Solotnik bis $\frac{1}{4}$ Pfund
1 - - 50 Solotnik
1 - - 1 Pfund 82 Solotnik
1 - - 4 Pfund 15 Solotnik.

Die Platinwäsche Martianowskoi II. liegt 3 Werste nordöstlich von der vorigen in dem Thale der Martian selbst. Die platinhaltige Sandschicht ist bis 5 Fuss mächtig, und wird von einer 1 Fuss mächtigen Schicht Dammerde bedeckt. Der abgebaute Raum hatte eine Breite von 3—4 Lachtern und eine Länge von 65 Lachtern. Der mittlere Gehalt des Patinsandes beträgt 26 Solotnik Platin auf 100 Pud Sand. Man hatte das Seifenwerk erst am 1sten Juni dieses Jahres zu bearbeiten angefangen, doch hatte man bis jetzt schon 31,408 Pud Sand gewaschen, und daraus 2 Pud Platin gewonnen, unter welchen sich 156 Stücke Platin von 1 Solotnik bis zu $\frac{1}{4}$ Pfunde befanden. Die

Basis dieses und des vorigen Platinsandes ist ein ähnlicher Serpentin, wie er unter dem Platinsande von Suchoi ansteht.

Die Serpentingeschiebe, aus welchen vorzugsweise der Platinsand und besonders in den südlichern Seifenwerken besteht, das viele Chromeisenerz, welches er ausserdem noch enthält, und das sich auch häufig in den Serpentingeschieben eingewachsen findet, wie es auch mit den grössern Platingeschieben in der Regel verwachsen vorkommt, machen es nun sehr wahrscheinlich, dass der Serpentin die ursprüngliche Lagerstätte nicht allein des Chromeisenerzes, sondern auch des Platins ausmache. Folgt man der Richtung des kleinen Flusses Martian, in dessen Thale sich das Seifenwerk Martianowskoi II. befindet, aufwärts, so gelangt man nach Herrn Schwetsoff in kurzer Entfernung von dem Seifenwerke zu einer sumpfigen Hochebene, die mitten auf dem Rücken des Urals liegt und auch den Namen Martian führt. Ihre Hauptausdehnung geht von SO. nach NW.; an ihrem südöstlichen Ende nimmt in ihr der Bach Martian seinen Ursprung, an ihrem entgegengesetzten nordwestlichen ein anderer kleiner Bach, der Tscha-uch, der zu den asiatischen Flüssen gehört und sich in den Hüttenteich von Tscherno-Istotschinsk ergiesst. Auf der westlichen Abdachung dieser sumpfigen Hochebene entspringen die kleinen Thäler, in denen die übrigen Platinseifen liegen; von der östlichen Abdachung laufen andere kleine Thäler aus, deren Bäche sich, wie der Tscha-uch, in den Hüttenteich Tscherno-Istotschinsk ergiessen. Ihr Gerölle ist auch platinhaltig, enthält aber noch mehr Gold, das hier in zwei Seifenwerken Beresowskoi II. und III. gewonnen wird. Wahrscheinlich bildet nun der Serpentin, der in den südlichern Platinseifen ansteht, auch die Westseite der sumpfigen Hochebene, und macht hier die ursprüngliche Lagerstätte des Platins aus; an ihn legt sich dann weiter westlich der Chloritschiefer, der talkige Quarzfels und der Hornblendschiefer von Rublowskoi, Suchowissimskoi und von dem Berge der Wasserscheide auf der Strasse zwischen Tscherno-Istotschinsk und Wissimo-Schaitansk [1]).

An die sumpfige Hochebene Martian stösst mit der Südwestseite ein hoher Bergrücken, den wir zu besteigen uns vorgenommen hatten, und zu welchem wir gleich von dem Seifenwerke Suchoi unsern Weg nahmen. Er heisst die Bjelaja Gora, oder der Weisse Berg, nicht weil der Schnee auf ihm das ganze Jahr über liegen bleibt, sondern weil er, höher als alle umgebende Berge, den Schnee auch länger wie alle diese behält. Der Weg dahin ist sehr beschwerlich, und führt über aufgehäufte Felsblöcke durch Wald und Sumpf. Er war in dieser Zeit noch unwegsamer geworden durch einen Windbruch, der vor einiger Zeit stattgefunden und viele Tannen umgeworfen hatte. Wo der Wald aufhörte dehnten sich sumpfige Flächen aus, die mit Felsblöcken eng bedeckt waren. Zwischen ihnen hatten sich tiefe Löcher gebildet, in welche die Pferde oft bis über die Knie einsanken, und in Gefahr waren, die Füsse zu brechen. Dennoch brachten sie uns glücklich bis zu

---

[1]) Nach einem spätern Schreiben des Herrn Schwetsoff an Herrn v. Humboldt vom März 1834 hat man in den westlichen Seifenwerken nun auch ein Serpentingeschiebe gefunden, das Chromeisenerz mit eingesprengtem Platin enthält, und das ursprüngliche Vorkommen des Platins ausser allem Zweifel setzt. Ferner meldete Herr Schwetsoff, dass er in den Goldseifen Beresowskoi an dem Ostabhange Chromeisenerz mit eingesprengtem Golde gefunden habe, und dass man den Sand der obern Theile dieser Thäler auch sehr reich an Platin gefunden habe. Diess zeigt offenbar, dass das ursprüngliche Vorkommen des Goldes am Ural verschiedener Art sei, und dass es nicht immer auf Gängen von Quarz wie in Beresowsk bei Katharinenburg, sondern auch in der Gebirgsmasse zerstreut, im Serpentin vorkomme.

dem Fusse des eigentlichen Felsens, wo wir auf übereinander gestürzten losen Blöcken bis zu seiner Spitze hinaufklimmten. Nach N. oder vielmehr NW. senkt sich der Bergrücken allmähliger, und von hier aus führt ein weniger beschwerlicher aber längerer Weg zu ihm hinauf, auf welchem wir auch unsern Rückweg nahmen. Der Felsen selbst ist kahl, und gewährt also bei seiner Höhe, die über 2027 Fuss beträgt [1]), eine ausgedehnte Aussicht auf die Umgegend. Die Aussicht ist gross aber einförmig; man übersieht nichts als einen weiten Wald, der alle umliegende Höhen, die nicht sehr bedeutend sind, bedeckt, und sich bis an die Sümpfe heranzieht, aus denen die Bjelaja Gora gleichsam hervorgestiegen ist. Nur auf der Nordostseite wird die Aussicht durch den grossen Hüttenteich Tscherno-Istotschinsk belebt, der bei dem heitern Wetter, welches unsere Exkursion begünstigte, in schöner Bläue dalag. An seiner Nordostseite zogen sich die Gebäude hin, die zu dem Hüttenwerke gehören, und über ihnen jenseits des Waldes, der auch hier den Horizont begränzte, ragte der Kirchthurm von Nischne-Tagilsk hervor. Auf gleiche Weise sah man auch im SO. die Spitze des Kirchthurms von Newjansk aus dem Walde hervorragen; aber diess waren auch die einzigen Gegenstände die an das Dasein von Menschen erinnerten, nach allen andern Seiten war alles öde und wild.

Das Gestein woraus die Felsen auf dem Gipfel der Bjelaja Gora zusammengesetzt waren, bestand aus einem Diorit, der gewöhnlich von mittlerm Korn, zuweilen auch feinkörnig war. Die Hornblende darin war schwarz, der Albit weiss, zuweilen etwas röthlichweiss; die Spaltungsflächen waren häufig nicht deutlich, zuweilen jedoch, besonders wo der Albit eine röthlichweisse Farbe hatte, waren sie, wie auch die

[1]) Eine mehr hervorragende Spitze an seinem südlichen Ende hat eine Höhe von 2117 Fuss.

karakteristischen einspringenden Winkel recht gut zu erkennen. Die Hornblende war gewöhnlich vorherrschend und umschloss die Albitkrystalle von allen Seiten, wodurch das Gestein ein porphyrartiges Ansehn erhielt; zuweilen fehlte der Albit gänzlich, und das Gestein bestand allein aus körniger Hornblende, an andern Stücken war aber auch Hornblende und Albit gleichmässiger gemengt. Hin und wieder fanden auch einzelne grössere Ausscheidungen von Albit statt, der in diesem Fall aber immer ein sehr dichtes Ansehn hatte, und hier sah man auch in dem Diorit einzelne Körner von graulichweissem Quarz eingewachsen.

An mehreren hervorragenden Klippen wechselten horizontale Lagen von fein- und grobkörnigem Diorit; letztere waren unregelmässig zerklüftet, erstere sahen jedoch fast wie geschichtet aus, und erweckten auch durch ihren regelmässigen Wechsel mit den grobkörnigen Lagen die Idee von Schichtung. In den Blöcken am Westabhange, auf welchen wir hinaufgestiegen waren, hatte die Hornblende eine grünere Farbe, und das Gestein mehr Aehnlichkeit mit dem, welches wir in Tscherno-Istotschinsk anstehend gefunden hatten; die vorherrschende Hornblende gab auch hier auf der Höhe dem Gestein meistens ein porphyrartiges Ansehn. Eisenkies fand sich darin in kleinen stark glänzenden Krystallen häufig eingesprengt.

Der niedrige Stand der Sonne erinnerte uns daran unsern Rückweg anzutreten. Wir nahmen denselben auf der Ostseite der Sümpfe von Martian, und ritten auf schmalem Wege durch dichten Wald, dessen üppige Vegetation wir zwar bewunderten, die uns aber kaum den Durchweg erlaubte. Wir kamen in der Nähe der hier befindlichen Goldseifen vorbei, die zu besuchen jedoch die Zeit nicht mehr erlaubte. Nach beschwerlichem Ritte auf den schlechten Pferden und den noch schlechteren Wegen, kamen wir endlich wieder auf die grosse Strasse von Tscherno-Istotschinsk nach Wissimo-Schaitansk; hier hielten unsere Wagen, auf denen wir dann schnell nach Tscherno-Istotschinsk und Nischne-Tagilsk zurückeilten, wo wir jedoch erst in der Nacht um 2 Uhr anlangten.

Kuschwinsk.

Am 30sten Juni verliessen wir Nischne-Tagilsk erst am Nachmittage, da uns das Ordnen und Verpacken der gesammelten Gegenstände, die von hier aus vorläufig nach Katharinenburg gesandt werden sollten, den Vormittag hinreichend beschäftigt hatte, und unser nächster Zielpunkt, das Hüttenwerk Kuschwinsk nur 48 Werste von Nischne-Tagilsk entfernt und also in einem Nachmittage recht gut zu erreichen war.

Bald hinter Nischne-Tagilsk nach dem Einflusse der Barantscha verlässt man den Tagil, der sich darauf nach Osten wendet und sich später in die Tura ergiesst. Man kommt dann zur Laja, einem andern kleinen Nebenflusse des Tagil, an welchem der Weg einige Werste entlang geht, und an welchem die beiden Hüttenwerke Werchne- und Nischne-Laiskoi und das Dorf Laja in kurzer Entfernung voneinander liegen. Die Hüttenwerke gehören noch zu Nischne-Tagilsk und enthalten mehrere Frischfeuer, in welchen Roheisen von Nischne-Tagilsk gefrischt wird. Bei dem Dorfe Laja stehen an einem kleinen Bache, der in die linke Seite des Flusses Laja fällt, Felsen an, die mit Tannenwaldung bedeckt sind und die wir besuchten, während die Pferde gewechselt wurden. Sie bestehen aus einem wenig ausgezeichneten Dioritporphyr von einer graulichweissen bis gelblichgrauen Grundmasse mit kleinsplittrigem Bruche, in welcher einzelne kleine Albitkrystalle liegen, welche die bekannten einspringenden Winkel überall zeigen, sich aber in der Farbe wenig von der Grundmasse auszeichnen und auch wenig durchscheinend sind. Ausser dem Albit findet sich in dem Gestein noch schwärzlichgrüne Hornblende, theils in einzelnen sehr kleinen Prismen, mehr aber noch in kleinen Körnern, die, wie bei dem Diorite von Reschewsk[1]), aus einer Zusammenhäufung von solchen Prismen bestehen, aber die Zusammensetzung doch nur selten erkennen lassen, einen ebenen Bruch haben, und sich unbestimmt in die Grundmasse verlaufen, welche durch sie gefleckt erscheint. Ausser diesen wesentlichen Gemengtheilen finden sich als zufällige noch Flussspath und Eisenkies, ersterer nur hier und da in kleinen Parthien von violblauer Farbe, letzterer in sehr kleinen Hexaëdern und feinen Pünktchen, aber in grosser Menge; manche Stücke sind damit ganz übersäet.

Das Gestein ist sehr der Verwitterung unterworfen; die Grundmasse erscheint an den Rändern von gelblichbrauner Farbe, wahrscheinlich durch den Eisenkies gefärbt, der sich zersetzt und häufig kleine Höhlungen mit Eisenocher angefüllt zurückgelassen hat. Es hat sich dadurch eine Verwitterungsrinde gebildet, die einige Linien bis einen Zoll dick ist, und da das Gestein auch sonst noch sehr zerklüftet ist, nur mit Mühe ein frisches Stück gewinnen lässt. Die Kluftflächen selbst sind mit einem schwarzen manganähnlichen Ueberzug bedeckt.

Wir untersuchten das Gestein sehr sorgfältig, weil diese Felsen durch die Bemerkung des Herrn Prof. von Engelhardt wichtig geworden sind, dass in ihnen Platin eingesprengt vorkäme[2]). Herr von Engelhardt hatte die Güte bei unserm Aufenthalt

---

1) Vergl. S. 146.

2) Ueber die Lagerstätte des Goldes und Platins im Ural-Gebirge S. 30. Vergl. auch v. Engelhardt's neuere Bemerkungen darüber in Poggendorffs Annalen, B. XX, S. 532.

in Dorpat uns die Lage der Felsen, von denen er die zur Untersuchung genommenen Stücke abgeschlagen hatte, genau zu bezeichnen. Die Stelle ist nicht zu verfehlen; man geht an dem kleinen Bache, der sich ziemlich am Ende des Dorfes in die linke Seite der Laja ergiesst, einige hundert Schritte entlang; wir konnten nicht daran zweifeln, dass wir die rechten Felsen getroffen hatten, aber wir haben nach sorgfältiger Untersuchung kein Platin entdecken können. Alle metallischen Theile die wir darin finden konnten, waren Eisenkies; grössere Körnchen waren leicht an der Farbe zu erkennen, und noch bestimmter überzeugte ich mich davon durch einige Versuche mit dem Löthrohr, die ich gleich bei meiner Ankunft in Kuschwinsk anstellte; aber auch die feineren Punkte bestanden in nichts Anderm, wie sich aus einer chemischen Untersuchung ergab, die ich nach meiner Rückkehr in Petersburg in Gemeinschaft mit dem Herrn Obersten von Sobolewskoi anstellte, und nach meiner Ankunft in Berlin noch einmal wiederholte. Grössere Stücke wurden feingerieben und die erdigen Theile von den metallischen durch Schlemmen getrennt. Diese wurden mit Königswasser gekocht, die Auflösung wurde filtrirt und mit Salmiak vermischt, der sich darin auflöste ohne den geringsten Niederschlag hervorzubringen. Die Auflösung wurde zum Trocknen abgedampft und darauf mit etwas Wasser begossen, sie löste sich aber darin ganz vollständig ohne den geringsten Rückstand zu hinterlassen auf, enthielt also kein Platin. Auch Herr v. Engelhardt hat nur in einem Stücke Dioritporphyr einige Körnchen Platin gefunden, die Herr Prof. Osann zur chemischen Untersuchung verwendete. Die übrigen Stücke, welche Herr v. Engelhardt bei unserer Anwesenheit in Dorpat noch besass, und die mit den Stücken, welche wir geschlagen hatten, vollkommen übereinstimmten, enthielten auch nur Eisenkies. Es folgt daraus, dass das Platin in der Gebirgsart nur sehr sparsam und in geringer Menge verbreitet ist, doch wäre es gewiss sehr wünschenswerth, wenn erneuete Untersuchungen angestellt würden, um sein Vorkommen in dieser Gebirgsart ausser Zweifel zu setzen. Dass das Platin am Ural nicht ursprünglich auf Gängen vorkommt, geht schon aus dem hervor, was über das Vorkommen dieses Metalls in den Seifenwerken von Nischne-Tagilsk angeführt ist; es wäre demnach wohl möglich, dass es ebenso, wie an der Bjelaja Gora in Serpentin, hier in Dioritporphyr eingewachsen vorkommt.

Laja liegt etwa auf der Hälfte des Weges von Nischne-Tagilsk nach Kuschwinsk. Wir kamen dahin bei eingetretener Dämmerung. Als wir nicht weit von Kuschwinsk einen letzten breiten Bergrücken überfuhren, sandte die untergehende Sonne ihre letzten Strahlen auf den Ort und den rechts davon sich erhebenden Magnetberg, den Blagodat, die ganze Gegend in magische Beleuchtung versetzend. Wir stiegen in Kuschwinsk in einem sogenannten Kronsquartiere ab, das uns, die wir noch nicht mit allem versorgt waren, was zum Reisen in Sibirien gehört, durch freundliche Hülfe der Beamten des Orts bald heimlich gemacht wurde.

Das Hüttenwerk Kuschwinsk gehört der Krone. Es wurde im Jahre 1730 gegründet, und verdankt seine Entstehung dem in der Nähe befindlichen berühmten Magnetberge, der Gora Blagodat oder dem gesegneten Berge, mit welchem die Russen durch die Anzeige eines Wogulen, Namens Stephan Tschumpin bekannt wurden[1]). Die Eisenhütte liegt auf sei-

[1]) Der Wogule hatte seine Anzeige, angereizt durch die Belohnungen, welche die Russischen Behörden den Entdeckern von Erzlagerstätten zu Theil werden liessen, gemacht, musste sie aber mit dem Leben büssen. Durch die Ansiedlungen der Russen wurden die Wälder gelichtet, und das Wild verscheucht, von welchem die Wogulen, die frühern Bewohner dieser Gegenden vorzüglich lebten. Sie zogen

ner westlichen Seite, nur $2\frac{1}{2}$ Werste von seinem Gipfel entfernt, und umschliesst mit den Gebäuden für die Beamten und die Arbeiter einen ziemlich grossen Hüttenteich, zu welchem der kleine Fluss Kuschwa aufgestaut ist. Der Abhang des Blagodat nach dem Orte zu ist allmählig, und ein gut gebahnter Weg führt bis zu seinem Gipfel. Auf den höchsten Punkt desselben gelangt man auf Stufen, die in den Fels gehauen und mit eisernen Platten bedeckt sind, nachdem man eine kleine Brücke überschritten hat, die über einen wahrscheinlich durch frühere Arbeiten entstandenen Absturz geschlagen ist. Auf dieser Höhe befindet sich das Monument, welches zum Andenken des Wogulen Tschumpin errichtet ist, und daneben ist eine kleine Kapelle mit einer offenen Gallerie errichtet, welche eine weite Aussicht auf den Berg und die umliegende Gegend gewährt.

Der Blagodat bildet einen einzeln dastehenden durch 2 Vertiefungen gleichsam in 3 Berge getheilten Bergrücken, dessen Längenrichtung von N. nach S. geht und wohl eine Werst beträgt. Ostwärts schliesst sich an ihn eine weite morastige Niederung, die nur in N. und S. von Ausläufern der Uralkette begränzt ist; westwärts zieht sich in paralleler Richtung der mit dicker Tannenwaldung bedeckte Ural fort, dessen Hauptrücken indessen noch 20 Werste von dem Blagodat entfernt ist. Unter den hervorragenden Bergen der Uralkette zeichnen sich, von N. nach S. herabgehend, besonders der Katschkanar, der Kamyschok, die Sinaja Gora (der blaue Berg) und der Kundrawi Kamen aus. Der erstere, ein ähnlicher

---

sich deshalb mit dem Wilde in die nördlichen von den Russen noch nicht erreichten Gegenden zurück, und verbrannten zuvor aus Rache auf der Spitze des Blagodat ihren Landsmann lebendig, da er die Unvorsichtigkeit begangen hatte, sich später zu ihnen zurückzubegeben. Zu seinem Andenken hat man auf derselben Stelle, wo man ihn verbrannt hat, eine eiserne Säule mit einer Inschrift errichtet.

Magnetberg wie der Blagodat, liegt 80 Werste gegen NNW., der zweite 13 Werste gegen WSW., und die Sinaja Gora und der Kundrawi Kamen 21 und 22 Werste gegen SSW. In dem Ausläufer, der die morastige Niederung im S. begränzt, sieht man die Teplaja Gora und den Grebeschki. Auf der Westseite des Blagodat fliesst die Kuschwa, die auf dem Ostabhange des Urals entspringt, in der Ebene im Osten die Salda, die in der sumpfigen Niederung selbst ihren Ursprung nimmt; beide ergiessen sich, die erstere nach kürzerm, die andere nach längerm Laufe in die Tura. Die Höhe des Blagodat beträgt nach unsern Messungen 1150 Fuss über dem Meere, und 483 Fuss über dem Hüttenteich von Kuschwinsk [1]).

Der ganze Abhang, auf welchem man von Kuschwinsk aus den Berg besteigt, besteht aus einem ausgezeichneten Augitporphyr, dessen Hauptmasse lichte grünlichgrau, dicht feinsplittrig und vor dem Löthrohr wie immer in dünnen Splittern an den Kanten zu einem schwärzlichgrünen Glase schmelzbar ist, das vom Magnete angezogen wird. In dieser Hauptmasse finden sich Krystalle eingewachsen, die besonders nach dem Fusse des Berges zu aus grasgrünem Augit bestehen, dessen Spaltungsflächen wie gewöhnlich nicht sehr vollkommen, doch noch hinreichend spiegelnd sind, um ihre Neigungen mit dem Reflexionsgoniometer zu messen. An den Orten, die der Kuppe näher liegen, sind die Augitkrystalle mit Hüllen von

---

[1]) Nach Prof. Erman betragen diese Höhen 1284 und 420 Fuss (Reise um die Erde, Th. I, S. 362), und nach dem Berghauptmann Archipoff 944 nnd 503 Par. Fuss; (Russisches Bergwerks-Journal Jahrgang 1833 Quartal I, S. 295. Die Angaben sind hier in Engl. Fussen gemacht). Herr Archipoff hatte im Jahre 1830 in Auftrag der Regieruug eine geognostische Untersuchung der Umgebungen von Kuschwinsk, die hauptsächlich die Auffindung von Goldsand bezweckte, unternommen, und die Resultate seiner Untersuchung in dem genannten Journale niedergelegt, die ich in dem folgenden öfter benutzt habe.

Uralit umgeben, die eine etwas dunklere, schwärzlichgrüne Farbe haben, und endlich bestehen sie ganz aus Uralit. Die Krystalle sind aber auch in diesem Falle noch scharf begränzt, und lassen die Form des Augites noch deutlich erkennen; eigentliche Hornblende habe ich am ganzen Blagodat nicht bemerkt, daher auch die Gebirgsart desselben mit Unrecht Syenit- oder Dioritporphyr genannt wird, wie gewöhnlich geschieht. Zunächst der Kuppe verschwinden die eingewachsenen Krystalle gänzlich, die Masse erscheint ganz dicht, ist dunkler von Farbe und sehr basaltähnlich.

Die Hauptmasse dieses Augitporphyrs ist jedoch nur scheinbar gleichartig. Wenn man sie mit Wasser anfeuchtet, so erkennt man eine Menge weisser Flecke in ihr, die zuweilen ganz bestimmte Umrisse haben, und aus einem feldspathartigen Gemengtheil bestehen, der der Analogie nach zu schliessen, Labrador ist. Ebenso erkennt man diesen Gemengtheil auf der Oberfläche des Gesteins, wo er durch Verwitterung in eine weisse Porzellanerde umgeändert ist, und auch die Hauptmasse eine erdige Beschaffenheit und lichtere Farbe erhalten hat. Beide werden von den Tagewassern nun leichter fortgewaschen, und die Augit- und Uralitkrystalle, die der Verwitterung besser widerstehen, ragen mehr oder weniger scharfkantig aus der Oberfläche des Gesteins hervor. Durch diese Verwitterung, die indessen nur die Oberfläche angegriffen hat und nicht tief eingedrungen ist, hat man daher eine vortreffliche mechanische Analyse des Gesteins [1]).

---

[1]) An andern Stellen tritt aber auch in der frischen Hauptmasse der Labrador deutlicher hervor; so findet sich derselbe, nach einem Stücke in der Eversmannschen Sammlung zu urtheilen, in dem Augitporphyre des kleinen Blagodat, eines kleinern südöstlich gelegenen Berges, der sich bis nach Kuschwinsk heranzieht und in welchem sich ebenfalls Eisenerze gefunden haben. Weisser Labrador

Magneteisenerz ist in dem Augitporphyre auf dem westlichen Abhange des Blagodat noch nicht enthalten; nähert man sich aber dem Gipfel, so findet sich dasselbe schon der Gebirgsart beigemengt und tritt zuletzt ganz herrschend auf. Man trifft nun grosse Massen ganz reinen Magneteisenerzes an, die aber auch hier stellenweise mit andern Massen wechseln, in welchen die Gebirgsart sich in mehr oder weniger grosser Menge findet, so dass man offenbar sieht, dass die Gebirgsart und das Magneteisenerz gleichzeitiger Bildung sind. Ebenso finden sich auch grosse Massen reinen Eisenerzes an dem Süd- und Ost-Abhange des Berges.

Das Magneteisenerz ist meistentheils grobkörnig, selten feinkörnig, und enthält zuweilen Drusenhöhlungen, die mit Octaëdern krystallisirten Magneteisenerzes besetzt sind. Es ist in vielen Stücken attractorisch, doch sollen die natürlichen Magnete des Blagodat an Stärke denen des Katschkanar nachstehen. Zu den Gemengtheilen die sich ausser der Gebirgsart in dem Magneteisenerze finden, gehören:

1. Eisenkies, der theils in Drusen mit dem Magneteisenerze krystallisirt ist, theils in kleinen derben Parthien in demselben vorkommt. Diese für die Güte des auszubringenden Eisens so schädliche Beimengung soll sich besonders in dem Eisenerze aus

---

ist hier neben dem schwarzen Uralit ganz deutlich zu erkennen; beide Gemengtheile sind nur klein, liegen aber in grosser Menge in der Hauptmasse. Zuweilen wird der Augitporphyr des grossen Blagodat auch mandelsteinartig. Es stellen sich kleine Höhlungen ein, die mit Kalkspath ausgefüllt sind, wie ich an einem Stücke gesehen habe, welches Herr Prof. Erman mir zu zeigen die Güte hatte. Eines solchen Mandelsteins erwähnt auch Archipoff in der angeführten Abhandlung und bemerkt, dass er sich besonders an dem südwestlichen Abhange des Berges finde. Die Höhlungen kommen nach ihm von der Grösse eines Nadelknopfes bis zu der einer Wallnuss vor, sind an den innern Wänden mit einer schwarzen Rinde bedeckt und sollen Feldspathkrystalle (?) enthalten.

der Mitte des südlichen und östlichen Abhanges finden, daher auch an diesen Stellen nicht gebrochen wird.

2. Kalkspath. Er ist dem Eisenerze gewöhnlich nur in kleinen Parthien beigemengt, soll sich aber nach Hermann auf der südlichen Seite noch häufiger finden, und die Erzmasse oft in einigen Fuss mächtigen Schichten durchsetzen.

3. Feldspath von fleischrother Farbe und geringer Durchscheinenheit, der in deutlich spaltbaren Massen dem Magneteisenerze allein oder mit körnigem grünen Augite beigemengt ist.

4. Sogenannter dichter Feldspath, der graulichweiss, roth oder gefleckt, und überhaupt ganz von der Beschaffenheit der auf den Schwedischen Magneteisenerzlagern so häufig vorkommenden Helleflinta ist. Er enthält häufig Krystalle von gemeinem Feldspath eingewachsen und wird dadurch Hauptmasse eines Porphyrs; zuweilen finden sich in ihm auch grössere Stellen blättrigen Feldspaths.

5. Analcim. Er kommt theils derb, theils krystallisirt vor; die derben Massen haben grobkörnige stark verwachsene Zusammensetzungsstücke, die Krystalle sind Hexaëder und gewöhnlich, wie auch die derben Massen, mit Magneteisenerz verwachsen und in demselben eingewachsen. Die Krystalle und körnigen Zusammensetzungsstücke sind nach den Flächen des Hexaëders ziemlich vollkommen spaltbar, die Spaltungsflächen sind jedoch etwas krummflächig.

Er ist röthlichweiss, grünlichweiss, grünlichgrau bis lauchgrün, hat Fettglanz der sich zuweilen dem Glasglanz nähert, und ist stark an den Kanten durchscheinend.

Härte über der des Apatits, specifisches Gewicht 2,245—2,271 (nach Breithaupt).

Vor dem Löthrohr decrepitirt er, wird bei der ersten Einwirkung der Hitze weiss und undurchsichtig, und schmilzt sodann an den Kanten zu einem blasigen Glase. — In Phosphorsalz löst er sich unter Abscheidung einer schwammigen Kieselsäure auf.

Herr Dr. Henry aus Manchester hat diesen Analcim in dem Laboratorium meines Bruders untersucht, und mir das Resultat der Analyse zur Benutzung gefälligst übergeben. Zur Vergleichung stelle ich die Bestandtheile, die Herr Dr. Henry gefunden hat, denen gegenüber, die mein Bruder bei der Untersuchung des Analcims vom Fassa-Thal erhalten hat:

	A. vom Blagodat nach Dr. Henry.	A. vom Fassa-Thal nach Prof. H. Rose.
Natron	11,86	13,53
Kali	0,55	—
Kalk	0,35	—
Thonerde	22,58	22,99
Kieselsäure	57,34	55,12
Wasser	9,00	8,27
	101,68	99,91.

Der Analcim vom Blagodat enthält hiernach neben dem Natron noch etwas Kali und Kalk, welche einen Theil des Natrons ersetzt haben, kommt sonst aber in der Zusammensetzung mit dem Analcime vom Fassa-Thal überein; ebenso kommt er auch in den übrigen specifischen Kennzeichen mit diesem und den übrigen Abänderungen des Analcims überein, und unterscheidet sich von ihnen nur durch seine häufig dunkle Farbe, den etwas andern Glanz, besonders aber durch sein Vorkommen in dem Magneteisenerz, was freilich sehr ungewöhnlich ist, da man den Analcim sonst meistentheils nur in den Höhlungen der Mandelsteine findet.

Der Analcim vom Blagodat ist von Herrn Menge entdeckt und unter dem Namen Sodalit verbreitet worden. Von Herrn Prof. Breithaupt ist er in seiner Karakteristik des Mineralsystems als eigenthümliches Mineral unter dem Namen Kuboit aufgeführt worden.

Das Magneteisenerz des Blagodat wird wie das der Wissokaja Gora vom Tage aus abgebaut und durch Bohr- und Sprengarbeit gewonnen. Die jetzigen Arbeiten befinden sich nur an dem Süd- und Ostabhange, die frühern hatten auf dem Gipfel des Berges stattgefunden. Ebenso wie in Nischne-Tagilsk, wird auch das Eisenerz gleich an Ort und Stelle in grossen freistehenden Meilern geröstet; die Menge des jährlich geförderten Erzes beträgt 700,000 Pud, die im Durchschnitt 57 Proc. Roheisen geben.

Die Ausschmelzung der Erze und die weitere Verarbeitung des gewonnenen Roheisens geschieht nicht allein in Kuschwinsk, sondern noch in mehreren andern Hüttenwerken, die zum Theil in bedeutender Entfernung von Kuschwinsk liegen, doch alle unter einem und demselben Bergamte stehen, das seinen Sitz in Kuschwinsk hat. Diese von Kuschwinsk abhängigen Werke liegen nicht allein auf der Ostseite, sondern zum Theil auch schon auf der Westseite des Urals.

Zu den erstern gehören:

Nischne- und Werchne-Turinsk an der Tura, 30 und 9 Werste nördlich von Kuschwinsk.

Barantschinsk an der Barantscha, einem Nebenflusse des Tagil, 19 Werste südlich von Kuschwinsk.

Zu den letztern gehören:

Serebrjansk an der Serebrjanka, einem Nebenflusse der Tschussowaja, 61 Werste südwestlich von Kuschwinsk, und

Wotkinsk und Ischewsk, welche Hüttenwerke schon in grosser Entfernung von Kuschwinsk in dem Gouvernement Wjatka liegen.

Die Ausschmelzung der Erze geschieht indessen nur in Kuschwinsk, Werchne-Turinsk und Barantschinsk; auf den übrigen Werken wird nur das auf den erstern gewonnene Roheisen weiter verarbeitet.

In Kuschwinsk befindet sich ausser den Hohöfen noch eine Kanonengiesserei, in welcher bei unserer Anwesenheit nur Munition, Kugeln, Bomben und Granaten mit einer ausserordentlichen Sorgfalt gegossen wurden. —

Wir hatten am Vormittage den Blagodat in Begleitung der Beamten des Ortes bestiegen und die Werke besehen, und setzten sodann am Nachmittage unsere Reise weiter fort. Ehe ich indessen diese Gegend verlasse, sei es mir erlaubt, einige Bemerkungen über die geognostische Beschaffenheit der Umgegend aus dem erwähnten Aufsatze des Berghauptmanns Archipoff hinzuzufügen.

Die Hauptkette des Urals besteht in dem ganzen Bezirke von Kuschwinsk aus Talkschiefer und Chloritschiefer, dessen Schichten von N. nach S. streichen und ganz senkrecht stehen, oder unter steilem Winkel nach O. einfallen; Wald, Moräste und Dammerde bedecken fast überall das Gestein, so dass es schwer hält dasselbe entblösst zu sehen. Der Talkschiefer erstreckt sich aber noch weit nach Osten und Westen von der Hauptkette bis nach Serebrjansk, und ist hier überall in den Thälern zu finden, wo man ihn durch Schurfarbeiten, behufs der Auffindung von Goldsand entblösst hat.

Ostwärts von dem Hauptrücken zieht sich ein anderer, aus einzelnen Höhen bestehender Bergzug in der Richtung von SSO. nach NNW. fort. Er fängt 7 Werste südlich von Barantschinsk mit dem Kundrawi Kamen (dem krausen Felsen) an, und ihm folgt nördlich die Sinaja Gora (der blaue Berg), beides Felsen, die man wie angeführt, von dem Blagodat aus sehr deutlich sehen kann; dann folgt die Golaja Gora (der nackte Berg), die Tolstaja Gora (der dicke Berg), und die Lipowaja Gora (der Lindenberg), welcher unmittelbar an dem Hüttenteiche von Barantschinsk liegt; nördlich von diesem liegt noch in dieser Reihe der Kamyschok, der 13 Werste WSW. von Kuschwinsk entfernt ist. Westlich von der Lipowaja Gora befindet sich eine sumpfige mit Wald bedeckte Ebene, welche von Bächen durchschnitten wird, die auf dem Ural entspringen. Die Sinaja Gora ist nach dem Katschkanar der höchste Berg der Gegend. Seine Höhe fand Archipoff 1010 Fuss über dem Barantschinskischen, und 985 Fuss über dem Kuschwinskischen Hüttenteich, er ist also über diesem fast noch einmal so hoch als der Blagodat. Von den übrigen Bergen dieser Reihe wurde nur noch der Kamyschok bestimmt, der über dem Kuschwinskischen Hüttenteiche 370 Fuss liegt, und also nach Archipoff um 133 Fuss niedriger ist als der Blagodat.

Die Sinaja Gora besteht eigentlich aus 3 Felsen, welche nach O. senkrecht abfallen und zwischen sich tiefe Abgründe haben. Ihr Gestein besteht wie das des Kundrawi Kamen aus körniger Hornblende mit beigemengtem Magneteisenerz. Von der Art sind auch die Stücke, die sich in Berlin in der Eversmannschen Sammlung befinden; die Hornblende ist schwarz, grobkörnig, und in den einzelnen Zusammensetzungsstücken sehr vollkommen spaltbar; es ist also ein Gebirgsgestein, welches zum Diorit gehört, bei dem nur der Albit in sehr geringer Menge vorhanden und stellenweise ganz verschwunden ist. Wegen der Leichtflüssigkeit der Hornblende und des beigemengten Magneteisenerzes wurde diese Gebirgsart in der Barantschinskischen Hütte sonst als Flussmittel angewandt.

Das Gestein der Lipowaja Gora nennt Archipoff Dioritporphyr und Amphibolit, welche erstere Gebirgsart hier wegen der Nähe des Amphibolits wohl in der That ein Hornblendegestein sein mag, wiewohl Archipoff auch ebenso die Gebirgsart des Blagodat nennt, wo keine Hornblende vorkommt.

Der Kamyschok hat wie die Sinaja Gora 3 steile Spitzen, von denen die mittlere die höchste ist; sein nördlicher und östlicher Abhang ist unzugänglich, er ist nur von der Südseite zu besteigen, und auch hier nur mit Mühe. Er besteht hauptsächlich aus Serpentin, nur in der Mitte findet man Syenitporphyr, welcher nach Archipoff gelben Feldspath, grünlichschwarze Hornblende und Quarz enthält, und wie es scheint in einem Gange, von O. nach W. streichend, der Quere nach den Felsen durchsetzt. Ein ähnlicher Gang von Syenitporphyr findet sich auch in dem nördlichen Theile des Felsen, in beiden ist das Gestein säulenförmig abgesondert. Der Syenitporphyr scheint hiernach also unter sehr interessanten Verhältnissen vorzukommen, die einer genauern Untersuchung werth wären.

Drei Werste SSO. vom Kamyschok, also zwischen diesem und der Lipowaja Gora, befinden sich noch 2 Felsen von ziemlich gleichem Ansehen, die aus einem graulichgrünen oder gelblichen dichten Feldspath mit kleinen Gängen von Quarz durchzogen, der auch in Körnern in dem Gesteine inneliegt, bestehen. Auch diese Felsen werden von Gängen durchsetzt; die Gangmasse derselben hat eine grosse Aehnlichkeit mit einer Schlacke, ist von dunkelgrauer Farbe, und enthält Höhlungen von verschiedener Grösse bis zu der eines Haferkorns, die mit Talk (?) und Bimstein (?) ausgefüllt sind. Sie schmilzt in der Glühhitze zu einer weiss porzellanartigen Masse.

Fast in allen Thälern dieses Districtes hat man Goldsand aufgefunden, der in der Nähe des Hauptrückens nur sehr arm ist, und nur etwa $\frac{1}{4}$ Sol. Gold in 100 Pud Sand enthält, in einer Entfernung von 25 — 40 Wersten vom Ural aber reicher wird. Gewöhnlich enthält er neben dem Golde auch Platin, jedoch meistentheils nur in geringer Menge. Am meisten hat sich dieses Metall in dem Seifenwerke Zarewo-Alexandrowsk gefunden, welches in dem Thale eines kleinen Flüsschens, Uralicha, $1\frac{1}{2}$ Werste von seiner Mündung in die Barantscha und 12 Werste südlich von Barantschinsk liegt [1]). Das Platin kommt hier nur in kleinen Schüppchen vor, und ist nach der Analyse von Berzelius dadurch ausgezeichnet, dass es gar kein Iridium und von allen bekannten Platinsorten das meiste reine Platin enthält, nämlich 86,5 Proc., während das von Nischne-Tagilsk nur 73,58 bis 78,94, und das von Barbacoas in Columbien 84,3 enthält. Fast überall, wo man in den Goldseifen bis auf das anstehende Gestein gedrungen ist, hat man zur Basis des Goldsandes Talkschiefer oder Chloritschiefer gefunden. Wir haben keine derselben besucht, da zu unserer Zeit in allen nicht gearbeitet wurde, weil die Arbeiter zur Heuerndte entlassen waren.

Die ersten Goldseifen wurden in den Jahren 1823 und 1824 während der Verwaltung des Ober-Bergmeisters Mamyscheff entdeckt; man erhielt bis 1826 3 Pud 35 Pfund 17 Solotnik 4 Doli Gold und 10 Pud 4 Pfund 42 Solotnik 14 Doli Platin. Von 1826 bis 1832, 23 Pud 24 Pfund 24 Solotnik 1 Doli Gold und 16 Pud 25 Pfund 87 Solotnik 78 Doli Platin.

Bissersk und die Lagerstätte der Diamanten.

In Kuschwinsk verliess uns unser liebenswürdiger Begleiter, der Graf Polier mit seinen Reisegefährten, um von hier aus nach seinen Besitzungen an der Koiwa auf dem Westabhange des Urals zu reisen. Unsere Absicht war erst, ihn dorthin zu begleiten, um seine Eisenwerke und seine in der Nähe derselben gelegenen Goldwäschen zu sehen, aber wir erfuhren, dass der nächste Weg dorthin nur zu Pferde, und auch auf diese Weise nur mühsam zurückzulegen

[1]) Vergl. über die Platinseifen von Kuschwinsk die Abhandlung von Mamyscheff: über die Entdeckung der Platina von Sibirien, in der St. Petersburgischen Handelszeitung von 1827, No. 13 u.s.w. und daraus in Leonhard's Zeitschrift für Mineralogie von 1827, B. II, S. 265.

sei, dass es zwar ausser diesem noch einen andern Weg gebe, auf welchem man die Wagen beibehalten könne, der aber über das Hüttenwerk Serebrjansk, und sodann an der Tschussowaja entlang bis zur Koiwa ginge, und folglich nur mit einem grossen Umwege zum Ziele führe. Den erstern Weg konnte Graf Polier wegen seiner Wagen, die er nicht zurücklassen wollte, nicht einschlagen, bei dem letztern fürchteten wir den bedeutenden Zeitaufwand. Wir gaben deshalb den Besuch der Polierschen Seifenwerke auf, und setzten unsern Weg in gerader Richtung nach Nischne-Turinsk fort.

Die Reise des Grafen Polier hatte ein für die Mineralogie des Urals sehr wichtiges Resultat, nämlich die Entdeckung Russischer und zwar Europäischer Diamanten [1]). Das Auffinden dieses Edelsteins, den man lange nur der Tropenzone eigenthümlich geglaubt, in einer so hohen Breite (nahe dem 59sten Grade), hat allgemein ein so lebhaftes Interesse erregt, dass wir bei diesem Gegenstande hier länger verweilen müssen, was mir um so nothwendiger und passender scheint, da durch mehrere Zeitschriften unrichtige historische Notizen darüber verbreitet worden, und die Entdecker Herr Schmidt und Graf Polier, seitdem wir uns in Nischni-Nowgorod einschifften, Begleiter unserer Expedition gewesen sind.

Herr von Humboldt hatte in seinem geognostischen Werke über die Lagerung der Gebirgsmassen in beiden Hemisphären [2]) auf die merkwürdige Analogie des gemeinschaftlichen Vorkommens von Minera-

[1]) Leider war sie nicht von gleich glücklichen Folgen für die Gesundheit des Grafen, denn die damit verbundenen Beschwerden beschleunigten wahrscheinlich den Ausbruch der Lungenkrankheit, welcher, wie oben S. 87 bemerkt, der Graf schon im Winter 1830 unterlag.

[2]) *Essai géognostique sur le gisement des roches*, *Paris* 1823, *p.* 92.

lien aufmerksam gemacht, die in den verschiedensten Erdstrichen gleichartig das Gerölle von Platin- und von Goldsand karakterisiren, so dass in Brasilien z. B. zu Corrego das Lagens Gold, Platin, Palladium und Diamanten, bei Tejuco Gold und Diamanten, am Rio Abaete Platin und Diamanten vorkommen. Diese Ideen der Association von Mineralien hatten in ihm und, wie er ausdrücklich selbst in den *Fragmens asiatiques* [1]) erwähnt, schon viel früher (seit 1826) in unserm Freunde, Herrn Prof. v. Engelhardt [2]) in Dorpat und in Herrn Mamyscheff [3]), vormaligem Director der Goroblagodatschen Hüttenwerke, die lebhafteste Hoffnung zur Auffindung von Diamanten im Ural erregt. Wenn wir daher nach einem Seifenwerke kamen, und den Goldsand mikroscopisch untersuchten, um die Begleiter des Goldes und des Platins kennen zu lernen, und aus ihnen Schlüsse auf die ursprüngliche Lagerstätte des Goldes zu machen, so richteten wir hierbei unsere Aufmerksamkeit ganz besonders auf das Vorkommen von Diamanten. Wir liessen stets eine gewisse Menge des Sandes nur soweit waschen, dass die leichtern staubartigen Theile entfernt wurden, und der gröbere zurückbleibende Sand dadurch erkenntlicher ward; denn treibt man die Concentration zu weit, so werden mit dem Quarz die leichtern nicht metallischen Substanzen weggeschwemmt, und es bleibt mit dem Golde und dem Platin nur Magneteisenerz oder zuweilen Chromeisenerz zurück [4]). Bei diesen fortgesetzten mikroscopischen Untersuchungen glückte es uns Krystalle zu finden, die in dem Goldsande vom Ural noch nicht gekannt waren, aber indem sie sich mit den

---

[1]) Th. II, p. 593.

[2]) *Journal de St. Petersbourg* n. 118. und Brewster's *Journal of Sciences* 1830 n. 4, p. 261.

[3]) Russisches Bergwerks-Journal 1826, St. 11.

[4]) Von allen diesen Schlichen nahm ich Proben mit, um sie nach meiner Rückkehr noch genauer untersuchen zu können.

Diamanten in dem Goldsande von Brasilien finden, unsere Aufmerksamkeit in steter Spannung erhielten. So entdeckten wir gleich auf den ersten Seifenwerken, die wir besuchten, und später fast auf allen übrigen, kleine Zirkone, die durch ihren starken demantartigen Glanz uns häufig täuschten, und in Nischne-Tagilsk Anatas. Aber unser eifriges Suchen nach Diamanten im Ural blieb ohne Erfolg, und obschon am westlichen Abhange des Gebirges unsere Begleiter Graf Polier und Herr Schmidt den 5ten Juli (also 4 Tage nach ihrer Trennung von uns) die merkwürdige Entdeckung machten, so erhielten wir die Nachricht doch erst den 3ten September in Miask, als wir in der Zwischenzeit einen grossen Theil von Sibirien bis Buchtharminsk und Riddersk bereist hatten. Der Graf Polier sandte Herrn v. Humboldt von Nischni-Nowgorod durch Herrn Schmidt einen der aufgefundenen Diamanten zum Geschenk [1]), mit der Bitte vor unserer Ankunft in Petersburg die Entdeckung nicht zu veröffentlichen, weil er selbst noch nicht die Russischen Edelsteine dem Herrscher des Landes überreicht hatte. Einen ausführlichen Bericht über diese Entdeckung übergab er nach seiner Rückkehr nach Petersburg dem Herrn Finanzminister Grafen v. Cancrin, und theilte ihn in Abschrift Herrn von Humboldt mit. Wir glauben es dem Verewigten schuldig zu sein, diess Dokument zu veröffentlichen, da ein Brief, den er über die Entdeckung an Herrn Arago

[1]) Dieser Diamant befindet sich jetzt in der Königl. mineralogischen Sammlung zu Berlin. Herr v. Humboldt hielt, als wir unsere Expedition antraten, die Entdeckung der Uralischen Diamanten für so wahrscheinlich und nahe, dass er, indem er sich bei Sr. Maj. der Kaiserin beurlaubte, scherzend sagte, „er werde nicht ohne die Russischen Diamanten vor der Monarchin wieder erscheinen." Zufälliger Weise hatte bei unserer Rückkehr im Monat November nur der Kaiser die Polierschen Edelsteine gesehen, und Herr v. Humboldt hatte die Freude, der Kaiserin den jetzt in Berlin aufbewahrten Diamanten als den ersten zu zeigen.

richten wollte, um ihn den *Annales de Chemie* einzuverleiben, unvollendet blieb. Ich lasse es hier in einer fast wörtlichen Uebersetzung folgen.

Bericht des Grafen Polier an den Herrn Finanzminister, Grafen Cancrin, über die erste Auffindung der Diamanten im Ural[1]).

„Mannichfache von Alexander von Humboldt auf seiner Untersuchungsreise im Ural in den Gruben und Gold- und Platinwäschen angestellte Beobachtungen hatten ihm die Ideen, welche er sich schon seit Jahren über die grosse Aehnlichkeit dieses Gebirges mit dem von Brasilien gemacht, bestätigt. Er fand im Ural dieselben Gebirgsformationen, dieselben mineralogischen Produckte wieder, die in Brasilien beobachtet sind, und war seit der Zeit überzeugt, dass das kostbarste von allen, der Diamant, ebenso wie in Brasilien, auch in Sibirien entdeckt werden würde.

Es wurde Herrn von Humboldt leicht, seine auf triftige Gründe gestützte Ueberzeugung denen mitzutheilen, die ihn umgaben. Auch bemühten wir uns auf allen Goldwäschen, welche wir besuchten, mit Hülfe der Lupe in dem Sande und den Schlichen, welche beim Waschen des Goldes übrig bleiben, diese kostbaren Krystalle aufzufinden. Das bei diesen Untersuchungen erfolgte Auffinden neuer, den Brasilianischen ähnlicher Mineralien, bestärkten noch unsere Ueberzeugung.

So lange ich indessen mit Herrn von Humboldt auf der Asiatischen oder östlichen Seite des Urals blieb, konnten wir keine Anzeigen von dem finden, was uns so stark beschäftigte. Ich verliess ihn den 1sten Juli, um den Gebirgsrücken zu übersteigen, und die Besitzungen der Gräfin Polier zu besuchen. Ich war voll der Ideen, die uns Herr von Humboldt mitgetheilt hatte, und alle meine Hoffnungen für diese wichtige Entdeckung richteten sich auf die einzige Goldwäsche, welche uns noch zu untersuchen übrig blieb. Bei meiner Ankunft auf dem Hüttenwerke Bissersk, liess ich deshalb dem Aufseher des Seifenwerkes, welches nur 25 Werste davon entfernt ist, den Befehl zukommen, mir bei meiner Ankunft Proben von dem Goldsande und den Schlichen,

---

[1]) Die erste Anzeige von der Auffindung der Diamanten geschah in dem *Journal de St. Petersbourg* n. 135 vom $\frac{9}{21}$ November 1829.

sowie alle Mineralprodukte die ihm von einigem Interesse scheinen könnten, vorzulegen.

Den 5ten Juli kam ich mit Herrn Schmidt, einem jungen Freiberger Mineralogen, dem ich die Direction der Werke anvertrauen wollte, in dem Seifenwerke an, und denselben Tag wurde in dem mir vorgelegten Goldsande und zwischen einer Menge von Eisenkieskrystallen und Quarzstücken, der erste Diamant des Urals entdeckt. Er war den Tag vorher durch einen Knaben von 14 Jahren, Namens Paul Popoff aus dem Dorfe Kalinskoje aufgefunden. Dieser Knabe war bei dem Seifenwerke angestellt, und da denjenigen eine Belohnung zugesichert war, welche auffallende Steine finden würden, so hatte er sich beeilt, seinen Fund dem Aufseher zu geben, der aber, einem so kleinen Steine keine Wichtigkeit beimessend, und denselben für einen Tjeschelowess (vollwichtigen Stein, Topas) haltend, ihn zu den andern Mineralien, die er mir überreichte, gelegt hatte. Seine Durchsichtigkeit war vollkommen, und dies allein, verbunden mit seinem Glanze, hätte uns bewiesen, dass es ein Diamant sei, selbst wenn seine Krystallisation mit abgerundeten Flächen uns noch den mindesten Zweifel gelassen hätte, dass die Prophezeihung des Herrn von Humboldt eingetroffen wäre. Drei Tage darauf fand ein anderer Knabe einen zweiten, und einige Tage nach meiner Abreise von dem Seifenwerke schickte man mir einen dritten, der grösser als die beiden andern zusammengenommen war.

Herr Schmidt hatte alle einem Mineralogen nöthige Instrumente bei sich, wodurch wir in den Stand gesetzt wurden, mit diesen 3 Krystallen Versuche anzustellen, um die Realität der Entdeckung zu bestätigen. Wir nahmen zuerst ihr specifisches Gewicht. Das der beiden erstern, die zusammen gewogen wurden, fand sich 3,520, welches gerade die Mitte zwischen den beiden Gränzen ist, die von den Mineralogen für das specifische Gewicht des Diamantes angegeben werden; es schwankt zwischen 3,4 und 3,6. Das absolute Gewicht des erstern betrug 0,105 Grammen, oder etwas mehr als ein halbes Karat, des zweiten 0,132 Grammen, des dritten 0,253 Grammen, ungefähr $1\frac{1}{4}$ Karat. 205 Milligrammen machen 1 Karat. Das specifische Gewicht des dritten betrug 3,514. Wir konnten uns ebenso versichern, dass die Härte dieser Steine bedeutender war, als die des Quarzes, den sie mit Leichtigkeit ritzten, und dass der Korund sie nicht angriff; aber die Kleinheit dieser Diamanten und ihre abgerundeten Ecken erlaubten uns nicht diesen letztern Stein zu ritzen. Wir haben den zweiten im Ural gefundenen Stein Herrn Freiherrn von Humboldt geschickt. Es war billig, dass derjenige, dem wir zum grossen Theil diese Entdeckung verdankten, davon zuerst unterrichtet wurde.

Es bleibt mir jetzt noch übrig, Ew. Exc. eine Beschreibung der Orte zu machen, wo diese Steine gefunden worden sind. Ich hätte gewünscht, Ihnen Proben von dem Goldsande, in welchem diese Entdeckung gemacht ist, und den Gebirgsarten, die die Basis dieses Sandes bilden, senden zu können, aber ich habe sie noch nicht erhalten, und kann daher erst in einigen Tagen die Ehre haben, sie Ihnen vorzulegen; verzeihen Sie daher, Herr Graf, die Unvollständigkeit meiner Beschreibung.

Die Goldseifen, die zu der Entdeckung, welche der Gegenstand meines Berichtes ist, Gelegenheit gegeben haben, gehören meiner Frau, gebornen Fürstin Schachowskoi, und machen einen Theil der zu dem Eisenwerke Bissersk gehörigen Ländereien aus. Sie liegen ungefähr 25 Werste in NO. von diesem Werke, mehr als 200 Werste östlich von Perm, und ungefähr 70 Werste im NW. von dem Kronwerke Kuschwinsk. Man kann zu ihnen nur zu Pferde und auf einem sehr schlechten Wege gelangen, der von dem Dorfe Kalinskoje an der Tschussowaja durch die beiden, derselben Besitzerin gehörigen Eisenwerke, Kussje Alexandrowskoi und Bisserskoi, führt. Im Winter ist hier für den Transport des Holzes, der Kohlen, der Erze, des Guss- und Stabeisens, welche letztere Gegenstände in den Hüttenwerken erzeugt werden, ein ziemlich guter Schlittenweg.

Die Entdeckung und der erste Abbau des Goldsandes geschahen im Jahre 1824. Aber bis jetzt ist letzterer noch mit keinem Vortheil geschehen, sei es wegen der schlechten Beschaffenheit der Maschinen und einer unregelmässigen Administration, sei es wegen der Armuth des Sandes, welcher einen zweckmässigern und ökonomischern Abbau erfordert hatte [1]). Dieses

[1]) Das Eintreten günstigerer Verhältnisse beweisst eine Angabe, die sich in Georg Engelhardts Russischen Miscellen Th. IV, S. 255 befindet, nach welcher der Ertrag des Seifenwerkes Krestowosdwischenskoi im Jahre 1826 sich auf $72\frac{1}{2}$ Russ. Pfunde Gold belaufen hat, und die Kosten der Bearbeitung mit Inbegriff einiger Bauten 25,600 Rubel betragen haben. Da nun der Werth des gewonnenen Goldes ungefähr 70,000 Rubel ausmacht, so hatte das Seifenwerk hiernach einen

erste Seifenwerk, welches den Namen Krestowosdwischenskoi führt, folgt in einer Erstreckung von beinah 4 Wersten dem Laufe eines kleinen Flusses, Namens Poludennaja, der sich in die Koiwa und durch diese in die Tschussowaja ergiesst. Es gehört folglich zur Europäischen oder westlichen Seite des Urals. Das Seifengebirge hat ungefähr die Mächtigkeit einer Toise. Es besteht wie alle andern des Urals aus eckigen oder abgerundeten Stücken verschiedener Gebirgsarten, und man bemerkt darin besonders Stücke von Quarz, Grünstein, Diallag und Talkschiefer. Die Schliche die beim Waschen des Goldsandes übrig bleiben, enthalten zwischen einer ziemlich grossen Menge von Magneteisenerz, kleine Bergkrystalle. Das Seifengebirge liegt auf einem grauen Kalkstein, der von kleinen Gängen eines weissen Kalksteins durchsetzt ist. Diese Gebirgsart enthält keine Spur von Versteinerungen und gehört wegen der benachbarten Gebirgsarten zur Uebergangsformation.

In einer Entfernung von $1\frac{1}{4}$ Werst befindet sich im Süden von Krestowosdwischenskoi ein anderes erst seit kurzer Zeit entdecktes Seifengebirge, welches man seit dem 1sten Mai dieses Jahres zu bearbeiten angefangen hat, und das $1\frac{1}{4}$ Solotnik bis $1\frac{1}{2}$ Solotnik Gold in 100 Pud Sand enthält. Dieses Seifengebirge findet sich in einem engen und ziemlich steil ansteigenden Thale, das von S. nach N. streicht und unter rechtem Winkel auf die Poludennaja stösst, abgelagert, gehört also wie das vorige dem Westabhange des Urals an. Der Theil des Seifengebirges, welcher das Gold enthält, ist nur 12 Arschinen breit, aber mehr als zwei Werste, thalaufwärts, lang. Seine Mächtigkeit wechselt von 3 bis 5 Arschinen. Der Sand ist um so reicher, je tiefer man kommt, und besteht ungefähr aus denselben Mineralien als das Seifengebirge von Krestowosdwischenskoi, nur bemerkt man eine grössere Menge von Bergkrystallen und Eisenkiesen, und in dem untern Theile, wo es sich mit Stücken von dem untern Kalkstein mengt, welcher zur Unterlage dient, findet man ziemlich viel Quarz. Zwischen zwei solchen Massen fand man den ersten Diamanten des Urals. Die andern wurden in demselben Seifenwerke gefunden.

Die Gebirgsart, welche diesem Seifengebirge zur Unterlage

---

reinen Gewinn von 44,400 Rubel abgeworfen. Der Gehalt des Sandes an Gold beträgt nach derselben Quelle $\frac{1}{2}$ bis 3 Solotnik in 100 Pud.

dient, ist auch ein Kalkstein [1]). Er hängt wahrscheinlich mit dem von Krestowosdwischenskoi zusammen. Wie der erstere enthält er keine Spur von Versteinerungen, aber er unterscheidet sich durch seine Farbe, die ausserordentlich dunkel, fast schwarz ist. Er ist auch bröcklicher und weniger dicht, und enthält statt der Gänge von weissem Kalkspath, kleine Höhlungen, die mit schwarzen Kalkspathkrystallen besetzt sind. Er ist bis zu einer Tiefe von 5 bis 6 Arschinen unter der Oberfläche mit einer Lage von Bruchstücken desselben Kalksteins bedeckt. Die Aehnlichkeit dieses Sandes mit Kohlenpulver ist so gross, dass, wenn diess nicht ein zufälliger Umstand ist', man sich nicht enthalten kann, zu glauben, dass die Bildung der Diamanten an dem Orte selbst, wo sie sich finden, stattgefunden habe. Fortgesetzte Versuche und Beobachtungen können allein diese Meinung bestätigen oder widerlegen.

Diess ist Alles, Herr Graf, was ich Ihnen über diese Entdeckung bis jetzt vorlegen kann. Ein längerer Aufenthalt auf den Gütern meiner Frau wird mir vielleicht Gelegenheit zu neuen Beobachtungen geben. Ich werde es für meine Pflicht halten, sie Ew. Exc. mitzutheilen, und werde mich glücklich schätzen, wenn sie dazu beitragen können, neue Mineralprodukte und folglich eine neue Quelle des Reichthums und der Wohlfahrt für Russland aufzufinden."

Schon im folgenden Jahre 1830 machte Herr Prof. Moritz von Engelhardt eine Reise nach dem Ural, die ganz besonders die Untersuchung des Vorkommens der Diamanten zum Zwecke hatte, und in demselben Jahre besuchte auf kaiserlichen Befehl auch der Bergoffizier Herr Nicolaus Karpoff die Diamantenlagerstätte. Ersterer machte die Resulte seiner Reise in einer eigenen kleinen Schrift bekannt, die zu Riga erschienen [2]), letzterer in einer Abhandlung, die dem Russischen

---

[1]) In dem Schreiben an Herrn von Humboldt vom 18ten Nov. 1829 mit welchem Graf Polier die Abschrift dieses Berichtes begleitete, führt er ausdrücklich an, dass Herr Schmidt sich überzeugt habe, dass die Basis des Goldsandes von Adolphskoj, Dolomit sei.

[2]) Sie findet sich auch fast vollständig abgedruckt in Poggendorffs Ann., B. XX, S. 524.

Bergwerks - Journal einverleibt ist [1]). Herr Prof. v. Engelhardt machte seine Reise in Gesellschaft des Staatsraths Georg v. Engelhardt, des Herausgebers der schätzbaren Russischen Miscellen, welcher im 4ten Bande (der im Jahr 1832 erschienen ist) die Geschichte der Entdeckung beschreibt. Da dieser Gelehrte seine Nachrichten an Ort und Stelle sammelte, und sie den Bericht des Grafen Polier zum Theil vervollständigen, so verdienen sie eine ganz besondere Aufmerksamkeit; ich entlehne sie daher wörtlich seinen Miscellen, (Th. IV, S. 256—263.).

„Das Erscheinen der Diamanten in Russland, obgleich bis jetzt noch in sehr geringer Anzahl, ist ein so merkwürdiges Ereigniss, dass ich es für passend halte, ein paar Worte über den Gang der Entdeckung derselben zu sagen.

Den ersten motivirten Fingerzeig über die wahrscheinliche Existenz von Diamanten in unserm, alles enthaltenden Vaterlande, verdanken wir dem Professor an der Universität zu Dorpat, Moritz v. Engelhardt, welcher im Jahr 1826, auf einer wissenschaftlichen Reise, die er im Ural machte, von dort über diesen merkwürdigen Gegenstand an den Rektor der Universität, Staatsrath Ewers, schrieb. In einem Auszuge aus seinem Briefe, der damals in dem *Journal de St. Petersbourg No.* 118, abgedruckt ward, heisst es unter anderm: „Die Platinhaltigen Sandablagerungen der zu den Goroblagodatskischen Bergwerken gehörigen Nischneturinskischen Werke, „bieten die auffallendste Aehnlichkeit mit den Bezirken dar, die „in Brasilien Diamanten führen. Diese liegen, nach Eschwege's geognostischem Gemälde von Brasilien, vornehmlich zwischen Geschieben von Brauneisenerz, unter denen sich eine grosse Menge verschiedenfarbiger, mikroskopischer Steine, und mehr Platin als Gold findet. Die Sandablagerungen um Nischneturinsk sind ein ähnliches Gemenge, „und die Anwesenheit des Brauneisensteins ist um so bemer-

[1]) Sie findet sich im Gornoi-Journal vom Jahr 1831 Quartal II, S. 44. Sie hat besonders dazu beigetragen, in Petersburg den Glauben an das Vorhandensein der Diamanten im Ural, das im Anfange der Entdeckung dort stark bezweifelt wurde, zu erwecken, denn während der Anwesenheit des Herrn von Karpoff auf den Werken wurden vom 19ten bis zum 20sten Juli allein 4 Diamanten aufgefunden.

„kenswerther, da in Brasilien die Diamanten gerade von die- „sen Trümmern so eingeschlossen sind, dass beide Mineralien „wohl nicht zufällig zusammentrafen, sondern ursprünglich „einer und derselben Felsart angehören mochten, u. s. w."

Der Professor Engelhardt konnte sich wegen Mangel an Zeit auf örtliche Nachsuchungen nicht einlassen, theilte aber seine Bemerkungen, und die auf selbige gegründete Meinung, dass hier wahrscheinlich Diamanten zu finden wären, dem Direktor der Turinskischen Werke mit, welcher versprach, alles von ihm abhängende zu thun, um die Sache zu ergründen und ins Klare zu bringen.

Die St. Petersburgische wissenschaftliche Komität für den Bergbau liess jenen Brief des Professor Engelhardt in dem 11ten Stücke ihres Journals für die Bergwerkskunde, 1826, abdrucken, begleitet von Noten und Erläuterungen des ehemaligen Direktors der Goroblagodatskischen Werke, Mamyscheff, in welchen untern andern gesagt ist, dass auch er schon, während seiner Amtsführung daselbst, von der Existenz der Diamanten im Ural überzeugt, wiederholentlich die zu Nachsuchung edler Metalle ausgesandten Bergoffiziere aufmerksam darauf gemacht habe.

In der Folge erging auf Befehl des Finanzministers, an alle Bergwerks-Verwaltungen die Vorschrift, den auf geognostische und mineralogische Untersuchungen auszusendenden Bergbeamten das Beachten der Diamanten-Spuren dabei zur Pflicht zu machen. — Eine, eigens in dieser Absicht, von Bogoslowsk ausgesandte Expedition, entdeckte eins der reichhaltigsten Goldsandlager, fand aber keine Diamanten. — Ebenso wenigen Erfolg hatten in dieser Rücksicht auch die an mehrern Orten angestellten Untersuchungen der Herren von Helmersen und Hofmann, welche in Auftrag des Finanzministers den Süd-Ural bereis'ten; auch sie fanden keine Diamanten, und so blieb es immer unentschieden, ob das Gebirge wirklich dergleichen enthalte oder nicht, und der Eifer im Nachspüren darnach schien zu erkalten.

Die Reise des Baron von Humboldt in dem Ural brachte indessen die frühere Meinung des Herrn von Engelhardt wieder in Anregung; auch ihm fiel natürlich die merkwürdige Aehnlichkeit zwischen den hiesigen und den brasilischen Gebirgslagen so sehr auf, dass er mehrmals die Meinung aussprach, der Ural müsse Diamanten enthalten. Diese Aeusserung eines so berühmten und erfahr'nen Naturforschers bewirkte, dass in allen Gold- und Platinwäschereien wieder mit der grössten Aufmerksamkeit nach Diamanten gesucht wurde, allein auch jetzt ohne Erfolg; während der Anwesenheit des Herrn von Humboldt fand sich durchaus keine bestimmtere Spur von Diamanten an der Ostseite des Urals.

Endlich war der Graf Polier, welcher den Baron von Humboldt auf einem Theile seiner Reise begleitete und sich dann von ihm trennte, um die an der Westseite des Gebirges gelegenen Besitzungen seiner Gemahlin zu besuchen, so glücklich, zu Krestowosdwischenskoi, unter einer Menge Proben der bei dem Waschen des goldhaltigen Sandes gefundenen Quarz- und Schwefelkies-Krystalle, welche ihm in Folge eines frühern Befehles vorgelegt wurden, am 23sten Juni 1829, den ersten uralischen Diamanten zu entdecken. Dieser Krystall war durch seinen ungewöhnlichen Glanz, am vorhergehenden Tage einem dreizehnjährigen Bauerknaben, Paul Popoff[1]) beim Waschen aufgefallen und er hatte ihn dem Aufseher mit der Bemerkung abgeliefert: „dieser glänzt ganz anders als die übrigen." Der Aufseher aber, weniger scharfsichtig als der Knabe, fand nichts ausserordentliches an dem Steinchen und warf es unter die andern Krystallproben, wo es wahrscheinlich verloren gewesen wäre, wenn nicht der Graf und der Direktor der Goldwäschereien, Schmidt, bei genauerer Prüfung den kostbaren Krystall unter dem Gemengsel herausgefunden hätten. — Diesem ersten folgten bald mehrere Diamanten, deren zwar keiner von bedeutender Grösse ist, die aber nach dem Urtheile der Kenner den brasilischen durchaus an Güte und Schönheit nicht nachstehen.

Diese brillante Erfüllung seiner frühern Andeutung bewog den Professor Engelhardt im Sommer des Jahres 1830, eine zweite Reise nach dem Ural zu unternehmen, um die Felsbeschaffenheit des Fundortes der Diamanten genauer zu untersuchen. Er hat die Resultate seiner Forschungen in einer Schrift: die Lagerstätte der Diamanten im Uralgebirge u. s. w. niedergelegt, welche unter andern das für die Wissenschaft gewiss höchst interessante Resultat enthält, dass

[1]) „Der Bursche hat eigentlich bei dem Funde mehr erlangt, als seine Herrschaft; diese hat einige glänzende Steinchen gewonnen, er aber das köstlichste Juwel, seine persönliche Freiheit, die ihm nebst einer Summe Geldes geschenkt worden ist."

das bisher immer noch nicht bestimmte Muttergestein des Diamants, wahrscheinlich ein schwarzer Dolomit sei. Demnächst giebt die durch den Professor Göbelt zu Dorpat gemachte chemische Analyse, sowohl der vom Ural mitgebrachten Proben dieses Gesteins, als auch eines demselben völlig ähnlichen, welches der Professor Engelhardt, auf einer seiner frühern wissenschaftlichen Reisen, in dem Gouvernement Olonez entdeckte, Anlass zu der Vermuthung, dass sich vielleicht auch dort Diamanten finden könnten. — Interessant wäre es, wenn diese Brasilianer sich auch dorthin, nach dem hohen Norden verirrt hätten." —

Die Diamanten sind bis jetzt in den Seifenwerken der Gräfin Polier nur sehr sparsam vorgekommen. In dem Jahre 1829 wurden nur 7 Diamanten aufgefunden, 3 während der Anwesenheit des Grafen auf den Werken und 4 später, und bis zum Juli 1833 betrug nach einer Note, die der Graf von Cancrin der geologischen Gesellschaft von Paris [1]) auf deren Ersuchen hat zukommen lassen, die Zahl der aufgefundenen Diamanten nur 37. Unter den 4 letzten Diamanten des Jahres 1829 wurde einer in Krestowosdwischenskoi gefunden. Anfänglich wurde der schon gewaschene Goldsand noch einmal zur Auffindung von Diamanten verwaschen, da aber diess mit der Zeit zu kostbar wurde, so nahm man später nur auf die Diamanten Rücksicht, die man zufällig beim Waschen des Goldes auffand.

Der Diamant, den der Graf Polier Herrn von Humboldt zum Geschenk machte, hat die Form eines nach einer rhomboëdrischen Axe verkürzten Dodecaëders, dessen Flächen in der Richtung der kurzen Diagonalen schwach gebrochen und nach diesen, stärker aber nach der Richtung der längern Diagonalen gewölbt sind. Seine Oberfläche ist stark glänzend, doch nicht vollkommen glatt; er ist durchsichtig und fast farblos, mit einer nur äusserst geringen grünlichen Färbung. An einer Stelle befindet sich ein

[1]) *Bulletin de la société géologique de France, t. IV, p.* 101.

kleiner unregelmässiger Eindruck. Dieselbe Form wie dieser hatten auch noch andere 29 Diamanten, welche Herr Prof. Parrot im Anfang des Jahres 1832 in der Wohnung der Gräfin Polier sah, und in einer am 21sten März 1832 in der Akademie der Wissenschaften in Petersburg gehaltenen Vorlesung[1]) beschrieb. Die Krystalle waren mehr oder weniger regelmässig, zuweilen auch nach einer rhomboëdrischen Axe des Dodecaëders verlängert. Sie waren meistentheils farblos, einige etwas gelblich gefärbt. Das Gewicht von 28 derselben (von einem wird es nicht angegeben) beträgt $17\frac{9}{16}$ Karat[2]); der grösste hatte ein Gewicht von $2\frac{17}{32}$ Karat, 5 derselben wogen $1\frac{1}{4}$, $1\frac{1}{8}$, $1\frac{1}{16}$, $1\frac{1}{32}$ und 1 Karat, die übrigen waren kleiner als 1 Karat, der kleinste wog $\frac{1}{8}$ Karat. Einige hatten Sprünge im Innern, andere schwarze Flecken die wahrscheinlich von Kohle herrührten.

Was nun die Gebirgsarten betrifft, die in der Gegend der Lagerstätte der Diamanten vorkommen, so erhielten wir hiervon einige Kenntniss schon bei unserer Anwesenheit in Petersburg, durch die Gebirgsproben aus der Gegend der Polierschen Besitzungen, die wir der Gefälligkeit des Herrn Schmidt verdankten, den ich darum bei unserer Trennung in Kuschwinsk gebeten hatte. Ich will diese Gebirgsproben daher hier der Reihe nach mit Hinzufügung der Fundörter nach den Etiquetten des Herrn Schmidt, beschreiben.

1. Lichte graulichweisser Oolithenkalkstein, voller kleiner, höchstens eine halbe Linie grosser Körner, welche concentrisch schaalig sind; wechselt an der Tschussowaja zwischen Perm und Liswensk auf einer Erstreckung von 70 bis 80 Wersten mit Schichten von Gyps und Anhydrit von 6 bis 7 Fuss Mächtigkeit.

---

[1]) *Mémoires de l'académie impériale de St. Petersbourg, série VI, t. III, p.* 23.

[2]) Herr Parrot giebt das Gewicht zusammen zu $10\frac{29}{32}$ an.

2. Gemenge von graulichweissem feinkörnigen Gyps mit vielem kurz- und feinstängligen bläulichweissen Anhydrit; ebendaher.

3. Dichter graulichweisser Kalkstein mit kleinen Parthien von weissem blättrigen Gyps; ebendaher.

4. Augitporphyr. Er hat eine graulichweisse feinsplittrige mit dem Messer schwer ritzbare Grundmasse, und enthält in grosser Menge Krystalle eingewachsen, die ganz das Ansehn des Uralites haben, aber weil sie nicht regelmässig begränzt sind, doch nicht mit Bestimmtheit dafür ausgegeben werden können. Sie haben 2 Spaltungsflächen, die sich unter Winkeln von 124° schneiden, ein fasriges Ansehn und schwärzlichgrüne Farbe haben, und die grössern Krystalle unter ihnen enthalten nicht selten einen lichtern Kern, der wahrscheinlich Augit ist. Zwischen Kussje-Alexandrowsk (nicht weit vor dem Einflusse der Koiwa in die Tschussowaja) und Bissersk.

5. Thonschiefer, lichte grünlichgrau und schimmernd; von Bissersk.

6. Feinkörniges weisses Gestein, worin kleine Nadeln von grünem Strahlstein und kleine Blättchen von tombackbraunem Glimmer, erstere in grösserer Menge als letztere, eingemengt sind. Die Masse schmilzt an den Kanten vor dem Löthrohr; von Bissersk.

7. Kalkstein, lichte graulichweiss und so feinkörnig, dass der Bruch feinsplittrig ist; 6 Werste von Bissersk, die Koiwa aufwärts.

8. Augitporphyr ähnlich wie 4, nur mit vorherrschenderer Grundmasse mit sehr kleinen Uralitkrystallen; 10 Werste von Bissersk, die Koiwa aufwärts.

9. Kalkstein, graulichschwarz mit feinen Adern von weissem Kalkstein durchzogen. Seine Färbung verdankt er der Kohle, denn er hinterlässt bei seiner Auflösung einen schwarzen Rückstand, der vor dem Löth-

rohr weiss gebrannt werden kann, und daher ein mit Kohle gemengter Thon ist. Er enthält ausserdem nach meinen Versuchen etwas kohlensaure Talkerde, doch nicht in beträchtlicher Menge, und etwas kohlensaures Eisenoxydul; Basis des Goldsandes von Krestowosdwischenskoi.

10. Dolomit, schwarz und feinkörnig, von wenigem Zusammenhalt der Theile und daher bröcklich und zerreiblich. Er enthält kleine Drusenräume, in welchen kleine schwarz gefärbte Rhomboëder von Dolomit sitzen; Basis des Goldsandes von Adolphskoi.

11. Dolomit in kleinen bröcklichen Stücken und als Sand von der Oberfläche der Basis des Goldsandes von Adolphskoi.

12. Goldsand von Adolphskoi, ungewaschen; er hat ein lehmartiges Ansehen. Wenn man ihn mit Wasser abspühlt und von den staubartigen Theilen reinigt, so erkennt man darin Quarz in mehr oder weniger grossen Stücken und Körnern, die zuweilen sehr durchsichtig sind, grauen Thonschiefer, der auf frischem Bruche noch von ziemlichem Glanze ist, und zuweilen hexaëdrische Krystalle von braungewordenem Eisenkies enthält, Serpentin der durch die Verwitterung eine braune Farbe erhalten hat, hexaëdrische Krystalle von Eisenkies, die braun geworden, sonst aber sehr wohl erhalten sind, und sich von mikroscopischer Kleinheit bis zu der Grösse von einigen Linien finden, und Magneteisenerz in Krystallen und Körnern von grosser Kleinheit. Der Eisenkies findet sich in diesem Goldsande in grösserer Menge als mir in irgend einem andern Goldsande vom Ural vorgekommen ist, Magneteisenerz dagegen nur in verhältnissmässig sehr geringer Menge.

13. Goldsand von Adolphskoi, sehr stark gewaschen. Er besteht hauptsächlich aus sehr feinen Körnern und Krystallen von Magneteisenerz. Das

Gold findet sich darin in kleinen Flittern, auch bemerkte ich darin einige kleine Plättchen von Platin.

Nach der oben erwähnten Schrift des Herrn Prof. v. Engelhardt über die Lagerstätte der Diamanten im Ural, sind die herrschenden Gebirgsarten in dem Gebiete der Diamanten bei Bissersk: Quarzfels, silberweisser Talkschiefer, blaulichgrüner Chloritschiefer, die untereinander in Schichten wechseln, die von N. nach S. streichen, und alle vollkommen ineinander übergehen. Talkiger Quarzfels setzt den Gebirgsrücken des Urals zusammen, gränzt östlich zunächst an Hornblendgesteine mit Gabbro und Magneteisenerz, und weiter östlich an die Porphyre von Kuschwinsk und Turinsk, westlich dagegen an Kalkstein[1]) (graulichweissen Marmor), auf welchen Quarzfels folgt, der den Westabfall des Gebirges umsäumt, und die Gränze mit dem rothen Sandsteine bildet. Als untergeordnete Lagen finden sich Rotheisenerz, theils in dem talkigen Quarz, theils zwischen ihm und Kalkstein; ein hellgrauer feinkörniger Kalkstein, der Hexaëder und rundliche Körner von braun gewordenem Eisenkies, und ausserdem viele Quarzkörner und silberweisse Kalkschüppchen beigemengt enthält, durch deren Zunahme er in Talkschiefer übergeht, und endlich schwarzer Dolomit, wie derselbe oben beschrieben ist. Er enthält Adern von weissem Bitterspath oder stängligem Quarz, die sich zu Drusenhöhlen erweitern, welche mit Bitterspath-Rhomboëdern von hellgrauer Farbe, und mit wasserhellen Bergkrystallen besetzt sind, und wechselt im Adolphskoi-Thal mit silberweissem Talkschiefer, mit schwarzem Kalkstein, dem Talkblättchen beigemengt sind, und mit dem oben erwähnten hellgrauen Kalkstein.

Diesen schwarzen Dolomit, der dadurch, dass er, wie oben angegeben ist, in dem Adolphskoi-Thal die

---

[1]) Der Kalk soll einige Enkriniten und andere undeutliche Versteinerungen enthalten, und doch mit talkigem Quarzfels wechseln.

Basis des Diamanten führenden Goldsandes bildet, ein besonderes Interesse erhält, hat Herr Prof. Göbel in Dorpat einer genauen chemischen Untersuchung unterworfen, und darin gefunden:

kohlensauren Kalk	54,00
kohlensauren Talk	26,89
kohlensaures Eisenoxydul	10,21
Thonerde	0,50
Wasser	1,20
in Chlorwasserstoffsäure unauflöslichen Rückstand	7,50
	100,30.

Der unauflösliche Rückstand bestand aus:

Thonerde	1,25
Eisenoxyd	1,25
Manganoxyd	0,75
Kieselsäure	4,00
Kohle	0,75
	8,00.

Drei Abänderungen schwarzen Kalksteins aus dem Adolphskoi-Thal, von denen die beiden ersten Uebergänge in den Talkschiefer bilden, die letztere von einem Kalklager im Talkschiefer genommen war, enthielten, ebenfalls nach den Untersuchungen des Herrn Prof. Göbel:

kohlensauren Kalk	90,00	52,00	97,0
kohlensauren Talk	1,25	4,00	1,5
kohlens. Eisenoxydul	3,50	3,00	
unauflösl. Rückstand	4,00	40,00	1,5
Wasser und Verlust	1,25	1,00	—
	100,00	100,00	100,00.

Der in Chlorwasserstoffsäure unauflösliche Rückstand bestand aus mit Quarzkörnchen, Kohle und Eisenoxyd gemengten Talkblättchen.

In dem Goldsande, der die Diamanten enthält, fand Herr Prof. v. Engelhardt dieselben Gemengtheile, die ich in der mir von Herrn Schmidt überschickten Probe angegeben habe, ausserdem noch viele wasserhelle Bergkrystalle, wie sie der schwarze Dolomit enthält, Anatas in wohlerhaltenen Krystallen (die spitzen Quadratoctaëder mit abgestumpften Endecken)[1], und Chalcedon in Kugeln und Mandeln, die aus concentrischen Lagen zusammengesetzt sind.

Die Untersuchung der Mineralien, welche die Diamanten im Goldsande begleiten, ist von grosser Wichtigkeit. Ihre Vergleichung mit den Mineralien, die in den Gebirgsarten enthalten sind, welche in der Nähe anstehen, kann die ersten Nachweisungen über die ursprüngliche Lagerstätte dieses kostbaren und durch seine ausgezeichneten Eigenschaften so interessanten Edelsteins geben. Ebenso wie am Ural ist auch in Ostindien, Brasilien und in den übrigen Ländern, wo sich Diamanten gefunden haben, ihr eigentlicher Geburtsort noch völlig unbekannt, aber vielleicht ist an keinem Orte so viel Hoffnung zur Auffindung desselben da, als am Ural. Die Meinungen derer, die diess Vorkommen untersucht haben, vereinigen sich dahin, dass man die ursprüngliche Lagerstätte in dem, die Basis des diamantenführenden Goldsandes bildenden Dolomite zu suchen habe. Herr Prof. v. Engelhardt führt unter den Gründen für diese Meinung besonders die vielen Hexaëder von Brauneisenerz und Bergkrystall, die in dem Goldsande von Adolphskoi vorkommen, an. Die Scharfkantigkeit der erstern[2]) bei ihrer sonst geringen Härte bewiese, dass der Goldsand unmöglich weit herbeigeführt sein könne, und der Bergkrystall käme von derselben Beschaffenheit in dem Dolomite selbst vor. Kieselsäure und Kohle seien dem Dolomite beigemengt, und

[1]) Dieses Minerals erwähnt auch Herr Karpoff unter den Gemengtheilen des Sandes.

[2]) Ganz ähnliche Hexaëder finden sich, wie schon bemerkt ist, in dem Kalksteine eingewachsen, der in der Nachbarschaft des Dolomites abgelagert ist.

ebenso wie die erstere sich als Bergkrystall häufig ausgeschieden habe, könne sich auch die Kohle als Diamant ausgeschieden haben. Bis jetzt hat man zwar im Dolomite von Adolphskoi noch keine Diamanten gefunden, aber man hat auch in dieser Rücksicht noch keine ausgedehnte Untersuchungen angestellt. Es wäre daher gewiss sehr wünschenswerth, wenn dieser nicht bloss in wissenschaftlicher, sondern auch in finanzieller Hinsicht interessante Gegenstand durch einige bergmännische Arbeiten, die gewiss nicht sehr kostspielig sein könnten, ergründet würde.

Die geognostischen Verhältnisse der Diamanten-Districte in den andern Ländern sind, soweit man sie kennt, dem was man am Ural beobachtet, wenigstens in Hinsicht des relativen Alters der Schichten nicht unähnlich. Am meisten kommen damit die Verhältnisse in Brasilien überein. Nach Eschweges Untersuchungen[1]) ist das herrschende Gestein in dem Diamanten-Districte Cerro do Frio, sowohl in der Serra de Antonio, auf deren Rücken der diamantenreiche Rio Tequetinhonha seinen Ursprung nimmt, als auch auf der westlich davon befindlichen Serra da Matta da Corda, auf deren Ostabhange die diamantenführenden westlichen Zuflüsse zu dem Rio de San Francisco entspringen, ein sehr quarzreicher Glimmerschiefer (der von Eschwege sogenannte Itacolumit) der in stark nach Osten geneigten Schichten mit Talkschiefer und Chloritschiefer wechselt, auf Thonschiefer ruht, und von dem merkwürdigen Eisenglimmerschiefer bedeckt ist. Ganz dieselben Gebirgsarten finden sich nach den mündlichen Mittheilungen, welche Herr Geh. Leg. Rath v. Olfers mir gefälligst gemacht hat, in dem südlichen Diamanten-Districte am Rio Tibagy. Der quarzige Glimmerschiefer enthält noch besondere Gänge von Quarz, die Gold führen, das auch zuweilen in der ganzen Masse des Eisenglimmerschiefers vertheilt

[1]) Geognostisches Gemälde von Brasilien, Weimar 1822, S. 37.

ist, und sich auch in dem den Eisenglimmerschiefer bedeckenden brauneisenerzreichen Conglomerat, dem sogenannten Tapanhoacanga findet. In der grössten Menge kommt es indessen in einer Schicht vor, die den Namen Carvoeira führt und aus einem Gemenge von Quarz und Turmalin besteht, welcher letztere gewöhnlich pulverförmig ist und sich nur in der Nähe des Quarzes in kleinen erkennbaren Krystallen findet. Diese Schicht hat eine Mächtigkeit von einem Zolle bis zu einem Lachter, und liegt zwischen dem Thonschiefer und dem bedeckenden quarzigen Glimmerschiefer. Die Geschiebe des Diamanten-Sandes bestehen nach Eschwege besonders aus Quarz, Thon- und Talkschiefer, Brauneisenerz, Eisenglimmer, Jaspis, Chalcedon, Cyanit, Chrysoberyll, Anatas, Gold und Platin. Die Quarzgeschiebe sind öfter durch ein Bindemittel von Brauneisenerz zusammengekittet, in welchem Eschwege selbst mehrere Diamanten inliegend beobachtet hat.

Die Diamanten in Ostindien finden sich, wie man aus der vortrefflichen Zusammenstellung von Ritter in dem vierten Theile seiner Erdkunde von Asien ersieht, in einer grossen Verbreitung auf und an dem östlichen Plateaurande Dekans vom 14ten bis zum 25sten Grade N. B. Man kann hier besonders 5 Diamanten-Districte unterscheiden, welche, von Süden nach Norden fortgehend liegen: zwischen den Städten Cuddapah und Gandicotta am Pennar-Fluss, zwischen dem Pennar und Kistna in der Gegend der Stadt Nandial, am untern Kistna in der Gegend der Stadt Ellore[1]), bei Sumbhulpur am mittlern Mahanadi, und zu Pennah zwischen den Flüssen Sonar und Sone im Bundelkhund. Ueberall finden sich hier die Dia-

[1]) Diess sind die sogenannten Diamanten-Minen von Golkonda; an diesem Orte kommen aber keine Diamanten vor, sondern es befindet sich hier nur die Niederlage aller grossen Diamanten im Gebiete des Nabobs.

manten in einem lockern Sandsteinconglomerat, das eine gewöhnlich nur wenige Fuss mächtige Schicht bildet, die mehr oder weniger tief unter der Oberfläche liegt, und zuweilen von einer sehr mächtigen festen Sandsteindecke bedeckt ist. Das Sandsteinconglomerat besteht aus Körnern von Quarz, Hornstein, Jaspis, Chalcedon, Karneol und Brauneisenerz. Gold kommt zuweilen darin vor (wie z. B. bei Sumbhulpur), Platin ist jedoch darin noch nicht gefunden worden. Nach Voysey gehört die Diamantenschicht der südlichern Gegenden zur Thonschieferformation, nach Cap. Jam. Franklin die im Bundelkhund zum new red sandstone. Die Diamantenschicht liegt hier auf einem ungefähr 1800 Fuss hohen Sandsteinplateau, das die südlichen Ufer des mittlern Ganges begleitet, und wird, weiter südwärts, von einigen inselartig vertheilten Kalksteinlagern (Lias) bedeckt; das Sandsteingebirge selbst ist auf Granit abgelagert. Das Vorkommen der Diamanten in Ostindien gehört hiernach ebenfalls dem ältern Gebirge an. Von den geognostischen Verhältnissen, unter welchen die Diamanten in Borneo vorkommen, wissen wir fast nur, dass sie sich im Goldsande finden, und ebenso ist uns auch das nähere Vorkommen der Diamanten in Algier, wo sie sich in der neuesten Zeit gefunden haben [1]), noch gänzlich unbekannt. —

Die Seifenwerke von Bissersk sind schon nicht mehr die einzigen Oerter, an welchen man am Ural Diamanten gefunden hat. Auch auf den Seifenwerken des Herrn Medscher, 14 Werste östlich von Katharinenburg, hat man im Jahre 1831 zwei Diamanten gefunden, von denen der eine $\frac{5}{8}$ Karat wiegt. So gering diese Zahl auch noch ist, so lässt sich doch, wenn man die Entfernung von Katharinenburg im mittlern, und von Adolpskoi im nördlichen Ural betrachtet, das grosse

[1]) Vergl. Poggendorffs Annalen, B. XXXII, S. 480.

Interesse nicht verkennen, welches an diese Entdeckung des Herrn Medscher geknüpft ist; man sieht, dass der Diamant in diesem Gebirge weit verbreitet ist, und kann demnach die Hoffnung haben, dass man über kurz oder lang an eine Lagerstätte im Ural kommen wird, auf welcher viele Diamanten an einem Punkte zusammengedrängt sind. Auch das Platin ist am Ural gewöhnlich nur in sehr geringer Menge in dem Goldsande enthalten, und würde als unbedeutend verrufen sein, hätte man nicht bei Nischne-Tagilsk ein Gerölle gefunden, das mehr Platin als Gold und stellenweise nur Platin enthält. Ebenso ist auch in Brasilien im achtzehnten Jahrhundert die Entdeckung der Diamanten der localen Verbreitung und der Ergiebigkeit nach, nur progressiv gewesen.

Nischne-Turinsk.

Wir verliessen Kuschwinsk am Nachmittage und schlugen den Weg nordwärts nach Nischne-Turinsk ein, nachdem wir zuvor den Grafen Polier südwestwärts nach Serebrjansk hatten abreisen sehen. Nischne-Turinsk ist 29[1] Werste von Kuschwinsk entfernt. Der Weg folgt dem Laufe der Kuschwa an ihrer rechten Seite, bis sie sich 9 Werste vom Hüttenwerke in die westlich vom Gebirge herabkommende Tura ergiesst, die von nun an eine nördliche Richtung nimmt. An der Einmündung der Kuschwa ist das Hüttenwerk Werchne-Turinsk angelegt, in welchem in mehreren Hohöfen Eisenerze vom Blagodat verschmolzen werden. Ausserdem befindet sich noch hier eine Giesserei, worin man, wie in Kuschwinsk, mit der Anfertigung von Kugeln und Bomben beschäftigt war, und einige Frischfeuer. Hinter Werchne-Turinsk fährt man über die Tura und bleibt an deren linker Seite bis jenseits des Dorfes Imjannaja, das nicht weit von dem Einflusse eines ziemlich bedeutenden Flusses, der Malaja Imjanna, in die Tura liegt, worauf man wieder auf die rechte Seite der Tura übersetzt. Die Tura sowohl als die Imjanna haben felsige Ufer, aber die Felsen sind niedrig und ragen oft kaum über der Dammerde hervor. Erst in der Nähe des Hüttenteiches von Nischne-Turinsk erheben sie sich zu einiger Höhe, man kommt hier an einen langgezogenen mit Tannen bewachsenen Bergrücken, der Schaiton oder die Schaitanskaja Gora genannt, an dessen Seite der Weg entlang geht, während man den Hüttenteich zur linken behält. An der Nordwestseite desselben liegt das bedeutende Hüttenwerk, welches wir am Abend erreichten.

Die Gebirgsarten, die man auf dem Wege von Kuschwinsk nach Nischne-Turinsk findet, sind grösstentheils verschiedene Abänderungen von Augitporphyr, die dadurch ausgezeichnet sind, dass der Labrador mehr als es grösstentheils bisher der Fall gewesen ist, aus der Grundmasse hervor-, und der Augit häufig und in demselben Maasse zurücktritt, und oft ganz aus dem Gemenge verschwindet, wo es dann, bei der oft schwierigen Unterscheidung von Labrador und Albit, schwer fällt zu bestimmen, ob das Gestein ein Augit-freier Augitporphyr, oder ein Hornblende-freier Dioritporphyr ist. In diese Verlegenheit kommt man schon bei den Porphyren, die man gleich hinter Kuschwinsk anstehen sieht; sie enthalten weder Hornblende noch Augit, und bestehen nur aus einer röthlichbraunen Grundmasse mit unebenem Bruch, in welcher schmale Labrador- oder Albitkrystalle mit deutlich einspringenden Winkeln und von fleischrother Farbe sparsam eingewachsen sind. Diess Gestein geht aber nur bis Werchne-Turinsk; in den niedrigen Felsen, unmittelbar vor der Hütte steht ein förmliches Porphyrconglomerat an, das äusserlich ein ganz schwarzes Ansehn hat. Es besteht aus einem Porphyr mit schwärzlichgrüner Grundmasse und grünlichweissem inliegenden Labrador (?), der eckige Stücke eines schwarzen Thonschiefers von verschiedener Grösse, von einigen Linien bis zu einem Zoll Durchmesser, umschliesst. Der Thonschiefer findet sich in solcher Menge, dass er mehr Raum einnimmt, als der Porphyr; er ist härter wie gewöhnlich, lässt sich aber noch mit dem Messer ritzen und schmilzt vor dem Löthrohr an den Kanten zu einem schwarzen Glase. Ausserdem findet sich in dem Gestein noch weisser Kalkspath, der in feinen Trümmchen und Nestern dasselbe nach allen Richtungen durchzieht. Dieses Conglomerat setzt mit wenig verändertem Ansehn bis zum Dorfe Imjannaja fort. Das Gestein, welches hier an den Ufern der Malaja-Imjanna ansteht, ist auch noch ein ähnliches Conglomerat, nur sind die Thonschieferstücke in geringerer Menge vorhanden, und von grauer nicht so dunkler Farbe, wie früher; der einschliessende Porphyr ist graulichgrün, die inliegenden Labradorkrystalle finden sich häufig, sind aber klein, nicht recht scharf begränzt und nicht deutlich spaltbar. Das Gestein braust noch stellenweise mit Säuren; viele der weissen Körner, die sich leicht an der geringeren Härte erkennen lassen, sind Feldspath.

Ist der Porphyr dieses Conglomerats nur muthmasslich als Augitporphyr anzunehmen, so ist darüber gar kein Zweifel mehr bei dem Porphyr der Felsen, die sich an den Ufern der Tura finden, da wo man hinter Imjannaja sie wieder überschreitet. Der Porphyr enthält nun in einer schmutziglauchgrünen und feinsplittrigen Grundmasse deutliche Augitkrystalle, die grünlichschwarz, 1 bis 2 Linien gross und ziemlich vollkommen spaltbar sind; neben ihnen finden sich auch noch kleine Labradorkrystalle, die aber viel undeutlicher und grünlichweiss gefärbt, dennoch beim Befeuchten der Grundmasse ziemlich deutlich aus derselben hervortreten. Die Augitkrystalle hielten indessen nicht lange an; schon nach kurzer Zeit, als ich wieder von den zur Seite des Weges anstehenden Felsen Stücke abschlug, waren sie ganz verschwunden; der sich hier findende **Porphyr** enthielt in einer schmutziggrünen Hauptmasse nur Labrador-Krystalle (?), die lang und schmal und grünlichweiss, die einspringenden Winkel der Spaltungsflächen deutlich zeigten. Auch diess Gestein hielt nicht lange an; noch vor den Felsen am Hüttenteich von Nischne-Turinsk, fand sich wiederum ein **Conglomerat**, das ein schmutziggrün und weiss geflecktes Ansehn hatte, und ein kleinkörniges Gemenge aus Kalkstein und dichtem Augitporphyr bildete, in welchem grosse Stücke theils von dem eben beschriebenen grünen Porphyr theils von unzweifelhaftem Serpentine lagen, der eine schwärzlichgrüne Farbe und splittrigen Bruch hatte. Ebenso bestand auch der Schaiton, wenigstens an dem Abhange, an welchem die Strasse entlang geht, aus **Porphyrconglomerat**, das nur noch erkennbarer war. Es bestand aus Stücken Augitporphyr, und war mit weissem Kalkspath so durchdrungen, dass er fast, wie das Bindemittel eines Sandsteins, die Porphyrstücke zu verbinden schien. Der Porphyr hatte eine schmutziggrüne Grundmasse, und enthielt grünlichschwarze Augitkrystalle, schnitt aber nicht immer scharf an dem Kalkstein ab; in einigen Stücken waren die Umrisse des inliegenden Porphyrs unbestimmt, und der Kalkspath selbst schon grünlich gefärbt, brauste aber immer noch wie gewöhnlich mit Säuren. Auf der Höhe des Schaiton, welchen ich den andern Tag bestieg, hatte die Einmengung des Kalkspaths aufgehört; das Gestein ist ein reiner Augitporphyr, ganz ähnlich dem, welchen wir an den Ufern der Tura anstehend gefunden hatten, und enthält nur eine grössere Menge eingeschlossener Labradorkrystalle, die auch zuweilen eine bläulichweisse Farbe haben.

Die Gegend zwischen Kuschwinsk und Nischne-Turinsk scheint für die Bestimmung der Lagerung des Augitporphyrs von grosser Wichtigkeit zu sein.

So deutliche Conglomerate, wie sich hier finden, sahen wir an keiner Stelle im Ural wieder; die eingemengten Stücke von Thonschiefer, Kalkstein, Serpentin und vielleicht von Dioritporphyr, scheinen zu zeigen, dass alle diese Gesteine in der Nähe vorkommen, und machen es wahrscheinlich, dass der Augitporphyr sie alle durchsetzt habe. Es ist daher sehr wahrscheinlich, dass man bei längerm Verweilen in dieser Gegend Punkte auffinden würde, an welchen die Gränze des Augitporphyrs mit jenen Gesteinen deutlich zu sehen wäre, und man somit bestimmtere Aufschlüsse über sein Verhalten gegen diese erlangen könnte, doch würde dann auch noch bestimmter ausgemacht werden müssen, ob die Porphyre dieser Gegend sämmtlich aus Augitporphyren beständen, oder ob sich nicht auch Dioritporphyre unter ihnen fänden, was möglich, aber mir doch weniger wahrscheinlich scheint, da sich der karakteristische Gemengtheil des Dioritporphyrs, die Hornblende, in diesen Porphyren nirgends gefunden hat. —

In Nischne-Turinsk wird Roheisen von Werchne-Turinsk gefrischt und weiter verarbeitet. Es befinden sich zu dem Ende hier 24 Frischfeuer und mehrere Walz- und Schneide-Werke. Die Anlage des Werkes scheint ganz vortrefflich zu sein. Wir blieben hier nur den Vormittag, besahen an demselben das Werk, und bestiegen die nächsten Höhen; auch benutzte Herr von Humboldt die Zeit, um die Neigung der Magnetnadel zu bestimmen. Seit Katharinenburg hatte dieselbe regelmässig zugenommen, denn in Beresowsk hatte sie Herr v. Humboldt am 20sten Juni 69° 13',2, in Nischne-Tagilsk am 30sten Juni 69° 29',8 gefunden, und hier in Nischne-Turinsk fand er sie 70° 58',7. Die Neigung der Magnetnadel in Katharinenburg bestimmte er erst am 15ten Juni, nach unserer Rückreise vom nördlichen Ural, und fand sie geringer als in Beresowsk, 69° 9',7. — Am Nachmittage setzten wir unsere Reise weiter fort.

Von Nischne-Turinsk aus hat man nur einige 30 Werste nach dem Magnetberge Katschkanar oder Kascanar, der von hier aus nordöstlich liegt, den wir aber schon bei seiner bedeutenden Höhe vom Blagodat aus gesehen hatten. Ungefähr 10 Werste von Nischne-Turinsk verändert die starkströmende Tura ihren Lauf, und wendet sich, wie der Tagil und die Neiwa, unter fast rechtem Winkel nach Osten. An dem Winkel welchen die Tura macht, fällt in die linke Seite, westlich vom Gebirge herabkommend, der Iss, an dessen Ursprunge der Katschkanar liegt. Pallas[1]) hat ihn besucht und beschrieben; er bildet nach ihm ein bedeutendes Stück Gebirge, mehr als 5 Werste lang, besteht jedoch nicht gänzlich aus reinem Magneteisenerz, sondern dem grössten Theile nach aus taubem Gebirge, aus welchem das Magneteisenerz in einzelnen kleinen Kuppen hervorragt. Die Gebirgsart, in welcher das Magneteisenerz hier vorkommt, ist wahrscheinlich wie beim Blagodat, ein Augitporphyr; Herr Schmidt, der den Katschkanar von Bissersk aus besuchte, hatte mir unter den übrigen Mineralien auch 3 Stufen von denselben geschickt, von denen die eine aus derbem ziemlich grosskörnigen Magneteisenerz, die andere aus einem körnigen Gemenge von Magneteisenerz und Augit, die dritte fast nur aus sehr grobkörnigem Augit mit wenigem eingesprengten Magneteisenerz besteht. Der Augit ist von schwärzlichgrüner Farbe, und sehr deutlich spaltbar, besonders nach der geraden Abstumpfungsfläche der schärferen Seitenkante des geschobenen vierseitigen Prisma's von 88°, in viel geringerem Maasse nach den Flächen dieses Prisma's; da die grössere Vollkommenheit der ersteren Spaltungsfläche den Haupt-Unterschied des

---

[1]) Reise, Th. II. S. 267.

Hypersthens vom Augite bildet, so könnte man das mit dem Magneteisenerz verwachsene Mineral auch Hypersthen nennen, wenngleich es noch nicht auf der vollkommensten Spaltungsfläche den metallischen Perlmutterglanz hat, der den Hypersthen von der Küste Labrador auszeichnet.

Der Katschkanar ist wegen der kräftigen Magnete berühmt, die er geliefert hat und immer noch liefert. Einige Schürfe abgerechnet, hat man eigentliche Bauten zur Gewinnung von Magneteisenerz auf ihm nicht vorgerichtet, da die in der Nähe liegenden Magnetberge von Kuschwinsk und Nischne-Tagilsk denselben schon in hinreichender Menge liefern. — Auf seinen westlichen Abhängen nach Bissersk [1]) zu hat sich in neuerer Zeit das schöne smaragdgrüne Mineral gefunden, welches Herr Dr. Hess in Petersburg beschrieben [2]), und nach dem Präsidenten der Petersburger Akademie der Wissenschaften, jetzigem Minister der Aufklärung, Uwarowit genannt hat. Es findet sich fast nur krystallisirt; die Krystalle sind Dodecaëder [3]), die eine Grösse von 1 bis 2 Linien haben, sehr scharfkantig, wenngleich nicht ganz glattflächig sind, und gewöhnlich aufgewachsen vorkommen. Sie sind dunkel smaragdgrün, stark glänzend von Glasglanz, und an den Kanten durchscheinend. Ihr Pulver ist grünlichweiss. Ihre Härte übertrifft noch die des Quarzes, ihr spec. Gew. ist nach Breithaupt 2,969.

Vor dem Löthrohr ist der Uwarowit unschmelzbar, und verändert in der Hitze weder Farbe noch Ansehn. Vom Borax wird er nur sehr langsam zu

---

1) Angeblich zu Saranowskaja, 12 Werste von Bissersk.

2) Poggendorffs Annalen, B. XXIV, S. 388.

3) Herr Dr. Hess lässt es in seiner Beschreibung des Uwarowites noch ungewiss, ob die Krystalle wirklich reguläre Dodecaëder sind, was ich aber durch Messung der Krystalle eines sehr schönen Stückes Uwarowit, welches die Königliche Sammlung in Berlin neuerdings acquirirt hat, bestätigen kann.

einem klaren chromgrünen Glase aufgelöst; von Phosphorsalz nur, wenn er als feines Pulver angewandt wird, und unter Ausscheidung von schwammiger Kieselsäure; das Glas ist bräunlich, so lange es heiss ist, und bekommt erst die chromgrüne Farbe beim Erkalten. Mit Soda sintert er zu einer schlackigen Masse zusammen.

Er findet sich mit einem Minerale, welches sehr feinschuppiger Lepidolith zu sein scheint, auf den Klüften eines derben Chromeisenerzes aufgewachsen.

Bogoslowsk.

Die Kupfergruben von Bogoslowsk, die nun unser nächstes Ziel waren, liegen 167 Werste nördlich von Nischne-Turinsk, also in viel grösserer Entfernung von diesem Orte, als die bisher besuchten Hüttenwerke von einander; ebenso liegen sie auch viel weiter, (gegen 50 Werste) von der eigentlichen Kette des Urals entfernt, obgleich sie, wie jene, sich noch an dem Abhange des Gebirges befinden. Von Nischne-Turinsk nimmt der Ural bedeutend an Höhe zu, und dehnt sich durch Seitenzweige, die er in rechtwinkliger Richtung von der Hauptkette absendet, auf gleiche Weise auch mehr in die Breite aus. Er hat hier seine höchsten bekannten Berge, den Magdalinskoi-, Pawdinskoi-, Konschekowskoi-, Kakwinskoi- und Deneschkin-Kamen [1]), die aber alle bis auf den Magdalinskoi-

[1]) Herr v. Helmerssen, welcher nach uns im Jahre 1832 den nördlichen Ural bereiste, meldete Herrn v. Humboldt in einem interessanten Schreiben aus Petersburg vom 28. März 1835 über die Höhe der letztern Berge, dass Herr Fedoroff, derselbe ausgezeichnete Astronom, welcher den Prof. Parrot an den Ararat begleitete, und gegenwärtig ganz Sibirien durchreiset, die Höhe dieser Berge trigonometrisch gemessen, und 8 bis 9000 Fuss über dem Meere gefunden habe, welches also die doppelte Höhe des Jurma, Taganai und Iremel im südlichen Ural sei, deren Gipfel 4000 Par. Fuss nicht übersteigen. Bei dieser bedeutenden Erhebung des nördlichen Ural, schreibt Herr

Kamen nicht in der eigentlichen Uralkette liegen, sondern sich östlich von derselben als abgesonderte Pics erheben. Auch scheinen sie alle aus anderm Gestein zu bestehen; denn während der Hauptrücken hier, wie in der Gegend von Kuschwinsk, von Chlorit- und Talkschiefer gebildet wird, der zuweilen, wie nach dem Berggeschwornen Karpinskoi in dem Magdalinskoi-Kamen[1]) ausserordentlich quarzig, einen mit schiefrigem Talk gemengten Quarzfels darstellt, bestehen die übrigen vielleicht sämmtlich aus Diorit. Diess ist, wenigstens nach Karpinskoi, das Gestein des Pawdinskoi-Kamen[2]), so wie auch nach einer Gesteinsprobe zu urtheilen, die Herr Prof. Erman in Bogoslowsk erhalten und mir gefälligst gezeigt hat, des Konschekowskoi-Kamen. Der Diorit dieses letztern Berges ist hiernach sehr grobkörnig, und besteht aus grünlichschwarzer Hornblende und schneeweissem Albit, von denen die erstere vorherrschend ist und sich in vollkommen spaltbaren Körnern, von mehr als 1 Zoll Länge findet, der letztere wenig durchscheinend und nicht deutlich spaltbar ist[3]).

---

v. Helmerssen weiter, wundere man sich, dessen Gipfel unter dem 60° N. B. frei von ewigem Schnee zu sehen. Dieser liege aber in grossen sattelförmigen Vertiefungen zwischen den einzelnen Gipfeln und an den östlichen und nördlichen Abhängen, wo man ihn noch im Juni und Juli grosse Felder bilden sehe, den man daher für ewigen Schnee zu halten berechtigt sei. Der Pawdinskoi-Kamen, den ältere Berichte als den höchsten Berg des Urals angeben, erreicht nach den barometrischen Messungen des Herrn v. Helmerssen kaum die Höhe des Taganai bei Slatoust, der 3500 Par. Fuss über dem Meere liegt.

1) Vergl. dessen Beschreibung des Nikolaje-Pawdinskischen Hüttenbezirkes im Russischen Bergwerks-Journal 1833, Quartal I, S. 145.

2) Herr Karpinskoi nennt das Gestein eigentlich Amphibolit.

3) In der königlichen Sammlung in Berlin findet sich ein grosses Stück von einer noch viel grobkörnigern Abänderung von Diorit, die bei dem Dorfe Kaltajewa im Ural vorkommt, dessen genauere Lage ich jedoch nicht angeben kann; die grünlichschwarze Hornblende, die hier ebenfalls vorherrschend ist, findet sich in Körnern

Eine genauere Kenntniss des Gebirges ist bis jetzt durch die Unwegsamkeit desselben verhindert. Nur zwei Strassen führen über den Rücken; die eine südlichere geht von Werchoturje aus, und führt durch das Hüttenwerk Nikolaje-Pawdinskoi bei dem Südabhange des Pawdinskoi-Kamen vorbei, über den Rücken nach dem Dorfe Koria und dann weiter nach Solikamsk; diess war die alte Handelsstrasse nach Sibirien, die wegen des in der Stadt Werchoturje zu entrichtenden Zolles, vor der Anlage der Katharinenburgschen Strasse, die einzige erlaubte über den Ural war. Die andere geht nördlich von derselben und von Bogoslowsk, von dem Hüttenwerke Petropawlowsk aus, auf der Nordseite des Kakwinskoi-Kamen vorbei über den Rücken nach Tscherdin. Ausser diesen Strassen giebt es keine Wege über diesen Theil des Urals; ausgedehnte Sümpfe bedecken die Niederungen, dichte Waldungen die Abhänge, wodurch den genauern Untersuchungen des Urals oft unübersteigliche Hindernisse in den Weg gelegt werden. Aus den zahlreichen Sümpfen entspringen eine grosse Menge von Bächen, die sich bald zu grössern Flüssen vereinigen, und deren beträchtlichste bis zum Deneschkin-Kamen, die Ljalja, Lobwa, Kakwa, Turja, der Wagran und die Soswa sind. Die Quellen der Ljalja entspringen an dem Fusse des Pawdinskoi-Kamen, die der Lobwa an dem Konschekowskoi-Kamen, der Kakwa und der Turja an dem Kakwinskoi-Kamen, und die

von 9 Zoll Länge. Der Albit ist graulichweiss, vollkommen spaltbar, und auf der einen Spaltungsfläche deutlich gestreift. Herr Dr. Henry hat die Hornblende dieses Diorits in dem Laboratorium meines Bruders chemisch untersucht, und darin gefunden:

Kalkerde	9,87
Talkerde	17,55
Eisenoxydul	16,16
Thonerde	11,34
Kieselsäure	45,18
	100,10.

der Soswa östlich und südlich von Deneschkin-Kamen. Alle diese Flüsse nehmen, den Thälern der Seitenzweige des Urals folgend, gleich Anfangs eine mehr östliche Richtung, und unterscheiden sich dadurch auffallend von den mehr südlichern Flüssen, der Neiwa, dem Tagil, der Tura und der Tschussowaja, die alle erst in nördlicher Richtung hart an dem Rücken des Ural entlangfliessen, ehe sie sich, die erstern nach Osten, die letztern nach Westen wenden. Der hauptsächlichste unter den genannten nördlichern Flüssen ist die Soswa, die, nachdem sie einige Zeit nach Osten geflossen ist, sich nach Süden wendet, und in ihrem südlichen Laufe die übrigen Flüsse vom Wagran bis zur Ljalja in sich aufnimmt. Nach der Vereinigung mit dieser letztern wendet sie sich nach NO., und vereinigt sich dann mit der Loswa, die, noch nördlicher als die Soswa an dem Uralrücken entspringend, bis zu ihrer Vereinigung einen der Soswa parallelen Lauf beschreibt, und dann unter dem veränderten Namen Tawda dem Irtysch zuströmmt[1]).

---

[1]) Die nördlich von der Soswa liegende Gegend des Ural war bis in neuester Zeit noch fast gänzlich unbekannt, wo sie erst durch eine von Bogoslowsk aus abgesandte Expedition, die in den Sommermonaten der Jahre 1830, 31 und 32 die Gegend in geographischer und bergmännischer Hinsicht untersuchte, etwas bekannter geworden ist. Die Expedition fing ihre Untersuchungen 160 Werste nördlich von Bogoslowsk bei dem Jwdil, einem rechten Nebenflusse der Loswa an, welcher die nördliche Gränze des Hüttenbezirkes von Petropawlowsk, einem Besitzthume des Kammerherrn v. Wsewoloschski bildet. Sie bestand grösstentheils aus jungen rüstigen Leuten, die sich alle freiwillig dazu erboten hatten, und wurde von dem Markscheider Protassoff II, dem Hüttenverwalter Kowanko und dem Schichtmeister Frese geführt, hatte aber mit den Schwierigkeiten, die sich Untersuchungen in diesen Gegenden entgegenstellen, in vollem Maasse zu kämpfen. Die junge Mannschaft musste sich mit der Axt erst den Weg durch die Wälder bahnen, über Moräste Brücken legen, und die reissenden Flüsse auf ausgehöhlten Baumstämmen beschiffen. Von Station zu Station wurden Magazine erbaut, von wo aus sie ihre Bedürfnisse mit sich führen musste, die ihr häufig durch Regengüsse verdarben, oder auf andere Weise zu

Die Strasse, welche von Nischne-Turinsk nach Bogoslowsk durch diese Wildnisse führt, ist aber gut gebahnt, und erlaubt daher dem Reisenden schnell vorzurücken. Sie verlässt gleich hinter Nischne-Turinsk die Tura, und den rechten Winkel abschneidend, den der Lauf dieses Flusses nördlich von Nischne-Turinsk bildet, erreicht sie die Tura erst wieder einige Werste vor dem Dorfe Nechoroschkowa, wo man mit einer Fähre über den schon beträchtlichen Fluss setzt. Sie bleibt nun an seiner Linken bis in der Nähe von Werchoturje, und wendet sich erst dann nach Norden, wo die Wasserscheider zwischen den der Tura nördlichen Flüssen ebener und deshalb leichter zu passiren sind. Zur Zeit, als Pallas diese Gegenden besuchte, waren sie des Sommers zu Wagen gar nicht, und zu Pferde auch nur mit den grössten Schwierigkeiten zu bereisen. Die berühmten Kupfergruben an der Turja waren damals nicht lange erst entdeckt, und wurden von dem Werchoturischen Kaufherrn Pochadäschin bebaut, der die Wege absichtlich in dem schlechtesten Zustand erhielt, um fremden Erzsuchern den Zutritt zu diesen Gegenden zu erschweren. Seit dieser Zeit sind die Werke an die Krone übergegangen, und seitdem ist auch erst durch die Wälder die gute Strasse gelegt worden. Die Urbar-

---

Grunde gingen, so dass sie mit Entbehrungen aller Art zu kämpfen hatte. Dennoch drang sie auf diese Weise in dem ersten Jahre 50, und in den folgenden Jahren 85 Werste weiter bis zur Sewerna (nördlichen) Soswa vor, die in nordöstlicher Richtung fliessend, sich bei Beresoff in den Ob mündet, und nicht mit der oben erwähnten südlichern Soswa zu verwechseln ist. Die Expedition entdeckte eine Menge reicher Goldsandlager, sowie auch Lagerstätten von Kupfererzen, die später einmal werden von grosser Wichtigkeit werden, wenn der Goldsand der südlichern Gegenden erschöpft sein, und die Kolonisation sich weiter nach dem Norden verbreitet haben wird. Die Gegenden, über welche sich die Untersuchungen der Expedition verbreiteten, wurden aufgenommen, und in dem Gornoi Journal v. J. 1831, Quartal IV, sowie v. J. 1833, Quartal II und IV, beschrieben.

machung der Gegend hat damit aber noch nicht zugenommen, denn abgesehen von dem Dorfe Nechoroschkowa sind die übrigen Stationen, durch welche man kommt, Bessonowa, Latinskoje, Lobwinskoje und Kakwinskoje, nur einzelne Häuser, sogenannte Simowien, welche mitten in dem Walde liegen, und in denen die zur Fortschaffung der Reisenden nöthigen Pferde gehalten werden.

Die Waldungen, welche die Abhänge des Urals auf unserm Wege bedeckten, bestanden aus Tannen, Lerchen, Zederfichten, weniger aus Birken und aus Pappeln. Lerchen- und Zederfichten fanden sich besonders in den sumpfigen Gegenden und gediehen da am besten. Das Unterholz der Tannenwälder bildeten viel wilde Rosen (*rosa canina*) in voller Blüthe, mit *Lonicera xylosteum* und Wachholder, dessen dunkles Grün von dem lebhaften Weiss der Birkenstämme angenehm unterbrochen war. Die Birke war eine Abänderung der Weissbirke mit herzförmigen Blättern und war nie in alten Stämmen zu sehen. An Kräutern fanden sich *Atragene alpina* mit ihren grossen weissen Blumen, eine Anzeige nördlicher Breite, obwohl wir sie auch schon bei unserm Eintritt in den Ural vor Katharinenburg gesehen hatten; ferner *Hesperis matronalis* und *Polemonium caeruleum* welche letztere besonders an feuchten Stellen wucherte, und mit der vorigen, eine Zierpflanze unserer Gärten ist. An der Kakwa blühte *Cartusa Mathioli*, eine deutsche Alpenpflanze, auch sahen wir Spuren der sibirischen *Primula cartusoides*, die in Deutschland auch eine beliebte Culturpflanze geworden ist. Auf den Höhen von Bogoslowsk wuchs der deutsche *Mespilus Cotoneaster* bei dem Sibirischen *Delphinium cuneatum* und bei *Corydalis sibirica*, und in den Sümpfen der Niederungen blühten die deutschen *Menyanthes trifoliata*, *Andromeda polyfolia* und *calyculata* mit *Oxycoccos minus* neben dem nordischen *Rubus chamaemorus*, einer der englischen *Salix cotinifolia* (*S. phylicifolia* L.?) nah verwandte Zwergweide [1]).

So schön und reich auch hier und da die Gruppirung der Pflanzen für das Auge war, so arm war dagegen doch die Fauna der Gegend. Beim absichtlichen Suchen der Thiere auf der Jagd fanden sich meist nur 2 bis 3 Vögel, und selten ein kleiner Hase oder Eichhörnchen. Kein Zwitschern und Gesang liess sich vernehmen. Meistens waren es kleine Falken, *Falco tinnunculus* und *rufipes*, hier und da ein Steinschmätzer (*Saxicola rubetra*), bei Bogoslowsk ein Fink (*Pyrgita melanictera*); noch keine Sperlinge und Bachstelzen, die Weltbürgerformen unter den Vögeln, welche die Menschen und die Cultur begleiten.

Der üppige Krautwuchs von meist sehr saftreichen Pflanzen war aber die Ursache einer grossen Plage dieser Gegend, indem er nämlich eine solche Menge von Mücken ernährte, dass man sich ihrer kaum erwehren konnte. Die Bewohner dieser Gegenden schützen sich das Gesicht durch vorgehängte Netze, die mit Birkentheer, durch dessen Geruch die Mücken vertrieben werden, bestrichen sind, oder sie tragen, wie Pallas anführt [2]), Töpfe mit faulem Holze oder mit rauchenden Birkenschwämmen, deren Rauch die Augen nicht angreift, auf dem Rücken. Wir mussten aber von diesem Uebelstande um so mehr leiden, da wir dagegen noch gar keine Vorkehrungen getroffen hatten. Wir empfanden ihn freilich weniger beim Fahren, weil dann die Mücken durch den Zug vertrieben wurden, desto mehr aber, so bald wir anhielten. Stärker aber noch als die Menschen hatten die Pferde von diesem Ungeziefer zu leiden;

[1]) Nach der Aussage des Dr. Wagner, eines unterrichteten jungen Arztes in Bogoslowsk, soll sich bei dem Hüttenwerke Petropawlowsk nördlich von Bogoslowsk, die Flora durch Orchideen und eigene Andromeden plötzlich umändern.

[2]) Reise, Th. II, S. 202.

die Bauern, die die Wege ausbesserten, hatten zu ihrem Schutze hier und da Feuer angezündet, um die sie sich mit den Köpfen drängten, wenn sie nicht anderweitig gebraucht wurden, und lieber den Rauch des Feuers ertrugen, um nur vor den Mücken geschützt zu sein[1]).

Anstehendes Gestein war im Ganzen an dem Wege nur wenig zu sehen. Das Gestein, dessen man sich zum Ausbessern der Strasse an der Tura bediente, war ein sehr quarzreicher Talkschiefer, den wir aber nicht an Ort und Stelle gesehen haben. Die Ufer sind bei dem Uebergange über die Tura nur flach, und hervorspringende Felsen finden sich auch später an der linken Seite, wo der Weg entlang geht, nicht, wenngleich sie sich am rechten Ufer bald recht schroff und steil erheben. Schon bei Nechoroschkowa, der ersten 40 Werst von Nischne-Turinsk entfernten Station, hatten auch diese sich wieder gesenkt; die Ufer waren beide flach, bestanden jedoch, wie das Bette des Flusses, nur aus Felsen von massiger und wulstförmiger Bildung. Das Gestein war ein Syenit von mittlerm Korn, der aus graulichweissem Feldspath, ebenso gefärbtem Albit, graulichschwarzer Hornblende und grünlichschwarzem Glimmer bestand. Wegen der gleichen Farbe war in diesem Gestein der Albit nur bei genauer Betrachtung

[1]) Die Bauern müssen in diesen menschenleeren Gegenden zur Ausbesserung der Wege oft von weiter Ferne herkommen. Sie halten sich dann so lange in der Nähe der Wege auf, bis sie mit ihrem Districte fertig sind, und bauen sich deshalb kleine Hütten zur Seite des Weges, die sie aus Stangen zusammenschlagen, und auf eine eigenthümliche Weise durch Platten von Birkenrinde von mehr als Quadratfuss-Grösse decken. Der Birkenrinde bedienen sie sich auch noch zu manchen andern Zwecken, namentlich zur Verfertigung von Trinkgeschirren, und schälen dazu die Stämme von Birken meistens einige Fuss über der Wurzel, und gewöhnlich nur auf etwa 1 Fuss Breite ab, ohne sie, wie man sagt, durch diese Behandlung zu Grunde zu richten.

von dem Feldspathe zu unterscheiden, dann aber gleich an den einspringenden Winkeln auf den vollkommensten Spaltungsflächen zu erkennen. Zwillingsartig verwachsene Körner fanden sich auch beim Feldspath, aber bei diesem sind die Individuen, wie bei den Karlsbader Zwillingskrystallen so verbunden, dass die deutlichsten Spaltungsflächen beider Individuen auf entgegengesetzten Seiten liegen [1]). Feldspath und Albit waren beide ziemlich durchscheinend, und beide etwa in der doppelten Menge in dem Gestein enthalten, als die Hornblende; auch mögen sie selbst wohl untereinander in gleicher Menge enthalten sein, wiewohl hier die Schätzung, wegen der gleichen Farbe beider, nur sehr unsicher sein kann. Glimmer fand sich nur hier und da in dem Gestein in einzelnen kleinen Schüppchen. Das gemeinschaftliche Vorkommen des Feldspaths und Albits zeichnet diesen Syenit besonders aus; es findet sonst in diesem Gebirgsgesteine nicht häufig statt, weshalb ich mich mit Sorgfalt davon zu überzeugen suchte, es kann übrigens aber nicht auffallen, da ja auch in den verschiedenen Graniten und Porphyren beide Mineralien häufig zusammen auftreten. —

In Nechoroschkowa langten wir erst ziemlich spät am Abend an. Wir wechselten hier die Pferde, setzten in der Nacht über die Ljalja, und waren am Morgen früh in der Simowie Latinskoje, die an der Lata, einem kleinen rechten Nebenflusse der Lobwa liegt.

---

[1]) Dem durch Nickeloxyd braungefärbten Boraxglase ertheilte dieser Feldspath vor dem Löthrohr die bekannte graulichblaue Farbe, dagegen der Albit es nicht veränderte. Durch diese Versuche, die bei der Kleinheit der Körner leichter anzustellen und entscheidender sind, als die Messung der Winkel der Spaltungsflächen, überzeugte ich mich vollkommen, dass das, was ich für Feldspath hielt, in der That Feldspath, und nicht etwa ein Albit sei, der sich zufälliger Weise in einfachen Krystallen, und daher ohne Streifung auf der vollkommensten Spaltungsfläche finde.

In dem Sande der Lata hat man, dicht bei der Simowie, Gold gefunden, und daselbst ein Seifenwerk angelegt, das den Namen Pitatelewskoi führt, und unter der Berghauptmannschaft von Bogoslowsk steht. Wir besuchten dasselbe sogleich, und wurden dahin von dem Herrn Markscheider Protassoff aus Bogoslowsk geführt, der Herrn von Humboldt zu bewillkommnen, bis hierher entgegengekommen war.

Der Goldsand, welcher in Pitatelewskoi abgebaut und verwaschen wird, ruht unmittelbar auf anstehendem Gestein, wird aber von einer 2 Lachter mächtigen Schicht Dammerde bedeckt. Das Grundgestein ist ein Dioritporphyr, welcher in einer lichte- grünlichgrauen Grundmasse, kleine gelblichweisse eingewachsene Albitkrystalle enthält, aber sehr klüftig und wenigstens an der Oberfläche nicht recht frisch, und auf den Kluftflächen mit einem schwarzen Ueberzuge bedeckt ist. Aus demselben Gesteine, jedoch in andern ganz verschiedenen Abänderungen, die alle sehr ausgezeichnet sind, bestehen auch die vielen grossen, bis einen Fuss im Durchmesser haltenden Geschiebe, die sich in dem Goldsande finden. Man kann unter diesen besonders 2 Hauptabänderungen unterscheiden. Die eine hat eine schwärzlichgraue oder grünlichgraue, dichte, mit dem Messer schwer ritzbare Grundmasse, die vor dem Löthrohre an den Kanten zu einem schwärzlichgrünen Glase schmelzbar ist, und sich in dieser Rücksicht von der der übrigen Diorit- und Augitporphyre nicht unterscheidet. In dieser liegen Albitkrystalle, die gewöhnlich nur klein, graulich- oder grünlichweiss und meistens nur sehr wenig durchscheinend sind, einen dichten, feinsplittrigen Bruch haben, und die Spaltungsflächen mit ihren einspringenden Winkeln nur selten erkennen lassen. Sie treten in den verschiedenen Stücken mehr oder weniger hervor, haben mehr oder weniger deutliche Umrisse, und sind häufig nur erst dann erkenntlich, wenn man das Stück befeuchtet hat. Ausser diesen meistens nur undeutlichen Krystallen, liegen in der Hauptmasse aber noch andere grosse, durch graulichschwarze Farbe deutlich hervortretende Krystalle von Hornblende. Sie liegen nicht sehr gedrängt nebeneinander, aber sie sind häufig 3 bis 4 Linien, zuweilen einen Zoll lang, und verhältnissmässig breit. Sie sind fest mit der umgebenden Masse verwachsen, schneiden aber an dieser scharf ab, und bilden auf den Bruchflächen des Gesteins vollkommen geradlinige Umrisse, aus denen man auf ihre äussere Form schliessen kann, wenngleich die Krystalle aus dem umgebenden Gesteine nicht herauszunehmen sind. Man sieht daraus, dass ihre Form dieselbe ist, wie die der Hornblendekrystalle, welche in den Basalten und Wacken vorkommen, und mit denen sie auch in der Vollkommenheit der Spaltungsflächen übereinstimmen. Sie unterscheiden sich hierdurch gleich auf den ersten Blick von den in den Augitporphyren vorkommenden Uralitkrystallen, die die Form des Augites haben, und deren Spaltungsflächen, wenngleich sie sich unter denselben Winkeln wie die der Hornblende schneiden, doch immer ein fasriges Ansehn besitzen. Vor dem Löthrohre schmelzen die Hornblendekrystalle dieses Dioritporphyrs auf der Kohle unter starkem Aufblähen zu einer schwarzen Kugel, die vom Magnete angezogen wird, wodurch sie sich ebenfalls von den Uraliten unterscheiden, die nur an den Kanten, und in der Platinzange gehalten, zu einem schwärzlichgrünen Glase schmelzbar sind. Die scharfen Umrisse, die die Krystalle der Hornblende haben, ihre dunkle schwarze Farbe, die von der lichtern, unbestimmteren, durch die inliegenden Albitkrystalle weiss gefleckt erscheinenden Farbe der Grundmasse stark absticht, und die vollkommene Frische des Gesteins geben demselben ein sehr schönes Ansehn.

In der andern Abänderung des Dioritporphyrs, die sich in den Geschieben des Goldsandes findet, sind die Albitkrystalle grösser und häufiger; sie treten aus der Grundmasse deutlich hervor, sind graulichweiss durchscheinend, bald mehr bald weniger, aber deutlich spaltbar, und auf der vollkommensten Spaltungsfläche stark gestreift. Die Krystalle der Hornblende finden sich dagegen weniger häufig; sie sind lang und schmal und von mehr grünlichschwarzer Farbe. Ausser diesen Substanzen stellt sich hier noch Quarz ein, der, sonst nur ein unwesentlicher Gemengtheil des Dioritporphyrs, sich hier in grösserer Menge als die Hornblende, jedoch immer noch in geringerer Menge als der Albit findet. Er kommt in rundlichen Körnern oder stark abgerundeten Hexagondodecaëdern vor, und ist graulichweiss, stark durchscheinend und im Bruche fettglänzend. Alle diese Gemengtheile liegen in der Grundmasse mehr oder weniger häufig, in manchen Stücken in solcher Menge, dass sie mehr Raum einnehmen als die Grundmasse selbst.

Von der beschriebenen Art waren nur die grössern Geschiebe des Goldsandes; leider bin ich nicht mehr im Stande die Beschaffenheit der kleinern Geschiebe und Krystalle anzugeben, da die gesammelten Proben durch einen Zufall verloren gegangen sind. Der Abbau des Goldsandes hatte schon eine sehr grosse Ausdehnung erreicht, und die frühere Einsamkeit des Orts belebt gemacht. Die Reichhaltigkeit des Sandes an Gold betrug in 100 Pud Sand ein halbes bis ein Solotnik. Auch findet sich neben dem Golde etwas Platin. —

Nach Besichtigung des Seifenwerkes setzten wir unsern Weg weiter fort. Ein bald eintretender starker und den Vormittag anhaltender Regen mit Gewitter nöthigte uns, unsere Wagen zu schliessen; wir konnten dadurch weniger auf den Weg achten, den wir nahmen, aber unsre Aufmerksamkeit wurde auch durch wenige Gegenstände in Anspruch genommen. Der zum Theil recht sumpfige Wald setzte in seiner Einförmigkeit fort, und anstehendes Gestein sahen wir sowohl jetzt als auch auf der Rückreise, wo wir denselben Weg nahmen, nicht anders als an den Ufern der Flüsse, die alle ihr Bett in dem unmittelbar unter der Dammerde sich findenden Gestein gewühlt hatten. 40 Werste von Latinskoje kamen wir nach Lobwinskoje, wo wir mit einer Fähre über die Lobwa setzten. Ihr Flussbette besteht hier aus einem Dioritporphyr, der in seinem Ansehn mit dem von Laja (vergl. Seite 338) sehr übereinstimmt. In der Grundmasse, die eine grünlichweisse Farbe hat, liegen kleine Albitkrystalle, die auch deutliche einspringende Winkel haben, und sich in der Farbe ebenso wenig wie bei dem Gestein von Laja auszeichnen; ausserdem findet sich darin Hornblende von grünlichschwarzer Farbe in noch kleinern undeutlichern Körnern als dort. Spaltungsflächen sind bei ihnen ebenso wenig zu sehen, und die schwarzen Körner auch hier nur der Analogie nach als Hornblende zu bestimmen. Eisenkies fehlt auch diesem Gesteine nicht, und ist in einzelnen grössern Parthien demselben beigemengt; ausserdem aber findet sich in demselben noch Magnetkies, der durch die ganze Masse äusserst fein eingesprengt ist, und durch seine braune Farbe und starken Magnetismus sich von dem Eisenkies unterscheidet. An der Oberfläche ist das Gestein wie das von Laja zersetzt, und hat eine braune 4 bis 5 Linien dicke Verwitterungsrinde. — Diess ist das gewöhnliche Ansehen des Gesteins; an manchen Stellen erschien es aber ganz conglomeratartig, und enthielt grosse Stücke schwarzen Kieselschiefers, schwarzen Thonschiefers, und eines grauen dichten Kalksteins; ausserdem fanden sich noch Stücke eines dichten feldspathartigen Gesteins von gelblichweisser Farbe und von demselben Ansehn, wie wir solche Stücke auch in dem Augitporphyr zwischen Pyschma und Mostowaja nördlich von Katharinenburg (vergl. S. 286) gefunden hatten.

Der 20 Werste lange Weg über die folgende Wasserscheide bis zur Kakwinskischen Simonie ist ebenso waldig aber weniger sumpfig. Man setzt hier über die Kakwa, welche, wie die Lobwa, ein sehr reines klares Wasser hat. An dem diesseitigen rechten Ufer, links vom Wege, sieht man etwas höhere Felsen sich erheben, die aus einem andern Gesteine als aus Diorit oder Augitporphyr bestehen, welche nun seit Nischne-Tagilsk uns fast anhaltend begleitet hatten. Es war ein dichter gelblich- bis röthlichweisser Kalkstein, mit ebenem feinsplittrigen Bruch und mit Adern von weissem körnigen Kalkstein durchzogen. Ich fand darin eine Versteinerung, dergleichen er nur sehr sparsam, wenigstens an der Stelle, wo wir ihn untersuchten, zu enthalten schien; es war zwar nur ein Steinkern, liess aber doch deutlich einen Trilobiten erkennen. Herr von Buch, dem ich sie später zeigte, glaubte darin die *Calymene Blumenbachii* von Dudley zu erkennen, doch liess sich wegen der Unvollkommenheit des Exemplars der Name der Species nicht mit völliger Sicherheit angeben. Dennoch war die Beobachtung hinreichend, um den Kalkstein, der sie enthielt, für Uebergangskalkstein zu bestimmen.

Die letzte Wasserscheide auf diesem Wege zwischen der Kakwa und Turja ist nur 16 Werste breit und etwas höher und trockener als die bisherigen. Ungefähr auf der Hälfte des Weges fährt man bei einer niedrigen rechts am Wege liegenden Kuppe vorbei, die oben kahl ist, und wiederum aus Augitporphyr besteht, der in senkrecht stehenden Säulen zerklüftet ist. Der Augitporphyr gehört zu den Abänderungen, die, wie die von Ajatskaja, (vergl. S. 143.) nur wenig Augit und dagegen eine verhältnissmässig grössere Menge von Labrador enthalten. Seine Grundmasse ist grünlichbraun; die inliegenden Labradorkrystalle sind gelblichweiss und undurchsichtig, und zeichnen sich deutlich von der Grundmasse aus, in welcher sie doch ziemlich weitläuftig zerstreut sind. Ihre Durchschnitte auf der Bruchfläche des Gesteins haben eine Länge von 3 bis 4 Linien, und eine Breite von 1 bis 1½ Linien, und zeigen häufig deutliche einspringende Winkel. Die Augitkrystalle sind schwärzlichgrün, sehr klein und nur wenig bemerkbar.

Um 11 Uhr Abends kamen wir in Bogoslowsk an. Das Wetter hatte sich aufgeklärt, und alle Gegenstände waren daher bei dieser hohen Breite, wo die Dämmerung die ganze Nacht hindurch fast gar nicht aufhört, noch deutlich zu erkennen. Die Kupferhütte, die Kirche und die Wohnungen der Beamten liegen an dem linken nördlichen Ufer der Turja, das eben und flach ist, während das rechte der Hütte gegenüber sich in schroffen Felsen steil erhebt; weiter gegen Westen wird der Abhang sanfter, und auf diesem Abhange befinden sich die meisten Wohnungen der Hüttenleute und Bauern. Zwischen der Hütte und dem Dorfe ist der 130 Lachter lange Damm angelegt, der die Turja über das linke flachere Ufer dem Dorfe gegenüber gedrängt, und an dieser Stelle den Fluss angeschwellt hat. Ueber diesen Damm geht auch der Weg nach dem nördlichen Ufer fort. Es ist ein überraschender Anblick, wenn man von den Höhen vor Bogoslowsk herabfährt, und nun plötzlich einen weiten Blick erhält, gegenüber auf die sich ausbreitende Ebene, und links auf das sich mächtig erhebende Gebirge. Der Hauptrücken ist von Bogoslowsk noch 50 Werste entfernt, scheint sich aber schon von hier aus zu erheben. Sein Abhang ist mit schwarzer, undurchdringlich scheinender Tannenwaldung bedeckt, und aus ihr ragen am Horizont die kahlen lang gezogenen, jetzt meistens alle noch mit Schnee bedeckten Kuppen steil hervor, unter denen die des Konschekowskoi-Kamen als die bedeutendste erschien. Die weissen Gipfel dieser Berge kontrastirten mächtig gegen den schwarzen Abhang, dessen einförmiges geheimnissvolles Dunkel auf unübersehbarer Ferne durch nichts unterbrochen wurde.

Den 4ten Juli. Wir waren in einem sogenannten Kronsquartiere abgestiegen, dicht neben der Wohnung des Ober-Bergmeisters und Directors der hiesigen Werke, Herrn Beger, eines kenntnissreichen und im Umgange angenehmen Mannes, der zwar nicht, wie man nach seinem Namen vermuthen sollte, deutsch[1]), doch vollkommen fertig französisch sprach. Desto angenehmer war es uns in der liebenswürdigen Frau des Herr Beger eine geborne Deutsche von der Insel Oesel bei Riga zu begrüssen. Wir fanden in ihr eine grosse Liebhaberin des Gartenbaus, die einen hübschen Garten hinter ihrem Hause mit vieler Sorgfalt pflegte. Hier bemerkten wir als Bäume im Freien: Linden, Zirbelfichten, Fichten (*Pinus sylvestris*), ferner *Sorbus aucuparia*, *Prunus Padus*, den Sibirischen Erbsenbaum (*Robinia Caragana*), *Crataegus torminalis* und *Salix viminalis*. Die Blumenflor des Gärtchens bildeten die einheimischen Wiesenpflanzen *Aconitum septentrionale*, *Delphinium cuneatum*, *Lilium Martagon* und eine Lavatera-Art, die neben der Mexikanischen *Zinnia multiflora* und *Tagetes erecta*, dem Peruanischen *Tropaeolum majus*, und der Ostindischen *Mirabilis Jalappa* standen. In dem Treibhause fanden sich die Citronenbäumchen, Johannisbrodbäumchen und Aepfelbäumchen des südlichen Europa's und westlichen Asiens,

[1]) Die vielen deutschen Namen die man' am Ural findet, geben häufig Veranlassung zu einer solchen Täuschung. Der Bergbau am Ural ist grösstentheils durch Deutsche aufgenommen, die die russische Sprache lernten, sich an russische Mädchen verheiratheten, und ihre Kinder, die grösstentheils im Bergcorps in Petersburg erzogen und zu den Beschäftigungen der Väter vorbereitet wurden, nicht ihre Muttersprache lernen liessen; die Abkunft derselben ist dann nur an ihren deutschen Namen zu erkennen. — Herr Beger ist nach unserer Reise nach Barnaul im Altai als Director der dortigen Silberhütte versetzt worden.

neben einer grossen Zahl Ostindischer Ananas, welche hier in Sibirien das am leichtesten zu erzielende Obst bilden, und dem Ostindischen *Jasminum Sambac*; und ein *Amaranthus parisiensis* (*pachystachys*) stand neben der Nordafrikanischen *Reseda odorata* und dem Südafrikanischen *Pelargonium roseum*.

Wir benutzten noch den Vormittag um die berühmten Kupfergruben von Bogoslowsk zu besuchen, die 15 bis 18 Werste östlich von den Hütten an der Turja liegen und daher auch im Allgemeinen den Namen der Turjinschen Gruben führen [1]). Die wichtigsten derselben sind in 2 Hügeln angelegt, welche der Turjinsche und Frolowsche Berg heissen. Der erstere liegt auf dem linken, der Frolowsche Berg auf der rechten Seite der Turja. Der erstere bildet einen nach allen Seiten flach abfallenden Berg, welcher die nur sehr mässige Höhe von etwa 190 Fuss über der Turja erreicht. Die sich stark schlängelnde Turja umgiebt ihn von der Ost- und Südseite [2]), im Norden begränzt ihn die Suchodoika, ein in die linke Seite der Turja fallender Bach, im Westen ein Sumpf. In ihm bauen die Wassiljewskische und die Suchodoiskische Grube, deren Arbeiten sich hauptsächlich in dem Nordwestabhange des Berges befinden. Der Frolowsche Berg erreicht ziemlich dieselbe Höhe, wie der andere, ist auf der Westseite von der Turja, südlich durch ein tiefes Thal, welches in die Turja mündet, und nord- und ostwärts durch Sumpf begränzt. Die Grube, welche wie der Berg, die Frolowsche genannt

---

[1]) Vergl. die Beschreibung der Turjinschen Gruben von dem Ober-Bergmeister Beger in dem Russischen Bergwerks-Journal (Gornoi-Journal) v. J. 1826, H. 2. S. 3, und die Untersuchung der Kupfergruben im Kreise der Bogoslowskischen Hütte vom Ober-Hüttenverwalter Protassoff, Gornoi-Journal v. J. 1830, Quartal III, S. 75.

[2]) Vergl. die Karte Taf. VIII, welche eine Kopie der Karte ist, die sich bei der Abhandlung des Herrn Protassoff befindet.

wird [1]), liegt auf seinem Südabhange nach dem Thale zu, und 3 Werste südöstlich von denen des Turjinschen Berges.

Die herrschende Gebirgsart in dieser Gegend ist ein Uebergangskalkstein, wie wir ihn schon an den Ufern der Kakwa hatten anstehen sehen, und wie er auch noch jenseits des Hüttenwerkes Petropawlowsk fortsetzt. Daraus besteht auch der Turjinsche und Frolowsche Berg; doch wird derselbe hier von Diorit und Dioritporphyr gangartig und in solcher Menge durchsetzt, dass der Kalkstein in den Gruben wie in mächtigen Lagen zwischen diesen Gesteinen erscheint [2]). Nächst dem Diorit und Dioritporphyr findet sich noch Granatfels, der in ähnlichen Massen erscheint, und an der Gränze aller dieser Gesteine miteinander findet sich ein Thon, welcher die Kupfererze in ganzen Lagen oder in Nestern enthält.

Der Kalkstein, welcher ferner in den Gruben angetroffen wird, ist gelblichweiss und feinsplittrig, zuweilen auch schwärzlichgrau; er enthält Trilobiten Enkriniten, Terebrateln, und andere dieser Formation eigenthümliche Versteinerungen, doch wie es scheint in nicht sehr grosser Menge, und schliesst zuweilen grosse Höhlen ein, welche mit Tropfstein besetzt sind. In den Gruben ist der Kalkstein dagegen grösstentheils schneeweiss und körnig, seltener gelblichweiss

---

[1]) Sie führen ihren Namen nach den Russischen Heiligen Flora und Laura, an deren Tage (nach dem Russischen Kalender) im Jahre 1760 die Entdeckung der Erzlager durch einen Wogulen gemacht wurde, der den Spuren von verlaufenen Stieren, welche von Bären verfolgt waren, nachging. (Pallas Reise, Th. II, S. 238). Versetzungen von Consonanten, wie bei dem Namen der Frolowschen Grube kommen bei Russischen Wörtern, die aus der Lateinischen Sprache genommen sind, öfter vor. Der Marmor, der in der Russischen Sprache Mramor heisst, ist unter andern ein Beispiel.

[2]) Vergl. damit Tafel IX, welche einen horizontalen und vertikalen Durchschnitt eines Theiles der Frolowsche Grube enthält, der Herrn von Humboldt durch Herrn Ober-Bergmeister Beger mitgetheilt wurde.

und dicht. Er schliesst nun auch noch mehr oder weniger grosse Höhlungen ein, welche aber Drusenräume bilden, die an den Wänden mit Kalkspath- oder Quarzkrystallen besetzt und zum Theil mit Thon ausgefüllt sind. Die Kalkspathkrystalle sind so weit ich sie kenne nur klein, und stellen das gewöhnlich vorkommende Scalenoëder dar, das an dem Ende mit dem Hauptrhomboëder begränzt ist. Die Drusenräume werden zuweilen auch an der Gränze mit den übrigen Steinarten angetroffen, und sind dann gewöhnlich grösser, als die, welche im Innern des Kalksteins vorkommen. Der grösste Drusenraum der Art findet sich in dem Archangelskischen Schacht (Erzengel-Schacht) der Frolowschen Grube, der 22 Saschenen unter Tage anfängt, und bis zu einer Teufe von 37 Saschenen fortsetzt, ohne dort aufzuhören; seine grösste Mächtigkeit beträgt 5 Saschenen.

Der Diorit der sich in den Gruben findet, ist ein körniges sehr ausgezeichnetes Gemenge von schneeweissem Albit und grünlichschwarzer Hornblende. Der Albit, dessen körnige Zusammensetzungsstücke die einspringenden Winkel auf den vollkommensten Spaltungsflächen meistentheils sehr deutlich zeigen, herrscht gewöhnlich vor, und bildet eine körnige Masse von mittlerm Korn, welche die grössern gewöhnlich prismatischen Körner der Hornblende von allen Seiten umschliesst, und dadurch dem Gestein ein porphyrartiges Ansehn giebt, wenngleich die körnige Masse des Albites nie dicht, und die eingewachsenen Hornblendekörner nie regelmässig begränzt erscheinen. Hier und da finden sich zwischen dem Albit noch kleine Körner von Quarz von graulichweisser Farbe, und ausserdem noch viel kleinere von Magneteisenerz.

Der Dioritporphyr ist sehr ähnlich dem, welchen wir in Geschieben in dem Goldsande von Pitatelewskoi gefunden hatten. Er hat eine grünlichgraue Grundmasse mit feinsplittrigem Bruche, in welcher

Albit- und Hornblendekrystalle eingewachsen waren. Die Albitkrystalle sind meistentheils nur klein, grünlichweiss und wenig durchscheinend, seltener reiner weiss und stärker durchscheinend, in welchem Fall sie auch die einspringenden Winkel deutlicher zeigen; die Hornblendekrystalle sind graulichschwarz, deutlich spaltbar, und 3 bis 4 Linien lang. Sie liegen viel sparsamer in der Grundmasse als die Albitkrystalle, treten aber vermöge ihrer dunklen Farbe viel stärker aus derselben hervor. Magneteisenerz findet sich auch hier und da in einzelnen Körnern eingesprengt.

Der Granatfels ist meistentheils derb und nur an der Gränze mit dem Kalksteine krystallisirt. Er hat einen ebenen Bruch, eine gelblichbraune Farbe, ist stark glänzend von Fettglanz und an den Kanten durchscheinend. Kleine Adern von Quarz durchsetzen ihn häufig. Der Thon ist gelblich- und graulichweiss, häufig aber stärker roth, braun, gelb und grün gefärbt, wo er von Kupfererz - Theilchen durchdrungen ist; er ist zähe und fettig anzufühlen.

Unter den den Kalkstein durchsetzenden Massen scheint der Diorit die älteste zu sein, da er von den übrigen durchsetzt wird. Der Granatfels scheint sich besonders an seiner Gränze mit dem Kalksteine gebildet zu haben, wiewohl er auch ohne sichtbare Verbindung mit diesem vorkommt. Er bildet Lagen, die man bis auf eine Länge von 130 Lachtern verfolgt hat, und die zuweilen eine Mächtigkeit von 20 Lachtern erreichen. Der Dioritporphyr durchsetzt alle andern Gebirgsarten, und findet sich in Gängen, die 1 bis 35 Lachter Mächtigkeit haben, sich dem Streichen und Fallen nach krümmen und biegen und mehrfach verzweigen, und bis auf eine Länge von 120 Lachter bekannt sind. Im Allgemeinen ist ihr Streichen in der Frolowschen Grube von NO. nach SW., während es sich in der Wassiljewskischen und Suchodoiskischen Grube von SO. nach NW. wendet. Ihr Einfallen ist senkrecht oder mehr oder weniger geneigt. Durch diese Gebirgsmassen wird der Kalkstein in Lagen zertheilt, die eine Mächtigkeit von 20 bis 30, ja bis 60 Lachtern haben, und bis auf eine Länge von 100 bis 300 Lachtern untersucht sind. Der Thon, in welchem die Kupfererze vorkommen, und welcher sich an der Gränze der Gesteine findet, scheint durch Zersetzung des Diorites sowohl als auch des Dioritporphyrs und des Granats entstanden zu sein. Wo sich die Kupfererze finden, sind sehr häufig die Gebirgsgesteine an den Rändern in Thon verändert, während dagegen, wo sich diese nicht finden, die Gebirgsarten unverändert an einander gränzen. Die Kupfererze, welche sich in den Gruben finden, sind aber folgende:

1. Gediegenes Kupfer. Es kommt meistentheils krystallisirt vor; die Krystalle sind nicht selten von einer Grösse, Nettigkeit und Deutlichkeit, wie sie bei dem Kupfer keines andern Fundortes vorkommen; sie verdienen daher hier um so mehr eine ausführliche Betrachtung, da sie, obgleich schon seit der Mitte des vorigen Jahrhunderts bekannt, noch nicht besonders beschrieben worden sind. Die Krystalle haben meistentheils die Taf. III, Fig. 1 abgebildete Form. Es sind Combinationen des Hexaëders *a*, des Dodecaëders *d*, des Octaëders *o* und eines Tetrakishexaëders $\frac{2}{5}d$, wobei die Flächen des Hexaëders gewöhnlich vorherrschen, und die Flächen der übrigen Formen untergeordnet zu diesem hinzutreten. Das hier vorkommende Tetrakishexaëder ist bis jetzt noch beim Kupfer nicht bekannt gewesen, und hat sich auch bis jetzt noch bei keinem andern Minerale gefunden. Es wird durch die Formel $(a : \frac{5}{2}a : \infty a)$ bezeichnet, und hat in den Hexaëderkanten Winkel von 133° 36′, in den andern Kanten von 149° 32′. Die Neigung seiner Flächen gegen die Hexaëderflächen beträgt demnach 158° 12′, gegen die Dodecaëderflächen 156° 48′.

Die Flächen der Krystalle sind meistentheils glatt und vollkommen glänzend, ihre Winkel daher mit dem Reflexionsgoniometer sehr genau zu bestimmen, nur die Flächen des Tetrakishexaëders sind parallel den Kombinationskanten mit dem Hexaëder und Dodecaëder zart gestreift; dessen ungeachtet sind aber seine Winkel noch mit Sicherheit zu bestimmen.

Die Krystalle dieses Kupfers sind indessen gewöhnlich Zwillings-, höchst selten einfache Krystalle. Das Gesetz, nach welchem die Krystalle des Zwillings verbunden sind, ist das, welches bei den Krystallen des regulären Krystallisationssystems gewöhnlich vorkommt; die Individuen haben eine Octaëderfläche gemein, und rechtwinklig auf derselben die Umdrehungsaxe. Mit der gemeinschaftlichen Zwillingsebene sind sie auch zusammengewachsen. Die Hexaëderflächen bilden daher an der gemeinschaftlichen Ebene 3 einspringende und 3 ausspringende Winkel, die miteinander abwechseln, 12 Dodecaëderflächen umgeben die einspringenden Winkel, und von diesen fallen immer 2 den verschiedenen Individuen angehörige Flächen in eine Ebene [1]).

Diese Zwillingskrystalle kommen indessen nicht immer so regelmässig vor, wie in der Zeichnung angegeben ist; sie sind gewöhnlich parallel einer der Kanten, in welchen sich die Hexaëderflächen der verschiedenen Individuen an der gemeinschaftlichen Ebene schneiden, d. i. parallel einer Octaëderkante oder einer Diagonale der Hexaëderfläche verlängert (Fig. 4). Alle Flächen, die parallel einer solchen Kante liegen, erscheinen daher als Seitenflächen eines achtseitigen Prisma's, das aus einer Hexaëder-, einer Dodecaëder-

---

[1]) Vergl. die Fig. 2 und 3, Taf. III, welche so gestellt sind, dass eine der 3 Kanten, in welchen sich die äussern Hexaëderflächen der beiden Individuen des Zwillings schneiden, vertikal steht. Bei Fig. 3 sind der Deutlichkeit halber die Flächen des Tetrakishexaëders, bei Fig 2 auch die des Dodecaëders fortgelassen.

und 2 Octaëderflächen des einen Krystalls, und den gleichnamigen Flächen des andern Krystalls gebildet wird. Die Flächen gränzen so aneinander, dass an der Zwillingsebene 2 Hexaëderflächen der verschiedenen Krystalle auf der einen Seite, und 2 Octaëderflächen auf der andern Seite aneinander liegen. Auf die Hexaëderflächen folgen bei beiden Krystallen die der gemeinschaftlichen Ebene parallelen Octaëderflächen, dann die Dodecaëderflächen, dann wiederum die Octaëderflächen. Die Hexaëder- und Dodecaëderflächen herrschen vor, die untereinander parallelen Octaëderflächen erscheinen als Abstumpfungsflächen der Kante von 90°, welche die Hexaëder- und Dodecaëderflächen bilden, und machen mit den erstern den Winkel von 125° 16′, mit den letztern den Winkel von 144° 46′. Die Octaëderflächen, die an der gemeinschaftlichen Ebene liegen, bilden gegeneinander einen Winkel von 109° 28′, und unter demselben Winkel sind auch die dieser Ebene anliegenden Hexaëderflächen gegeneinander geneigt. Häufig entsteht noch an den Octaëderflächen der Zwillingsgränze ein einspringender Winkel, der von den nach einwärts gehenden Hexaëderflächen, die denen der andern Seite parallel sind, gebildet wird.

Dergleichen verlängerte oder nicht verlängerte Zwillingskrystalle gruppiren sich nun auf eine eigenthümliche Weise. Sie legen sich in paralleler Stellung mit den Dodecaëderflächen so aneinander, dass sie Reihen bilden, die die Richtung ihrer Verlängerung fortsetzen, oder, wenn sie nicht verlängert sind, dieser Verlängerung entsprechen. Dergleichen Reihen bilden sich von einem Zwillingskrystalle aus, nicht allein nach e i n e r Richtung, sondern oft zu gleicher Zeit nach allen den 3 Richtungen, die den 3 Kanten, in welchen sich die Hexaëderflächen in der gemeinschaftlichen Zwillingsebene schneiden, parallel sind, und stossen also unter Winkeln von 120° aufeinander.

An jede dieser Reihen legen sich ferner noch andere Reihen an, die die Nebenreihen der erstern 3 Hauptreihen bilden. Diese ordnen sich wiederum so, dass die zu einer Hauptreihe gehörigen Nebenreihen den 2 andern Hauptreihen parallel sind, und also unter Winkeln von 60° auf die Hauptreihen stossen, wodurch sie gleichsam wie die Zweige eines Stammes erscheinen (siehe Taf. IV, Fig. 1 und 2).

Da die 3 Hauptreihen oder Stämme dreien Linien einer und derselben Fläche parallel gehen, so geschieht auch die Aneinanderreihung aller dieser Zwillingskrystalle in einer Ebene, die eben die Zwillingsebene ist, welche nun durch sämmtliche Krystalle hindurchgeht, und da die einzelnen Krystalle einer jeden Reihe untereinander und mit dem Mittelkrystall eine parallele Lage haben, so haben die Krystalle der ganzen Gruppe untereinander eine parallele Stellung, (nur dass häufig die gleichnamigen Flächen der Krystalle der verschiedenen Stämme auf eine untereinander verschiedene Weise, und wie bei Fig.2 ausgedehnt sind,) daher die ganze Gruppirung ungeachtet des Anscheins einer grossen Menge von Individuen, doch nur e i n e n e i n z i g e n g r o s s e n Z w i l l i n g s k r y s t a l l darstellt.

Diese Gruppirung ist nicht immer so regelmässig, wie die Fig. 1 u. 2 auf Taf. IV angeben; häufig ist nur ein Stamm mit seinen Zweigen ausgebildet, andere nicht; die Zweige eines Stammes werden wieder zu neuen Stämmen, an welchen sich in den erwähnten Richtungen wieder andere Zweige anlegen, oder die Zweige treiben gleichsam Nebenzweige; oft fehlen auch die Zweige und der Stamm bleibt nur allein, und so entstehen eine Menge von Abweichungen, die aber nun leicht zu verstehen sind. Auch darin entstehen wieder Unregelmässigkeiten, dass die Individuen weniger deutlich hervortreten und mehr ineinander verfliessen, dass die verschiedenen Zweige ebenfalls näher aneinander rücken, und auch ineinander verfliessen, und dass die Stämme und Zweige nicht gerade, sondern mehr oder weniger gekrümmt und gebogen sind[1]).

Die Zwillingskrystalle des Kupfers von Bogoslowsk zeigen noch eine Eigenthümlichkeit, die auffallend ist. Gewöhnlich ist bei dem einen Individuum die Octaëderfläche, die der gemeinschaftlichen Zwillingsebene parallel geht, sehr gross, bei dem andern klein. Das eine Individuum erscheint daher sehr platt und tafelförmig, während bei dem andern Individuum die Hexaëderform deutlich hervortritt. Bei den verlängerten Zwillingskrystallen ist oft nur das eine Individuum verlängert, und hat eine grosse in die Länge gezogene Octaëderfläche, das andere nicht, welches dann in 2 oder mehrere Hexaëder mit sehr kleinen Octaëderflächen getheilt ist, die zusammen das Gegenstück des verlängerten Individuums bilden. Die Verwachsung hat daher auf der einen Seite das Ansehn

[1]) Auf diese Weise entstehen viele von den „besonderen äussern Gestalten" Werner's, wie die regelmässig-baumförmigen, die blechförmigen, und die zahn-, draht- und haarförmigen Gestalten, die bei mehreren andern Mineralien, deren Formen zum regulären Krystallisationssysteme gehören, namentlich beim gediegenen Wismuth, Silber und Gold vorkommen. Bei den regelmässig-baumförmigen und blechförmigen Gestalten finden sich Stamm und Zweige; bei den erstern sind sie geradlinig und deutlich voneinander getrennt, bei den letztern gewöhnlich etwas gekrümmt und so genähert, dass sie sich berühren, wodurch die Gruppirung das Ansehen einer gebogenen Platte gewinnt. Bei den zahn-, draht- und haarförmigen Gestalten finden sich nur die Stämme, die meistens gekrümmt, und deren Individuen gewöhnlich sehr genähert und undeutlich sind. Je weniger die Reihen gekrümmt sind, um so deutlicher sind in der Regel auch die Individuen; diess ist besonders bei dem gediegenen Kupfer von Bogoslowsk der Fall, daher dasselbe für das Studium dieser Bildungen besonders lehrreich wird, wenngleich die blech-, zahn-, haar- und drahtförmigen Gestalten als solche viel vollkommner beim gediegenen Golde und Silber vorkommen. Auf eine ähnliche Weise wie die Krystalle des Kupfers in Taf. IV gruppiren sich auch die Krystalle des Schnees, daher es sehr wahrscheinlich ist, dass auch sie zum regulären Krystallisationssystem gehören.

von Taf II Fig. 2, auf der andern von Fig. 1. Diese Unregelmässigkeit in der Ausbildung der beiden Individuen des Zwillings ist dem Kupfer von Bogoslowsk eigenthümlich, und ist mir bei dem gediegenen Kupfer anderer Fundörter nicht bekannt.

Die Grösse der Kupferkrystalle beträgt gewöhnlich nur etwa 1 Linie, doch kommen Krystalle vor, die 2 bis 3 Linien im Durchmesser haben. In der Königlichen Sammlung in Berlin befindet sich ein Stück mit solchen Krystallen, welches ich der Güte des Herrn von Sobolewskoi verdanke, und ebenso sieht man durch ihre Grösse nicht weniger als durch ihre Form sehr ausgezeichnete Krystalle in der Sammlung der Herrn Kowanko und Kämmerer in Petersburg.

Nächst diesem Vorkommen in Krystallen findet sich das Kupfer in den Turjinschen Gruben derb, eingesprengt, in Platten und angeflogen. Es zeigt die ihm eigenthümliche kupferrothe Farbe zuweilen sehr schön, und ist dann vollkommen metallisch glänzend, findet sich aber auch häufig schwärzlich angelaufen, ohne deshalb immer eine matte Oberfläche zu haben, die im Gegentheil ungeachtet des Anlaufens oft noch sehr glänzend bleibt. Endlich kommt es auch an der Oberfläche grün und in einen erdigen Malachit verändert vor.

Was die chemische Beschaffenheit des Kupfers von Bogoslowsk betrifft, so giebt zwar John[1]) in dem gediegenen Kupfer von Katharinenburg, (worunter wohl kein anderes als dieses gemeint sein kann, da das gediegene Kupfer von Gumeschewskoi zu wenig ausgezeichnet ist,) etwas Gold und Eisen an, doch habe ich bei meinen Versuchen diese Metalle nicht finden können; das Kupfer löst sich in reiner, von Chlorwasserstoffsäure ganz freier Salpetersäure voll-

[1]) Chemische Untersuchungen Th. I, S. 286.

kommen ohne den geringsten Rückstand auf, und die Auflösung giebt mit Ammoniak versetzt nicht den geringsten Niederschlag. Ebenso wenig wie diese Metalle habe ich in diesem Kupfer auch Spuren von irgend einem andern Metalle finden können; es schmilzt vor dem Löthrohr auf der Kohle oder in der Glasröhre ohne ein Sublimat zu geben, löst sich beim Erhitzen in concentrirter Schwefelsäure vollkommen auf, und die Auflösung in Salpetersäure giebt ebenso wenig wie mit Ammoniak auch mit Chlorwasserstoffsäure einen Niederschlag; man hat demnach wohl Ursach, das gediegene Kupfer von Bogoslowsk für vollkommen reines Kupfer zu halten.

Die Krystalle und derben Massen des gediegenen Kupfers sind gewöhnlich in körnigen Kalk oder in Thon eingewachsen. In dem letztern Falle sind sie schwer rein zu erhalten, da der Thon sehr fest an dem Kupfer haftet, und auch durch Aufweichen mit Wasser sich nicht gut von demselben trennen lässt; im erstern Fall aber lässt sich der umgebende Kalk sehr leicht durch Auflösung in Chlorwasserstoffsäure fortschaffen, nur muss man Acht haben, um das Kupfer mit kupferrother Oberfläche zu behalten, eine Chlorwasserstoffsäure anzuwenden, die ganz rein von Salpetersäure oder Schwefelsäure ist. In Platten und angeflogen kommt das Kupfer in Klüften vor. Dergleichen Klüfte finden sich auch noch im Kalksteine, kommen aber ganz besonders in einem die Kupfererze begleitenden jaspisartigen Brauneisenerze vor.

Das gediegene Kupfer ist früher zuweilen in bedeutend grossen Massen vorgekommen. So fand man nach Pallas[1]) in der Wassiljewskischen Grube ein grosses Nest derben und baumförmigen gediegenen Kupfers mit braunem Mulm und etwas Kies umgeben, aus welchem man viele 100 Pud gefördert hat. Jetzt scheint es schon seltener geworden zu sein.

[1]) Vergl. Reise, Th. II, S. 234.

2. Kupferglanz. Er kommt meistentheils nur derb vor, mit mehr oder weniger ebenem Bruche. Die Krystalle, die ich davon gesehen habe, sind nur sehr undeutlich, und finden sich mit derbem Kupferglanz zusammen auf einem kleinen Trumm in körnigem Kalk. Die derben Abänderungen kommen zuweilen in dicken Platten vor; sie sind theils ganz rein, theils mit Kupferkies gemengt, und auf der Oberfläche gewöhnlich mit Malachit bedeckt. Der Kupferglanz ist früher ebenfalls in solchen Massen vorgekommen, dass nach Hermann[1]) zu seiner Zeit ganze Strecken viele Lachter lang durch derben Kupferglanz getrieben waren, und er damals einen grossen Theil der Förderung ausmachte.

3. Fahlerz ist nach Hermann[2]) mit Malachit, Kalkspath und Quarz gemengt, früher in grosser Menge auf der Wassiljewskischen Grube vorgekommen, und soll nach zuverlässigen Proben, im Zentner $5\frac{1}{2}$ Loth Silber und 24 Pfund Kupfer enthalten haben. Es scheint sich jetzt nicht mehr zu finden, wenigstens habe ich es nicht gesehen.

4. Kupferkies, ist gewöhnlich derb und findet sich auch jetzt noch auf der Frolowschen Grube in grossen Massen, theils ganz rein, theils mit Eisenkies oder Brauneisenerz gemengt, und mit Malachit bedeckt, theils in Kalkspath eingesprengt. Er macht einen grossen Theil der jetzigen Förderung aus.

5. Rothkupfererz, kommt nur selten und meistens derb, feinkörnig oder ganz dicht vor; nur zuweilen findet es sich in den Höhlungen mit Krystallen besetzt, die immer klein und an Vollkommenheit der Ausbildung mit den grossen, glänzenden und glatten Krystallen der Gumeschewskischen Kupfergrube nicht zu vergleichen sind. Es ist kochenilroth, höher oder dunkler, zuweilen ganz schwärzlich bleigrau,

---

[1]) Mineral. Beschr. des Uralischen Erzgebirges, Bd. II, S. 86.

[2]) A. a. O. B. II, S. 87.

ohne deshalb weder Eisen, Silber, noch andere Bestandtheile zu enthalten, wie ich mich durch eigene Versuche überzeugt habe. Es umschliesst zuweilen gediegenes Kupfer, und ist gewöhnlich mit Malachit, Kupferlasur oder Kupfergrün bedeckt, findet sich auch in knolligen Stücken, die mit erdigem Rothkupfererz und erdigem Malachit bedeckt sind, und wahrscheinlich im Thone inliegen.

6. Kupferlasur soll nach Hermann[1]) häufig „in krystallinischen Nieren, welche nicht selten aus den prächtigsten Gruppen bestehen" in der Frolowschen Grube vorgekommen sein; ich kenne es nur in kleinen Krystallen, die mit fasrigem Malachit auf dichtem Rothkupfererz aufgewachsen sind, von der Suchodoiskischen Grube, und in einem feinkörnigen Zustande, in welchem es theils auf Kupferglanz aufliegt, oder ein Gemenge mit dichtem Malachit und Kupferglanz bildet.

7. Malachit, kommt in nierförmigen Massen vor, aber bei weitem nicht so häufig und von der Schönheit, wie auf der Gumeschewskischen Kupfergrube. Mehr noch findet er sich derb in kleinen Parthien oder in aufgewachsenen Kugeln oder Büscheln mit auseinanderlaufend fasrigen Zusammensetzungsstücken auf Kupferglanz, Rothkupfererz und erdigem Brauneisenerz aufgewachsen.

Ausserdem findet er sich aber in Afterkrystallen, die sehr merkwürdig sind; die Krystalle sind lang säulenförmig; sie scheinen zum 1 und 1axigen Krystallisationssystem zu gehören, und geschobene vierseitige Prismen von 112° zu sein, die an den scharfen Seitenkanten abgestumpft sind, wodurch symmetrisch-sechsseitige Prismen entstehen, die 2 Winkel von 112° und 4 Winkel von 124° haben. An den Enden sind sie mit einer Zuschärfung begränzt, deren Zuschärfungsflächen

---

[1]) A. a. O. S. 89.

unter Winkeln von 102° gegeneinander geneigt sind. Auch finden sich bei einigen Krystallen noch Abstumpfungsflächen der Kombinationskanten von 124°; die Flächen sind unter einem Winkel von $143\frac{1}{2}$° gegen die Abstumpfungsflächen der scharfen Seitenkanten geneigt und würden also mit $(a : \frac{1}{2} b : \infty c)$ zu bezeichnen sein, wenn die Seitenflächen mit $(a : b : \infty c)$ bezeichnet werden. Genau lassen sich diese Winkel nicht angeben; denn wiewohl die Flächen mancher Krystalle, besonders die Seitenflächen auffallend glattflächig und auch ziemlich glänzend sind, so dass sich ihre Neigungen recht gut mit dem Reflexionsgoniometer messen lassen, so weichen doch die Winkel verschiedener Krystalle oft um mehrere Grade ab. Die angegebenen Winkel habe ich bei den meisten und besten Krystallen erhalten, und sie scheinen daher den wahren Winkeln am nächsten zu kommen. Weniger gut lassen sich die Endflächen bestimmen; sie sind häufig matt oder mit einer weissen erdigen Rinde bedeckt, und auch viel seltener zu beobachten, da die Krystalle an den Enden meistentheils verbrochen sind. Ich habe nur einen einzigen Krystall gefunden, an welchem eine der Endflächen glänzend und eben war; an dieser konnte ich die Neigung derselben gegen die Abstumpfungsfläche der scharfen Seitenkante messen, und danach ist der angegebene Winkel der Zuschärfungsflächen berechnet; bei den andern Krystallen, deren Endflächen matt waren, liessen sich diese Flächen nur mit dem Anlege-Goniometer messen, hatten aber nach diesen Messungen doch ziemlich dieselben Winkel.

So glatt diese Afterkrystalle oft auf den äussern Flächen sind, so bestehen sie im Innern doch stets aus fasrigem Malachit, der um einzelne Punkte an der Oberfläche der Krystalle zusammengehäuft ist, und sich von diesen aus excentrisch nach dem Innern verbreitet. Er füllt auf diese Weise die Krystalle ganz aus, oder lässt im Innern derselben eine kleine Höhlung zurück, wo er sich dann mit klein-nierförmiger Oberfläche begränzt.

Die Grösse dieser Afterkrystalle ist verschieden; einige sind nur einen halben Zoll, andere über einen ganzen Zoll lang; erstere gewöhnlich dünn, letztere verhältnissmässig dicker; sie sind in Drusen aufgewachsen oder unregelmässig durcheinander gewachsen, und meistens mit einer weissen erdigen Rinde bedeckt, die sich abheben lässt, worauf die Oberfläche der Krystalle glatt und glänzend erscheint. Sie lassen zwischen sich viele Lücken, die theils mit derselben weissen Substanz, theils mit fasrigem Malachite, der körnige Zusammensetzungsstücke, oder aufgewachsene Kugeln oder Büschel bildet, ganz oder zum Theil angefüllt sind. Das Ganze scheint eine Bildung im Thon zu sein, da die Stücke, die ich untersucht habe, mit einer eisenschüssigen, dichten, thonartigen Masse umgeben waren.

Was die Krystalle ursprünglich gewesen sind, ist nach dem Angegebenen schwer zu bestimmen. Die Form dieser Afterkrystalle kommt nicht mit der Form der gewöhnlichen Afterkrystalle des Malachits überein, denn diese haben die Form des Rothkupfererzes oder der Kupferlasur, gehören also im erstern Falle zum regulären, im letztern Falle zum 2 und 1gliedrigen Krystallisationssystem. Die erstern sind davon ganz verschieden; eher würden damit die prismatischen Formen der letztern zu vergleichen sein, zumal da wegen der Schwierigkeit, die Afterkrystalle der Turjinschen Gruben genau zu messen, es wohl sein könnte, dass ihre Form 2 und 1gliedrig wäre; aber ihre Winkel stimmen zu wenig mit denen der Kupferlasur überein, um eine solche Abstammung annehmen zu können. Ebenso wenig wie mit der Form des Rothkupfererzes und der Kupferlasur kommt die Form der Afterkrystalle mit der Form irgend eines andern bekannten Minerals überein. Es ist wohl am wahrscheinlichsten anzunehmen, dass diese Afterkrystalle auch früher Verbindungen von Kupfer gewesen sind; — aber welche? Man sieht auch keine Spur von Ueberresten von dem frühern unzersetzten Mineral, daher die frühere Beschaffenheit dieser räthselhaften Krystalle wohl noch ganz unausgemacht bleiben muss.

8. Kupfergrün kommt als amorphe Substanz nur derb, mit ebenem und kleinsplittrigem Bruch vor, von schöner himmelblauer Farbe, die gegen die Oberfläche zu sehr häufig in eine fast lauchgrüne Farbe, wahrscheinlich durch Einwirkung der Atmosphäre übergeht. Es kommt am häufigsten und nicht selten in ziemlich grossen Massen, mit Stilpnosiderit gemengt vor, findet sich aber auch mit einem bräunlichen Thon, den es in dünnen Lagen durchzieht, und ausserdem noch mit feinkörnigem Rothkupfererz, welches von ihm wie von einer Hülle umgeben wird. In dem Rothkupfererz ist dann wohl noch gediegenes Kupfer eingewachsen, so dass auch hier allem Anschein nach das Rothkupfererz sich durch Oxydation aus dem gediegenen Kupfer, das Kupfergrün durch noch höhere Oxydation und Aufnahme von Kieselsäure und Wasser aus dem Rothkupfererz gebildet zu haben scheint.

Dieses Kupfergrün kommt zuweilen in denselben merkwürdigen Afterkrystallen vor, welche beim Malachit beschrieben worden sind. Die Krystalle erscheinen in diesem Fall gewöhnlich lang säulenförmig und breitgedrückt, indem die Abstumpfungsflächen der scharfen Seitenkanten sehr vorherrschen; an den Enden habe ich sie nur verbrochen gesehen. Die Flächen des geschobenen vierseitigen Prisma's sind eben, die Abstumpfungsflächen der scharfen Seitenkanten, aber gewöhnlich etwas abgerundet, so dass sich nur der Winkel von 112° mit einiger Sicherheit messen lässt; auch kommen die Abstumpfungsflächen der Kombinationskanten vor, wie bei den Afterkrystallen des Malachits. Im Innern bestehen die kleinern Krystalle ganz aus derbem Kupfergrün; die grössern enthalten aber gewöhnlich noch einen Kern von Malachit, der oft bei diesen Krystallen noch an der Bildung derselben Theil genommen hat. Die Krystalle sind unregelmässig durcheinander gewachsen und liegen in dem braunen Thone.

Ich habe an Ort und Stelle nur die Afterkrystalle des Malachits, nicht aber die des Kupfergrüns gesehen, sie scheinen selten zu sein, wiewohl das Vorkommen des derben Kupfergrüns in dem braunen Thon nicht ungewöhnlich ist. Sehr schöne Stücke der Art habe ich aber in Petersburg in der Mineraliensammlung des Herrn Kollegien-Assessors Kämmerer, und in Berlin in der Sammlung des Herrn Medizinalraths Bergemann gesehn; letzterer erlaubte mir gern die losen Bruchstücke dieser Afterkrystalle zur Messung, wodurch ich mich überzeugte, dass sie dieselben Winkel haben, wie die beschriebenen Afterkrystalle des Malachits.

Die Afterkrystalle des Kupfergrüns von Bogoslowsk sind schon früher von Haidinger beschrieben; er erwähnt derselben in seiner Abhandlung über die Afterkrystalle [1]), beschreibt aber die Krystalle, die sich in der Mineraliensammlung des Herrn Allan in Edinburg befanden, als unsymmetrische sechsseitige Prismen mit Winkeln von 112°, 122° und 126°. Der Winkel, der sich am besten messen lässt, stimmt mit meiner Angabe überein; in den andern Winkeln habe ich auch oft Unterschiede gefunden, wenngleich nie so grosse, als Haidinger angiebt. Noch weniger bedeutend habe ich diese Unterschiede bei den Afterkrystallen des Malachites gefunden; da nun bei den Afterkrystallen des Kupfergrüns die Abstumpfung der

---

[1]) Poggendorffs Annalen, B. XI, S. 182.

scharfen Seitenkante immer gewölbt ist, so scheint es mir wahrscheinlich zu sein, dass die von Haidinger sowohl als von mir gefundenen Unterschiede nicht sowohl in einer wirklich stattfindenden Ungleichheit der Winkel, als in einer für genaue Messungen untauglichen Beschaffenheit der Flächen ihren Grund haben. Endflächen giebt Haidinger nicht an, und ebenso wenig äussert er eine Vermuthung über die ursprüngliche Beschaffenheit der Krystalle.

Die Krystalle, welche Haüy beim *cuivre hydrosiliceux*[1]) beschreibt, scheinen, wie auch Haidinger annimmt, keine andern als die erwähnten Afterkrystalle zu sein, wiewohl die Winkel mit den meinigen noch weniger stimmen, als die von Haidinger. Haüy beschreibt indessen die Krystalle 1 und 1axig, und unter den Winkeln die er anführt, findet sich auch einer von 122° 19′, der mit einem der meinigen zwar in der Grösse, aber nicht in der Lage stimmt; die andern Winkel passen auch in der Grösse nicht. Haüy hält die Krystalle für ächte; aber solche Krystalle können bei einer sonst ganz amorphen, opalartigen Bildung, wie offenbar das Kupfergrün ist, gar nicht vorkommen.

9. Kupferblau; so möchte ich eine dem Kupfergrün ähnliche Bildung der Turjinschen Gruben zu nennen vorschlagen[2]), die ebenfalls opalartig ist, und ebenen bis muschligen Bruch hat, aber sich im Aeussern besonders durch ihre lichte lasurblaue Farbe auszeichnet. Es ist wenig glänzend, an den Kanten durchscheinend, mit dem Messer ritzbar und im Strich blaulichweiss. In der chemischen Beschaffenheit unterscheidet es sich von dem Kupfergrün durch seinen Gehalt an Kohlensäure, der sich bei dem reinen Kupfer-

---

[1]) *Traité de minéralogie, sec. ed. t. III, p.* 473.

[2]) Mit dem Namen Kupferblau wurde freilich sonst auch die Kupferlasur bezeichnet, doch wird für diese jetzt allgemein der letztere Name gebraucht.

grün nicht findet[1]). Wenn man dagegen ganz reine Stücke von Kupferblau mit Chlorwasserstoffsäure kocht, so wird das Kupferoxyd unter starkem Brausen ausgezogen, und es bleibt die Kieselsäure in der Form des angewandten Stückes zurück. — Es kommt mit Eisenocher gemengt vor, zuweilen aber noch mit einer Rinde von Kupfergrün umgeben.

Ausser den Kupfererzen finden sich in den Turjinschen Gruben:

1. Gediegenes Silber. Es ist in früherer Zeit derb, eingesprengt und haarförmig, in Begleitung mit Brauneisenerz auf der Frolowschen Grube vorgekommen. Nach einer Mittheilung des Herrn Berghauptmanns Kowanko in Petersburg soll man aus diesem gediegenen Silber 1200 Pud ausgeschmolzenes Silber gewonnen haben. Proben von diesem Vorkommen sah ich in der Sammlung des Herrn Kowanko.

2. Eisenkies kommt krystallisirt in Kalkspath vor, gewöhnlich aber derb, theils in grossen reinen Massen, theils mit Kupferkies gemengt.

3. Zinkblende und 4. Bleiglanz findet sich nach Herrn Beger zuweilen in Begleitung des Kupferkieses.

5. Eisenglanz soll sich nach Herrn Beger in kleinen Tafeln in Kalkspath eingewachsen finden.

6. Brauneisenerz findet sich in Begleitung der Kupfererze, besonders der Sauerstoff-haltigen, in ebenso grosser Menge auf den Turjinschen Gruben, wie auf den Gruben von Gumeschewsk und Nischne-Tagilsk; es ist auch derb oder fasrig und nierförmig, nicht selten jaspisartig.

7. Stilpnosiderit oder das opalartige Eisenoxydhydrat, kommt mit den übrigen opalartigen Bildungen, dem Kupfergrün und Kupferblau vor. Er hat

[1]) Wenn manche Stücke Kupfergrün mit Chlorwasserstoffsäure betröpfelt brausen, so rührt diess immer von deutlich eingemengtem Malachite her.

muschligen Bruch, ist pechschwarz bis dunkel kastanienbraun, stark glänzend von Fettglanz, an den Kanten durchscheinend und von röthlichgelbem Strich.

8. Schwerspath, derb und krystallisirt, wird zuweilen angetroffen.

9. Quarz findet sich, wie in Gumeschewskoi und Nischne-Tagilsk, auch in den Turjinschen Gruben, aber nur selten und in geringer Menge, und dann mehr gangförmig und eingesprengt in Diorit, Dioritporphyr und Granatfels, als in Begleitung der Kupfererze, mit denen er sich indessen auch in geringer Menge gefunden hat. Sehr nette Quarzdrusen kommen oft in den Spalten und Höhlungen des jaspisartigen Brauneisenerzes vor. —

Die Lagen, welche die Erze bilden, richten sich in ihrem Streichen und Fallen mehr oder weniger nach den Gebirgsmassen, an deren Gränzen sie vorkommen. Ihre Mächtigkeit ist sehr verschieden; sie beträgt bei einigen nur einige Zolle, bei andern 8 bis 10 Lachter, im Durchschnitt etwa 7 Fuss. Ebenso verschieden ist ihre Ausdehnung dem Streichen und Fallen nach; sie beträgt indessen dem Streichen nach selten mehr als 60 Lachter[1]), gewöhnlich nur 30 bis 40 Lachter, und dem Fallen nach selten mehr als 50 Lachter. Alle diese Verhältnisse sind aber auch bei einer und derselben Lage sehr verschieden, da sich die Lagen sowohl dem Streichen als dem Fallen nach unregelmässig zusammenziehen oder erweitern, sich zuweilen ganz verdrücken und in einiger Entfernung wieder aufthun. Sie keilen sich zuletzt aus oder versplittern sich, setzen aber jenseits der angegebenen Teufe in Nestern fort, die im Thone liegen, und gewöhnlich mit dem Abbau nicht weiter verfolgt werden. Die Kupfererze kommen am häufigsten an der Gränze des Kalksteins mit dem Granatfels vor, selte-

[1]) Nach Herrn Porossoff beträgt sie 100 bis 300 Lachter.

ner an der des Diorites mit dem Granatfels, oder der des Dioritporphyrs und Kalksteins. Wo sie sich an der Gränze des Diorites und des Granatfelses finden, werden sie häufig von dem Dioritporphyr gangförmig durchschnitten, wobei sich zuweilen eine plötzliche Veränderung in der Beschaffenheit der Erze einstellt. So besteht z. B. in dem Porossowskischen Schachte der Suchodoiskischen Grube die Kupfererzlage auf der einen Seite des Dioritporphyr-Ganges aus einem Gemenge von Kupferkies und Kupferglanz, auf der andern dagegen aus erdigem Rothkupfererz mit gediegenem Kupfer. Gewöhnlich findet die Aenderung in der Beschaffenheit der Kupfererzlagen nur allmähliger statt; Kiese gehen auf diese Weise in oxydische Erze über, und Erze, von mehreren Pfund Kupfer im Pud, in solche, die so arm sind, dass sie nur noch einige Solotniks Kupfer im Pud enthalten. —

Das Vorkommen der Kupfererze hat nach dem Angeführten in manchen Rücksichten sehr viele Aehnlichkeit mit dem der Kupfererze in Gumeschewskoi und Nischne-Tagilsk, unterscheidet sich aber in allen diesen Gruben von dem gangförmigen Vorkommen der Erze in andern Ländern sehr auffallend. Der sichtliche Zusammenhang, in welchem auf den Turjinschen Gruben die Erze mit dem Diorit und Dioritporphyre stehen, macht ihr Vorkommen auf diesen Gruben noch interessanter und wichtiger. Die Turjinschen Gruben verdienen daher aus diesem Grunde, wie auch wegen der grossen Ausdehnung die sie erlangt haben, eine ganz besondere Berücksichtigung. Dennoch ist unsere Kenntniss von dem Vorkommen der Erze sehr lückenhaft[1]); die obige Beschreibung

[1]) So ist es namentlich noch sehr schwer zu bestimmen, welche Vorstellung man sich von der Bildungszeit der Kupfererze in Bezug auf den Diorit und Dioritporphyr machen soll. Da sich die Erze vorzugsweise zwischen dem Granatfels und Kalkstein finden und von dem Dioritporphyr durchschnitten werden, so scheinen sie neuer als

desselben ist theils nach dem entworfen, was wir auf den Gruben selbst sahen und hörten, theils nach dem was in den oben citirten Abhandlungen angeführt ist; aus letztern sind alle in der Beschreibung angeführten Zahlenwerthe entnommen. Um eigene gründliche Untersuchungen über die Lagerung der Erze anzustellen, war unser Aufenthalt zu kurz. Wir besuchten indessen unter der Führung des Herrn Ober-Bergmeisters Beger und des Herrn Markscheiders Ostermeier sowohl die Frolowsche als auch die Suchodoiskische Grube. Auf der erstern fuhren wir auf dem Archangelskischen Schacht an, welcher donlegig und bequem zu befahren ist. Wir kamen zu einer Strecke, die ganz in derbem Kupferkiese getrieben ist, welcher hier wie ein mächtiges Lager erschien, das unter einem Winkel von 45° nach S. einfällt. Es wurde von dem Granatfels bedeckt, der ein so festes Dachgestein bildete, dass man der Zimmerung ganz entbehren konnte, und ruhte auf dem körnigen Kalk, der auch hier wie in Gumeschewskoi von den Bergleuten Ural genannt wurde. Den Diorit sahen wir in der Grube selbst nicht anstehen, fanden ihn aber in grossen Massen auf der Halde. Auf der Suchodoiskischen Grube fuhren wir in dem Porossowskischen Schachte an, und gingen dann um das gangförmige Durchsetzen des Dioritporphyrs durch den Kalkstein zu sehen, nach dem Wasserstollen, den wir entlang fuhren, bis wir an ein starkes eisernes Gitter kamen, das unsern weitern Fortgang hemmte [1]). Wir kehrten darauf auf demselben Wege zurück und fuhren dann aus dem Kur-

---

dieser, und älter als der Granatfels, und folglich auch als der Diorit zu sein. Wo sich die Kupfererze an der Gränze des Kalksteins und des Dioritporphyrs finden, haben sich die Kupfererze vielleicht auf den Klüften des Kalksteins gebildet, und sind dann später von dem Dioritporphyre durchsetzt worden.

[1]) Das eiserne Gitter ist hier angebracht, um das Entweichen der Sträflinge, die in den Gruben arbeiten, zu verhindern.

batowskischen Schacht heraus. Die Fahrt in dem Stollen war sehr beschwerlich; der Stollen war nur sehr schmal, und wurde fast der ganzen Breite nach von der Wasserleitung eingenommen, auf deren rechter und linker Seite wir abwechselnd entlang gingen. Der Stollen stand meistentheils in keiner Zimmerung, da das Gestein an sich hinreichende Festigkeit besass; wir würden daher den Wechsel desselben vortrefflich haben beobachten können, wenn nicht die Wände von dem Befahren mit Lampen und Fackeln so schwarz geworden wären, dass man die Gränzen der verschiedenen Gesteine nirgends erkennen konnte. Dennoch konnten wir uns durch Stücke, die wir abschlugen, vollkommen überzeugen, dass wir uns mehrere Male abwechselnd auf körnigem Kalke und auf Dioritporphyr befanden; die abgeschlagenen Stücke wurden mit aus der Grube genommen, über Tage genauer untersucht, und von der oben beschriebenen Beschaffenheit befunden. — Die Temperatur des Wassers fanden wir dabei in den Gruben, in 25 bis 31 Lachter Teufe, 2,8 bis 3° R., während die der Luft in dieser Teufe 7,°8 und ausserhalb der Grube 12,°4 betrug.

Der Abbau der Gruben wird sehr regelmässig betrieben, und hat schon eine bedeutende Ausdehnung erreicht. Die grösste Teufe der Wassiljewskischen Grube beträgt im Wosdwischenskischen Schachte 63, die der Suchodoiskischen Grube 56 Saschenen, die der Frolowschen Grube dagegen nur 43 Saschenen. Die Gruben des Turjinschen Berges sind demnach schon zu einer grössern Teufe niedergebracht, als die Frolowschen, sie sind indessen auch schon ziemlich ausgebaut, während die Frolowschen Gruben noch bedeutende Anbrüche enthalten. Um dem auf den erstern Gruben schon sichtbar werdenden Mangel an Erzen abzuhelfen, hat man sich bemüht, in den Umgebungen der Turjinschen Gruben andere Anbrüche zu entdecken, die man auch schon aufgefunden hat, und die zum

Theil auf der Karte Taf. VIII angegeben sind. Die reichste Ausbeute unter diesen verspricht die Bogoslowskische Grube, welche ganz in der Nähe und östlich von der Frolowschen Grube in einem Sumpfe liegt. Die Kupfererze brechen hier auf eine von den Erzen der Turjinschen Gruben verschiedene Weise auf einem Quarzlager, und bestehen aus Kupferkies, Kupferschwärze und Kupfergrün. Das Lager hat eine Mächtigkeit von 2 Lachtern, und ist schon bis auf eine Ausdehnung von 88 Lachtern dem Streichen nach, und von 8 bis 12 Lachtern dem Fallen nach, untersucht worden. Der mittlere Gehalt der Erze beträgt $4\frac{1}{2}$ Proc. Auch Eisenerze kommen in der Gegend vor; so findet sich zu Olgowskoi, nordostwärts von den Frolowschen Gruben, ein Magneteisenerzlager, in dessen Nähe man ebenfalls Kupfererze entdeckt hat. Südlicher und näher dem Uralrücken kommen dieselben noch mehr vor, wie auf der Magdalinskischen und Preobraschenskischen Grube, welche die Erze für die Nicolaje-Pawdinskische Hütte liefern, und ebenso sind hier auch an mehreren Orten schon Kupfererze erschürft worden, die aber, wie auf der Bogoslowskischen Grube, in Quarz eingewachsen vorkommen. —

Die Erze der Turjinschen Gruben werden nach den Kupferhütten, die sich in Bogoslowsk befinden, gebracht, und dort verschmolzen; sie gaben zu Hermanns Zeiten in der kleinen Probe 8—50 Proc. Garkupfer, im Grossen 10 Proc. Sie werden in vererzte und verkalkte eingetheilt. Zu den ersteren gehört Kupferkies, Kupferglanz und das mit Kupferkies gemengte Brauneisenerz; zu den letztern gediegen Kupfer, Rothkupfererz, Kupferlasur, Malachit, Kupfergrün und ein rother Letten, welcher mit diesen Erzarten gemengt oft einen grossen Theil der Förderung ausmacht. Die erstern Erze werden vor der Schmelzung geröstet; die letztern aber, so wie sie aus der Grube kommen, ohne weitere Röstung verschmolzen.

Das erhaltene Schwarzkupfer wird vor dem Garmachen, wie zu Gumeschewskoi, in besonderen Spleisöfen umgeschmolzen. Man hält das in Bogoslowsk gewonnene Garkupfer für das beste am ganzen Ural. —

Ehe wir die Kupfergruben verliessen, besuchten wir noch eine Goldwäsche Alexandrowsk, die auf der Südseite der Turja, einige Werste von den Turjinschen Gruben, an einem kleinen in die Turja fallenden Bache mitten im Walde lag. Das Goldsandlager war von einem 6 Fuss mächtigen Lager von schwarzer Dammerde bedeckt, und ruhte auf einem schwärzlichgrauen dichten Kalkstein, der viele Enkrinitenstiele enthielt, die weiss und deutlich späthig waren, und sich dadurch von der umgebenden dichten grauen Masse auszeichneten. Der Goldsand enthielt sehr viele Geschiebe eines Augitporphyrs, der dem sehr ähnlich war, welchen wir diesseits Bogoslowsk am Wege anstehend sahen; er enthielt sehr viele Labradorkrystalle, die aber durch Verwitterung weiss und undurchsichtig geworden waren, wie auch die Grundmasse selbst dadurch eine rothbraune Farbe angenommen hatte. Ausserdem kamen darin Stücke und Körner von rothem und grünem Jaspis, von grauem Thonschiefer, Quarz, Braun- und Magneteisenerz vor. Das Brauneisenerz fand sich meistentheils nur in abgerundeten kleinen Geschieben, selten in kleinen Hexaëdern, das Magneteisenerz nur in kleinen Körnern, und diese auch viel sparsamer, als sie sonst in dem Goldsande vorzukommen pflegen. An Gold enthielt derselbe 1½ Solotnik in 100 Pud.

Ausser Alexandrowsk giebt es in den zu dem Hüttenbezirke von Bogoslowsk gehörigen Ländereien noch mehrere Goldwäschen, die wir nicht besucht haben, die aber die Goldproduction dieses Bezirkes sehr bedeutend machen. Von einer dieser Goldwäschen, Petropawlowsk, habe ich ein Goldkorn, 6,55 Grammen schwer, untersucht. Es war ein dick drahtförmiges

Stück mit vielen Längenstreifen, und dadurch vielleicht etwas porös. Sein specifisches Gewicht im natürlichen Zustande betrug 16,869, gehämmert 17,109, und geschmolzen 16,964. Zur Analyse wurde ein Stück, 2,473 schwer, abgeschnitten, welches enthielt:

Silber — — —	13,19
Gold — — —	86,51
Kupfer, Eisen und Verlust	0,30
	100,00.

Der Rest des Stückes wurde nur auf Silber untersucht, und enthielt:

Silber 13,03.

Der Silbergehalt ist also hiernach sehr beträchtlich.

Auch von anstehendem Golde hatte man in der Gegend, 10 Werste von den Turjinschen Gruben, Spuren aufgefunden. Es findet sich hier mit Brauneisenerz auf kleinen Quarzgängen in Serpentin, wie auch an den Proben zu sehen war, die uns Herr Ostermeier zeigte. Dergleichen Gänge hatte man auch, wie wir zu Turinsk gehört hatten, zu Koptekowskoi, 10 Werste von diesem Orte entdeckt; an beiden Orten waren aber die Quarzgänge nicht bauwürdig befunden worden [1]). Dass durch die von Bogoslowsk aus abgesandte Expedition auch noch in dem höchsten Norden, nördlich von Petropawlowsk häufige Ablagerungen eines reichen Goldsandes entdeckt worden sind, ist schon oben angeführt.

Den 5ten Juli. Der Bergabhang, welcher das rechte südliche Ufer der Turja bildet, ist der Hütte und der Kirche von Bogoslowsk gegenüber besonders steil, und bildet einzelne hervorspringende Felsen, die sich vom Flusse aus, wohl einige hundert Fuss erheben, und zwischen sich schmale Thäler, oder vielmehr nur sanftere Abhänge einschliessen, die mit ecki-

[1]) Unter den Mineralprodukten dieser Gegend sind auch noch die Braunkohlen aufzuführen, von denen sich ein Lager 80 Werste von Bogoslowsk, an dem kleinen Flusse Mostowaja gefunden hat.

gen Bruchstücken und Blöcken bedeckt sind. Etwas weiter ostwärts senkt er sich bald zu einer sumpfigen Niederung, jenseits welcher er sich erst wieder ganz allmählig erhebt; und ebenso fällt er auch weiter westwärts, jenseits des Hüttendamms ganz allmählig ab, und auf diesem sanften Abhange sind, wie schon erwähnt, die Wohnungen der Hüttenleute aufgeführt. Er besteht hier aus einem dichten gelblichgrauen Kalkstein, der einen feinsplittrigen Bruch hat, und dem ähnlich ist, welchen wir an den Ufern der Lobwa hatten anstehen sehen, und der auch, ebenso wie jener, zur Uebergangsformation gehört, wenngleich wir in ihm ausser einer grossen gestreiften Muschel, die wahrscheinlich eine Terebratula oder ein Productus ist, keine Versteinerungen, die darüber mit Bestimmtheit entscheiden könnten, gefunden haben.

Ganz verschieden ist dagegen das Gestein, welches der Hütte gegenüber die schroffen Felsen bildet. Wenn man von der Hütte aus über den Hüttendamm geht, so sieht man gleich links am Flusse den ersten hervorspringenden Felsen, der geschichtet ist, und in seinen untern Schichten aus einem Grauwackenschiefer besteht, welcher Aehnlichkeit mit manchen dichten Augitporphyren oder Grünsteinen hat. Er hat eine dunkel grünlichgraue Farbe, flachmuschligen bis unebenen Bruch und nur geringe Härte, indem er sich mit dem Messer ritzen lässt. Er sieht wohl im Ganzen ziemlich gleichmässig aus, erscheint jedoch, näher betrachtet, als ein feines Gemenge einer dunklen grünen thonigen Masse mit einer graulichweissen, die nur zum Theil aus Kalkstein besteht. Er braust mit Säuren befeuchtet, doch nicht sehr stark; Stücke in Säuren gelegt, bekommen eine weisse Oberfläche, und zeigen nun die conglomeratartige Beschaffenheit noch deutlicher. Die Schichten sind etwa 1 Fuss mächtig, und fallen St. 5 nach Ost unter einem Winkel von ungefähr 45°. Wo man an den Abstürzen ein Profil der Steinschichten sieht, zeigen sich öfters dazwischen Schichten mit weissen Streifen, die wie Bandjaspis aussehen, aber nur an der äussern Wand dieses Aussehn haben, im frischen Bruch dagegen eine wesentlich verschiedene Beschaffenheit nicht zeigen. Die obern Schichten sind ein förmliches Conglomerat, das aus eckigen Stücken eines grauen dichten Kalksteins und des untern graulichgrünen Grauwackenschiefers besteht. Es erscheint an der Oberfläche ganz löcherig, indem hier der Kalkstein zerstört, und wahrscheinlich von den Tagewässern ausgewaschen ist, zeigt aber hier eine Menge Spuren von Versteinerungen, die man im frischen Bruche nicht erkennen kann, wie besonders Abdrücke einer Terebratel, die mit *Terebratula aspera* (v. Buch) Aehnlichkeit hat. Auf dem frischen Bruche sieht man öfter kleine runde Stellen von blättrigem Kalkspath, welche wohl Enkrinitenstiele sein möchten.

Der folgende hervorspringende Fels hat im Ganzen die nämliche Beschaffenheit; der Grauwackenschiefer hat in den verschiedenen Schichten eine mehr oder weniger gleichartige Beschaffenheit, ist mehr oder weniger hart und kieselig, braust aber immer mit Säuren, und bleicht aus, wenn man ihn in Säure legt. Weisse Streifen sieht man im Profile häufig. Die Schichten haben aber ein mehr südliches Fallen, so dass an dem Abhange die Schichtenköpfe emporstehen.

Der dritte hervorspringende Felsen hat in seinen obern Theilen auch noch die nämliche Beschaffenheit, besteht aber in seinen untern aus ganz deutlichem Augitporphyr, der eine graulichgrüne Grundmasse mit splittrigem Bruche hat, und kleine grünlichschwarze Augitkrystalle, sowie kleine undeutliche weisse Krystalle, die wahrscheinlich Labrador sind, eingeschlossen enthält. Er erscheint hier in 2 mehrere Fuss mächtigen Schichten oder Bänken, die dasselbe Fallen wie die darüberliegenden Grauwackenschichten haben, aber durch Klüfte, die rechtwinklig auf der Schichtung stehen, säulenförmig abgesondert sind. Eine Veränderung des darüberliegenden Grauwackenschiefers an der Gränze mit dem Augitporphyr ist nicht zu sehen, nur scheint der erstere etwas fester und homogener, was aber zufällig sein kann, da sich auch ähnliche Schichten ferner von dem Augitporphyr finden; mit Säuren braust er ebenfalls.

Bei den folgenden hervorspringenden Felsen sieht man die Grauwackenschichten gar nicht; sie bestehen einzig und allein aus Augitporphyr, der nur eine etwas andere Beschaffenheit hat; die Grundmasse ist lichter grünlichgrau, zeigt nur kleine undeutliche schwärzlichgraue Augitkrystalle, dagegen eine grosse Menge schmaler Labradorkrystalle, die deutlich einspringende Winkel auf der vollkommensten Spaltungsfläche und eine etwas ungewöhnliche fleischrothe Farbe haben. Das Gestein ist häufig von kleinen Adern weissen körnigen Kalksteins durchzogen, aber braust an andern Stellen, wo man keine deutliche Einmengung von Kalk sieht, nur schwach mit Säuren; durch Säuren verliert es ebenfalls die Farbe und bleicht aus. Es ist in grossen mächtigen Säulen zerklüftet, die wie der Abhang selbst etwas geneigt stehen, aber doch selbst wieder von Kluftflächen durchsetzt sind, die die Säulen rechtwinklig schneiden, und dasselbe südliche Einfallen haben, wie bei den vorhergehenden Felsen. Die Kluftflächen finden sich zwar gewöhnlich in bedeutender Entfernung voneinander, liegen jedoch zuweilen auch ziemlich nahe aneinander, so dass hier eine plattenförmige Absonderung zum Vorschein kommt, die noch mehr als die säulenförmige hervortritt.

Diese Beschaffenheit behält der Abhang bei, bis er sich zu der sumpfigen Niederung hinabsenkt, wo an der äussersten Senkung alle platten- und säulenförmige Absonderung aufgehört hat, und dagegen sich nur eine kuglige findet, wie es etwa die umstehende Figur darstellt. Man sieht hier grosse Kugeln

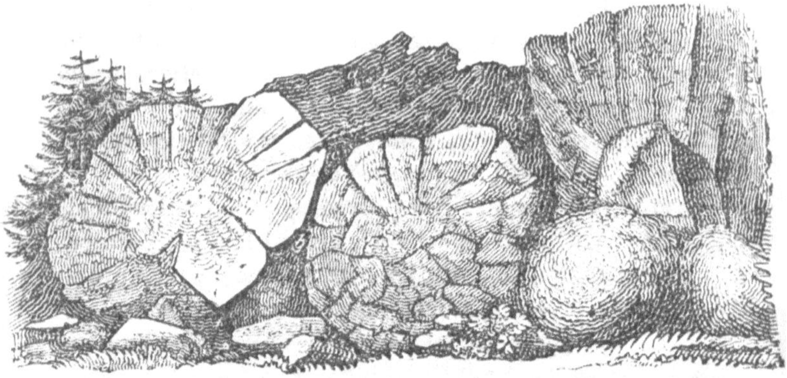

von 5 bis 6 Fuss im Durchmesser übereinander gehäuft, die auf der Oberfläche schwarz sind und aus dünnen übereinander liegenden schwarzen Schaalen bestehen, die sich durch die Verwitterung ablösen. Man hat an diesem Theile des Abhangs einen kleinen Steinbruch angelegt, wodurch das Innere mehrerer dieser Kugeln aufgeschlossen ist, und man sehen kann, dass sie auch im Innern Klüfte haben, die vom Mittelpunkt wie Radien nach der Peripherie laufen. Der Porphyr dieser Kugeln ist derselbe wie der der Säulen. Die Zwischenräume zwischen den Kugeln bestehen aus den angeführten schwarzen schaaligen Stücken, zum Theil aber aus einem grauen Jaspis wie bei *a* und *b*, der sich auch in Adern in den Porphyr hineinzieht. Ueber diesen Kugeln sieht man noch eine kleine Masse eines geschichteten Gesteins *c*, dessen Schichten ganz gekrümmt sind. Sie bestehen von oben nach unten zu aus einer körnigen Grauwacke, die mit Säuren lebhaft braust, und recht deutlich einen conglomeratartigen Karakter an sich trägt, besonders an der Oberfläche, wo sie verwittert und dadurch porös geworden ist. Dann folgen nach unten zu Schichten, von der dichten grünsteinähnlichen, ziemlich gleichartig aussehenden Grauwacke, und zuletzt Schichten von dem Augitporphyr, der röthliche Labradorkrystalle eingewachsen und eine grosse Menge kleiner eckigen Stücke der dichten grünsteinähnlichen Grauwacke eingemengt enthält.

Weiter habe ich über diese interessanten Lagerungsverhältnisse keine Beobachtungen anstellen können. Sie waren alle nur unmittelbar an dem Abhang gegen den Fluss zu erkennen; an der Oberfläche waren die Felsen mit Tannenwaldung bedeckt, und hervorragendes Gestein in der Nähe des Abhangs nicht zu beobachten. Woraus das Gestein weiter ostwärts von dem Felsen, jenseits der sumpfigen Niederung besteht, habe ich, durch diese gehindert, nicht untersuchen können, und ebenso wenig habe ich den Zusammenhang beobachten können, in welchem die Grauwacke mit dem weiter westlich davon gelegenen Kalkstein steht, da die Dammerde, welche die Gränzen bedeckte, jede Untersuchung unmöglich machte. Wahrscheinlich fängt indessen östlich von dem Augitporphyr bald der Kalkstein an, den wir in Alexandrowsk als das Liegende des Goldsandes gefunden haben, und was den Zusammenhang betrifft, in dem die Grauwacke mit dem westlich angränzenden Uebergangskalkstein steht, so wäre es vielleicht nicht unmöglich, dass dieselbe das Liegende des Uebergangskalksteins bildet, und nur da sichtbar wäre, wo sie durch das Hervorbrechen des Augitporphyrs gehoben und an die Oberfläche gebracht ist. Um diess aber mit Sicherheit auszumachen, wenn es sich überhaupt in dieser Gegend mit Sicherheit ausmachen lässt, wäre ein längerer Aufenthalt nothwendig gewesen, als den wir auf unserer Reise den einzelnen Gegenden widmen konnten. —

An der erwähnten Porphyrwand der Hütte gegenüber entspringt eine ziemlich stark sprudelnde Quelle, deren Temperatur wir, bei einer Temperatur der Luft von 13°,4 von 2° R. fanden. Offenbar ist diese Temperatur etwas zu hoch, um sie für die mittlere des Bodens von Bogoslowsk zu halten, denn einen Grad höher hatten wir die Temperatur des Wassers in den Turjinschen Gruben erst in einer Teufe von 31 Lachtern gefunden, und so langsam als man hiernach schliessen müsste, pflegt die Temperatur nach dem Innern der Erde zu nicht zuzunehmen. Es ist wahrscheinlich, dass die Quelle bei der Porphyrwand durch die Sommerwärme etwas erhöht gewesen, und daher die mittlere Temperatur des Bodens vielleicht um 1° niedriger ist. Obgleich sie aber gewiss im allgemeinen immer über dem Gefrierpunkt ist, so giebt es doch Stellen bei Bogoslowsk, an welchen, durch die Oertlichkeit begünstigt, das Eis des Bodens nie zu verschwinden scheint. Herr Ober-Bergmeister Beger hatte uns auf diese Erscheinung aufmerksam gemacht, und um uns davon zu überzeugen, an einer solchen Stelle einen Schurf graben lassen, den wir noch am Abend dieses Tages besuchten. Der Schurf war in einem torfigen, von kleinen Fichten nur schwach bewachsenen Boden, 3 Werste von Bogoslowsk, etwas links von dem Wege nach den Turjinschen Gruben, angelegt. In einer Tiefe von 6 Fuss unter Tage war man auf Erde gestossen, die mit Eis gemengt war, und in dieser war der Schurf noch 5 Fuss tief fortgeführt worden, ohne dass das Eis aufgehört hätte. Herr Beger versicherte uns, dass er im August des vorigen Jahres die Eisschicht noch 9½ Fuss dick gefunden habe. Offenbar hatte hier der moorige Boden das Eindringen der Sommerwärme erschwert, und so kann bei eintretender Winterkälte sich von der Oberfläche aus eine neue Eisschicht bilden, ehe die frühere ganz fortgethaut ist.

Das Klima von Bogoslowsk gestattet wohl noch den Anbau des Getreides, lässt es aber doch nicht in jedem Jahre zur Reife kommen, daher dieser Anbau einen sichern Erwerbszweig schon nicht mehr gewährt. Der Anfang des Frühlings tritt, wie man uns sagte, schon in den letzten Tagen des Aprils ein, und im Anfang des Mais ist es gewöhnlich schon ganz grün. Die Kälte pflegt im Winter nicht unter 26° R. zu sinken, und ein Festwerden des Quecksilbers nur alle 3 bis 4 Jahr einmal stattzufinden. Die Ost- und NO.-Winde bringen gewöhnlich Regen mit, dagegen es bei West-, NW.- oder SW.-Winden heiteres Wetter ist. Südwinde sind sehr selten. —

Da wir am folgenden Tage abzureisen gedachten, machten Prof. Ehrenberg und ich, nachdem wir um 10 Uhr von dem Schurfe zurückgekehrt waren, noch einen Spaziergang nach dem rechten Ufer der Turja, um von hier aus noch einmal die Aussicht auf den Höhenzug des Urals zu geniessen. Gleich von dem Hüttendamme führt links ein kleiner Fusspfad nach einer der bedeutendsten Höhen der Gegend, auf welcher ein kleines Lusthaus erbaut ist. Man übersieht von hier aus die ganze Gebirgskette, die zwar auch schon von unserer Wohnung in Bogoslowsk zu sehen war, aber die Aussicht ist hier noch weiter und grösser. Die beträchtlichsten Berge, die man von hier aus sehen kann, sind gegen SW. der grosse Ljalinskoi-Kamen, nördlich von diesem der Pawdinskoi-Kamen (70 Werste von Bogoslowsk), dann der Semitschelowetschnoi- und der Suchoi-Kamen, die aber an Grösse bedeutend von dem darauf folgenden Konschekowskoi-Kamen übertroffen werden. Auf diesen folgen der Kirtim, fast genau im Westen von Bogoslowsk gelegen, der Kakwinskoi-Kamen, der Kumba 40 Werste, und der Deneschkin-Kamen 75 Werste von Bogoslowsk. Der letztere bildet den höchsten von allen diesen Bergen.

Rückreise nach Katharinenburg über Mursinsk.

Bogoslowsk war der nördlichste Ort am Ural den wir besuchten; allerdings befindet sich 60 Werste nördlicher noch ein anderes Hüttenwerk, die schon oben S. 384 erwähnte Eisenhütte Petropawlowsk, die dem Kammerherrn von Wsewoloschki gehört, aber durch die Zeit gedrängt, dehnten wir unsere Reise nicht weiter aus. Wir verliessen Bogoslowsk am Mittage des 6ten Juli, und traten, wiederum eine lange Strecke von unsern Freunden in Bogoslowsk, die uns mit so vieler Zuvorkommenheit aufgenommen hatten, begleitet, unsere Rückreise nach Katharinenburg an. Wir nahmen bis zur Tura denselben Weg, den wir auf der Hinreise eingeschlagen hatten, denn einen andern giebt es nicht, wandten uns dann aber links nach Werchoturje, und setzten von dieser Stadt aus die Rückreise auf dem Hauptwege fort, der in grösserer Entfernung vom Ural als der auf der Hinreise genommene, nach Katharinenburg führt [1]). Wir erreichten am Abend das Seifenwerk Pitatelewskoi bei Latinskoje, waren in der Nacht in Bessonowa, und am Morgen des 7ten Juli in Werchoturje.

Ein starker Gewitterregen hielt uns hier einige Stunden auf, und war auch die Ursach, dass wir uns in der Stadt nicht weiter umsehen konnten. Sie war sonst ein Ort von grosser Bedeutung, als sie noch der Sitz eines Woiwoden, und der Stapelplatz für den ganzen Sibirischen Handel war, der wegen des hier zu entrichtenden Zolles keinen andern Weg über den Ural nehmen durfte; sie ist aber jetzt, da diess schon seit länger als einem Jahrhundert aufgehört hat, zu einer unbedeutenden Kreisstadt hinabgesunken. Ohne

---

[1]) Die Entfernung der Stadt Werchoturje von Katharinenburg beträgt auf dem Hauptwege 304, auf dem Wege am Ural entlang $280\frac{1}{2}$ Werste.

noch den Regen abgewartet zu haben, reisten wir ab, setzten bald darauf mittelst einer Fähre über die Tura, und bei der folgenden 25 Werste entfernten Station, dem grossen Dorfe Saldinskoi, auch über die Salda, welche ein rechter Nebenfluss der Tura ist[1]), in welche sie sich etwa 20 Werste unterhalb Saldinskoi ergiesst. Zwei Stationen (53 Werste) weiter setzten wir bei dem Dorfe Ljaja über den Tagil, und waren am Morgen des 8ten Juli in Alapajewsk, einer Herrn Jakowleff gehörigen Eisenhütte, wo wir den Vormittag verweilten.

Von Werchoturje aus nimmt der Weg eine immer mehr östliche Richtung und entfernt sich auf diese Weise noch mehr von dem Hauptrücken des Urals. Er geht daher auch fast ganz in der Ebene fort, führt aber noch häufig durch Wald, der meistens aus Laubholz besteht und sehr angenehm ist. Je weiter man indessen nach Süden kommt, je mehr häufen sich auch die Dörfer, und je mehr sieht man den Wald gerodet, und in bebautes Ackerland umgewandelt. Festes Gestein findet sich fast nur noch in der Gegend von Werchoturje; es besteht hier aus einem Granite, der unter ähnlichen Verhältnissen auftritt, wie der etwas weiter die Turja aufwärts bei Nechoroschkowa sich findende Syenit. Wir sahen ihn zuerst einige Werste nördlich von Werchoturje, wo er an dem Ufer eines kleinen in die Tura fallenden Flüsschens in niedrigen Kuppen ansteht. Er ist von ziemlich feinem Korn, und besteht aus vorherrschendem weissen Feldspath, aus graulichweissem Quarz und schwarzem Glimmer; er wird aber hier bald von einem wie es scheint sehr neuen Conglomerat bedeckt, welches viele eckige Stücke von stark durchscheinendem und glänzendem graulich- und grünlichweissen Quarz, von Kieselschiefer und einer grünen erdigen Substanz enthält, die

---

[1]) Vergl. oben S. 343.

durch ein theils graues Hornstein-ähnliches, theils mehr erdiges Bindemittel verbunden sind. Er steht in horizontalen Bänken an, bildet aber keine Felsen, sondern ist nur in den kleinen Steinbrüchen zu sehen, die am Wege angelegt sind, und aus denen man die Steine zur Ausbesserung des Weges holt. An den Ufern der Tura bei Werchoturje sowohl, als auch da, wo man etwas weiter östlich über dieselbe setzt, steht wieder Granit an, der grobkörniger wie der frühere ist, sonst die Gemengtheile in ähnlichem Verhältniss und von ähnlicher Farbe enthält.

In dem Granite von Werchoturje fanden die Proff. Kupffer und Erman schwarze prismatische Krystalle eingewachsen[1]), von denen mir später Herr Prof. Kupffer Proben mittheilte. Nach den Messungen, die ich damit nach meiner Rückkehr anstellte, sind die Krystalle schwarzer Epidot oder Bucklandit, der als ein sehr seltenes Mineral bis jetzt nur in Arendal auf der Eisenerzlagerstätte[2]) und mit Rhyakolith verwachssn unter den vulkanischen Massen an den Ufern des Laacher See's vorgekommen ist, und daher wohl als eine interessante Erscheinung in diesem Granite betrachtet werden kann. Die Krystalle kommen einfach und zwillingsartig zusammengewachsen vor, waren aber alle, soweit ich sie gesehen habe, an den Enden verbrochen. Die einfachen Krystalle bilden rhomboïdische Prismen von $115\frac{1}{2}^{\circ}$, mit schwach und schief abgestumpften scharfen Seitenkanten, die Zwillingskrystalle breite sechsseitige Prismen, deren gemeinschaftliche Ebene parallel ihren breiten Seitenflächen, also durch die Kanten, die die schmalen Seitenflächen untereinander bilden, geht. Die breiten Seitenflächen machen mit den angränzenden

---

[1]) *Voyage dans l'Oural*, p. 426 und Reise um die Erde, Th. I, S. 371. Kupffer nennt das Mineral Orthit und Erman Gadolinit.

[2]) Diesen Fundort giebt Lévy an, der das Mineral entdeckt hat; ich habe es von dort noch nicht gesehen.

schmalen und demselben Individuum angehörigen Flächen Winkel von $115\frac{1}{2}$ und von $128\frac{1}{2}°$, die schmalen Seitenflächen in den Kanten, durch welche die gemeinschaftliche Ebene geht, Winkel von 129° auf der einen Seite, und Winkel von 103° auf der andern Seite. Die gemeinschaftliche Ebene geht also, wie immer bei dem Epidot, parallel der Haüyschen Fläche *T*, und die schmalen Flächen werden von den Haüyschen Flächen *M* und *r* gebildet.

Die Flächen dieses Buklandits sind wohl glatt, aber nur wenig glänzend, ihre Winkel lassen sich daher nicht mit grosser, dennoch aber mit hinreichender Genauigkeit messen, um danach zu bestimmen, dass die Krystalle die Form des Epidots haben. Die Grösse der Krystalle beträgt höchstens einen halben Zoll, und ihre Dicke einige Linien, gewöhnlich sind sie aber kleiner; sie sind schwarz und undurchsichtig.

In dem Verhalten vor dem Löthrohr stimmte dieser Buklandit ganz mit dem vom Laacher See überein; auf der Kohle schmilzt er leicht und unter starkem Aufschäumen zu einer schwarzen, glänzenden und schlackigen Masse, die, wenn sie aufgehört hat zu schäumen, nur sehr schwer schmelzbar ist. Kleine Stückchen lassen sich auch zu einer Kugel schmelzen, was bei etwas grössern selten glückt; die geschmolzene Masse wird nun vom Magnet angezogen. In Phosphorsalz ist der Bucklandit unter Ausscheidung von weisser flockiger Kieselerde leicht auflöslich, und bildet ein schwach von Eisen gefärbtes Glas. —

Den 8ten Juli. In Alapajewsk verweilten wir den Vormittag, und besahen die Hütte, die an der Alapaicha, einem kleinen in die Neiwa fallenden Bache liegt, und aus einem Hohofen nnd einigen Frischfeuern besteht. Das Eisenerz, das man daselbst verschmelzt, wird von Nischne-Tagilsk herbeigeführt. Wir erhielten hier einen schönen fossilen Ochsenschädel, der bei dem Dorfe Ermakowa, 20 Werste südöstlich von Alapajewsk gefunden war. Man ging damit um, eine neue Kirche zu bauen, und hatte zu dem Ende bei der alten eine Menge Baustein angefahren, der ein ziemlich grobkörniger **Diorit** war, welcher aus weissem Albit und schwärzlichgrüner Hornblende bestand; der Albit war nur wenig durchscheinend, aber deutlich spaltbar, und zeigte die karakteristischen einspringenden Winkel sehr deutlich. Die Hornblende war von dem Albit scharf und nett geschieden, so dass das Ganze ein sehr schönes Gemenge darstellte. Ich habe nicht erfahren, wo das Gestein gebrochen ist, doch wurde mir gesagt, dass es in der Gegend vorkäme.

Von Alapajewsk nimmt der noch 140 Werste betragende Weg nach Katharinenburg eine von der bisherigen verschiedene südwestliche Richtung, und nähert sich wieder allmählig dem Ural. Eine halbe Werst von der Hütte setzten wir mittelst einer Fähre über die Neiwa, welche hier wieder ganz flache Ufer hat, und kamen dann bald in einen Wald, der wie so häufig, Laubholz und Nadelholz vermischt enthielt und durch grosse kräuterreiche Wiesen und durch mehrere Dörfer unterbrochen wurde. Wir fuhren hier über einige linke Zuflüsse des Resch [1]), und erreichten zuletzt diesen Fluss selbst bei dem Dorfe Ramaschowa, an dessen linker Seite wir nun bis zur Eisenhütte Reschewsk blieben, in welcher wir spät Abends anlangten.

Die Gesteine, welche wir auf diesem Wege antrafen, bestanden zuerst in einem dichten schwärzlichgrauen und versteinerungsleeren **Kalkstein**, der die flachen Ufer der Neiwa bei dem Uebergange über dieselbe bildete. Er war geschichtet, und seine Schichten fielen unter einem flachen Winkel St. 6 nach O., doch war er nur unmittelbar an den Ufern zu sehen, und

---

[1]) Vergl. oben S. 288.

schon in geringer Entfernung davon mit Dammerde bedeckt. Bei einem Dorfe an den Ufern eines kleinen in den Resch fallenden Baches fanden sich sodann niedrige Felsen von Augitporphyr, der ein eigenthümliches Ansehn hatte, und aus einer feinsplittrigen graulichgrünen Grundmasse bestand, in welcher sehr gedrängt nebeneinander kleine Krystalle von Labrador und Augit lagen, von denen die erstern dieselbe Farbe wie die Grundmasse hatten, und daher nur an den Spaltungsflächen und den einspringenden Winkeln zu erkennen waren; die letztern von schwärzlichgrüner oder dunkellauchgrüner Farbe waren. Bei dem Dorfe Ramaschowa waren die niedrigen Felsen an seinem rechten Ufer, an welchem der Weg nicht entlang geht, wiederum von einem dichten Kalkstein gebildet, der aber eine weisse Farbe hatte, und eine Menge unkenntlicher spàthiger Versteinerungen enthielt, welche mit gewissen Gattungen von Madreporiten, namentlich mit Lithodendron, Aehnlichkeit hatten.

Den 9ten Juli. Wir blieben die Nacht auf dem Hüttenwerke, das ebenfalls Herrn Jakowleff gehört. Es ist durch das vortreffliche Eisenblech ausgezeichnet, welches hier verfertigt wird, enthält aber noch ausser dem Blechwalzwerke einen Hohofen, in welchem in der Nähe vorkommendes Brauneisenerz verschmolzen wird. Es liegt unmittelbar an dem Resch, der sich später mit der Neiwa vereinigt, nach dieser Vereinigung den Namen Nitza erhält, und sich darauf in die rechte Seite der Tura ergiesst. An seinen Ufern bei der Hütte stand ein schöner Serpentin an, von dem man, um Raum für die anzulegenden Gebäude zu gewinnen, viel weggesprengt hatte, und an welchem daher häufig frischer Bruch zu sehen war. Der Serpentin war von theils schwärzlichgrüner theils öhlgrüner Farbe, enthielt aber eine Menge Klüfte, auf welchen ein lichter grünlichgelber, stark durchscheinender Serpentin in dünnen Platten auflag.

Reschewsk liegt etwas südlich von der Hauptstrasse von Werchoturje nach Katharinenburg, die wir erst wieder am Mittage in dem Dorfe Totschilnaja erreichten. Der Weg führte uns dahin durch einen öden Fichtenwald, in welchem wir noch häufig kleine Kuppen von Serpentin anstehen sahen, der hier, wie überall, der Vegetation sich nicht sehr günstig zeigt. Totschilnaja ist durch seine Steinbrüche berühmt, die in dem nahgelegenen flachen Bergrücken, dem sogenannten Schleifsteinberge oder der Totschilnaja Gora angelegt sind, und theils der Krone theils den Demidowschen Erben gehören. Man gewinnt hier einen Stein, der weniger als Schleifstein, als besonders als Gestellstein im ganzen Ural weit und breit benutzt wird, und nichts anderes als eine eigenthümliche Abänderung von Granit, wie der sogenannte Beresit von Beresowsk ist, und mit manchen Abänderungen desselben ganz übereinkommt. Er stellt nämlich, wie diese, ein feinkörniges Gemenge von gelblichweissem Feldspath und spargelgrünem, auf den Spaltungsflächen silberweissen Glimmer dar, in welchem einzelne grössere Körner von graulichweissem Quarz eingewachsen sind, und hier und da auch etwas Eisenkies eingesprengt ist. Ebenso wie in seiner Beschaffenheit scheint er auch in seiner Lagerung mit dem Beresite von Beresowsk übereinzustimmen, soweit wir diess bei der kurzen Zeit, die wir der Besichtigung der sehr ausgedehnten Brüche widmeten, ausmachen konnten. Er scheint hier grosse mächtige Gänge zu bilden, die in Talkschiefer und Chloritschiefer aufsetzen, und wiederum von Quarzgängen rechtwinklig durchsetzt werden. Der Talkschiefer gleicht dem sogenannten Crassik von Beresowsk vollkommen; er ist theils gelblichweiss und voller rhomboëdrischer Höhlungen, die zum Theil noch wohl erhalten und mit einem braunen Eisenocher angefüllt sind, der augenscheinlich ebenfalls von einem zersetzten eisenhaltigen Bitterspathe herrührt, theils ist er mehr silberweiss und enthält dann kleine sechseitige Tafeln von stark glänzendem Eisenglanz, ausserdem aber ebenfalls noch Poren, die zum Theil mit Eisenocher angefüllt sind. Der Chloritschiefer ist grünlichschwarz und feinschuppig, und enthält Ausscheidungen von weissem körnigen Quarz, die in ihm nesterweise liegen.

Der Quarz, welcher den Gestellstein durchsetzt, ist derb, enthält aber auch Drusenhöhlungen, auf welchen sich Krystalle von Quarz und, was bemerkenswerth ist, auch von Rothbleierz finden, die von gleicher Schönheit, wie die von Beresowsk sind. Wir sahen sie selbst nicht anstehen, doch wurden uns lose an den Enden verbrochene Krystalle in grosser Menge von den Arbeitern, die sie gesammelt hatten, zum Kauf angeboten. Sie finden sich nicht allein auf den Quarzgängen und Klüften im Granit, sondern auch nach Pallas[1]), der das Rothbleierz dieses Bruches entdeckt hat, mit Krystallen von einem in Brauneisenerz umgewandelten Eisenkiese auf einem Lettengange, der, wie die Quarzgänge von Beresowsk, von O. nach W. streicht und unter einem Winkel von 50° gegen S. fällt. Das Rothbleierz vergrössert noch die Aehnlichkeit dieser Gänge mit denen von Beresowsk; es fehlt ihnen, um sie vollständig zu machen, fast nichts als das Gold, welches aber bis jetzt darin noch nicht vorgekommen ist, und sich auch wahrscheinlich darin nicht findet, da in der langen Zeit (seit 1739), seit welcher die Brüche fortwährend und stark bearbeitet sind, es sich sonst wohl schon gefunden haben würde.

Wir sahen beim Fortgehen an einer Stelle grosse Blöcke liegen, die aus einem feinkörnigen Quarz bestanden, in welchem mehr oder weniger regelmässige Kugeln oder Körner von Turmalin eingewachsen waren, die aus fasrigen, excentrisch zusammengehäuften

[1]) Reise Th. II, S. 275.

Zusammensetzungsstücken bestanden. Die Kugeln fanden sich mehr oder weniger häufig; bald waren sie so häufig, dass sie sich berührten und gegenseitig in der Ausbildung störten, bald so sparsam, dass sie in zollgrosser Entfernung von einander lagen. Im ersteren Falle waren sie von holzbrauner Farbe und am deutlichsten fasrig, auch schlossen sie dann unter sich wohl Höhlungen ein, in welchen die fasrigen Zusammensetzungsstücke in Krystallspitzen ausliefen; im letztern Falle waren sie von mehr grauer Farbe und dichterem Bruche, und gaben dem Quarz dann ein geflecktes, dem bekannten Tigererz von Schemnitz ähnliches Ansehn. Vor dem Löthrohr bläht sich dieser Turmalin zu einer weissen Masse auf, die nur sehr schwer schmelzbar ist.

Wie diese Massen anstehend vorkommen, haben wir nicht beobachtet, der körnige Quarz derselben gleicht aber dem, welcher in einzelnen Ausscheidungen im Chloritschiefer vorkommt, daher sie auch wohl auf eine ähnliche Weise vorkommen mögen [1]). Sie waren übrigens auch mit Quarzgängen von derselben Art durchsetzt, wie die, welche im Granite vorkommen. Hermann erwähnt dieses mit Turmalin gemengten Quarzes auch [2]); er nennt ihn einen mit Schörl gemischten Gneuss, und führt an, dass er sich an der Südseite des Bruches dem Sandsteine, wie er den hiesigen Granit nennt, anlegt; er widerstände dem Feuer nicht, und würde daher ausgeschossen. Der Granit dagegen ist äusserst unschmelzbar, worauf eben seine Anwendung als Gestellstein beruht; er schmilzt vor

---

[1]) Dergleichen grosskörniger Turmalin von schwärzlichgrauer Farbe, dessen Körner wieder aus fasrigen excentrisch zusammengehäuften Zusammensetzungsstücken bestehen, kommen nach Stücken, die sich in der Königlichen Sammlung in Berlin befinden, auch am See Schartasch bei Beresowsk im Chloritschiefer vor.

[2]) Min. Beschr. des Uralischen Erzgebirges, B. I, S. 137.

dem Löthrohr auch nicht an den äussersten Kanten, und färbt selbst die Flamme nur schwach gelb [1]). —

In Totschilnaja verliessen wir wieder die Strasse, und wandten uns nach dem 28 Werste nördlich gelegenen Dorfe Mursinsk [2]), in dessen Nähe die Edelsteinbrüche sich finden, deren Producte in der Katharinenburger Schleiferei verschliffen werden, und schon in den Petersburger Mineralien-Sammlungen unsere Bewunderung erregt hatten. Sie finden sich auf Klüften und Spalten im Granit, der, so untergeordnet er in Totschilnaja in Vergleich zu den übrigen Gebirgsarten vorkommt, hier doch in grosser Ausdehnung das ganze Terrain zu bilden scheint, obgleich er in deutlichen Felsentblössungen fast nirgends hervortritt. Sähe man nicht in den Brüchen Granit, so liesse sich kaum vermuthen, dass man sich auf solchem Terrain befinde. Die ganze Gegend von Totschilnaja bis Mursinsk ist nur hüglig, und eine starke Decke von Dammerde bildet fast überall die Oberfläche des Landes, die theils noch bewaldet, theils aber schon stark angebaut ist. Nur an den Ufern der Neiwa, an dessen südlicher Seite Mursinsk grösstentheils liegt, sahen wir Felsentblössungen, aber auch diese konnten wir nicht untersuchen, da sie sich an Stellen befanden, die für uns nicht zugänglich waren.

Wir hatten das Vergnügen in Mursinsk Herrn Kokawin zu treffen, unter dessen Direction auch diese Brüche stehen, und der von Katharinenburg uns hierher entgegengereist war, um uns zu ihnen selbst hinzuführen, wie wir auch früher unter seiner Füh-

---

[1]) Nach einer in dem Laboratorium meines Bruders angestellten Analyse, enthält er Kieselsäure 78,45, Thonerde 17,12, Talkerde 0,55; die übrigen an Hundert fehlenden Theile bestehen in Alcali.

[2]) Mursinsk hat, wie der ältere Gmelin (Reise durch Sibirien Th. IV, S. 449) berichtet, von einem Tatarischen Mursa (Fürsten) seinen Namen erhalten, welcher vor der Eroberung Sibiriens durch die Russen, hier seinen Sitz gehabt hat.

rung die Marmorbrüche bei Katharinenburg gesehen hatten[1]). Die Edelsteinbrüche sind sehr zahlreich, und liegen an sehr verschiedenen Stellen in den Umgebungen von Mursinsk, doch fast sämmtlich mitten im Walde. Wir besuchten noch den Abend dieses Tages 3 von den nördlich gelegenen Brüchen; einige der südlichen besichtigten wir am folgenden Tage. Von den ersteren liegen 2 etwas östlich von dem Dorfe Malaja (klein) Alabaschka, der dritte etwas südöstlich zwischen Malaja und Bolschaja (gross) Alabaschka, welches 8 Werste von Mursinsk entfernt ist. Da die Wege, die zu den Brüchen führen, sämmtlich enge Waldwege sind, so kamen uns hier die am Ural, wie auch im übrigen Sibirien sehr gebräuchlichen Wagen gut zu statten, auf denen wir zu ihnen fuhren, und die eigentlich nur in mehreren nebeneinander liegenden Stangen bestehen, die vorn und hinten auf Axen ruhen, woran die Räder befindlich sind[2]).

Die beiden ersten Brüche waren in kleinen niedrigen Hügeln angelegt, in welchen unförmliche Höhlungen ausgearbeitet waren. Der Granit dieser Hügel war sehr grobkörnig, und bestand aus vielem gelblichweissen Feldspath, wenigerm nelkenbraunen Quarz und noch wenigerm graulichbraunen Glimmer; er war sehr klüftig und drusig, und die Drusenräume waren grösstentheils mit einem braunen Thone angefüllt, in welchem häufig Feldspath- und Quarzkrystalle, sowie

---

[1]) Vergl. S. 246.

[2]) Häufig setzt man auf die Mitte der Stangen noch einen Wagenkasten, der gewöhnlich rund und nur zum Liegen eingerichtet ist, in welchem aber eine Person sehr bequem, zwei Personen wegen der geringen Breite nur unbequem liegen. Da die Stangen bei ihrer Länge sehr gut federn, so empfindet man in dem Wagenkasten, der ausserdem noch durch hineingelegte Matratzen bequem gemacht wird, die Stösse nicht, wenn der Wagen auch auf steinigem Boden fährt, und man braucht nicht im geringsten besorgt zu sein, umgeworfen zu werden, was bei der Länge des Wagens kaum möglich ist, sollte auch die Vorderaxe ganz schief stehen.

auch weisse Topase lose lagen, von denen wir selbst mehrere aus solchen Höhlungen herausnahmen. In dem dritten Bruche hatte aber die Höhlung ganz das Ansehn eines Ganges; sie hatte eine Länge von etwa 10 bis 12, eine Tiefe von 6 bis 8, und eine Breite von 1 bis 1½ Lachtern, Zahlen, welche übrigens auf keine Genauigkeit Anspruch machen, sondern aus dem Gedächtnisse niedergeschrieben sind. Hier fanden sich viel grössere Drusenräume, daher auch Quarz- und Feldspathkrystalle von viel grösserm Volumen waren.

Auf dem Wege zu diesem Bruche kamen wir bei einer Mühle vorbei, welche von einem kleinen in die Neiwa fallenden Wasser getrieben wurde, und an welcher man eine Menge Baustein angefahren hatte. Dieser Baustein war auch noch ein Granit, aber von viel feinerem Korn, und bestand aus weissem zum Theil ziemlich durchscheinenden Feldspath, graulichweissem Quarz, und theils grünlichschwarzem theils tombakbraunem Glimmer, welcher letztere jedoch nur in geringer Menge vorhanden war. Der Glimmer war oft deutlich krystallisirt, war in den verschiedenen Stücken in mehr oder weniger grosser Menge vorhanden, und bildete mehr oder weniger zusammenhängende Lagen zwischen den andern Gemengtheilen, so dass er meistens einen förmlichen Gneuss-Granit darstellte. Es ist möglich, dass dieser Gneuss-Granit das vorherrschende Gestein bildet, und die grobkörnigen Granitabänderungen sich nur auf Gängen und in besonderen Ausscheidungen finden, aber mit Gewissheit konnten wir darüber gar nicht entscheiden, da ausser den Entblössungen, die die Brüche zeigten, wir keine andern gesehen hatten. Die Mineralien, welche sich in dem grobkörnigen Granite fanden, waren aber folgende:

1. Bergkrystall. Der, welchen wir in diesen Brüchen fanden, war immer dunkel-nelkenbraun,

wie der sogenannte Rauchtopas [1]). Kleinere Krystalle sind noch durchscheinend, grössere dagegen gewöhnlich ganz undurchsichtig. Die Färbung rührt von organischer Materie her, denn sie verschwindet vollkommen, wenn man Stücke dieses Bergkrystalls vor dem Löthrohr in der äussern Flamme erhitzt; sie werden dabei klar und durchsichtig, decrepitiren aber gewöhnlich stark oder bekommen wenigstens Risse.

Die Form dieser Krystalle ist die gewöhnliche, die Kombination des Hexagondodecaëders mit dem sechsseitigen Prisma; doch kommen auch noch die Rhombenflächen, ferner Trapezflächen und Flächen von spitzern Hexagondodecaëdern vor. Die Rhombenflächen sind selten und finden sich nur an einzelnen Ecken, Trapezflächen aber häufig; gewöhnlich kommt die mit 11fachem Cosinus in der Kantenzone des Hexagondodecaëders vor, (die Haüysche Fläche *x*), seltener die mit 7fachem Cosinus (die Haüysche Fläche *u*) und dann findet sie sich gewöhnlich mit der vorigen zusammen, und mit dem 3fach spitzern Hexagondodecaëder (dem Haüyschen *l*). Man sieht diese Flächen nicht selten sehr gleichmässig an allen Ecken, wodurch die Krystalle ein nicht gewöhnliches regelmässiges Ansehn erhalten. Die Flächen der Grundform kommen zuweilen sehr schön, stellenweise matt und glänzend vor, wie die Krystalle von Beresowsk [2]), doch beschränkt sich diese Erscheinung, soviel ich gesehen habe, hier nur auf die Flächen des Hexagondodecaëders, und setzt nicht auf die des Prisma's fort.

Die Krystalle sind von sehr ungleicher Grösse, klein und gross; die Königliche Sammlung in Berlin besitzt einen Krystall von Alabaschka, dessen Prisma einen Durchmesser von 6 Zoll hat. Er ist noch da-

---

[1]) In Katharinenburg werden auch häufig wasserhelle Bergkrystalle verarbeitet, doch weiss ich nicht, ob dieselben auch hier vorkommen, oder von einer andern Gegend abstammen.

[2]) Vergl. S. 190.

durch merkwürdig, dass er, im übrigen von nelkenbrauner Farbe, auf den Flächen des Hexagondodecaëders mit einer weissen wenig durchscheinenden Schicht bedeckt ist, auf der wieder eine andere klarere Schicht liegt. Diese letztere bedeckt die darunter liegende nur zum Theil, und hat sich in einzelnen Krystallen zusammengezogen, die als kleine Prismen mit Zuspitzungen von paralleler Stellung mit dem grossen Krystall, den sie bedecken, auf seinen Hexagondodecaëder-Flächen horizontale Reihen bilden, auf einigen bis zur Spitze, auf andern nur auf dem untern Theile der Flächen. Diese kleinen Krystalle sind durchsichtig, wasserhell, oder nur an einzelnen Theilen schwach braun gefärbt.

2. Feldspath. Er hat gewöhnlich nur eine sehr lichte gelblich- und graulichweisse Farbe, und ist nur an den Kanten durchscheinend, wie der Wernersche gemeine Feldspath. Die Krystalle haben in der Regel nur die gewöhnlichen Flächen, und haben das Ansehn von Fig. 246 und 250 der Tafel 81 der Haüyschen Mineralogie. Sie sind meistentheils einfach, erscheinen aber zuweilen als Zwillingskrystalle; die gemeinschaftliche Ebene derselben ist dann parallel der vollkommensten Spaltungsfläche *P*, und die Umdrehungsaxe auf dieser rechtwinklig, wodurch rechtwinklig-vierseitige Prismen entstehen, die an den Enden mit einer Zuschärfung begränzt sind, welche gewöhnlich von den mittlern hintern schiefen Endflächen *x* gebildet wird. Sehr schöne und grosse Krystalle der Art befinden sich in den Sammlungen des Bergkorps und der Gräfin Stroganoff in Petersburg.

Die Flächen der Krystalle sind stark glänzend, wenn sie nicht an der Oberfläche verwittert sind. Sprünge und Risse, parallel der vollkommensten Spaltungsfläche, durchsetzen die Krystalle oft, ebenso finden sich oft kleine vertikale Risse und Furchen auf den Seitenflächen *T*, in welchen sich ein schwarzer

Ueberzug angelegt hat, der auch ganze Flächen, wie die untere hintere Endfläche, *y*, bedeckt. Die vordere Endfläche, *P*, ist auch nicht sowohl gestreift, als mit kleinen häufig absetzenden Furchen versehen, die der Kante mit der hintern Endfläche, *x*, parallel gehen, wie dasselbe auch bei den Adularkrystallen des Gotthardts vorkommt. Die Seitenflächen, *M*, sind zuweilen ganz glatt, zuweilen vertikal gestreift.

Die Krystalle sind von verschiedener Grösse; nicht selten ist dieselbe so bedeutend, wie sie kaum bei Feldspathkrystallen von einem andern Fundorte bekannt ist. Man sieht dergleichen Prachtexemplare vorzüglich in der Sammlung des Bergkorps in Petersburg, aber auch in der Königlichen Sammlung in Berlin befindet sich ein Krystall, dessen Durchmesser sowohl zwischen den Flächen *M*, als auch zwischen der vordern stumpfen Seitenkante und der hintern Seite einen Fuss betragen; der Krystall ist an dieser Seite verbrochen, und würde daher, wenn er vollständig wäre, hier noch eine viel grössere Breite haben.

Selten sind indessen die grössern Feldspathkrystalle ganz rein und ungemengt, in der Regel sind sie mit Quarzkrystallen in mehr oder weniger grosser Menge durchwachsen. Diese Durchwachsung hat in so fern etwas ganz Bestimmtes und Regelmässiges, dass die Quarzkrystalle immer eine untereinander parallele Lage haben, selbst wenn sie untereinander nicht oder wenigstens nicht sichtbar in Berührung stehen. Davon kann man sich am besten überzeugen, wenn die Quarzkrystalle, was nicht selten der Fall ist, aus dem Feldspathe herausgewachsen sind; sie sind an diesen Theilen regelmässig mit Flächen begränzt, und spiegeln nun von ihren gleichnamigen Flächen das Licht stets zu gleicher Zeit. An den Theilen, wo sie in dem Feldspath eingewachsen sind, haben sie nur eine unregelmässig gestreifte und unebene Oberfläche; die Feldspathmasse dringt häufig bis in das

Innere der Quarzkrystalle, die den Feldspathkern dann nur von 2 bis 3 Seiten umgeben. Schneidet man nun den Feldspath rechtwinklig gegen die Axe der Quarzkrystalle, so bilden diese letztern auf der Durchschnittsfläche gewissen Schriftzügen ähnliche Figuren, die der Verwachsung eben den Namen Schriftgranit gegeben haben. Der Feldspath scheint hier, wie überall, wo er sich mit Quarz zusammen findet, früher als dieser krystallisirt zu sein, der sich in den gelassenen Raum fügen musste. Auch bei dem gewöhnlichen Granite kommen in dem Gemenge sehr selten Quarzkrystalle porphyrartig eingewachsen vor, dagegen dergleichen Feldspathkrystalle ganz gewöhnliche Erscheinungen sind.

Der Quarz ist nur seltener aus den Krystallflächen des Feldspathes herausgewachsen; gewöhnlich hat sich dieser letztere durch einen Riss zum Theil von der Unterlage getrennt, und es ist auf diesen Sprüngen, wo man die angegebene Erscheinung besonders beobachten kann. Sehr schön zeigt sie sich bei einem Krystalle der Königlichen Sammlung zu Berlin, wo die auf der hintern Seite des Feldspathkrystalls herausgewachsenen Quarzkrystalle nur klein sind und gedrängt nebeneinander stehen. Ob bei diesen Verwachsungen auch der Quarz gegen den Feldspath eine regelmässige Lage annimmt, scheint mir nicht wahrscheinlich, wenigstens bleibt sich dann die Lage nicht bei allen Verwachsungen gleich. Bei einem grossen Theil der Feldspathkrystalle, die ich beobachtet habe, waren die Quarzkrystalle so eingewachsen, dass die einen Flächen ihrer sechsseitigen Prismen mit der zweiten Spaltungsfläche, *M*, des Feldspaths eine parallele Lage hatten, was man an dem gleichzeitigen Spiegeln dieser Flächen deutlich wahrnehmen konnte, (vergl. Taf. VII, *a*); die Hauptaxen der Quarzkrystalle und des Feldspaths waren aber nicht parallel, sondern bildeten schiefe Winkel miteinander; die ersteren waren nach der hintern Seite des Feldspaths geneigt, und zwar so weit, dass entweder eine der Endkanten von dem Hexagondodecaëder des Quarzes, die in der gemeinschaftlichen Ebene liegen, mit der Hauptaxe und folglich auch der stumpfen Seitenkante $\frac{T}{T}$ des Feldspaths [1]), oder eine der Rhombenflächen des Quarzes, welche die gemeinschaftliche Ebene rechtwinklig schneiden, mit der ersten Spaltungsfläche *P* des Feldspaths parallel lag. Die Beschaffenheit der Stücke, die ich untersuchte, erlaubte doch nicht mit Genauigkeit auszumachen, ob das eine oder das andere Verhältniss, oder überhaupt eins von beiden genau eintraf [2]).

3. Albit. Er ist von schneeweisser Farbe und nur auf der Oberfläche zuweilen ockergelb gefärbt. Er findet sich krystallisirt, aber die Krystalle sind an den verschiedenen Stellen von verschiedenem Ansehn und verschiedener Deutlichkeit. Die deutlichsten Krystalle sind dadurch ausgezeichnet, dass ihre vertikalen Flächen *T* und *l* so niedrig sind, dass die schiefen Endflächen *P* und *x* des obern und untern Endes sich in Kanten schneiden. Sie sind wie immer Zwillingskrystalle; gewöhnlich sind aber noch 2 solche Zwillingskrystalle nach Art der Karlsbader Feldspathkrystalle verwachsen, so dass sie auch noch mit den Flächen *M* aneinander liegen, aber die Flächen *P* in entgegengesetzter Lage haben; eine Art der Verwachsung, die auch bei dem Albite, der im Granit eingewachsen ist, vorkommt. Die Flächen *P* sind ziemlich glatt und glänzend von Perlmutterglanz, die

---

[1]) Dieser Fall ist in der Figur Taf. VII, a. dargestellt.

[2]) Da es nur immer einzelne Feldspathkrystalle aus den Klüften des Granits, oder einzelne grosskörnige Individuen sind, die auf diese Weise mit Quarz verwachsen, so ergiebt sich daraus, wie unrichtig es ist, den Schriftgranit als besondere Gebirgsart, der man den Namen Pegmatit gegeben hat, aufzuführen.

Flächen x matt, die Flächen M aber glasglänzend und stark vertikal gestreift; zu genauen Messungen sind die Krystalle nicht geeignet. Sie sind mit den Flächen P und x aufgewachsen, auf den Flächen M selten mehr als 5 bis 6 Linien breit, und bilden Drusen mit braunem Bergkrystall, Feldspath und Glimmer.

An andern Stücken sind die Albitkrystalle schmäler, aber verhältnissmässig länger, und durch das Vorherrschen der Flächen M von einem tafelförmigen Ansehen; sie sind stärker durchscheinend wie die vorigen, mit denselben Flächen wie diese aufgewachsen, aber kugelig zusammengehäuft. Die aufgewachsenen Kugeln, die auf diese Weise entstehen, haben eine rauhe Oberfläche von den deutlich hervortretenden Krystallen, und bestehen im Innern aus excentrisch zusammengehäuften schaaligen Zusammensetzungsstücken, worin die Krystalle der Oberfläche fortsetzen. Sie kommen mit denselben Begleitern, wie die vorigen Abänderungen vor.

Bei einer dritten Abänderung haben die Albitkrystalle eine ähnliche Form wie die der ersten Abänderung, aber die Flächen sind rundlich und gewölbt, wodurch ihr Ansehn spindelförmig wird. Ausserdem sind sie auch mit den Flächen M aufgewachsen und, wie bei der zweiten Abänderung, kugelig zusammengruppirt; die aufgewachsenen Kugeln haben aber einen Durchmesser, der viel grösser wie bei diesen ist, und zuweilen 7 bis 8 Zoll beträgt, während er bei jenen nur 1 bis 2 Zoll gross ist. Die Oberfläche dieser Kugeln ist mit den spindelförmigen Krystallen bedeckt, die viele Löcher und Höhlungen zwischen sich einschliessen; das Innere besteht aus mehr körnigen Zusammensetzungsstücken. Die Kugeln sind theils mit Glimmer theils mit graulichweissem Quarz durchwachsen, welcher letztere auch aus den Kugeln herauskrystallisirt ist, und Gruppen von untereinander parallelen Krystallen bildet; aber diess ist nur selten der

Fall, gewöhnlich ist die Verwachsung von Albit und Quarz ganz unregelmässig. Zuweilen ist die Aggregation des Albites auch röhrenförmig, wenn er sich um längere säulenförmige Krystalle des Quarzes herumgelegt hat.

4. Glimmer. Er ist in dickern Stücken von graulich- bis gelblichweisser Farbe, in dünnen Blättchen ganz farblos und durchsichtig. Die Krystalle sind in optischer Hinsicht 2axig, wie wohl der grösste Theil der in den Graniten vorkommenden Glimmerarten; in krystallographischer Hinsicht scheinen sie 1 und 1axig zu sein. Sie bilden mehr oder weniger dicke geschobene 4seitige Tafeln, bei denen die ebenen Winkel der Endflächen, mit welchen parallel die Krystalle vollkommen spaltbar sind, ungefähr 120° und 60° betragen. Die scharfen Seitenkanten der Tafeln sind gewöhnlich schwach, selten stark abgestumpft, in welchem Fall die Krystalle das sonst bei dem Glimmer gewöhnliche Ansehn von 6seitigen Tafeln erlangen, welches aber bei dem Glimmer von Alabaschka das seltnere ist. Die Seitenflächen sind theils matt theils glänzend, immer aber, wenngleich mehr oder weniger stark, parallel den Kanten mit der Endfläche gestreift, wodurch eine genaue Bestimmung der Winkel der Krystalle verhindert wird. Die geraden Endflächen sind meistens glatt und eben, bei manchen Krystallen sieht man aber auch auf ihnen eine mehr oder weniger starke Streifung, die rechtwinklig auf 2, den scharfen Winkel des Rhombus einschliessenden Seiten steht, und die daher in der längern Diagonale der Endfläche federartig zusammenstösst. Sie findet sich nicht allein bei den aufgewachsenen Krystallen, sondern auch auf den Spaltungsflächen der derben eingewachsenen Massen, wo sie meistentheils viel gröber ist. Die Streifung scheint wohl auf eine Zwillingsverwachsung zu deuten, indessen scheint doch auch ein Unterschied in den ebenen Winkeln der Endflächen

mit und ohne Streifung nicht stattzufinden, soweit man sich davon durch Aufeinanderlegen der parallel mit der Endfläche abgespalteten Blätter überzeugen kann.

Die Krystalle dieses Glimmers sind von sehr verschiedener Grösse, der kleine Durchmesser der Endfläche beträgt bald nur eine Linie bald einige Zolle. Die grössern Krystalle, welche mit Feldspath und besonders mit Albit verwachsen sind, ragen einzeln mit den spitzen Winkeln der Rhomben aus der Oberfläche der Feldspathkrystalle oder der Kugeln des Albites hervor, oder sind zu Drusen zusammengruppirt. Die kleinen Krystalle, welche die glattesten und glänzendsten Flächen haben, kommen besonders in Gruppen mit der zuerst beschriebenen Abänderung des Albites vor.

In dem Verhalten vor dem Löthrohre stimmt der Glimmer von Alabaschka ganz mit dem unter ähnlichen Verhältnissen vorkommenden Glimmer von Finbo und Broddbo überein, dessen chemische Beschaffenheit von meinem Bruder bestimmt ist. In der Platinzange erhitzt, verlieren dünne Blättchen ihre Durchsichtigkeit; sie werden silberweiss, erhalten metallischen Perlmutterglanz, und schmelzen an den Rändern zu einem graulichweissen blasigen Glase. Im Kolben geben sie nur wenig Feuchtigkeit ohne Spuren von Flusssäure und ohne bedeutend ihr Ansehn zu verändern; in der offenen Röhre aber so erhitzt, dass die Flamme selbst die Probe trifft, werden sie auch silberweiss und undurchsichtig, und es sublimirt sich viel Wasser, das, wenn man es über der Spirituslampe verdunstet, auf dem Glase deutliche Spuren eines Angriffs durch Flusssäure hinterlässt. Ebenso stimmen sie auch in ihrem Verhalten mit den Flüssen überein, daher es wahrscheinlich ist, dass der Glimmer von Alabaschka mit dem von Finbo und Broddbo auch in der chemischen Beschaffenheit übereinstimmt.

Der Glimmer von Alabaschka kommt zuweilen verwittert vor, und hat dann dasselbe silberweisse Ansehn, wie der, welcher vor dem Löthrohr erhitzt ist.

5. Turmalin. Er ist von schwarzer Farbe und undurchsichtig. Er findet sich nur krystallisirt; die Krystalle sind gewöhnlich mit einem Ende aufgewachsen, daher nur an dem andern freien Ende krystallisirt, sie liegen aber auch zuweilen mit den Seiten auf der Unterlage fest, und sind dann an beiden Enden mit Flächen begränzt. Die Krystalle haben in diesem Fall die Taf. VII, Fig. 1 dargestellte Form; sie erscheinen in dem gewöhnlichen neunseitigen Prisma, das von dem zweiten sechsseitigen Prisma *a* und der Hälfte der Flächen des ersten *g* gebildet wird, und sind an dem einen Ende nur mit dem Hauptrhomboëder *r* (*P* von Haüy) begränzt, welches auf den abgestumpften Kanten des zweiten Prisma's aufgesetzt ist, und an dem andern von der Combination des Hauptrhomboëders mit dem ersten spitzeren Rhomboëder $2r'$, in welcher bald das Haupt-, bald das erste spitzere Rhomboëder vorherrscht. Bei den mit einem Ende aufgewachsenen Krystallen ist das freie Ende entweder wie das eine oder wie das andere der an beiden Enden auskrystallisirten Krystalle begränzt, stets aber findet sich das erste spitzere Rhomboëder nur da, wo das Hauptrhomboëder auf den unabgestumpften Kanten, nie da, wo es auf den abgestumpften Kanten des zweiten sechsseitigen Prisma's aufgesetzt ist; daher man, selbst wenn sich keine Krystalle mit beiden krystallisirten Enden gefunden hätten, schliessen könnte, dass die an beiden Seiten freien Krystalle, wenn sie sich fänden, an beiden Enden krystallisirt sein müssten, wie die verschiedenen freien Enden der mit den andern aufgewachsenen Krystalle.

Die Flächen der Krystalle sind in einigen Fällen sehr glatt und glänzend, in andern sind die Flächen des Prisma's vertikal gestreift, zuweilen auch noch gekrümmt, wodurch die convexen dreiseitigen Prismen entstehen, die sich bei den dickern Krystallen sehr schön finden. Die Krystalle sind verschieden lang und dick, zuweilen 1 bis $1\frac{1}{2}$ Zoll dick, und unverhältnissmässig kurz, zuweilen bei einer sehr geringen Dicke 3 bis 4 Zoll lang, gewöhnlich aber kleiner als die letztern, und dünner als die erstern.

Durch Temperatur-Veränderung werden die Krystalle ziemlich stark polarisch-elektrisch. Das Ende der Krystalle, an welchem sich nur das Hauptrhomboëder findet, wird nach dem Erwärmen des Krystalls, also bei abnehmender Temperatur, negativ elektrisch, das andere positiv elektrisch; bei zunehmender Temperatur kehren sich die Pole um. Sie verhalten sich also ebenso, wie nach den Untersuchungen von Köhler[1]), die schwarzen im Glimmerschiefer vorkommenden Turmaline von Tyrol, die auch dieselbe Form wie die Turmaline von Alabaschka haben.

Vor dem Löthrohr auf der Kohle wie in der Zange, schmilzt der Turmalin von Alabaschka bei der ersten Einwirkung der Hitze unter starker Aufblähung zu einer graulichschwarzen Masse, die darauf nicht mehr schmilzt. Von Borax wird er leicht zu einem von Eisen gefärbten grünen Glase aufgelöst, das bei grösserm Zusatz ganz schwarz und undurchsichtig wird. Mit Phosphorsalz wird er unter starkem Brausen zerlegt, und unter Abscheidung von Kieselsäure zu einem von Eisen gefärbten grünem Glase aufgelöst. Mit einem geringen Zusatz von Soda schmilzt er zu einem schwarzen schwer-schmelzbaren Glase. Mit Flussspath und saurem schwefelsauren Kali auf einem Platindrath zusammengeschmolzen, färbt er in den ersten Augenblicken der Schmelzung die Flamme grün.

Die Krystalle bedecken meistentheils den Feldspath und Albit, zuweilen auch den Glimmer, so aber,

---

[1]) Poggendorffs Annalen, B. XVII, S. 148.

dass sie von diesen Mineralien nicht heruntergenommen werden können, ohne Eindrücke auf ihnen zu hinterlassen. Zuweilen bedecken sie nur gewisse Flächen der grössern Feldspathkrystalle, während sie andere ganz frei lassen.

6. Granat. Er findet sich nur krystallisirt, und zwar in Leucitoëdern, deren ungleichkantige Ecken durch die Flächen des Dodecaëders gewöhnlich nur schwach abgestumpft sind. Die Krystalle sind von verschiedener Grösse, und haben einen Durchmesser von einer Linie, bis von zwei Zollen; sie sind blutroth und stark durchscheinend, wenn sie ganz frisch sind, was gewöhnlich bei den ganz eingewachsenen Krystallen der Fall ist; wenn sie aber nur zum Theil eingewachsen sind, haben sie da, wo sie aus dem umliegenden Gestein hervorragen, durch anfangende Zersetzung eine schwarze Oberfläche erhalten; finden sie sich mit Albit verwachsen, so ist in diesem Fall auch die Oberfläche des Albites schwarz gefärbt, oder mit schwarzen Dendriten bedeckt. Im Innern sind die Granatkrystalle rein, zuweilen aber auch mit Quarz in einzelnen von einander getrennten Körnern und in solcher Menge durchwachsen, dass die Masse des Quarzes mehr Raum einnimmt, als die des Granates.

Vor dem Löthrohr verhält sich dieser Granat fast ebenso wie der Granat von Fahlun, dessen Verhalten Berzelius beschrieben hat, nur scheint er keinen so grossen Mangangehalt zu haben, wie dieser. Er schmilzt auf der Kohle zu einer schwarzen Kugel, die vom Magnete angezogen wird, löst sich in Borax zu einem, von Eisen gefärbten dunkelgrünen Glase auf, das im Oxydationsfeuer wohl etwas brauner wird, doch noch keine Amethystfarbe erhält, und schmilzt mit Soda auf der Kohle zu einer Kugel, die, wenn man sie mit mehr Soda auf dem Platinbleche umschmelzt, dieselbe stark grün färbt.

7. **Topas.** Er findet sich hier, wie fast überall, nur krystallisirt, doch in zwei Varietäten, die sich durch Farbe, Form und Grösse von einander unterscheiden. Die Krystalle der ersten Varietät sind graulichweiss bis berggrün. Ihre Form ist ähnlich der der Sächsischen Topase (vom Schneckenstein), wie sie Haüy Taf. 50 Fig. 154 der zweiten Ausgabe seiner Mineralogie dargestellt hat, nur sind gewöhnlich unter den Seitenflächen die Flächen *M* kleiner und *l* vorherrschender, und unter den Zuschärfungsflächen des Endes die untere *y* viel grösser als die obere *n*. Die gerade Endfläche *P* ist meistentheils drusig oder voller kleiner Höhlungen, die Flächen *M* sind rauh oder stark vertikal, die Flächen *l* dagegen nur sehr schwach vertikal gestreift; die übrigen Flächen sind glatt und stark glänzend, und ihre Kanten mehr oder weniger scharf, zuweilen, selbst bei den grössern Krystallen, sehr vollkommen. Sie sind ganz durchsichtig, zuweilen nur mit Sprüngen in der Richtung der Spaltungsfläche (d. i. nach der geraden Endfläche) durchsetzt, und haben nicht selten ein sehr bedeutendes Volumen; der grösste Krystall, welchen ich von diesem Fundort gesehen habe, ist der, welcher schon oben S. 39 erwähnt, und in der Sammlung des Bergkorps in Petersburg befindlich ist; einen andern nicht weniger breiten, wenngleich nicht so hohen Krystall, der sich jetzt in der Königlichen Sammlung in Berlin befindet, erhielt Herr von Humboldt später in Kyschtim zum Geschenk.

Die Krystalle der zweiten Varietät sind farblos und wasserhell; sie haben wohl im Allgemeinen die nämliche Form wie die vorigen, doch sind von den Zuschärfungsflächen des Endes die obern *n* grösser als die untern *y*, die Fläche *P* ist viel kleiner, so dass sie nur als Abstumpfungsfläche der Zuschärfungskante, welche die Flächen *n* bilden, erscheint, und dann findet sich noch die unterste Zuspitzungsfläche *k*[1]), die als Abstumpfungsfläche der Kante zwischen der mittleren Zuspitzungsfläche *o* und der Seitenfläche *M* erscheint; die Flächen dieser Krystalle sind alle glänzend; die Krystalle selbst sind in der Regel viel kleiner als die vorigen; ich kenne sie nicht grösser als von einem Zolle. Ein sehr schöner Krystall dieser Art, welcher mit einem Zwillingskrystall von Feldspath von mehr als einem Zoll Länge, und mit den oben beschriebenen tafelförmigen Krystallen von Albit verwachsen ist, befindet sich in der Königlichen Sammlung in Berlin.

Ob diese verschieden gefärbten Abänderungen auf denselben oder auf verschiedenen Brüchen vorkommen, muss ich unentschieden lassen. Die Topase, welche wir auf den zwei ersten Brüchen, welche wir besuchten, sammelten, waren von der zweiten Varietät; sie lagen in Thon eingehüllt in den Drusenräumen des Granits; die, welche wir in Alabaschka von Herrn Kokawin erhielten, und wahrscheinlich aus dem dritten Bruche stammten, waren von der ersten Varietät. Diese letztern Abänderungen scheinen übrigens die gewöhnlichern zu sein, wenigstens sahen wir sie am häufigsten in den Sammlungen, was indessen auch daher kommen kann, dass sie als die grössten und schönsten Varietäten vorzugsweise gesammelt werden. Sie werden auch besonders in Katharinenburg zu Schmucksteinen verschliffen.

8. Beryll. Er findet sich gewöhnlich in Krystallen von einer mehr oder weniger lichten weingelben Farbe, und ist häufig vollkommen klar und durchsichtig. Die Krystalle haben gewöhnlich die Form der Fig. 146 auf Taf. 71 von Haüy's Mineralogie; die Flächen des Hexagondodecaëders *t* sind meistens matt, die Seitenflächen aber glänzend und glatt, wodurch sich diese Krystalle von denen von Nertschinsk un-

---

1) Vergl. Haüy Mineralogie Taf. 51, Fig. 147.

terscheiden, bei denen die Seitenflächen in der Regel vertikal und oft so stark gestreift sind, dass sie dadurch ein ganz cylinderförmiges Ansehn erhalten. Bei kleinern Krystallen fehlen auch die Hexagondodecaëderflächen *t* und die Rhombenflächen *s*; die Flächen des Prisma's krümmen sich dann in sehr spitz zulaufende Hexagondodecaëder, deren Neigung gegen die Axe aber nicht zu bestimmen ist, da die Krümmung von den Seitenflächen aus ganz allmählig statt findet. Die Endspitzen dieser Krystalle sind durch die gerade Endfläche nur sehr schwach abgestumpft. Sehr nette Krystalle der Art verdanke ich der Güte des Herrn Kämmerer in Petersburg; sie zeichnen sich noch dadurch aus, dass die Seitenkanten des Prisma's durch die Flächen eines zwölfseitigen Prisma's schwach zugeschärft sind.

Die Beryllkrystalle sind gewöhnlich mit braunem Bergkrystall in strahligem Albit eingewachsen. Sie sind von verschiedener Grösse; der grösste, den ich gesehen habe, ist der ebenfalls schon oben S. 40 erwähnte in der Sammlung des Bergkorps in Petersburg befindliche Krystall. Er ist an den Enden nicht regelmässig krystallisirt, sondern die gerade Endfläche, die sich hier findet, ist mit einer Menge Eindrücke versehen, und die Kanten mit den Seitenflächen sind abgerundet. Er hatte sich auf der zuletzt genannten Grube 4 Lachter unter Tage erst das Jahr vor unserm Besuche gefunden.

Topas und Beryll, wie auch der Bergkrystall, wenn er durchsichtig und rein ist, machen in den Brüchen den Hauptgegenstand der Förderung aus; auf die andern Mineralien wird weiter kein Werth gelegt.

Den 10ten Juli. Die Besichtigung der Brüche von Alabaschka hatte den Nachmittag fortgenommen; es war 10 Uhr geworden, als wir wieder in Mursinsk ankamen, wo wir, von Mücken belästigt, eine unruhige Nacht zubrachten. Am Morgen setzten wir uns schon früh in Bewegung, um die von Mursinsk südlich gelegenen Brüche, namentlich die sogenannten Amethystbrüche bei den Dörfern Sisikowa und Juschakowa, welche 5 und 8 Werste von Mursinsk entfernt sind, zu besuchen. Da diese Dörfer auf dem Wege lagen, welchen wir zur Werchoturjischen Hauptstrasse einzuschlagen hatten, so fuhren wir dahin in unsern Wagen, und machten von ihnen aus zu Fuss die kleinen Wege bis zu den Brüchen, die wie die von Alabaschka mitten im Walde liegen.

Die Amethystbrüche sind sich beide untereinander sehr ähnlich. Der Amethyst findet sich in beiden auf Quarzgängen, die in einem Granit aufsetzen, der aus vorherrschendem gelblichweissen Feldspath, aus schneeweissem Albit, graulichweissem Quarz und aus wenigem tombakbraunen Glimmer besteht. Der Granit in dem Bruche bei Sisikowa ist sehr grobkörnig, weniger der von Juschakowa; beide sind aber schon ziemlich stark verwittert, wenigstens in der Nähe der Gänge, wo sie allein entblösst sind. Die Verwitterung geht von dem Albite aus; er ist gewöhnlich matt und zuweilen schon ganz erdig, wenn der Feldspath neben ihm noch ganz glänzend und frisch erscheint.

Die Quarzgänge sind in beiden Brüchen nicht sehr mächtig; sie enthalten viele Drusenräume, auf welchen sich die Amethystkrystalle zugleich mit Quarzkrystallen finden. Die ersteren sitzen gewöhnlich auf jenen entweder ganz unregelmässig, oder in bestimmter Lage zu ihnen; ein Amethystkrystall umgiebt im letztern Fall häufig das Ende eines längern säulenförmigen Quarzkrystalls, und bildet einen sogenannten Scepterkrystall, oder grössere Quarzkrystalle, die dann gewöhnlich die Farbe des Rauchtopases haben, sind nach allen Seiten von Amethystkrystallen umgeben, die alle untereinander und mit den unter ihnen befindlichen Quarzkrystallen eine parallele Lage haben. Der grösste Theil der Amethyste ist nur schwach und häufig nur stellenweise violblau gefärbt; die Färbung, die auch hier nur von einem organischen Stoffe herrührt und durch Glühen verschwindet, hat sich an bestimmten Stellen, oder in verschiedenen Lagen zusammengezogen, wodurch man, wie auch durch häufige deutliche Absätze, die successive Vergrösserung der Krystalle erkennt. Andere Krystalle sind indessen intensiver gefärbt, und diese sind es besonders, welche zu Schmucksteinen geschliffen werden, aber im Allgemeinen erreicht die Tiefe der Farbe doch selten die des Ceylonischen Amethystes. Die grössern reinen Amethystkrystalle sind gewöhnlich nur Hexagondodecaëder, mit schwach abgestumpften Seitenkanten; sie sind auf den Hexagondodecaëderflächen oft sehr deutlich stellenweise matt und glänzend, und wo sie sich an beiden Enden auskrystallisirt finden, zeigen sie diese Erscheinung auch an beiden Enden.

Hinter dem Dorfe Juschakowa lag in einer kleinen Kuppe noch ein zweiter Bruch, der aber von anderer Art als die oben beschriebenen war, und mehr das Ansehn der beiden ersten Brüche von Alabaschka hatte. Das Gestein, welches hier anstand, war ein granitähnliches Gemenge von schneeweissem strahligen Albit, mit graulichweissem Quarz und Lepidolith, worin auch gelbe Beryllkrystalle vorgekommen sind, die wir zwar nicht darin gesehen haben, derentwegen dieser Bruch aber besonders angelegt war. Bemerkenswerth ist dieses Gestein besonders wegen des Lepidolithes, der sich hier in Blättern von beträchtlicher Grösse findet, die zuweilen mehr als 2 Zoll im Durchmesser, jedoch ganz unbestimmte Umrisse haben. Er ist sonst von pfirsichblüthrother Farbe und starkem metallischen Perlmutterglanz. Sein Verhalten vor dem Löthrohr ist folgendes:

Im Kolben erhitzt, giebt er kein Wasser, und

zeigt auch keine deutlichen Reactionen von Flusssäure; erhitzt man ihn aber in der offenen Röhre, so wie es bei dem Glimmer von Alabaschka S. 449 angegeben ist, so sind dieselben sehr deutlich. — Auf der Kohle schmilzt er leicht zu einem ungefärbten durchsichtigen Glase, das beim Erkalten graulichweiss und undurchsichtig wird, und in der Platinzange gehalten, färbt er dabei die Flamme stark roth.

Von Borax wird er leicht zu einem klaren Glase aufgelöst, das, in der innern Flamme erhitzt, farblos, in der äussern dagegen stark amethystfarbig ist.

Von Phosphorsalz wird er mit Hinterlassung eines Kieselskeletts aufgelöst; das Glas opalisirt beim Erkalten, ist aber ebenfalls farblos in der innern, und amethystfarbig in der äussern Flamme, nur ist die Färbung schwächer als beim Boraxglase.

Mit Soda schmilzt er auf der Kohle zu einem graulichweissen trüben Glase; mit mehr Soda auf Platinblech geschmolzen, färbt er die Soda stark grün.

Der Lepidolith von Juschakowa hat demnach im Allgemeinen vor dem Löthrohr ein ähnliches Verhalten wie der von Utö, zeichnet sich aber vor diesem durch seine deutlichen Manganreactionen aus.

Nach unserer Rückkehr nach Petersburg erhielt ich von Herrn Hofrath Wörth ein Mineral, das auch in Juschakowa, wahrscheinlich also auf dem zuletzt erwähnten Bruche vorkommt und für rothen stängligen Turmalin ausgegeben war. Er ist nicht krystallisirt, sondern besteht aus auseinanderlaufenden stark verwachsenen Zusammensetzungsstücken, hat eine fleischrothe, nur stellenweise schwärzlichbraune Farbe, ist wenig glänzend von Glasglanz, nur an den Kanten durchscheinend und von splittrigem Bruche. Seine Härte ist über der des Quarzes.

Vor dem Löthrohr wird es weiss und undurchsichtig, in Borax und Phosphorsalz wird es nur sehr schwer zu einem klaren Glase gelöst, in letzterm unter Abscheidung von Kieselsäure; mit Soda schwillt es zu einer weissen, nicht schmelzbaren Masse an. — Das Mineral hat demnach alle Kennzeichen des Andalusits, eines Minerals, das sonst am Ural noch nicht vorgekommen ist. —

Von Iuschakowa fuhren wir nun ohne Aufenthalt nach der Werchoturjischen Hauptstrasse, die wir in dem Dorfe Schaitansk, 48 Werste südlich von Mursinsk, erreichten. Schaitansk ist durch die schönen rothen Turmaline bekannt, die sich hier in früherer Zeit gefunden haben. Die Brüche, in welchen sie vorgekommen sind, liegen nur 8 Werste von dem Dorfe entfernt, daher wir nicht unterlassen wollten, sie zu besuchen, wenngleich in ihnen, weil die Turmaline zu brechen aufgehört haben, schon lange nicht mehr gearbeitet wird. Wir hatten das Vergnügen, die Exkursion auch in Begleitung des Herrn Bergmeisters Völkner zu machen, der uns von Katharinenburg aus bis Schaitansk entgegengekommen war. Sie war indessen ziemlich erfolglos. Wir besuchten zwei Brüche, die 1 bis 2 Werste von einander entfernt, wie die von Mursinsk, mitten im Walde und in einer fast völligen Ebene lagen; sie hatten das Ansehn von unregelmässigen Vertiefungen, und waren mit Steinblöcken zum Theil wieder angefüllt. Aber ein starker Krautwuchs, der schon zwischen diesen empor gesprossen war und alles verdeckte, so wie eine ausserordentliche Menge von Mücken, die uns aufs Aeusserste belästigten, und mit deren Abwehrung wir uns, solange als wir im Bruche verweilten, hauptsächlich beschäftigen mussten, verhinderten, dass wir genaue Aufschlüsse über die Lagerstätte gewinnen konnten. Die Blöcke in dem ersten Bruche bestanden grösstentheils in einem weissen feinkörnigen Granit, der schwarzen Turmalin enthielt, welcher in einzelnen kugligen Parthien darin vertheilt war, die 2 bis 3 Linien Durchmesser hatten und aus körnigen Zusammensetzungsstücken bestanden. Der Granit des andern Bruches war sehr grobkörnig und bildete ein schönes Gemenge von gelblichweissem Feldspath, grünlichweissem bis vollkommen lauchgrünem Albit, graulichweissem bis rauchgrauem Quarz, und grünlichschwarzem, in dünnen Blättern lauchgrünem Glimmer, in welchem die ersten Gemengtheile vorherrschten. Ausser diesen Granitmassen fanden wir in beiden Brüchen auch noch Stücke eines ölgrünen Serpentins. Nach Herrn Völkner soll dieser das herrschende Gestein der Gegend ausmachen, und der Granit der Brüche denselben gangförmig durchsetzen, eine Ansicht, die nach dem, was früher (S. 234) bei dem Seifenwerke Kalinowskoi erwähnt ist, nichts Auffallendes hat.

Wenngleich wir die rothen Turmaline, die diese Brüche auszeichneten, auf der Lagerstätte selbst nicht mehr gefunden haben, so will ich doch diese wie auch noch die andern Mineralien, welche hier vorgekommen sind, nach den Stücken, die ich davon in den verschiedenen Sammlungen gesehen habe, anführen.

1. Turmalin. Die Krystalle dieses Fundortes, welche ich gesehen habe, waren stets nur an einem Ende krystallisirt, und an dem andern verbrochen. Sie bildeten

a) eine Kombination des zweiten sechsseitigen Prisma's *a* mit der Hälfte der Flächen des ersten *g*, dem Hauptrhomboëder *R* und dem Skalenoëder 3 (siehe das obere Ende von Fig. 2, Taf. VII). Unter den Seitenflächen sind die Flächen des zweiten Prisma's vorherrschend; unter den Endflächen die des Hauptrhomboëders, welche zugleich, wenn die Flächen 3 fehlten, auf den unabgestumpften Kanten des zweiten Prisma's aufgesetzt erscheinen würden. Die Flächen dieses Prisma's sind vertikal gestreift, die übrigen Flächen sind glatt, die Flächen 3 sind matt, die übrigen dagegen stark glänzend. Die Winkel des Skalenoëders liessen sich bei der Mattigkeit der

Flächen mit dem Reflexionsgoniometer nicht mit grosser Genauigkeit messen, doch lässt sich noch ausmachen, dass das Skalenoëder dasselbe ist, welches Haüy mit *t* bezeichnet hat (s. Fig. 204, Tafel 77 seines Atlas) und dessen Formel daher ist: $(a:\frac{1}{3}a:\frac{1}{2}a:c)$. Die Neigung von 3 gegen *a* beträgt nach Haüy, dessen Angaben bei dem Turmalin nur sehr wenig zu berichtigen sind, 142° 8′, von 3 gegen *R* 151° 5′, von *R* gegen *R* 133° 26′.

b) Eine Kombination des zweiten sechsseitigen Prisma's mit der Hälfte der Flächen des ersten Prisma's und dem Hauptrhomboëder (Fig. 3, Taf. VII, oberes Ende). Die Flächen des Hauptrhomboëders sind auf den Kanten des zweiten sechsseitigen Prisma's aufgesetzt; die Flächen des ersten Prisma's herrschen vor; die Flächen sind sämmtlich stark glänzend, die Seitenflächen stark gestreift, die Endflächen glatt.

c) Die vorige Kombination, an dem auskrystallisirten Ende mit der geraden Endfläche *c* begränzt. (Fig. 3, Tafel VII, unteres Ende.)

Die Krystalle kommen theils auf-, theils eingewachsen vor. Einzelne kleine Krystalle, die sich in der Königlichen Sammlung in Berlin befinden und theils mit den Rhomboëderflächen, theils mit der geraden Endfläche begränzt sind, haben nur eine Länge von 4 bis 5 Linien; andere mit der geraden Endfläche begränzte sind 1 Zoll und darüber lang und ¼ bis ½ Zoll breit, und noch andere ebenso geformte, die ich in Petersburg gesehen habe, sind etwa 2 Zoll hoch und 1½ Zoll breit.

Sie sind von verschiedener Farbe und Durchsichtigkeit, lichte bis dnnkel kermesinroth, karminroth, violblau, lichte leberbraun und bräunlichschwarz, ferner durchsichtig in einigen kleinern Krystallen, bis nur an den Kanten durchscheinend in andern grössern. Selten sind sie gleichmässig gefärbt, gewöhnlich an einem Ende anders als an dem andern. Kleine durchsichtige, an einem Ende verbrochene Krystalle, deren krystallisirtes Ende wie das obere Ende von Fig. 2 beschaffen ist, sind an diesem Ende kermesinroth, an dem verbrochenen Ende lichte olivengrün bis leberbraun; andere an dem krystallisirten Ende mit der geraden Endfläche begränzte Krystalle sind an dem verbrochenen Ende kermesinroth, und an dem freien Ende olivengrün bis auf eine sehr dünne Schicht an der Endfläche, die wiederum roth ist. Andere grössere mit der geraden Endfläche begränzte Krystalle sind an dem freien Ende lichte violblau und durchsichtig, am andern dunkelviolblau bis fast schwarz und undurchsichtig. Oefters schliessen die Krystalle, besonders wenn sie eingewachsen sind, anders gefärbte Kerne ein, und es sind am häufigsten braune, mehr oder weniger dunkel gefärbte Krystalle, die von rothen Hüllen umgeben sind.

Durch Temperaturveränderung werden alle diese Krystalle sehr stark elektrisch. Wenn man die Krystalle erwärmt hat, und die Elektricität des erwärmten Krystalls, also bei abnehmender Temperatur, untersucht, so findet man, dass die Enden der Krystalle, die mit dem Hauptrhomboëder begränzt sind, positiv, die, welche mit der geraden Endfläche begränzt sind, negativ elektrisch werden. Es ist also wahrscheinlich, dass die an dem einen Ende mit dem Hauptrhomboëder begränzten Krystalle, wenn sie sich an dem andern mit Flächen begränzt fänden, hier (wie sie auf Tafel VII, Fig. 2 und 3 gezeichnet sind) mit der geraden Endfläche begränzt sein würden, was auch schon zum Theil aus der verschiedenen Färbung der verschiedenen Enden der Krystalle hervorgeht, da die mit dem Rhomboëder begränzten Enden häufig roth, die mit der geraden Endfläche begränzten olivengrün sind. Das Hauptrhomboëder ist auch hier an dem Ende, welches bei abnehmender Temperatur positiv elektrisch wird, auf den unabgestumpften Kanten des zweiten sechsseitigen Prisma's aufgesetzt, gerade wie diess auch bei den schwarzen Turmalinen von Alabaschka (vergl. S. 451) der Fall war [1]).

Vor dem Löthrohr verlieren diese Turmaline bei der ersten Einwirkung der Hitze ihre Farbe und werden grünlichweiss, behalten aber noch ihre Durchsichtigkeit; erst bei grösserer Hitze werden sie weiss und undurchsichtig; sie schwellen an und bekommen Quersprünge, schmelzen aber nicht.

Die Turmaline kommen im Feldspath und Lepidolith ein-, und auf diesen Mineralien aufgewachsen, zuweilen aber auch lose in einem gelben Thone liegend vor.

2. Lepidolith. Er unterscheidet sich von dem Lepidolithe von Juschakowa durch die viel geringere Grösse seiner körnigen Zusammensetzungsstücke, indem er sich nur in Blättchen von 1 bis 1½ Linien Durchmesser spalten lässt, und ferner durch den Mangel an aller Manganreaction vor dem Löthrohr, sowohl wenn man ihn mit Borax und Phosphorsalz auf der Kohle, als auch mit Soda auf dem Platinbleche zusammenschmelzt; kommt aber sonst in Farbe, Glanz und seinem übrigen Verhalten vor dem Löthrohr mit dieser Abänderung überein.

Der Lepidolith von Schaitansk kommt zuweilen mit dem Glimmer regelmässig verwachsen vor, wie man an mehreren, wohl einen Zoll grossen Glimmer-

---

[1]) Ganz ebenso verhielten sich auch alle übrigen Turmaline der Königlichen Sammlung zu Berlin, die ich, durch diese Uebereinstimmung veranlasst, in dieser Rücksicht untersuchte. Man kann es demnach als eine Regel ansehen, dass das Ende der Turmaline, an denen das Hauptrhomboëder auf den unabgestumpften Kanten des zweiten sechsseitigen Prisma's aufgesetzt ist, bei abnehmender Temperatur positiv, wo es auf den abgestumpften Kanten aufgesetzt ist, negativ elektrisch wird, und kann demnach die Art der Elektricität, die die Krystalle an den verschiedenen Enden durch Temperaturveränderung erhalten, mit Sicherheit aus der Krystallform bestimmen, ohne erst nöthig zu haben, einen Versuch deswegen anzustellen.

blättern dieses Fundorts, die sich in der Königlichen Sammlung in Berlin befinden, sehen kann. Der Glimmer ähnelt im Ansehn und in dem übrigen Verhalten dem von Alabaschka; er hat dieselbe Form der Blätter, dieselbe Streifung auf denselben und dasselbe Verhalten vor dem Löthrohr, ist aber an den Rändern mit einer, eine halbe Linie dicken Rinde von rothem Lepidolith so eingefasst, dass seine Spaltungsflächen in die des Lepidolithes vollkommen fortsetzen. Diese regelmässige Verwachsung des Lepidolithes mit einem zweiaxigen Glimmer ist sehr merkwürdig, aber etwas Aehnliches findet doch auch zuweilen zwischen einem zwei- und einaxigen Glimmer statt, wie man ebenfalls an einem Glimmerblatte in der Königlichen Sammlung in Berlin von unbekanntem Fundorte sehen kann, an welchem der zweiaxige Glimmer wasserhell, der einaxige röthlichbraun gefärbt ist.

3. **Beryll.** Ich kenne nur 2 Krystalle von diesem Fundorte, von denen der eine sich im Besitze des Herrn Forstmeisters Schulz in Katharinenburg, der andere in der Universitätssammlung von Dorpat befindet, und von denen der erstere der schönere ist. Beide Krystalle sind von der Form der Krystalle von Alabaschka, aber durch ihre Grösse und Farbe sehr ausgezeichnet. Sie bilden dicke niedrige Säulen, deren Durchmesser wohl mehr als einen Zoll betragen mag, und sind von einer blass-rosenrothen Farbe, dabei halb durchsichtig und glattflächig. Beide sind auf kuglig zusammengehäuftem Albit aufgewachsen, der des Herrn Schulz mit einem Ende (wenn anders der Krystall noch in seiner natürlichen Stellung ist), der andere mit einer Seitenfläche. Der Katharinenburger Krystall wurde für Topas gehalten.

Aus dem Angeführten ergiebt sich, wie verschieden die Mineralien, die sich auf den Granitgängen von Schaitansk finden, von denen sind, die auf den Granitgängen von Alabaschka vorkommen, was schon an und für sich auf ein verschiedenes Vorkommen schliessen lässt, und wahrscheinlich dem Einflusse des Serpentins, in welchem nach Herrn Völker die erstern Gänge vorkommen, zuzuschreiben ist. Die rothen Turmaline haben sich indessen nicht allein bei Schaitansk gefunden, sondern sind auch, und zwar noch dunkler von Farbe, in Sarapulsk vorgekommen, einem Dorfe, das nach Georgi 12 Werste von Mursinsk liegt. Wir haben die Lagerstätte dieser Turmaline nicht besucht; nach den Stücken aber, die ich davon in den Sammlungen gesehen, haben die auskrystallisirten Enden dieser Turmaline die Form des obern Endes von Fig. 3 auf Taf. VII; nur dass gewöhnlich daran noch die Flächen des erstern spitzern Rhomboëders als kleine dreieckige Flächen, die auf den Flächen des ersten sechsseitigen Prisma's aufgesetzt sind, erscheinen. Die Krystalle sind höchstens einen Zoll lang und einige Linien dick, aber stets excentrisch zusammengehäuft. Sie sind sehr dunkel kermesinroth, mehr oder weniger durchscheinend, und in der Regel ganz gleichmässig gefärbt, oder haben nur zuweilen einen dunkel violblauen Kern. Vor dem Löthrohr verlieren sie bei der ersten Einwirkung der Hitze ebenfalls ihre Farbe, und verhalten sich überhaupt wie die Turmaline von Schaitansk. Sie kommen an den Stücken der Königl. Sammlung mit gelbem Feldspath verwachsen vor [2]).

---

[1]) Vergl. dessen geographische, physikalische und naturhistorische Beschreibung des Russischen Reichs, Th. III, S. 189.

[2]) In der Königlichen Sammlung zu Berlin befinden sich Turmaline, die nach der Etiquette aus der Gegend von Katharinenburg stammen, aber eine smalteblaue bis indigblaue Farbe haben und durchscheinend sind. Sie sind eben so excentrisch zusammengehäuft, und an den freien Enden sehr ähnlich krystallisirt wie die Krystalle von Sarapulsk; man könnte deshalb auch vermuthen, dass sie von diesem Fundort wären, zumal da auch die Kerne der rothen Krystalle zuweilen blau sind. Sie unterscheiden sich indessen doch etwas von diesen durch ihr Verhalten vor dem Löthrohr und durch

Unter den Krystallen des rothen Turmalins von Sarapulsk, welche sich in der Königlichen Sammlung zu Berlin befinden, fand ich einige, welche mit kleinen weissen Krystallen besetzt waren, die ich bei näherer Untersuchung als einer neuen Gattung angehörig erkannte, welche in ihren Eigenschaften nicht ohne Interesse ist. Ich lasse daher ihre nähere Beschreibung hier folgen, wiewohl die Kleinheit der Krystalle und die geringe Menge, in welcher sie sich fanden, eine vollständige Untersuchung bis jetzt noch verhindert hat.

Die Krystalle haben höchstens nur den Durchmesser einer Linie und sind gewöhnlich noch kleiner; sie sind aber sehr deutlich krystallisirt und erscheinen als Dodecaëder, die an den abwechselnden dreiflächigen Ecken schwach abgestumpft sind, stellen also eine Kombination des Dodecaëders mit einem Tetraëder dar. Die Flächen dieser letztern Form sind immer sehr glatt und eben, die Flächen des Dodecaëders zuweilen etwas uneben und gekrümmt, daher die Messungen, welche ich mit dem Reflexionsgoniometer an mehreren Kantenwinkeln des Dodecaëders angestellt habe, den Winkel von 120° bald mehr, bald weniger genau gaben.

Die Krystalle sind rein weiss, mehr oder weniger durchscheinend, stark glänzend, besonders auf den Tetraëderflächen, und von Glasglanz, der in den Diamantglanz übergeht. Sie sind von sehr bedeutender Härte, denn sie übertreffen darin noch den Topas.

Vor dem Löthrohr sind sie schwer schmelzbar. Ein kleiner Splitter schmilzt in der Platinzange nur an den Kanten zu einem weissen undurchsichtigen Glase, das mehrere Auswüchse bekommt, die stark

ihre Krystallform, indem sie vor dem Löthrohr in der Platinzange erhitzt aufschwellen, und an den Kanten zu einem lichten grünlichgrauen Glase schmelzen, und ferner statt der Flächen der ersten spitzern Rhomboëder kleine Abstumpfungsflächen der Endspitzen haben.

mit gelblichrothem Lichte leuchten. Er färbt dabei die Flamme anfänglich grün, dann nur die untere Seite derselben grün und die obere roth, zuletzt die ganze Flamme roth. Die rothe Färbung ist eben so stark, wie die, mit welcher der Lepidolith von Schaitansk, oder Petalit, Spodumen und andere lithionhaltige Mineralien die Flamme färben. Auf der Kohle geglüht rundet sich das Mineral auch an den Kanten ab, wird schneeweiss und undurchsichtig und bekommt die nämlichen Auswüchse, wie wenn man es in der Platinzange erhitzt. Im Kolben giebt es kein Wasser.

In Borax löst es sich zu einem klaren Glase auf, und ebenso in Phosphorsalz; es scheint also keine Kieselsäure zu enthalten. Mit Flussspath schmilzt es zu einem klaren Glase zusammen, löst sich aber auch in kieselsaurem Natron, ohne dasselbe zu färben, auf, enthält daher keine Schwefelsäure, wie man nach dem Verhalten gegen Flussspath wohl vermuthen könnte.

Mit wenig Soda schmilzt es zu einem weissen Email zusammen, mit mehr Soda zu einem klaren Glase, das beim Erkalten nicht krystallisirt. Wenn man das mit Soda erhaltene Glas zerreibt, in einem kleinen Platintiegel in Chlorwasserstoffsäure auflöst, die Auflösnng eintrocknet, das erhaltene Pulver mit Alkohol übergiesst und denselben anzündet, so färbt sich die Flamme eben so stark grün, wie wenn man den Versuch mit Borazit macht.

In Chlorwasserstoffsäure löst sich das Mineral nur schwer auf. Eine geringe Menge, die gepulvert und mit Chlorwasserstoffsäure gekocht wurde, liess einen geringen Rückstand, der sich indessen bei längerer Digestion wohl auch aufgelöst haben würde. Die Auflösung gab mit Ammoniak keinen, wenn man aber Oxalsäure zu der ammoniakalischen Flüssigkeit hinzusetzte, einen ziemlich bedeutenden Niederschlag. Lithion konnte in der abfiltrirten Flüssigkeit nicht wahrgenommen werden; ich muss es unentschieden lassen, ob wegen der geringen Menge, mit welcher der Versuch nur angestellt werden konnte, oder weil wirklich kein Lithion in dem Minerale enthalten ist, in welchem Falle die rothe Färbung der Löthrohrflamme vielleicht nur von der Kalkerde herrührt, die zuweilen wie im Flussspath die Löthrohrflamme eben so stark wie lithionhaltige Mineralien färbt.

Nach dem Angeführten hat das Mineral grosse Aehnlichkeit mit dem Borazit, Form und Farbe ist wie bei diesem; es verhält sich vor dem Löthrohr mit Borax, Phosphorsalz, Flussspath und kieselsaurem Natron zusammengeschmolzen, wie dieser, es giebt gleiche Reactionen auf Boraxsäure und ist in Chlorwasserstoffsäure gleich schwer auflöslich. Der Borazit hat indessen etwas geringere Härte, färbt in der Platinzange vor dem Löthrohr erhitzt die Flamme nur grün, schmilzt auf der Kohle für sich allein oder mit Soda zu einem klaren Glase, das beim Erkalten krystallisirt, giebt mit Chlorwasserstoffsäure aufgelöst, mit Ammoniak und Oxalsäure versetzt, keinen Niederschlag, und unterscheidet sich auch durch sein Vorkommen, indem er sich bis jetzt nur zu Lüneburg und Segeberg in Krystallen, die in Gyps eingewachsen sind, gefunden hat. Dennoch ist es aber sehr wahrscheinlich, dass das neue Mineral, wie es mit dem Borazit eine gleiche Krystallform hat, auch eine mit diesem gleiche atomistische Zusammensetzung besitzt, und folglich mit ihm isomorph ist. Es ist möglich, dass es demnach nichts anders als ein Kalk-Borazit ist, worüber aber freilich erst eine genaue chemische Analyse entscheiden würde.

Da die rothe Färbung, die das neue Mineral der Löthrohrflamme ertheilt, ein leichtes Erkennungsmittel desselben ist, so habe ich es bei seiner ersten Bekanntmachung in Poggendorf's Annalen [1]) nach

[1]) Bd. XXIII, S. 253. Als Fundort dieser Krystalle ist hier unrichtiger Weise Schaitansk angegeben. Indessen kommt es auch

dieser Eigenschaft **Rhodizit** (von ῥοδίζειν, röthen) zu nennen vorgeschlagen.

---

in der That hier vor, und wie es scheint viel schöner und grösser. Die in jenen Annalen mitgetheilte Nachricht, so unvollständig sie auch ist, war doch hinreichend die Aufmerksamkeit der Mineralogen darauf zu lenken; es wurde nun auch in den Russischen Sammlungen aufgefunden, wodurch die Königliche Sammlung in Besitz eines Stückes Granit mit sehr deutlichen Krystallen von Rhodizit kam, welches der jetzige Direktor des Russischen Bergwesens, General von Tscheffkin, dem Direktor der Königl. Sammlung in Berlin, H. Prof. Weiss, bei der Versammlung der Naturforscher in Jena 1836 mittheilte. Das Stück war nicht von Sarapulsk sondern von Schaitansk, die Krystalle von Rhodizit waren auch in der Regel grösser, zuweilen über 2 Linien gross, und theils auf krystallisirtem Quarz aufgewachsen, theils in rothem Turmalin eingewachsen, theils lagen sie auch in einem Thone, der sich in kleinen Höhlungen zwischen den Gemengtheilen des Granites befand. Form, Farbe, Glanz und Härte war sonst wie bei den Krystallen von Sarapulsk, nur die Farbe war zuweilen etwas gelblichweiss. Das Verhalten vor dem Löthrohr stimmte im Allgemeinen auch damit, nur war die rothe Färbung der Flamme bei weitem nicht so stark, wie bei den Krytallen von Sarapulsk; die grüne Färbung war vorherrschend; die rothe Färbung findet allerdings auch nach einigem Blasen an dem obern Theile der Flamme statt, nahm aber zuletzt nicht die ganze Flamme wie bei dem Rhodizit von Sarapulsk ein. Die übrigen Eigenschaften stimmen indessen, daher dieser Umstand keinen wesentlichen Unterschied zu begründen scheint.

Da die Krystalle grösser waren und sich auch in etwas grösserer Menge fanden, so war es möglich mit ihnen noch einige Versuche zur Vervollständigung der Charakteristik derselben anzustellen und ihr specifisches Gewicht und elektrisches Verhalten zu bestimmen. Das erstere fand ich bei einer kleinen Menge einzelner Krystalle, die zusammen 0,386 Grammen schwer waren, 3,416, also viel bedeutender als das des Borazites; das letztere vollkommen wie beim Borazit; auch das Rhodizit wird durch Temperaturveränderung sehr stark polarisch-elektrisch; die elektrischen Axen verbinden wie dort zwei entgegengesetzte 3flächige Ecken des Dodekaëders, es sind ihrer also der Zahl nach vier; diejenigen Ecken, an welchen sich die Tetraëderflächen finden, werden bei abnehmender Temperatur der Krystalle positiv-, die andern negativ-elektrisch; bei zunehmender Temperatur also umgekehrt die erstern negativ, die letztern positiv-elektrisch. Durch diese Versuche wird es noch wahrscheinlicher, dass der Rhodizit mit Borazit isomorph sei.

Von Schaitansk, welches wir um 9 Uhr Abends verliessen, setzten wir nun unverweilt unsere Reise nach Katharinenburg fort; wir kamen bei dem Seifenwerke Werchoturskoi wieder auf den alten bei der Hinreise genommenen Weg, und erreichten sodann kurz nach Anbruch des folgenden Tages, des 11ten Juli, also nach einer Abwesenheit von 16 Tagen Katharinenburg, wo wir in unserm alten Quartiere einkehrten, und durch lang erwartete Briefe aus der Heimath erfreut wurden.

V. Reise von Katharinenburg nach dem Altai.

Abreise von Katharinenburg. — Allmähliger östlicher Abfall des Gebirges. — Anfang der sibirischen Ebene bei Kamyschloff. — Gebirgsformationen am Isset, schiefriges Urgebirge, Glieder der Uebergangsformation, oft durch Dioritporphyr durchbrochen, neuere vulkanische Bildung bei Kaltschedanskoi. — Dieselben Formationen an der Sinara, am Bajaräk und an der Pyschma. — Kupfergrube Swätotschudowskoj an der Kunara. — Smaragd und Phenakit an der Takowaja. — Tjumén. — Tobolsk, Lage der Stadt, Aussicht vom hohen Ufer des Irtysch. — Dioptas. — Abreise von Tobolsk. — Krümmung des Weges. — Barabinskische Steppe. — Sibirische Pest. — Zweimaliger Uebergang über den Ob bei Bergsk und unterhalb Barnaul. — Aufenthalt bei der zweiten Ueberfahrt. — Ankunft in Barnaul.

In Katharinenburg verweilten wir nach unserer Rückkehr aus dem nördlichen Ural fast volle acht Tage, theils um noch mehrere der in dem Vorigen schon beschriebenen kleineren Exkursionen zu machen, hauptsächlich aber um alle auf der Reise gesammelten Gegenstände zu ordnen und zu verpacken. Erst am 17ten Juli waren wir damit zu Stande gekommen. 14 Kisten von verschiedener Grösse standen zum Absenden bereit, und wurden dem Herrn Polizeimeister (Isprawnik) übergeben, welcher die Weiterbeförderung gütigst übernommen hatte. Am 18ten um 10 Uhr Morgens nahmen wir Abschied von unserm freundlichen und gefälligen Wirthe, und traten, begleitet von unsern Freunden, bei heiterm Wetter die weitere Reise, zunächst nach Tobolsk an. Auf den Höhen im Osten von Katharinenburg, über welche die grosse sibirische Landstrasse hinwegführt, konnten wir noch einmal die von N. nach S. weit ausgebreitete Stadt übersehen, worauf uns ein Wald aufnahm, der bald alle weitere Aussicht abschnitt.

Die Höhen, welche ich schon bei einer frühern Exkursion (S. 173) besucht hatte, bestehen aus Serpentin, der aber bald darauf mit Granit wechselte, hinter welchem wiederum hier und da noch Serpentin sichtbar war. In dem Granite war rechts von dem Wege ein Steinbruch angelegt, in welchem Bausteine gebrochen wurden. Das Gestein war feinkörnig und hatte die grösste Aehnlichkeit mit dem etwas weiter südlich bei der chemischen Fabrik des Herrn Helm anstehenden Granit [1]), mit welchem er auch wahrscheinlich zusammenhängen mochte. Nach den Untersuchungen von Tschaikowski würde er auch mit dem Granite von Beresowsk zusammenhängen, und zu dem dritten, dem S. 154 beschriebenen Granitzuge gehören.

Vierzehn Werste von Katharinenburg kamen wir nach dem Wohnsitze des Engländers Medscher [2]) (gewöhnlich Medschers saimka genannt), welcher einsam mitten im Walde, aber recht romantisch liegt. Herr Medscher hatte neben dem Wohnhause eine Maschinen-Fabrik angelegt, in welcher ein grosser Theil der am Ural existirenden Dampfmaschinen gebaut ist; wie denn auch die Dampfmaschine, deren man sich früher auf den Beresowschen Gruben, als man dieselben noch unter der Stollensohle abbaute, zur Hebung der Grubenwasser bediente, von hier abstammte. Auch eine Goldwäsche befand sich in der Nähe des

---

[1]) Vergl S. 174.

[2]) Ich schreibe den Namen des Herrn Medscher so, wie er sich selbst im Russischen schreibt, und daher in Katharinenburg allgemein bekannt ist, wenngleich er sich ursprünglich wahrscheinlich Major geschrieben hat.

Gutes, die recht ergiebig war, und ein Gold lieferte, das sich, wie das von Schabrowskoj [1]), durch seine geringe Beimischung von Silber auszeichnete. Das Goldsandlager ist nach unserm Besuche noch dadurch berühmt geworden, dass sich im Jahre 1831 in demselben, wie schon oben S. 373 erwähnt, 2 Diamanten gefunden haben, von denen einer, $\frac{5}{8}$ Karat an Gewicht, von Herrn Medscher, dem Sohne. nach dem leider bald nach unserer Reise erfolgten Tode des Vaters, an das Bergkorps nach Petersburg geschickt wurde. Ich abe nicht erfahren, ob sich nach der Zeit auf dieser Goldwäsche noch mehrere Diamanten gefunden haben, oder ob sich auch bis jetzt noch die ganze Ausbeute an Diamanten auf diese 2 beschränkt, sei es, weil man nicht weiter danach gesucht hat, oder weil ihr Vorkommen auf dieser Wäsche wirklich nur so sparsam ist.

Wir hielten uns, ungeachtet der freundschaftlichen Einladungen des Herrn Medscher, nur so lange auf als nöthig war, um einen Blick in die Fabrik zu thun. Auch die Goldwäsche besuchten wir nicht, weil darin jetzt nicht gearbeitet wurde, und die Arbeiter zur Heuerndte entlassen waren. Nach kurzem Aufenthalte setzten wir unsere Reise weiter fort, und trennten uns hier auch von unsern Katharinenburger Freunden. Der Weg ging schon gleich hinter Katharinenburg fast in einer völligen Ebene fort und führte abwechselnd durch Wald und durch bebautes Land. Diese Gegend, und noch mehr die etwas südlicher bei der Kreisstadt Schadrinsk am Isset gelegene, gehört zu den fruchtbarsten und angebautesten des ganzen Gouvernements. Ungeachtet des ebenen Bodens befanden wir uns aber immer auf dem schiefrigen Urgebirge, denn hinter Kossulina, der ersten 25 Werste von Katharinenburg entfernten Station, sahen wir einen schwarzen glimmer-

---

[1]) Vergl. S. 159.

reichen Thonschiefer, und bei dem darauf folgenden Dorfe Mesianka einen quarzreichen, graulichschwarzen Talkschiefer anstehen, welcher letztere unter steilem Winkel in der fünften Stunde nach Osten einfiel. Eines noch quarzreicheren Talkschiefers, der eigentlich nur ein körniger Quarz mit eingestreuten weissen Talkschüppchen war, bediente man sich fast auf der ganzen zurückgelegten Strecke zur Ausbesserung des Weges.

Nach der zweiten, $50\frac{1}{2}$ Werste von Katharinenburg entfernten Station Bjelojarskaja folgt das Dorf Tygisch, hinter welchem wir über einen kleinen Bach, Solowianka genannt, kamen, der die Landstrasse fast rechtwinklig durchschneidend von S. nach N. fliesst, und sich später mit der Kunara, einem rechten Nebenflusse der Pyschma verbindet. An seinem rechten Ufer sahen wir noch anstehendes Gestein sich hinziehen, das von sehr geringer Höhe doch recht interessante Verhältnisse wahrnehmen liess. Es bildete kleine abgerissene Felsen von Porphyr, zwischen welchen an mehreren Stellen deutlich geschichtetes Gestein eingeschlossen war. Der Porphyr war höchst wahrscheinlich ein Dioritporphyr mit grauer bis graulichbrauner splittriger Grundmasse, welche kleine, ziemlich stark durchscheinende Albitkrystalle und ausserdem noch erdige, ockergelbe Krystalle einschloss, die höchstwahrscheinlich zersetzte Hornblendekrystalle waren. Das geschichtete Gestein bestand aus einer Grauwacke, die in einigen Schichten ein ziemlich grobes Conglomerat darstellte, in andern aber sehr homogen erschien, und das Ansehn eines dichten oder feinkörnigen grauen Kalksteins hatte. Alle Schichten brausten stark mit Säuren, besonders die dichten, die, wenn man sie mit Chlorwasserstoffsäure digerirt hatte, die conglomeratische Structur auch deutlich hervortreten liessen. Die Schichten waren an beiden Seiten, wo sie an den Porphyr gränzten, etwas in die Höhe gehoben, und hatten ganz das Ansehn, als ob sie von letzterem durchbrochen wären.

Noch deutlicher war dieses Ansehn in einem kleinen Steinbruche etwas weiter ab von dem Ufer, wo eine Wand von etwa 20 Fuss Höhe entblösst war, und man ein Porphyrconglomerat sehen konnte, das ganz gangförmig zwischen der geschichteten Grauwacke steckte. Die oberen Lagen der geschichteten Massen waren von der nämlichen Beschaffenheit wie am Ufer, die unteren dagegen bestanden aus einem schwarzen Kieselschiefer. Das Porphyrconglomerat war ein Gemenge von Porphyr mit kleinen eckigen Stücken von Hornstein. Der Porphyr war ziemlich von der nämlichen Beschaffenheit wie der des Ufers, doch waren die Albitkrystalle kleiner und fanden sich in geringerer Menge; die eingeschlossenen Stücke Hornstein waren vielleicht nur der etwas veränderte Kieselschiefer. Leider konnte ich dieser interessanten Stelle keine grössere Aufmerksamkeit widmen, ich war hinter der übrigen Gesellschaft schon sehr zurückgeblieben und musste eilen nachzukommen. Die erwähnten Verhältnisse haben indessen sehr viel Aehnlichkeit mit denen von Bogoslowsk [1]), nur dass der dort die Grauwacke durchbrechende Porphyr ein Augitporphyr war, wie er hier sehr wahrscheinlich ein Dioritporphyr ist. Das Gestein, welches die Ufer der Solowianka bildete, war das letzte, welches wir auf dem Wege nach Tobolsk wahrnahmen; bei Parchina, der vierten Station von Katharinenburg sahen wir einen gelblichweissen Thon in dem Graben am Wege; hinter dieser Station senkte sich der Weg in das Thal der Pyschma, über welche wir 5 Werste vor der Kreisstadt Kamyschloff fuhren. Waren wir auch schon längst fast auf einer völligen Ebene fortgefahren, so hatte doch das hier und da anstehende Gestein durch seine Be-

---

[1]) Vergl. S. 422. u. s. w.

schaffenheit an die Nähe des Uralgebirges erinnert; hier war auch dieses wie jedes andere Gestein verschwunden; wir befanden uns nun am Anfang der weiten sibirischen Ebene. Die Brücke von Kamyschloff hatte nach unsern Beobachtungen eine Höhe von 211 Fuss, so dass also, wenn die Höhe von Katharinenburg, wie oben S. 277 angenommen, 722 Fuss beträgt, der Abfall des Gebirges von Katharinenburg bis zu jener Brücke auf eine Länge von 123 Wersten nur 526 Fuss ausmacht.

Der Abfall des Urals nach Osten bildet demnach nur eine schwach geneigte Ebene, die nirgends von anderen mit dem Ural parallelen Höhenzügen, wie etwa die hüglige Ebene im Norden des Harzes durchzogen wird, daher auch eine Reise auf der sibirischen Hauptstrasse, die nur auf dieser Ebene entlanggeht, über die Gebirgs-Formationen dieser Ebene grossen Aufschluss nicht gewähren kann. Dennoch sieht man dass die krystallinisch-schiefrigen Gebirgsarten mit demselben Streichen wie mitten im Ural bis hinter Bjelojarsk 50 Werste von Katharinenburg fortsetzen, wo sich das Uebergangsgebirge anlegt, mit welchem das Gebirge zur sibirischen Ebene abfällt, ohne auf der Ostseite wie auf der Westseite von dem neueren Flötzgebirge bedeckt zu sein.

Grösseren Aufschluss über die geognostische Beschaffenheit dieses Abfalls geben die Ufer der Flüsse, die wie die Pyschma, der Isset und die Sinara, ein rechter Nebenfluss des Isset, sich alle ein tiefes Bett gebildet haben, an dessen entblösstem steilen Ufer man die Gebirgsarten, die sie bilden, gut beobachten kann. Da die Flüsse sämmtlich eine mehr oder weniger genau östliche Richtung, die Gebirgsarten ein ziemlich genau nordsüdliches Streichen bei steilem Einfallen haben, so hat man an den Ufern der Flüsse, wenn man denselben stromabwärts folgt, ein Profil sämmtlicher Gebirgsarten, die auf die Hauptkette des Urals folgen. Von dem Allen sieht man auf der sibirischen Hauptstrasse nichts, da diese ebenfalls eine östliche Richtung hat, und nur kleinere Zuflüsse der grösseren Flüsse, wie die Solowianka, die Hauptstrasse durchschneiden. Tschaikowski hat bei seinen Untersuchungen der Gegend von Katharinenburg auch die Gebirgsarten an diesen Strom-Einschnitten untersucht und beschrieben [1]), aus dessen Arbeiten ich daher, zumal da sie in mehrfacher Hinsicht interessant sind, zur Vervollständigung der mitgetheilten Nachrichten einige Bemerkungen hinzufüge.

Serpentin, Talk- und Chloritschiefer, der zuweilen sehr quarzig ist, und Lagen von Glimmerschiefer, Thonschiefer, wie auch von körnigem Kalk enthält, setzen an dem Isset auch nach dem Einfluss des Sissert in denselben (s. oben S. 155) bis zu dem Dorfe Turbanowo fort [2]). Ihr Streichen ist NNW. nach SSO. ebenso wie wir es auf der sibirischen Hauptstrasse gefunden hatten. Bei Kamyschewsk sieht man in diesen Gesteinen den vierten der schon oft erwähnten Granitzüge, der indessen hier keine grosse Mächtigkeit mehr besitzt. Wir mussten denselben auch auf der sibirischen Hauptstrasse zwischen den Dörfern Kossulina und Bjelojark durchschnitten haben, wo er aber wahrscheinlich von Dammerde bedeckt, sich nicht auszeichnete, und wir ihn nicht bemerkt hatten. Ganz in der Nähe dieses Granitzuges, auf seiner östlichen Seite fanden sich bei dem schon oben S. 177 erwähnten

[1]) Gornoi-Journal vom Jahre 1830, Quartal III, S. 1.

[2]) An dem Einflusse der Brussianka in den Isset, 47 Werste von Katharinenburg, findet sich nach Hermann (s. dessen mineral. Reisen, Th. I, S. 128) schöner Cyanit, der in einem Quarz eingewachsen ist, welcher sich theils in losen Stücken auf den Feldern findet (ein Paar Werste oberhalb der Einmündung der Brussianka) theils in einem Quarzgange im Thonschiefer vorkommt (1½ Werst von der ersten Stelle bei dem Dorfe Kolotkina). — Auf dem Wege von diesem Orte nach dem Dorfe Kossulina auf der Sibirischen Hauptstrasse, findet sich nach demselben Verfasser schöner Aventurin.

Dorfe Schilowa, 64 Werste von Katharinenburg, Gänge von Beresit [1]), die wahrscheinlich wie die Gänge in Beresowsk mit dem in der Nähe anstehenden Granite in Verbindung stehen.

Bei dem Dorfe Turbanowo folgen auf das schiefrige Urgebirge die Glieder der Uebergangsformation, Grauwacke, Kieselschiefer, Thonschiefer und Kalkstein, die etwa 40 Werste an dem Isset fortsetzen. Die Grauwacke stellt oft ein sehr grobes Conglomerat dar, welches Geschiebe von Quarz, Hornstein, Jaspis und schwarzem Kieselschiefer enthält und dadurch zuweilen ein eigenes buntes Ansehn bekommt. In ihren Klüften finden sich, was bemerkenswerth ist, bei dem Dorfe Broda Krystalle von Brauneisenerz (also von Nadeleisenerz?). Der Kieselschiefer ist jaspisähnlich, grünlich und gelblich, selten schwarz; der Thonschiefer grau und schwarz von Farbe; letzterer enthält zuweilen Knollen von Kalkstein (bei dem Dorfe Turbanowo) und ist öfter so schiefrig, dass er zum Dachdecken benutzt wird. Der Kalkstein ist dicht, grau von Farbe, und in manchen Schichten voller Versteinerungen. Er findet sich nach Hermann besonders in der Nähe der Eisenhütte Kamensk [2]), die an der Kamenka, einem linken Nebenfluss des Isset, 2 Werste von ihrer Mündung liegt, und steht hier in 10 Lachter hohen steilen Felswänden an. Proben dieses Kalksteins erhielten wir auch in Katharinenburg, nach welchen er eine Koralle *(Syringopora ramulosa)* einen *Productus* und Enkri-

---

[1]) Die Beresitgänge werden hier ebenso, wie in Beresowsk, von goldführenden Quarzgängen durchsetzt, auf welchen in den Jahren 1745—55 Goldbergbau getrieben wurde, den man aber wieder aufgab, weil die Goldgänge ärmer, als die von Beresowsk befunden wurden. (Hermann, min. Beschreibung des Uralischen Erzgeb. B. I, S. 190.

[2]) Die Eisenhütte gehört noch zu dem Bergamte von Katharinenburg (vergl. S. 133) und ist eine der ältesten des Urals, da sie schon im Jahre 1700 angelegt wurde.

nitenstiele enthält. In Lagern und Nestern findet sich in ihm dichtes und fasriges Brauneisenerz, das in der Eisenhütte verschmolzen wird. Auch Höhlen kommen in ihm vor, dergleichen sich eine bei dem Dorfe Smolina, etwas oberhalb von Kamensk findet. Alle diese Gesteine wechseln miteinander und gehen zum Theil ineinander über; ihr Streichen ist noch dasselbe, wie das der krystallinisch-schiefrigen Gebirgsarten.

Die Reihe der Uebergangsgebirgsarten wird nach Tschaikowski zweimal durch Porphyr unterbrochen, einmal bei dem Dorfe Perebor oberhalb von Smolina, und dann unterhalb bei Bajunowa. Die obere Porphyrformation tritt zwischen Thonschiefer und Kalkstein hervor, ohne die Gränzen mit diesen Gesteinen deutlich erkennen zu lassen, und zwängt den Isset auf mehr als 300 Lachter in ein enges Felsenbett ein, in welchem er schäumend und reissend fortfliesst. Die untere Porphyrformation ist grösser und erstreckt sich fast 10 Werste weit. Der Porphyr hat nach Tschaikowski theils eine bräunlichrothe, theils grüne Grundmasse, und enthällt Krystalle von Feldspath, Quarz und Hornblende. In der Hermannschen Gebirgsarten-Sammlung befinden sich Stücke Porphyr von Kamensk, der höchst wahrscheinlich mit dem von Perebor zu einer Formation gehört. Derselbe hat hiernach eine röthlichgraue Grundmasse, und enthält gelblichweisse wenig durchscheinende Krystalle von Albit, einzelne grosse und durchsichtige Körner und Krystalle von Quarz und schwarze erdige Krystalle, die wie die ähnlichen Krystalle in dem Porphyr von Tygysch, wahrscheinlich verwitterte Hornblendekrystalle sind, daher auch dieser Porphyr wahrscheinlich ebenfalls Dioritporphyr ist.

Von dem Ende des untern Porphyrs, bei dem Dorfe Odinowa, an, sind die Ufer des Isset niedrig. Sie bestehen von hier an bis zur Mündung der Sinara aus Thon, aber niedrige Hügel und viele Geschiebe am Fusse derselben bestehen aus einem Gestein, das alle Zeichen einer vulkanischen Bildung an sich trägt. Es hat eine gelblichweisse bis aschgraue Grundmasse, die sich zu einem feinkörnigen Pulver zerreiben lässt und in welcher weisse und grüne, glasartig glänzende Körner liegen, die Tschaikowski für Leucit und Olivin hält. Die eingewachsenen Gemengtheile finden sich in einigen Abänderungen sparsam, in andern so herrschend, dass sie die Grundmasse fast verdrängen und eine „gleichförmige wie geschmolzene Masse, die durch gelbliche, röthliche Flecken ein buntes Ansehn erhält", darstellen. Das Gestein ist bedeutend hart, so dass es mit dem Stahle Funken giebt. Es wird bei dem Dorfe Kaltschedanskoi in besondern Brüchen gewonnen und zu Mühlsteinen verarbeitet [1]).

In der Nähe dieses Dorfes wird die merkwürdige vulkanische Bildung von einem Sandsteine bedeckt, der meistens bröcklich ist und aus Quarzkörnern ohne Cement besteht, stellenweise aber ganz dicht wird und ein Hornsteinähnliches Ansehn erhält. Unter diesem Sandstein liegt eine Lage Alaunerde, die eine grosse Menge von Braunkohle mit deutlicher Holztextur, Eisenkies in grösseren und kleineren Kugeln [2]), und was diese Lage besonders interessant

[1]) Tschaikowski nennt das Gestein Trachyt-Porphyr; ich habe es nicht gesehen, um eine Meinung darüber aussprechen zu können, in jedem Fall ist die Beobachtung dieser neuen vulkanischen Bildung, wozu das beschriebene Gestein offenbar gehört, an dem Abfalle des Gebirges sehr interessant. Auch Hermann erwähnt schon diess Gestein und der in ihm betriebenen Mühlsteinbrüche und nennt ersteres einen »ziemlich feinkörnigten Granit, dessen Glimmer fast grobschuppig ist, und von Farbe ins goldgelbe und silberweisse fällt.« (Min. Beschreibung des Uralischen Erzgeb. B. I, S. 186.

[2]) Von diesem Eisenkiese, der russisch Kaltschedan heisst, und früher in Katharinenburg zu Knöpfen und Ringsteinen verschliffen wurde, hat der in der Nähe liegende Ort seinen Namen erhalten.

macht, auch **Bernstein**[1]) enthält. Unter der Alaunerde liegt eine Schicht eisenhaltigen Thons, worauf sodann das vulkanische Gestein folgt. In einem Schachte den man im Jahre 1828 in diesem Sandstein zu seiner genauern Untersuchung abteufte, weil man durch die Alaunerde verführt Steinkohlen in demselben vermuthete, haben die beschriebenen Flötzschichten eine Mächtigkeit von 9 Saschenen. —

Dieselben Formationen, die an dem Isset vorkommen, finden sich auch sowohl südlich an der Sinara und ihrem linken Nebenflusse dem Bajaräk, als auch nördlich an der Pyschma wieder. Die krystallinisch-schiefrigen Gebirgsarten reichen an dem Bajaräk bis zu dem Dorfe Bojefka[2]); darauf folgen die Glieder der Uebergangsformation, Grauwacke (die bei dem Dorfe Osmanowa fussdicke Geschiebe enthält), Thonschiefer und Kalkstein, welche bei dem Dorfe Sotina von einem ähnlichen Porphyr, wie am Isset (Dioritporphyr), und bei dem Dorfe Kolpakowa von einem grünen Gesteine mit eingewachsenen Augitkrystallen durchbrochen werden; wo letzteres an den Kalkstein gränzt, hat es demselben ein körniges Gefüge mitgetheilt. Bei dem Dorfe Okulowa, etwa 8 Werste unterhalb der Mündung des Bajaräk in die Sinara, fangen die oben beschriebenen vulkanischen Bildungen an, die auch hier zu Mühlsteinen verarbeitet werden, welche aber an Güte denen von Kaltsche-

---

[1]) Auf dieses Vorkommen machte uns schon Herr Assessor **Helm** in Katharinenburg aufmerksam, der auch die Güte hatte, uns von diesem Bernstein eine Probe mitzutheilen, wodurch wir uns von der Richtigkeit der Angabe überzeugen konnten.

[2]) In der Nähe dieses Dorfes findet sich nach **Hermann** (a. a. O. S. 187) auf Quarzgängen stark phosphorescirender **Flussspath**, der als das einzige Vorkommen der Art am Ural erwähnt zu werden verdient. Auch Wolfram soll daselbst vorgekommen sein, wenn anders die Angabe ihre Richtigkeit hat, da ich darüber nichts Näheres habe erfahren können.

danskoi nachstehen. Unter den Geschieben, die man bei Syrgansk an der Sinara findet, kommen viele Kugeln von Hornstein und Karneol vor, die wohl aus dem vulkanischen Gesteine stammen. Lager von Braunkohlen finden sich auch hier über demselben.

Die Pyschma durchschneidet östlich von den Beresowschen Gruben (vergl. S. 181) denselben Granitzug, den der Isset bei Kamyschewsk durchschneidet; da die erstere aber bald hinter Beresowsk einen bedeutenden Bogen nach Süden macht, so durchschneidet sie den Granit mit der Westseite dieses Bogens unter einem sehr schiefen Winkel, und fliesst auf diese Weise lange Zeit zwischen seinen Wänden. Wo sie sich bei dem Dorfe Bojarskaja nach Norden krümmt, stellen sich wieder die krystallinisch-schiefrigen Gebirgsarten ein, unter denen sich hier auch Glimmerschiefer findet. Weiterhin, noch diesseits des Einflusses des Bolschoi Reft in die linke Seite der Pyschma, folgen die Glieder der Uebergangsformation, unter denen hier besonders der Kalkstein herrschend auftritt, der auch hier an mehreren Orten, wie besonders bei der Snamenskischen Kolonie nicht weit von der Mündung des Bolschoi Reft, von Porphyr durchbrochen wird. In dem Kalksteine finden sich bei dem Dorfe Smetanina an der Kunara, einem unterhalb des Bolschoi Reft gelegenen rechten Nebenflusse der Pyschma, Kupfererze, auf welche während langer Zeit ein einträglicher Bergbau geführt worden ist. Die Grube, welche den Namen der Swätotschudowskischen führte, ist in der neuern Zeit nicht sowohl aus Mangel an Erzen, sondern durch Misshelligkeiten unter den Besitzern zum Erliegen gekommen. Die Erze waren die in den Kupfergruben des Urals gewöhnlichen, nämlich Rothkupfererz, Kupferlasur, Malachit, Kupfergrün und gediegenes Kupfer, waren aber ausserdem noch durch das gediegene Silber, welches sich mit diesem zusammenfand und ein am Ural sehr seltenes Erz ist, ausgezeichnet.

Der oben erwähnte Glimmerschiefer, welcher sich östlich von dem vierten Granitzuge findet, ist in der neuern Zeit noch durch das Vorkommen zweier sehr merkwürdigen Mineralien, nämlich des Smaragdes und des Phenakites berühmt geworden. Der Fundort derselben liegt 85 Werste von Katharinenburg entfernt, ganz in der Nähe des Granites an der rechten Seite des kleinen Flüsschens Takowaja, der sich nicht weit von dem Ursprunge des Bolschoi Reft in seine linke Seite ergiesst[1]). Der Smaragd wurde zuerst bekannt; ein Bauer aus dem Dorfe Bjelojarsk, der im Januar 1831 in der Gegend Holz fällte, entdeckte ihn in dem Glimmerschiefer an einer Stelle, wo die Wurzeln eines vom Winde umgestürzten Baumes die bedeckende Dammerde abgerissen hatten. Er sammelte mehrere der schön gefärbten Steine und brachte sie nach Katharinenburg zum Verkauf, wo sie die Aufmerksamkeit des Herrn Kokawin erregten, der sich die Stelle von dem Bauer anzeigen, daselbst weitere Nachgrabungen veranstalten liess, und auf diese Weise eine Menge Stufen gewann, die er zum Theil nach Petersburg schickte. Dadurch kam auch die Königliche Sammlung in Berlin gleich nach der Entdeckung in den Besitz eines sehr schönen Exemplars, welches Se. Majestät der Kaiser Herrn von Humboldt zum Geschenk machte, der es der Berliner Sammlung verehrte.

Die Smaragde dieses Fundorts sind durch die bedeutende Grösse, in der sie sich zuweilen finden, ausgezeichnet; in der Sammlung des Bergkorps in Petersburg befindet sich ein Krystall, der 8 Zoll Höhe und 5 Zoll Durchmesser hat. Die Krystalle haben

---

[1]) Vergl. Gornoi-Journal vom Jahre 1831, Quartal II, S. 147, und vom Jahre 1832, Quartal I, S. 342.

die Form des sechsseitigen Prisma's, das an den Seitenkanten schwach abgestumpft, und an den Enden mit der geraden Endfläche begränzt ist. Die Flächen des herrschenden Prisma's sind glatt, die Abstumpfungsflächen aber rauh, die Endfläche ist häufig nicht ausgebildet. Die Farbe ist vollkommen so schön, wie die des Peruanischen Smaragds, die Durchsichtigkeit aber im Allgemeinen geringer, wiewohl sie in manchen Krystallen wenigstens stellenweise auch die des Peruanischen erreicht. Ungeachtet aber die Färbung an Schönheit und Intensität der des Peruanischen Smaragdes nicht nachsteht, scheint sie doch, wie aus den Untersuchungen des Herrn Assessor Helm hervorgeht, nicht von Chromoxyd, wie bei den Peruanischen, sondern von Eisenoxyd herzurühren. Diess beweist auch das Verhalten vor dem Löthrohr; denn während sich der Smaragd aus Peru in Phosphorsalz unter Ausscheidung von Kieselsäure zu einem schwach grün gefärbten Glase auflöst, bleibt das Glas, wenn man den Versuch mit dem Smaragd vom Ural anstellt, ganz weiss. Der Glimmerschiefer, worin dieser letztere eingewachsen vorkommt, ist braun, und gleicht vollkommen dem, worin die Smaragde vom Haibach-Thal im Salzburgischen eingewachsen vorkommen, die auch in Rücksicht ihres Verhaltens vor dem Löt rohr mit dem Smaragd vom Ural übereinstimmen.

Der Phenakit, welcher mit dem Smaragd in demselben Glimmerschiefer eingewachsen vorkommt, und ein ganz neues, früher unbekanntes Mineral ist, wurde später 1833 von Nordenskiöld in einer Parthie Uralischer Mineralien entdeckt, die der Vice-Präsident Peroffsky auf einer Inspectionsreise gesammelt und dem erstern zugeschickt hatte. Die Krystalle, welche Nordenskiöld ausführlich beschrieben hat[1]), sind wie die Krystalle des mit ihm vorkommenden

---

[1]) Poggendorffs Annalen, Bd. XXXI, S. 57.

Smaragds von ziemlicher Grösse (zuweilen von 1 bis 2 Zoll), in regulären sechsseitigen Prismen krystallisirt und von Edelsteinhärte, aber weiss, nur durchscheinend, und daher zur Anwendung als Schmuckstein, wie der Smaragd, nicht geeignet. Desto interessanter sind sie aber in Rücksicht ihrer chemischen Zusammensetzung, da sie nach den Untersuchungen von Hartwall $\frac{5}{4}$ kieselsaure Beryllerde sind, und 44,47 Beryllerde enthalten, eine Erde, die ausser dem Smaragd oder Beryll nur in sehr wenigen Mineralien vorkommt.[1]).

Von Kamyschloff bleibt nun der Weg lange in der Nähe der Pyschma, bald auf seiner linken, bald auf seiner rechten Seite, entfernt sich aber zuletzt wieder von ihr, so dass er die Tura bei der Stadt Tjumen noch oberhalb der Einmündung der Pyschma in dieselbe erreicht. Bei den guten Wegen rückten wir schnell vorwärts; wir waren am Abend des 18. Juli in Kamyschloff angekommen, am Morgen des folgenden Tages waren wir schon in dem Dorfe Tugulymskaja, 240 Werste von Katharinenburg, und am Mittag

---

[1]) Es ist merkwürdig, dass bald darauf, als dieser Phenakit entdeckt war, er auch schon von Beirich an einem andern Orte und unter andern Verhältnissen, nämlich in Brauneisenerz eingewachsen, zu Framont im obern Breuschthal bei Strasburg aufgefunden wurde*). Von beiden Fundorten besitzt die Königliche Sammlung in Berlin sehr gute Exemplare, die ihr vom Herrn Beirich, von dem Herrn Assessor Kämmerer und dem Staatsrath Dr. Rauch in Petersburg, mitgetheilt sind. Nach diesen Stücken zu urtheilen, sind die Krystalle von Framont in der Regel kleiner, aber scharfkantiger und glänzender als die vom Ural, und auch durch die häufigen Zwillingsverwachsungen, die bei dem Uralischen nicht beobachtet sind, ausgezeichnet. Die übrigen Eigenschaften, so wie auch die chemische Zusammensetzung, welche vom Prof. Bischoff untersucht ist, stimmen überein.

*) Poggendorffs Annalen, Bd. XXXIV, S. 519.

desselben Tages in Tjumen. Die Stadt ist von bedeutendem Umfange, grösser noch als Katharinenburg, und gröstentheils auf dem rechten oder südlichen Ufer der Tura gelegen, das hier viel höher als das linke ist. Sie besteht grösstentheils aus hölzernen Häusern, über welchen einige steinerne Gebäude, so wie mehrere Kirchen mit Thürmen hervorragen, die sie schon in grosser Ferne kenntlich machen; umher liegen Aecker und Wiesen, worin der Regen viele lange und tiefe Wasserrisse gebildet hat, die sich bis zur Tura hinziehn.

Die Ufer dieses Flusses sind durch die vielen Elephantenzähne interessant, die man an ihnen nicht allein bei Tjumen, sondern auch noch weiter aufwärts bis oberhalb Kamyschloff und ebenso am untern Isset findet, und die oft noch so gut erhalten sind, dass sie zu Kämmen und anderen Gegenständen verarbeitet werden. An dem Suwarysch, einem kleinen Nebenflusse des Isset, nicht weit von dem oben erwähnten Dorfe Odina, findet man nach Hermann [1]) nicht allein Zähne, sondern auch Knochen von Elephanten und zuweilen auch von Büffeln, die in dem ganzen Erdreich zerstreut liegen.

Die Reparatur eines unserer Wagen nöthigte uns mehrere Stunden in Tjumen zu bleiben. Erst um 7 Uhr konnten wir abfahren, nachdem wir um 3 Uhr Nachmittags angekommen; wir fuhren bei der Stadt auf einer Schiffbrücke über die Tura und blieben während der Nacht an dem linken Ufer derselben. Am Morgen des folgenden Tages waren wir am Tobol, der hier schon ein grosser breiter Strom ist, über welchen wir mit einer Fähre setzten. Jenseits desselben liegt das Dorf Jewlewa. Der Weg ging meistens über Wiesen fort, die häufig mit niedrigem Gebüsch von Pappeln, Birken und Linden bedeckt waren; stellenweise wurde er sehr sandig und führte durch Fichtenwälder,

---

[1]) Min. Beschreibung des Uralischen Erzgeb. Th. I, S. 182.

die denen unserer Märkischen Gegenden ganz ähnlich sind. Der Tobol blieb uns fortwährend zur Linken, doch meistens in solcher Entfernung, dass wir seiner nur selten ansichtig wurden. Noch vor Untergang der Sonne, die den ganzen Tag recht heiss geschienen hatte, sahen wir die Kathedrale von Tobolsk, die auf einer hohen Bergwand gelegen, die Hauptstadt Westsibiriens würdig ankündigte. Die Bergwand bildet das rechte Ufer des Irtysch, an dessen Fuss sich der mächtige Strom entlangzieht, während wie bei der Wolga und so vielen andern Strömen Russlands das entgegensetzte Ufer in eine weite Ebene sich verläuft. Kurz vor der Einmündung des Tobol verlässt der Irtysch die sich in ziemlich gerader Linie nach N. ziehende Bergwand und beschreibt vor derselben einen grossen Bogen, an dessen nordwestlicher Seite der Tobol unter spitzem Winkel sich mit ihm vereinigt. An der nördlichen Ecke der halbkreisförmigen Ebene, die auf diese Weise auf dem rechten Ufer des Irtysch zwischen dem Strom und der Bergwand gebildet wird, liegt ein Theil der Stadt Tobolsk, der die untere Stadt genannt wird, während ein anderer kleinerer, die obere Stadt, sich auf der Höhe befindet.

Am südlichen Anfange des Bogens, nicht weit von der Bergwand, ist die Fähre, mittelst welcher man über den Irtysch setzt. Wir fuhren noch einige Werste auf der Ebene entlang, bis wir Tobolsk erreichten, und gelangten dann durch mehrere lange Strassen mit niedrigen hölzernen Häusern und hölzernen Bohlendämmen bis zur Wohnung des Etatsrathes Dr. Albert, eines Deutschen, der uns sein ganzes unteres Stockwerk eingeräumt hatte, und uns gastfreundlich aufnahm. Das Haus ist ebenfalls von Holz, doch äusserst freundlich und bequem eingerichtet; ein Balkon vor dem mittleren Saale gewährt die Aussicht auf die Strasse und rechts auf den oberen Theil der Stadt.

Juli, 21—23. Nicht allein unser Wirth war ein Deutscher, wir waren bald auch von andern Deutschen oder Männern deutscher Abkunft umgeben, wie von dem Gouvernements-Fiscal Baron Krüdener, dem Postdirector Müller, dem Dr. Fiandt, einem jungen Arzte aus Potsdam gebürtig, so dass, fern von dem Vaterlande, wir fast vergassen in Sibirien zu sein. Selbst ein Theil der Dienerschaft des Etatsraths Albert bestand aus Deutschen; es waren Verbannte, oder Verschickte, wie sie hier genannt werden, die für Tobolsk oft von grossem Nutzen sind, da nur die weniger Schuldigen nach Tobolsk gesandt werden, und unter ihnen sich häufig Handwerker und andere brauchbare Personen finden.

Eine sehr interessante Bekanntschaft war uns ferner die des Hrn. v. Weljaminoff, des General-Gouverneurs von Westsibirien, der selbst ein sehr unterrichteter Mann, so auch ein grosses Interesse an unseren wissenschaftlichen Beschäftigungen nahm. Wir brachten bei ihm den Mittag des ersten, wie auch des dritten Tages unseres Aufenthaltes in Tobolsk zu, und machten mit ihm mehrere Spazierfahrten[1]). Wir besuchten mit

[1]) Durch Herrn v. Weljaminoff erhielt Herr v. Humboldt eine ganze Schachtel mit theils losen, theils auf dichtem Kalkstein aufgewachsenen Dioptas-Krystallen, die in unseren Augen ein um so werthvolleres Geschenk waren, da der Dioptas noch zu den grössten mineralogischen Seltenheiten gehört. Wir erhielten hier auch einige nähere Nachrichten über den Fundort dieses Minerals, die indessen seitdem durch die Nachrichten sehr vervollständigt worden sind, die der Dr. Meyer, welcher den Fundort selbst besucht hat, darüber mittheilt*). Nach diesem Reisenden liegt derselbe in dem Gebiete der mittleren Kirgisenhorde, an dem westlichen Abhange des kleinen Ge-

*) v. Ledebour's Reise durch das Altai-Gebirge und die soongorische Kirgisen-Steppe, Th. II, S. 428.

ihm am Nachmittag den obern Theil der Stadt, von welchem man eine vortreffliche Aussicht über die untere Stadt und das ganze linke Ufer des Irtysch hat. Die Höhe der obern Stadt über der unteren, beträgt etwa 200 Fuss, doch gelangt man zu ihr auf einem ganz mässig ansteigenden Bohlendamm, der in einer Schlucht der Bergwand angelegt und selbst noch mit Wagen zu befahren ist. Die Aussicht die man von der Höhe hat, ist höchst einfach, aber grossartig; der grosse halbkreisförmig gekrümmte Strom bildet darin die Hauptansicht, vor sich rechts sieht man die untere Stadt, jenseits des Stromes eine weite grüne Ebene, die sich bis an den Horizont ausbreitet; die Einförmigkeit derselben wird nur durch den Tobol unterbrochen, der hier und da durchblitzt, und durch einzelne Russische und Tartarische Dörfer, die sich meistens in der Nähe der Ströme befinden und unter

---

birges Altyn-Tubé gegen den kleinen Fluss Altyn-Szu zu, der sich wenige Werste nördlich in die kleine Nura, und durch diese in die grosse Nura ergiesst. (S. die Karte vom Altai.) Er ist etwa 100 Werste in nord-westlicher Richtung von der russischen Niederlassung Kar-Karaly entfernt, die selbst wieder 250 Werste gegen SW. von der kleinen Festung Semijarsk an der Irtysch-Linie liegt, und mit ihr durch 5 Kosakenpiquets verbunden ist. Der Dioptas findet sich hier theils derb, meistentheils aber krystallisirt in kleinen ½ — 3 Zoll mächtigen Gängen in einem dichten graulichgelben versteinerungsleeren Kalkstein, der mit Thonschiefer und Grünstein zusammen vorkommt. Die Krystalle sollen sich früher von der Dicke eines Daumen gefunden haben; unter denen die wir erhielten, waren die grössten 1 Zoll lang, zuweilen an beiden Seiten auskrystallisirt, sonst von der bekannten Beschaffenheit. — Der Erste, welcher den Dioptas den Russen gebracht hat, war ein Taschkender, Namens Aschirka, nach welchem das Mineral in Russland ganz allgemein den Namen Aschirit führt. Die Nähe der Niederlassung Kar-Karaly, die im Jahre 1823 angelegt ist, war Veranlassung, dass der Dioptas seit dieser Zeit öfter aufgesucht und gesammelt, und dadurch auch in Russland gewöhnlicher geworden ist. Nach dieser Zeit ist er auch vom Dr. Hess in Petersburg einer genauern chemischen Untersuchung unterworfen worden, wodurch sich ergab, dass er ein Drittel-Silikat von Kupferoxyd mit 3 Atomen Wasser ist.

denen man die Tartarischen immer an einem kleinen nebenliegenden Wald von Laubholz erkennt, in welchem sich ihr Begräbnissplatz befindet.

Noch umfassender ist die Aussicht auf die Ebene, 6—7 Werste südlich von Tobolsk bei dem Dorfe Schukowa, wohin wir am Abende des 22sten ebenfalls von dem Herrn General-Gouverneur geführt wurden. Die Höhe des rechten Ufers ist hier noch bedeutender als bei Tobolsk, und die Aussicht weiter; ausserdem war auch hier der steile Abhang ganz mit Buschwerk bewachsen, was einen schönen Vordergrund bildete. Tobolsk ist von hier nicht mehr zu sehen, wohl aber deutlich noch die Einmündung des Tobol in den Irtysch. Der Herr General-Gouverneur hatte auf der Höhe ein Zelt aufschlagen lassen, für Thee und Erfrischungen aller Art bestens gesorgt, und auf alle Weise dazu beigetragen, den Eindruck noch zu erhöhen, den die Grossartigkeit der Landschaft auf uns hervorbrachte.

Das hohe Ufer des Irtysch, das auf der Höhe ebenfalls eine völlige Ebene bildete, besteht aus Sand und Lehm, und zeigt von festem anstehenden Gesteine keine Spur. Der Strom wühlt an seinem Fusse, und verursacht besonders da, wo der Abhang nicht bewachsen ist, oft den Einsturz ganzer Erdmassen. Von den aufgeschwemmten erdigen Theilen, die er mit sich führt, hat sein Wasser eine ganz gelbe Farbe erhalten, während das Wasser des Tobol, der durch niedrige Ufer fliesst, rein ist und dunkelblau erscheint, so dass man noch lange nach der Vereinigung der Ströme an der Farbe das Wasser eines jeden unterscheiden kann. Offenbar hat der viele Sand, den der Irtysch mit sich führt, auch den Boden gebildet, auf welchem die untere Stadt steht. Der Tobol, welcher früher, als der Irtysch auch hier noch den Fuss der Bergwand bespülte, fast rechtwinklig auf ihn zuströmte, hat das Wasser des Irtysch gestaut, und nach und nach eine immer grösser werdende Ablagerung von Sand aus demselben an der Bergwand verursacht. Je mehr aber dadurch das Bette des Irtysch von der Bergwand entfernt wurde, je spitzer wurde der Winkel, den an der Mündung der Lauf des Irtysch und des Tobol bildete; je geringer daher auch die Ablagerung von Sand, so dass sie mit der Zeit wohl ganz aufhörte. Sehr wahrscheinlich hat aber schon seit sehr langer Zeit diese Ausgleichung stattgefunden, daher die Ebene bei der Eroberung Sibiriens wohl eben so war wie jetzt, denn auf ihr wurde im Jahre 1581 die letzte entscheidende Schlacht geliefert, in welcher der Anführer der Kosaken Jermack den Tartaren-Chan Kutschum schlug, und dadurch die Eroberung Sibiriens begründete.

Am Fuss der Bergwand entspringen an mehreren Orten Quellen, von denen ich zwei, die nicht weit von einander in einer bedeutenden Schlucht in der Bergwand etwas südlich von der Stadt entspringen, noch am Abende vor unserer Abreise in Gesellschaft der Herren Albert und Fiandt besuchte. Die eine derselben ist mit einer Einfassung umgeben, und ihr Zufluss beträgt nach Herrn Dr. Albert 1 Wedro [1]) in einer Minute; die andere ist schwächer und ohne Einfassung. Die Temperatur der ersten Quelle betrug 4°,2, die der andern 4°,6 R. Offenbar sind diese Temperaturen für die Breite von Tobolsk zu hoch, um für die mittlere Temperatur des Bodens gelten zu können, daher sich die Quellen wahrscheinlich, bevor sie hervorsprudeln, einige Zeit in einer obern, dem Einflusse der Sonnenwärme unterworfenen Erdschicht fortziehn. Auch fand Herr Prof. Erman, der mit Herrn Prof. Hansteen im Jahre 1828 sich mehrere Monate in Tobolsk aufgehalten und mittelst Erdbohrer die Temperatur des Bodens untersucht hatte, dieselbe viel

[1]) Ein Wedro enthält 10,8 Berliner Quart.

geringer, nämlich zu 1°,8 R.[1]) Auf den Wunsch des Herrn Dr. Albert stellte ich noch denselben Abend einige chemische Versuche mit dem Wasser der ersten Quelle an, und fand darin Kohlensäure, ferner Kalkerde, Chlorwasserstoffsäure, Schwefelsäure, aber kein Eisen; Alkalien konnten durch blosse Reactionsversuche, die ich wegen Mangel an Zeit allein nur anstellen konnte, nicht gefunden werden, doch ist es wahrscheinlich, dass die Säuren nicht bloss an Kalkerde sondern nach der Analogie andrer Quellen auch an Natron gebunden sind.

Während der Zeit unseres Aufenthalts in Tobolsk unterliess Herr v. Humboldt, nicht seine gewöhnlichen astronomischen und magnetischen Beobachtungen anzustellen. Es war von Interesse dieselben an derselben Stelle zu machen, wo sie der *Abbé Chappe d'Auteroche* angestellt hatte, welcher im Jahre 1761 von Ludwig XV. nach Tobolsk gesandt war, um hier den Durchgang der Venus durch die Sonne zu beobachten. Er hatte zu dem Ende auch die Lage von Tobolsk astronomisch bestimmt, und sich dazu ein kleines steinernes Observatorium errichten lassen, das aber im Laufe der Zeit zerfallen und abgetragen ist. Die Herren Professoren Hansteen und Erman hatten sich während ihres Aufenthaltes in Tobolsk lange vergeblich bemüht, den Ort, wo es gestanden, auszukundschaften, bis sie ihn endlich durch einen schwedischen Artillerie-Offizier, den Obersten Krämer erfuhren, dessen Bekanntschaft sie zufällig machten, der aber auch die sicherste Auskunft geben konnte, da er selbst die Abtragung der Sternwarte geleitet hatte[2]). Seit der Zeit stellten nun die Herren Hansteen und Erman hier ihre weiteren Beobachtungen an, wodurch nun auch der Ort in Tobolsk bekannter wurde, und wir ihn daher bald erfahren und von dieser Kenntniss

[1]) Erman, Reise um die Erde, Bd. I, S. 473.

[2]) S. Erman, a. a. O., Bd. I, S. 474.

Gebrauch machen konnten. Er liegt in der obern Stadt, rechts ab von dem Wege nach Beresow an der nordöstlichen Ecke des deutschen Kirchhofes, dicht neben dem Walle der diesen umgiebt. Grabenartige Vertiefungen mit Bruchstücken von gebrannten Steinen an der Stelle der alten Mauern, zeigten noch deutlich den Umfang an, den das kleine Gebäude gehabt hatte, und ein viereckiger Grundbau in demselben sogar noch den Standort des von Chappe angewendeten Quadranten. Herr v. Humboldt fand hier die Inklination der Magnetnadel 70 55',6; Länge und Breite des Ortes fast genau so, wie sie Erman gefunden, und Professor Enke sie aus den Beobachtungen von Chappe berechnet hatte. —

Tobolsk war nach unserm ursprünglichen Reiseplane der östlichste Punkt unserer Reise. Wir hatten uns vorgenommen von hier an dem Irtysch entlang bis Omsk zu gehen und dann durch die Ischimsche Steppe nach dem südlichen Ural zurückzukehren. Die Leichtigkeit und Schnelligkeit, mit welcher die Reise in dem nördlichen Ural ausgeführt war, hatte indessen schon dort in Herrn v. Humboldt den Wunsch erregt, die Reise noch weiter bis zum Altai auszudehnen, um dieses wichtige Gebirge aus eigner Ansicht kennen zu lernen. Neuere geognostische Beschreibungen existirten nicht; seit Pallas, Renovantz und Hermann war das Gebirge von Mineralogen nicht bereist, und die Beobachtungen von Ledebour und seinen Begleitern noch nicht bekannt, auch wie wir voraussetzen mussten, mehr in botanischer als mineralogischer Hinsicht angestellt. Der Plan wurde nun hier mit unseren Freunden genauer besprochen, und fand bei dem Herrn General-Gouverneur die eifrigste Unterstützung. Obgleich die Entfernung der fast noch in der Steppe am Rande des Altai liegenden Stadt Barnaul von Tobolsk fast 1500 Werste beträgt, so wurde die Reise für unsere abgemessene Zeit doch noch ausführbar gefunden, aber die möglichste Benuzzung derselben war nothwendig, daher auch der Vorsatz gefasst wurde, uns nur auf das Nothwendigste zu beschränken. Mancherlei dazu nöthige Vorrichtungen wurden noch am dritten Tage besorgt; so versahen wir unter andern auch uns und unsere Leute noch mit Mückenkappen [1]), deren Nothwendigkeit wir schon im Ural empfunden hatten, die uns aber bei Bereisung der Steppen noch viel dringlicher geschildert wurden, und traten dann am 24. Juli bei dem heitersten Wetter, das uns fast die ganze Zeit während unseres Aufenthalts im Altai begleitete, unsere weitere Reise an.

Die ganze Gegend zwischen Tobolsk und Barnaul ist grösstentheils Steppe, welche wohl durch einzelne grosse Strassen durchschnitten wird, auf denen von Station zu Station Dörfer angelegt sind, dazwischen aber meistens noch öde und unbebaut ist. Die Hauptstrasse ist die, welche über die Städte Tara und Kainsk nach Tomsk und von da weiter nach Irkutzk führt; von dieser geht gleich anfangs die Strasse über Ischim nach Petropawlowsk und der Ischimschen Linie ab, darauf folgt die Strasse über Tjuralinsk nach Omsk und der Irtysch-Linie, und jenseits Kainsk die Strasse nach Barnanl und dem Altai, welche wir einschlugen. Der Weg nach Tobolsk geht zuerst an dem oberen rechten Ufer des Irtysch entlang, und führt grösstentheils durch Wald und niederes Gebüsch, wodurch die Aussicht auf das niedere Ufer des Stroms verdeckt wird, bis man zu dem 14 Werst von Tobolsk entfernten Kloster Abalak gelangt, das hart an dem hohen Ufer liegt und wiederum eine weite Aussicht auf die jenseitige Ebene eröffnet. Der Irtysch beschreibt hier einen grossen nach einwärts gekehrten

---

[1]) Es waren lederne Bedeckungen des Kopfes und des Nackens, die vor dem Gesicht ein Geflecht von Pferdehaaren hatten. Weil wir keine vorräthig erhalten konnten, so wurde dazu der Boden von vorhandenen Haarsieben genommen und zweckmässig vorgerichtet.

Bogen und reisst von dem noch höheren Ufer als bei Schukowa bedeutende Massen ab, wodurch eine grosse Gefahr für das Kloster selbst entsteht. In dem Kloster befanden sich nur ein Prior mit drei bis vier Mönchen; es enthält ein wunderthätiges Muttergottesbild. welches jetzt in Tobolsk war, wohin es immer in dieser Zeit wegen kirchlicher Feste auf 14 Tage gebracht wird.

In Abalak verliessen uns unsere Tobolsker Freunde bis auf den Adjutanten des Generals v. Weljaminoff, den Herrn v. Jermoloff, einen liebenswürdigen jungen Mann und Neffen des berühmten Generals Jermoloff, der uns auf Befehl des General-Gouverneurs noch ferner bis zu den Gränzen seines Gouvernements begleiten sollte. Gleich hinter dem Kloster verlässt der Weg den Irtysch, beschreibt einen bedeutenden nach Südwesten gekrümmten Bogen, und erreicht den Irtysch, der unter der Zeit fast genau die Sehne dieses Bogens gemacht hat, erst wieder eine Station vor der Kreisstadt Tara. Wir setzten hinter dem Kloster auf einer Fähre über den Irtysch, fuhren dann den Wagai entlang, einen linken von Süden kommenden Zufluss des Irtysch, und folgten diesem Flusse bis zu dem Dorfe Istiatzkoi, der fünften Station von Tobolsk. Von hier nahmen wir wieder eine, dem Irtysch ungefähr parallele südöstliche Richtung, erreichten am Nachmittage des 25. Juli den Ischim, nächst dem Tobol den bedeutendsten Nebenstrom des Irtysch, welcher bei dem Dorfe Wikulowa, wo wir über ihn setzten, zwischen steilen erdigen Ufern fliesst, und kamen in der Nacht an den kleinen Fluss Ajeff, von wo an der Weg den Fluss entlang, der sich unterhalb der Stadt Tara in den Irtysch ergiesst, wieder eine veränderte nordöstliche Richtung nimmt. Ich weiss nicht, welches die Ursache dieser bedeutenden Krümmung des Weges ist, doch hat sie wahrscheinlich in der Beschaffenheit des Bodens am Irtysch ihren Grund.

Auf dem zurückgelegten Wege war indessen der Boden vortrefflich, er war schwarz und fest, in der Nachbarschaft der Dörfer bebaut, sonst überall mit hohem Krautwuchs bedeckt, zwischen welchem nur einzelne Parthien von Birken und Pappeln standen. Zwischem dem Wagai und dem Ischim schienen grosse Strecken ganz roth gefärbt von dem *Epilobium angustifolium*, das eben jetzt in schönster Blüthe stand; andere hatten eine blaue Farbe von dem *Delphinium elatum*, das eine bedeutende Höhe erreichte und gedrängt nebeneinander wucherte; auch die feuerrothe *Lychnis chalcedonica* fand sich häufig. Die Bauern schienen in den Dörfern wohlhabend zu sein, und besonders fiel uns die Reinlichkeit und Nettigkeit einer Wohnung in dem Dorfe Ribina an dem Ajeff auf, wo wir am Morgen des 26sten etwas verweilten. Die Hitze war bei dem reinen unbewölkten Himmel sehr bedeutend; wir hatten gewöhnlich des Mittags eine Wärme von 24° R. und zuweilen noch darüber; auch das Wasser der Flüsse war warm, die Temperatur des Irtysch bei dem Kloster Abalak (am 24. Juli Mittags, war 19°, die des Ik, eines kleinen linken Nebenflusses des Ischim (am 25. Juli Mittags), an der Oberfläche 20°,9, in einer Tiefe von etwa 4 Fuss 19°,2, bei einer Temperatur der Luft von 23°,4; das Wasser des Ajeff hatte den 21sten Mittags eine Temperatur von 19°,4 bei einer Temperatur der Luft von 24°,6 R. Dagegen war das Wasser der Brunnen vermöge der niedrigen Temperatur des Bodens von Sibirien sehr kalt. In Backschewa, der ersten Station von Tobolsk, hatte das Wasser eines ganz gewöhnlichen Ziehbrunnens, der ganz frei von Eis war, eine Temparatur von 2° R., ein anderer in Ribina 2°,5. Aehnliche niedrige Temperaturen der Brunnen, so wie auch der Quellen, fanden wir überall in Sibirien, was bei der grossen Sonnenhitze für die Bewohner keine geringe Annehmlichkeit ist.

Nach Tara, 309 Werste von Tobolsk, kamen wir in der Nacht zum 27. Juli. Wir fuhren ohne Aufenthalt weiter, mussten aber doch in der folgenden Station Sekmenewa wegen der Reparatur eines Wagens einige Stunden verweilen. Das Dorf liegt wie Tara an dem Irtysch, an dessen linkem Ufer wir auch noch $1\frac{1}{2}$ Stationen entlang fuhren, fast immer mit der Aussicht auf den mächtigen Strom. Bei dem grossen Dorfe Tatmytskaja setzten wir über den Irtysch, und verliessen ihn nun hier für längere Zeit. Der Weg geht erst einige Zeit südöstlich bis zum Flusse Om, der bei der Stadt Omsk sich in den Irtysch ergiesst, und dann in der Nähe dieses Flusses in östlicher Richtung fort. Von hier an beginnt die Barabinskische Steppe, welche den ganzen Raum zwischen dem Irtysch und Ob einnimmt. Keinesweges trocken und dürr, welche Vorstellung man so häufig mit dem Worte Steppe verbindet, ist sie vielmehr im höchsten Grade wasserreich, voller grosser oder kleinerer Seen, Moräste und Flüsse, welche letztere sich theils in den Om, der ein Hauptfluss dieser Steppe ist, theils unmittelbar in den Irtysch oder Ob ergiessen. Stellenweise ist der Boden nur ein Lug, wie bei Linum in der Mark, und vollkommen eben, wie auf dem Meere; hin und wieder ist er gras- und kräuterreich und mit Pappeln und Birken bedeckt; an andern trocknen Stellen sahen wir auf dem Wege häufig Salzefflorescenzen, die nach den Versuchen, die ich später damit anstellte, aus Kochsalz und Bittersalz bestanden. Ebenso sind auch mehrere der Seen der Barabinskischen Steppe salzig. Wegen des häufig morastigen Bodens ist der Weg auf grosse Strecken gebrückt, die Bohlendämme sind bei ihrer Länge natürlich schlecht unterhalten, und daher das Fahren auf denselben sehr beschwerlich. Diese Beschwerde war jedoch noch viel erträglicher als eine andere, die durch die grosse Menge von Mücken und Fliegen aller Art, die uns stets umschwärmten, und uns überfielen so bald der Wagen stillhielt, hervorgebracht wurde. Unsere Mückenkappen konnten uns nur zum Theil dagegen schüzzen, da die Stachel der Mücken durch die Nähte und durch die geringsten Ritzen drangen; auch trugen wir sie nicht beständig, da sie bei der Hitze sehr beschwerlich fielen und das freie Umsehen hinderten. Ich führe diese Umstände nur an, weil sie uns einen Verlust verursachten, der uns für den Augenblick sehr empfindlich war. Bei den Stichen der Mücken und den starken Stössen des Wagens auf dem schlechten Wege konnte ich das Barometer, welches ich hielt, nicht so schützen, dass es nicht bei einem Stosse zerbrochen wäre. Es war das schwere Fortinsche Gefässbarometer, dessen wir uns zwar nicht gewöhnlich bedienten, weil es schwerer zu transportiren und mühsamer aufzustellen war, als das leichtere Buntensche Heberbarometer, welches Herr v. Humboldt führte, aber das wir doch von Zeit zu Zeit mit dem Buntenschen verglichen, um uns zu überzeugen, ob der Gang beider Instrumente noch derselbe geblieben wäre. Diese Sicherheit, die aus der Vergleichung beider Instrumente entstand, konnten wir uns nun nicht mehr verschaffen, und ausserdem ward die Möglichkeit, alle unsere Barometer zu verlieren, immer grösser. Indessen war die Vergleichung mit dem Fortinsche Barometer nicht das einzige Mittel, wodurch wir uns überzeugen konnten, dass das Buntensche Barometer noch unverletzt sei, und glücklicherweise brachte Herr von Humboldt dieses unbeschädigt wieder bis zum Ural, wo es erst zerbrach, nachdem wir es mit dem Barometer des Hrn. Hoffmann verglichen hatten, mit welchem wir in Miask im Ural zusammentrafen. So führte also der Verlust des Fortinschen Barometers keinen reellen Nachtheil herbei.

In der Nacht zum 29. Juli kamen wir nach der Stadt Kaïnsk, welche an dem Om noch mitten in der

Steppe liegt. Hier ruhten wir den übrigen Theil der Nacht aus, und wollten am Morgen früh unsere Reise weiter fortsetzen, als uns der Isprawnick meldete, dass in den folgenden Dörfern auf der Strasse nach Tomsk die sibirische Pest wüthe. Wir hatten davon in Tobolsk nichts gehört, und erkundigten uns nun näher nach der Beschaffenheit dieser Krankheit bei dem Arzte, der uns freilich nur sehr ungenügende Auskunft geben konnte. Wir hörten, was uns später noch der Staatsrath Dr. Gebler in Barnaul bestätigte und umständlicher beschrieb, dass die Krankheit ursprünglich eine Viehseuche sei, aber auch Menschen befalle, und besonders in den Steppen, nie im Gebirge vorkomme. Sie fängt mit einer verhärteten Geschwulst an, die sich bei den Menschen, besonders an den von den Kleidern unbedeckten Theilen des Körpers, im Gesicht, Nacken und an den Armen bilde, und die man, wie so häufig bei dergleichen Krankheiten, dem Stiche von Insekten zuschreibe, die man sonst aber nicht näher bezeichnen konnte. Die Geschwulst bilde sich zu einem schwarzen brandigen Geschwür aus, und zöge in kurzer Zeit Fieber und den Tod nach sich. Durch Schnitte, die man in die Beule mache, und durch Umschläge von einem Aufgusse von Tabak und Salmiak könne man im Anfang eine Zertheilung der Verhärtung hervorbringen und die Krankheit heilen, hätte sie aber erst innere Theile ergriffen, so wäre sie in der Regel unheilbar.

Wir überlegten was hiernach zu machen sei; umkehren und einen andern Weg nach Barnaul einschlagen konnten wir nicht, da es keinen andern gab, oder derselbe mit einem zu grossen Verlust an Zeit verbunden gewesen wäre. Wir beschlossen also auf unserem Wege weiterzureisen, da uns aber die Krankheit als ansteckend geschildert wurde, jede Berührung mit den Bauern, bei denen die Krankheit wüthe, so viel wie möglich zu vermeiden. Der Jäger des Herrn von Humboldt und unser Bediente, welche gewöhnlich auf dem Bock, neben den Bauern, die uns fuhren, sassen, sollten zu uns in die Wagen kommen, wir wollten uns mit Lebensmitteln, selbst mit Wasser auf mehrere Tage versehen, um nicht nöthig zu haben, in den Dörfern wo umgespannt würde, auszusteigen, und selbst des Schlafes wollten wir uns enthalten.

Mit den nöthigen Vorbereitungen rückte der Abend heran. Wir hatten uns in der Stadt etwas umgesehen; es ist ein elender Ort mit kleinen hölzernen Häusern, die nicht einmal regelmässig gestellt sind. Das Haus, in welchem man uns aufgenommen hatte, schien noch das beste zu sein; die Zimmer waren klein, doch freundlich und reinlich, mit Blumen an den Fenstern, und einigen Polsterstühlen. Mit Sonnenuntergang fuhren wir ab. Es wetterleuchtete, der Himmel bezog sich, es regnete etwas, doch unbedeutend; den folgenden Tag hatten wir wieder heiteres Wetter und Sonnenschein. In allen Dörfern, durch die wir kamen, sahen wir Spuren der Pest. In einem Dorfe hörten wir, dass den Tag vorher vier, in Karganskaja sechs Menschen gestorben wären. In demselben Dorfe waren im Ganzen schon 500 Pferde gefallen, so dass wir mit Mühe nur das zu unsern Wagen nöthige Gespann erhalten konnten. In jedem Dorfe fanden wir ein kleines Lazareth eingerichtet, wohin die Kranken gebracht und auf die angegebene Weise behandelt wurden, und am Anfang und am Ende eines jeden Dorfes waren kleine Rauchfeuer von Mist und trocknem Rasen angezündet, die die Luft reinigen sollten. So wenig wir auch einsahen, wie diese wenigen Räucherungen zum Einhalt oder zur Abwehrung der Krankheit beitragen konnten, so sahen wir sie doch später in den Ebenen Sibiriens selbst da, wohin die Krankheit sich noch gar nicht verbreitet hatte, wie z. B. an der ganzen Irtyschlinie, sorgfältig unterhalten.

Den 31sten kamen wir nach dem Dorfe Kotkowa, in welchem die Krankheit schon etwas nachgelassen hatte. und wir daher gern wieder zu unsern frühern Einrichtungen übergingen. Wenngleich wir und besonders unsere Leute nicht durchgängig unsere Vorsätze ausgeführt hatten, so war bei der Hitze des Tages das enge Beisammensein im Wagen und die Entbehrung aller gewöhnlichen Bequemlichkeiten doch von grosser Beschwerde gewesen. Wir hatten schon auf der vorigen Station die Strasse nach Tomsk verlassen, und uns in südöstlicher Richtung dem Ob genähert. Mit diesem hörte auch die Barabinskische Steppe und zugleich auch die letzte Spur der Pest auf. Nach der folgenden Station, einem kleinen Dorfe mit elenden schmutzigen Häusern, gelangten wir durch einen schönen Birkenwald, hinter welchem der Weg sich senkte, und wir eine weite Aussicht auf den Ob hatten. Wir fuhren noch eine Strecke auf der schönen kräuterreichen Wiese entlang, die das linke Ufer des Ob bildete, und setzten dann über denselben bei der kleinen Stadt Bergsk, die jenseits des breiten Stroms, auf hohem Ufer und umgeben von dichter Fichtenwaldung malerisch daliegt. Wenngleich das rechte Ufer des Stromes hoch ist, so ist das Bette desselben an dieser Seite doch so flach, dass man mehrere hundert Schritt hineingehn kann, ohne eine grössere Tiefe als etwa 4 Fuss zu erreichen; es ist steinigt, auf dem Grunde liegen eckige Stücke von Thonschiefer und grauem dichten Kalkstein. Die Breite des Stroms ist indessen sehr bedeutend und mag die des Irtysch bei Tobolsk wohl um ein bedeutendes übersteigen.

Bergsk liegt am Ende eines grossen nach Westen gekrümmten Bogens, den der Ob von Barnaul aus beschreibt. Der Weg schneidet diesen Bogen ab, und führt meist durch dichte Fichtenwaldung, in welcher von Zeit zu Zeit die Dörfer, welche die Stationen bilden, meistens an kleinen Flüssen, die in den Ob münden, angelegt sind. Er ist anfangs sandig, wird aber bald fester, so dass wir schnell vorrücken konnten und zuweilen in einer Stunde 18 Werste zurücklegten. Am Vormittage des 1. August waren wir wieder am Ob und in der Nähe von Barnaul, das am linken Ufer nur noch 18 Werste von der Ueberfahrtsstelle entfernt liegt. Ein starker Südwestwind, der sich schon am Morgen erhoben hatte, machte es aber unmöglich überzusetzen. Der Ob schlug sehr hohe Wellen und vereitelte jeden Versuch. Wir mussten also abwarten bis sich der Wind gelegt, und das Wasser beruhigt hatte, wozu aber fürs Erste noch wenig Anschein da war; im Gegentheil wurde das Wetter regnicht und immer rauher und unfreundlicher. Dessenungeachtet streifte Prof. Ehrenberg in der Gegend umher, und sammelte auf den Wiesen des Ufers eine Menge bis dahin nicht gesehener Pflanzen, unter denen sich auch mehrere Zierpflanzen und Sträucher unserer Gärten befanden, wie z. B. *Hemerocallis flava*, *Cornus alba*, *Robinia Altagana* und mehrere Arten von Rosen. Wir hatten übrigens während dieses Aufenthaltes nicht nöthig zu darben, denn die Fischer, welche die Ueberfahrt besorgten, hatten vortreffliche Sterlette zu verkaufen, die im Freien zubereitet und gekocht wurden. Gegen Abend klärte sich das Wetter auf, aber doch erst in der Nacht um 3 Uhr war es den Schiffern möglich, über den Strom zu setzen, worauf wir dann bald früh Morgens in Barnaul eintrafen, und auf diese Weise doch, ungeachtet des langen Aufenthaltes in Kaïnsk und an den Ufern des Ob, den 1468½ Werst langen Weg von Tobolsk in neun Tagen zurückgelegt hatten.

VI. Der Altai.

Gegenwärtiger Zustand und Geschichte des Altaischen Bergbau's. — Museum und Schmelzhütte in Barnaul. — Hüttenprocess daselbst. — Granitfelsen des Kolywanschen Sees. — Schlangenberg, Beschreibung der Erzlagerstätte, der darauf vorkommenden Mineralien und der umgebenden Gebirgsarten. — Exkursion nach der Steinschleiferei Kolywansk. — Beschreibung der dort verschliffenen Gebirgsarten. — Reise nach den Silbergruben Riddersk und Krukowsk — Festung Ustkamenogorsk. — Landweg nach Buchtharminsk. — Merkwürdige Granitfelsen daselbst. — Silbergrube Syränowsk. — Kamenschiken. — Heisse Quellen an dem Ursprunge des Berel. — Belucha, höchster Berg des Altai. — Besuch bei dem Chinesischen Posten Baty. — Rückkehr nach Buchtharminsk und auf dem Irtysch nach Ustkamenogorsk. — Durchbrechungen des Thonschiefers durch Granit. —

Die Stadt Barnaul, obgleich nur am Rande des Altai, fast noch in der Steppe gelegen, ist doch der Mittelpunkt des Altaischen Bergbaus, da sie nicht allein der Sitz der Verwaltungsbehörde für die sämmtlichen Werke, sondern auch die Hauptschmelzhütte des Altai ist. Die Stadt ist daher für den Altai von grosser Bedeutung, denn dem Bergbaue verdankt derselbe seine Civilisation, seine Colonisirung und seinen mit jedem Jahre zunehmenden Wohlstand. Wie wichtig aber der Bergbau des Altai ist, ergiebt sich schon aus seiner Produktion, die vorzugsweise in Silber besteht, und grösser ist als die irgend eines andern einzelnen Theiles des alten Kontinents, denn schon seit länger als einem halben Jahrhundert beträgt das etatsmässige Quantum, welches der Altai zu liefern hat, 1000 Pud oder 69,900 Kölnische Mark Silber. [1]) Ausserdem werden aber noch jährlich gegen 12,000 Pud Kupfer und gegen 20,000 Pud Blei gewonnen.

Die Erze, aus welchen das Silber des Altaï dargestellt wird, lieferte lange Zeit fast nur eine einzige Grube, der Schlangenberg, welche 280 Werste südlich von Barnaul, aber wie dieser Ort noch am Rande des Altai liegt. Diese Grube ist auch jetzt noch von Bedeutung, doch sind während des Bestehens des Altaischen Bergbaus ausser ihr noch eine Menge anderer Gruben aufgenommen, die theils ganz in ihrer Nähe, theils in grösserer Entfernung und tiefer im Gebirge liegen, und theils noch in Betrieb, theils schon wieder auflässig geworden sind. Von den jetzt noch in Betrieb stehenden Gruben unterscheidet man Silbergruben und Kupfergruben. Zu den erstern gehören ausser

1. Schlangenberg (Smeïnogorsk) an der Korbolicha, einem Nebenflusse des Alei,
2. Petrowsk, 6 Werste westlich von Schlangenberg, an der Korbolicha.
3. Karamyschewsk I. und II., 8 Werste westlich von Schlangenberg, an der Korbolicha.
4. Tscherepanowsk, 9 Werste nordöstlich von Schlangenberg.
5. Semenowsk, 26 Werste südöstlich von Schlangenberg, an der Tscherepanicha, einem Nebenflusse des Alei.
6. Nicolajewsk, in gerader Richtung 72 Werste

[1]) Die jährliche Silbergewinnung beträgt

des Nertschinskischen Bergdistricts . .	16,500	Mark Kölnisch.
des Harzes (mit Einschluss des Anhaltschen und Mannsfeldschen) . . .	49,900	- -
des Sächsischen Erzgebirges	55,000	- -
von Ungarn (ohne das Banat)	62,000	- -
von Bolivia	481,830	M. Kastilianisch.
von Peru	611,090	-
von Mexico	2,500,000	Mark Kölnisch.

Vergl. Karsten, System der Metallurgie Bd. I. S. 304. u. s. w.

südlich von Schlangenberg, in der Nähe der untern Uba.

7. Riddersk, 184 Werste südöstlich von Schlangenberg, an der obern Ulba.
8. Krukowsk, ganz in der Nähe der vorigen.
9. Syränowsk, südöstlich von Schlangenberg, in gerader Richtung noch 72 Werste weiter als die vorigen; in der Nähe der Buchtharma.
10. Salairsk, ganz entfernt von den andern Gruben, in gerader Richtung 180 Werste nordöstlich von Barnaul, am Salair, einem Zuflusse der Jnja.

Zu den Kupfergruben gehören:

1. Lasarewsk.
2. Pichtowsk, 10 Werste westlich von Schlangenberg.
3. Talowsk, südlich von Schlangenberg, 6 Werste östlich von der Silbergrube Nikolajewsk.
4. Belousowsk, südlich von Schlangenberg, in gerader Richtung 26 Werste nordwestlich von Ustkamenogorsk.
5. Butyrsk.
6. Mursinsk, in gerader Richtung 31 Werste nordwestlich von Schlangenberg.
7. Loktewsk, 70 Werste westlich von Schlangengenberg, am Alei.
8. Solotuschensk, 68 Werste südwestlich von Schlangenberg, an der Solotschuschka, einem Nebenflusse des Alei.

Besondere Bleigruben unterscheidet man nicht, da die Bleierze neben den Silbererzen auf den Gruben Syränowsk und Riddersk brechen.

So gross indessen die Menge des Silbers ist, welches der Altai liefert, so sind doch die Erze aus denen dasselbe dargestellt wird, nur sehr arm. Sie enthalten im Durchschnitt nur 1¼ Sol. Silber im Pud, oder 0,04 Prozent, [1]) daher die Menge der zu för-

[1]) Der mittlere Silbergehalt aller Erze, welche in Mexico verarbeitet werden, beträgt 0,18 bis 0,25 Prozent.

dernden Erze ausserordentlich gross sein muss, und die Summe von 3 bis 3½ Millionen Pud ausmacht. Am reichsten sind die Erze von Syränowsk und Krukowsk, die 4 Sol. Silber im Pud enthalten, und am ärmsten die Erze von Salairsk, die nur ¼ Sol. Silber im Pud enthalten; dennoch gehören die letzteren zu den geschätztesten Erzen des Altai, da sie in grosser Menge anstehen und sehr leicht schmelzbar sind, und hierdurch also wieder ersetzen, was ihnen an Gehalt abgeht. Die genannten Gruben Syränowsk, Krukowsk und Salairsk, sind zugleich jetzt die bedeutendsten, denn sie tragen zu dem zu liefernden Silberquantum fast zwei Drittheile bei. Man ersieht diese Verhältnisse noch genauer aus der folgenden Tabelle, welche die Menge der Erze, welche nach dem Etat von 1826 die verschiedenen Gruben liefern sollten, und ihren Silbergehalt in der ganzen Menge und im Pud enthält.[1])

[1]) Diese Tabelle, welche aus Ledebour's Reise entlehnt ist, enthält im Original viele Druckfehler. Ich habe diejenigen, bei denen sich der Irrthum auffinden liess, verbessert, die andern aber unverändert stehen gelassen. Da die Fehler meistentheils nur die kleineren Zahlen betreffen, so gewähren die Tabellen auch in dieser unvollkommenen Gestalt eine Uebersicht, und erreichen so ihren Zweck. Die Angabe des Bleies von den Gruben Riddersk und Syränowsk habe ich ganz fortgelassen, weil hierbei ein grösserer Irrthum obwaltet. Im Durchschnitt beträgt die Menge desselben, wie angeführt, 20,000 Pud; im Jahr 1825 hat sie indessen nur 14,900 Pud betragen.

Namen der Gruben.	Menge des zu liefernden Erzes.		Silbergehalt des sortirten Erzes. [1])			
Silbergruben.	des nicht sortirten Erzes.	des sortirten Erzes.	im Pud.	in der ganzen Menge		
	Pud.	Pud.	Sol.	Pud.	Pfd.	Sol.
Schlangenberg . . .	1,806,588	448,393	$1\frac{3}{4}$	204 [2])	13	$79\frac{3}{4}$
Petrowsk.	1,769,472	442,368	1^{18}	136	32	–
1 u. 2 Karamyschewsk	416,035	89,187	1^{30}	30	19	33^{90}
Tscherepanowsk . .	226,844	115,943	$3\frac{1}{4}$	98	5	$14\frac{3}{4}$
Semenowsk	41,165	35,446	1^{20}	11	6	14^{56}
Nicolajewsk	252,286	145,516	1^{6}	40	10	$50\frac{3}{4}$
Riddersk	147.124	115.200	1	30	—	—
Krukowsk	333,796	228.096	4	237	24	—
Syränowsk.	865,404	391.680	4	408	—	—
Summa	5,888,714	2,011.829		1196	31	1^{74}
Salairsk	1,799,444	1.250.000	$-\frac{75}{96}$	255	34	36
Summa	7,688,158	3,261,829		1452	25	$37^{7\cdot}$
Kupfergruben.			Kupfergehalt.			
			Pfd.			
Lasarewsk und Pichtowsk.	10,665	2,133	$2\frac{3}{8}$	126	25	84
Talowsk	33,975	25,230	$3\frac{3}{4}$	2,365	12	48
Belousowsk	58,480	31,272	$3\frac{1}{4}$	2,540	34	—
Butyrsk u. Mursinsk	6,400	3,200	3	240	—	—
Loktewsk und Solotuschensk	99.048	74,286	4	7,428	24	—
Summa	208,568	136,121	3^{70}	12,701	16	36

Da die Gruben meistentheils in sehr holzarmen Gegenden liegen, so werden die Erze selten auf den Gruben selbst verschmolzen, sondern nach besonders gelegenen Hüttenwerken gebracht, die oft sehr weit von den Gruben entfernt sind. Diese Hüttenwerke sind vorzüglich:

1. **Barnaul**; nächst dem
2. **Pawlowsk**, 52 Werste westlich von Barnaul, an der Kassmala, einem linken Nebenflusse des Ob.
3. **Loktewsk.**
4. **Schlangenberg.**

[1]) Nach der kleinen Probe nämlich; bei dem Schmelzen im Grossen findet immer, wie weiter unten aus der Beschreibung des Schmelzprozesses zu ersehen ist, ein bedeutender Verlust statt.

[2]) Seit 1827 hat Schlangenberg nur 80 Pud Silber zu liefern.

5. u. 6. Gawrilowsk und Guriewsk, in der Nähe der Silbergrube Salairsk.

7. Susunsk, 120 Werste nordwestlich von Barnaul, an dem Susun, 10 Werste von seiner Mündung in die rechte Seite des Ob.

In Barnaul und Pawlowsk werden Silbererze von sämmtlichen Gruben, in Loktewsk und Schlangenberg von allen Gruben, ausgenommen von den Salairschen, die von jenen Hütten zu entfernt sind; in Gawrilowsk und Guriewsk nur die Erze der nahgelegenen Salairschen Gruben verschmolzen. Susunsk ist allein zur Schmelzung der Kupfererze bestimmt; hier befindet sich auch eine Münze, in welcher das sämmtliche gewonnene Kupfer vermünzt wird. In Barnaul, Pawlowsk, Loktewsk und Schlangenberg befinden sich auch Bleiöfen zur Schmelzung der Bleierze. Wieviel von den Erzen ein jedes dieser Hüttenwerke nach dem Etat von 1826 zu verschmelzen hatte, ersieht man aus der folgenden Tabelle.

Hüttenwerke.	Silbererz.	Bleierz.	Ueberhaupt.
Barnaul	570,020	65,700	635,720
Pawlowsk	450,000	55,700	505,700
Loktewsk	650,000	55,700	705,700
Schlangenberg . . .	500,000	27,345	527,345
Gawrilowsk	750,000	—	750,000
Guriewsk	400,000	—	400,000
Summa	3,320,020	204,445	3,524,465
Susunsk an Kupfererzen	—	—	98,766

Die Anfuhr der Erze und der Kohlen nach den Hütten geschieht, gegen bestimmte niedrige Löhne, von den den Hütten zugeschriebenen Bauern, welche dafür von dem Kopfgelde und der Conscription befreit sind. Die Anfuhr findet nur im Sommer statt, wo die Pferde in den Steppen hinreichende Weide finden, nicht aber im Winter, wo ausser der mangelnden Weide auch die am Altai so häufigen Süd- und Weststürme,[1]) welche immer mit starkem Schneegestöber verbunden sind, jeden Transport sehr gefährlich machen.

Nach den Herrn v. Humboldt mitgetheilten Tabellen haben im Jahr 1827 die Hüttenwerke des Altai geliefert

an güldischem Silber: 1000 Pud 2 Pfund 49 Sol.,
welche enthielten

reines Silber	916 —	37 —	$20\frac{78}{96}$ —	und
Gold	27 —	26 —	$26\frac{95}{96}$ —	

Der Werth des gewonnenen Goldes und Silbers beträgt in Assignaten	4,572,907 Rub. 76 Kop.
Die darauf verwendeten Kosten betrugen	1,279,000 Rub. — Kop.
Es ergiebt sich also ein Ueberschuss von	3,293,907 Rub. 76 Kop.

Ungeachtet der Ausdehnung, die der Bergbau im Altai erlangt hat, ist er doch noch jünger als der Uralische Bergbau, und kaum älter als ein Jahrhundert. Zwar ist in früherer Zeit, wie die sogenannten Tschudischen Arbeiten beweisen, die man am Altai noch viel häufiger als am Ural aufgefunden hat,[2]) auch am Altai ein uralter Bergbau getrieben worden, aber wenngleich die aufgefundenen Spuren desselben, eingestürzte Schachte und alte Haldenzüge, hier so häufig gewesen sind, dass ihrer Auffindung fast alle jetzt bebaute Gruben ihre Entstehung zu verdanken haben, so war doch die Kunde dieses Bergbaus, so wie des Volkes, welches ihn getrieben, auch hier durchaus verschollen. Nur dunkle Sagen von dem Goldreich-

---

[1]) Sie heissen am Altai Burane. Eine Schilderung der Wuth dieser Stürme giebt Renovantz in seinen Nachrichten von den Altaischen Gebirgen S. 165., und Ledebour in seiner Reise durch das Altai-Gebirge Th. I. S. 39.

[2]) Vergl. oben S. 118 und 274.

thum der goldenen Berge, wie der Altai im Chinesischen und Alttürkischen heisst, hatten sich erhalten, und diese waren es auch, die schon unter Peter dem Grossen mehrere militairische Expeditionen nach dem obern Irtysch zur Auffindung von Goldsand veranlassten. Diese Expeditionen erreichten zwar ihren Zweck nicht, waren aber doch in so fern dem bald darauf entstehenden Bergbau förderlich, als sie die Veranlassung zur Anlage aller Festungen an der Irtysch-Linie wurden, die dem spätern Bergbaue sehr zum Schutz und zur Unterstützung gereichten.

Die Entstehung des eigentlichen Bergbaus verdankt der Altai dem Staatsrath Akimfitsch Nikitas Demidoff, dem kenntnissreichen und talentvollen Sohne des Gründers des Uralischen Bergbaus Nikitas Demidoff, der wahrscheinlich durch ähnliche Sagen von dem Goldreichthum des Altai, wie Peter der Grosse, veranlasst, Leute zum Aufsuchen von Erzen dorthin abgesandt hatte, die ihm auch im Jahre 1723 mehrere Kupfererze aus den alten Tschudischen Arbeiten brachten. Als Demidoff die Erze schmelzwürdig befunden hatte, hielt er bei dem Bergkollegium in Petersburg um Erlaubniss zur Anlegung von Gruben und Hütten im Altai, so wie um Unterstützung dazu an, und sandte, nachdem er beides erhalten, eine Anzahl Meisterleute dorthin, die die Kupfergruben Kolywansk [1]) und Woskressensk (die Auferstehungsgrube), 20 bis 30 Werste nördlich von dem jetzigen Schlangenberg, und bald darauf auch eine dritte Grube Pichtowsk anlegten. Nach den beiden erstern Gruben führt auch jetzt noch der Altaische Bergbau in den Russischen Kanzeleischriften den Namen des Kolywano-Woskressenskischen Bergbaus. Im Jahre 1728 wurde nun auch das

[1]) Nicht zu verwechseln mit der jetzigen Kreisstadt Kolywansk, die weit entfernt von der Grube gleichen Namens nördlich von Barnaul liegt.

erste grössere Hüttenwerk Kolywansk, an der Bjelaja in der Nähe der Grube angelegt, in welchem die gewonnenen Kupfererze verschmolzen wurden, wozu aber schon 1739 ein zweites kam, da das erste bald nicht mehr zur Schmelzung der Erze ausreichte, und die Zahl der Schmelzöfen wegen des sich schon einstellenden Holzmangels [1]) nicht vermehrt werden konnte. Diess zweite Hüttenwerk wurde am Einflusse der Barnaulka in den Ob angelegt, es ist der Ursprung der jetzigen Kreisstadt Barnaul.

Der Altaische Bergbau blieb indessen nicht lange im Besitze von Demidoff. Schon im Jahre 1736 hatte man angefangen die Schlangenberger Grube zu bebauen, deren Erze in den oberen Teufen ausserordentlich gold- und silberreich waren. Gold- und Silberbergbau zu treiben, war aber Privaten damals noch nicht erlaubt. Demidoff wurde daher durch den Reichthum der Schlangenberger Grube an edlen Metallen veranlasst, dem Bergkollegium davon Anzeige zu machen, das eine eigene Kommission, an deren Spitze der General Beyer stand, zur Untersuchung der Sache abfertigte, die auch zwei Jahre später, 1746, die sämmtlichen Werke des Altai für Rechnung der Krone übernahm. Die Regierung fuhr aber fort, auf das Emporkommen der Werke die grösste Aufmerksamkeit zu verwenden; sie stellte tüchtige Berg- und Hüttenleute an, verbesserte im Innern die Administration durch zweckmässige, der Oertlichkeit ganz angepasste Verordnungen, und sicherte auch nach Aussen den immer mehr aufblühenden Bergbau durch Anlage einer Festungslinie gegen Anfälle der im Altai nomadisirenden Kalmücken und Teleuten. [2]) Mehrmals ausgesandte

---

[1]) Dieser Holzmangel wurde später die Ursache, dass die ganze Hütte zum Stillstand kam.

[2]) Diese Linie wurde von Ustkamenogorsk am Irtysch bis nach Kusnezk am Tom geführt. Sie ging anfangs über Ulbinsk, nach den

Expeditionen zur Untersuchung des Altai, und die Bereisung der Werke durch die Akademiker, sowie durch andere unterrichtete Männer, erweiterten die Kenntniss des Altai immer mehr; es wurden genaue Karten aufgenommen, neue Erzanbrüche entdeckt, und in Folge derselben neue Gruben und Hütten angelegt, wodurch denn der Altaische Bergbau schnell zu der Ausdehnung und dem Wohlstande gelangte, in welchem er sich jetzt befindet. Er wurde gleich nach der Uebernahme der Werke von Demidoff zu einem Privatbesitz des Kaiserlichen Hauses gemacht, und blieb ein solcher bis vor wenigen Jahren, wo er den übrigen der Krone zugehörigen Werken gleichgesetzt, und unter das Finanz-Ministerium gestellt wurde. [1]) — —

Ich habe diese Uebersicht des gegenwärtigen Zustandes des Altaischen Bergbaus, sowie die kurze Geschichte desselben vorausgeschickt, um schon im Voraus eine Vorstellung von seiner Bedeutung und Beschaffenheit zu geben, und kehre nach dieser Unterbrechung wieder nach Barnaul zurück, wo wir am frühen Morgen des 2. August angekommen waren. Barnaul liegt in einer sandigen Ebene an der Einmündung der Barnaulka in den Ob, und zwar am linken Ufer beider Flüsse. Die Stadt besteht aus vielen breiten sich rechtwinklig durchschneidenden Strassen

---

Gruben Smeïnogorsk und Kolywansk, sodann dem Anui entlang bis Anuisk, und von da nach Biisk, welche Festung an der Bija nicht weit von ihrem Zusammenflusse mit der Katunja angelegt wurde. Schon im Jahre 1761 wurde aber diese Linie weiter östlich ins Gebirge vorgeschoben, und von Ulbinsk über Tigirezk nach Biisk geführt; aber auch diese Linie liegt schon längst nicht mehr innerhalb der Orte, an denen von den Russen Bergbau getrieben wird.

[1]) Ausführlichere Nachrichten über die Geschichte des Altaischen Bergbaus findet man in Hermann's mineralogischen Reisen in Sibirien, Th. I. S. 289 u. ff. und in Ritter's Erdkunde von Asien Bd. I., S. 570 u. ff.

mit grösstentheils hölzernen Häusern, die meistens nur klein [1]) und weit voneinander entfernt sind, weshalb die Stadt einen viel grössern Umfang hat, als man nach ihrer nahe an 9000 betragenden Einwohnerzahl vermuthen sollte. Die Umgebungen sind keinesweges schön, aber der Aufenthalt in der Stadt kann dem Einheimischen durch so manche Bequemlichkeiten, wie auch durch den Umgang mit so vielen gebildeten Männern, die der Bergbau des Altai hier zusammengeführt hat, doch nur angenehm sein; den Fremden interessiren ausser diesem Umgange noch die bedeutenden Schmelzhütten und die öffentlichen und Privatsammlungen mancherlei Art, die sich hier befinden.

Die Schmelzhütten lernten wir noch an dem Tage unserer Ankunft durch die Güte des Herrn Ober-Berghauptmanns von Froloff [2]) kennen. Sie liegen an der Südseite der Stadt längs dem 232 Lachter langen Hüttendamme, der die Barnaulka zu einem bedeutenden Hüttenteiche angeschwellt hat, und bestehen in zwei langen in einem grossartigen Style aufgeführten Gebäuden, in deren einem sich die Silberöfen, und in dem andern die Bleiöfen befinden. Beide sind nebst einem grossen Hüttenplatze vor denselben mit einer steinernen Mauer umgeben, die die Gestalt eines Rechteckes hat.

Besonders interessant ist auf diesen Hütten der Silberprozess, nicht sowohl weil er schon seinen höchst möglichen Grad der Vollkommenheit erreicht hat, als weil ein vollständiges Ausbringen des Silbers aus den Altaischen Silbererzen mit grossen eigenthümlichen

[1]) Wegen der Kleinheit der Häuser hatte man uns auch Wohnungen in drei verschiedenen Häusern angewiesen, in die wir uns vertheilten.

[2]) Herr v. Froloff ist zugleich, wie jeder Chef des Altaischen Berg- und Hüttenwesens, Civil-Gouverneur von Tomsk, wohnt aber grösstentheils in Barnaul, und reist nur zuweilen in Geschäften nach Tomsk.

Schwierigkeiten verknüpft ist. Sonst ist er, wie er auf den Hütten eingeführt ist, im Ganzen sehr einfach und zerfällt hauptsächlich nur in drei Arbeiten, in das Rohschmelzen der Silbererze, in die Verbleiungsarbeit des bei dem Rohschmelzen gewonnenen Rohsteins, und in das Abtreiben des bei der Verbleiungsarbeit gewonnenen silberhaltigen Bleies. Die Silbererze, welche in Barnaul verschmolzen werden, sind wie später noch ausführlich gezeigt werden wird, hauptsächlich zweierlei Art: die Erze von Schlangenberg und den umliegenden Gruben Petrowsk, Karamyschewsk, Tscherepanowsk und Semenowsk bestehen grösstentheils aus Silberkupferglanz, Silberglanz, silberhaltigem Fahlerz, Hornerz, güldischem und reinem Silber, die mit geschwefelten Kupfer-, Eisen- und Bleierzen gemengt, in Schwerspath und Hornstein eingewachsen sind; die Erze von Syränowsk und Riddersk dagegen bestehen grösstentheils aus einem Gemenge von güldischem Silber mit Quarz, Weissbleierz, Blei- und Eisenocher, wie auch mit Kupferlasur und Malachit. Die Erze sind in der beibrechenden Gangart, dem Schwerspath, Hornstein und Quarz, fast überall sehr fein eingesprengt, werden aber doch auf den Gruben grösstentheils nur mit der Hand geschieden, da eine grössere Concentration derselben durch Poch- und Wascharbeit wegen des hohen specifischen Gewichtes des mitbrechenden Schwerspathes nicht zulässig ist; sie kommen auf diese Weise in etwa wallnussgrossen Stücken zu den Hütten, wo sie untereinander gattirt, und dadurch so, wie sie in Barnaul, Pawlowsk, Loktewsk und Schlangenberg verschmolzen werden, einen Gehalt von etwa 2 Sol. Silber im Pud erhalten.

Zu dem ersten Rohschmelzen werden die gattirten Erze nun mit armem bei der Verbleiungsarbeit zurückgebliebenen Rohstein, der 3 — 4 Sol. Silber im Pud enthält, und mit Schlacken von derselben Arbeit von einem Gehalte von etwa $2\frac{1}{2}$ Sol. im Pud versetzt, und in Schachtöfen, die eine offene Brust und 11 bis 12 Fuss Höhe haben, verschmolzen. Der hierbei erhaltene Rohstein [1]) beträgt etwa 11 bis 12 Prozent von der Masse des eingeschmolzenen Erzes; er enthält 10 bis 12 Sol. Silber im Pud, und kommt nun, ohne zuvor geröstet zu werden, in die Bleiarbeit. Diese Arbeit geschieht in halbkugelförmigen Heerden, welche 4½ Fuss Durchmesser, und 3 Fuss Tiefe haben, mit Ziegelsteinen ausgemauert und mit Thon ausgefüttert sind. Der Heerd hat 2 bis 3 Formen, und unmittelbar über sich die Esse. Nachdem der Rohstein über Kohlen bei starkem Gebläse niedergeschmolzen ist, wird die Oberfläche des flüssigen Rohsteins mit einer Krücke von den Schlacken gereinigt, und von neuem mit Kohlen bedeckt, worauf man dann das Blei in kleinen Barren setzt. Das Blei, das selbst schon gegen 10 Sol. Silber im Pud enthält, schmilzt bald, durchdringt bei seinem grössern specifischen Gewichte den Rohstein, wobei es den grössten Theil von dem Silber desselben mitnimmt, und sammelt sich dann am Boden des Heerdes. Nachdem man die flüssige Masse noch mehrere Male mit Stäben von grünem Holze umgerührt hat, um die Berührung des Bleies mit dem Silber noch grösser zu machen, lässt man sie eine kurze Zeit ruhig stehen, damit das Werkblei sich sammeln könne, und sticht dieses sodann ab, verstopft aber die Stichöffnung in dem Augenblicke, wenn der Stein mit abfliessen will. Man wiederholt darauf die Verbleiungsarbeit noch dreimal, und erhält auf diese Weise stets neue Werke, doch ist nur das Werkblei von der ersten Verbleiungsarbeit, welches ungefähr 30 Sol. Silber im Pud erhält, so reich, dass es in die Treibarbeit kommen kann; des Werkbleis der drei letzten Verbleiungsarbeiten bedient man sich als Zusatz bei dem Schmelzen

[1]) Eine nähere Beschreibung und Analyse dieses Rohsteins findet sich am Ende dieses Bandes.

einer neuen Quantität Rohsteins. Nachdem das Werkblei von der vierten Verbleiungsarbeit abgelassen ist, reinigt man die Oberfläche des Rohsteins von Kohlen und Schlacken, und sticht nun auch diesen immer noch unvollständig entsilberten Rohstein, den sogenannten Heerd-Rohstein ab. Er enthält etwa noch 3—4 Sol. Silber im Pud, und wird theils zum Rohschmelzen abgegeben, theils wird er geröstet, [1]) für sich allein geschmolzen und zu einem reichern Rohstein concentrirt, der sodann mit dem Stein von der Roharbeit umgeschmolzen und entsilbert wird. — Das Abtreiben des Werkbleis von der ersten Verbleiungsarbeit geschieht in Treiböfen, die den Sächsischen ganz ähnlich sind. Man erhält dabei ein Blicksilber, welches in Barren gegossen und nach Petersburg auf die Münze geschickt wird, wo es erst von den 3 pCt. Gold, die es noch enthält, geschieden wird. [2])

Der Silberprozess in Barnaul hat, wie sich aus dem Angeführten ergiebt, mit mehr als gewöhnlichen Hindernissen zu kämpfen. Diese bestehen einerseits in der feinen Vertheilung der Erze in einer Bergart, wie dem Schwerspath, dessen hohes specifisches Gewicht eine eigentliche Aufbereitung der Erze verhindert, und in der daraus entstehenden Armuth derselben, andrerseits in der Strengflüssigkeit der andern beibrechenden Bergart, des Horn-

---

[1]) Nach den Versuchen die neuerdings der General v. Tscheffkin hat anstellen lassen, hat man gefunden, dass man bei dem Abrösten des Heerd-Rohsteins einen bedeutenden Verlust an Silber und besonders an Gold hat, welches letztere bei einigen Versuchen sogar ganz verloren ging, daher man jetzt die Absicht hat, so weit es nur möglich sein wird, keine Röstarbeiten mit den gold- und silberhaltigen Substanzen vorzunehmen. S. über den Gold- und Silberverlust bei den Röstarbeiten, eine bei der Versammlung der Naturforscher in Jena, Sept. 1836, gehaltene Vorlesung von General-Major von Tscheffkin. Weimar 1836.

[2]) Ausführlichere Nachrichten über den Silberprozess in Barnaul findet man in Pallas Reisen Th. II, S. 627 u. ff., und in Karsten's System der Metallurgie Bd. I, S. 342 u. ff.

steins, der eine grosse Hitze zum Schmelzen erfordert und doch nur gewöhnlich eine zähe und dickflüssige Schlacke liefert, aus welcher sich der Erzgehalt nur unvollkommen absondern kann. Diese Umstände machen es zwar erklärlich, dass die Zugutemachung der Silbererze ohne einen mehr als gewöhnlich grossen Silberverlust sich nicht bewerkstelligen lässt, sie führen aber in der That einen Verlust herbei, der über ein Drittheil des ganzen Silbergehaltes, also jährlich über 500 Pud oder 35,000 Mark Silber beträgt. [1])

---

[1]) Dies Resultat ergiebt sich aus den Hrn. v. Humboldt mitgetheilten offiziellen Tabellen. Auf der Hütte in Schlangenberg, wo ganz ähnliche Erze wie in Barnaul verschmolzen werden, hatte man z. B. in den Jahren 1826, 1827 und 1828 folgende Resultate erhalten.

Im Jahre 1826 wurden verschmolzen: 607,987 Pud Silbererze von einem mittlern Gehalte an Silber von $1\frac{78}{96}$ Sol. im Pud oder von 0,047 pCt. Die Erze enthielten an Silber:

	287 Pud	36 Pfd.	34 Sol.		
gewonnen wurden:	183 -	2 -	75 -		
Verlust:	104 Pud	31 Pfd.	55 Sol.	oder ungef.	36 pCt.

Im Jahre 1827 wurden verschmolzen: 826,293 Pud Silbererze von einem mittlern Gehalte an Silber von $1\frac{68}{96}$ Sol. im Pud oder von 0,044 pCt. Die Erze enthielten also an Silber:

	368 Pud	16 Pfd.	65 Sol.		
gewonnen wurden:	223 -	8 -	90 -		
Verlust:	145 Pud	7 Pfd.	71 Sol.	oder ungef.	39 pCt.

Im Jahre 1828 wurden verschmolzen: 560,900 Pud Silbererze von einem mittlern Gehalte an Silber von $1\frac{87}{96}$ Sol. im Pud oder von 0,05 pCt. Die Erze enthielten also an Silber:

	278 Pud	20 Pfd.	33 Sol.		
gewonnen wurden:	166 -	24 -	21 -		
Verlust:	111 Pud	36 Pfd.	12 Sol.	oder ungef.	40 pCt.

Der Silberverlust auf den Kolywanschen Hütten ist nicht überall gleich, und auf den Hütten Barnaul, Pawlowsk, Schlangenberg und Loktewsk grösser als auf den Hütten Guriewsk und Gawrilowsk, wo die leichtflüssigern Salairschen Erze verschmolzen werden. So betrug derselbe nach den Jahresabschlüssen von 1825 und 1827 auf den erstern Werken $\frac{62\frac{1}{4}}{96}$ Sol. und $\frac{63}{96}$ Sol., und auf den letztern nur $\frac{48\frac{1}{8}}{96}$ Sol. und $\frac{48\frac{1}{4}}{96}$ Sol. vom Pud Erz. Nach eben diesen Jahresab-

Dieser grosse Silberverlust ist natürlich der Regierung nicht entgangen, daher sie auch schon seit längerer Zeit alles gethan hat um diesem Uebelstande abzuhelfen. Sie hat schon mehrmals talentvolle Hüttenbeamte auf Reisen geschickt, wie in der neusten Zeit noch die Herren Sokolowsky und Völkner[1]), um die Silberproduktion des Auslandes zu studiren, und mit den erlangten Kenntnissen Verbesserungen in dem Silberprozess des Altai einzuführen, und hat auch schon mehrmals Veränderungen in dem Prozesse vornehmen lassen. Man ist noch jetzt mit steten Versuchen dazu beschäftigt, sucht ungeachtet der Schwierigkeiten eine gewisse Aufbereitung der Erze einzuführen, und geht namentlich auch damit um, die unvollkommene Verbleiungsarbeit des Rohsteins durch die Amalgamation desselben zu ersetzen, was indessen bis jetzt noch nicht vollkommen gelungen ist.[2]) Die Versuche werden indessen fortgesetzt, und auf diese Weise wird von Seiten der Regierung wenigstens alles gethan, um den Silberprozess im Altai auf die Stufe der Vollkommenheit zu bringen, die er zu erreichen fähig ist.

Der Bleiprozess in Barnaul unterliegt keinen besondern Schwierigkeiten und ist im Gegentheil noch einfacher als an andern Orten, da die Bleierze nicht wie gewöhnlich aus Bleiglanz bestehen, sondern nur Oxyde enthalten. Sie bilden nämlich ein Gemenge aus

---

schlüssen betrug er im Durchschnitt bei sämmtlichen Hüttenwerken 1825: $\frac{57\frac{1}{8}}{96}$ Sol. vom Pud Erz oder 38,31 pCt., 1827: $\frac{59}{96}$ Sol. vom Pud Erz oder 40,32 pCt.

[1]) Letzterer ist derselbe, den wir in Katharinenburg getroffen haben.

[2]) Von ganz besonderer Wichtigkeit scheint es auch zu sein, Verbesserungen bei dem Rohschmelzen der Erze einzuführen, und durch zweckmässige Wahl des Zuschlags eine leichtflüssige Schlacke hervorzubringen, da nur in diesem Fall der Erzgehalt sich vollständig absondern kann.

krystallinischem und ochrigem Weissbleierz mit Quarz und oxydischen Kupfererzen, das im Durchschnitt 8 Pfd. Blei im Pud enthält, und werden daher nur mit Kohlen niedergeschmolzen, wobei man sich ähnlicher Oefen bedient, wie die sind, in welchen das Rohschmelzen der Silbererze vorgenommen wird. Man erhält hierbei Werkblei und einen Bleistein, welcher geröstet und abermals verschmolzen wird. Der bei dem zweiten Schmelzen fallende Stein ist sehr kupferhaltig, und wird deshalb nach Susunsk gesandt, wo er als Kupferstein behandelt wird. Das bei dem Bleischmelzen erhaltene Blei ist etwas silberhaltig und wird zur Verbleiung des Rohsteins benutzt. Man gewinnt in Barnaul wie auf den übrigen Bleihütten des Altai, Pawlowsk, Loktewsk und Schlangenberg im Durchschnitt jährlich 20,000 Pud Blei, das aber für die Verbleiung des Rohsteins noch nicht hinreichend ist, daher man noch 15,000 Pud silberfreies Blei von Nertschinsk bezieht. [1]) —

Was in Barnaul nächst den Schmelzhütten unsere Aufmerksamkeit besonders in Anspruch nahm, war das Museum, eine in ihrer Art in Sibirien gewiss

---

[1]) Vor der Anlage der Grube Riddersk im Jahre 1768 gewann man im Altai gar kein Blei; man musste also sämmtliches Blei, welches man zum Verbleien des Rohsteins nöthig hatte aus Nertschinsk beziehen, das durch den weiten Transport natürlich sehr theuer wurde. Um daher an den Scheidungskosten zu sparen, hatte man früher den Rohstein nicht völlig entsilbert, sondern ihn, nachdem er nur dreimal in die Verbleiungsarbeit genommen war, nach Susunsk gesendet; hier wurde er zu silberhaltigem Schwarzkupfer und dann zu Garkupfer verarbeitet, das man, um seinen Silbergehalt geltend zu machen, nach einem höhern Münzfusse ausprägte, als das reine Kupfer. Seitdem man nun aber am Altai selbst Blei gewinnt, sucht man den Rohstein so vollständig zu entsilbern wie möglich, und giebt den Stein immer wieder von Neuem in die Arbeit, wodurch zuletzt alles Kupfer in die Schlacken geht. Der Verlust an Kupfer, den man dadurch erleidet, wird bei dem geringen Werthe dieses Metalls am Altai, gegen den Gewinn an Silber nicht in Anschlag gebracht.

einzige Anstalt, die ihre Entstehung dem wissenschaftlichen Sinne und der Thätigkeit des Herrn v. Froloff, sowie eines andern Mannes, des Herrn Staatsrath Dr. Gebler verdankt. Letzterer, welcher von Geburt ein Deutscher, aber schon seit längerer Zeit in Barnaul als Arzt thätig ist, hatte auch die Güte uns dorthin zu führen. Es enthält eine Menge Sammlungen sehr verschiedener Art, welche sich aber alle auf Sibirien, auf seine Produkte und die Sitten und Einrichtungen seiner Bewohner beziehen. Man sieht hier ausgestopfte Säugethiere und Vögel, Insekten, Mineralien, Modelle von den hauptsächlichsten Gruben des Altai und der daselbst vorkommenden Maschinen, Trachten und Geräthschaften der Sibirischen Völkerschaften und ihrer Schamane, und endlich Alterthümer aus den Tschudischen Gräbern, die sich in grosser Menge am Altai finden, und goldene, silberne und kupferne Geräthschaften mannigfacher Art enthalten.

Unter den Mineralien zogen meine Aufmerksamkeit besonders zwei grosse Blöcke eines Silbererzes auf sich, dessen Beschaffenheit man noch nicht kannte, von dem uns aber angeführt wurde, dass es an 60 pCt. Silber enthielte, und in der Grube Sawodinskoi vorgekommen sei. Man hielt es in Barnaul theils für Silberglanz, theils für Antimonsilber. Beides konnte es nach Versuchen mit dem Löthrohr, die ich mit den erhaltenen Proben anstellte, nicht sein, aber meine Zeit und Mittel verstatteten mir hier nicht, noch mehr Versuche zur Ausmittelung seiner Beschaffenheit anzustellen. Erst nach meiner Zurückkunft fand ich bei einer damit angestellten Analyse, dass es eine bisher noch unbekannte Verbindung von Silber mit Tellur sei, einem Metalle, dessen Vorkommen in Asien bisher noch nicht bekannt war, wie es überhaupt nur auf wenige Orte der Erde beschränkt zu sein scheint. [1])

---

[1]) Vergl. die nähere Beschreibung dieses Erzes am Ende dieses Bandes.

Von den Privatsammlungen interessirten uns, als dem Zwecke unserer Reise am nächsten liegend, besonders die naturhistorischen Sammlungen des Herrn Dr. Gebler, die der merkwürdig thätige Besitzer neben seinen vielen Geschäften erst während seines Aufenthaltes in Sibirien zusammen gebracht hat. Am vollständigsten ist unter diesen die entomologische Sammlung, da sie sich nicht allein auf den Altai beschränkt, den Hr. Dr. Gebler in Amtsgeschäften sehr häufig zu bereisen genöthigt ist, sondern auch sehr vollständige durch Tausch erworbene Sammlungen anderer Länder enthält; und Professor Ehrenberg war ebenso erfreut als erstaunt, hier eine grosse Menge der von ihm auf seiner Afrikanischen Reise gesammelten Insekten wiederzufinden, welche Herr Dr. Gebler von dem Berliner Museum erhalten hatte[1]). Die mineralogische Sammlung ist kleiner, aber sie ist lokaler, indem sie grösstentheils nur die Mineralien des Altai enthält; sie war mir aber aus dem Grunde besonders wichtig.

Nicht weniger interessant als die Privatsammlungen des Hrn. Dr. Gebler sind in ihrer Art auch die des Herrn von Froloff, die sich jedoch auf ein ganz anderes Gebiet, nämlich auf China und seine Bewohner beziehen. Besonders reich sind diese Sammlungen an Chinesischen Manuscripten; ausserdem enthalten sie Porzellan, Gemälde und eine Menge anderer Curiositäten aus China, die der Besitzer uns mit grosser Ausführlichkeit zu zeigen und zu erklären die Güte hatte, wodurch uns diese Sammlungen für die Sitten und Gebräuche der Chinesen sehr lehrreich wurden. Die Leichtigkeit, mit welcher es hier schon möglich ist, sich Gegenstände dieser Art zu verschaffen, und eine

---

[1]) Herr Dr. Gebler hat seitdem die Beschreibung seiner Sibirischen Insekten in Ledebour's Reise nach dem Altai bekannt gemacht, in welcher sie eine besondere Abtheilung des Werkes bildet.

besondere Vorliebe hatten Hrn. v. Froloff in den Stand gesetzt, diesen Sammlungen eine besondere Vollständigkeit zu geben. Ausser den chinesischen Manuscripten befanden sich auch noch hier eine Menge tibetanischer, mongolischer, persischer und arabischer Manuscripte. —

Mit der Besichtigung der angeführten Gegenstände, und in dem angenehmen und lehrreichen Umgange mit den Hrn. v. Froloff und Gebler vergingen 3 Tage, die wir jedoch auch zu Vorbereitungen für die weitere Reise anwandten. Mit dem Zustande des Altaischen Bergbaus bekannter geworden, hatten wir nämlich beschlossen, dieselbe noch weiter auszudehnen als wir uns anfänglich vorgenommen, und hatten dazu folgenden Hauptplan entworfen. Wir wollten zuerst nach Schlangenberg gehen, dann die Gruben Riddersk und Krukowsk besuchen, und von da über Ustkamenogorsk und Buchtharminsk nach Syränowsk reisen. Nachdem wir sodann noch den chinesischen Posten Baty besucht hätten, wollten wir nach Buchtharminsk und auf dem Irtysch nach Ustkamenogorsk zurückkehren, und hiermit unsere Altaische Reise beenden. So verliessen wir denn Barnaul Abends am 4. August, und zwar noch in grösserer Gesellschaft als wir gekommen waren. Hr. General-Lieutenant Welljaminoff in Tobolsk hatte sich nämlich nicht begnügt, Herrn v. Jermoloff beauftragt zu haben, Hrn. v. Humboldt während der Reise durch sein Gouvernement zu begleiten, sondern er hatte den nämlichen Befehl auch dem General Litwinoff in Tomsk ertheilt, der sich nun in Barnaul mit seinen Begleitern, einem polnischen Officiere und einem jungen Arzte uns angeschlossen hatte; eine Aufmerksamkeit die uns ebenso ehrenvoll war, als sie uns durch den Umgang mit so gebildeten Männern, wie uns unsere Begleiter gleich bei unserer ersten Bekanntschaft erschienen, angenehm wurde.

Der Weg von Barnaul nach Schlangenberg geht

gleich hinter der Stadt das südliche hohe Ufer der Barnaulka hinauf, bleibt dann in der Nähe des Ob bis zum Einflusse des Alei in denselben bei Kalmanska, der zweiten Station von Barnaul, und geht nun an diesem entlang bis zur dritten Station Tschistjunskaja, von wo er in diagonaler Richtung nach dem Tscharysch, einem südlichern Nebenstrome des Ob führt. Wir waren von Barnaul Abends um 10 Uhr abgereist, als es schon ganz finster geworden war; am Morgen des 5. August befanden wir uns schon in der Ebene zwischen dem Alei und dem Tscharysch, welche nach einem einzeln stehenden Gehöfte Platowskaja, einer sogenannten Simovie, wo wir den Mittag um 1 Uhr anlangten und die Pferde wechselten, den Namen der Platowskajischen Steppe führt. Da sie gar nicht bebaut ist, und das Gras des Frühlings schon längst verdorrt war, so bot sie einen öden und traurigen Anblick dar; der Himmel war aber heiter und völlig wolkenleer, und die Luft dabei so ausserordentlich trocken, dass, als ich in der Station Platowskaja das Psychrometer beobachtete, der Unterschied des freien und des befeuchteten Thermometers 9°,2 betrug. Das freie Thermometer zeigte nämlich 19,0°, das befeuchtete 9°,8 R., woraus sich ein Thaupunkt von — 3°,4 ergiebt, bis zu welchem Grade die Temperatur sich also hätte abkühlen müssen, wenn sich Thau hätte bilden sollen. Schon vor Platowskaja sahen wir bei der reinen Luft am Horizont die ersten Berge des Altai, die Sinaja sobka (blaue Kuppe) und einige andere aus der Umgebung von Kolywansk, wiewohl sie in gerader Linie noch über 100 Werste entfernt waren. Durch die Strahlenbrechung gehoben, erschienen sie uns viel näher, doch erreichten wir ihre Vorberge erst am Morgen des 6. August ganz in der Frühe, wo wir uns an dem wegen seiner romantischen Ufer mit Recht so berühmten Kolywanschen See, 3 Werste nordöstlich von dem Dorfe Sauschkina, der letzten Station vor Schlangenberg befanden. Es sind Granitfelsen von der sonderbarsten Form, die das nördliche und östliche Ufer dieses an sich nur kleinen, etwa 6 Werste im Umfange haltenden Sees umgeben, und sich ganz plötzlich und unmittelbar aus der Steppe erheben. Sie stehen vereinzelt da, ohne sichtbaren Zusammenhang untereinander, oft aber reihenförmig gruppirt, gleichsam als wären sie aus einer Spalte hervorgebrochen. Sie bestehen aus übereinander liegenden meist horizontalen Platten, von 3 Zoll bis 3 Fuss Mächtigkeit, die an der Spitze oft ganz überhängen, und jeden Augenblick herunterzufallen drohen. Dabei sind sie von sehr verschiedener Grösse; die ersten die sich aus der Steppe erheben, erscheinen wie kleine einzeln in der Steppe stehende Altäre, andere fernere wie Mauern und Ruinen alter Burgen. Diese erheben sich östlich immer mehr, und schliessen sich an die Sinaja Sobka an, welche ebenfalls aus Granit besteht. [1])

Der Granit dieser Felsen enthält röthlichweissen durchscheinenden Feldspath, schneeweissen undurchsichtigen Albit, graulichweissen Quarz und schwarzen in dünnen Blättchen lauchgrünen Glimmer. Als zufällige Gemengtheile finden sich darin einzelne Körner von schwarzer Hornblende und hier und da kleine braune Titanitkrystalle mit sehr glänzenden und glatten Flächen. Feldspath und Albit sind vorherrschend, und beide in ungefähr gleicher Menge vorhanden, Quarz und Glimmer untergeordnet; erstere sind dabei ziemlich grobkörnig, besonders der Feldspath, der zuweilen in 1 — 1½ Zoll grossen Krystallen in dem Gemenge liegt; Quarz und Glimmer sind fast nur kleinkörnig, daher auch der Quarz bei seiner lichten Farbe nur wenig auffällt. An der Oberfläche ist dieser Granit sehr verwittert, wie man diess auch schon an den

---

[1]) Zwei gute Abbildungen dieser merkwürdigen Felsen finden sich in Ledebour's Reise.

abgerundeten Ecken und Kanten der Platten, in welchen er zerklüftet erscheint, erkennen kann. Die Zersetzung fängt bei dem Albit an, der matt wird und in Pulver zerfällt, und eine Zerbröckelung der Oberfläche des Granites zu Grant verursacht, mit welchem der ganze Boden zwischen den Felsen bedeckt ist. Der Feldspath, welcher der Zersetzung besser widersteht, ragt mit seinen grössern Krystallen aus der verwitterten Oberfläche hervor, oder fällt auch heraus, Löcher in der Oberfläche hinterlassend, die schon Renovantz und Hermann [1]) beobachtet hatten, und deren Bildung ihnen so auffallend schien. Höchst wahrscheinlich rührt auch die erwähnte Undurchsichtigkeit des Albits auf dem frischen Bruche schon von anfangender Zersetzung her, da alle Stücke, die ich sammeln konnte, doch nur von der Oberfläche der Felsen genommen waren, und wegen der abgerundeten Kanten der Granitplatten mit den Hämmern, die ich mit mir führte, frischere Stücke nicht erhalten werden konnten. Daher waren auch die Stücke noch bröcklich, und die Feldspathkörner mit einer bräunlichen Rinde umgeben, was bei der frischen Masse im Innern der Platten wahrscheinlich nicht der Fall ist.

In der Nähe des Kolywanschen Sees findet sich kein anderes Gestein als der beschriebene Granit, dennoch bildet dieser nicht das erste feste Gestein, welches man auf dem Wege von Barnaul nach Schlangenberg trifft. Nach Hermann [2]) zieht sich von dem Tscharysch bis gegen Kaschina am Alei allmälig abfallend eine Reihe mässiger Kuppen hin, die aus Hornstein bestehen sollen, was aber doch wahrscheinlich ein Porphyr mit vielleicht nur kleinen und sehr sparsam eingewachsenen Feldspath-Krystallen sein möchte, da

---

[1]) Renovantz Nachrichten von den Altaischen Gebirgen S. 227. Hermann, min. Reisen in Sibirien Th. III, S. 13.

[2]) A. a. O. Th. III, S. 8.

Hermann öfter solchen Porphyr für Hornstein ausgiebt. Auf diesen kleinen Gebirgszug folgen Thonschiefer, ein Gestein das wie eine feinkörnige Grauwacke aussieht, und schwarzgrauer Korallenführender Kalkstein, welche Gebirgsarten indessen aus der Dammerde nur wenig hervorragen oder nur mässige Hügel bilden, über welche der Weg fortgeht. Nur an den Ufern der Loktewka, eines linken Nebenflusses des Tscharysch, erhebt sich der Kalkstein etwas beträchtlicher und steht in hohen und steilen Wänden an. Auf diesen Kalkstein soll schwarzer Porphyr mit weissem Feldspath und dann wieder Kalkstein folgen, alles noch vor dem Dorfe Kurinska, der zweiten Station vor Schlangenberg, hinter welchem das Land sich allmählig gegen die Granitfelsen des Kolywanschen Sees erhebt, [1]) aber nun keine anstehenden Gesteine hervorblicken lässt. Da wir in Kurinska mitten in der Nacht ankamen, so haben wir von den erwähnten Gesteinen auch nichts bemerken können.

Das Dorf Sauschkina (auch Kolywanka und Farafanowa genannt), ist 19 Werst von Schlangenberg entfernt, und liegt noch recht eigentlich mitten in den merkwürdig gestalteten Granitfelsen. Von hier erhebt sich der Weg allmählig immer mehr gegen Schlangenberg zu; man bleibt noch auf Granit, bis man 9 Werste von der Grube zuerst auf Porphyr-Conglomerat und dann auf Porphyr gelangt, der bis zur Grube anhält. Das Porphyr-Conglomerat besteht aus einer gelblichgrauen dichten Feldspathmasse, welche eine Menge Thon- und Chloritschieferbrocken eingemengt enthält, welche letztere grünlichgrau sind, erdigen Bruch haben und eine Menge kleiner ochriger zersetzter Stellen enthalten. Der darauf folgende Por-

---

[1]) Barnaul liegt etwa 360, Schlangenberg 1240 Fuss über dem Meere, der Unterschied beträgt also 880 Fuss. (Vergl. darüber das Verzeichniss der gemessenen Höhen am Ende des zweiten Bandes.

phyr hat eine bräunlichgraue Grundmasse mit sehr feinsplittrigem Bruche und enthält gelblichweisse und undurchsichtige Albitkrystalle eingewachsen, die wie immer zwillingsartig verbunden sind und deutliche einspringende Winkel zeigen; ausserdem finden sich darin graulichweisse Quarzkörner, die zuweilen deutliche Hexagondodecaëder bilden, und sehr kleine schwarze säulenförmige Krystalle, deren Beschaffenheit sich nicht erkennen lässt, die aber wahrscheinlich Hornblende sind. Die Albitkrystalle sind nur klein und schmal, höchstens zwei Linien lang, liegen aber in der Grundmasse eng nebeneinander, die Quarzkörner und Krystalle sind ebenfalls meistens nur klein, haben aber zuweilen auch bis zwei Linien im Durchmesser, und finden sich nur einzeln in der Masse vertheilt; die schwarzen Krystalle sind nicht sehr häufig, und bilden oft nur schwarze Pünktchen. Das Gestein ist sehr klüftig, die Kluftflächen sind braun, die Albitkrystalle auch zuweilen schon verwittert.

Von der Höhe des Porphyrs, der einen breiten kahlen Rücken mit hervorragenden Felsenriffen bildet, übersieht man ein sich ungefähr von Westen nach Osten erstreckendes Thal, in dessen Mitte der Flecken Schlangenberg, umgeben von andern kahlen Felsen und Kuppen liegt, unter denen sich sogleich der Berg, welcher das Erzlager enthält, ein langer von NW. nach SO. sich erstreckender Felsrücken im Süden der Stadt, so wie ein domartiger Fels, die Karaulnaja Sopka oder Wachtkuppe genannt, im NO. des Fleckens auszeichnen. Wir fuhren durch eine lange Strasse bei der steinernen Kirche vorbei, und stiegen in einem Hause ab, welches eigends zur Aufnahme von reisenden Beamten bestimmt, von Holz gebaut und geräumig und bequem eingerichtet ist. Wir hatten hier gleich Gelegenheit den grössten Theil der Beamten kennen zu lernen, welche Hrn. v. Humboldt begrüssten, wie den Herrn Ober-Bergmeister Ulianoff und

Hrn. Markscheider Kulibin. Da letzterer französisch sprach, so wurden wir mit ihm noch bekannter; er war früher Beamter in Nertschinsk gewesen, und vor Kurzem erst nach Schlangenberg versetzt worden, war im Besitz einer sehr guten Mineraliensammlung, in der wir mehrere interessante Sibirische Mineralien kennen lernten, [1]) und hat sich auch durch mehrere literarische Arbeiten, wie z. B. durch eine russische Uebersetzung von d'Aubuissons Geognosie bekannt gemacht. Vorzüglich interessirte uns aber die Bekanntschaft des Herrn Dr. von Bunge, [2]) welcher als Arzt bei dem hiesigen Hospital angestellt war, im Jahre 1826 aber mit dem Staatsrath v. Ledebour den Altai bereist hatte, und uns daher über unsere weitere Reise die beste Auskunft ertheilen konnte, wie er auch bei den meisten Exkursionen um Schlangenberg uns zu begleiten die Gefälligkeit hatte.

Wir blieben in Schlangenberg, (Russ. Smeïnogorsk oder Smejoff) bis zum Mittag des 9. August, befuhren den Nachmittag des 6ten die Grube, machten am 7ten eine Exkursion nach der 30 Werst entfernten Kolywanschen Schleiferei, untersuchten am 8ten und 9ten die nähern Umgebungen des Schlangenberges, und sammelten auf diese Weise einige Beobachtungen über dieses merkwürdige Erzlager, die ich versuchen will mit Benutzung der Nachrichten, die Pallas, [3]) Renovantz [4]) und Hermann [5]) darüber mittheilen, in dem Folgenden zusammenzustellen.

---

[1]) Vergl. oben S. 44.

[2]) Herr Dr. v. Bunge ist jetzt, wie bekannt, an der Stelle des Herrn von Ledebour, Professor der Botanik in Dorpat.

[3]) Reise durch verschiedene Provinzen des Russ. Reichs, Th. II, S. 592.

[4]) Nachrichten von den Altaischen Gebirgen 189.

[5]) Min. Reisen in Sibirien Th. III, S. 120.

Der Schlangenberg (Smejewskaja Gora)[1] bildet einen von den umliegenden Bergen gänzlich abgesonderten Felsrücken, der sich von NW. nach SO. erstreckt und in dieser Richtung eine Ausdehnung von etwa 300 Lachtern hat. Seine Höhe über dem südlich angränzenden Thale beträgt etwa 30 Lachter. An der Ost-, Süd- und Südwestseite fällt er sehr steil ab, an der Nordostseite verflächt er sich aber allmälig und läuft in eine Ebene aus, auf welcher der Flecken Schlangenberg ungefähr 1240 Fuss über dem Meere erbaut ist. Ost-Nord-Ost von der Grube erhebt sich ein domartiger Berg, die Karaulnaja Sopka oder der Wachtberg,[2]) welcher von dem Schlangenberge durch ein mässiges Thal getrennt ist, in welchem zum Theil noch die Häuser des Fleckens stehen. Es ist der höchste Berg der Gegend und seine Höhe beträgt nach Ledebour 2006 Fuss über dem Meere und 805 Fuss über dem Platze vor der Kirche des Fleckens Schlangenberg. Nördlich schliessen sich an diesen Berg eine Reihe mehr gedehnterer Berge, die den Flecken in einem Halbkreise umgeben, und mit einem andern Bergrücken in Zusammenhang stehen, der eine nordwestliche Fortsetzung des Schlangenberges mit gleichem Streichen bildet. Ein anderer Bergzug zieht sich auf der südöstlichen Seite parallel mit dem Schlangenberge fort, und erhebt sich mit gleicher Steilheit wie der Schlangenberg auf dieser Seite. Nur ein enges Thal trennt beide Bergzüge von einander, in welchem ein kleiner Bach, die Smejewka genannt, fliesst, welcher etwa 3 Werste von hier aus einem

---

[1]) Er hat seinen Namen erhalten von der grossen Menge von Schlangen, die man bei seiner Entdeckung auf ihm fand, und zu deren Vertilgung man eigene Leute anstellen musste.

[2]) So genannt, weil auf demselben ein Wachtposten aufgestellt war, als die Gegend noch von nomadisirenden Kalmücken durchschwärmt wurde.

Sumpfe entspringt, an der östlichen Seite der Karaulnaja Sopka vorbeigeht, südöstlich vor dem Eintritt in das schmale Thal von dem Schlangenberg zu einem Sammelteiche aufgestaut ist, und weiter westlich zur Korbolicha, einem Nebenflusse des Alei, fliesst.

Der ganze Schlangenberg besteht fast aus nichts anderm als dem Erzlager selbst, welches von einer in Thonschiefer ruhenden Hornsteinmasse gebildet wird, die nach allen Richtungen, besonders im Hangenden, von Gängen und Trümmern schuppig-körnigen Schwerspaths durchsetzt ist. In diesem sind vorzugsweise die Erztheile eingesprengt enthalten; sie finden sich aber auch ohne Schwerspath in dünnen Klüften des Hornsteins selbst.[1]) Das Erzlager hat demnach dasselbe Streichen wie der Berg; sein Fallen ist gegen NO.[2]) anfangs flach, dann unter der Thalsohle steil und zuletzt wieder flach. In den obern Teufen ist das

---

[1]) Hermann nimmt an (a. a. O. S. 124), dass das Erzlager aus zwei mächtigen erzführenden Steinlagern gebildet sei, und dass die grössere, aber nicht die reichere Hälfte Hornstein sei und die Unterlage ausmache, auf dieser aber der Schwerspath liege, als eine in der Teufe zunehmende sehr dicke Fläche, welche jedoch nach der knollichten und höckerichten Form des Hornsteins sich geschmiegt und in seine Vertiefungen eingesenkt habe. Indessen sieht man an so vielen Handstücken der Königl. Sammlung in Berlin, von denen wir nur einen Theil mitgebracht haben, dass der Hornstein von dem Schwerspath zertrümmert ist, so dass man den letztern mit seinen Erzen unmöglich als Lager betrachten kann. Die Zertrümmerung hat aber mehr im Hangenden stattgefunden, im Liegenden ist der Hornstein reiner und dichter, und steht in mächtigen Wänden zu Tage an, die wegen ihrer Taubheit nicht abgebaut sind.

[2]) Renovantz nennt (a. a. O. S. 97.) das Erzlager des Schlangenberges einen widersinnig fallenden Morgengang, der vom Tage im Liegenden beinahe schwebend gegen NW. falle, sich unter der Stollenteufe mit weniger Donläge nach der Teufe stürze, gegen das Tiefste aber wiederum flach falle. Das Hangende habe eine beständigere Fallungslinie als das Liegende, und weiche mancher Orten nur wenig mehr oder weniger als 57° vom Horizonte ab, wovon die verschiedene Mächtigkeit abhänge.

Lager 40 bis 50 Lachter mächtig, in grösserer Teufe nimmt aber seine Mächtigkeit ab, und beträgt zuletzt nur 10 — 20, ja an manchen Stellen nur 1 — 5 Lachter. Die grösste Teufe die man in dem Grubenbaue erreicht, betrug zu Hermanns Zeiten (1796), von den hervorstehenden Klippen an gerechnet, ungefähr 100 Lachter.

Das Erzlager ist in seinem Streichen durch ein taubes, ungefähr 60 Lachter mächtiges Mittel unterbrochen, und dadurch in zwei Abtheilungen, eine kleinere südöstliche und eine grössere nordwestliche, getheilt, die sich auch schon über Tage durch eine von N. nach S. laufende Vertiefung bemerkbar machen. In beiden Abtheilungen haben aber die Erzmassen in ihrer Beschaffenheit eine so vollkommne Uebereinstimmung, dass man offenbar sieht, dass sie nur Theile eines und desselben Ganzen sind. Das taube Mittel soll in der Grube aus Schieferthon bestehen; über Tage fanden wir hier Massen eines Thonsteinartigen Gesteins, das viel Aehnlichkeit mit dem Hornsteine hat, aber etwas grobsplittriger und weniger durchscheinend ist, sich auch mit dem Messer ritzen lässt, jedoch wie jener vor dem Löthrohr unschmelzbar ist. [1]) Ob der Hornstein der einen Abtheilung mit dem der andern zusammenhängt, ist über Tage nicht zu sehen, da den Raum, wo der Zusammenhang stattfinden könnte, grosse Haldenhaufen bedecken. Bei den Versuchen, die man zur Ermittelung dieses Umstandes in der Grube angestellt hat, ist man mit den deshalb getriebenen Strecken und Suchörtern immer in den Schiefer gekommen, der das Erzlager abgeschnitten hat. [2])

[1]) Nach einer im Laboratorium meines Bruders angestellten Analyse besteht es aus: Kieselsäure 91,77, Thonerde 6,24, Talkerde 1,20.

[2]) Dennoch meint auch Hermann, (a. a. O. S. 125), dass der Hornstein beider Abtheilungen wahrscheinlich zusammenhänge, und dass man die Strecken nur nicht an den gehörigen Stellen angesetzt habe. Wenn aber auch der Hornstein zusammenhängt, so scheint

Ausser dem angeführten tauben Mittel wird das Erzlager noch von mehreren Gängen eines Gesteins unterbrochen, das sehr wahrscheinlich Hypersthenfels ist, aber zu feinkörnig vorkommt, um mit Sicherheit bestimmt werden zu können. Es hat viele Aehnlichkeit mit mehreren der sogenannten Grünsteine die am Harze vorkommen. Mit der Lupe erkennt man darin einen weissen und einen schwärzlichgrünen Gemengtheil, von denen der erstere wahrscheinlich Labrador, der letztere Hypersthen ist. Magneteisenerz und Eisenkies sind ausserdem noch in der Masse eingesprengt, der erstere in sehr kleinen Körnern, die ziemlich gleichmässig vertheilt sind, der letztere in grössern, die sich aber nur hier und da finden. Es kommen 5 solcher Gänge vor, einer in der südöstlichen, vier in der nordwestlichen Abtheilung; sie laufen untereinander ziemlich parallel, durchschneiden das Erzlager fast unter einem rechten Winkel St. 4, und fallen unter einem Winkel von ungefähr 60° nach SO. Ihre Mächtigkeit ist verschieden, sie beträgt $\frac{1}{2}$ — $\frac{5}{4}$ Lachter. Das Gestein verwittert an der Luft zu einer grünlichweissen Masse, in welcher man aber noch die Gemengtheile erkennen kann; einer dieser Gänge enthält scharfkantige Stücke von Hornstein eingeschlossen.

Die nicht metallischen Substanzen, welche auf dem Erzlager vorkommen, sind nun

1. Der Hornstein selbst, der die Hauptmasse des Lagers bildet. Er ist von graulichweisser Farbe, kleinsplittrigem Bruche, matt und nur an den Kanten durchscheinend. In der Nähe der Erzklüfte enthält er häufig fein eingesprengten Eisenkies und hat dann eine mehr rauchgraue Farbe; in der Nähe der Schwer-

es mir doch, dass man einen Zusammenhang des Schwerspathes beider Abtheilungen nicht annehmen könne, da man diesen in der Grube doch wohl aufgefunden hätte. Wahrscheinlich hat sich daher der Schwerspath schon in grösserer Teufe in zwei Arme getheilt, die sich dann nach NW. und SO. ausgebreitet haben.

spathgänge findet sich Schwerspath in undeutlichen Krystallen eingemengt, wodurch er ein porphyrartiges Ansehn erhält.

2. Der Schwerspath, welcher den Hornstein in Gängen und Trümmern durchsetzt. Er ist schuppig, körnig und, wenn er rein ist, von weisser Farbe, kommt jedoch mit den Erztheilen in allen Verhältnissen gemengt vor, und erscheint dann mehr oder weniger dunkel graulichschwarz gefärbt. Wenn die Erztheile vorherrschen, so erscheint er in dem körnigen Gemenge derselben eingesprengt. Drusenräume finden sich in ihm nur sehr selten, doch kommen dergleichen vor, die mit Krystallen besetzt sind, welche bis einen halben Zoll Grösse haben. Sie haben gewöhnlich nur eine sehr einfache Form und bilden rhombische Tafeln, deren Flächen den Spaltungsrichtungen des Schwerspathes parallel gehen.

Andere nicht metallische Substanzen finden sich seltener, doch kommt noch vor:

3. Quarz; er findet sich in kleinen Gängen, die den Hornstein durchsetzen, entweder derb, oder mehr noch in kleinen prismatischen, meistens durchsichtigen Krystallen, die gewöhnlich eine Grösse von zwei bis drei Linien nicht übersteigen.

4. Adular, in kleinen rhombischen Prismen, die an den Enden mit Flächen *P* und *x* (siehe Haüy's Figuren) begränzt, und nach den Flächen *P* und den Abstumpfungsflächen der scharfen Seitenkanten vollkommen spaltbar sind. Die Krystalle sind nur zwei bis drei Linien gross, weiss und undurchsichtig und mit den Quarzkrystallen auf den Gängen des Hornsteins aufgewachsen. Sie müssen aber selten sein, denn ich habe sie nur an einem Stücke der Königlichen Sammlung zu Berlin beobachtet, und sonst nirgends erwähnt gefunden; auch pflegen Feldspathkrystalle auf Erzgängen nicht häufig vorzukommen.

5. Witherit; er ist nur in kleinen derben Massen

vorgekommen, die wie der englische aus stänglichen, excentrisch zusammengehäuften stark verwachsenen Zusammensetzungsstücken bestehen, aber sich durch eine grünlichere Farbe von diesem unterscheiden.

6. Kalkspath, ist derb und grobkörnig, in den Drusenräumen des Schwerspathes auch krystallisirt vorgekommen. Die Krystalle haben die Taf. 7. Fig. 34. von Haüy's Atlas dargestellte Form, sind weiss, durchscheinend und bis einen Zoll gross.

7. Flussspath von grüner und violetter Farbe und in Hexaedern krystallisirt, soll nach Renovantz nur ein einziges Mal gebrochen haben.

Die metallischen Mineralien sind folgende:

1. Gediegenes Gold, mehr oder weniger silberhaltig. Es findet sich nie krystallisirt, sondern theils in dünnen moosartig zusammengehäuften kleinen Blättchen aufgewachsen, theils in kleinen Blechen mit unebener Oberfläche, die selten dicker als ein starker Messerrücken, gewöhnlich dünner sind, eingewachsen, theils in kleinen Platten auf Klüften aufliegend. Es ist gewöhnlich von lichter messinggelber, doch auch von goldgelber Farbe und metallisch glänzend, in den Platten doch öfter matt und bräunlich angelaufen, erlangt dann aber Glanz im Strich.

Die moosartig aufgewachsenen Bleche finden sich auf den kleinen Gängen im Hornstein mit krystallisirtem Quarz, Kupferkies und erdigem Kupferglanz. Die eingewachsenen Bleche sind am häufigsten in dem grobkörnigen Schwerspath, sowohl in dem reinen weissen, als auch in dem mit den Erztheilen mehr oder weniger gemengten eingewachsen; finden sich aber auch auf diese Weise in den übrigen Erzen, die auf kleinen Gängen und Trümmern in dem Hornstein vorkommen, wie in dem Silberkupferglanz, Silberglanz, in einem Gemenge von Kupferkies und Bleiglanz u. s. w.; in den obern Teufen hatten sie sich besonders in dem Hornerz gefunden. Die Platten, in welchen das

Gold weiter vorkommt, sind gewöhnlich nur sehr klein und dünn, und liegen in kleinen Klüften des Hornsteins.

Nach einer Untersuchung von Klaproth [1]) enthält das Gold vom Schlangenberge 36 pCt. Silber. Ob aber alles Gold, welches hier vorkommt eine gleiche chemische Zusammensetzung hat, ist nicht untersucht, aber nach der deutlich verschiedenen Farbe des Schlangenberger Goldes und nach dem was oben (S. 201.) über die Beschaffenheit des Goldes aus den Beresowschen Gruben mitgetheilt ist, nicht einmal wahrscheinlich. Bemerkenswerth ist, dass das Gold vom Schlangenberge immer die goldgelbere Farbe hat, wenn es im Hornerz eingewachsen ist, daher zu vermuthen ist, dass die Bildung des Hornerzes auf den geringern Silbergehalt des Goldes Einfluss gehabt hat.

2. Gediegenes Silber; es findet sich ganz auf eine ähnliche Weise wie das Gold, ebenfalls nicht krystallisirt, aber aufgewachsen in draht-, und meistens haarförmiger Gestalt, und eingewachsen in Blechen und in Plättchen. Es ist meistens gelblich angelaufen und matt, besonders wenn es in Blechen vorkommt, erhält aber silberweisse Farbe und Glanz im Strich. [2])

Das haarförmige Silber findet sich sowohl auf Drusen des reinen oder mit Erztheilen gemengten Schwerspathes, als auch zwischen den kleinen Quarzkrystallen mit erdigem Kupferglanze auf Gängen im Hornstein. Das in Blechen vorkommende Silber ist in Schwerspath oder in den metallischen Mineralien, die gangförmig im Hornstein vorkommen, eingewachsen, findet sich hier aber oft auf eine eigenthümliche Weise. So kommt es in solchen Gängen von schwarzer krystalli-

[1]) Beiträge zur chemischen Kenntniss der Mineralkörper, Bd. IV. S. 1.

[2]) Sehr schönes dendritisches Silber von rein silberweisser Farbe (sog. Schneesilber) ist auf der Semenowschen Grube südöstlich von Schlangenberg vorgekommen, wo es sich auf Spalten eines dichten und erdigen Brauneisenerzes gefunden hat.

nischer Zinkblende und erdigem Kupferglanze vor, die mehrere Linien, ja bis einen halben Zoll mächtig sind, und bildet darin in dünnen Schichten das Saalband der Blende, die es auch ausserdem noch netzförmig durchzieht. Auf eine ähnliche Weise kommt es auch allein mit erdigem Kupferglanze ohne Blende vor; es findet sich ferner mit Silberkupferglanz, den es bedeckt und in welchem es eingewachsen ist, und auch mit Kupferkies und Bleiglanz. In dünnen Platten findet es sich wie das Gold auf den Klüften des Hornsteins, und zuweilen ganz in der Nähe des Goldes. Die Platten sind meistens von ausserordentlicher Dünne, so dass sie nur wie ein Anflug erscheinen. Auf eine ähnliche Weise kommen dergleichen Platten auch in einem Thone in der Grube vor.

Das Silber selbst, welches in dünnen Platten im Hornstein vorkommt, löst sich in reiner von Chlorwasserstoff freier Salpetersäure ohne Rückstand auf, enthält also kein Gold. Diess ist auffallend, weil sonst Gold und Silber in allen Verhältnissen sich zu verbinden und nicht unvermischt nebeneinander vorzukommen pflegen; freilich finden sich das Gold und Silber am Schlangenberge nicht so an einem Korne oder Stücke nebeneinander, wie z. B. Gold und Osmium-Iridium in dem Goldsande am Ural, sondern sie kommen auf verschiedenen Klüften, und wohl immer unter verschiedenen Umständen gebildet vor; dennoch ist immer schon dieses Nebeneinander-Vorkommen des Goldes und des Silbers merkwürdig.

3. Silberkupferglanz, ist nur derb vorgekommen, mit muschligem ebenen Bruche, schwärzlichbleigrauer Farbe und starkem metallischen Glanze. Er bildet kleine Gänge in Schwerspath und Hornstein; die, welche ich gesehen habe, waren nur 1 bis 2 Linien mächtig, doch beschreibt Renovantz [1]) derglei-

[1]) A. a. O. S. 137.

chen in Hornstein, die Daumsdicke gehabt haben, und von denen Stücke von Handgrösse erhalten werden konnten. Ausserdem findet er sich häufig in Schwerspath fein eingesprengt, und kommt ebenso im Gemenge mit den übrigen Erzen im Schwerspath vor.

Der Silberkupferglanz ist am Schlangenberge das am häufigsten vorkommende Silbererz, was um so bemerkenswerther erscheint, da er sich bisher nur an sehr wenigen Orten auf der Erde gefunden hat. [1]) Er wurde zuerst von Renovantz beobachtet, der ihn unter dem Namen Silberglanz in seinem Werke über den Altai aufführt, und die vorzüglichsten seiner Eigenschaften beschrieb. Nachher ist er noch genauer vom Grafen Bournon [2]) und von Hausmann [3]) beschrieben, sowie auch in Rücksicht seiner chemischen Zusammensetzung von Stromeyer untersucht worden.

4. Silberglanz (Glaserz), kommt auch ohne Kupfergehalt vor, aber wie es scheint nur selten, gewöhnlich in sehr dünnen Platten und als Anflug auf Klüften von Hornstein aufliegend, seltener in etwas dicken Platten mit gediegenem Silber und Kupferkies gemengt.

5. Fahlerz, findet sich derb und eingesprengt

---

[1]) Bis vor einigen Jahren kannte man den Silberkupferglanz nur von der Schlangenberger und den umliegenden Gruben; in dieser Zeit fand ich noch einen Silberkupferglanz von einem andern Fundorte, namlich von Rudelstadt in Schlesien, den man bisher für Sprödglaserz gehalten hatte. Dieser Silberkupferglanz ist vor dem Schlangenberger noch dadurch ausgezeichnet, dass er auch krystallisirt vorkommt, was bei jenem nicht der Fall, und um so merkwürdiger ist, da seine Form mit der des gewöhnlichen Kupferglanzes übereinstimmt, wiewohl er ausser 1 Atom Cú noch 1 Atom A'g, also ein Schwefelsilber enthält, das auf einer höhern Schwefelungsstufe steht als das Schwefelkupfer, welches sowohl dieser als auch der gewohnliche Kupferglanz enthält. (Das Weitere darüber in Poggendorffs Annalen Bd. XXVIII, S. 427.

[2]) Catalogue de la collection mineralogique part. du Roi, S. 212.

[3]) Göttingische gelehrte Anzeigen 1816, II. 1249.

in Schwerspath. Es hat einen röthlichen Strich, scheint also Zink zu enthalten. Vor dem Löthrohr bildet es in der offenen Röhre erhitzt einen weissen Rauch, der sich fortblasen lässt; auf der Kohle geröstet und mit Phosphorsalz zusammengeschmolzen, ein Glas, das in der äussern Flamme grün, und in der innern Flamme gelb und undurchsichtig wird; es enthält hiernach also Antimon, Kupfer und Silber. Nach Renovantz ist es am Schlangenberge sehr häufig in allen Teufen vorgekommen; ich habe davon nur einige Stücke beobachtet, an welchen es ziemlich derb und an den obigen Kennzeichen deutlich erkennbar war; feiner gemengt mit den übrigen Schwefelmetallen, mag es wohl häufig in Schwerspath vorkommen.

Renovantz[1]) erwähnt noch eines Fahlerzes, welches beim Reiben einen unangenehmen Geruch verbreitet, braunrothen Strich und im Pud 15 Pfd. Kupfer und bis 30 Sol. Silber enthalten hat.

6. Hornerz, ist nicht krystallisirt, sondern in mehr oder weniger dicken Platten angeflogen und erdig vorgekommen; von lichte brauner und grauer, doch auch, wie Renovantz anführt, von rein weisser Farbe; sonst wie gewöhnlich sehr geschmeidig und durch den Strich Fettglanz erlangend. Die Platten liegen auf Klüften im Hornstein; ich habe sie nur von der Dicke von etwa einer Linie gesehen, doch sollen sie früher bis zwei Finger dick, und über eine Spanne lang in den obern Teufen der südöstlichen Abtheilung der Grube vorgekommen sein.[2]) Sie wurden hier, wenn sie nicht Gold eingewachsen enthielten, was öfter der Fall ist, aus Unkenntniss lange Zeit unbeachtet gelassen, und über die Halde gestürzt, aus der sie später zum Theil wieder herausgesucht wurden. Das erdige Hornerz ist theils mit andern erdigen Substanzen, wie

---

[1]) A. a. O. S. 141.

[2]) Renovantz a. a. O. S. 102.

mit Bleierde und erdigem Rothkupfererz zusammen, theils für sich allein in Schwerspath eingemengt, in den obern Teufen in sehr bedeutender Menge vorgekommen.

7. Gediegenes Kupfer, ist in unförmlichen Stücken, die gewöhnlich erst mit blättrigem, dann mit erdigem Rothkupfererze und zuletzt mit Letten umgeben waren, in Lettenklüften vorgekommen, hat sich aber ferner mit Rothkupfererz, Kupferlasur, Kupfergrün und Weissbleierz auf kleinen Gängen in Hornstein, und in dünnen Platten oder als Anflug in Schwerspath, oder auf den Ablosungen zwischen Schwerspath und Hornstein gefunden. Es ist besonders in der südöstlichen Abtheilung der Grube und in den obern Teufen gebrochen, und scheint jetzt nicht mehr vorzukommen.

8. Buntkupfererz, kommt in mehrere Linien dicken Trümmern in Hornstein vor, zuweilen auch mit Kalkspath verwachsen.

9. Kupferkies, auf Klüften in Hornstein oder feinkörnig und in Schwerspath eingesprengt.

10. Kupferglanz, habe ich nur, erdig und als Kupferschwärze auf die beim Gold und Silber angegebene Weise beobachtet. Es enthält nach meinen Versuchen kein Silber.

11. Bleiglanz, ist in den obern Teufen in derben körnigen Massen vorgekommen; jetzt findet er sich meistens nur in Schwerspath eingesprengt.

12. Zinkblende, findet sich sehr deutlich spaltbar von schwarzer Farbe mit gediegenem Silber auf Gängen in Hornstein, und feinkörnig, mehr von brauner Farbe in Schwerspath eingesprengt. Sie ist in allen Teufen, besonders in den untern häufig vorgekommen.

13. Eisenkies, eingesprengt, aber auch krumschaalig, mit nierförmiger Oberfläche, und in den einzelnen Schaalen aus fasrigen excentrisch zusammen-

gehäuften Zusammensetzungsstücken bestehend. — Blende Kupferkies, Bleiglanz und Eisenkies kommen feinkörnig eingesprengt gewöhnlich zusammen in dem Schwerspath vor.

14. Rothkupfererz, soll auch krystallisirt vorgekommen sein, scheint aber am häufigsten sich erdig gefunden zu haben, theils, wie oben angeführt, mit derbem Rothkupfererz, theils in Schwerspath eingemengt. In diesem Fall muss auch meistentheils erdiges Hornerz mit dem Schwerspath gemengt gewesen sein, denn dergleichen „zinnoberähnliche Röthen" wurden nicht allein als Vorläufer von reichen Anbrüchen, sondern selbst als silberreiche Erze sehr geschätzt. [1])

15. Kupferlasur, hat sich zum Theil in sehr ausgebildeten Krystallen gefunden.

16. Malachit, in kleinen Parthien in fasrigen excentrisch zusammengehäuften Zusammensetzungsstücken.

17. Kupfergrün, derb, traubig und in Afterkrystallen, die sich in der Form von denen von Bogoslowsk im Ural unterscheiden; sie sind nur klein, haben viele Flächen, deren Winkel sich nicht bestimmen lassen, da die Flächen wohl glatt, aber matt und etwas rundlich sind. Die Krystalle sind stark miteinander verwachsen, daher auch ihre Form selbst nicht einmal mit Sicherheit zu bestimmen ist, die, so viel man sehen kann, mit keiner bekannten übereinkommt.

18. Weissbleierz, in mehr oder weniger grossen Krystallen, die mit Rothkupfererz und gediegenem Kupfer, auch mit Kupfergrün vorgekommen sind.

19. Zinkspath, soll nach Hermann früher vorgekommen sein, theils nierenförmig, theils in tafelförmigen Krystallen, die wegen dieser Form wahrscheinlich für Kieselzinkerz zu halten sind.

Alle diese oxydirten Mineralien haben sich be-

---

[1]) Renovantz a. a. O. S. 134.

sonders in den obern Teufen gefunden, wo auch entweder nesterweise oder auf den Ablosungen zwischen Schwerspath und Hornstein die vielen gelben und grünlichen Ocher vorgekommen sind, die wahrscheinlich aus einem Gemenge von Bleierde und Hornerz bestanden und durch ihren Silberreichthum besonders zum Rufe der Schlangenberger Grube beigetragen haben.

Die Kupferlasur ist am Altai in Schlangenberg, wie auch auf den eigentlichen Kupfergruben daselbst so ausgezeichnet krystallisirt vorgekommen, dass sie in Rucksicht der Schönheit der Ausbildung der Krystalle, der Kupferlasur von Chessy vollkommen gleichzusetzen ist, und die Krystalle aller übrigen bekannten Fundörter übertrifft; dennoch ist sie nur sehr wenig bekannt und beschrieben, und selbst in der ausführlichen und vortrefflichen Arbeit des Herrn Zippe, die oben S. 315. bei der Beschreibung der Kupferlasur von Nischne Tagilsk citirt ist, nur in sehr wenigen Varietäten angeführt. Da ich Gelegenheit hatte, mehrere gute Exemplare der Altaischen Kupferlasur zu untersuchen, die ich theils selbst vom Altai mitgebracht, theils schon in der hiesigen Königl. Sammlung angetroffen habe, so will ich hier gleich die Beschreibung mehrerer Varietäten der Kupferlasur von den verschiedenen Gruben des Altai zusammenfassen, zumal da wir die eigentlichen Kupfergruben des Altai nicht besucht haben, wo ich wieder darauf zurückkommen könnte.

1. Kupferlasur von Solotuschensk (Taf. V, Fig. 1. und Fig. 2., welche beide denselben Krystall in schiefer und horizontaler Projection darstellen). Die Krystalle sind durch das Vorherrschen der Flächen $g = (a:b:\infty c)$ und $o = (a:b:c)$ ausgezeichnet; und enthalten ausser diesen Flächen

in der vertikalen Zone die Flächen $c = (\infty a:\infty b:c)$ $d = (a:\infty b:c)$, $a = (a:\infty b:\infty c)$, $\frac{d'}{2} = (a':\infty b:\frac{1}{2}c)$, in der Diagonalzone von c die Flächen $\frac{f}{3} = (\infty a:b:\frac{1}{3}c)$, $\frac{f}{2} = (\infty a:b:\frac{1}{2}c)$ und $f = (\infty a:b:c)$.

Diess sind die drei Flächen, die auch bei den Krystallen von Chessy meistentheils vorkommen; ebenso finden sich bei diesen auch die übrigen Flächen, nur d in der Regel seltener, und statt ihrer meistentheils die Flächen $\frac{d}{2}$ und die Flächen g und o gewöhnlich niedriger. $\frac{f}{3}$ erscheint als Abstumpfungsfläche der Kante zwischen $\frac{d'}{2}$ und o; aber der Parallelismus der Kanten zwischen den Flächen o, $\frac{f}{3}$ und $\frac{d}{2}$ setzt sich nicht weiter auf die gegenüberliegende Seitenfläche fort. Die Kante von $\frac{d'}{2}$ und g würde einer andern parallel sein, die $\frac{f}{3}$ mit $\frac{d'}{2}$ bildet, die aber bei diesen Krystallen in der Regel nicht hervortritt.

Die Krystalle sind mehrere Linien lang auf allen Flächen sehr glänzend, einige derselben zum Theil oder ganz in Malachit umgeändert. Sie bilden eingewachsene Kugeln oder unregelmässige Massen, die in einem durch Brauneisenocher gemengten Thon liegen.

An einem andern Stücke verlängern sich die Flächen g und o noch mehr, so dass sie die Krystalle fast allein begränzen (Taf. V, Fig. 3. und 4.); a ist nur schwach da, und an den Enden finden sich nur die Flächen c, $\frac{d'}{2}$ und $\frac{f}{3}$, und auch diese nur klein. Die Krystalle sind von verschiedener Grösse, einige einen Zoll lang und drüber, dann aber, $\frac{d'}{2}$ und a ausgenommen, mit meist rauhen Flächen; an einem andern Stücke sind sie nur 2—3 Linien lang, in diesem Fall sehr glatt und glänzend. An diesem Stücke fanden sich noch in einer Druse kleine Krystalle, die sich durch den starken Glanz und die Menge der Flächen besonders auszeichnen (Taf. V, Fig. 5.). Sie haben auf der vordern Seite die schiefen Endflächen c, $\frac{d}{2}$ und d, auf der hintern die Flächen $\frac{1}{10}d'$, $\frac{1}{4}d'$, $\frac{3}{4}d'$ und $\frac{1}{2}d'$; c und d am ausgedehntesten, die andern meistens nur klein; in der Diagonalzone von c die drei bekannten Flächen $\frac{f}{3}$, $\frac{f}{2}$ u. f.; und ferner die Seitenflächen a

und g, die Flächen o, und eine Abstumpfungsfläche ϱ der Kante zwischen $\frac{d'}{2}$ und $\frac{f}{2}$. Diese letzte Fläche, sowie auch die Flächen $\frac{1}{10}d'$, $\frac{3}{4}d'$ und $\frac{3}{2}d' = (a':\infty b:\frac{1}{10}c)$, $(a':\infty b:\frac{3}{4}c)$ und $(a':\infty b:\frac{3}{2}c)$ sind neu, und werden auch von Zippe nicht aufgeführt. Wenn man die von Mohs für die Dimensionen angenommenen Werthe zum Grunde legt, so beträgt die

Neigung von	c	gegen	a ...	92°	21′
- -	$\frac{1}{2}d$	-	a ...	137	14
- -	d	-	a ...	154	46
- -	$\frac{1}{10}d'$	-	a' ...	99	26
- -	$\frac{1}{2}d'$	-	a' ...	134	56
- -	$\frac{3}{4}d'$	-	a' ...	146	39
- -	$\frac{3}{2}d'$	-	a' ...	162	1

Die Fläche ϱ hat die Formel $(a':\frac{1}{3}a:\frac{1}{8}c)$; sie ist, wie schon aus der Formel zu sehen ist, nicht auf g gerade aufgesetzt, und fällt ebenso wenig weder in die Diagonalzone von $\frac{d'}{10}$ noch von $\frac{f}{3}$; doch konnten ihre Winkel mit den Flächen $\frac{d}{2}$ und $\frac{f}{3}$, deren Kante sie abstumpft, sehr gut gemessen, und danach ihre Formel bestimmt werden. Die

Neigung von	$\frac{d'}{2}$	gegen	ϱ beträgt	135°	3′
- -	ϱ	-	$\frac{f}{2}$ -	165	32
- -	$\frac{f}{2}$	-	g -	116	45
- -	$\frac{d}{2}$	-	g -	57	20

Wäre die Fläche d so gross, dass die $\frac{f}{3}$ schnitte so würde die dadurch entstehende Kante der Kante zwischen $\frac{f}{3}$ und ϱ parallel sein.

2. Kupferlasur von Nikolajewsk (Taf. V, Fig. 6.). Die Krystalle sind sehr reich an Flächen; sie enthalten auf der vordern Seite die schiefen Endflächen c, $\frac{d}{2}$ und d, und auf der hintern Seite, $\frac{d'}{2}$, die neue Fläche $\frac{3}{4}d'$ und d', ferner die gewöhnlichen Seitenflächen g und a; in der Diagonalzone von c die drei Flächen $\frac{f}{3}$, $\frac{f}{2}$ und f; auf der vordern Seite noch die Flächen o, und die selten vorkommenden Flächen $\frac{o}{2}$, und auf der hintern Seite die Flächen o' und die

Flächen $u' = (a' : \frac{1}{2}b : c)$. Unter den schiefen Endflächen kommen besonders die Flächen $\frac{d}{2}$ und $\frac{d'}{2}$ sehr ausgedehnt vor, wodurch die Krystalle ein sehr symmetrisches Ansehen bekommen, das aber doch nicht für die übrigen Flächen anhält; unter den übrigen Flächen kommen besonders die Flächen u sehr ausgedehnt vor; sie bilden die Abstumpfungsflächen der Kanten zwischen f und g und schneiden die Flächen o' in Kanten, die den Kanten, worin diese Flächen, wenn sie grösser wären, d' schneiden würden, d. i. den schiefen Diagonalen von d', paralell gehen.[1])

Die Krystalle sind nur klein, 1—1½ Linien breit, aber ihre Flächen ausserordentlich glatt und glänzend. Die Seitenflächen sind nur niedrig, so dass die Flächen u vom obern und untern Ende sich schneiden, doch sind die untern Flächen nur wenig zu sehen, da sie gewöhnlich mit diesen Flächen aufgewachsen sind. Sie kommen mit Weissbleierz und Malachit auf Schwerspath vor.

3. **Kupferlasur von Sewersk.** Die Krystalle gleichen den vorigen in Form und Vorkommen vollkommen.

4. **Kupferlasur von Schlangenberg** (sehr wahrscheinlich), (Taf. VI, Fig. 1, 2, 6, 4). Die Krystalle dieses Fundortes unterscheiden sich im Ansehn von den vorigen bedeutend, was besonders durch das Vorherrschen der Flächen der vertikalen Zone hervorgebracht wird. Unter diesen treten besonders die Flächen $\frac{d}{2}$ und $\frac{d'}{2}$ hervor, c findet sich dagegen gewöhnlich nur klein, und ebenso die Flächen a, d' und

---

[1]) Durch die besondere Grösse der Flächen u' sind auch die oben S. 267. bei der Gumeschewskischen Kupfergrube erwähnten, und Taf. VI. Fig. 5. dargestellten Krystalle ausgezeichnet, daher es mir auch wahrscheinlich ist, dass diese nicht auf der Gumeschewskischen Kupfergrube im Ural, sondern zu Nikolajewsk im Altai vorgekommen sind.

die neue Fläche $\frac{3}{4}d'$. Die Flächen c, $\frac{g}{2}$ und $\frac{g'}{2}$ sind stark glänzend, die andern Flächen dieser Zone dagegen nur matt. An den Enden des unsymmetrischen Prisma's, welches diese Flächen bilden, finden sich die Flächen $\frac{f}{3}$, $\frac{f}{2}$ und f, ferner o und g, hauptsächlich aber die neuen Flächen $\lambda = (a' : \frac{1}{9}b : \frac{1}{3}c)$, die oft wie bei Fig. 1 ganz allein da sind. Die Bestimmung dieser Flächen war schwierig, da sie gar keinen Kantenparallelismus zeigten, und meistens etwas matt und gewölbt, zuweilen selbst drusig waren. Die Flächen würden auf den Flächen $\frac{d'}{3} = (a' : \infty b : \frac{1}{3}c)$ gerade aufgesetzt sein, die zwar bei der Kupferlasur selbst nicht vorkommen, aber doch schon durch Flächen bezeichnet werden, die sich bei den Chessyer Krystallen häufig finden, nämlich durch die Flächen $(a' : \frac{1}{2}b : \frac{1}{3}c)$. Diese würden bei dem unsymmetrischen Prisma eine Zuschärfung von 134° 30′ bilden, während sich die Flächen λ unter einem Winkel von 154° 31′ schneiden. Die Flächen λ sind für die Kupferlasur des Altai besonders karakteristisch, und finden sich auch bei den kleinen Krystallen Taf. V, Fig. 3, wo sie nur zur Vereinfachung der Zeichnung weggelassen sind.

Die Krystalle sind mit den Flächen c einzeln oder zu Drusen versammelt, auf den Klüften von Hornstein aufgewachsen.

Ausser diesen grösstentheils unveränderten Krystallen kommen auf den Gruben des Altai noch andere vor, die mit Beibehaltung der Form in Malachit umgeändert sind. Diese veränderten Krystalle bestehen im Innern aus büschelförmig zusammengehäuften fasrigen Individuen, sind aber im Aeussern so glattflächig, dass man ihre Winkel mit dem Anlegegoniometer messen kann. An einem schönen Stücke, welches sich in der Königl. Sammlung in Berlin befindet, sind die Krystalle die unsymmetrischen Prismen, die an den Enden vorzugsweise mit den Flächen g begränzt sind; an einem andern Stücke sind die Krystalle kürzer, dicker und an den Enden mit einer gerundeten Fläche, in der Richtung der Fläche b begränzt. Die Krystalle kommen in beiden Fällen mit Brauneisenerz vor. —

Was nun das eigentliche Nebengestein des Erzlagers von Schlangenberg anbetrifft, so soll diess nach Renovantz sowohl im Hangenden als im Liegenden aus Thonschiefer, nach Hermann aber nur im Hangenden aus Thonschiefer, im Liegenden aus Hornstein, welcher selbst auf einem specksteinartigen Serpentin (?) ruhe, bestehen. Wir haben von dem Thonschiefer über Tage nichts gesehen, indessen doch aus der Grube (aus dem Katharinenschacht im Hangenden des Lagers) mehrere Stücke dieser Gebirgsart mitgebracht, nach welchen er dickschiefrig und theils lichtegrau, theils schwärzlichgrau ist, und im letztern Fall fein eingesprengten Eisenkies enthält. Manche Stücke sahen wie Schieferthon aus. Ueber Tage sahen wir nur in den südöstlichen Arbeiten Lager roth und weissgefärbten Thons, die aber unter flachem Winkel östlich einfielen. Da man mehrere Stollen in das Erzlager hineingetrieben hat, sowohl mit dem Streichen desselben als auch aus dem Liegenden ins Hangende, und Renovantz die Gesteine anführt, welche man mit den Stollen durchfahren hat, so würde man schon durch diese Angaben zu einer guten Kenntniss von der Lagerung des Erzlagers kommen, wenn man sich nur auf die Richtigkeit der Benennungen der Gesteine verlassen könnte; denn was sowohl Renovantz als Hermann Hornstein nennen, ist bald wirklicher Hornstein, bald Porphyr und ebenso ist auch ihr Thonschiefer häufig nichts anderes als Porphyr, der nur sehr wenig eingewachsene Krystalle enthält und schaalige Absonderungen hat. Wenn man also auch bei diesen Angaben zum Theil ungewiss bleibt, welche Gebirgsarten gemeint sind, so will ich sie doch so anführen, wie sie sich bei Renovantz finden. [1]

[1]) A. a. O. S. 95 u. ff.

Man hat im Ganzen vier Stollen in das Erzlager getrieben, einen den Commissionsstollen in den südöstlichen Theil des Lagers, drei, den Poträtnaja oder Gedingestollen, den Lugowaja oder Wiesenstollen, und den Iwan Krestitelnaja oder St. Johannes des Täufers-Stollen in den nordwestlichen Theil des Lagers.

Der Commissionsstollen wurde 1759 von der Smejewka aus fast mit dem Streichen des Lagers in nordwestlicher Richtung 96 Saschenen oder Russische Lachter durch Thon (der beim Verwaschen Goldschlich gab), dann 56½ Lachter durch bläulichen und schwärzlichen lockern Thonschiefer, und 18½ Lachter durch festen Hornstein bis unter den Schacht Nadeschda (die Hoffnung) getrieben, wo er 16 Lachter Seigerteufe einbringt.

Der Poträtnajastollen wurde im Jahre 1748 vom Thale der Smejewka aus, St. 1. vom Liegenden ins Hangende 59 Lachter zuerst in festen Thonschiefer und dann in den festen Hornstein, dem Liegenden des Lagers, und 14 Lachter in Spath- und Kieserze getrieben.

Der Lugowajastollen wurde 1749 in demselben Thale 95 Lachter weiter westlich angesetzt, ging ebenfalls aus dem Liegenden ins Hangende und wurde mit verschiedenen Wendungen 90 Lachter in Schiefer, 24 Lachter in Spath, 10 Lachter in Gilben (Ochern?) und grünlichen Spatherzen, 11 Lachter in tauben Spath und endlich durch weissen Thonschiefer bis zum Schacht No. 2. getrieben.

Der St. Johannes des Täufers-Stollen wurde am Einflusse der Smejewka in die Korbolicha angesetzt, und St. 9 ganz entgegengesetzt mit dem Commissionsstollen in den Berg getrieben, ohne mit diesem durchschlägig zu werden. Man fuhr 315 Lachter durch leimigen Thon, 150 durch röthlichen Schiefer, 23 durch Hornstein, 70 durch Spatherz und Kies, 5 durch tauben Spath, und 22 Lachter durch grauen und schwarzen Schiefer. Er ist der tiefste Stollen, bringt aber doch nur 22—23 Lachter Teufe ein.

Hieraus scheint wohl hervorzugehen, dass der Schiefer auch das Liegende des Lagers ausmache. Wie schon angeführt, haben wir ihn über Tage nicht gesehen, vielleicht steht er auch hier gar nicht an. Um eine Vorstellung von der Lagerung der Erzmasse zu erhalten, gingen wir von der Karaulnaja Sobka [1] im Hangenden des Erzlagers über dasselbe nach dem Liegenden, und untersuchten genau die uns aufstossenden Gebirgsarten. Das Gestein der Karaulnaja Sobka ist ein Porphyr, dessen Grundmasse eine röthlichbraune bis röthlichgraue Farbe und einen ebenen feinsplittrigen Bruch hat und nur sehr sparsam kleine fleischrothe eingewachsene Albitkrystalle [2] enthält. Kleine schwarze Punkte und Krystalle finden sich in ihm ebenso wie in dem Porphyre ostwärts von Schlangenberg, [3] und ebenso enthält er auch einzelne Quarzkörner, doch wie es scheint noch seltener; denn in mehreren Stücken, die ich schlug, fanden sich gar keine derselben. Manche Stücke hatten kleine in die Länge gezogene unregelmässige Poren. Wenngleich sich dieser Porphyr durch die etwas verschiedene Farbe der Grundmasse und der eingewachsenen Krystalle, sowie durch die geringere Menge der letztern von dem ostwärts von Schlangenberg anstehenden Porphyr unterscheidet, so gehört er doch höchst wahrscheinlich mit diesem zu einer und derselben Formation; Hermann nennt ihn Hornstein. Er ist meisten-

[1]) S. oben S. 529.

[2]) Manche Krystalle zeigten nicht den für den Albit karakteristischen einspringenden Winkel. Es wäre möglich, dass diese Feldspathkrystalle wären, doch unterscheiden sie sich in der Farbe nicht von denen, die den einspringenden Winkel hatten, wie es doch gewöhnlich der Fall ist, wenn Feldspath und Albit zusammen vorkommen.

[3]) Siehe oben S. 527.

theils unregelmässig verklüftet, an der nordwestlichen Seite aber in horizontal liegenden Prismen abgesondert.

Zunächst an dem Porphyrberge nach dem Erzlager zu war kein Gestein zu sehen, erst dicht vor der Grube stiessen wir wieder auf ein solches, welches nur wenig aus der Dammerde hervorragte, aber der nämliche Porphyr war, wie der der Karaulnaja Sobka. Dicht daneben bei dem Hüttenteiche bildete aber ein anderes Gestein einen kleinen Hügel. Es war grünlichweiss, im Bruche uneben und rauh anzufühlen, enthielt hier und da kleine sehr glänzende Quarzkörner eingeschlossen, war aber ausserdem voller eingemengter kleiner schiefriger Stücke eines grünen talkigen Gesteins, die untereinander ziemlich parallel lagen. Kleine nicht aushaltende etwas unebene Risse, wie grössere Ablosungen, die untereinander und den eingemengten Schieferstücken parallel gingen, gaben dem Gestein ein schiefriges Ansehen. Die Risse und Ablosungen strichen St. 6,6 ungefähr wie das Erzlager, und fielen etwa unter einem Winkel von 60° nach N. Vor dem Löthrohr schmolzen dünne Splitter zu einem weissen blasigen Glase, und ebenso verhielten sich dünne Splitter des vorigen Porphyrs; daher das Gestein wohl für nichts anders als für ein Conglomerat eines Porphyrs zu halten ist, der vielleicht nur eine, sich hauptsächlich in der Farbe unterscheidende Varietät des Porphyrs von der Karaulnaja Sobka ausmacht. Diess Gestein liegt ganz in der Nähe des Erzlagers, und bildet hier wahrscheinlich sein unmittelbares Hangendes. Weiter östlich von diesem Gesteine ragte bei der Kirche von Schlangenberg aus der Ebene auch anstehendes Gestein hervor; es schien ebenfalls geschichtet, bestand aber aus einer graulichbraunen Grundmasse, die ebenen Bruch hatte, nur sehr schwach an den Kanten durchscheinend und vor dem Löthrohr in dünnen Splittern an den Kanten schmelzbar war. Hermann nennt das Gestein Thonschiefer, doch scheint es nichts anders zu sein, als ein ähnlicher Porphyr wie der der Karaulnaja Sobka, worin nur die eingewachsenen Krystalle, die schon in jenem Porphyr so selten waren, ganz fehlten.

Wir gingen nun über den Schlangenberg und die unmittelbar an seiner Südwestseite fliessende Smejewka nach dem jenseits derselben sich erhebenden Bergrücken, welchem wir westwärts eine Zeit lang folgten. Er bestand da, wo wir ihn zuerst erreichten, wiederum aus einem Porphyr, welcher hier eine Grundmasse von gelblichweisser oder gelblichgrauer Farbe und feinsplittrigem Bruche hatte, worin sich hier und da kleine Quarzkörner, aber ohne Albit oder Feldspath eingeschlossen fanden. Er ist sehr klüftig und auf den vielen Kluftflächen mit einem braunen Ueberzuge bedeckt.

Weiter aufwärts stellten sich in diesem Porphyr kleine Eisenkieshexaëder ein, die durch Zersetzung braun geworden waren, und auch meistens ihre Umgebung braun gefärbt hatten. In grosser Menge fanden sich diese an einem hervorspringenden Felsen in der Mitte dieser Porphyrwand, der ganz damit überfüllt war. Die Grundmasse war hier sehr verwittert, sie war weiss und erdig geworden, und enthielt noch eine Menge kleiner Quarzkörner, die man jedoch erst bei näherer Betrachtung entdeckte. Das Gestein hatte nun im Ganzen ein Ansehn, das mit manchen Abänderungen des Beresites von Beresowsk sehr übereinkam. [1])

Dieser Porphyr wird nach Westen durch einen Gang eines Grünstein-ähnlichen Porphyrs abgeschnitten, der etwa 1 Lachter mächtig ist, dasselbe Streichen wie die Gänge hat, die das Erzlager durchsetzen, aber doch nicht als Fortsetzung eines dersel-

[1]) An dem Fusse dieser Porphyrwand entspringt eine Quelle, deren sehr klares Wasser der Smejewka zufliesst. Sie hat bei ihrem Ursprung eine Temperatur von 5°,4 R. fliesst aber nicht unmittelbar aus dem Porphyr, sondern aus der ihn bedeckenden Dammerde hervor.

ben betrachtet werden kann, da die Gangart von anderer Beschaffenheit ist. Sie hat nämlich keine körnige, sondern eine porphyrartige Structur, hat eine grünlichgraue mit dem Messer ritzbare Grundmasse, worin einzelne kleine schneeweisse Körner von Feldspath (?) liegen, und ist von kleinen Schnüren von Talk in verschiedenen Richtungen durchzogen. Hinter diesem Porphyrgange folgt wahrer Chloritschiefer mit oft wellenförmig gekrümmten Schichten, welche grösstentheils St. 8,4 strichen, doch auch häufig verrückt, und öfters von wenig mächtigen Quarzgängen durchsetzt waren. Der Chloritschiefer war nur auf eine kurze Erstreckung sichtbar, worauf ein graulichweisser körniger Kalkstein folgte, der ganz unmerklich in einen Porphyr überging, der eine graulichweisse kleinsplittrige sehr feste Grundmasse hatte, die sich mit dem Messer nicht ritzen liess, und in welchen nur sehr kleine weisse Feldspathkrystalle, wie auch einige Quarzkörner, die sich vor der Grundmasse nur wenig auszeichneten, sparsam eingewachsen waren. Diess Gestein schien noch weiter fortzusetzen, wohin wir es aber nicht verfolgten. Jenseits des Bergrückens, der aus den eben beschriebenen Gesteinen besteht, soll Granit anstehen, von welchem wir in dem Thale der Smejewka eine Menge Bruchstücke liegen sahen, die man als Baustein gebrochen hatte. Er hatte im Allgemeinen noch das Ansehn wie der vom Kolywanschen See, nur war das Gemenge gleichmässiger; der Quarz von graulichweisser Farbe und ziemlich starkem Fettglanz war der vorherrschendste Bestandtheil, nach ihm folgte in Rücksicht der Menge der schneeweisse Albit, dann der fleischrothe Feldspath und zuletzt der grünlichschwarze Glimmer. Ausser diesen Gemengtheilen fand sich auch hier noch Hornblende von ganz gleicher Farbe und Grösse wie der eingemengte Glimmer, die daher leicht übersehen und mit dem Glimmer verwechselt werden konnte;

ihre Menge war jedoch nur gering, und stand der des Glimmers viel nach. Titanitkrystalle, wie sie sich in dem Granit des Kolywanschen Sees fanden, habe ich in diesem Granite nicht bemerkt.

Der andere Bergrücken, welcher in nordwestlicher Richtung gleichsam eine Fortsetzung des Schlangenberges bildet, bestand aus Kalkstein, der graulichweiss und dicht war und einen splittrigen Bruch hatte, aber eine grosse Menge Enkrinitenstiele mit blättrigem Kalkspath enthielt, die stellenweise so zunahmen, dass der Kalkstein selbst dadurch fast blättrig erschien. Gleich im Anfang des Rückens war ein kleiner Steinbruch darin angelegt, in welchem Reste eines Ofens standen, worin man früher wahrscheinlich den Kalkstein gebrannt hatte. Auf der linken südöstlichen Seite des Steinbruchs war der Kalkstein mit graulich- und grünlichweissem Hornstein ganz unregelmässig durchzogen, aber auch dieser Hornstein enthielt die mit blättrigem Kalke ausgefüllten Enkrinitenstiele zum Beweise, dass er sich gleichzeitig mit dem Kalke gebildet hatte. Auf der rechten Seite war der Kalkstein besonders mit Enkrinitenstielen angefüllt, und enthielt auch hier noch andere dem Uebergangskalk eigenthümliche Versteinerungen, wie *Calamopora polymorpha var. ramosa.*

Ein südlich von diesem sich hinziehender noch höherer Bergzug bestand noch aus demselben Kalkstein, welcher aber wieder in den weissen Porphyr, wie bei dem Bergrücken südlich von dem Schlangenberg überging. Diese Verhältnisse näher zu untersuchen, wäre gewiss sehr wichtig, doch waren wir daran durch die Zeit verhindert.

So unvollständig diese Beobachtungen über die Lagerung des Erzlagers des Schlangenberges sind, so ergiebt sich doch daraus, dass dasselbe meistens ganz von Porphyr umgeben ist, der in verschiedenen Varietäten vorkommt, die jedoch wohl alle von einer und derselben Formation sind. Er ist am deutlichsten auf dem Wege von Sauschkina nach Schlangenberg und enthält hier in einer bräunlichen Grundmasse besonders Albitkrystalle, ausserdem aber noch einige Quarzkörner, und undeutliche schwarze Krystalle, die nur muthmasslich für Hornblende zu halten sind. In der Karaulnaja Sobka enthält er, bei nicht sehr verschiedener Farbe der Grundmasse, dieselben Gemengtheile, nur in geringerer Menge, und diese vermindern sich noch mehr in dem Porphyr, der unmittelbar im Liegenden des Erzlagers vorkommt. Verschiedenern Ansehns, besonders durch die Farbe der Grundmasse, ist allerdings der Porphyr, der in unmittelbare Berührung mit dem Kalkstein tritt, doch sind darüber zu wenig Beobachtungen, und diese besonders an der Gränze des Gesteins angestellt. Zu welcher Formation dieser Porphyr aber eigentlich gehöre, ob er ein Dioritporphyr, oder der gewöhnliche rothe Porphyr [1]) sei, ist schwer zu entscheiden. Die vielen Albite, die er enthält, sprechen für die erstere Meinung; die für Dioritporphyr ungewöhnliche Farbe der Grundmasse, die geringe Menge der Hornblende, wenn anders die schwarzen Krystallchen wirklich Hornblende sind, die Nähe des Granits, machen es aber doch noch wahrscheinlicher, dass er zum rothen Porphyr gehöre. Zwischen diesem Porphyr findet sich das Uebergangsgebirge, der Thonschiefer mit dem Hornsteinlager und der Uebergangskalkstein in einzelnen abgerissenen Massen; vielleicht die Reste der Formation die vor der Bildung des Porphyrs und wahrscheinlich auch des Schwerspaths und der Erzgänge in dem Hornsteinlager, die ganze Fläche bedeckte. —

Der Abbau des Erzlagers wurde zuerst durch Tagebau betrieben; dadurch entstanden nach und nach drei grosse Pingen, eine in der südwestlichen Abthei-

---

[1]) Feldspath-, Eurit- oder Feldsteinporphyr.

lung, und zwei in der nordwestlichen, die den Namen des Kommissions-, des mittlern und des grossen Rossnoss (Pinge) führen. Der Kommissions-Rossnoss hat nach Renovantz eine Länge von 60, eine Breite von 22 und eine Tiefe von 9 Lachter, der mittlere Rossnoss eine Länge von 37, eine Breite von 14, und eine Tiefe von 7 Lachter, der grosse Rossnoss eine Länge von 80, eine Breite von 48 und eine Tiefe von 18 Lachter. In der südöstlichen Abtheilung fing die Kommission, die im Jahre 1745 von dem Bergkollegium zur Uebernahme der Altaischen Gruben abgesandt war, [1]) den Bau an, daher man die ersten Arbeiten, die Kommissionsarbeiten, und die in diesem Theile entstandene Pinge den Kommissions-Rossnoss nannte. Erst später als man sich von dem Fortsetzen der Erze in die Teufe überzeugt hatte, fing man nach und nach an, die oben angegebenen Stollen zu treiben, und damit einen regelmässigen unterirdischen Abbau vorzurichten.

Die Strecken und Oerter sind gross und geräumig, und stehen zum Theil ohne Zimmerung. Die Wasser werden aus der Tiefe durch mehrere grosse Räder auf den tiefen St. Johannis Stollen gehoben, und erhalten ihre Aufschlagewasser aus der Smejewka durch den frühern Ludowaja Stollen, der später in eine Rösche umgewandelt wurde. Ueberhaupt ist aber die Grube wenig wassernöthig. Die Arbeiten sind jetzt meistens in der Grube unter Tage, doch wird auch im Sommer noch etwas über Tage gearbeitet.

Die geförderten Erze werden über Tage sortirt, die Spatherze von dem Hornstein getrennt, und grösstentheils mit der Hand geschieden, nur wenige Erze werden gepocht. Das Scheiden geschieht im Sommer meistens im Freien, im Winter in besondern Scheidehäusern; die Erze werden bis zur Grösse einer Wallnuss zerschlagen und dann zu den verschiedenen Hüt-

[1]) S. oben S. 511.

ten abgeführt. Zum Transport der Erze von der Grube nach der Schmelzhütte in Schlangenberg ist eine Eisenbahn angelegt, welche eine Werst und 200 Saschenen lang ist.

Wenige Silbergruben haben gleich vom Anfange ihrer Bearbeitung an so ausserordentliche Ausbeute geliefert als der Schlangenberg, der daher nicht mit Unrecht einen solchen Ruf erlangt hat. Die Menge der zu den Hütten gelieferten Erze beträgt nach den Tabellen, die Hermann [1]) angiebt, seit 1748 eine halbe, und von 1770 — 1793 ein bis anderthalb Millionen Pud. Lange Zeit hat der Schlangenberg das etatsmässige Quantum des Altai an Silber ganz allein geliefert, und noch im Jahre 1826 betrug nach der oben angeführten Tabelle die Menge desselben 204 Pud. Die beträchtliche Menge der geförderten Erze hat indessen nun die Grube schon sehr erschöpft, und um sie daher noch für längere Zeit bebauen zu können, hat man die Menge des jährlich zu liefernden Silbers jetzt bis auf 80 Pud [2]) herabgesetzt, erhält aber dabei die Wasserhaltungs- und Förderungsmaschine in dem frühern Zustande, da die noch vorhandenen Erze in sehr verschiedenen Teufen liegen.

Aber nicht allein an Menge, sondern auch an Güte haben die Erze bei grösserm Vordringen in die Teufe abgenommen. Ihr Gehalt an Silber betrug, wie Pallas angiebt, im Anfang 20—76 Sol. im Pud Erz; in den achtziger Jahren des vorigen Jahrhunderts, betrug er nur noch 5 Sol. und jetzt sogar nur noch $1\frac{1}{2}$—$1\frac{1}{4}$ Sol. Anfangs hielt man Erze von 4 Sol. Silber nicht mehr für schmelzwürdig, und gebrauchte sie in der Grube zum Versetzen; diese hat man schon lange aus dem alten Mann herausgeklaubt und mit weniger reichhaltigen Erzen verwechselt, die vielleicht auch noch einmal später mit andern vertauscht werden. Unmittelbar

[1]) Min. Reisen Th. III, S. 153.

[2]) v. Ledebour's Reise durch das Altaigebirge Th. I, S. 42.

unter Tage waren die Erze am reichhaltigsten, und haben das meiste güldische und reine Silber enthalten, und dennoch ist es sehr wahrscheinlich, dass auch zur Zeit der Eröffnung der Gruben die reichsten Erze durch die Tschuden, die auch hier am Schlangenberge einen uralten Bergbau getrieben hatten, [1]) schon weggenommen waren. Man hat die Spuren ihrer Arbeiten sowohl im südöstlichen als in dem nordwestlichen Theile wahrgenommen. In ihren verstürzten Arbeiten hat man noch Werkzeuge von ihnen gefunden, wie kupferne gegossene Keilhauen und harte Steine, deren sie sich wohl als Fäustel bedient haben mochten, da diese Steine stets eine ringförmige Vertiefung, wahrscheinlich zur Befestigung eines Riemens zum Halten derselben hatten. Eiserne Geräthschaften hat man in den Gruben ebenso wenig wie in ihren Gräbern gefunden, obwohl diese eine Menge Geräthschaften und Zierrathen von andern Metallen besonders von Gold und Kupfer enthielten, und durch grosse übereinander gethürmte Steinhaufen kenntlich, in grosser Menge an dem Nordrande des Altai, am Irtysch und der Kirgisensteppe aufgefunden worden sind. Die Tschuden scheinen demnach das Eisen und dessen Bearbeitung noch nicht gekannt zu haben, und haben in Ermangelung eiserner Werkzeuge den Bergbau nur auf die Ocher getrieben, die sich auch bei der Wiederaufnahme der Gruben durch die Russen in den obern Teufen noch am reichlichsten gefunden haben. In diese sind sie mittelst Schächte bis 5 Lachter tief eingedrungen, haben aber doch auch versucht den Schwerspath zu gewinnen, in welchen sie eine runde trichterförmige Vertiefung gemacht hatten. Pallas erzählt, [2]) dass wenige Jahre vor seiner Ankunft in Schlangenberg (1771) in den alten Arbeiten ein halb vererztes menschliches Gerippe gefunden worden

---

[1]) Vergl. oben S. 509.

[2]) Siehe Reisen Th. III, S. 608.

sei, bei welchem noch ein lederner Sack mit den reichsten Ochern angefüllt gelegen hätte. Aus den Ochern schieden sie das darin enthaltene Gold durch Schlämmen an der Smejewka, wie man ebenfalls aus den Ueberresten dieser Schlämmarbeiten gesehen hat, die noch so goldhaltig befunden worden sind, dass man sie gepocht und auf Planheerden verwaschen hat.

Den 7. August machten wir bei heiterm schönen Wetter eine Exkursion nach dem 30 Werste nordöstlich von Schlangenberg gelegenen Kolywansk, wo sich die durch ihre so ausgezeichneten Produkte bekannte Schleiferei des Altai befindet. Da der nächste Weg, der dorthin führt, ein schmaler Gebirgsweg ist, so machten wir die Fahrt in Wagen, die denen glichen, welche wir in Mursinsk zu unsern Exkursionen benutzt hatten, und die überhaupt in ganz Sibirien, soweit wir es kennen lernten, sehr gebräuchlich sind. Der Weg hat eine etwas östlichere Richtung als der, welcher nach Sauschkina führt, und geht über meist nur niedrige Gebirgsrücken fort, welche zum Theil bewaldet, meistens aber ganz kahl und von kräuterreichen Wiesen umgeben sind.

Das erste Gestein, auf welches man stösst, ist der Porphyr, der den Schlangenberg von allen Seiten umgiebt, aber hier wieder ein weisses Ansehn hat; seine Grundmasse ist theils lichte grünlichweiss, theils graulichgrün, und in dieser finden sich nur sparsam kleine graulichweisse Körner oder Krystalle von Quarz, und häufiger noch sehr kleine höchstens eine halbe Linie breite grünlichschwarze Glimmerblättchen eingewachsen; Krystalle von Feldspath oder Albit fehlen dagegen gänzlich. Auf diesen Porphyr folgte der Granit des Kolywanschen Sees, der auch hier wie dort in horizontalen Platten abgesondert war, und ähnliche sonderbar gestaltete Felsen bildete. Sie lagen hier recht auffallend reihenweise nebeneinander, und machten auf diese Weise ganz besonders den Eindruck eines Eruptionsphänomens. Der Quarz fand sich in diesem Granite in etwas grösserer Menge und von etwas dunklerer Farbe, der Albit war weniger grobkörnig, der Feldspath aber häufig in einzelnen grossen Krystallen ausgeschieden, die bei der Verwitterung der Oberfläche aus dem Gesteine herausgefallen waren und sich in dem die Felsen umgebenden Granitgrant häufig fanden. Kleine braune Titanitkrystalle fanden sich auch hier in dem Granit eingewachsen. Dann folgte ein gneusähnliches Gestein, das aber doch im Grunde nicht sehr verschieden von dem frühern Porphyr ist, und dieselbe graulichweisse Grundmasse mit inliegenden Quarzkörnern hat, bei welchen der Glimmer aber nicht einzelne Blättchen bildete, sondern das Gestein in parallelen grünlichschwarzen Streifen durchzog. Es war nicht sehr mächtig; gleich hinter ihm erhoben sich schneeweisse Felsen von Kalkstein, der sehr feinkörnig war, aber noch einen splittrigen Bruch hatte. Er war geschichtet, die Schichten hatten ein Streichen St. 8, 4, durchsetzten also rechtwinklig die Richtung des Weges und fielen unter steilem Winkel gegen SO. ein, waren aber ausserdem mit geraden Klüften in verschiedenen Richtungen durchzogen und auf den Kluftflächen häufig braun gefärbt. [1])

Hinter diesen Felsen war ein breiteres Thal, in welchem die Loktewka, ein linker Nebenfluss des Tscharysch, floss; jenseits derselben überfuhren wir eine Reihe kleiner kahler Bergrücken, die aus grauem

---

[1]) Die Steilheit der übrigens nicht hohen Felsen und ihre blendende Weisse führte auf die Vermuthung, dass sie aus Dolomit bestehen möchten; doch fand ich in dem Gesteine bei einem noch in Schlangenberg angestellten Versuche nur sehr wenig Talkerde, und eine in dem Laboratorium meines Bruders angestellte Analyse ergab nur 1,59 pCt. kohlensaure Talkerde und dagegen 98,80 kohlensaure Kalkerde.

dünnschiefrigen Thonschiefer bestanden, und ein gleiches Streichen wie der Kalksteinrücken hatten. Sie erhoben sich alle im SW. sehr steil und verflächten sich allmählig nach NO, dagegen ihre Schichten wie auch die Kalksteinschichten sehr steil einfielen. Dieser Thonschiefer hielt fast bis Kolywansk an, vor diesem Orte aber erschienen noch einige Bergrücken von Granit und Diorit, alle wie der Thonschiefer nur von geringer Erhebung. Der Granit war aber massig und kleinkörnig und weniger wie der vom Dorfe Sauschkina in Platten zerklüftet, sonst aber von ähnlicher Beschaffenheit, und auch wie dieser an der Oberfläche sehr verwittert; der Diorit war von mittlerem Korn und bestand aus grünlichweissem ziemlich dichten Albit und grünlich-schwarzer Hornblende, enthielt aber ausserdem noch etwas fleischrothen Feldspath, graulichweissen Quarz und lauchgrünen Glimmer.

Wir erreichten die Schleiferei Mittags um 12 Uhr. Sie liegt in einem Thale, welches dasselbe Streichen hat wie alle die Bergrücken, über welche wir von Schlangenberg gekommen waren, und bildet mit den Wohnungen der in der Hütte beschäftigten Beamten und Arbeiter einen freundlich gebauten schon ziemlich ansehnlichen Flecken. Kolywansk war aber auch schon vor der Einrichtung der Schleiferei ein ansehnliches Hüttenwerk, denn hier befand sich die erste Schmelzhütte die am Altai eingerichtet wurde, [1]) die man aber später wegen zunehmenden Holzmangels eingehen lassen musste, worauf man denn die in Loktewsk befindliche Schleiferei hierher verlegte. Das Thal von Kolywansk wird von der Bjelaja bewässert, einem kleinen Flusse, der sechs Werste von hier an der Sinaja Sobka entspringt, und sich später mit der Loktewka vereinigt. Wir befanden uns hier ganz in der Nähe des Berges, der der erste vom Altai war, welchen wir

---

[1]) Vergl. oben S. 511.

auf dem Wege nach Schlangenberg erblickt hatten, und der von hier als ein bedeutender mächtiger kegelförmiger Fels erschien; er gehört zu dem hohen Gebirgszuge, welcher die Wasserscheide zwischen dem in den Ob fliessenden Tscharysch und der in den Irtysch fallenden Uba bildet, und den Namen der Tigerezkischen Alpen führt. Die Gebirgsart der Sinaja Sopka ist, wie angeführt wird, Granit, doch habe ich keine Probe desselben gesehen.

Wir wurden in Kolywansk von dem Director der Schleiferei, dem Bergmeister Laulin bewillkommnet, der uns darauf in der Schleiferei herumführte, und in seiner Wohnung gastfrei bewirthete. Die Schleiferei, deren Maschinen durch das Wasser der Bjelaja betrieben werden, ist ähnlicher Art wie die in Katharinenburg, aber sie ist noch bedeutender, wie denn auch die Gesteine, die hier verschliffen werden, noch schöner und mannigfaltiger sind. Sie bestehen in Porphyren und Porphyrconglomeraten verschiedener Art, in Granit und Aventurin, und wurden zum grossen Theil von dem Oberhüttenverwalter Schanjin im Jahre 1786 auf einer eigends zu diesem Zwecke abgesandten Expedition nach dem obern Tscharysch, dem Koksun und Uimon und den Turgusunskischen Alpen zwischen der obern Uba und der Buchtarma entdeckt,[1]) doch hat man nachher auch noch an andern Orten andere der Politur fähige Gebirgsarten aufgefunden. Jaspis, welcher eins der schönsten Gesteine der Katharinenburger Schleiferei ausmacht, wird indessen in Kolywansk nicht verschliffen, wie er auch am Altai wenigstens nicht in so grossen Massen als am Ural vorzukommen scheint.

---

[1]) Ein sehr interessanter Bericht dieser Expedition, die ebenso mühsam und beschwerlich, als für die genauere Kenntniss des Altai wichtig war, befindet sich in Pallas neuen nordischen Beiträgen Bd. VI, S. 27.

Zu den schönsten Gesteinen die in Kolywansk verschliffen werden, gehören folgende:

1. ein rother Porphyr; er hat eine dunkle braunrothe Grundmasse mit feinsplittrigem Bruche, die aber stellenweise schwarze sich meist verlaufende Streifen und Flecken hat, vor dem Löthrohr in dünnen Splittern an den Kanten zu einem weissen blasigen Glase schmilzt, und die Flamme dabei stark gelb färbt. Die eingewachsenen Krystalle bestehen grösstentheils aus Zwillingskrystallen des Albites, die schneeweiss und undurchsichtig, doch zuweilen schon etwas durchscheinend und dann mehr graulichweiss sind, vollkommene Spaltungsflächen haben, und die einspringenden Winkel recht deutlich zeigen. Sie sind nur klein, 1 bis $1\frac{1}{2}$, selten 2 Linien lang, scharf begränzt, und liegen ziemlich weitläuftig in der Grundmasse. Andre Krystalle finden sich seltener; hier und da sieht man kleine graulichweisse Quarzkörner, und ausserdem noch viel kleinere fast mikroskopische Blättchen von Eisenglanz, die man schwer in ungeschliffenen Stücken erkennen kann, die aber auf den polirten Flächen bei ihrem starken metallischen Glanze ungeachtet ihrer Kleinheit sogleich auffallen. Der Porphyr nimmt eine sehr gute Politur an, doch finden sich in demselben hier und da eckige Stücke von einem schwärzlichgrauen Kalkstein eingemengt, die keine gute Politur annehmen, und daher der Güte des Porphyrs Abbruch thun. Man wählt zwar so viel es möglich ist zur Verarbeitung nur solche Porphyrblöcke aus, wo dergleichen eingemengte Kalksteinstücke nicht häufig vorzukommen scheinen, doch habe ich kein grösseres verarbeitetes Stück weder hier noch in den Petersburger Schlössern gesehen, wo sie nicht wenn auch nur in geringer Menge und Grösse vorkämen.

Da ausser dem Altaischen, soviel mir bekannt ist, nur noch zwei Abänderungen des rothen Porphyrs verarbeitet werden oder verarbeitet worden sind, nämlich der Elfdaler und der antike rothe Porphyr, so scheint es nicht unpassend, dieselben mit dem Altaischen hier etwas näher zu vergleichen. Der antike Porphyr hat eine bräunlichrothe Grundmasse, in welcher kleine Albitkrystalle, kleine schwarze Hornblendekrystalle und kleine Flitterchen von Eisenglanz eingewachsen sind. Erstere finden sich sehr häufig und liegen sehr gedrängt neben einander, letztere dagegen nur sehr sparsam, und Hornblende kommt an mehreren Stücken, die ich untersucht habe, gar nicht vor. Der Elfdaler Porphyr enthält Albit- und Feldspathkrystalle, die sich in den verschiedenen Varietäten, die verschliffen werden, in verschiedener Menge, Färbung, und in einer verschieden gefärbten Grundmasse finden. Bei der Varietät von Blidberg, die gewöhnlich verarbeitet wird, finden sie sich in sehr grosser Menge, sind von lichter Farbe und liegen in einer sehr dunklen röthlichbraunen Grundmasse; in der schönern, aber nicht in so grossen Stücken zu erhaltenden Varietät von Rennås finden sie sich sparsamer, die Feldspathkrystalle sind fast ziegelroth, die Albitkrystalle grünlichweiss gefärbt, und liegen in einer kastanienbraunen Grundmasse, die von lichtern bräunlichrothen Streifen in ungefähr paralleler Richtung durchzogen wird. Der antike Porphyr unterscheidet sich demnach von dem Altaischen durch lichtere schönere Grundmasse, durch die grössere Menge der eingewachsenen Albitkrystalle, und ihre etwas röthliche Farbe, durch die zuweilen stattfindende Anwesenheit der Hornblende und seinen gänzlichen Mangel an Quarz; der Elfdaler durch die eingewachsenen Feldspathkrystalle, die sich neben dem Albite finden, und durch die Abwesenheit sowohl des Quarzes als auch des Eisenglanzes. Unter den übrigen bekannten Porphyrabänderungen kommt mit dem Altaischen Porphyr besonders der oben (S. 31.) beschriebenen Hochländer-Porphyr überein, der auch eine sehr dunkel gefärbte Grundmasse hat und Eisenglanz und Quarz, und diesen selbst in ziemlich grosser Menge enthält, sich aber wiederum dadurch unterscheidet, dass in ihm kein Albit, sondern statt dessen Feldspath in ziemlich grossen Krystallen eingewachsen ist.

Mit dem rothen Porphyr vom Korgon kommen noch zwei Abänderungen vor, die ebenfalls in Kolywansk verschliffen werden, und von denen die eine variolitisch, die andere conglomeratartig ist. Die erste Abänderung hat eine theils bläulichgraue, theils röthlichbraune, feinsplittrige Grundmasse, die vor dem Löthrohr sehr schwer schmelzbar ist, und in dünnen Splittern sich nur wenig an den Kanten abrundet. In dieser Grundmasse liegen mehr oder weniger gedrängte Kugeln von einer ähnlichen Masse, die zwei bis drei Linien Durchmesser und eine bläulichgraue Farbe mit einem dunkelschwarzen Kern und einer ebenso gefärbten schmalen Einfassung haben; die Farbe des Kerns und der Einfassung verläuft sich allmählig in die übrige bläulichgraue Farbe der Kugel, dagegen die Farbe der Einfassung nach aussen zu ziemlich scharf abschneidet. Ausser diesen Kugeln finden sich in der Grundmasse noch kleine weisse Albitkrystalle, jedoch nur sehr sparsam eingewachsen, so wie hier und da auch kleine Blättchen von Eisenglanz, die aber nicht allein in der Grundmasse, sondern auch in den Kugeln liegen. Sie sind zum Theil noch etwas grösser als die, welche in der ersten Abänderung vorkommen, und haben oft eine Grösse von einer halben Linie, in welchem Fall man auch deutlich ihre Form erkennen kann. Brocken von graulichweissem blättrigen Kalkspath, und von röthlichbraunem Jaspis finden sich hier und da auch noch dem Gesteine eingemengt, doch sind sie an den Stücken, die ich untersucht habe, nicht sehr häufig. Das Gestein nimmt eine sehr gute Politur an, und ist von eben so gefälligem Ansehn, als es durch die Eigenthümlichkeit der Bildung noch besonders interessant wird.

Das Porphyr-Conglomerat hat eine röthlichgraue feinsplittrige Grundmasse, die vor dem Löthrohr auch nur schwer an den Kanten zu einem weissen Glase schmilzt, enthält auch sehr sparsam kleine Albitkrystalle eingemengt, ausserdem aber kleine eckige Stücke von röthlich- und schwärzlichbraunem Jaspis und von Eisenglanz, letztere aber in kleinen feinkörnigen Parthien, und nicht in Blättchen wie die vorigen Abänderungen.

Alle diese drei Abänderungen finden sich zusammen an einem hohen Felsen an der linken Seite des Korgon, eines der wildesten Gebirgsströme des Altai, 10 Werste von seiner Mündung in den Tscharysch und 120 Werste von Kolywansk. Der Fuss des Felsens ist nach Schangin, der den Fundort beschreibt,[1] mit Blöcken ganz überschüttet und daher nicht zu untersuchen, in der mittlern Höhe steht aber der rothe Porphyr an, über welchem dann bis zum Gipfel erst ein rother, dann ein braunrother Jaspis (vielleicht die dritte der beschriebenen Abänderungen) liegt, in welchem der variolitische Porphyr eine anderthalb Lachter mächtige Lage bildet. Schangin führt noch an, dass die untere Schicht dieser Lage dunkler sei, und längliche Tubuliten-ähnliche Flecke enthielte, die obere aber bläulichgrau, und mit grössern oder kleinern kugligen Flecken gezeichnet sei. In der Nähe dieses Felsens steht korallenführender Kalkstein an, der bis zu dem Ursprung des Korgon sich auszudehnen scheint.

2. Grüner Augitporphyr. Er hat eine graulichgrüne, feinsplittrige Grundmasse, die vor dem Löthrohr in dünnen Splittern an den Kanten zu einem graulichweissen Glase schmilzt, und enthält Krystalle von Labrador und Augit eingeschlossen. Die Labradorkrystalle sind schneeweiss und stellenweise etwas grün

---

[1]) A. a. O. S. 53.

gefärbt; sie sind nicht sehr spaltbar, von verschiedener Grösse, indem sie zuweilen nur einige Linien, in andern Fällen bis einen Zoll lang und verhältnissmässig dick sind, und schneiden an der Grundmasse scharf ab. Die Augitkrystalle sind schwärzlichgrün, viel kleiner und auch in geringerer Menge in dem Porphyr enthalten. Der Porphyr gleicht dem antiken *serpentino verde antico*, aber die Grundmasse des letzteren hat eine schönere lauchgrüne Farbe, ist homogener, und nimmt eine schönere Politur an; die eingeschlossenen Krystalle sind dagegen grüner gefärbt, und stehen in dieser Rücksicht dem altaischen Porphyr nach. Die Augitkrystalle sind in dem antiken Porphyr in geringerer Menge enthalten, sonst aber von ähnlicher Beschaffenheit wie in dem vom Altai. Das specifische Gewicht dieses Altaischen Porphyrs beträgt 2,878, das des antiken grünen Porphyrs fand ich etwas höher = 2,923.

Der grüne Porphyr des Altai kommt am Tscharysch vor, an welcher Stelle desselben aber ist mir nicht bekannt. Schangin führt unter den Gesteinen an den Ufern dieses Flusses öfters Serpentin und Serpentinporphyr an, darunter sind wohl ähnliche grüne Porphyre wie der eben erwähnte gemeint, doch beschreibt er sie nicht näher, um unter diesen den obigen zu erkennen.

Eine andere Abänderung dieses Porphyrs ist im Ganzen der beschriebenen ähnlich, ihre Grundmasse, welche eine sehr gute Politur annimmt, ist nur etwas dunkler und schwärzlichgrün, die Labradorkrystalle sind kleiner und grünlichweiss, die Augitkrystalle von gleicher Farbe und Grösse. Ausser diesen Gemengtheilen finden sich aber in der Grundmasse noch 2—3 Linien grosse und zuweilen auch noch grössere Kugeln oder unregelmässige Massen, die aus weissem Quarz und strahligem Pistazit in der Ordnung bestehen, dass der Quarz sich stets an der äussern Seite, der

Pistazit sich im Innern befindet, wodurch denn dieser Porphyr ein mandelsteinartiges Ansehn erhält. — In Rücksicht der Schönheit der Politur kommt dieser Porphyr ganz mit dem antiken überein, erreicht ihn aber doch nicht in Rücksicht der Farbe. Die Epidot- und Quarzeinschlüsse sind ihm eigenthümlich, nehmen sich aber geschliffen nicht übel aus. Kleine Quarzmandeln finden sich auch in dem antiken grünen Porphyr. Die beschriebene Varietät findet sich an den Ufern der Kotlowka, eines Nebenflusses des Tscharysch.

Eine dritte Varietät hat eine bräunlichrothe Grundmasse, grünlichweisse oft bedeutend grosse Labrador- und schwärzlichgrüne Augitkrystalle, nimmt indessen eine weniger schöne Politur an. Sie findet sich bei dem Dorfe Pichtowka am Tscharysch.

3. Ein gestreifter Porphyr (sog. Jaspis). Er besteht aus verschiedenen schwärzlichgrünen, grünlichgrauen und grünlichweissen Lagen, die miteinander wechseln, und mit ihren Farben bald scharf aneinander abschneiden, bald sich allmählig ineinander verlaufen. Sie sind von verschiedener Mächtigkeit, gehen ungefähr untereinander parallel, bald in mehr oder weniger gerader, bald in ganz gekrümmter Richtung, werden aber in ihrem Fortsetzen durch kleine Sprünge, die das Gestein nach allen Richtungen durchziehen, häufig auf die verschiedenste Weise verworfen. Die so verworfenen Stücke hangen indessen vollkommen zusammen, und thun der Festigkeit des Ganzen keinen Eintrag. Der Bruch ist eben und feinsplittrig, die Schmelzbarkeit ist ziemlich gross, dünne Splitter schmelzen vor dem Löthrohr an den Kanten zu einem grünlichgrauen oder weissen blasigen Glase, je nachdem man Splitter von den dunklern oder hellen Lagen gewählt hat. Eingewachsene Krystalle sind nicht zu sehen, hier und da findet sich nur etwas Eisenkies eingemengt. Das Gestein nimmt geschliffen eine vortreffliche Politur an, wobei sich die verschiedenen ge-

färbten, gekrümmten und durch Sprünge verworfenen Lagen auf der geschliffenen Fläche überaus schön ausnehmen. Es ist unstreitig das schönste Gestein, welches im Altai verschliffen wird. Es führt gewöhnlich den Namen Jaspis, aber die Schmelzbarkeit desselben zeigt schon an, dass dieser Name ihm mit Unrecht zukommt, es ist nichts anderes als die Grundmasse eines Porphyrs, in welcher die gewöhnlich eingewachsenen Krystalle fehlen. Es findet sich an der Rewennaja Sopka, [1]) (dem Rhabarber Berge) 35 Werste westlich vom Schlangenberg. Nach Herrn Bergmeister Kulibin, der auf den Wunsch des Herrn v. Humboldt nach unserer Abreise von Schlangenberg eine eigene Exkursion nach diesem Berge gemacht, und Herrn v. Humboldt später 42 Steinproben und eine Beschreibung dieses Berges gesandt hatte, bildet das gestreifte Gestein in der Mitte des Berges eine Lage von ungefähr 6 Lachter Mächtigkeit, die von NNW. nach SSO. streicht und ein sehr steiles Fallen nach NO. hat. Es ist im Ausgehenden bis auf eine geringe Tiefe von der Oberfläche zu einer erdigen Masse verwittert, die sich mit dem Messer schaben lässt. Der Felsen besteht im übrigen aus Porphyr, dessen Ansehn in den verschiedenen Theilen nach den übersandten Stücken sehr verschieden ist. Auf dem Gipfel des Berges ist er am karakteristischsten, besteht aus einer graulich-, gelblich- und grünlichweissen Grundmasse, in welcher rein weisse oder lichte grünlichweisse undurchsichtige Krystalle von Albit, graulichweisse fettglänzende Krystalle und Körner von Quarz und grünlichschwarze feinschuppige Parthien von Chlorit ziemlich gedrängt nebeneinander liegen. Durch die starke Färbung des Chlorits, und die grosse Menge der inliegenden Krystalle erhält das Gestein ein granitähnliches Ansehn, doch ist die porphyrartige Structur bei näherer An-

[1]) Der Berg wird auch Rewnewaja oder Rewniucha genannt.

sicht noch vollkommen deutlich. Näher der gestreiften Lage nehmen aber die eingewachsenen Krystalle ab; in vielen Stücken sind die Albitkrystalle nur in geringer Menge enthalten; Quarz findet sich noch etwas häufiger, aber auch dieser verschwindet mehr und mehr. Da die eingewachsenen Krystalle gewöhnlich sehr klein sind, so ist es oft schwer zu erkennen, ob sie aus Albit oder Feldspath bestehen. Die Farbe der Grundmasse wird graulichweiss, oft blasst sie aber auch völlig aus und hat dann grosse Aehnlichkeit mit der von manchen Porphyren in der Umgebung vom Schlangenberg. In manchen Stücken findet sich blassgelber Epidot in kleinen Parthien und Eisenkies in einzelnen kleinen Krystallen hier und da eingewachsen. Manche Stücke haben auch ein ganz schiefriges Ansehn. —

Zu den Gesteinen die ferner noch in Kolywansk verschliffen werden, ist vorzüglich noch ein schöner Aventurin, weiss und röthlichweiss von Belorezkaja 30 Werste von der Schleiferei zu zählen; ausserdem werden aber noch andere Diorit- und Augitporphyre von den Tigerezkischen Alpen, rothe Granite vom Alei u. s. w. verarbeitet, die ich als weniger ausgezeichnet hier übergehe.

Die Gastfreiheit des Herrn Bergmeisters Laulin hatte nicht zugelassen, dass wir vor 5 Uhr Kolywansk verlassen konnten, wir mussten nun eilen nach Schlangenberg zurückzukehren. Da es nicht rathsam war, gegen die Nacht zu den beschwerlichen Gebirgsweg einzuschlagen, so nahmen wir einen andern Weg, der zwar weiter aber eben war, und erst die Belaja entlang bis zu dem Dorfe Rutschjoiwa ging, dann aber nördlich bei dem Kolywanschen See vorbei nach dem Dorfe Sauschkina führte, wo er sich mit dem schon bekannten Wege nach Schlangenberg verband. Bei dem Dorfe Rutschjoiwa sahen wir noch Thonschiefer anstehen, von ähnlicher Beschaffenheit, wie wir ihn auf dem Hinwege getroffen hatten, die einbrechende Nacht verhinderte uns indessen andere Beobachtungen zu machen. Ungeachtet wir ausserordentlich schnell gefahren waren, und in Sauschkina die Pferde gewechselt hatten, kamen wir doch erst um 11½ Uhr in Schlangenberg an. —

Den 10. August Nachmittags um 3 Uhr verliessen wir Schlangenberg, und traten unsere Reise nach den reichen Silbergruben Riddersk und Krukowsk an, die beide in geringer Entfernung voneinander in dem obern Thale der Ulba 184 Werste von Schlangenberg entfernt liegen. Die Ulba gehört schon zu dem Stromgebiete des Irtysch, und ergiesst sich in denselben bei der Festung Ustkamenogorsk; zwischen dieser und den sich in den Ob mündenden Flüssen, dem Alei und dem Tscharysch, wohin die Wässer von Schlangenberg und von Kolywansk fliessen, findet sich aber noch ein anderer Nebenfluss des Irtysch, die Uba, welcher unterhalb der Ulba sich in den Irtysch ergiesst, und den man daher auf der Reise von Schlangenberg nach Riddersk ebenfalls noch zu passiren hat. Der Weg ist nun bis nach Schamanaicha, der zweiten Station von Schlangenberg, die grosse Strasse nach Semipalatinsk, und geht am Rande des Altai in der Steppe entlang. Bei jenem Dorfe verlässt man aber diese Strasse und wendet sich fast rechtwinklig mit der frühern Richtung in das Thal der Uba, die hier aus dem Gebirge tritt, und dasselbe öffnet. Man folgt nun dem Thale der Uba stromaufwärts und auf der linken Seite bis zum Dorfe Bystrucha, überfährt sodann den zwar nur niedrigen aber doch beschwerlichen Bergrücken zwischen der Uba und der Ulba, und gelangt auf diese Weise bei dem Dorfe Tscheremschanka in das Thal der Ulba, in welchem Riddersk noch 35 Werste aufwärts liegt. Wir waren in der Nacht in Schamanaicha angekommen, setzten noch in derselben mittelst einer Fähre über die Uba, und waren am Morgen des 10. August in Bystrucha. Die Bauern spannten hier zehn Pferde vor jeden unsrer Wagen, und begleiteten uns zu Pferde und mit langen Stangen versehen aus freien Stücken bis nach Tscheremschanka, um die Wagen an schlimmen Stellen zu halten, worauf wir dann in dem Thale der Ulba schnell vorrückten, und am Abend um 7 Uhr zu unserm Ziele anlangten.

Riddersk liegt schon tief im Gebirge,[1]) und ist nach allen Seiten von hohen Bergen umgeben, die noch jetzt grösstentheils mit Schnee bedeckt waren. Die Berge die das Thal im Süden begränzen, führen den Namen der Ulbinskischen, die nördlichen den Namen der Ubinskischen Schneeberge (Belki,[2]) wie sie hier genannt werden), und liegen die erstern zwischen der Ulba und dem Irtysch, die letztern zwischen der Ulba und der Uba. Das Thal ist bei Riddersk noch ziemlich breit, verengert sich aber im Westen immer mehr, und wird von der Tichaja bewässert, die erst nachdem sie sich mit der von den Ulbinskischen Bergen herabkommenden Grammatucha vereinigt hat, den Namen Ulba annimmt.

Am Morgen des 11. August besahen wir die Grube; eine Unpässlichkeit aber, die mich schon vor der Abreise von Schlangenberg befallen und verhindert hatte, unterwegs auch nur die geringste Beobachtung anzustellen, hatte mich so entkräftet, dass ich genöthigt war, umzukehren. Herr v. Humboldt befuhr daher die Grube allein, und besuchte darauf noch die nahegelegene Krukowsche Grube; Herr Ehrenberg war schon am Morgen früh aufgebrochen, um eine Exkursion nach einer der höchsten Spitzen der Ulbinskischen Schneeberge, dem Prochodnoi Bjelock zu machen.

---

[1]) Nach Ledebour 2346 Fuss über dem Meere.

[2]) Der Pluralis von Bjelok, welches eigentlich das Weisse im Auge und im Ei bedeutet.

Die Grube liegt mitten im Thale in einem kegelförmigen Berge, der an der Südseite von einem kleinen Nebenflusse der Tichaja, der Philippowka, bespült wird, über welcher er sich nach Hermann [1]) 54 Lachter erhebt. Er besteht aus Hornstein, der meistentheils unregelmässige Klüfte hat, die indessen doch ein allgemeines Fallen nach Süden haben. An seiner Südseite befindet sich das Erzlager, das auch nach Süden unter einem Winkel von etwa 62° fällt, sein Ausgehendes etwa 18 Lachter über der Philippowka hat, und nach Hermann in seinem Hangenden über dem das Lager bedeckenden Hornstein noch ein Lager von bläulichweissem Thonschiefer enthält. Die Mächtigkeit des Erzlagers beträgt im Ausgehenden nur etwa zwei Fuss, wird aber bald bedeutender, und erreicht schon in einiger Tiefe eine Grösse von 9½ Lachtern. In seinem Streichen war es schon zu Hermanns Zeiten bis auf eine Länge von 63 Lachtern bekannt, ohne dass man im Osten sein Ende erreicht hätte. Das Lager selbst besteht aus Quarz, der meistentheils sehr drusig und löcherig und mit Hornstein gemengt ist, und aus Schwerspath, der indessen nur in geringer Menge vorkommt.

Die Erze sind theils in dem Schwerspath eingemengt, theils auf den Klüften des Quarzes und des Hornsteins enthalten. Sie bestehen aus gediegenem Golde, das sich besonders in den obern Teufen in sehr reichlicher Menge gefunden und der Grube schnell einen grossen Ruf verschafft hat, aus Hornerz, das in dünnen Lagen im Hornstein mit gediegenem Golde besonders früher vorgekommen ist, und aus gelblichem und röthlichem Bleiocher, der jetzt den grössten Theil der Förderung ausmacht, in dem porösen Quarz enthalten ist, und im Pud 12 Pfd. Blei und 1½ Solotnik Silber enthält. Mit dem Bleiocher kommt das Weiss-

[1]) Vergl. Min. Reisen in Sibirien Th. III, S. 227.

bleierz auch häufig krystallisirt war, Hermann erwähnt davon schöner und grosser Krystalle, die in der Grube vorgekommen sind; was wir gesehen haben, bestand nur in stängligen Massen, die aber von bedeutender Grösse waren. Bleiglanz kommt nur selten vor und ist dann mit Weissbleierz umgeben; ebenso findet sich auch Kupferlasur.

Die Grube ist sehr wassernöthig. Der von der Philippowka aus getriebene Stollen bringt nur $4\frac{1}{2}$ Lachter ein, die Arbeiten sind bis jetzt schon 19 Lachter darunter getrieben. Das in dieser Teufe befindliche Grubenwasser hatte nach Hrn. v. Humboldts Beobachtung eine Temperatur von 3°,9 R., und die Luft daselbst eine Temperatur von 5°,1. Ueber Tage hatte das Wasser beim Ausflusse aus den Pumpen eine Temperatur von 4°,8, und die Luft gegen Mittag 17°,7. In der Grube soll sich nie Eis bilden, obgleich doch ausserhalb der Grube die Kälte im Winter so stark ist, dass das Quecksilber friert. — Die Silberproduktion der Grube ist jetzt weniger von Bedeutung, dagegen ist sie wegen ihrer starken Bleiproduktion von der grössten Wichtigkeit für den Altai. [1]) Sie wurde im Jahre 1786 vom damaligen Berggeschwornen Ridder entdeckt, nach welchem sie auch benannt worden ist. Alte Tschudische Arbeiten waren auch hier die Veranlassung zu ihrer Entdeckung.

Die Krukowsche Grube liegt höher im Thale herauf, etwas über eine Werst von der Ridderschen Grube entfernt und 50 Lachter höher als diese. Das Erzlager liegt in einem Porphyr, der nach den Proben, die Hr. v. Humboldt mitbrachte, theils ein röthlichbraunes, theils ein grünlichweisses Ansehn hat. Die erste Abänderung gleicht in der Farbe der Grundmasse dem Porphyr von Korgon, enthält jedoch nur sehr wenige und sehr kleine eingewachsene Gemeng-

---

[1]) Vergl. oben S. 519 die Anmerkung.

theile, die in weissen Albit- oder Feldspathkrystallen und einigen Quarzkörnern bestehen; in der andern Abänderung sind die Gemengtheile häufiger und grösser, und bestehen aus Quarz und deutlichem Albit, von denen der erstere sich in graulichweissen, im Bruche fettglänzenden Körnern, der letztere in gelblichweissen schwach durchscheinenden Krystallen findet. Die Silbererze sind in Ocher, Letten und Brauneisenerz eingewachsen, gar nicht erkenntlich. Besonders wurde dort ein weisser Thon als reiches Silbererz sehr geschätzt, es sollte im Pud 40 Solotnik Silber, welches aber selbst gar nicht zu erkennen war, enthalten. Im übrigen scheinen doch hier die Gangarten wie zu Riddersk und Schlangenberg zu sein, denn wir erhielten auch ein Stück Schwerspath von der Krukowschen Grube, worin gediegen Gold eingewachsen war. Die Grubenwasser fand Herr v. Humboldt in einer Teufe von 28 Lachtern von einer Temperatur von 3°,4 R., während die Luft daselbst eine Temperatur von 5°,5, und ausserhalb von 12°,5 hatte. Die Grube giebt jetzt, wie aus der oben angegebenen Uebersicht zu ersehen ist, eine sehr beträchtliche Ausbeute an Silber. Sie wurde im Jahre 1811 von Krukow entdeckt, nach welchem sie auch benannt worden ist, doch ist das Erzlager vielleicht nur eine Fortsetzung von dem, welches in Riddersk bebaut wird.

Am Abend kam Prof. Ehrenberg von seiner Exkursion von dem Prochodnoi Bjelok zurück, wo er eine grosse Ausbeute an Pflanzen gemacht hatte. [1]) Nach den Steinproben die er mitbrachte, findet sich

---

[1]) Herrn Ehrenberg hatte auf dieser Exkursion der Jäger des Herrn v. Humboldt, Johann Seifert begleitet, und ihn beim Einsammeln der verschiedenen Gegenstände sehr unterstützt. So wie in diesem Falle so waren uns auch bei vielen andern Gelegenheiten die Zuverlässigkeit, praktische Gewandtheit und immer freundliche Dienstleistung dieses wackern Mannes von grossem Nutzen, was ich nicht unterlassen kann, hierbei anerkennend zu erwähnen.

am mittlern Theil der Alpe Porphyr und Granit; ersterer hat eine graulichweisse splittrige Grundmasse, worin nicht sehr häufig kleine rauchgraue fettglänzende Körner und abgerundete Krystalle von Quarz und kleine gelblichweisse undurchsichtige Albitkrystalle inliegen; letzterer besteht aus röthlichweissem durchscheinenden Feldspath mit etwas grünlichweissem undurchsichtigen Albit, graulichweissem Quarz und schwärzlichgrünen Glimmer, der ein chloritähnliches Ansehn hat, und nicht sowohl in einzelnen Blättchen, als in kleinen feinschuppigen Parthien in dem körnigen Gemenge der übrigen Gemengtheile liegt. An der Spitze der Alpe findet sich ein schwarzer feinkörniger und undeutlicher Diorit, der schmale grünlichgraue Albitkrystalle, die alle ziemlich in einer Richtung liegen, schwärzlichgrüne Hornblende und tombakbraunen Glimmer enthält. —

Uns blieb nun noch die vierte Silbergrube Syränowsk übrig, die wir uns zu besuchen vorgenommen hatten, und die jetzt in Rücksicht ihres Ausbringens an Silber die bedeutendste von allen Gruben des Altai ist. Sie liegt südöstlich von Riddersk, nicht weit von der Buchtarma, und 60—70 Werste von ihrer Mündung in den Irtysch bei Buchtarminsk, ist aber von Riddersk durch die sich im N. der Buchtarma entlangziehende Gebirgskette getrennt, die eine Fortsetzung des Ulbinskischen Gebirges ist. Sie führt erst den Namen des Turgusunskischen Gebirges, weiter östlich aber, wo sie am höchsten ist, und das Scheidegebirge zwischen der Buchtarma und den Zuflüssen der Katunja, des Koksun und des Uimon ausmacht, den Namen des Cholsunschen Gebirges. Ueber diese Gebirgskette hinweg mag der Weg von Riddersk nach Syränowsk kaum 100 Werst betragen, er ist aber nur zu Pferde oder zu Fuss zurückzulegen, und konnte natürlich mit unsern Wagen nicht genommen werden. Wir mussten daher schon den gewöhnlichen

Weg einschlagen, der in dem Thale der Ulba bis nach Ustkamenogorsk, dann über das Gebirge nach Buchtarminsk, und nun erst die Buchtarma aufwärts nach Syränowsk führt.

Wir verliessen sonach Riddersk am Morgen des 11. August, und fuhren in dem Thale der Ulba entlang, das uns bis zum Dorfe Tscheremschanka schon bekannt war. Das Thal ist hier wohl noch einige Werste breit, aber das hohe Gebirge zu den Seiten, dessen Schluchten und Abhänge noch überall mit Schnee bedeckt waren, gewährte bei dem heitern Morgen den schönsten Anblick. Am ausgezeichnetsten waren die Formen der Berge in der uns links gelegenen Ulbinskischen Gebirgskette, die auch an Höhe die Ubinskische Kette bei weitem übertrifft, und besonders ragten in der erstern der majestätische Prochodnoi Bjelok, und eine andere etwas weiter abwärts gelegene Alpe, der Iwanowskoi Bjelok hervor. Zwei Werste von Riddersk erhebt sich gleich dem Berge, worin das Erzlager liegt, mitten in dem Thale ein kleiner kegelförmiger Berg, die Kruglaja Sopka (der runde Berg) genannt, bei welchem wir anhielten, um ihn zu besteigen. Er liegt ganz nahe am Wege noch diesseits der Tichaja und ist baumlos, aber wie das umgebende Thal mit Kräutern bewachsen, die eine solche Höhe hatten, und so gedrängt nebeneinander standen, dass sie uns über dem Kopf zusammenschlugen und wir uns nicht erkennen konnten, wenn wir auch nur wenige Schritte voneinander gingen. *Silivum cernuum*, *Cnicus pratensis* und *Epilobium augustifolium*, welches aber schon grösstentheils abgeblüht war, fanden sich unter den Kräutern besonders häufig; ein Exemplar von *Silivum cernuum*, welches Prof. Ehrenberg mass, hatte eine Länge von 9 Fuss. Von Ridderk aus gesehen, erschien der Berg ganz kegelförmig, aber oben auf der Höhe, die wohl ziemlich von der des Grubenberges sein mochte, sahen wir, dass er eine längliche Gestalt hatte, und dass seine Längenausdehnung in der Richtung des Thales und also auch des Erzlagers lag. Er besteht aus einem sehr ausgezeichneten Porphyr mit grossen und deutlichen eingewachsenen Krystallen. Die Grundmasse hat eine trübe graulich- bis grünlichbraune Farbe, einen feinsplittrigen Bruch, und enthält inliegende Albit- und Quarzkrystalle, beide in ziemlich gleicher Menge; erstere sind gelblichweiss, undurchsichtig und 1 bis 2, zuweilen 3 Linien lang und verhältnissmässig dick, letztere graulichweiss, sehr stark durchscheinend, fettglänzend im Bruch und von 1 bis 2 Lin. Durchmesser. Sie erscheinen wie gewöhnlich als Hexagonaldodecaëder, zerbrachen, aber sehr häufig beim Zerschlagen des Gesteins nicht, sondern sahen oft mit ihren Spitzen aus der Bruchfläche heraus, besonders wenn sie recht scharfkantig waren, was uns mehr bei den Stücken der Fall zu sein schien, die wir am Fusse schlugen, als bei denen vom Gipfel. Auch war bei den ersteren Stücken die Grundmasse von Farbe lichter. Die Krystalle finden sich häufig, liegen aber doch noch so weitläuftig, dass man die Grundmasse deutlich erkennen kann; die starke Durchscheinenheit der Quarzkrystalle geben diesem ausgezeichneten Gesteine ein besonders auffallendes Ansehn.

Weiter erheben sich in dem Thale selbst keine Berge; die, welche die Thalwände bilden, waren zu weit entfernt um untersucht werden zu können, nur erst in der Nähe des Dorfes Botachicha, [1]) wo man über eine Brücke auf das linke Ufer der Ulba fährt, treten sie näher zum Flusse heran. Der Felsen der hier der Brücke gegenüber liegt, besteht aus einem ganz trachytähnlichen Gestein, das eine weisse rauh anzufühlende, mit braunen Kluftflächen häufig durchzogene Grundmasse hat, in welcher sparsam 1 bis

---

[1]) So nannte man uns das Dorf, zwischen Riddersk und Tscheremschauka; es ist dasselbe, welches bei Ledebour Butakowa heisst.

$1\frac{1}{2}$ Linien grosse Feldspathkrystalle in breiten sechsseitigen Prismen liegen, die indessen nur durchscheinend und nicht glasig sind. In geringer Entfernung davon steht aber schon Thonschiefer an, den wir auch noch weiter abwärts beobachteten, und der überhaupt wohl das herrschendste Gestein sowohl der Ubinskischen als auch der Ulbinskischen Gebirgskette zu sein scheint. Er ist zunächst der Brücke dickschiefrig, und zuweilen röthlich und grünlich gestreift; seine Schichten haben ein sehr steiles widersinniges Einfallen St. 11,4 gegen N., und streichen also ungefähr wie das Thal. An einer Stelle jenseits Botachicha rücken sie so nahe an den Fluss heran, dass man genöthigt war, den Weg zum Theil in den Felsen zu sprengen.

Bei dem Dorfe Tscheremschanka verliessen wir den auf der Hinreise genommenen Weg, und folgten weiter dem Thale der Ulba, die von hier aus eine veränderte südliche Richtung nimmt. Das Thal erweitert sich hier wieder, doch bleiben die Berge zu den Seiten noch hoch, und haben hier nicht selten das Ansehn von grossen mächtigen Domen, was wieder an Trachyt erinnert. Die Vegetation ist fortwährend sehr üppig; die Dörfer, durch die wir kamen, sind gross, und die Bauern scheinen sehr wohlhabend zu sein. Sie beschäftigen sich viel mit Bienenzucht und produciren einen Honig, der sehr wohlschmeckend ist. Wir fuhren auf dem guten Wege schnell weiter, erreichten aber doch erst in der Nacht um 4 Uhr Ustkamenogorsk, wo wir von dem Kaufmann zweiter Gilde Nakariakoff gastfrei aufgenommen wurden.

Den 13. August. Ustkamenogorsk, die Oeffnung der Felsgebirge, wie der Name bedeutet, liegt gegen 800 Fuss hoch, am Anfang der Steppe. Die Berge ziehen sich in einiger Entfernung von dem Irtysch noch eine Zeit lang fort, wo sie aber dann ganz in die Ebene abfallen. Die Stadt ist nur unansehnlich, besteht aus einigen Strassen mit hölzernen Häusern und wird von noch nicht 2000 Einwohnern bewohnt. Sie ist nach allen Seiten offen, hat aber noch eine sogenannte Festung, die jedoch in nichts anderm als in einem grossen freien Raume besteht, der mit einigen Häusern besetzt und mit Wall und Graben umgeben ist.

Wir blieben den heutigen Tag hier, theils weil es zweckmässiger war, die weitere Reise, zu der wir noch mancherlei Vorkehrungen zu machen hatten, mit dem frühen Morgen zu beginnen, theils weil Herr v. Humboldt die Inklination der Magnetnadel für diesen Ort bestimmen und Sonnenhöhen nehmen wollte.[1]) Ich benutzte daher den Vormittag um eine Exkursion in die Berge zu machen. Ich setzte über die Ulba, die erst einige Werste abwärts von der Stadt sich in den Irtysch ergiesst, und fuhr sodann in fast nördlicher Richtung zu einigen 11 Werste von der Stadt entfernten Bergkuppen, die ziemlich die letzten Ausläufer nach der Steppe zu bildeten. Die Gebirgsarten bestanden aus Granit, und erhoben sich ebenso unmittelbar aus der Steppe, wie die Granitfelsen am Kolywanschen See, nur mit gewöhnlichern, weniger ausgezeichneten Formen. Auch die Beschaffenheit des Gesteins war noch ziemlich dieselbe; der sich hier findende Granit unterschied sich nur dadurch von dem andern, dass Feldspath und Albit von gleicher gelblichweisser Farbe waren, weshalb das gegenseitige Menge-Verhältniss beider Gemengtheile schwer zu erkennen war; die übrigen Verhältnisse waren dieselben. Anderes Gestein war auf dem Wege fast gar nicht zu sehen, nur an dem Ufer der Ulba fand sich bei der Ueberfahrtstelle noch Thonschiefer, der von graulichgrüner Farbe war, und in seigeren Schichten anstand, die von dem Flusse fast rechtwinklig durch-

[1]) Herr v. Humboldt fand die Inklination 64° 47',6.

schnitten wurden, und St. 9,4 nach SO. abfielen. Er war aber nur an dem Ufer zu sehen; in einiger Entfernung davon war er schon von der Dammerde bedeckt, aus der die Granitkuppen emporstiegen. — Auf der linken Seite des Irtysch breitete sich ebenfalls die Steppe aus, die Berge erhoben sich hier erst etwas südlicher, aber zum Theil mit sehr ausgezeichneten Formen. Besonders fiel unter diesen ein hoher dreispitziger Fels auf, der den Namen Monastyrskaja Sobka führt. Auch von Ustkamenogorsk aus war er deutlich zu sehen, er liegt von dort aus gegen SW., St. 10,4 und ist noch 80 Werste entfernt.

Gegen Mittag kehrte ich zurück. Unser Wirth hatte zu Mittag ein Gastmahl veranstaltet, an welchem nicht allein unsere ganze Gesellschaft, sondern auch noch andere Gäste aus der Stadt und der Fremde theilnahmen. Unter diesen befanden sich der Commandant der Festung, Oberst Liancourt, ein alter jedoch noch sehr lebhafter französischer Emigrant, der nun schon 39 Jahre in Sibirien lebte, und der Commerzienrath Poppoff aus Semipalatinsk, welcher uns besonders durch seine genaue Kenntniss eines grossen Theils von Mittel-Asien interessirte, die er durch seine ausgebreiteten Handelsverbindungen in Bochara, Taschkend u. s. w. erworben hatte. Er ist ein sehr betriebsamer und thätiger Mann, der sich auch um die Kultur seines Vaterlandes sehr verdient gemacht hat. Er war jetzt nur in Geschäften in Ustkamenogorsk, und lud uns schon im Voraus zu sich nach Semipalatinsk ein, wohin er noch heute zurückkehren wollte. Unser liebenswürdiger Wirth blieb in unserer Gesellschaft, nahm aber, weil es Fasttag war, nicht an dem Mahle Theil. Den Abend hatten wir noch Gelegenheit die Geschicklichkeit und Gewandtheit der die Garnison von Ustkamenogorsk ausmachenden Kosacken in allen militairischen Uebungen zu bewundern, da der General Litwinoff ein Manöver in der Festung veranstaltet und uns dazu eingeladen hatte. Wir untersuchten bei dieser Gelegenheit die Temperatur des in der Festung befindlichen Brunnens, die wir in einer Tiefe von 7 Lachter 4,8° R. fanden.

Am Morgen des 14. August traten wir unsere weitere Reise nach Buchtarminsk an, die wir aber auf unsere gewöhnliche Weise nicht anstellen konnten. Zwischen Ustkamenogorsk und Buchtarminsk setzt nämlich das Gebirge über den Fluss, der wie in einer engen Felsenspalte zwischen den Felsen hindurchgedrungen ist, und an den Ufern keinen Raum zu einem Wege übriggelassen hat. Man muss daher die Reise nach Buchtarminsk entweder über das Gebirge oder zu Wasser auf dem Irtysch machen. Die erstere Reise ist allerdings etwas beschwerlich, kann aber schneller ausgeführt werden als die bequemere Reise auf dem Irtysch, die wegen der starken Strömung des Flusses an dieser Stelle stromaufwärts nur sehr langsam von statten geht. Wir hatten die Wasserfahrt für den Rückweg versparend, natürlich gleich den Gebirgsweg vorgezogen; und da dieser in unsern grossen Wagen nicht auszuführen war, unsere nothwendigsten Bedürfnisse in lange und schmale Wagen gepackt, denen ähnlich, deren man sich auch im Ural zu den Gebirgsreisen bedient.[1]) Unsere übrigen Sachen hatten wir unserm gefälligen Wirthe, dessen Gastfreiheit wir doch wieder bei der Rückkehr in Anspruch nehmen mussten, zur Verwahrung übergeben. Hier hatten wir auch unser Barometer gelassen, das in den schmalen nur eigentlich zum Liegen eingerichteten Wagen nicht gut aufgehoben gewesen wäre. So eingerichtet reisten wir ab.

Der Gebirgsweg nach Buchtarminsk führt durch fünf Dörfer, die wie die Dörfer und Städte an der ganzen Irtyschlinie bis Omsk von Kosaken bewohnt

---

[1]) Vergl. S. 440.

werden, denen neben dem Ackerbau, welchen sie treiben, auch die Bewachung der Gränze obliegt. Die Dörfer sind wegen der Anfälle der jenseits des Irtysch wohnenden Kirgisen mit spanischen Reitern umgeben, und heissen daher Reduten; aber diese Anfälle kommen jetzt wohl kaum mehr vor, daher auch die früher sorgfältiger unterhaltenen Befestigungen jetzt von keiner Bedeutung sind. Die Namen dieser Dörfer bis Buchtarminsk und ihre Entfernungen von einander sind aber folgende: Ulbinskoi, 27 Werste, Feklistowskoi, 16 W., Sewernoi, 14 W., Alexandrowskoi, 20 W., Beresowskoi, 15 W., Buchtarminsk, 15 W., zusammen 102 Werste. Der Weg nimmt von Ustkamenogorsk aus erst eine ganz nördliche Richtung, als führe man den Irtysch hinab; wir setzten über die Ulba an derselben Stelle, wo ich gestern hinübergefahren war, blieben nun aber in ihrer Nähe bald auf ihrem rechten, bald auf ihrem linken Ufer, so dass wir bis zur ersten Station Ulbinskoi fünf Mal über den Fluss fuhren. Der Weg wird bald sehr bergig, und würde in andern als in unsern schmalen langen Wagen gar nicht zu befahren sein. Die Thäler werden eng, die Berge hoch und steil, die Aussichten oft äusserst pittoresk, schade nur, dass bei dem regnigten Wetter, das wir den ganzen Tag über hatten, sie viel von ihrer Schönheit verloren. Das Thal, in welchem wir fuhren, hatte lange Zeit eine solche Lage, dass es hinter uns gerade auf die dreigipflige Monastyrskaja Sopka auslief, die einen schönen Prospect bildete. Das Gestein war hier überall Thonschiefer. Wir suchten in Ulbinskoi den Regen abzuwarten, setzten aber bald unsere Reise weiter fort, da er nicht aufhörte und nicht sehr stark war. Ulbinskoi ist nur ein kleines Dorf, die Häuser sind aber reinlich und zeugen von der Wohlhabenheit der Bewohner. Man treibt auch hier viel Bienenzucht, und gewinnt einen sehr wohlschmeckenden Honig, den man uns in einer eigenthümlichen Verbindung mit frischen Gurken vorsetzte, mit welchen er hier viel genossen wird.

Von Ulbinskoi wird der Weg noch beschwerlicher; die Felsen haben äusserlich noch dasselbe Ansehn wie früher, bestehen aber aus einem grünsteinartigen Gestein, das dunkelgraulichgrün, sehr feinsplittrig und fest ist, und äusserst kleine schmale grünlichweisse Krystalle von Labrador (?) enthält. Später wird es wieder Thonschiefer-ähnlich, es ist dickschiefrig, grünlich und röthlich gefleckt und mit dem Messer ritzbar. Wir fuhren einen steilen Berg hinan, und befanden uns nun auf einer hügligen Hochebene, die mit hohem Gras und Kräutern bewachsen, aber ohne Bäume war. Aus der Ebene ragten kleine Kuppen hervor, von denen eine in der Nähe des Weges, die ich untersuchte, aus einem Porphyr mit fleischrother kleinsplittriger Grundmasse bestand, in welcher sehr kleine graulichweisse Quarzkörner und kleine undeutliche gelblichweisse Albit- oder Feldspathkrystalle eingewachsen waren. Wahrscheinlich bestanden aus solchem Porphyr auch die übrigen Kuppen, die in grösserer oder geringerer Entfernung vom Wege lagen, und die zu untersuchen mich der Regen und das nasse Gras abhielten; und wahrscheinlich durchsetzt dieser Porphyr den herrschenden Thonschiefer ebenso gangartig, wie ein „grauer Porphyr mit sehr deutlich eingemengten Feldspathkrystallen," den Hermann in der Nähe des kleinen Baches Fekliska, an welchem die zweite Station liegt, in einem zwei Lachter mächtigen Gange in dem Thonschiefer anstehen sah.[1]) Feklistowsk, die zweite Station, liegt noch in dieser Hochebene, und

[1]) Hermann drückt sich darüber (Min. Reisen Th. III, S. 77.) im Jahre 1795 folgendermassen aus: Das sonderbarste dabei ist, dass dieser Porphyr eine Schicht vorstellt, welche senkrecht in den Schiefer niedersetzt, gleichsam als wenn dadurch eine offene Spalte in diesem ausgefüllt worden wäre. Diese Schicht bildet aber an sich selbst ein Lager von dichtem und nicht geschichtetem Gestein, welches jedoch nach allen Richtungen zerklüftet ist. Man kann es mit

auf dieser bleibt man auch bis fast zur dritten Station Sewernoi, die nur in einem Einschnitte derselben liegt, in welchem ein kleiner Bach, die Smolianka, fliesst. Der Bach führt eine grosse Menge Geschiebe mit sich, die grösstentheils aus Thonschiefer, ausserdem aber aus einem ähnlichen Porphyr wie der von Feklistowsk und einem schwarzen Mandelsteine bestehen, den wir sonst am Altai nicht beobachtet haben. Wir blieben hier die Nacht, obgleich wir schon um 6 Uhr angekommen waren, da es nicht mehr möglich war die folgende Station noch bei Tage zu erreichen, und der Weg bis dahin sehr bergig ist.

Am folgenden Tage, den 15. August, brachen wir früh auf, und fuhren in engen Thälern zwischen steilen Felsen bis nach Alexandrowsk. Das Wetter war anfangs noch trüb und regnigt, klärte sich aber dann auf, so dass wir noch am Vormittage den heitersten Sonnenschein hatten. Die Felsen, wo ich sie untersuchte, bestanden zuerst aus einem feinkörnigen undeutlichen Diorit, der graulichweissen dichten Albit und grünlichschwarze Hornblende enthielt, bald darauf aber wieder aus dickschiefrigem schwärzlichgrauen Thonschiefer. In der Mitte zwischen Alexandrowsk und Beresowsk hörte auch dieser auf, und es stellte sich Granit ein, der von nun an bis jenseits Buchtarminsk das herrschende Gestein der Gegend ausmachte. Mit dem Granit wurde zugleich der Weg ebener und freier, und es eröffnete sich rechts eine weite Aussicht nach dem Irtysch. Anfangs erhob sich der Granit noch nicht in freistehenden Felsen; er bildete einen flachen, gegen Beresowsk geneigten Ab-

Recht als einen stehenden Porphyrgang im Schiefer betrachten. Dicht neben diesem Gange und nur zwei Arschin davon, steht noch einer, gleichsam als ein Gefährte in derselben Richtung an, nur mit dem Unterschiede, dass er beträchtlich schmäler ist, und dass hier der Porphyr in dünne nur wenige Zoll dicke Platten zerklüftet erscheint, welche jedoch im Bruche dichter wie jener, und daher auch härter sind. u. s. w.

hang, über welchen der Weg hin führte. Kurz vor diesem Dorfe stand er aber links am Wege in einer langen senkrecht abfallenden Wand an, die in horizontalen Lagen abgesondert war, [1]) und bildete von nun an einzelne Kuppen und Rücken. Der Granit dieser Felsen hatte im Allgemeinen ein weisses Ansehn. Er bestand aus graulichweissem etwas durchscheinenden Feldspath, schneeweissem Albit, graulichweissem fettglänzenden Quarz und tombakbraunem Glimmer; Feldspath und Albit waren in ihm am vorherrschendsten, der Glimmer fand sich oft nur in ganz feinen kleinen Schüppchen. In der Granitwand von Beresowsk erschien aber auch dieser in grösserer Menge; die Schüppchen lagen untereinander ungefähr in paralleler Richtung und gaben dadurch dem Gestein ein gneissähnliches Ansehn, welches aber in den folgenden Felsen schon wieder aufhörte, wo es von derselben Beschaffenheit wie an dem flachen Abhange, nur noch grobkörniger war. Die Kuppen und Rücken hatten zuerst noch eine gewöhnlichere Gestalt, je näher wir aber an Buchtarminsk kamen, desto auffallender kegelförmig wurde ihr Ansehn, so dass sie darin oft ganz den Basaltbergen glichen. Besonders merkwürdig erschien aber unter diesen ein in der Nähe nordwärts von Buchtarminsk gelegener Berg, der den Namen Mochnataja Sopka (kirgisisch Beritau) führte. Er hatte die folgende Gestalt

---

[1]) In den Höhlungen dieser Granitwand, wie auch der folgenden Berge nisteten viel Wiesel, die wir häufig an den Abhängen entlang laufen sahen.

und bildete nach vorn und hinten lange Streifen, die zuletzt plötzlich unter die Dammerde abfielen. Herr v. Humboldt hat ihn auf der Rückreise noch besonders bestiegen und diess auffallende Verhalten untersucht. Seine Längenausdehnung erstreckte sich St. 4. von SW. nach NO. Im übrigen war er wie alle andere Granitkuppen in horizontalen Bänken abgesondert.

In der nächsten Umgebung von Buchtarminsk hören die Berge auf, der Ort liegt in einer ziemlichen Ebene auf der rechten Seite der Buchtarma, 1 Werst vom Einfluss derselben in den Irtysch. Die Festung liegt unmittelbar an dem Ufer, das hier sehr steil abfällt, und einen 40 bis 50 Fuss hohen Abhang bildet, während es auf der andern Seite nur ganz flach ist. Sie hat die Gestalt eines Rechtecks, ihre eine längere Seite macht das Ufer selbst aus, die andern Seiten sind mit Wall und Graben umgeben, welchen letztern man in den Felsengrund gesprengt hat; sie ist jedoch nur klein, und enthält ausser einigen Wohnhäusern nur das Hospital und die Magazine. Nördlich an die Festung schliesst sich die Stadt an, die mit einer Befestigung von spanischen Reitern umgeben, noch kleiner und unansehnlicher ist als Ustkamenogorsk, und nur gegen 800 Einwohner zählt. Aber die Stadt ist auch noch neu und erst nach der Anlage der Silbergrube Syrānowsk entstanden, zu deren Schutz die Festung im Jahre 1791 besonders angelegt wurde; Ustkamenogorsk existirt schon seit 1720.

In der Mitte des steilen Abhanges, den das Ufer innerhalb der Festung bildet, befindet sich eine Schlucht, die sich St. 2. etwas tief in den innern Raum der Festung hineinzieht, rechtwinklig mit der Wand des Ufers, und parallel mit den schmälern Seiten des Rechtecks, welches der Wall der Festung bildet. Die steile Wand des Ufers besteht aus Granit, der von der hier gewöhnlichen Beschaffenheit und ebenfalls in dicken horizontalen Lagen abgesondert ist; die Seiten der

Schlucht werden aber von Thonschiefer gebildet, der sie vielleicht früher ganz ausgefüllt hatte, aber als leichter zerstörbar als der Granit wahrscheinlich von dem Tagewasser zum Theil ausgewaschen ist. Der Thonschiefer streicht St. 11, und fällt seiger ein; was ihn aber besonders merkwürdig macht, sind die 1 bis 2 Zoll mächtigen und häufig noch kleineren Granitgänge, die ihn nach allen Seiten ganz netzförmig durchsetzen, sich erweitern und verdrücken, sich schaaren, oder voneinander losziehen und häufig nach oben zu ganz auskeilen. Der Granit dieser Gänge hat ein noch weisseres Ansehn als der in grossen Massen anstehende Granit, da er ausser schneeweissem Feldspath und graulichweissem Quarz auch Glimmer von silberweisser Farbe enthält. Einige dieser kleinen Gänge sind an den Saalbändern feinkörnig und in der Mitte grobkörnig, andere durchgehends grobkörnig, sie schneiden aber alle an dem Thonschiefer scharf ab. Der Thonschiefer selbst ist graulichschwarz und auffallend glimmerreich; er enthält 1 bis 2 Linien grosse graulichweisse Glimmerblättchen, die aber immer parallel mit der Schichtung, und nur da parallel mit den Gängen liegen, wo diese selbst den Schichten des Thonschiefers parallel gehen. Stellenweise wird er aber merkwürdig körnig und besteht dann aus einem feinern Gemenge von Feldspath und Glimmer, in welchem wieder grössere Glimmerblättchen inliegen.

In dem innern Raume der Festung ist dieser Thonschiefer nicht zu bemerken, weil hier der Boden der Festung mit Dammerde bedeckt ist, wohl aber in dem Theile des Grabens, der dem Flusse parallel liegt. Er findet sich hier genau in der Fortsetzung der Schlucht, ist aber weniger mit Granitgängen durchtrümmert, und erscheint in dem umgebenden Granit fast wie ein Thonschiefergang, welcher quer durch den Graben setzt. Wenn man in dem Graben in südöstlicher Richtung weiter fortgeht, so kommt man an einen ähnlichen schmälern Gang von gleichem Streichen wie der Thonschieferstreifen, der von einem Gesteine gebildet wird, welches wie ein schwarzer Porphyr aussieht, wofür ich es auch bei oberflächlicher Ansicht an Ort und Stelle genommen habe, welches indessen nichts anderes als ein feines, förmlich granitisches Gemenge ist, welches aus vorwaltendem schwarzen Glimmer mit gelblichweissem Albit und Feldspath besteht, in welchem einzelne graulichweisse Quarzkörner und Feldspathkrystalle von etwa zwei Linien Grösse liegen. Der Gang ist nicht so mächtig, wie der vorige Thonschieferstreifen, ist aber auch an der Uferwand in der Fortsetzung seines Streichens wiederzufinden, [1]) und so ist hier auch noch ein zweiter Gang aus ganz demselben Gesteine links, also westlich von der Thonschieferschlucht und ausserhalb des Grabens der Festung mit demselben Streichen wie der erste wahrzunehmen, der aber nicht weit landeinwärts

---

[1]) Ich habe in meinem Tagebuche zu bemerken unterlassen, wie gross die Mächtigkeit des Thonschieferstreifens und des Granitganges war. Hermann hat diese Gänge ebenfalls bemerkt, und beschreibt sie (Th. III, S. 85.) folgendermassen: Bei Anlage dieser neuen Festung (Buchtarminsk), welche auch jetzt noch nicht ganz fertig war, hat man die Werke in den Granitlagen selbst angelegt, und bei der Arbeit dieselben auf eine beträchtliche Teufe weggesprengt, wodurch nicht nur der Bau der Granitfelsen, sondern auch zwei Gänge in denselben sichtbar geworden. Der eine ist ein auf sieben Faden mächtiger Gang eines grauen porphyrartigen Gesteins, dessen nach allen Richtungen zerklüftete Schichtenlager senkrecht einschiessen, und gerade auf den höchsten Punkt der Granitkuppe (der Mochnataja sopka) zu Tage ausgehen, anstatt dass die Granitlager ebensöhlig aus Süden gegen Norden sich verflächen. Der andere Gang besteht aus einem mürben bläulichschwarzen Thongestein, welches das Mittel zwischen Trapp und Thonschiefer hält, mit häufig eingemengtem Eisenglimmer und schwarzem und goldgelbem ordinairen Glimmer, und dieser Gang steht auch am Abfall des Hügels am Ufer der Buchtarma zwischen dem Granit zugleich mit obigem Porphyrgang über 15 Faden mächtig zu Tage an, so dass hier beide nur durch Gangmittel von 6 Faden in der Mächtigkeit voneinander getrennt sind.

zu verfolgen ist. Das Gestein dieser Gänge erscheint demnach wohl wie ein feinkörniger Granit, der in dem umgebenden grobkörnigen aufsetzt; vergleicht man es aber mit dem Thonschiefer, wie er sich besonders an manchen Stellen in der kleinen Schlucht in der Nähe der eigentlichen Granitgänge findet, so kann man die Gänge dieses feinkörnigen Granites unmöglich für etwas anderes halten als für ähnliche grosse Streifen oder Stücke eingemengten Thonschiefers, die nur in höherm Grade wie der, welcher in der Schlucht ansteht, durch Einwirkung des umgebenden Granites zu einem feinkörnigen granitähnlichen Gemenge umgeändert sind. [1]

In der Nähe der Festung Buchtarminsk liegen noch zwei mineralogisch bemerkenswerthe Orte, die Kupfergrube Buchtarminsk, 27 Werste östlich von der Festung, und ein etwas südlich von der Grube gelegener Magnetberg, die wir indessen beide nicht besuchten, wie wir uns überhaupt nur einige Stunden in Buchtarminsk aufhielten. Der Magnetberg ist indessen von Hermann beschrieben, und besteht nach ihm aus einem stockförmigen Lager von Magneteisenerz, das über Tage auf eine Länge von 38 [2] und auf eine Breite von 24 Lachter entblösst ist, und nebst einer Lage körnigen Kalksteins, die neben dem Magneteisenerzlager zu Tage ausgeht, in einem Gesteine liegt, das Hermann einen grauen Hornstein nennt, in welchem kleine Quarzkörner und Feldspathkrystalle eingemengt sind, und das also auch hier wohl ein Porphyr ist. Die Kupfergrube ist seit 1790 in Betrieb, wird

---

[1]) Diese Erscheinung mag häufiger vorkommen, als man vermuthet; denn auf eine gleiche Weise mögen unter andern vielleicht alle die scharfbegränzten Stücke feinkörnigen Granites, die man so häufig in den Granitplatten auf den Bürgersteigen Berlins findet, zu erklären sein. Auch diese Stücke sind durch einen grossen Reichthum von Glimmer ausgezeichnet.

[2]) A. a. O. Th. III, S. 87 steht statt 38, 58 Lachter.

aber jetzt nur wenig mehr bebaut, und ist überhaupt besonders nur dadurch wichtig geworden, dass sie die Veranlassung zur Entdeckung der reichen Silbergrube Syränowsk wurde. Den Magnetberg hat man noch gar nicht benutzt, da man ungeachtet der Leichtigkeit, mit welcher das Erz zu gewinnen wäre, dasselbe doch aus Mangel an Holz nicht verschmelzen kann.

Wir waren kurz nach Mittag in Buchtarminsk angekommen, und setzten, nachdem Herr von Humboldt noch Sonnenhöhen genommen hatte, unsere Reise um 5 Uhr geraden Weges nach Syränowsk weiter fort. Der Weg dahin geht bis zum Dorfe Talowka, 20 Werste von Buchtarminsk auf der rechten, dann auf der linken Seite der Buchtarma. Wir fuhren anfangs, die Mochnataja sobka zur linken lassend, auf der jetzt ganz verdorrten Steppe fort, deren unzählige trockene Tulpenstengel uns eine Vorstellung von ihrer Pracht und Schönheit im Frühjahr gaben, und gelangten dann an einen niedrigen und kahlen Bergrücken, der gerade auf den Fluss zusetzt und den wir in schräger Richtung bis nach Talowka durchschnitten. Die Gesteine, welche man hierbei antrifft, sind zuerst ein grünlichgrauer dünnschiefriger Thonschiefer, dessen Schichten St. 9,4 streichen, und ziemlich steil nach SW. einfallen; auf welchen sodann mit gleichem Streichen ein grobkörniger schneeweisser bis graulichweisser Kalkstein folgt, der in dicken Bänken abgesondert ist. In diesem Kalkstein befindet sich etwas links ab vom Wege und 14 Werst von Buchtarminsk entfernt eine Höhle, die Herr von Humboldt in Augenschein genommen hatte, während Prof. Ehrenberg und ich noch auf der Steppe zurückgeblieben waren. Die Höhle ist nicht gross, und liegt auf dem östlichen Abhange des Bergrückens. Nach den Gesteinsproben, die Herr v. Humboldt mitbrachte, hat aber der Kalkstein ein anderes Ansehen, als der, welcher bei dem Wege ansteht; er ist nämlich gelblichgrau und graulichweiss, hat einen dichten, splittrigen Bruch, und enthält grosse Enkrinitenstiele mit weissem späthigen Kalkspath eingeschlossen. In dieser Gegend, 6 Werste von dem Dorfe Talowka liegt auch die Grube Sawodinskoi, wo das bei Barnaul erwähnte Tellursilber [1]) vorgekommen ist. Wir setzten bei dem Dorfe über die Buchtarma, fuhren dann in dem weiten Thale schnell weiter, kamen aber doch erst in der Nacht um 1 Uhr ziemlich durchgefroren in Syränowsk an.

Den 16. August. Syränowsk liegt in dem Thale der Maglenka, nicht weit von ihrer Vereinigung mit der Beresowka, welche sich 10 Werste weiter nördlich in die linke Seite der Buchtarma ergiesst. Das Thal ist weit, aber unfruchtbar, und die Berge die sich an beiden Seiten zu ziemlich bedeutender Höhe erheben, sind fast völlig baumlos, daher die ganze Gegend ein dürres und ödes Ansehn hat. Die Grube liegt an dem Abhange eines solchen die Thalwand bildenden, ziemlich prall ansteigenden Berges, der aus Thonschiefer besteht. Das Gestein hat eine lichte graulichgrüne Farbe, ist ziemlich dünnschiefrig und enthält zwischen seinen Schichten öfter nussgrosse Kugeln und Knollen von einer grünlichweissen dichten Feldspathmasse. Seine Schichten streichen unten am Berge wie das Thal St. 3,4 von SW. nach NO., und fallen unter steilem Winkel nach NW. widersinnig ein; oben auf dem Berge ist aber das Streichen etwas verschieden und genauer von O. nach W. Das Ausgehende des Erzlagers, worauf die Grube baut, findet sich fast ganz auf der Höhe des Berges, und ist dort in einer kleinen Pinge entblösst. Es besteht grösstentheils aus Hornstein, hat eine verschiedene 3 bis 11 Lachter grosse Mächtigkeit und ein ungefähr gleiches Fallen wie der Thonschiefer. Das unmittelbare

[1]) Siehe Seite 520.

Hangende des Erzlagers besteht ebenfalls aus Thonschiefer, der aber schon ein etwas Talkschiefer-ähnliches Ansehn hat, und kleine zum Theil in Brauneisenerz veränderte Eisenkieskrystalle eingemengt enthält. Weiter abwärts ist das Gestein ein vollkommner Talkschiefer, hat auch eine graulichgrüne Farbe, und enthält kleine weisse Feldspathkrystalle und einige Quarzkörner eingemengt. Es bildet auf diese Weise das obere Plateau des Berges, ist jedoch hier meist überall mit Dammerde bedeckt, und nur in einzelnen Hervorragungen zu sehen.

Der Hornstein, der das Erzlager bildet, ist lichte rauchgrau, und mit Quarz, und nach Hermann[1]) auch mit Schwerspath nach Art des Schlangenberger Erzlagers durchsetzt. Der Quarz, der an manchen Stellen sehr überhand nimmt, ist meistens sehr porös; seine Poren sind mit gelbem Eisenocher und mit Bleierde mehr oder weniger angefüllt, welche auch meistentheils das silberhaltige Gold enthalten, dass den Hauptgegenstand des Grubenbaus ausmacht. Gewöhnlich ist diess nur in so fein vertheiltem Zustande darin enthalten, dass man es mit den Augen nicht erkennen kann, doch findet es sich auch in grössern Blättchen und Körnern, ja zuweilen in Stücken von mehreren Lothen und Pfunden. Wir erhielten selbst ein solches Stück, welches ungefähr sieben Loth wog; es hatte eine unebene Oberfläche und war ziemlich frei von Quarz. Nach einer Analyse, die ich nach meiner Rückkehr damit anstellte, enthielt es

Gold . . .	60,98
Silber . . .	38,38
Eisen . . .	0,33
	99,69

Ob dieser starke Goldgehalt sich immer bei dem Silber finde, oder besonders da vorkomme, wo es in

[1]) Min. Reisen Th. III, S. 220.

derbem Quarz enthalten, und weniger da, wo es in fein vertheiltem Zustande dem Ocher beigemengt ist, bin ich nicht im Stande zu entscheiden. Es ist möglich, dass das letztere der Fall ist, da auch Hermann gediegenes Silber, also gewiss wenigstens grösstentheils goldfreies Silber, in Plättchen auf Klüften in Hornstein vorkommend angiebt. Die übrigen auf dem Erzlager vorkommenden Erze bestehen noch in Weissbleierz, das in stängligen Massen und in Krystallen vorkommt, und häufig einen Kern von körnigem Bleiglanz umgiebt, und in Kupferlasur, die sich in ziemlich netten Krystallen findet, indessen häufig in Malachit umgeändert ist. Hermann giebt auch noch Rothkupfererz, Kupferglanz und als Seltenheit Kupferkies an; die braunen in dem porösen Quarz enthaltenen Ocher aber bilden stets den grössten Theil der Förderung. Die Erze enthalten im Durchschnitt im Pud 4 bis 6 Solotnik goldhaltiges Silber und etwa 20 pCt. Blei.

Man hat für den Abbau der Grube einen Stollen vom Thale aus in den Berg getrieben, die Arbeiten aber schon viel tiefer unterhalb desselben fortgeführt. Der ganze Bergbau schien uns in einem vortrefflichen Zustande zu sein; er wurde von dem Geschwornen Tschestakoff geleitet, der uns auch in der Grube herumführte. Bei dem Befahren der Grube trafen wir in dem Stollen auch einen Augitporphyr an, der eine graulichgrüne Grundmasse hatte, und kleine dunkelpistaziengrüne Augitkrystalle eingemengt enthielt, die nicht scharf begränzt und ziemlich gedrängt in der Grundmasse lagen. Wahrscheinlich kommt derselbe gangartig im Erzlager vor.

Wie bedeutend die Ausbeute der Grube an goldhaltigem Silber ist, habe ich schon oben angeführt; das jährliche Quantum ist jedoch jetzt noch grösser und beträgt an 500 Pud. Die Zahl der Arbeiter steigt bis auf 700 Mann. Die Erze werden wegen gänzlichen Holzmangels nicht an Ort und Stelle verschmolzen, sondern nach Barnaul und den übrigen Silberhütten des Altai abgeführt. Der Transport geschieht zum Theil zu Lande, zum Theil zu Wasser auf dem Irtysch. Sie werden zu dem Ende bei dem obern Verladungsplatze (Pristan) zwischen den Kosakendörfern Woronoi und Tscheremschanskoi, oberhalb der Festung Buchtarminsk und 60 Werste von Syränowsk eingeschifft, und bei dem untern Verladungsplatze, 2 Werste oberhalb Ustkamenogorsk, wieder ausgeschifft. Wegen des weiten Transportes hatte man bisher nur die reichern Erze, d. i. besonders den porösen Quarz zu den Hütten abgeführt, den derben aber als zu arm zurückbehalten. Seit 1826 hat man indess angefangen, diesen in einem Pochwerke, welches unterhalb der Grube im Thale der Beresowka angelegt ist, zu verpochen, und auf diese Weise schon 12 Pfd. Gold gewonnen.

Die Grube ist noch neu, sie wurde im Jahre 1791 von einem Schlossergesellen der Buchtarminskischen Grube Syränoff entdeckt; in den ersten Jahren wurden nur die Erze gefördert, der Transport derselben auf dem Irtysch ist erst 1804 durch den Ober-Berghauptmann v. Froloff eingeführt. Auch auf der Syränowschen Grube hat man alte Tschudische Arbeiten gefunden, und auch hier waren sie die Veranlassung zu den neuen.

Wir blieben den Vormittag in Syränowsk, befuhren zuerst die Grube und besuchten sodann das Pochwerk; am Nachmittage reisten wir weiter. Auf dem Wege nach dem Pochwerke besteht das Gestein aus Chloritschiefer, der aber auch nicht karakteristisch ist, sondern ebenso einen Uebergang in den Thonschiefer bildet, wie der Talkschiefer, welcher im Hangenden des Erzlagers vorkommt. Bei dem Pochwerk hat man, das Thal der Beresowka hinab, die Aussicht in das Thal der Buchtarma und auf das sich jenseits erhebende Cholsun-Gebirge. Einer der höchsten Berge desselben, die Stolbowucha, liegt St. 12,4 und weiter

38

östlich, dem Thale der Beresowka gerade gegenüber, und erhebt sich in 17 einzelnen Hörnern; sie waren alle schon mit Schnee bedeckt, der zwar nicht das ganze Jahr auf ihnen liegen bleibt, und im Mai wegzuschmelzen, aber schon am Ende des Juli sie wieder zu bedecken pflegt. Der Anblick dieser schneebedeckten Berge erregte wohl den Wunsch, noch weiter ins Gebirge eindringen zu können, aber die Jahreszeit war doch für unsere weitern Pläne schon zu weit vorgerückt, um diesem Wunsche nachgeben zu können.

Die Stolbowucha ist nicht der höchste Berg des Cholsun-Gebirges, noch weiter östlich liegt 15 Werste ONO. von dem Dorfe Fykalka, [1]) in dem Thale der Bjelaja, einem rechten Nebenflusse der Buchtarma, die höhere Schtschebenucha, und noch weiter östlich in dem Meridian des von Ledebour besuchten chinesischen Postens Tschingistei an der Buchtarma die hohe

[1]) Das obere Thal der Buchtarma wird von den sogenannten Kamenschtschiken oder Jassaschniken bewohnt, ursprünglich grösstentheils entlaufene Bergarbeiter oder andere Läuflinge, die sich an der obern Buchtarma festgesetzt, und von ihren unzugänglichen Schlupfwinkeln aus lange Zeit die umliegende Gegend beunruhigt und Raub und Mord verübt hatten. Im Jahre 1791 unterwarfen sie sich den Gesetzen, und erhielten von der Kaiserin Katharina für ihren frühern Lebenswandel Verzeihung, um welche sie durch eine eigene Gesandtschaft nachgesucht hatten. Sie siedelten sich nun in ordentlichen Dörfern an, und wurden anfangs nur verpflichtet einen Tribut, wie die der russischen Herrschaft unterworfenen Völkerschaften Sibiriens zu entrichten, bezahlen aber jetzt dieselben Abgaben wie die russischen Bauern, und sind nur von der Rekruten-Lieferung frei geblieben. Wegen jenes Tributes (Jassak) haben sie den Namen Jassaschniken, wegen ihres Aufenthaltes im höhern Gebirge den Namen Kamenschtschiken (von Kamen Stein, Fels) erhalten. Sie sind jetzt ruhige und wohlhabende Unterthanen geworden, die acht grosse Dörfer bewohnen, deren östliches eben Fykalka ist. Nähere Nachrichten über diese Kamenschtschiken geben Ledebour in seiner Altaischen Reise B. II, S. 288 und Ritter in seiner Erdkunde von Asien B. I, S. 701; die neuesten theilt Gebler in den Dorpater Jahrbüchern für Litteratur, Statistik und Kunst B. III, S. 143 mit.

Bjelucha, die für den höchsten Berg des ganzen Altai gehalten wird, aber bis jetzt noch unerstiegen ist. Der Staatsrath Gebler, der sie in der neuern Zeit im Jahre 1833 besuchte und beschrieb, [1] giebt ihre Höhe auf 11,000 Fuss an. Sie bildet zwei steile, spitze, durch einen das übrige Gebirge noch weit an Höhe übertreffenden Bergrücken verbundene Hörner, die mit ewigem Schnee bedeckt sind, zwischen welchem man nur schmale Felsenriffe nach den Gipfeln sich hinziehn sieht. Am Fusse des westlichen Hornes entspringt aus Gletschern die Katunja oder der Uimon, der in bogenförmigem Laufe anfangs in westlicher, sodann in nördlicher, und nach der Vereinigung mit dem Koksun in östlicher Richtung fortfliesst, bis er nach der Verbindung mit dem Argut und der Tschuja seinen Lauf abermals verändert und eine nordöstliche Richtung annimmt; an dem östlichen Horne entspringt der Berel, der nach einem 60 bis 70 Werste langen südsüdöstlichen Laufe sich mit der Buchtarma, 123 Werste oberhalb der Bjelaja verbindet. Von der Bjelucha gehen zwei Bergketten aus; die eine zieht sich von dem westlichen Horne in nordwestlicher Richtung und im N. der obern Katunja fort; die andere nimmt von dem östlichen Horne eine ostsüdöstliche Richtung nach der Tschuja; diese Kette wird in ihrem mittlern Theile von dem Argut durchbrochen, der, ein weit bedeutenderer Strom als ihn die Karten angeben, seinen Ursprung in der chinesischen Mongolei nimmt. Beide Gebirgsketten nennt Gebler das Katungische Gebirge, einen Namen den Pansner zuerst gebraucht hat. Seiner geognostischen Beschaffenheit nach besteht es ebenso, wie das Cholsun-Gebirge, aus Chloritschiefer, der in Thonschiefer und in Glimmerschiefer

---

[1] Dorpater Jahrbücher B. III, S. 141 u. ff. und Bulletin scientifique de l'Académie impériale des sciences de St. Pétersbourg, T. I, S. 102.

übergeht, und stellenweise von Granit und Porphyr durchbrochen wird. Kalk und Serpentin fand Herr Gebler nur einmal, und sogenannten Grünstein gar nicht, dessen Mangel bei seiner allgemeinen Verbreitung in dem Ural sehr auffallend ist.

An der Südseite des Katungischen Gebirges finden sich die einzigen bekannten heissen Quellen des Altai, deren genauere Untersuchung ein Hauptzweck der Reise des Herrn Gebler war. Sie liegen nicht weit von den Quellen des Berel, in dem Thale des kleinen Flüsschens Rachmanowka, der von NO. nach SW. fliessend in die östliche Seite des Berel fällt, nachdem er sich zweimal zu kleinen Alpenseen erweitert hat. Nahe unter dem obern See dringen drei solche Quellen in geringer Entfernung voneinander, aus einem Gerölle von Glimmerschiefer, Porphyr, besonders aber von Granit an der nördlichen Thalwand hervor. Die Hauptquelle fand Herr Gebler auf zwei Ellen im Gerölle vertieft und mit einer hölzernen Einfassung umgeben, die andere nicht halb so tief und im Halbkreise mit Steinen umlegt. Ihr Wasser vereinigt sich und rieselt zwischen dem Gerölle der Rachmanowka zu. Dreissig Faden näher am See finden sich in ähnlichen künstlichen Becken noch zwei warme Quellen, die, wie auch eine kalte Quelle, die wenige Schritte östlich von diesen durch den Rasen fliesst, sich in den See ergiessen.

Das Wasser der warmen Quellen rieselt, durch die dicke Lage des Gerölles vielleicht in seiner Kraft gebrochen, still hervor, und giebt bei der Hauptquelle nach den frühern Beobachtungen des Apotheker Popoff in der Stunde 20 Eimer. In allen Becken entwickeln sich Blasen kohlensauren Gases, die sich in unbestimmten Zwischenräumen bald schneller, bald langsamer aufeinander folgen; auf dem Gerölle, über welches das Wasser fliesst, befindet sich ein sehr dünner weisser Ueberzug. Das Wasser ist geschmack- und geruchlos; es hatte in der Hauptquelle eine Temperatur von 33¼ ° R., und nachdem ihr Bassin noch etwas vertieft war, von 34°; in den dabei gelegenen untern Quellen von 27° und 29°, und in den obern seichtern Quellen von 25°. Nach den chemischen Versuchen, die Hr. Gebler theils an Ort und Stelle, theils bei seiner Rückkehr in Barnaul anstellte, enthält das Wasser dieser Quellen nur 0,0013 pCt. also nur äusserst wenige fixe Bestandtheile, welche nur aus kohlensauren Salzen [1]) mit Extractivstoff bestehen; schwefelsaure, salzsaure oder andere Salze finden sich nicht darin. In der geringen Menge der fixen Bestandtheile, die sie enthalten, haben die heissen Wässer des Altai viel Aehnlichkeit mit den Wässern von Gastein und von Pfeffers, mit welchen erstern sie auch noch das gemein haben, dass sie aus dem krystallinischen Schiefergebirge entspringen.

Das Dasein der heissen Quellen im Altai ist interessant, und steht, worauf Hr. v. Humboldt [2]) zuerst aufmerksam gemacht hat, mit einer andern Erscheinung in Verbindung, nämlich mit den Erdbeben, die am Altai nicht selten verspürt werden. Die Erschütterungen sind bis jetzt freilich nie sehr heftig gewesen, ihr Gebiet erstreckt sich indessen nicht bloss auf das Gebirge, wo sie freilich am häufigsten sind, sondern auch auf die angränzende Ebene, wie z. B. bei dem Erdbeben vom 28. November 1761, das wie Pallas berichtet, in Barnaul, und bei dem Erdbeben vom 9. Nov. 1829, das nach Gebler in Barnaul und Susunsk wahrgenommen wurde. Am Ural sind keine heisse Quellen bekannt, aber auch Erdbeben äusserst seltene Erscheinungen. [3])

---

[1]) Nach Herrn Gebler sind die Basen der kohlensauren Salze Natron und Talkerde, wiewohl direkte Versuche, aus denen die Gegenwart dieser Basen hervorginge, nicht angeführt werden.

[2]) Fragmens asiatiques Th. I, S. 126.

[3]) Nach Zeitungsnachrichten hat man jedoch in der neuern Zeit

Die Syränowsche Grube liegt so nahe der chinesisch-mongolischen Gränze, dass wir unmöglich diese Gegend verlassen konnten, ohne einen Besuch bei dem nächsten chinesischen Posten Baty oder Khonimailakhû am Irtysch zu machen. Herr v. Humboldt hatte deshalb schon in Buchtarminsk die Vorkehrungen dazu getroffen, und der General Litwinoff einen Kosaken abgesandt, um dort unsere Ankunft anzumelden; wir fuhren daher von Syränowsk direkt zu diesem Posten hin. Der Weg ging bei dem Goldpochwerke vorbei, dann aber rechts das Thal der Beresowka einige Zeit aufwärts, worauf wir uns dann wieder rechts über die Ebene nach dem Irtysch wandten. Das Thal der Beresowka ist gross und weit, und zu beiden Seiten von mässig hohen Bergen eingefasst, die wie im Thale der Maglenka völlig nackt sind. Nachdem wir dieses Thal verlassen hatten, spannten wir in einem Dorfe noch einmal um, und gelangten dann um 1 Uhr in der Nacht nach dem letzten Kosakendorfe am Irtysch, Krasnojarsk, wo wir den übrigen Theil der Nacht verweilten.

Am Morgen brachen wir früh auf und fuhren an dem rechten Ufer des Irtysch entlang. Da Krasnojarsk von dem chinesischen Posten noch 60 Werste entfernt ist, so waren, um unsern Besuch in einem Tage abmachen zu können, Pferde zum Wechseln vorausgesandt worden. Nach dem ersten Wechsel setzten wir über den Narym, einen kleinen in den Irtysch fallenden Fluss, welcher hier die Gränze gegen die chinesischen Mongolei bildet. Er hat einen fast genau westlichen Lauf, ist jedoch nicht lang; weiter aufwärts bildet die

---

zu Slatoust im südlichen Ural sowohl in der Nacht zum 11. Dez. 1836, als auch zum 29. Feb. 1837 Erdbeben verspürt. Das erstere derselben hatte man auch auf dem Hüttenwerke Kyschtimsk, das letztere in dem Dorfe Turdojak bei Miask und auf den Hüttenwerken Kussinsk und Kyschtimsk verspürt. Ausser diesen habe ich jedoch von keinem andern Erdbeben am Ural gehört.

obere Buchtarma die Gränze, die fast in der Verlängerung des Narym liegt, sich aber einige Werste vor dessen Ursprung nach NW. wendet. Eine hohe nackte Felsenkette, die den Namen der Narymschen Berge führt, zog sich bisher auf der rechten Seite des Irtysch in einiger Entfernung vom Ufer entlang, hinter dem Narym rücken aber diese Berge näher an den Fluss, an der Stelle des zweiten Pferdewechsels waren sie ihm am nächsten, und traten dann wieder mehr zurück. Sie bestehen aus Granit, der auch hier grösstentheils in horizontalen Lagen abgesondert ist, und dieselben merkwürdigen Formen hat wie am Kolywanschen See und bei Buchtarminsk. Er bildet ganze Mauern, oder einzelne Felsen, die in einer Reihe nebeneinander liegen, und auch hier die Vorstellung erwecken, als wären sie aus einer Spalte hervorgebrochen. Sie haben das nämliche Streichen wie die Mochnataja Sobka bei Buchtarminsk St. 4,4 von SW. nach NO., und gehen deshalb nicht ganz genau mit dem Laufe des Irtysch parallel, sondern machen mit ihm einen sehr spitzen Winkel. Hinter dem zweiten Wechsel war das Ansehn dieser Granitfelsen am merkwürdigsten; die Granitmauern hatten hier eine bedeutende Lücke, und bildeten gleichsam ein Thor, das von lauter kleinen Pics von Granit, die sich im Hintergrunde zu einer grössern Höhe erheben, ausgefüllt wird. Man glaubte einen grossen mächtigen Lavastrom auf sich zufliessen zu sehen, der aber in seinem Laufe aufgehalten und erstarrt war. Die Beschaffenheit dieses Granites war bei diesem zweiten Wechsel, wo wir sie näher untersuchten, vollkommen wie die des Granites zwischen Beresowsk und Buchtarminsk; doch kommt der Granit in den Narymschen Bergen auch porphyrartig vor, wie ich aus einem Stücke von diesen Bergen ersah, welches ich später in Buchtarminsk erhielt. Die Gemengtheile haben hier zwar noch dieselbe Farbe, aber grosse weisse Feldspathkrystalle liegen gedrängt in einer feinkörnigen Grundmasse, die sehr glimmerreich ist, und aus schwarzem Glimmer, graulichweissem Quarz und weissem Albit wahrscheinlich ohne allen Feldspath besteht. [1])

Das linke Ufer des Irtysch ist in dieser Gegend frei und steppenartig. Es wird von den nomadisirenden Kirgisen der grossen Horde bewohnt, die indessen auch auf dem rechten Ufer herumstreifen. Wir kamen bei mehreren ihrer Aule vorbei, wie man ihre zusammen herumziehenden Gemeinden nennt, und fanden in der Nähe derselben auch den Boden stellenweise bebaut. Meistentheils sahen wir Hirse (*Holcus Sorgum*) gezogen, die überall recht gut stand, weil die Kirgisen den Acker sehr geschickt zu bewässern verstehen, und ihn überall mit kleinen Gräben durchschneiden, durch welche das Wasser von den Bergen dem Acker zugeführt wird. Auch Weizen sollen die Kirgisen in der Steppe bauen.

Um 1 Uhr kamen wir bei dem chinesischen Posten

---

[1]) Wegen der gleichen Farbe des Feldspathes und Albites ist die Abwesenheit des Feldspaths aus der Grundmasse des porphyrartigen Granits der Narymschen Berge nicht mit völliger Bestimmtheit auszumachen, doch scheint sie schon im Voraus anzunehmen zu sein, da sie wahrscheinlich nicht bloss eine Eigenthümlichkeit dieses Granites, sondern aller porphyrartigen Granite ist. Man sieht diess deutlich bei allen porphyrartigen Graniten, wo der Feldspath und Albit eine verschiedene Farbe haben; sehr ausgezeichnet erkennt man es indessen z. B. bei einem Granite aus Monte Video (zwischen Joao Manael und Bagé), von welchem sich mehrere Stücke in der Königl. Sammlung in Berlin befinden, und bei welchem der in grossen Krystallen inliegende Feldspath ziegelroth, der Albit aber, welcher mit schwarzem Glimmer und rauchgrauem Quarz die Grundmasse bildet, graulichweiss ist. Auch bei dem bekannten porphyrartigen Granite von Elnbogen bei Carlsbad in Böhmen, der mit dem Granite der Narymschen Berge eine grosse Aehnlichkeit hat, ist die Abwesenheit des Feldspaths aus der Grundmasse schon deutlich zu erkennen, da, wenn auch hier der Feldspath und Albit von gleicher weisser Farbe sind, doch die Grundmasse dieses Granites noch grobkörniger als bei dem Granite der Narymschen Berge ist.

an; es sind eigentlich deren zwei, einer auf dem rechten, ein anderer auf dem linken Ufer des Irtysch, deren Mannschaft in Zelten oder kirgisischen Jurten, [1]) die ohne Ordnung durcheinander gestellt sind, wohnt. In dem Posten des linken Ufers stehen Mongolen, in dem des rechten Ufers Chinesen, doch werden beide von chinesischen Offizieren befehligt. In der Mitte zwischen beiden Posten befindet sich auf einer Insel im Irtysch ein kleines Kosaken-Piket unter einem Rittmeister (Jessaul), für welches dort einige Häuser erbaut sind. Diess Piket ist dazu bestimmt, die Aufsicht über den Fischfang zu führen, der von den Kosaken der umliegenden Dörfer auf dem chinesischen Irtysch bis zum Saissan-See getrieben wird, die mässige Abgabe an Salz und Stören, die sie dafür dem chinesichen Posten zu entrichten haben, anzuordnen, und überhaupt auf die Erhaltung des guten Einverständnisses zwischen Russen und Chinesen zu sehen. Im Winter, wo kein Fischfang getrieben wird, zieht sich das Russische Piket bis zum nächsten Dorfe Krasnojarsk zurück, dann bleibt aber auch der chinesische Posten nicht auf seiner Stelle, sondern geht nach Tschugutschack [2]) einer Stadt im Süden des Saissan Sees [3]) zurück.

---

[1]) Die kirgisischen Jurten sind runde Zelte, die aus einem Staket bestehen, um welches Filzdecken geschlagen werden; sie haben oben eine verschliessbare Oeffnung zum Abzug des Rauches, und eine andere zur Seite zum Aus- und Eingang.

[2]) Nach dem Berichte von Putimsteff, der im Jahre 1811 im Auftrage der russischen Regierung eine Reise mit einer Karavane von Tara aus über Buchtarminsk, Tschugutschack nach Guldscha am Ili-Flusse, dem Verbannungsorte der chinesischen Grossen machte, beträgt die Entfernung von Buchtarminsk bis Tschugutschack 446 Werste. (S. den Auszug von Putimsteff Reisebeschreibung im magasin asiatique von 1826, S. 174.

[3]) Dr. Meyer, der Reisegefährte des Staatsraths Ledebour, welcher bis zum Saissan See selbst vorgedrungen ist, hat in einem interessanten Artikel in seiner Reise diese Fischereien der Russen,

Da unsere Ankunft schon vorher angemeldet war, so hatten die Kosaken des russischen Pikets zwei kirgisische Jurten auf dem rechten Ufer aufgeschlagen, in welchen wir erst abstiegen, und sodann dem Befehlshaber des rechten Postens einen Besuch machten. Er kam uns schon vor seinem Zelte mit zwei Begleitern, die hinter ihm gingen, entgegen. Es war ein langer, hagerer, und wie es schien noch junger Mann, mit einem blauen seidenen Ueberrocke bekleidet, der bis zu den Knöcheln hinabreichte, und mit der bekannten spitzen, unten umgekrempten Mütze bedeckt, in welche hinten mehrere, seinen Rang verkündende Pfauenfedern horizontal gesteckt waren. Seine Begleiter waren ebenso gekleidet, hatten aber die Pfauenfedern in der Mütze nicht. Er lud uns durch Zeichen ein, in sein Zelt zu treten, eine kirgisische Jurte, in welcher der Thür gegenüber und zur Seite mehrere Koffer und Kisten mit Teppichen und Polstern bedeckt standen, und ein Teppich auf dem Boden ausgebreitet war. Der Chinesische Befehlshaber nahm der Thür gegenüber Platz, ihm zur Seite Herr v. Humboldt, die übrige Gesellschaft setzte sich theils auf die übrigen Kisten oder Polster, oder auf den Boden. Wir hatten einen Dolmetscher aus Buchtarminsk mitgebracht, der indessen nur mongolisch sprach, welches aber der Chinesische Offizier verstand. Die Fragen des Herrn v. Humboldt wurden daher nun von unsern russischen Begleitern dem Dolmetscher ins Russische, und von diesem dem chinesischen Offiziere ins Mongolische übersetzt, und denselben Weg machten die Antworten zurück. Der chinesische Befehlshaber bot uns Thee an, welcher von den Chinesen ohne Milch und Zucker getrunken wird, wofür ihm aber gedankt wurde; er erkundigte sich

---

und den Verkehr mit den Chinesen näher beschrieben. (Ledebour Reise durch das Altai-Gebirge, Th. II, S. 203 u. ff.

darauf nach der Absicht der Reise des Herrn v. Humboldt, welcher ihm erwiedern liess, dass er gekommen sei, um die Bergwerke, von denen der chinesische Offizier wohl Kenntniss hatte, zu besuchen. Herr v. Humboldt dagegen fragte ihn nach seiner Heimath, worauf er erwiederte, dass er direkt von Peking hierher gesandt sei, und erzählte, dass er den Weg zu Pferde und in 4 Monaten zurückgelegt habe, dass er noch nicht lange hier sei, und dass die Befehlshaber dieses Postens alle drei Jahre wechselten.

Nach einem kurzen Aufenthalte entfernten wir uns, und liessen uns nach dem jenseitigen Ufer übersetzen, um dem Offizier des andern Postens gleichfalls unsern Besuch zu machen. Er erwartete uns in seiner Jurte, vor deren Thür eine Menge Stangen mit Stücken frischen Fleisches behängt, aufgestellt waren, zwischen denen wir uns einen Durchweg suchen mussten. Er war wie der Befehlshaber des rechten Postens gekleidet, war aber älter und schmutziger, und einen ähnlichen Anstrich hatte auch seine Jurte und seine ganze Umgebung. Die Unterhaltung mit ihm war noch etwas mühsamer, da ihm erst die Reden des Dolmetschers von einem seiner Untergebenen ins Chinesische übersetzt werden mussten, sei es, dass er selbst nicht mongolisch verstand, oder dass er es seiner Würde für angemessener hielt, nicht unmittelbar mit dem Dolmetscher zu sprechen. Herr v. Humboldt schenkte ihm ein Stück rothen Sammet, das schon zu diesem Zwecke in Buchtarminsk gekauft war, und welches er mit Dank annahm. Er bot uns darauf Thee an, wofür ihm jedoch auch gedankt wurde. Nach einigem Verweilen führte er uns in den Tempel, der auf dieser Seite des Irtysch nicht weit vom Flusse stand. Es war ein kleines viereckiges hölzernes Gebäude, dessen Thür dem Flusse zugekehrt war; im Innern fanden wir es fast leer, da es ausser einem Altar der Thür gegenüber, und der Abbildung eines Idols des Buddhistischen Cultus an der Wand über dem Altar, keine anderen Gegenstände enthielt. Ausserhalb war der Thür gegenüber zwischen dem Tempel und dem Flusse eine Mauer von etwas grösserer Breite als der Tempel aufgeführt, und zwischen der Mauer und dem Tempel ein anderer Altar errichtet, der aus Schieferstücken bestand, und oben mit einer grossen Schieferplatte belegt war, auf welcher wir noch unausgebrannte Kohlen liegen sahen.

Wir kehrten nun wieder nach dem andern Ufer zurück, und erhielten bald darauf von dem ersten Befehlshaber und zweien seiner Begleiter einen Gegenbesuch. Herr v. Humboldt bewillkommnete sie, und lud sie ein in unsere Jurte zu treten, in welcher wir uns, da sie ganz leer war, auf die am Boden ausgebreitete Matte niederliessen; Herr v. Humboldt in der Mitte, zu seiner linken General Litwinoff und wir übrigen, zu seiner Rechten der chinesische Befehlshaber mit seinen Begleitern. Die gemeinen Mongolen drängten sich dabei an die Jurte heran, und betrachteten uns von der Thür aus. Der chinesische Befehlshaber und seine Begleiter holten ihre Tabackspfeifen hervor und fingen an zu rauchen, nachdem sie uns aufgefordert hatten, ein Gleiches zu thun. Die chinesischen Pfeifenköpfe sind bekanntlich nur sehr klein, und nach einigen Zügen schon ausgeraucht, sie müssen daher unaufhörlich neu gestopft und angezündet werden, was die Begleiter des Offiziers für diesen thaten. Dieser kostete auch von unserm Taback, den Herr v. Jermoloff ihm anbot, und der ihm auch zu schmecken schien, legte jedoch bald seine Pfeife weg, da Herr v. Humboldt und der grössere Theil unserer Gesellschaft nicht rauchte. Letzterer überreichte nun dem chinesischen Befehlshaber ein Stück feines blaues Tuch, was dieser jedoch lange anzunehmen zögerte. Während er nämlich durch den Dolmetscher sein Bedenken, ein so grosses Geschenk anzunehmen, ausdrücken liess, gab er diess auch selbst durch Zeichen Hrn.

v. **Humboldt** zu verstehen, und schob das Stück wieder zurück, worauf dieser ihm durch den Dolmetscher und durch Zeichen bedeutete, dass er es annehmen müsse, und ihm das Tuch wieder zuschob. Nachdem diess Hin- und Herschieben mehrmals wiederholt war, gab der Befehlshaber endlich nach, und wie es schien mit Vergnügen. Er erkundigte sich darauf bei dem Dolmetscher, welches Gegengeschenk er wohl machen könnte, und da für diesen Fall der Dolmetscher schon unterrichtet war, dass Hrn. v. **Humboldt** nichts lieber als einige Bücher sein würden, die wir in der Jurte des chinesischen Befehlshabers hatten liegen sehen, so liess dieser sogleich die Bücher holen, und überreichte sie Hrn. v. **Humboldt**, der sie sehr erfreut über das für ihn so werthvolle Geschenk, doch ebenfalls erst nach mehreren Höflichkeiten und längerm Zögern annahm.[1]) Der chinesische Befehlshaber äusserte eine um so grössere Freude, als ihm Hr. v. **Humboldt** erzählte, dass er einen Bruder habe, der sich viel mit der chinesischen Sprache beschäftige, und dem er sie nun mitbringen wolle. Herr v. **Humboldt** bat darauf den Befehlshaber, seinen Namen in das Buch zu schreiben, was er mit einem Bleistifte, welcher ihm überreicht wurde, that, und wobei wir erfuhren, dass er Tschin-fu heisse. Der Bleistift war ihm neu, er betrachtete ihn mit Wohlgefallen, und nahm ihn daher gern an, als er ihm geschenkt wurde. Wir boten ihm darauf aus unsern mitgenommenen Lebensmitteln, einige Erfrischungen an, wie Madeira-Wein, Zwieback und Zucker, von welchem letztern wir mit einem grossen Vorrath versehen waren, da wir gehört hatten, dass ihn die Mongolen,

[1]) Die Bücher befinden sich jetzt in der Königl. Bibliothek zu Berlin, und enthalten einen historischen Roman in vier Bänden, Sankuetschi betitelt, der die Geschichte der drei Reiche, in welche China nach dem Ende der Dynastie Han getheilt war, enthält, und wie man aus dem Asiatic Journal ersieht, der Gegenstand eines litterarischen Streites zwischen **Klaproth** und dem gelehrten Sinologen, Prof. **Neumann** in München, geworden ist.

welche ihn selbst nicht haben, sondern erst von den Russen eintauschen müssen, sehr gern essen. Von dem Madeira-Wein trank Tschin-fu jedoch nur wenig, und von dem Zucker nahm er ebenfalls nur ein kleines Stück, das er nicht einmal genoss. Er legte es, wie auch einen Zwieback, den er angenommen hatte, vor sich zu dem Bleistifte auf das Stück Tuch, und liess dieses, wie auch ein kleines Paquet Taback, welches ihm Herr v. Jermoloff verehrt hatte, später forttragen. Seine Begleiter leerten jedoch mehrere Gläser Wein, stets in einem Zuge, legten bei dem Anblicke des Zuckers auch ihre Pfeifen weg, und nahmen und assen denselben in grosser Menge. Anderen Zucker vertheilten wir unter die gemeinen Mongolen, die indess sich in die Jurte hineingedrängt hatten, und wie die Kinder begierig ihre Hände danach ausstreckten.

Nach einiger Zeit stand Tschin-fu auf und empfahl sich; es war offenbar ein feiner gebildeter Mann, was aus seinem ganzen Benehmen hervorleuchtete. Wir verweilten noch etwas länger, und betrachteten uns die gemeinen Mongolen, die sich von allen Seiten voller Neugierde herzudrängten, uns betasteten und untersuchten, doch auch nicht verdriesslich wurden, wenn man sie mit den Händen fortschob. Es waren ihrer in beiden Posten etwa 80 Mann, wie die Befehlshaber in lange Ueberröcke von verschiedener Farbe gekleidet, die über den Hüften mit einem Gürtel zusammengehalten wurden, aber alle zerlumpt, schmutzig und unbewaffnet. Sie waren sämmtlich sehr hager, daher sie nicht aufhören konnten, die Corpulenz eines unserer Begleiter zu bewundern, seinen Bauch zu umklaftern und mit den Fingern zu berühren. Von ihren Waffen sahen wir nur Bogen und Pfeile, die sie nebst andern Gegenständen, wie Tabackspfeifen, Porzellan, die Stäbchen, deren sie sich statt der Löffel zum Essen bedienen u. s. w. uns zum Tausch und Kauf anboten. Zwischen ihren Zelten sahen wir einige Kameele und eine Heerde von Ziegen und Schaafen mit Fettschwänzen umherlaufen, die ihren Viehstand ausmachte. Die ganze Gegend umher hatte ein ödes Ansehn, der Boden war hüglig, die kleinen, meistens von aller Dammerde entblössten Hügel bestanden aus einem feinkörnigen Grauwackenschiefer mit seiger stehenden, zum Theil sehr gekrümmten und gewundenen Schichten. Die Ufer waren aber schilfreich, besonders an der kleinen Insel im Irtysch, auf welcher das Kosaken-Piket stand. [1])

Wir beschleunigten indessen doch die Anstalten zur Abreise, da Herr v. Humboldt gern so früh wie möglich Baty verlassen wollte, um zur Bestimmung der Lage des Postens, in einiger Entfernung von demselben Sonnenhöhen nehmen zu können. An Ort und Stelle nahm er Anstand, diess zu thun, weil er fürchtete dadurch Verdacht bei den Chinesen zu erregen. Wir verliessen daher Baty kurz nach 4 Uhr, verweilten zu jenem Zwecke an einer schicklichen Stelle einige Zeit, kehrten dann aber ohne weitern Aufenthalt auf demselben Wege, auf welchem wir gekommen waren, nach Krasnojarsk zurück, wo wir um 12 Uhr in der

[1]) Aehnliche chinesische Posten wie Baty finden sich an der ganzen russisch-chinesischen Gränze; der nächste östliche Posten ist der von Tschingistei, welcher an der Buchtarma in der Nähe des Dorfes Fykalka aufgestellt ist, und im Jahre 1826 von Ledebour besucht wurde. Oestlich von diesem befindet sich ebenfalls an der Buchtarma, gegenüber der Einmündung der Fadicha, der Posten Urül, der nach uns im Jahre 1833 von Gebler besucht wurde, welcher aber nur drei Kalmücken dort traf, da die übrige Mannschaft sich nach Gobdo Choto zurückgezogen hatte, und die neue noch nicht angekommen war. (Der Marsch zwischen diesen Oertern wird gewöhnlich in 10 Tagen zurückgelegt). Oestlich von Urül befinden sich noch die Posten Usündebatü und Tschenédegotó an der Buchtarma, dann folgt der Posten Ukúk an dem in den Argut fliessenden Bach Alachá, und dann der letzte an den Quellen der Tschuja. Fast alle diese Posten ziehen sich im Winter nach Gobdo Choto zurück, nur der von Tschingistei bleibt auch in dieser Jahreszeit an Ort und Stelle. (S. Gebler a. a. O. in den Dorpater Jahrbüchern).

Nacht ankamen. Auch hier ruhte Herr v. Humboldt nicht aus, sondern stellte noch in der Nacht bei dem sternhellen Himmel einige astronomische Beobachtungen an. Da am Morgen das Wetter heiter zu bleiben schien, beschloss er auch noch den Vormittag in Krasnojarsk zu bleiben, um einige Sonnenhöhen zu nehmen, daher Professor Ehrenberg und ich sich mit der übrigen Gesellschaft von ihm trennten und voran nach Buchtarminsk abreisten. Wir nahmen dahin nun an dem rechten Ufer des Irtysch entlang, den geraden Weg, der 56 Werste beträgt und durch die zwei Kosackendörfer Tscheremschansk und Woronoi führt. Die Ufer sind ziemlich eben und die Berge begleiten den Fluss erst in einiger Entfernung; das Gestein über welches man fährt, und das hin und wieder aus der Dammerde hervortritt, ist dünnschiefriger Thonschiefer, der St. 12 streicht und fast seiger einfällt. Er bildet wie bei dem chinesischen Posten ganz niedrige Hügel; zu einem etwas höhern Felsen sieht man ihn nur einmal vor Tscheremschansk unmittelbar am Flusse sich erheben, wo er wie bei Buchtarminsk von schmalen Gängen feinkörnigen Granits durchsetzt wird. Auch hier haben diese Gänge den Thonschiefer in der Nähe ganz glimmerreich gemacht. Weiterhin sahen wir noch einen feinkörnigen Diorit anstehen, der dem zwischen Sewernoi und Alexandrowsk ähnlich war, und gelangten dann um 4 Uhr nach Buchtarminsk, nachdem wir zuvor oberhalb der Festung über die Buchtarma gesetzt hatten.

Den 19. August setzten wir unsere Rückreise nach Ustkamenogorsk weiter fort, wählten aber jetzt nicht den beschwerlichen Landweg, sondern den Wasserweg auf dem Irtysch, der für diese Reise von Buchtarminsk gewöhnlich genommen wird. Bei der Schnelligkeit mit welcher sich der Strom in dieser Gegend durch die Felsen drängt, kann er sehr gut in einem Tage zurückgelegt werden, während man stromaufwärts für diesen Weg 3 bis 5 Tage, und mit beladenen Fahrzeugen wohl 8 bis 10 Tage braucht.

Man hatte uns zu dieser Fahrt zwei Fahrzeuge bereitet, von denen jedes aus drei Kähnen bestand, die zusammengebunden und mit Brettern belegt waren, worauf man ein Zelt von Filzdecken aufgeschlagen hatte. Wir erhielten dadurch freilich ein recht bequemes Lager, und einen Schutz gegen die regnigte Witterung, die fast den ganzen Tag währte, allein wir wurden durch die Filzdecken des Zeltes sehr an der Betrachtung der Ufer gehindert, und konnten bei der Unbeweglichkeit des Fahrzeuges nur mit so grosser Mühe landen und aussteigen, um die Beschaffenheit der Felsen am Ufer zu untersuchen, dass wir eine öftere Wiederholung solcher Versuche aufgeben mussten: und doch wäre hier, wie wir bald sahen, ein häufiges Landen sehr wünschenswerth gewesen, da für die Lagerungsverhältnisse des Granites und des Thonschiefers vielleicht keine Stelle am ganzen Altai interessanter ist und mehr Aufschlüsse darbietet, als die Ufer des Irtysch zwischen Buchtarminsk und Ustkamenogorsk.

Eine Werst von Buchtarminsk kommt man in den Irtysch, dessen Ufer noch mehrere Werste weit ziemlich flach sind und dasselbe Ansehn wie die der Buchtarma bei Buchtarminsk behalten. Die Berge, die sich in grösserer oder geringerer Entfernung vom Ufer erheben, bestehen, wie man deutlich an ihrer Structur sehen konnte, aus Granit, und mehrere derselben hatten noch ganz das kegelförmige Ansehn, wie die Mochnataja Sobka. Nach 5 Wersten treten aber die Felsen ganz nahe zum Flusse heran, und engen dadurch das Bette desselben sehr ein; sie bestehen von nun an fast sämmtlich aus Thonschiefer, dessen Schichten mit einem wechselnden Streichen von St. 8 bis 11 steil einfallen. Der erste hohe Felsen dieser Art am rechten Ufer führt nach einem Kosakenoffizier, der von Kirgisen verfolgt, sich von ihm herab in den Irtysch stürzte, den Namen Werschinin Bik. [1]) Sie sind alle mit Tannen- oder Fichtenwaldung mehr oder weniger stark bewachsen, und schliessen zwischen sich grasreiche Schluchten und Thäler ein.

Bald darauf sahen wir grosse Gänge die Felsen von der Höhe bis zum Wasserspiegel durchsetzen; die Gangmasse war weiss, wir hielten sie daher für Quarz. Weiterhin erschien aber zwischen dem Thonschiefer Granit in grossen Massen, und wie bei Buchtarminsk in horizontalen Lagen abgesondert; der Thonschiefer war auch hier nicht selten mit jenen weissen Gängen durchsetzt, die aber hier, wo wir sie untersuchten (15 bis 16 Werste von Buchtarminsk) ebenfalls aus Granit bestanden, daher auch wohl die frühern vermeintlichen Quarzgänge daraus bestanden haben mochten. Der Granit der Gänge glich vollkommen dem von den Gängen bei Buchtarminsk; er war bald feinkörnig, bald grobkörnig und zeichnete sich ebenfalls durch seinen weissen Glimmer aus, dagegen der in Massen anstehende Granit, wie früher, schwarzen Glimmer enthielt. Auch hier war der Thonschiefer in der Nähe des Granites voller Glimmerblättchen, die parallel seinen Schichten lagen. Der massige Granit stand öfter mit senkrechter Gränze neben dem Thonschiefer an, und hing zuweilen förmlich über ihn hin, wie man besonders an einer Stelle sehen konnte, die in der folgenden Figur dargestellt ist. [2])

---

[1]) Den Namen Bik, welcher eigentlich Ochs bedeutet, führen in dieser Gegend viele Felsen.

[2]) Diese, wie auch die frühere und die folgende Zeichnung sind nach Skizzen gezeichnet, die Herr v. Humboldt an Ort und Stelle entworfen hat.

Späterhin aber bedeckte der Granit den Thonschiefer gänzlich.

Auf dem Irtysch entlang fahrend, konnten wir diese interessante Erscheinung mit völliger Musse und während einer langen Zeit betrachten; überall war die Gränze des Thonschiefers und des Granites, die durch die Farbe schon so verschieden waren, scharf und deutlich zu sehen. Der Thonschiefer hatte unter dem Granite eine wellige Oberfläche, erhob sich bald wohl zu 50 Fuss über dem Wasserspiegel, bald senkte er sich bis auf einige Fuss zum Wasser herab, und würde bei einem etwas höhern Stande des Wasserspiegels gar nicht mehr zu sehen sein. Alle diese Erscheinungen sahen wir aber nur auf dem rechten Irtyschufer; das linke, gleich steil und hoch, bestand nur aus Thonschiefer, ohne weder Ueberlagerungen noch Gänge von Granit zu zeigen. Wäre der Fluss nicht da, hätte der Irtysch nicht gerade an der Gränze des Granits und des Thonschiefers sein Bette wühlen können, so wäre hier das ganze Phänomen unbekannt. [1])

Nach der Mitte des Weges von Buchtarminsk nach Ustkamenogorsk hören die Granitfelsen auf, die Thonschieferfelsen setzen allein fort, nehmen aber allmählig an Höhe ab und bekommen mehr abgerundete Formen. Bei einer Einbucht, wo wir etwas Halt machten, bestanden die Felsen des Ufers aus einem ähnlichen feinkörnigen Diorite, wie wir in der Gegend zwi-

---

[1]) Alle diese Verhältnisse zwischen dem Granit und Thonschiefer beschreibt schon Hermann, der dieselbe Reise wie wir auf dem Irtysch machte, aber er beschreibt sie dem Zustande der Geognosie zu seiner Zeit angemessen, daher sie auch die Aufmerksamkeit der Geognosten nicht auf sich gezogen haben. „Etwas weiter abwärts" sagt er in seinen Min. Reisen Th. III, S. 108 und 109, „zeigt sich die sonderbare Erscheinung, dass der Granit auf Schiefer liegt, oder doch zu liegen scheint, denn der erstere, welcher daselbst in grossen Keilen und Wollsäcken übereinander liegt, hängt in der Höhe gleichsam über dem Schiefer herab, so dass beinahe kein Zweifel statt findet, dass der Granit nicht im eigentlichsten Sinne auf Schiefer liege, und doch ist letzterer wohl nur auf jenen angeschoben, weil das ganze linke Ufer des Flusses aus nichts als aus lauter hohen und steilen Schieferwänden besteht, das rechte aber aus zerrissenen Granitkuppen; nur höher über diesen letztern sieht man einen Gebirgszug von hohen und mächtigen Schieferfelsen über den Granit wegstreichen."

Die spätere horizontale Ueberlagerung des Granits beschreibt Hermann ebenfalls, er sagt davon: „Etwas weiter herunter sieht man aber wieder augenscheinlich, dass hier der Granit die höhern, und der Schiefer nur die niedern Gebirgskuppen bildet, welche auf eine weite Strecke am rechten Ufer des Irtysch angelehnt, und gleichsam seine Vormauern sind."

schen Sewernoi und Feklistowsk und am obern Irtysch wahrgenommen hatten. Schon vor Ustkamenogorsk hören die Felsen allmählig ganz auf, und die Ufer verflächen sich vollständig. Spät Abends um 9½ Uhr kamen wir erst in Ustkamenogorsk an, wo wir von unserm freundlichen Wirthe bewillkommnet wurden.

Ueber das Tellursilber und das Tellurblei von Sawodinskoi im Altai.[1])

1. Tellursilber.

Das Tellursilber kommt in den Stücken die ich davon gesehen habe, nur derb vor.[2]) Es findet sich in körnigen Massen mit meistentheils klein-, seltener grobkörnigen Zusammensetzungsstücken, die einen ebenen Bruch haben, und in keiner Richtung spaltbar erscheinen.

Es ist von einer Mittelfarbe zwischen bleigrau und stahlgrau, starkglänzend von Metallglanz und sehr geschmeidig, fast wie Silberglanz.

Die Härte ist etwas grösser als die des Silberglanzes und des Steinsalzes; das specifische Gewicht von acht kleinen Stücken fand ich bei einer Temperatur des Wassers von 11°,9 R.: 8,565, von einem einzigen grössern Stücke bei einer Temperatur des Wassers von 10°,8 R.: 8,412.

Die Bergart, worin das Erz in mehr oder weniger grossen Parthien enthalten ist und zum Theil auch in kleinen Gängen vorkommt, ist an den mitgebrachten Stücken nicht recht deutlich, scheint aber grünlichgrauer Talkschiefer zu sein. Das Erz ist in den mei-

---

[1]) Vergl. oben S. 520. Dieser Aufsatz ist schon früher in Poggendorffs Annalen der Physik und Chemie Bd. XVIII, S. 64 erschienen, woraus er etwas verändert hier wieder abgedruckt ist.

[2]) Nach Hess kommt es auch zuweilen in Krystallen vor, welche dem Hexaëder ähnliche Rhomboëder mit matten Flächen sein sollen. S. Pogg. Ann. Bd. XXVIII, S. 408.

sten Stücken ganz rein, nur bei einigen fanden sich in denselben kleine Parthien von schwarzer blättriger Zinkblende und von Kupferkies, sowie auch kleine Hexaëder von Eisenkies eingesprengt, welche letztere auch in der Bergart vorkommen. In etwas grösserer, doch an und für sich auch nur geringer Menge, fand sich mit dem Tellursilber das andere ebenfalls bisher unbekannte Tellurerz, das sich durch die Analyse als Tellurblei erwiess.

Vor dem Löthrohr auf der Kohle schmilzt das Tellursilber zu einer schwarzen Kugel, auf der sich beim Erkalten auf der Oberfläche eine Menge weisser Pünktchen oder schöne weisse Dendriten von Silber bilden. Am besten geschieht diess Letztere, wenn die Probe in der innern Flamme geschmolzen ist.

Im Kolben schmilzt es ebenfalls, und färbt das Glas, wo es an demselben anliegt, gelb.

In der offnen Röhre verhält es sich ebenso, bildet aber ausserdem ein geringes weisses Sublimat, das sich, wenn man die Flamme darauf lenkt, zum Theil in feinen Tröpfchen zusammenzieht.

Von Phosphorsalz wird es aufgelöst; die Kugel ist in der innern Flamme, so lange sie heiss ist, klar und durchsichtig, beim Erkalten opalisirt sie aber, oder wird gelb oder graulichgelb und undurchsichtig, je nachdem man kleinere oder grössere Mengen von Tellursilber genommen hat; in der äussern Flamme geschmolzen, bleibt sie auch beim Erkalten klar und durchsichtig.

Mit Soda bleibt nach längerm Blasen reines Silber auf der Kohle zurück.

Das Tellursilber löst sich in kalter Salpetersäure langsam, schneller bei Erwärmung derselben auf. Mit Königswasser gekocht, hört die Einwirkung bald auf, da sich in kurzer Zeit eine Decke von Chlorsilber bildet.

Da durch vorläufig angestellte Versuche in dem

Tellursilber nichts anders als Silber, Tellur und etwas Eisen gefunden war, so wurde die chemische Analyse auf folgende Weise angestellt. Das Mineral wurde in Salpetersäure aufgelöst, und das Silber aus der Auflösung durch Chlorwasserstoffsäure gefällt und als Chlorsilber bestimmt; die filtrirte Flüssigkeit wurde auf der warmen Kapelle ziemlich stark abgedampft, und so lange mit Chlorwasserstoffsäure versetzt, bis alle Salpetersäure zerstört war und sich kein Geruch mehr von Chlor wahrnehmen liess. Sie wurde sodann mit Wasser verdünnt, erwärmt und mit Chlorwasserstoffsäure und schweflichtsaurem Ammoniak versetzt. Es entstand ein schwarzer Niederschlag von metallischem Tellur, der auf einem gewogenen Filtrum filtrirt wurde; die durchgegangene Flüssigkeit wurde wiederum mit Chlorwasserstoffsäure und schweflichtsaurem Ammoniak versetzt, und gekocht, um zu sehen, ob wieder ein Niederschlag entstand, und wenn diess der Fall war, auf demselben Filtrum filtrirt; und diese Operation wurde wiederholt, bis kein Niederschlag mehr entstand. Gewöhnlich war aber schon durch den zweiten Zusatz von schweflichtsaurem Ammoniak alles Tellur gefällt. In die vom Tellur abfiltrirte Flüssigkeit wurde Chlor hineingeleitet, um das noch darin enthaltene Eisen vollständig zu oxydiren, und dasselbe darauf durch Ammoniak gefällt.

Ich erhielt auf diese Weise bei einer Analyse von 2,833 Grammen Tellursilber, 2,348 Grm. Chlorsilber, die 1,769 Grm. Silber enthalten, ferner 1,047 Tellur, und 0,010 Eisenoxyd, das 0,007 Eisen anzeigt.

Bei einer zweiten Analyse gaben 2,678 Grm. Tellursilber, 2,2155 Grm. Chlorsilber, die 1,669 Grm. Silber enthalten, 0,988 Grm. Tellur und 0,015 Grm. Eisenoxyd, das 0,50 Grm. Eisen enthält. [1])

---

[1]) Das Eisen wurde bei dieser Analyse nach Abscheidung des Tellurs durch Schwefelwasserstoff-Ammoniak gefällt, das gefällte

Nach der ersten Analyse würde das Tellursilber bestehen aus:

Silber	62,42
Tellur	36,96
Eisen	0,24

nach der zweiten aus:

Silber	62,32
Tellur	36,89
kupferhaltigem Eisen .	0,50.

Nimmt man an, dass das Tellursilber aus 1 Atom Silber und 1 Atom Tellur besteht, so würde es enthalten:

Silber	62,63
Tellur	37,37,

was mit dem Resultat der Analyse recht gut stimmt. Die Zusammensetzung des Minerals wird daher durch die Formel Ag Te bezeichnet.

---

2. Tellurblei.

Das Tellurblei findet sich dem ebenerwähnten Tellursilber nur in kleinen derben Parthien beigemengt, ist jedoch in diesen in mehreren Richtungen, wenngleich nicht vollkommen spaltbar. Der Spaltungsrichtungen sind drei, die Spaltungsflächen sind nicht eben, und ihre Winkel lassen sich mit dem Reflexionsgoniometer nicht messen, doch scheinen die Flächen untereinander rechtwinklig und gleich zu sein, also parallel den Flächen des Hexaëders zu gehen. Der Querbruch ist uneben.

Es hat auf dem frischen Bruche eine zinnweisse Farbe, die sich etwas ins Gelbe zieht, läuft aber bald an der Luft an, und erscheint dann stärker gelb gefärbt; es ist ferner stark glänzend von Metallglanz

Schwefeleisen geglüht, und für Eisenoxyd genommen. Es erwies sich vor dem Löthrohr etwas kupferhaltig.

und milde, daher es sich zu einem feinen Pulver zerreiben lässt, was bei dem Tellursilber wegen seiner Geschmeidigkeit nicht angeht.

Die Härte ist ungefähr wie die des Kalkspaths; das specifische Gewicht mehrerer kleinen Stücke fand ich bei einer Temperatur des Wassers von 10°,8 R.: 8,159.

Vor dem Löthrohr auf der Kohle färbt es die Flamme blau, in der innern Flamme schmilzt es zu einer Kugel, die allmählig kleiner wird und endlich bis auf ein kleines Silberkorn verfliegt; es bildet sich um die Probe ein metallisch glänzender Ring von dem verflüchtigten und wieder niedergeschlagenen Tellurblei, und in grösserer Entfernung ein bräunlichgelber Beschlag, der, wenn man die Löthrohrflamme darauf lenkt, dieselbe blau färbt, und ganz verfliegt, ohne etwas zurückzulassen. In der äussern Flamme breitet sich die Probe schnell auf der Kohle aus, der metallisch glänzende Ring wird kleiner, und der gelbe grösser als in der innern Flamme.

Im Kolben schmilzt es, färbt das Glas gelb, wo es mit demselben in Berührung ist, und bildet nur ein sehr geringes weisses Sublimat, das sich, wenn man die Flamme darauf lenkt, in Tropfen zusammenzieht.

In der offnen Röhre schmilzt es; es bildet sich rund um die Probe ein Ring von weissen Tropfen, aus der Röhre steigt ein weisser Rauch, und an die untere Seite der Röhre legt sich ein dickes weisses Sublimat, das, wenn man darauf bläst, sich in Tropfen zusammenzieht.

Gepulvert und mit Salpetersäure übergossen, wird das Tellurblei schon in der Kälte heftig und unter Entwickelung von rothen Dämpfen angegriffen und zuletzt ganz aufgelöst, schneller aber geschieht die Auflösung noch mit Hülfe der Wärme. Da ich mich überzeugt hatte, dass das mit dem Tellur verbundene Metall Blei, und ausser diesem Metalle nur etwas Silber in dem Mineral enthalten sei, so wurde die Analyse auf folgende Weise angestellt. Die Auflösung des Tellurblei's in Salpetersäure wurde mit vielem Wasser verdünnt, darauf mit Chlorwasserstoffsäure versetzt, und das gefällte Chlorsilber gewogen, wonach das Silber 1,28 Proc. betrug. Die filtrirte Flüssigkeit wurde mit Schwefelwasserstoff-Ammoniak im Ueberschuss versetzt, wodurch sich Schwefelblei und Schwefeltellur bildete, von denen das erstere niederfiel, das andere aber aufgelöst wurde. Nach 24 Stunden wurde die Flüssigkeit abgegossen und der Niederschlag mit neuem Schwefelwasserstoff-Ammoniak digerirt, womit er wieder 24 Stunden stehen blieb, darauf wurde er auf einem möglichst kleinen Filtrum filtrirt, getrocknet, in rauchender Salpetersäure zu schwefelsaurem Bleioxyd oxydirt, das in einem Platintiegel gespült, abgedampft und geglüht wurde. Die vom Schwefelblei abfiltrirte Flüssigkeit wurde mit Chlorwasserstoffsäure gefällt, das gefällte Schwefeltellur in Königswasser gekocht, bis der Schwefel, welcher sich ausschied, ganz gelb war, die Flüssigkeit filtrirt, und das Tellur darauf wie beim Tellursilber bestimmt.

Das schwefelsaure Blei verlor lange Zeit bei wiederholtem Wiegen etwas an Gewicht; es enthielt noch etwas Tellur, welches das Schwefelwasserstoff-Ammoniak nicht vollständig ausgezogen hatte, wovon ich mich auch durch Versuche mit dem Löthrohr überzeugte. Beim Glühen des schwefelsauren Blei's verflüchtigte sich ein Theil davon, ein anderer blieb noch bei diesem zurück, wodurch aber nothwendig das Gewicht des Blei's zu hoch, und das des Tellurs zu niedrig ausfallen musste. Bei der geringen Menge des Minerals, die ich zur Analyse anwenden konnte, war eine Wiederholung derselben nicht möglich, doch wurde es mir durch die angestellte Analyse sehr wahrscheinlich, dass in dem Tellurblei das Blei mit dem Tellur in demselben Verhältniss verbunden sei, wie in dem

Tellursilber das Silber, und dass von jedem dieser Metalle 1 Atom in der Verbindung enthalten sei. Nimmt man diess an, so würde dasselbe in 100 Theilen enthalten:

Silber	1,28,	die	0,76	Tellur aufnehmen
Blei	60,35,	-	37,61	- -
Tellur	38,37.			

Das Resultat dieser Analyse bedarf, was die quantitativen Verhältnisse der Bestandtheile anbetrifft, allerdings noch der Bestätigung durch eine nach einer genauern Methode angestellte Analyse, ist jedoch auch so schon hinreichend um zu zeigen, dass das Tellurblei vom Altai eine von den übrigen bekannten, Blei enthaltenden Tellurerzen, dem Blättererz und dem Weisstellurerz, ganz verschiedene chemische Zusammensezzung habe, da das erstere derselben ausser Blei und Tellur, noch Gold, Antimon und Schwefel, das letztere noch Gold und eine grössere Menge von Silber als das Tellurblei vom Altai enthält.

Ueber den Rohstein von der Silberhütte von Barnaul. [1])

Der Rohstein, welcher bei dem Rohschmelzen auf der Silberhütte in Barnaul erhalten wird, bildet eine dunkel bräunlichschwarze, feinkörnige, stellenweise sehr poröse Masse; die Wände der grössern oder kleinern Höhlungen, die sich in ihm finden, sind theils glatt, theils mit Krystallen besetzt, welche die Form von Hexaëdern und sehr glatte, stark metallisch glänzende Flächen haben, aber nur sehr klein, und höchstens eine halbe Linie gross sind. Parallel den Flächen des Hexaëders sind die Krystalle auch spaltbar, sie stimmen also hierin, wie auch in ihrer Form mit den Krystallen des Bleiglanzes überein, doch scheint ihre Spaltbarkeit nicht so vollkommen wie bei diesen zu sein.

Der Rohstein ist milde und nur wenig härter als Kalkspath; er lässt sich also mit Leichtigkeit pulvern und mit dem Messer ritzen. Er ist ferner schwach magnetisch.

Vor dem Löthrohr schmilzt er leicht; die geschmolzene Kugel bekommt beim Erkalten eine matte Oberfläche. Erhitzt man ihn etwas länger, so stösst er glühende Tropfen aus, wie Kupferglanz, und es bildet sich auf der Kohle ein gelber Beschlag mit weissen Rändern um die Probe, wie beim Bleiglanz.

In der offenen Röhre wird er geröstet, entwickelt schweflichte Säure, bildet aber kein Sublimat wie auf der Kohle.

---

[1]) Vergl. oben S. 515.

Mit Phosphorsalz auf der Kohle geschmolzen, verhält er sich wie Kupfer, und bildet in der innern Flamme ein rothes, undurchsichtiges, und in der äussern Flamme ein grünes durchsichtiges Glas.

Mit Soda wird er reducirt, und man kann auf die bekannte Weise Kupfer- und Eisenflitterchen erhalten. Um die Probe legt sich starker gelber Beschlag von Bleioxyd. —

Aus diesen Versuchen ergiebt sich, dass der Rohstein aus Schwefel, Blei, Kupfer und Eisen besteht. Um nun das quantitative Verhältniss dieser Bestandtheile zu erfahren, veranlasste ich Herrn Thaulow, einen jungen geschickten Chemiker aus Christiania, der zu seiner weitern Ausbildung diesen Winter in dem Laboratorium meines Bruders arbeitet, eine vollständige Analyse anzustellen. Der Rohstein wurde zu dem Ende gepulvert, mit starker Salpetersäure anhaltend gekocht, bis er vollständig zersetzt worden war, und nach der Verdünnung mit Wasser bloss Schwefel und schwefelsaures Bleioxyd zurückliess. Dieser Rückstand wurde auf einem gewogenen Filtrum filtrirt und gewogen, der Schwefel sodann verbrannt, und das schwefelsaure Bleioxyd darauf wieder gewogen. Aus seinem jetzigen Gewichte wurde der Gehalt an Blei berechnet; der Unterschied mit dem frühern Gewichte gab die Menge des nicht oxydirten Schwefels.

Aus der filtrirten Auflösung wurde zuerst mittelst Chlorwasserstoffsäure eine geringe Menge von Silber gefällt, und darauf die Schwefelsäure durch eine Auflösung von Chlorbarium niedergeschlagen. Aus dem erhaltenen Niederschlag von schwefelsaurem Baryt wurde die Menge des Schwefels, welcher sich bei der Auflösung des Rohsteins oxydirt hatte, berechnet und zu der früher erhaltenen addirt.

In der Flüssigkeit wurde nun die überschüssig zugesetzte Baryterde durch Schwefelsäure weggeschafft, und darauf mittelst Schwefelwasserstoffgas

Schwefelkupfer gefällt, das auf die bekannte Weise in Kupferoxyd verwandelt wurde, welches sich ganz frei von Bleioxyd erwies. Aus der von dem Schwefelkupfer getrennten Flüssigkeit wurde endlich das in derselben enthaltene Eisen zu Eisenoxyd oxydirt und darauf durch Ammoniak gefällt.

Durch diese Analyse wurden in dem Rohstein gefunden:

Blei	22,35
Kupfer	20,53
Eisen	29,25
Silber	0,07
Schwefel	25,35
	97,55

Nimmt man an, dass die Metalle als $\acute{\text{Pb}}$, $\acute{\text{Cu}}$, $\acute{\text{Fe}}$, $\acute{\text{Ag}}$ in dem Rohsteine enthalten sind, so nehmen auf

22,35	Blei . . .	3,47	Schwefel
20,53	Kupfer . .	5,22	-
29,25	Eisen . .	17,35	-
0,07	Silber . .	0,01	-
zusammen		26,05	Schwefel.

Die berechnete Schwefelmenge stimmt daher ziemlich genau mit der gefundenen, woraus hervorgeht, dass die Metalle des Rohsteins sich in dem angenommenen Schwefelungsstufen befinden.

Bei dem grossen Gehalte des Rohsteins an Blei, war es sehr schwierig in dieser Analyse den Silbergehalt genau zu bestimmen. Um ihn daher noch auf einem andern Wege auszumitteln, unterwarf der Dr. H. Frick auf der hiesigen Münze den Rohstein auf meine Bitte der Cupellation, und erhielt auf diese Weise 0,13 pCt. Silber. Die Cupellation hat indessen ebenfalls ihre Schwierigkeiten, da sich wegen des grossen Eisengehaltes beim Treiben auf der Kapelle eine Schlacke bildet, die leicht eine geringe Menge Silber zurückhalten kann. Es wäre daher möglich, dass der wahre Silbergehalt des Rohsteins noch um ein Geringes grösser ist; dennoch bleibt diese Angabe immer sehr hinter der gewöhnlichen Annahme zurück. [1])

In wissenschaftlicher Hinsicht ist noch bemerkenswerth, dass aus der Beobachtung der hexaëdrischen Krystallform des Rohsteins, die mit der des Bleiglanzes übereinstimmt, folgt, dass auch das in ihm enthaltene Schwefelkupfer und Schwefeleisen ebenfalls in Hexaëdern krystallisiren könne. Dass die Krystalle des Schwefelkupfers, wenn man sie durch Schmelzung erhält, zum regulären Krystallisationssystem gehören, ist schon bekannt; von dem Schwefeleisen $\overset{\prime}{Fe}$ hat man aber bis jetzt noch nicht hexaëdrische Krystalle erhalten.

[1]) Vergl. S. 515.

Ueber die Goldscheidung vermittelst Schwefelsäure auf dem Münzhofe von Petersburg.[1])

Die Mengen Gold und Silber, welche auf diesem Münzhofe jährlich geschieden werden, bestehen in folgenden:

1. Gegen 350 Pud silberhaltiges Gold vom Ural, von denen $\frac{3}{5}$ der Krone, $\frac{2}{5}$ Privatbesitzern gehören; es enthält im Durchschnitt 7 pCt. Gold.
2. 1000 Pud goldhaltiges Silber vom Altai, der Krone gehörig; es enthält 3 pCt. Gold.
3. 200 bis 250 Pud goldhaltiges Silber von Nertschinsk, ebenfalls der Krone gehörig; es enthält $\frac{1}{2}$ pCt. Gold.
4. Gegen 500 Pud goldhaltiges Silber von alten verschmolzenen Gefässen und andern Gegenständen; es enthält ebenfalls im Durchschnitt $\frac{1}{2}$ pCt. Gold.

Diese Legirungen werden seit 1830 in Petersburg mittelst Schwefelsäure geschieden, wobei gegen die frühere Methode durch Salpetersäure jährlich über 200,000 Rubel B. Ass. erspart werden. Man wendet hierbei folgendes Verfahren an:

---

[1]) Ich verdanke die hier folgenden Bemerkungen dem Herrn Oberst von Sobolewskoy, der die Güte hatte, sie mir auf meine Bitte mitzutheilen. Sie dienen zur Vervollständigung der oben S. 55 über die Goldscheidung in Petersburg angeführten Nachrichten, daher ich sie hier um so lieber folgen lasse, als sie zwar einen jetzt im Allgemeinen bekannten Prozess beschreiben, der indessen so, wie er in Petersburg ausgeführt wird manches Eigenthümliche enthält, und ich auf die Zuverlässigkeit der Angaben um so mehr rechnen kann, da sie mir von dem Urheber dieser Methode in Petersburg selbst mitgetheilt sind.

Die zur Scheidung bestimmten Legirungen werden in Ipser Tiegeln zusammengeschmolzen; es kommt dabei nicht auf ein ganz genaues Verhältniss des Goldes zum Silber an; auch ist dasselbe fast stets verschieden, je nachdem man gerade mehr goldhaltiges Silber oder mehr silberhaltiges Gold zu scheiden hat, nur wird diess dabei beobachtet, dass die Gewichtsmenge des in der Legirung enthaltenen Goldes noch nicht die Hälfte der ganzen Legirung ausmache. Die geschmolzene Masse wird nun wie oben S. 55 angegeben ist, granulirt; die granulirte Legirung in Platingefässe so vertheilt, dass jedes Gefäss $1\frac{1}{2}$ bis 2 Pud enthält, und darauf mit Schwefelsäure in dem Verhältnisse übergossen, dass vier Theile Säure auf drei Theile des in der Legirung enthaltenen Silbers kommen. Man füllt auf diese Weise jetzt täglich 10 bis 12 solcher Platingefässe, stellt diese sodann alle zusammen auf einen Heerd, der sich unter einem Rauchfang befindet, welcher einen grossen Zug hat, und zündet nun unter dem Heerde das Feuer an, welches man während der Dauer der Operation unterhält. Zur Heizung bedient man sich des gespaltenen Holzes.

Die Auflösung dauert kürzere oder längere Zeit, je nachdem die Legirung weniger oder mehr Silber enthält; sie währt indessen gewöhnlich 6 bis 10 Stunden und ist beendet, wenn die Entweichung der leicht an ihrem Geruche erkennbaren schweflichten Säure aufgehört hat, und sich graue Dämpfe von Schwefelsäure zu entwickeln anfangen. Die Dämpfe werden dabei durch die hohe Esse ins Freie gelassen, ohne dass man von ihrer Entweichung selbst in der Nähe einen Nachtheil bemerkt; man hatte früher versucht, sie in einem besondern Apparate zu verdichten, und von Wasser absorbiren zu lassen, allein die erhaltene Menge der verdichteten Säure war nur gering, und die Operation wurde dadurch zu verwickelt, so dass man keinen Vortheil dabei fand.

Nach vollendeter Auflösung wird die Flüssigkeit, die das schwefelsaure Silberoxyd enthält in einen grossen und starken bleiernen Kessel abgegossen, der ebenfalls unter einem starkziehenden Rauchfange steht, so dass auch hier die Dämpfe ohne Nachtheil fortgeschafft werden. Das Gold bleibt auf dem Boden der Platingefässe in pulverförmiger Gestalt zurück; es hat eine grauliche Farbe und enthält noch Silber, und wird daher von Neuem mit etwas Schwefelsäure, deren Menge sich nach den Umständen richtet versetzt, und damit zwei bis drei Stunden erwärmt. Nach Verlauf dieser Zeit wird die Flüssigkeit die nun noch viel freie Säure enthält, in einen besondern Kessel abgegossen, und zu einer andern Auflösung aufbewahrt. Das rückständige Gold wird aber nun mit kochendem Wasser mehrmals ausgewaschen, und darauf getrocknet und geschmolzen.

Die zuerst abgegossene Flüssigkeit, welche den grössten Theil des schwefelsauren Silberoxyds enthält, wird, nachdem sie sich abgekühlt hat in mehrere hölzerne Kasten, die inwendig mit Blei ausgelegt sind, vertheilt, mit Wasser verdünnt, und durch Wasserdämpfe erwärmt, die mittelst bleierner Röhren aus einem Dampfkessel von 20 Kubikfuss Inhalt in die Kasten geleitet werden. Nachdem die erwärmte Flüssigkeit genug schwefelsaures Silberoxyd aufgenommen hat, wird sie durch Filzsäcke in andere mit Blei ausgelegte hölzerne Kasten filtrirt. Man legt in diese darauf mehrere Kupferstangen, und erwärmt die Flüssigkeit durch Wasserdämpfe wie vorher, wobei nun das Silber niederschlagen und das hineingelegte Kupfer aufgelöst wird. Wenn sich die Flüssigkeit bei einer angestellten Probe nicht mehr durch Kochsalzauflösung trübt, wird sie mittelst Heber von dem präcipitirten Silber abgesondert, und auf Kupfervitriol benutzt; das

Silber mit kochendem Wasser sehr gut ausgewaschen, getrocknet und verschmolzen.

Das Gold wird bei dieser Operation gewöhnlich von einem Gehalte von 99,666, das Silber von 99,0 bis 99,5 erhalten. Von dieser Beschaffenheit werden diese Metalle in die Münzwerkstätten abgegeben und dort nach Vorschrift legirt und vermünzt. —

Ueber die mittlere Temperatur von Petersburg, Moskau und Kasan.

Für die Vergleichung des Klima's von Petersburg und Berlin entlehne ich der neuen Ausgabe der *Fragmens asiatiques* des Hrn. v. Humboldt, die fast gleichzeitig in Paris erscheint, folgende nachträgliche Notizen:

„Petersburg. — Dreizehn Jahre von 1822 bis 1834 beobachtet von Hrn. Wisniewsky. Epochen der Beobachtung 7 Uhr Morgens, 2 Uhr Nachmittags, 9 Uhr Abends. Prof. Kupffer, Mitglied der Akademie der Wissenschaften zu St. Petersburg, welcher an der Spitze des grossen meteorologischen und magnetischen Instituts [1]) steht, das seine wohlthätige Wirkung über Ost-Europa und das ganze nördliche Asien verbreitet, hat diese dreizehnjährigen Beobachtungen nach der Formel

$$T = \frac{VII + II + 2.IX}{4}$$

berechnet, und nach dem Inhalte von Briefen an Hrn. v. Humboldt (vom 24. Januar 1837), haben sich fol-

[1]) Ueber die Einrichtung dieses Instituts, S. Instructions pour faire des observations météorologiques et magnétiques rédigées par A. T. Kupffer (St. Pétersbourg 1836). Die Beobachtungs-Stationen sind; Petersburg, Kasan, Nicolajeff, Tiflis, Slatoust, Katharinenburg, Bogoslowsk, Lougan, Barnaul, Nertschinsk, Peking, Sitka (an der Nordwestküste, von Amerika) u. s. w. Mit gleichartigen Instrumenten werden fast überall magnetische Neigung und Abweichung, Luftdruck, Temperatur, Wassergehalt der Atmosphäre, Windrichtung, und Menge des gefallenen Regens und Schnees, gemessen — ein wichtiges Institut, welches die Physik dem wissenschaftlichen Interesse des Grafen von Cancrin und des Generals von Tcheffkin verdankt.

gende Resultate der Mitteltemperatur nach Reaumurschen Graden ergeben:

Monate. (Neuer Styl.)	Petersburg. (Br. 59° 56′)	Berlin. (Br. 52° 31′)
Januar . .	— 7°,70 R.	— 1°,92 R.
Februar . .	— 5 ,95 -	+ 0 ,15 -
März . . .	— 3 ,01 -	+ 3 ,10 -
April . . .	+ 2 ,06 -	+ 7 ,42 -
Mai	+ 7 ,02 -	+ 11 ,21 -
Juni . . .	+ 12 ,08 -	+ 13 ,91 -
Juli . . .	+ 13 ,88 -	+ 14 ,88 -
August . .	+ 12 ,72 -	+ 14 ,39 -
September .	+ 8 ,45 -	+ 11 ,58 -
October . .	+ 4 ,15 -	+ 7 ,96 -
November .	— 0 ,71 -	+ 3 ,33 -
Dezember .	— 4 ,18 -	+ 1 ,14 -
Mittlere Temperatur des ganzen Jahres .	+ 3°,23 R.	+ 7°,26 R.

Neben die Resultate der Temperatur von Petersburg sind die von Berlin gestellt, welche Dr. Mädler aus einer Reihe sorgfältiger, von ihm selbst funfzehn Jahre lang angestellter Beobachtungen ganz neuerlichst gezogen hat. Diese Berliner Mittelzahlen beziehen sich auf die Jahre 1821—1835.

Jahreszeiten.	Petersburg.	Berlin.
Winter . .	— 5°,94 R.	— 0°,21 R.
Frühjahr . .	+ 2 ,02 -	+ 7 ,24 -
Sommer . .	+ 12 ,89 -	+ 14 ,39 -
Herbst . .	+ 3 ,96 -	+ 7 ,62 -
Das ganze Jahr	+ 3°,23 R.	+ 7°,26 R.

Die Mitteltemperaturen einzelner Jahre waren zu Petersburg nach den von Herrn Wisniewsky und

Tarkhanoff schon früher bekannt gemachten Petersburger Beobachtungen

1831 . . .	+ 2°,97	Reaum.
1832 . . .	+ 2 ,78	-
1833 . . .	+ 3 ,32	-

In denselben Jahren war zu Petersburg die grösste Kälte um 7 Uhr Morgens

1831 . . .	— 22°,2	R.
1832 . . .	— 17 ,5	-
1833 . . .	— 21 ,6	-

Nach 85jährigen Beobachtungen in Berlin [1]) hatte das wärmste Jahr (1756) die mittlere Wärme von 9°,56; das kälteste Jahr (1740) nur 4°,40. Einzelne Jahrestemperaturen schwanken also zwischen der von Turin (Br. 45° 4′) und Petersburg (Br. 59° 56′). Erstere ist nach Bonin 9°,3 bei nur 510 Fuss Höhe über dem Meeresspiegel; letztere, wie wir oben gesehen haben, 3°,2 Reaumur.

Die Temperatur von Petersburg wurde bisher etwas niedriger angenommen. Zehnjährige Beobachtungen von Euler (in den Jahren 1783 — 1786 und 1788 — 1792) den Manheimer Ephemeriden entlehnt, gaben nach dem vortrefflichen Lehrbuche der Meteorologie von Kämtz (Th. II, S. 89) für Petersburg

Winter . . .	— 7°,22	Reaum.
Frühjahr . . .	+ 0 ,45	-
Sommer . . .	+ 12 ,82	-
Herbst . . .	+ 2 ,24	-
Jahr . . .	+ 2°,07	Reaum.

Prof. Kupffer bemerkt diese Verschiedenheit

[1]) „Der kälteste Winter in Berlin, der von 1830, hatte die Mitteltemperatur von — 5°,25 fast wie im 13jähr. Durchschnitt der Winter von Petersburg. Die mittlere Wärme des Jahres 1834 kam zu Berlin der von 1756 sehr nahe, sie war nach Hr. Mädler 8°,79 fast ganz der Mittelwärme von Paris nach Bouvard's 21jährigen Beobachtungen (Br. 48° 50′) gleich.“

und fragt: „soll man annehmen, dass in den letzten Jahren das Klima von Petersburg milder geworden ist, oder waren die älteren Beobachtungen minder genau? Für die Richtigkeit der Beobachtungen des Astronomen Herrn Wisniewsky, die ich berechnet, spricht die merkwürdige Uebereinstimmung des vorjährigen Resultats zwischen den Beobachtungen auf der älteren Sternwarte und in dem meteorologischen Institute des Berg-Corps. Ich beobachtete acht Mal täglich und finde vom 1. Juli 1835 bis 1. Juli 1836 für die mittlere Wärme der 12 Monate + 2°,68 R., während die Beobachtungen des Hrn. Wisniewsky + 2°,87 R. gaben; Unterschied 0°,19.“ Die mittlere Windrichtung von Petersburg ist S. 27° W.

„Moskau. — Die Vertheilung der Wärme in die verschiedenen Jahreszeiten ist in dem Continental-Klima von Moskau auffallend von der Vertheilung der Wärme in dem Küsten-Klima von Petersburg verschieden. Die nachfolgenden Resultate sind in einem Schreiben des Hrn. Perewostschikoff an Hrn. v. Humboldt (vom 11. März 1837) enthalten. Man hat dort unter den letzten sechs Jahren das wärmste und kälteste Jahr ausgewählt. Gewöhnlich wird täglich drei Mal beobachtet, 8 Uhr Morgens, 2 Uhr Nachmittags und 10 Uhr Abends. Aber 1831 belief sich die Zahl der Beobachtungen auf 2920, weil in einem beträchtlichen Theile des Jahres, auf der Sternwarte, täglich acht Mal die Temperatur aufgezeichnet wurde. Breite 55° 45′ 20″, Höhe über dem Meeresspiegel an 500 Fuss, über dem Niveau des Flusses Moskwa über 230 Fuss.

Mittlere Wärme der Monate zu Moskau.

Monate.	1831. (Reaum.)	1835. (Reaum.)
Januar . .	— 8°,2	— 5°,45
Februar . .	— 5 ,5	— 3 ,26
März . . .	— 0 ,7	— 1 ,21
April . . .	+ 8 ,2	+ 6 ,89
Mai . . .	+ 12 ,6	+ 9 ,57
Juni . . .	+ 16 ,1	+ 15 ,33
Juli . . .	+ 16 ,2	+ 13 ,58
August . .	+ 12 ,6	+ 9 ,19
September .	+ 7 ,3	+ 8 ,02
October . .	+ 0 ,2	— 2 ,37
November .	— 3 ,9	— 4 ,82
Dezember .	— 7 ,8	— 13 ,60
Mittel des Jahres	+ 3°,9	+ 2°,65

Die mittlere Wärme der Jahreszeiten ergiebt sich für beide Jahre also:

Winter von 1831	— 7°,2	von 1835 .	— 7°,4
Frühjahr	+ 6 ,7		+ 5 ,1
Sommer	+ 14 ,9		+ 12 ,7
Herbst	+ 1 ,2		+ 0 ,4

Das Frühjahr ist beträchtlich wärmer und der Herbst kälter als zu Petersburg. Die Moskauer Beobachtungen sind nach altem Styl. Für den Winter sind hier, wie in Petersburg und Kasan, die Monate Dezember, Januar und Februar gerechnet.

„Kasan. — Eine schöne Reihe sorgfältiger Beobachtungen giebt nach dem Astronomen Herrn Simonoff für die sechs Jahre 1828 — 1833 die mittlere Wärme des Jahres in Kasan zu + 1°,61 R., nämlich

Winter	— 10°,55
Frühjahr	+ 1 ,26
Sommer	+ 13 ,52
Herbst	+ 2 ,20

Bei der überaus geringen Höhe von Kasan über dem Meeresspiegel und einer Breite von 55° 47′ ist in Vergleich mit Petersburg und Moskau die mittlere Temperatur des Winters von — 10° ½ R. sehr auffallend und zeugt für die starke Krümmung der Isochimenen gegen Osten. In der nachstehenden Tabelle hat Herr Simonoff die Vertheilung der mittleren Wärme in sechs einzelnen Jahren dargestellt:

Jahreszeiten.	1828	1829	1830	1831	1832	1833	Mittel d. 6 Jahre.
Winter	— 9,83	—13,71	—11,22	— 7,50	— 9,98	—11,04	— 10,55
Frühling	+ 3,02	+ 1,19	+ 1,34	+ 1,30	+ 0,43	+ 0,28	+ 1,26
Sommer	+14,48	+14,35	+15,58	+12,02	+12,14	+141 4	+ 13,78
Herbst	+ 1,57	+ 2,88	+ 3,90	+ 1,21	+ 0,76	+ 2,90	+ 2,20
Mittel	+ 2,31	+ 1,18	+ 2,40	+ 1,76	+ 0,84	+ 1,57	+ 1,67

Die Mittelzahlen (alle in Reaumurschen Graden) sind allein aus den Beobachtungen von 9 Uhr Morgens und 9 Uhr Abends gezogen. Die Monate sind nach dem neuen Style gerechnet. “

Ueber die Höhe von Moskau und Kasan über der Meeresfläche.

Folgende Resultate sind ganz neuerlichst Herrn von Humboldt von den Professoren Perewostschikoff und Simonoff gefälligst mitgetheilt worden:

Moskau. — „Die Barometerbeobachtungen, schreibt der erstere, sind seit dem Jahre 1829 mit einem Instrumente von Neugebauer angestellt, das mit dem Fortinschen des H. v. H. verglichen, kaum um 0, 2 Linien differirte. Die Zahl der Beobachtungen war 732, sie gaben für die mittlere Barometerhöhe 27″ 10‴,354 = 754,25 Millimeter. (Therm. am Bar. + 20°,09 Cent. Therm. an der Luft + 15°,56 C. Wenn ich die mittlere Barometerhöhe am Meere zu 763,15 Millimeter bei Th. 25°,3 annehme, so finde ich für die absolute Höhe des Universitätsgebäudes 47,6 Toisen, sehr übereinstimmend mit der früheren Angabe von 48 T. des Prof. Hansteen. Das Universitätsgebäude liegt aber dem Flüsschen Moskwa so nahe, dass ich jene Höhe von 47,6 T. als die Höhe des Fluss-Spiegels (unfern der Steinernen Brücke) über dem Ocean betrachten kann. Seit dem Monat Juli 1830 werden aber die meteorologischen Beobachtungen auf der kaiserlichen Sternwarte der drei Berge angestellt. Die Stunden, an denen man beobachtete, sind bereits oben (S. 632) angegeben. Die mittlere Barometer-Höhe fand sich auf der Sternwarte bei einer Temperatur von 0° für 1831 zu 745,23 Mill.; für 1835 zu 743,92 Mill. Das Mittel aus beiden Jahren (744,57 Mill.) giebt mir bei einer

Lufttemperatur von + 4°,09 C. und bei der oben angenommenen Barometerhöhe am Meere 86,4 Toisen; also liegt die Sternwarte 38,8 T. höher als das Universitätsgebäude. Folgende Tabelle enthält die mittleren Barometerstäude der einzelnen Monate, alle auf die Temperatur des Gefrierpunktes reducirt.

Monate. (Sternwarte zu Moskau.)	1831.	1835.
Januar . .	744,25	741,50
Februar . .	743,41	744,88
März . . .	750,45	744,85
April . . .	744,10	746,89
Mai . . .	745,16	742,21
Juni . . .	742,12	745,33
Juli . . .	743,00	743,23
August . .	740,21	743,65
September .	747,10	743,65
October . .	751,30	749,34
Novembar .	738,97	740,42
December .	751,83	740,70

Wird die mittlere Barometerhöhe nach Beobachtungen, die am Spiegel der Ostsee angestellt sind, zu 760,28 Mill. (bei 0°) angenommen, so findet man nach der Berechnnug des Herrn Galle, Gehülfen an der kön. Sternwarte zu Berlin, folgende Resultate:

„Beobachtungen, die vom 1. Juni bis 30. Nov. 1829 auf der Universität (nahe am Spiegel der Moskwa) angestellt wurden, geben nach Hrn. Prof. Perewostschikoff das Mittel

754,25mm bei + 20,°09 C. Temp. d. Quecks. und + 15,56 C. T. d. Luft:

oder, da das angewandte Barometer durch Verglei-

chung mit dem Fortinschen des Herrn v. Humboldt sich um 0,2mm zu tief zeigte
754,45mm bei + 20,09 C. T. des Quecks. und + 15,56 C. T. d. Luft:

Hieraus findet sich wiederum die Höhe des Universitätsgebäudes von Moskau 47,0 Toisen = 282 Par. Fuss über der Ostsee."

Es ist sehr zu wünschen, dass die Höhe des Beobachtungsortes auf der kaiserlichen Sternwarte zu Moskau bald trigonometrisch oder durch mehrfache gleichzeitige Barometer-Beobachtungen auf den Spiegel der Moskwa reducirt werde, damit man die vielen seit 1830 auf der Sternwarte angestellten Beobachtungen zur Höhenbestimmung jenes Flussspiegels über dem Meer unmittelbar benutzen könne.

Kasan. — „Die Barometer-Beobachtungen, auf die sich meine Resultate gründen, schreibt Herr Simonoff an Herrn von Humboldt unter dem 20. Februar 1837, sind an einem Instrumente von Pixis angestellt durch die Sorgfalt des Herrn Schestakoff, jetzt Lehrers der Mathematik und Physik in Tiflis, wo er an unseren correspondirenden magnetischen Beobachtungen Theil nimmt. Sie erinnern sich, dass während Ihrer Anwesenheit in Kasan unsere beiden Fortinschen Barometer verglichen wurden. Seit Ihrer Abreise habe ich viele Tage hindurch mein Fortinsches Instrument neben dem von Pixis beobachtet und gefunden, dass alle Angaben des letzteren um 0,76 Millimeter vermindert werden müssen. Nun ist die mittlere Barometerhöhe zu Kasan nach sechsjährigen Beobachtungen (1828—1833) auf den Gefrierpunkt reducirt nach der Berechnung des Professor Knorr *)

---

*) S. den interessanten Aufsatz des Herrn Knorr in Poggend. Annalen der Physik B. XXXVI. S. 204. Aus den Mitteln von

755,57 Mill. Diese Zahl mit der Correction — 0,76 Mill. wird 754,81 und giebt bei der mittleren Lufttemperatur von + 3°, 5 Cent. und einem Barometerstande am Meer von 759,79 Mill., die Höhe des Beobachtungsortes zu 52,76 Meter oder 173 engl. Fussen über dem Meere. Sie werden sich noch erinnern, dass der Hof unseres Universitäts-Gebäudes fast im Niveau der Festung liegt. Der Unterschied ist höchstens 5 Fuss. Nun ist durch das genaue Nivellement der Ingenieure im Jahr 1824 die Bodenfläche von Kasan bei der Festung 119,57 englische Fuss höher als der Spiegel der Wolga gefunden worden. Man kann also annehmen, dass der Hof des Universitätsgebäudes 114½ und der Nullpunkt am Gefäss des Barometers 135 englische Fuss über der Wolga liegt. Der Spiegel der Wolga bei Kasan ergiebt sich demnach bei der obigen Annahme von 759,79 Millimeter am Meere nur zu einer Höhe von 38 engl. Fuss über der Ostsee. Wenn ich Ihnen ehemals ein verschiedenes Resultat mittheilte, so war es, weil ich nur ein einziges Jahr Pariser Beobachtungen mit den meinigen verglichen hatte."

Diese neueren Mittheilungen unseres Freundes, Herrn Professor Simonoff zu Kasan, haben Herrn Galle zu folgenden Bemerkungen veranlasst:

„Das Mittel aus den Barometerbeobachtungen, welche während der 6 Jahre 1828 bis 1833 zu Kasan unter Leitung des Herrn Prof. Simonoff angestellt wurden, ist

---

9 Uhr Morgens, 12 Uhr Mittags, 3 Uhr Nachmittags und 9 Uhr Abends findet man die jährlichen Mitttel

1828 . .	754,77
1829 . .	756,89
1830 . .	756,49
1831 . .	755,59
1832 . .	754,59
1833 . .	755,12
	755,57

755,57^{mm} für 0° Temp. d. Qu. und + 2°,1 C. T. d. Luft. Bei allen bisherigen auf Kasan basirten Höhenrechnungen des Urals ist vorausgesetzt worden, dass das in Kasan angewandte Barometer das Fortinsche sei, welches am 24. Mai a. St. 11½^{h}

756,2^{mm} bei + 23°,2 C. T. d. Qu.

zeigte, während gleichzeitig das Fortinsche Barometer des Herrn v. Humboldt:

757,3 bei + 26,0 C. T. d. Qu.

zeigte, so dass alle Angaben des ersteren um + 0,76^{mm} zu verbessern waren, um sie auf das letztere zu reduciren. Bringt man an obiges Mittel diese Verbesserung an und vergleicht es alsdann mit dem mittlern Barometerstande an der Ostsee

760,28^{mm} für 0° T. d. Qu. nnd + 8° C. T. d. Luft

(dem Mittel aus den Beobachtungen zu Danzig und Königsberg), so folgt die Erhebung des Universitätsgebäudes zu Kasan über der Ostsee

= 21,8 Toisen = 131 Fuss

und, da die Cuvette des Barometers sich 135 engl. oder 127 franz. Fuss über der Wolga befindet, so betrüge die Erhebung des Wolgaspiegels über der Ostsee nur 4 Fuss.

Herr Prof. Simonoff giebt aber an, dass die Beobachtungen nicht mit dem verglichenen Fortinschen, sondern mit einem andern Barometer von Pixis angestellt sind, an welchem genau die umgekehrte Correction — 0,76^{mm} anzubringen ist, um es auf das Barometer des Herrn v. Humboldt zu reduciren. Unter dieser Voraussetzung ist jene Höhe von Kasan, indem der Barometerstand um 1,52^{mm} sich vermindert, um 8,3 Toisen zu vermehren und man erhält

30,1 Toisen = 181 Fuss

für das Universitätsgebäude, oder

8,9 Toisen = 53 Fuss

für den Spiegel der Wolga.

Hiernach sind nun alle Angaben von Höhen über der Meeresfläche jenseits Kasan zu verbessern, weil bei denselben

1) die Höhe des Universitätsgebäudes zu 16,0 Toisen angenommen und

2) Die Kasaner Barometerstände um 1,52^{mm} zu hoch angesetzt wurden.

Wegen des erstern Umstandes sind sie um 13,1 T. zu vergrössern, im Ganzen ist also an jede der gegebenen Höhen über der Meeresfläche eine kleine Correction von + 5,8 Toisen oder 35 Pariser Fuss anzubringen.“

„Die absolute Höhe des Wasserspiegels der Wolga bei Kasan, bemerkt Herr v. Humboldt in der zweiten Auflage seiner *Fragmens asiatiques*, ist nicht bloss wichtig wegen des noch streitigen Problems der Depression des Caspischen Seespiegels, sie muss auch Erstaunen erregen wegen der grossen Entfernung, in der Kasan von der Küste des nördlichen Oceans liegt. Diese Entfernung ist fast neunfach grösser, als im baltischen Flachlande der Abstand Berlins von der Ostsee, und doch hat Berlin nach dem vortrefflichen geodätischen Nivellement des Herrn Major Baeyer vom kön. preuss. Generalstabe schon hnndert Par. Fuss senkrechter Höhe über der Ostsee. In der niedrigen Lombardischen Ebene steigt der alte Seeboden bei Padua 51, bei Mailand (botanischer Garten) 390 Fuss über den Spiegel des nahen Adriatischen Meeres an. Ist aber, die Gestaltung des russischen Flachlandes in jenen Längenzonen wirklich so, wie sie den angegebenen Elementen der barometrischen Höhenbestimmung entspricht? Die von Professor Knorr gefundenen sechsjährigen, mittleren Barometerstände differiren einzeln in den Extremen nur um 2,2 Millimeter, also nicht mehr, als in den westlichen Ländern der gemässigten Zone in gleichen oder längeren Perioden. Sollten funfzehnjährige Mittelzahlen für den Beobachtungsort in Kasan beträchtlich weniger als 754,81 Millimeter (auf 0° reducirt) geben? Ein besonders hoher mittlerer Barometerstand an den Küsten des Eismeeres zwischen 46 und 47° östlicher Länge ist weniger wahrscheinlich, als ein durch Luftströmungen und meteorologische Prozesse permanent gestörtes Gleichgewicht der Schichten der Luftmeere. Unmittelbare Beobachtungen werden diese so mannigfaltig angeregten Zweifel befriedigend lösen."

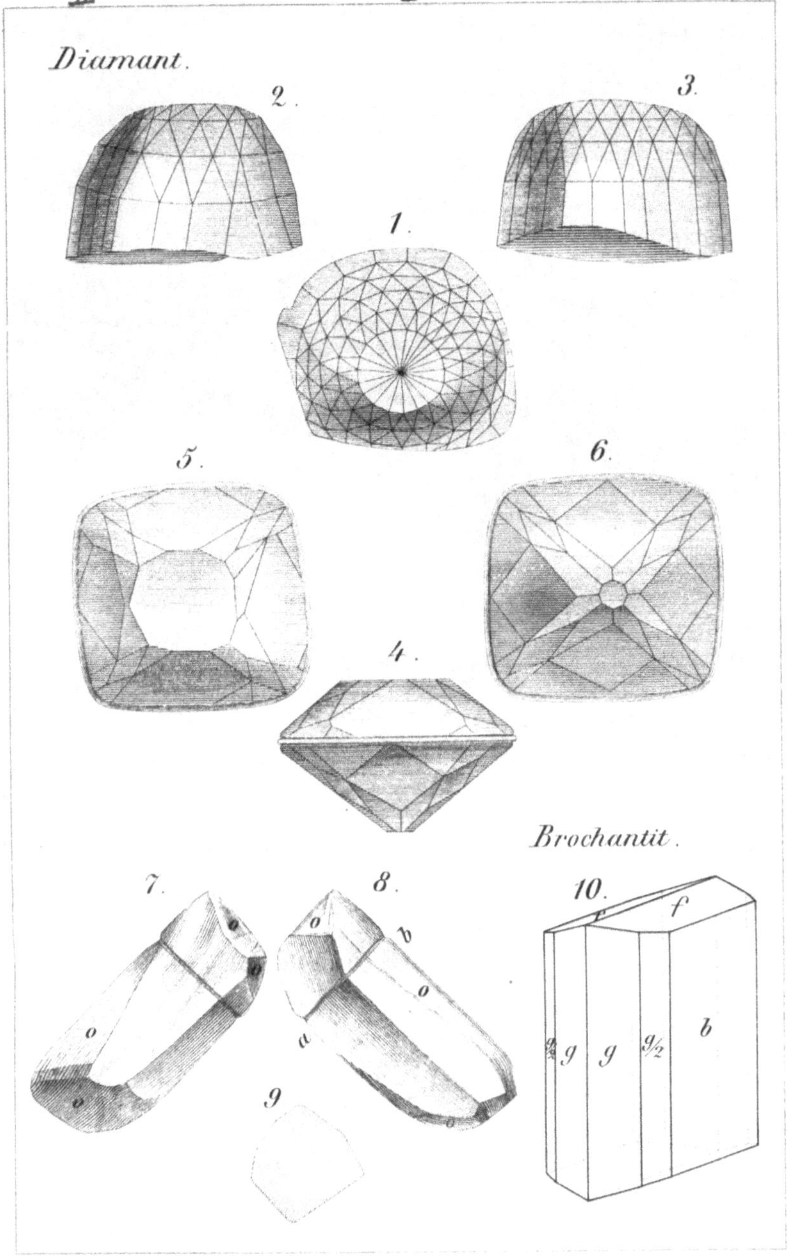
Diamant.
2.
3.
1.
5.
6.
4.
Brochantit.
7.
8.
9
10.
o
b
a
f
g
g/2
b

Taf. II.

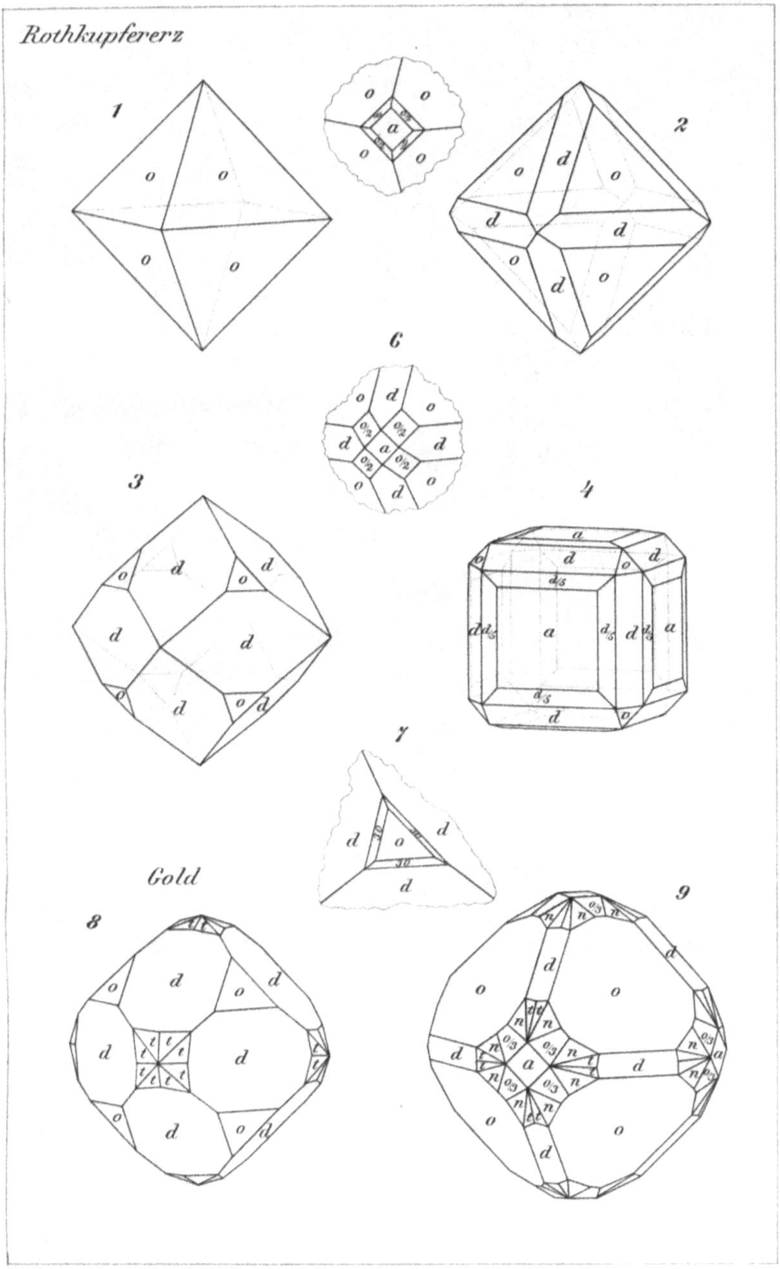

Kupfer

1

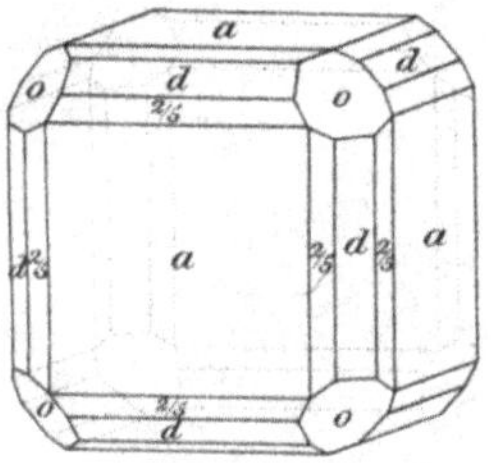

2

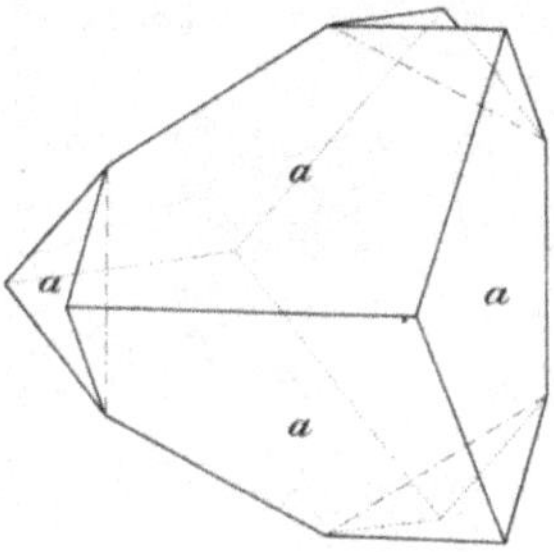

3

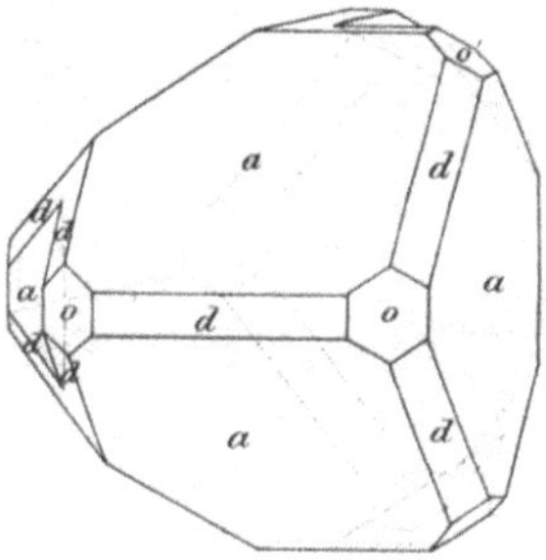

4

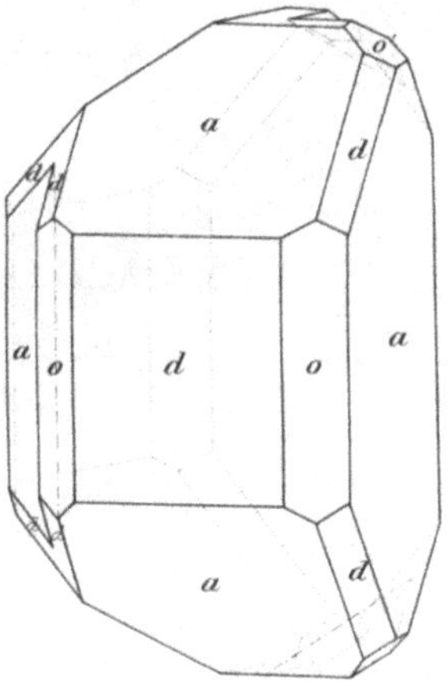

5

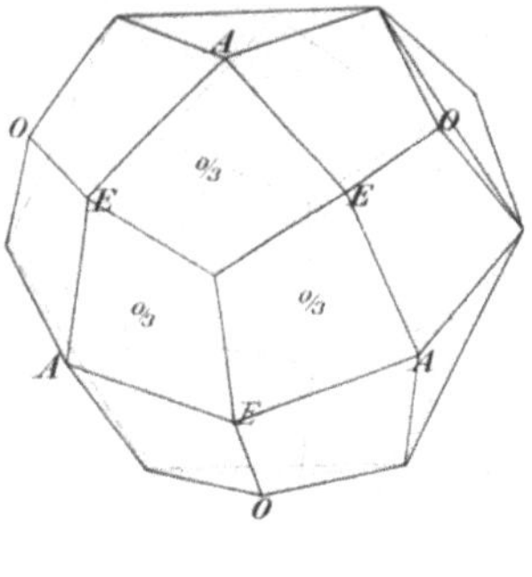

6

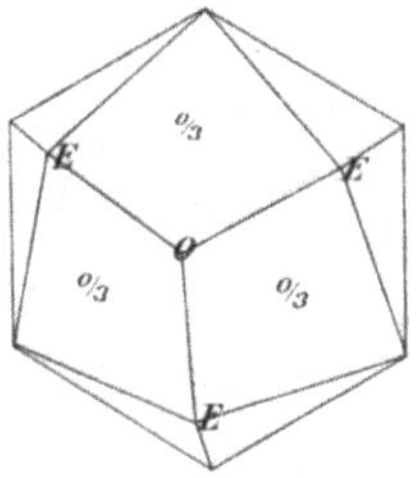

Kupfer.

I.

2.

Kupferlasur

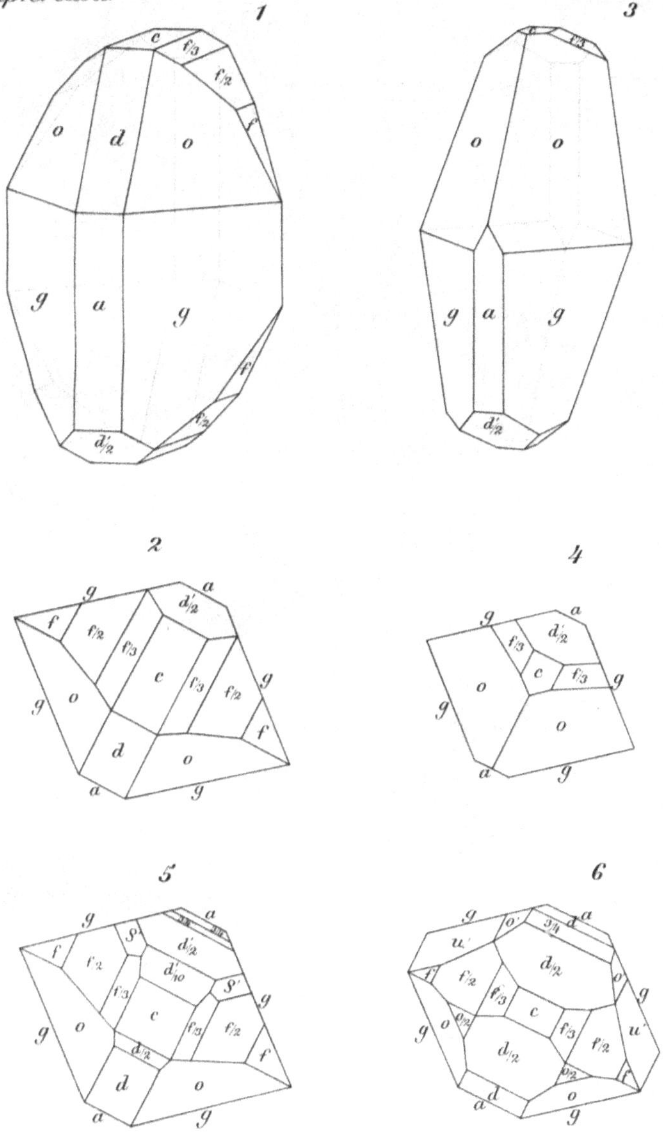

Kupferlasur

1

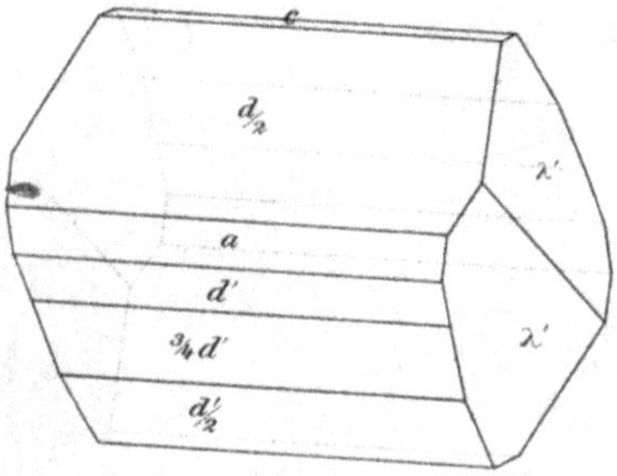

4

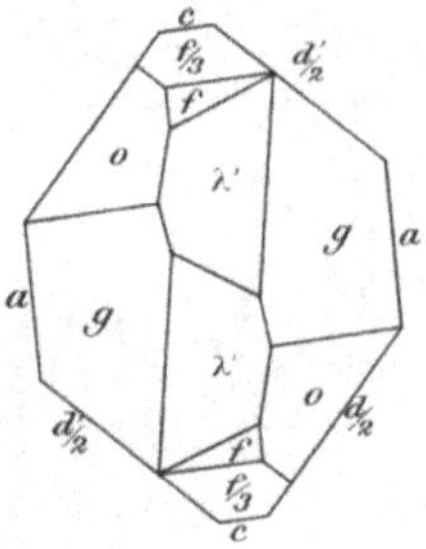

2

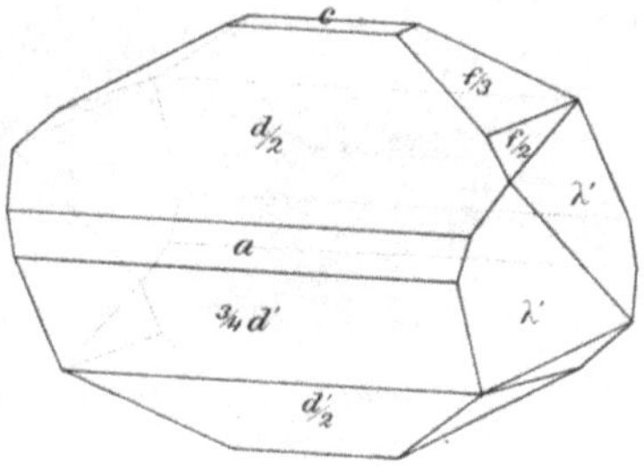

6

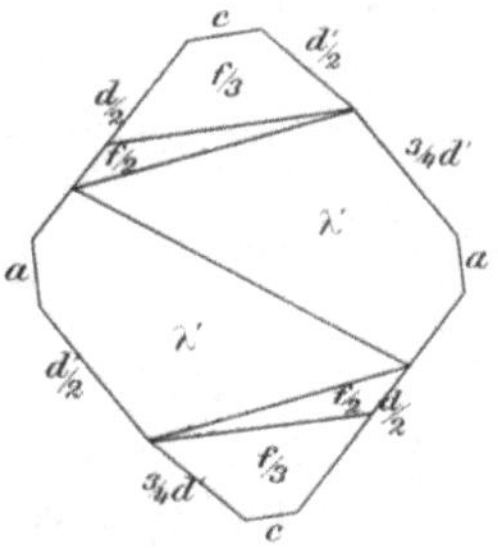

3.

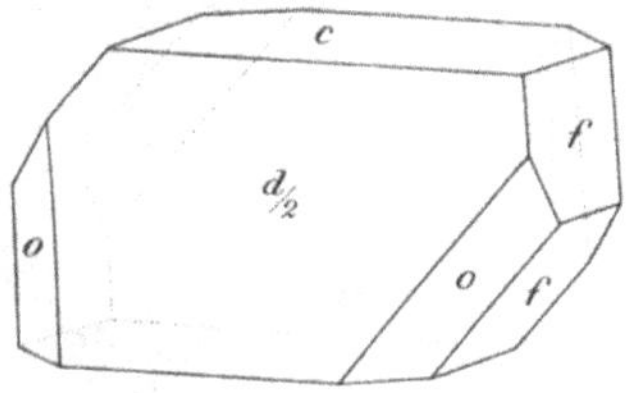

5

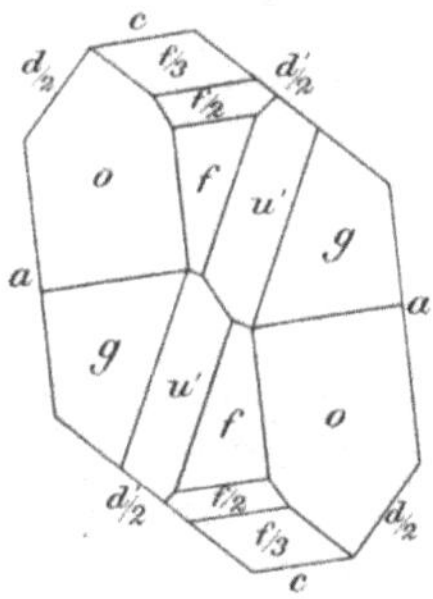

SITUATIONSPLAN

mit Angabe des Stre

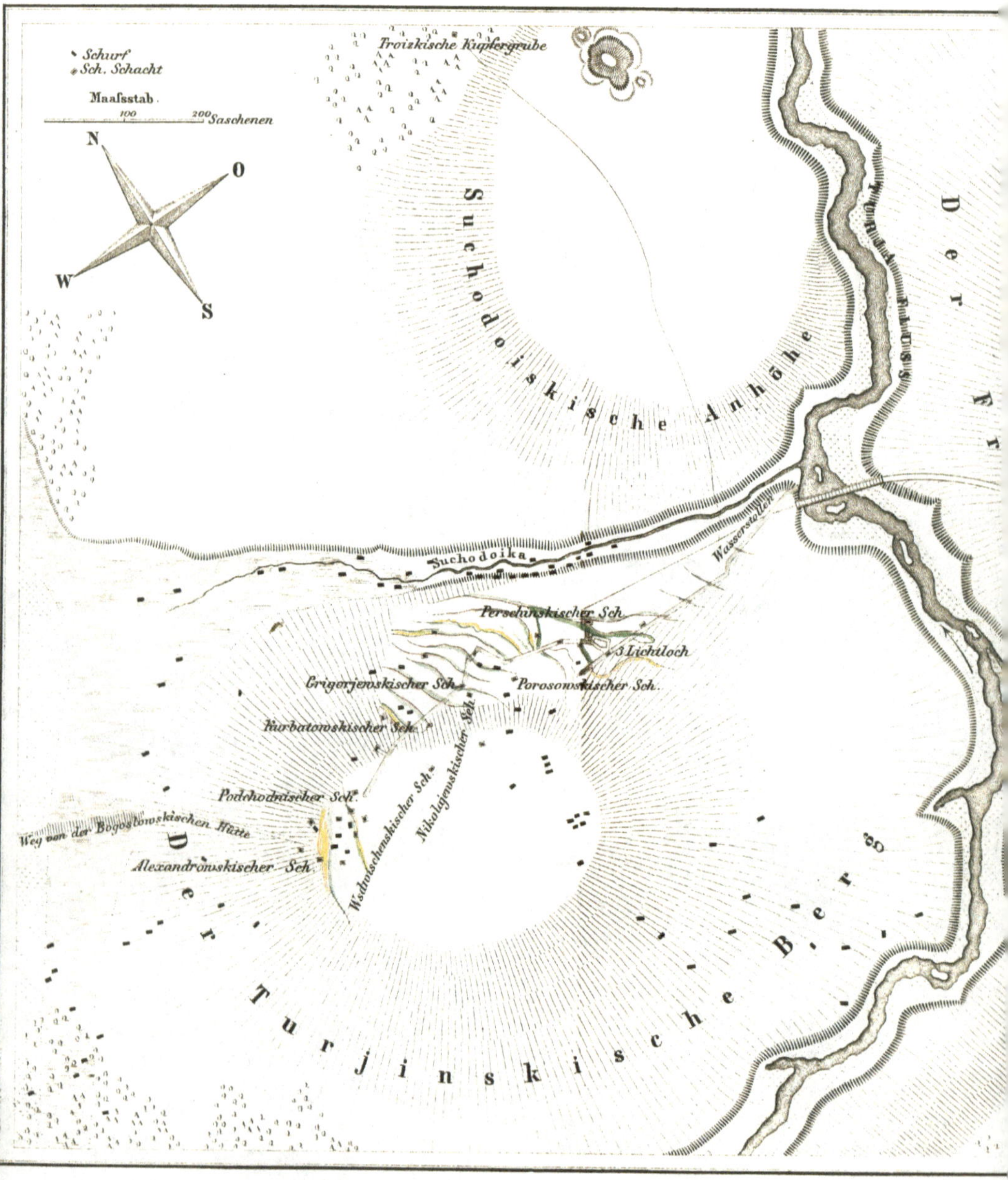

:N KUPFERGRUBEN

·kommenden Gebirgsarten.

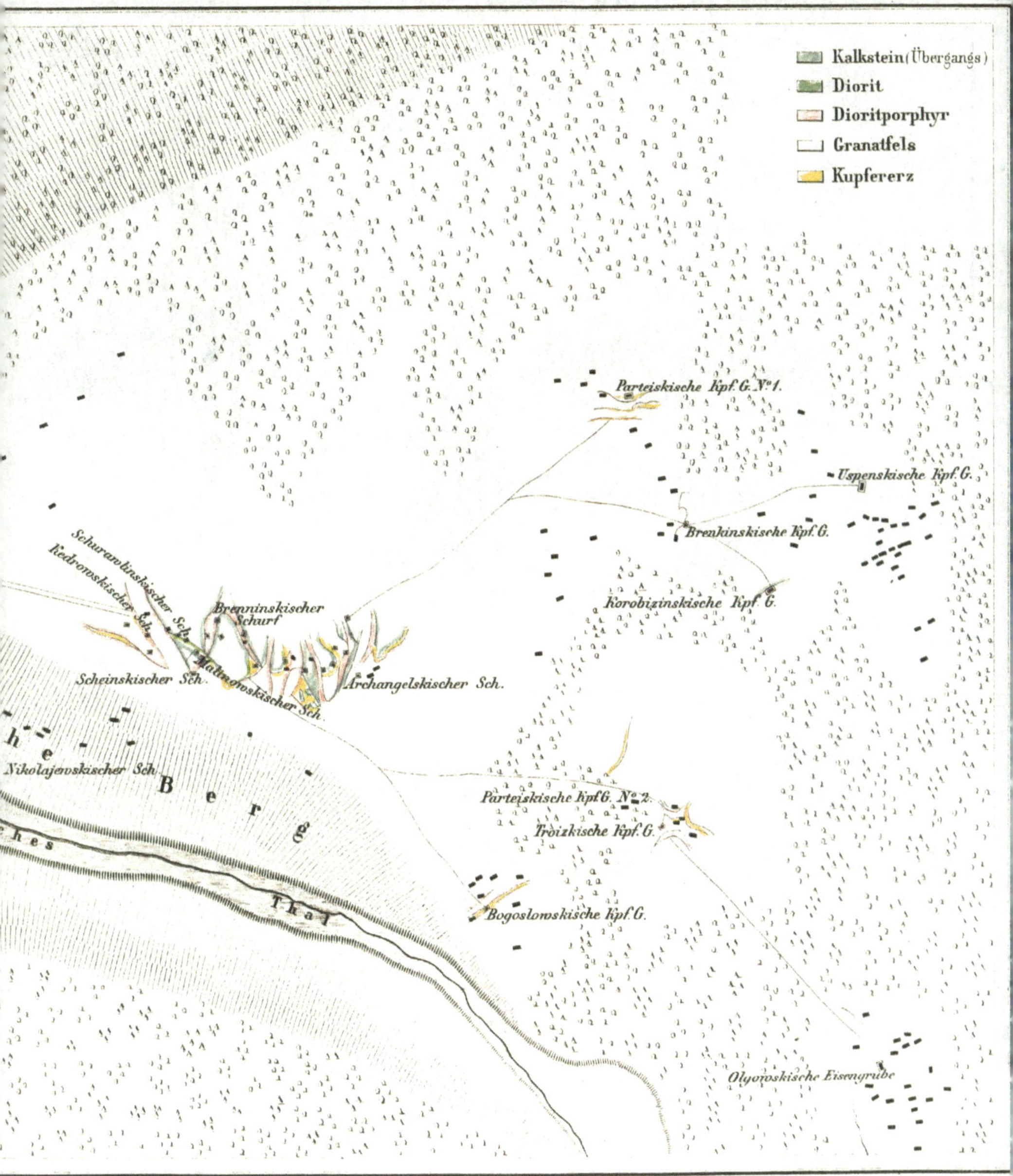

Lith. Anst. v. Leopold Kraatz in Berlin

Horizontaler Durchschnitt des dritten Theils der Turjinsk

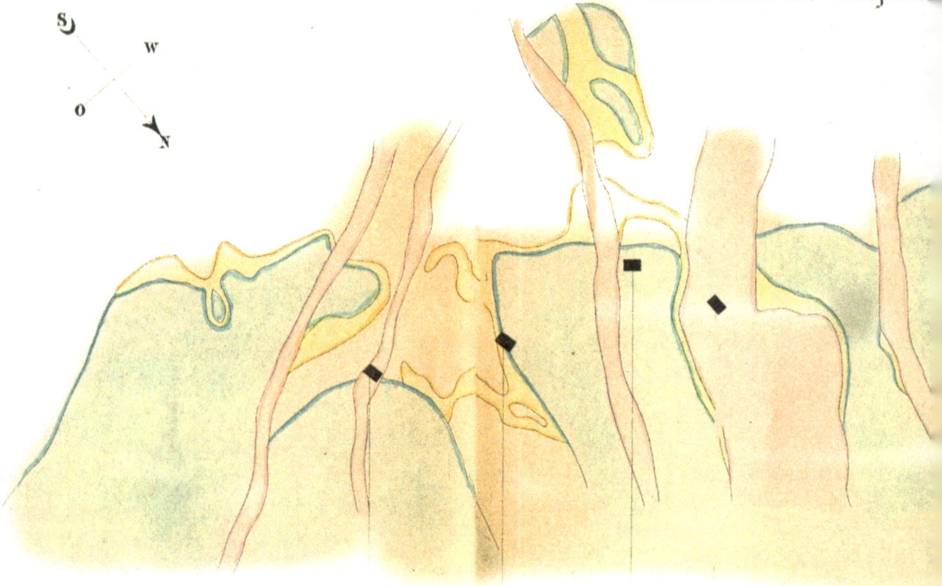

Vertikaler Durch

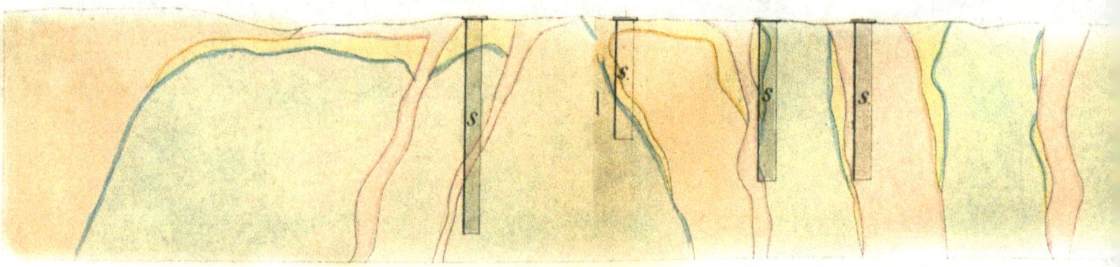

Maaſsstab 10 20 30 Saschenen 5 20 40

Kalkstein, Übergangs. Diorit

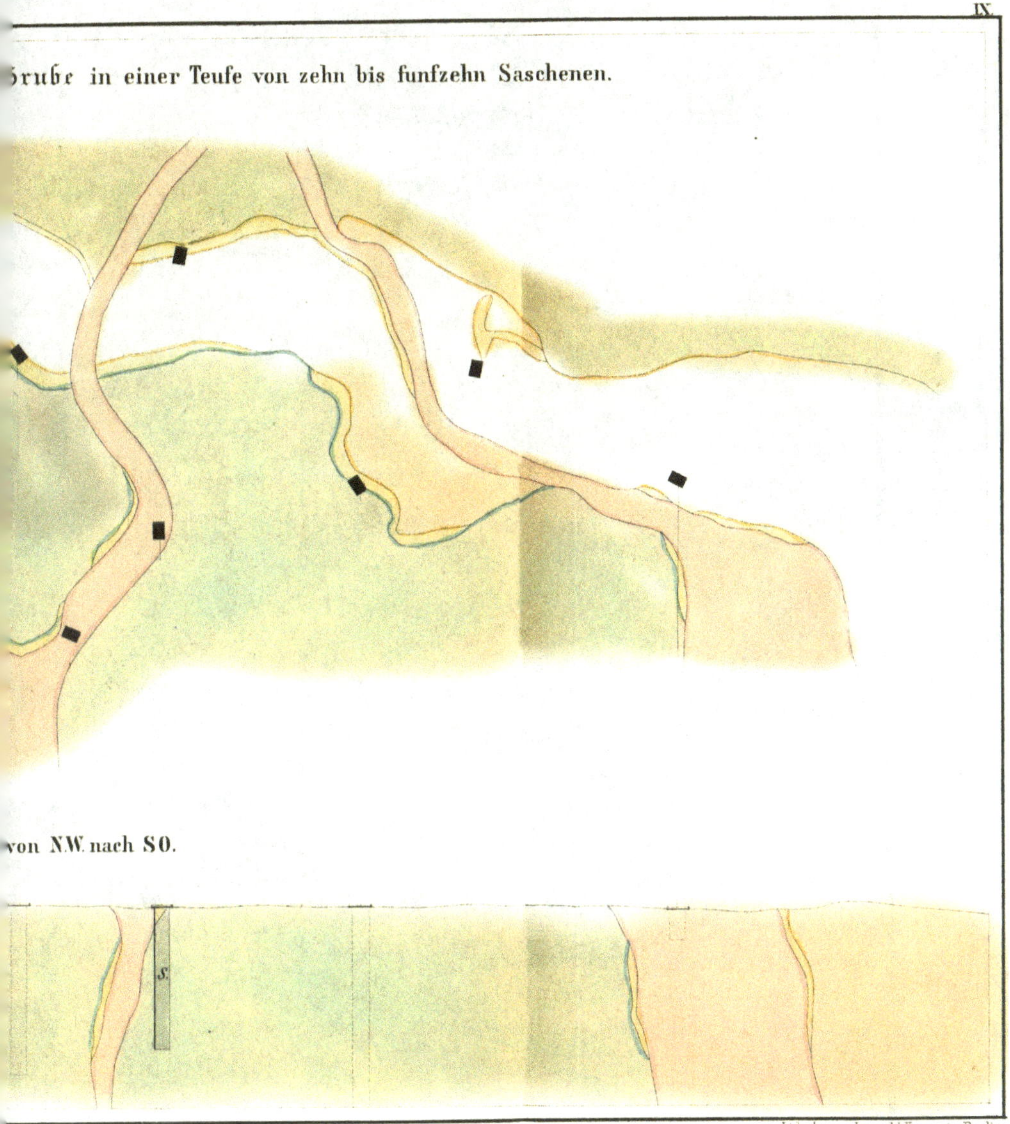

Granatfels Kupfererz S. Schacht

Lith. Anst. v. Leopold Kraatz in Berlin.

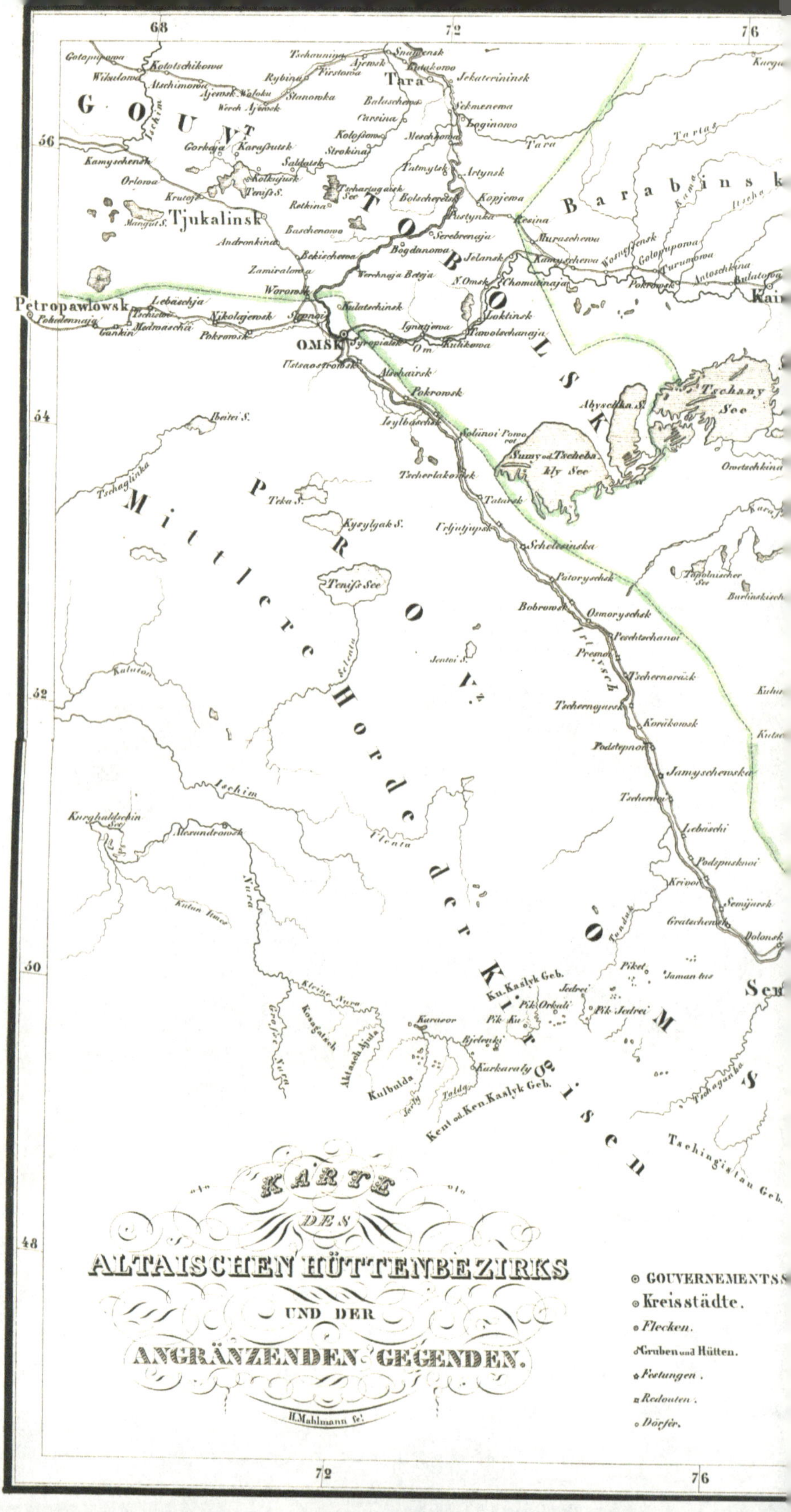
KARTE DES ALTAISCHEN HÜTTENBEZIRKS UND DER ANGRÄNZENDEN GEGENDEN.
H.Mahlmann fc.
GOUVERNEMENTS
Kreisstädte.
Flecken.
Gruben und Hütten.
Festungen.
Redouten.
Dörfer.
68
72
76
56
54
52
50
48
GOUVT TOBOLSK
Mittlere Horde der Kirgisen
PROV. OMSK
Barabinsk
Tara
Tjukalinsk
Petropawlowsk
OMSK
Tschany See
Sumy od. Tschebakly See
Abyschka S.
Tenifs See
Teka S.
Kysylgak S.
Ischim
Nura
Kleine Nura
Tara
Tartas
Om
Irtysch
Kolotschikowa
Snamensk
Jekaterininsk
Loginowo
Artynsk
Kopjewa
Kamyschensk
Orlowa
Bolscherezk
Serebrenaja
Bogdanowa
Jelansk
Bekischewa
Zamiralowa
Woronsk
Lebäschja
Nikolajewsk
Pokrowsk
Ustsaostrowsk
Kulatschinsk
Ignatjewa
Chomutinaja
Loktinsk
Kulikowa
Pokrowsk
Tatarsk
Tscherlakowsk
Uljutjupsk
Scheleсinska
Bobrowsk
Osmoryschsk
Peschtschanoi
Presno
Tschernoräzk
Tschernojarsk
Koräkowsk
Podstepnoi
Jamyschewska
Lebäschi
Podspusknoi
Krivoi
Semijarsk
Gratschensk
Dolonsk
Kurghaldschin See
Alexandrowsk
Karaсor
Karkaraly
Kulbulda
Ku.Kaslyk Geb.
Kent od. Ken.Kaslyk Geb.
Tschingistau Geb.
Piket
Jaman tus
Kuraweh
Ulenta

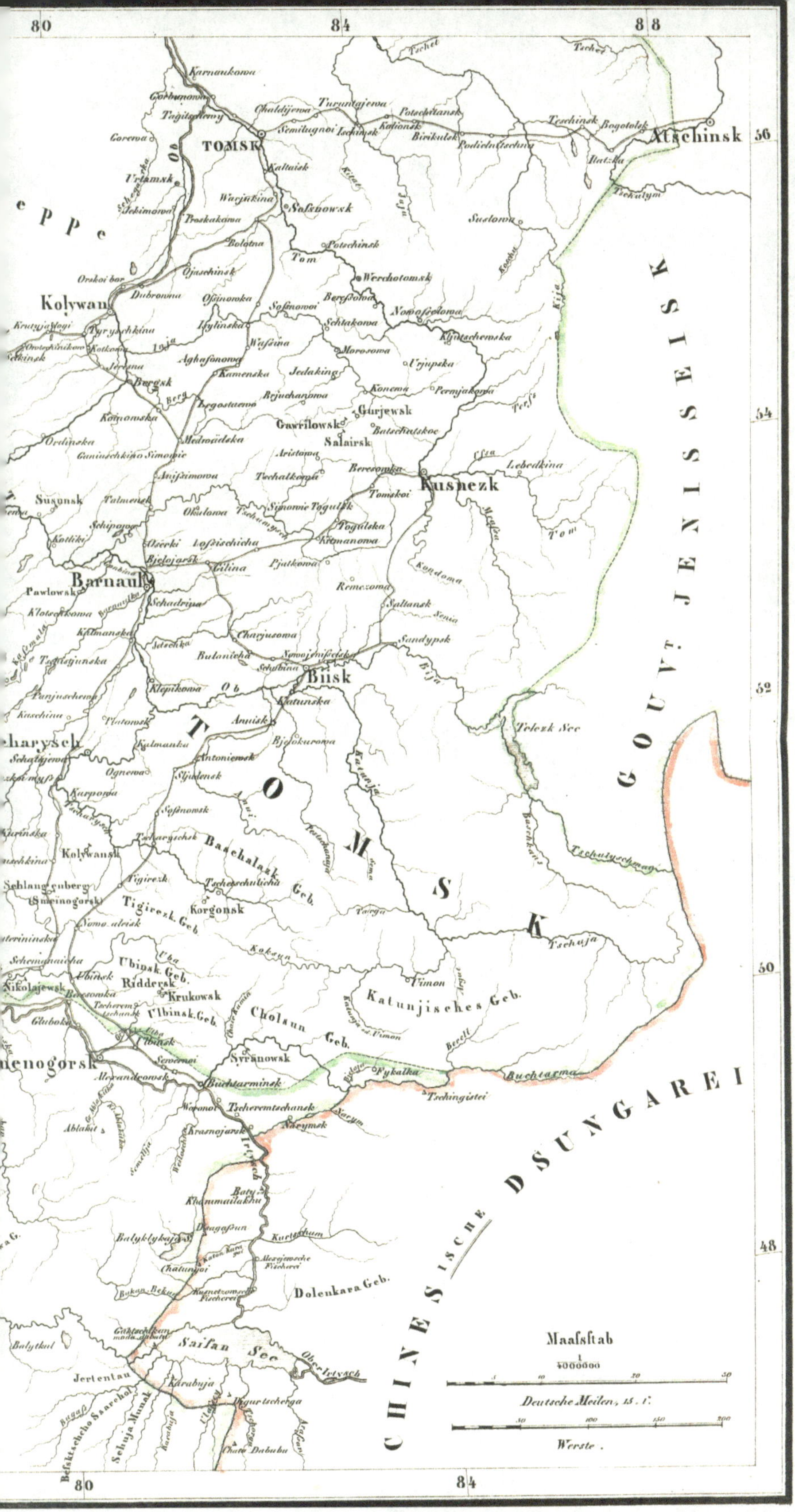
80
84
88
56
54
52
50
48
TOMSK
Atschinsk
Kolywan
Barnaul
Biisk
Kusnezk
Salairsk
Gurjewsk
Gawrilowsk
Karnaukowa
Gorbunowa
Tagitschewy
Chaldijewa
Turuntajewa
Semilugnoi
Potschitansk
Kalionsk
Birikulsk
Podielnitschna
Tschinsk
Bogotolsk
Ilatzka
Tschulym
Kaltaisk
Warjukina
Sosnowsk
Proskakowa
Bolotna
Potschinsk
Tom
Werchotomsk
Ojaschinsk
Dubrowna
Orskoi bor
Ossinowka
Sosnowoi
Beresowa
Nowoselowa
Schtakowa
Ilylinska
Wassina
Morosowa
Kljutschewska
Urjupska
Tyryschkina
Kotkowa
Jersina
Bergsk
Berg
Aghafonowa
Kamenska
Jedaking
Konewa
Pernjakowa
Brjuchanowa
Legostaewa
Kainowska
Batschatskoe
Ordinska
Medwädska
Simonowa
Aristowa
Beresowka
Lebedkina
Anisimowa
Tschalkowa
Tomskoi
Susunsk
Talmensk
Simonowa Togulsk
Okulowa
Togulska
Kitmanowa
Schipowa
Kotliki
Oserki
Lossischicha
Bjelojarsk
Gilina
Pjatkowa
Kondoma
Tom
Pawlowsk
Remezowa
Saltansk
Klotschkowa
Schadrina
Kalmanska
Charjusowa
Sandypsk
Tagasjunska
Bulanicha
Nowojenisseisk
Schubina
Ob
Klepikowa
Panjuschewa
Katunska
Kaschina
Platowsk
Anuisk
Telezk See
Tscharysch
Kalmanka
Bjelokurowa
Antoniewsk
Ognewa
Sjulensk
Karpowa
T O M S K
Katunja
Sossnowsk
Kolywansk
Tscharyschsk
Baschalask Geb.
Baschkaus
Tschulyschman
Schlangenberg
(Smeinogorsk)
Tigirezk
Tscherschutkicha
Tigirezk Geb.
Korgonsk
Tschuja
Ubinsk Geb.
Koksun
Riddersk
Krukowsk
Ulbinsk Geb.
Nikolajewsk
Uimon
Katunjisches Geb.
Cholsun Geb.
Glubokoe
Ulbinsk
Syrjanowsk
Berell
Fykalka
Buchtarma
Buchtarminsk
Alexandrowsk
Tscheremtschansk
Tschingistei
Narymsk
Narym
Krasnojarsk
Irtysch
Ablaket
Chanmailakhu
Kurtschum
Balyklykaju
Chatungoi
Dolenkara Geb.
Saisan See
Ober Irtysch
Jertentau
Karabuja
Dagurtscherga
Chate Dabuba
GOUVT. JENISSEISK
CHINESISCHE DSUNGAREI
Maasstab
1
4000000
5 10 20 30
Deutsche Meilen, 15 1°.
50 100 150 200
Werste.

FSC
www.fsc.org
MIX
Papier | Fördert
gute Waldnutzung
FSC® C083411

Kolibri 360 GmbH
Ferdinand-Jühlke-Straße 7
99095 Erfurt, Deutschland
produktsicherheit@kolibri360.de